输变电技术常用国家标准汇编

电力金具与绝缘子卷

中国标准出版社　编

中国标准出版社

北　京

图书在版编目(CIP)数据

输变电技术常用国家标准汇编.电力金具与绝缘子卷/中国标准出版社编.—北京:中国标准出版社,2020.7

ISBN 978-7-5066-9557-2

Ⅰ.①输… Ⅱ.①中… Ⅲ.①输电技术—国家标准—汇编—中国②变电所—国家标准—汇编—中国③输电线路金具—国家标准—汇编—中国④绝缘子—国家标准—汇编—中国 Ⅳ.①TM72-65②TM63-65

中国版本图书馆CIP数据核字(2020)第027462号

中国标准出版社出版发行
北京市朝阳区和平里西街甲2号(100029)
北京市西城区三里河北街16号(100045)

网址 www.spc.net.cn
总编室:(010)68533533 发行中心:(010)51780238
读者服务部:(010)68523946
中国标准出版社秦皇岛印刷厂印刷
各地新华书店经销

*

开本 880×1230 1/16 印张 35 字数 1 051 千字
2020年7月第一版 2020年7月第一次印刷

*

定价 180.00 元

出版说明

电力工业是国民经济和社会发展的重要基础产业。电力工业的快速发展，有力地支持了国民经济和社会的发展。随着电力需求的日益增长，输变电技术不断发展变化，电网安全愈发得到重视，节能减排日益受到关注，电源结构不断进行调整，电力设施陆续新建，老设备也不断得到更新改造，各种新技术的应用日益广泛。

近年来，我国有关部门也在不断制定和修订相关方面的国家标准，为电网建设和运行的各有关部门的科研技术人员提供系统的、完整的具有实用价值的技术资料。

为满足电力系统工程技术人员和科技管理人员对标准的需求，我们对输变电技术常用的国家标准进行了收集整理。《输变电技术常用国家标准汇编》汇集了2019年5月底我国有关部门发布的现行有效的电网运行和建设方面的国家标准。本套汇编所收的标准按专业分类编排，分13卷出版，包括有：基础与安全卷、电力线路卷、电力变压器卷、继电保护与自动控制卷、低压装置卷、高压输变电卷、特高压技术卷、断路器卷、电力金具与绝缘子卷、带电作业卷、设备用油卷、节能管理卷、互感器与电抗器卷。

本卷为电力金具与绝缘子卷，收入该领域的国家标准共28项。

本汇编在使用时请读者注意以下几点：

1. 由于标准的时效性，汇编所收录的标准可能会被修订或重新制定，请读者使用时注意采用最新的有效版本。

2. 鉴于标准出版年代不尽相同，对于其中的量和单位不统一之处及各标准格式不一致之处未做改动。

本套汇编为电力行业工程技术人员和管理人员提供准确、系统、实用的技术资料，也是标准化工作者常用的重要资料。

本套汇编在选编过程中得到电力行业有关人员的大力支持，在此特表感谢。本书编纂仓促，不妥之处请读者批评指正。

编　者

2019年5月

目　录

GB/T 2314—2008　电力金具通用技术条件 …… 1

GB/T 2315—2017　电力金具标称破坏载荷系列及连接型式尺寸 …… 11

GB/T 2317.1—2008　电力金具试验方法　第1部分:机械试验 …… 17

GB/T 2317.2—2008　电力金具试验方法　第2部分:电晕和无线电干扰试验 …… 27

GB/T 2317.3—2008　电力金具试验方法　第3部分:热循环试验 …… 35

GB/T 2317.4—2008　电力金具试验方法　第4部分:验收规则 …… 49

GB/T 772—2005　高压绝缘子瓷件　技术条件 …… 55

GB/T 1001.1—2003　标称电压高于1 000 V的架空线路绝缘子　第1部分:交流系统用瓷或玻璃绝缘子元件——定义、试验方法和判定准则 …… 67

GB/T 4056—2008　绝缘子串元件的球窝连接尺寸 …… 103

GB/T 4585—2004　交流系统用高压绝缘子的人工污秽试验 …… 127

GB/T 7253—2005　标称电压高于1 000 V的架空线路绝缘子　交流系统用瓷或玻璃绝缘子元件　盘形悬式绝缘子元件的特性 …… 149

GB/T 8287.1—2008　标称电压高于1 000 V系统用户内和户外支柱绝缘子　第1部分:瓷或玻璃绝缘子的试验 …… 157

GB/T 8287.2—2008　标称电压高于1 000 V系统用户内和户外支柱绝缘子　第2部分:尺寸与特性 …… 189

GB/T 9327—2008　额定电压35 kV(U_m=40.5 kV)及以下电力电缆导体用压接式和机械式连接金具　试验方法和要求 …… 227

GB/T 19443—2017　标称电压高于1 500 V的架空线路用绝缘子　直流系统用瓷或玻璃绝缘子串元件　定义、试验方法及接收准则 …… 267

GB/T 20142—2006　标称电压高于1 000 V的交流架空线路用线路柱式复合绝缘子——定义、试验方法及接收准则 …… 308

GB/T 20642—2006　高压线路绝缘子空气中冲击击穿试验 …… 333

GB/T 20876.2—2007　标称电压大于1 000 V的架空线路用悬式复合绝缘子元件　第2部分:尺寸和电气特性 …… 343

GB/T 21206—2007　线路柱式绝缘子特性 …… 351

GB/T 21421.1—2008　标称电压高于1 000 V的架空线路用复合绝缘子串元件　第1部分:标准强度等级和端部附件 …… 365

GB/T 21429—2008　户外和户内电气设备用空心复合绝缘子　定义、试验方法、接收准则和设计推荐 …… 382

GB/T 22079—2008　标称电压高于1 000 V使用的户内和户外聚合物绝缘子　一般定义、试验方法和接收准则 …… 415

GB/T 22707—2008　直流系统用高压绝缘子的人工污秽试验 …… 443

GB/T 22708—2008 绝缘子串元件的热机和机械性能试验 …… 467
GB/T 22709—2008 架空线路玻璃或瓷绝缘子串元件绝缘体机械破损后的残余强度 …… 488
GB/T 23752—2009 额定电压高于 1 000 V 的电器设备用承压和非承压空心瓷和玻璃绝缘子 …… 497
GB/T 24622—2009 绝缘子表面湿润性测量导则 …… 530
GB/T 24623—2009 高压绝缘子无线电干扰试验 …… 545

ICS 29.240.10
K 47

中华人民共和国国家标准

GB/T 2314—2008
代替 GB 2314—1997

电力金具通用技术条件

General technical requirements for electric power fittings

(IEC 61284:1997,Overhead lines—
Requirements and tests for fittings,MOD)

2008-09-24 发布 2009-08-01 实施

中华人民共和国国家质量监督检验检疫总局
中国国家标准化管理委员会 发布

前　言

本标准修改采用 IEC 61284:1997《架空线路——金具的要求和试验》，同时考虑我国具体情况，增加了预绞式金具机械试验内容。

本标准和 IEC 61284:1997 相比，主要有以下区别：

——本标准中未列入定义条目，这些定义已在 GB/T 5075 中给出；

——对金具的外观质量提出了技术要求；

——给出了悬垂线夹、耐张线夹的技术要求；

——未列入磁损试验。

本标准代替 GB 2314—1997《电力金具通用技术条件》。

本标准与 GB 2314—1997 相比，主要进行了以下修改：

——将 GB/T 2317.4—2000 中“电力金具标志与包装”的内容整合到本标准中；

——因产业升级和技术进步涉及的 1997 版本中部分技术要求进行了修订。

本标准的附录 A 为资料性附录。

本标准由中国电力企业联合会提出。

本标准由全国架空线路标准化技术委员会(SAC/TC 202)归口。

本标准负责起草单位：国网北京电力建设研究院。

本标准参加起草单位：浙江省电力设计院。

本标准主要起草人：董吉谔、薄通、徐乃管、尤传永、刘长青、赵全江、王景朝、周立宪。

本标准所代替标准的历次版本发布情况为：

——GB 2314—1985、GB 2314—1997。

电力金具通用技术条件

1 范围

本标准规定了架空电力线路、变电站及电厂配电装置用电力金具(以下简称金具)在设计、制造及安装使用等方面的通用技术条件。

本标准适用于额定电压在35 kV以上架空电力线路、变电站及电厂配电装置用的金具。对在严重腐蚀、污秽的环境、高海拔地区、高寒地区等条件下使用的金具尚应满足其他相关标准的有关规定。

2 规范性引用文件

下列文件中的条款通过本标准的引用而成为本标准的条款。凡是注日期的引用文件,其随后所有的修改单(不包括勘误的内容)或修订版均不适用于本标准,然而,鼓励根据本标准达成协议的各方研究是否可使用这些文件的最新版本。凡是不注日期的引用文件,其最新版本适用于本标准。

GB/T 196　普通螺纹　基本尺寸(GB/T 196—2003,ISO 724:1993,MOD)

GB/T 197　普通螺纹　公差(GB/T 197—2003,ISO 965-1:1998,MOD)

GB/T 1804　一般公差　未注公差的线性和角度尺寸的公差(GB/T 1804—2000,eqv ISO 2768-1:1989)

GB/T 2315　电力金具　标称破坏载荷系列及连接型式尺寸

GB/T 2317.1　电力金具　机械试验方法

GB/T 2317.2　电力金具　电晕和无线电干扰试验(GB/T 2317.2—2000,neq IEC 61284:1997)

GB/T 2317.3　电力金具　热循环试验方法

GB/T 4056　高压线路悬式绝缘子连接结构和尺寸(GB/T 4056—1994,eqv IEC 60120:1984;eqv IEC 60471:1977)

GB/T 5075　电力金具名词术语

DL/T 768.7　电力金具制造质量　钢铁件热镀锌层

DL/T 1098　间隔棒技术条件和试验方法

DL/T 1099　防振锤技术条件和试验方法

3 基本要求

3.1　金具应采用按规定程序批准的图样制造。

3.2　金具应承受安装、维修及运行中可能出现的有关机械载荷,并能满足设计工作电流(包括短路电流)、工作温度及环境条件等各种工况的要求。

3.3　金具的标称破坏载荷及连接型式尺寸应符合GB/T 2315的规定。

3.4　金具的各连接部件应保证在运行中不致松脱,与线路带电检修有关的金具尚应保证安全和便于拆装。

3.5　金具应尽量减少磁滞、涡流损失。金具应尽量限制电晕的影响。用于额定电压330 kV及以上的金具,当不采用屏蔽装置时,金具本身应具有防电晕特性。

3.6　金具应采用图样规定的材料和生产工艺制造。

3.7　金具外观质量除了厂标、型号等标识清晰可辨之外,还应符合下列要求。

3.7.1 黑色金属铸件的外观质量

a) 铸件表面应光洁、平整，不允许有裂纹等缺陷；

b) 铸件的重要部位(指不允许降低机械载荷的部位，以产品图样标注为准)不允许有气孔、砂眼、缩松、渣眼及飞边等缺陷存在；

c) 在与其他零件连接及与导线、地线接触部位(如挂耳、线槽)不允许有胀砂、结疤、毛刺等妨碍连接及损坏导线或地线的缺陷。

3.7.2 锻制件、冲压件的外观质量

a) 冲裁件的剪切断面斜度偏差应小于板厚的十分之一；

b) 锻件、冲压件、剪切件应平整光洁，不允许有毛刺、开裂和叠层等缺陷；

c) 锻件、热弯件不允许有过烧、叠层、局部烧熔及氧化皮存在。

3.7.3 铝制件的外观质量

a) 铝制件表面应光洁、平整，不允许有裂纹等缺陷；

b) 铝制件的重要部位(指不允许降低机械载荷的部位，以产品图样标注为准)不允许有缩松、气孔、砂眼、渣眼、飞边等缺陷；

c) 铝制件与导线接触面及与其他零件连接的部位，接续管与压模的压缩部位，以及有防电晕要求的部位，不允许有胀砂、结疤、凸瘤等缺陷；

d) 铝制件的电气接触面，不允许有碰伤、划伤、凹坑、凸起、压痕等缺陷。

3.7.4 铜铝件的电气接触面外观质量

铜铝件与导线的接触面应平整、光洁，不允许有毛刺或超过板厚极限偏差的碰伤、划伤、凹坑、凸起及压痕等缺陷。

3.7.5 焊接件的外观质量

a) 焊缝应为细密平整的细鳞形，并应封边，咬边深度不大于 1 mm；

b) 焊缝应无裂纹、气孔、夹渣等缺陷。

3.7.6 紧固件外观质量

a) 紧固件表面不应有锌瘤、锌渣、锌灰存在；

b) 外螺纹、内螺纹应光整；

c) 螺杆、螺母均不应有裂纹；

d) 螺杆头部应打印性能等级标记。

4 分类要求

4.1 悬垂线夹

4.1.1 悬垂线夹应考虑裸线或包缠护线条等多种使用条件。

4.1.2 船式悬垂线夹，其船体线槽的曲率半径应不小于导线、地线直径的 8 倍。

4.1.3 悬垂线夹应具有一个能允许船体回转的水平轴。

4.1.4 悬垂线夹应明确使用的限定范围，如最大出口角、最小出口角和允许回转角等。

4.1.5 悬垂线夹的设计应减少微风振动对导线、地线产生的影响，并应避免对导线、地线产生应力集中或损伤。悬垂线夹的设计还应考虑在导线、地线水平不平衡张力作用下，减少船体回转轴的磨损。

4.1.6 固定型悬垂线夹对导线、地线的握力，与其导线、地线计算拉断力之比应不小于表 1 的规定，或由供需双方商定。

4.1.7 悬垂线夹与被安装的导线、地线间应有充分的接触面，以减少由故障电流引起的损伤。

表 1 悬垂线夹握力与导线、地线计算拉断力之比

绞线类别	铝钢截面比 α	百分比(%)
钢绞线、铝包钢绞线、钢芯铝包钢绞线	—	14
钢芯铝绞线	$\alpha \leqslant 2.3$	14
钢芯铝合金绞线	$2.3<\alpha \leqslant 3.9$	16
铝包钢芯铝绞线	$3.9<\alpha \leqslant 4.9$	18
钢芯耐热铝合金绞线	$4.9<\alpha \leqslant 6.9$	20
铝包钢芯铝合金绞线	$6.9<\alpha \leqslant 11.0$	22
铝包钢芯耐热铝合金绞线	$\alpha >11.0$	24
铝绞线、铝合金绞线、铝合金芯铝绞线	—	24
铜绞线	—	28

4.2 耐张线夹、接续金具和接触金具

4.2.1 承受电气负荷的金具，无论是承受张力的或非承受张力的，均不应降低导线的导电能力。

4.2.2 用于电气接续的金具应满足 GB/T 2317.1～2317.3 的要求。

4.2.3 要求承受电气负荷性能的金具应符合下列规定：

a) 导线接续处两端点之间的电阻，压缩型金具，应不大于同样长度导线的电阻；非压缩型金具，应不大于同样长度导线电阻的 1.1 倍；

b) 导线接续处的温升应不大于被接续导线的温升；

c) 所有承受电气负荷的金具，其载流量应不小于被安装导线的载流量。

4.2.4 耐张线夹、接续金具和接触金具对导线、地线的握力，其与导线、地线计算拉断力之比应不小于表 2 的规定。

表 2 耐张线夹、接续金具和接触金具握力与导线、地线计算拉断力之比

金 具 类 别	百分比(%)
架空电力线路用压缩型金具(耐张线夹、接续金具) 预绞式接续金具和预绞式耐张线夹	95
架空电力线路用非压缩型金具(螺栓型耐张线夹、楔型耐张线夹)	90
绝缘线用耐张线夹、变电站用耐张线夹	65
接触金具(T 型线夹及设备线夹)	10

4.2.5 非压缩型耐张线夹与承受张力的导线相互接触时，其弯曲延伸部分出口处的曲率半径不应小于被安装导线直径的 8 倍。

4.2.6 金具的导电接触面应涂导电脂，对于压缩型金具应采用防止氧化腐蚀的导电脂，填充金具内部的空隙。

4.2.7 所有压缩型金具应使内部孔隙为最小，以防止运行中潮气的侵入。

4.2.8 耐张线夹、接续金具和接触金具与导线的连接处，应避免两种不同金属间产生的双金属腐蚀问题。

4.2.9 耐张线夹、接续金具和接触金具应考虑安装后，在导线与金具的接触区域，不应出现由于微风振动、导线震荡或其他因素引起的应力过大导致的导线损坏现象。

4.2.10 耐张线夹、接续金具和接触金具应避免应力集中现象，防止导线或地线发生过大的金属冷变形。

4.3 保护金具

4.3.1 保护金具应能承受微风振动作用而不引起疲劳损坏。

4.3.2 电气保护金具应能承受一定的静态机械载荷的作用，均压屏蔽金具要保证安全支撑一个人的体重。

4.3.3 补修管应考虑对导线最外层断股数不多于1/3的情况下进行修补。

4.3.4 防振锤应满足DL/T 1099的要求，间隔棒应满足DL/T 1098的要求。

4.4 母线金具

4.4.1 母线固定金具应能承受机械载荷，其值与所安装的高压支柱绝缘子的要求相配合。

4.4.2 母线伸缩节在承受伸缩量32 mm及往返1.00×10^3次以后，不得发生疲劳损坏。

4.4.3 采用闪光焊或摩擦焊接工艺制造的铜铝过渡金具，在铜铝焊接处应能承受180°弯曲而不出现焊缝断裂情况。钎焊工艺制造的铜铝过渡金具及冷轧的铜铝过渡复合片铜与铝表面的复合面积应不小于总接触面的75%。

5 材料及防腐

5.1 制造金具的材料，应按图样的规定选用(参见附录A)；或选用能满足使用要求并经用户同意的其他材料。

5.2 制造金具的金属材料应满足使用寿命的要求，应不易出现金属材料晶粒间或应力腐蚀，也不得由此引起导线或地线任何部位的腐蚀。

5.3 压缩型金具的金属材料应能承受压缩产生的冷变形，钢质压缩件压缩后应具有足够的冲击强度。钢质接续管应选用含碳量不大于0.15%的优质钢，铝质压缩件应采用纯度不低于99.5%的铝。

5.4 尽可能采用不敏感的钢材，如必须采用敏感性的钢材，则要避免严重的冷加工。在高寒地区使用的金具应采用低冷脆性材料。

5.5 以铜合金材料制造的金具，其铜含量应不低于80%。

5.6 采用非金属材料制造的金具，应具有良好的抗老化性能，能经受工作温度而不发生性能劣化，并具有足够的防臭氧，防紫外线及防空气污秽的能力。

5.7 在户外的金具其黑色金属部件，除灰铸铁外，表面均应参照DL/T 768.7进行热浸镀锌的防腐处理。亦可采用供需双方同意的其他方法获得等效的防腐性能。

5.8 对于两种接触电位不同的金属相互间接触时，需采取特殊措施，以免引起电势腐蚀，降低接触性能。这个要求也适用于直接与导线相接触的金具部件。

5.9 金具紧固件的外螺纹应在热浸镀锌前按GB/T 196的规定加工或辗制，然后进行热浸镀锌；而内螺纹可在热浸镀锌前或后进行加工，如果在热浸镀锌后加工，则应在加工后涂防腐油脂。

金具用的外螺纹在任何情况下，不允许缩小螺纹外径；受剪螺杆不允许缩杆，不受剪切控制的螺杆允许缩杆，但其缩杆后的直径不得小于螺纹中径。

6 结构及尺寸公差

6.1 受剪螺栓的螺纹，允许进入受力板件的深度不大于该板件厚度的三分之一。

6.2 U型挂板连接方式的挂板宽度不宜大于100 mm，否则应采用整板钻孔的槽型连接型式。

6.3 凡接触导线、地线的各种线夹及接续金具，其出线口应做成圆滑的喇叭口状。

6.4 金具的结构应避免积水。

6.5 球、窝的连接尺寸应符合GB/T 4056的规定。

6.6 金具的尺寸及公差，应保证金具满足规定的机械及电气性能要求；经镀锌的金具，其尺寸均为镀锌后的尺寸。

6.7 对未注尺寸偏差的部位，其极限偏差应符合下列规定：

a) 金具的基本尺寸小于或等于 50 mm 时，其允许极限偏差为±1.0 mm；

b) 金具的基本尺寸大于 50 mm 时，其允许极限偏差为基本尺寸的±2%。

6.8 在弯曲处的板件宽度尺寸极限偏差应符合 GB/T 1804 的规定，选用Ⅴ级。

6.9 冲压件、锻件及热弯杆件基本尺寸的极限偏差应按图样要求，其未注公差按 GB/T 1804 的规定选用Ⅴ级。

6.10 钢接续管外径及内径尺寸极限偏差应符合表 3 的规定。

表 3 钢接续管外径及内径尺寸极限偏差

单位为毫米

外径 D		内径 d	
基本尺寸	极限偏差	基本尺寸	极限偏差
$D \leqslant 14$	±0.2	$d \leqslant 9$	±0.15
$14 < D \leqslant 22$	−0.2～+0.3		
$22 < D \leqslant 34$	−0.2～+0.4	$9 < d \leqslant 16$	±0.20

6.11 挤压铝管外径及内径尺寸极限偏差应符合表 4 的规定。

表 4 挤压铝管外径及内径尺寸极限偏差

单位为毫米

外径 D		内径 d	
基本尺寸	极限偏差	基本尺寸	极限偏差
$D \leqslant 32$	±0.4	$d \leqslant 22$	−0.3
$32 < D \leqslant 50$	+0.6	$22 < d \leqslant 36$	−0.4
$50 < D \leqslant 80$	+1.0	$36 < d \leqslant 55$	−0.5

7 标志与包装

7.1 金具必须按图样的规定，做出清晰的永久性的标志，其内容包括：

a) 金具的识别标志(型号)；

b) 制造厂识别标志(厂标)。

7.2 标志方法及要求：

a) 金具的标志部位明显；

b) 用铸造方法生产的金具，应在铸造时一并铸出标志，凹字应与金具表面在同一水平上，外加凸槽加框；

c) 用冲压或锻造方法生产的钢制金具应在热浸镀锌前压出标志；铝制品金具应采用压印法标志。

7.3 对压缩型金具应作压起迄点位置的标志；对预绞丝制品应有安装起始位置标志。

7.4 金具的包装必须保证在运输中不致因包装不良而损伤金具，其包装的材质必要时可由供需双方商定。

7.5 作为导电体的金具，必须在图样规定的电气接触表面上涂以导电脂，并加套保护；铜、铝管状金具应将管口封堵，以防止在运输和储藏中受到损伤或弄脏。

7.6 包装物上应标明：

a) 制造厂名称、厂标；

b) 产品名称、型号；

c) 包装数量、质量；

d) 必要的其他标志。

7.7 每件包装体总质量不超过 50 kg。

7.8 每件包装体应附有技术检验部门及检验员印章的产品合格证及必要的技术文件。

7.9 根据用户要求,供方应提供有关金具组装及使用注意事项的说明书。

附 录 A
（资料性附录）
材料标准及紧固件标准

A.1 材料标准

GB/T 470—1997 锌锭
GB/T 699—1999 优质碳素结构钢
GB/T 700—2006 碳素结构钢
GB/T 1173—1995 铸造铝合金
GB/T 1196—2002 重熔用铝锭
GB/T 1220—2007 不锈钢棒
GB/T 1348—1988 球墨铸铁件
GB/T 2040—2002 铜及铜合金板材
GB/T 3190—1996 变形铝及铝合金化学成分
GB/T 3196—2001 铆钉用铝及铝合金线材
GB/T 3880.1—2006 一般工业用铝及铝合金板、带材 第1部分：一般要求
GB/T 3880.2—2006 一般工业用铝及铝合金板、带材 第2部分：力学性能
GB/T 3880.3—2006 一般工业用铝及铝合金板、带材 第3部分：尺寸偏差
GB/T 4437.1—2000 铝及铝合金热挤压管 第1部分：无缝圆管
GB/T 6892—2006 一般工业用铝及铝合金挤压型材
GB/T 8162—1999 结构用无缝钢管
GB/T 9439—1988 灰铸铁件
GB/T 9440—1988 可锻铸铁件
GB/T 11352—1989 一般工程用铸造碳钢件
YB/T 5004—2001 镀锌钢绞线

A.2 紧固件标准

GB/T 12—1988 半圆头方颈螺栓
GB/T 41—2000 六角螺母 C级
GB/T 67—2000 开槽盘头螺钉
GB/T 68—2000 开槽沉头螺钉
GB/T 93—1987 标准型弹簧垫圈
GB/T 95—2002 平垫圈 C级
GB/T 798—1988 活节螺栓
GB/T 953—1988 等长双头螺柱 C级
GB/T 1972—2005 碟形弹簧
GB/T 5780—2000 六角头螺栓 C级

GB/T 5781—2000　六角头螺栓　全螺纹　C级
DL/T 682—1999　母线金具用沉头螺钉
DL/T 764.1—2001　电力金具专用紧固件　六角头带销孔螺栓
DL/T 764.2—2001　电力金具专用紧固件　闭口销
JB/T 8181—1999　绝缘子串元件球窝联接用锁紧销

ICS 29.240.20
K 51

中华人民共和国国家标准

GB/T 2315—2017
代替 GB/T 2315—2008

电力金具
标称破坏载荷系列及连接型式尺寸

Specified failure load series and coupling dimensions for electric power fittings

2017-12-29 发布 2018-07-01 实施

中华人民共和国国家质量监督检验检疫总局
中国国家标准化管理委员会 发布

前　言

本标准按照 GB/T 1.1—2009 给出的规则起草。

本标准代替 GB/T 2315—2008《电力金具标称破坏载荷系列及连接型式尺寸》，与 GB/T 2315—2008 相比，主要技术变化如下：

——增加了“槽型连接”“环型连接”“球窝连接”的定义(见 3.2～3.4)；

——将标称破坏载荷由 13 个等级增加到 18 个等级，并列出了各标称破坏载荷对应的标记等内容(见第 4 章，2008 年版的第 4 章)；

——增加了槽型连接尺寸的范围，按新的标记列出了螺栓孔径等要求(见 5.1.1，2008 年版的 5.1.1)；

——将标记为 55 及以上的材料抗拉强度由“≥500 MPa”修改为“≥650 MPa”(见 5.1.1，2008 年版的 5.1.1)；

——将槽型连接的螺栓应符合的标准由“GB/T 3098.1”修改为“DL/T 764”(见 5.1.2，2008 年版的 5.1.2)；

——增加了“640 kN 及以上标称破坏载荷金具型号后加“GQ”标记”的要求(见 5.1.3、5.2.2、5.3.3)；

——增加了槽型连接、环型连接的尺寸偏差要求(见 5.1.4、5.2.3)；

——增加了环型连接尺寸的范围，按新的标记列出了环径等要求(见 5.2.1，2008 年版的 5.2.1)；

——将球窝连接尺寸执行的标准从“GB/T 4056”修改为“GB/T 4056 和 DL/T 1579”(见 5.3.2，2008 年版的 5.3.1)。

本标准由中国电力企业联合会提出。

本标准由全国架空线路标准化技术委员会(SAC/TC 202)归口。

本标准负责起草单位：中国电力科学研究院。

本标准参加起草单位：中国电力工程顾问集团中南电力设计院有限公司，中国能源建设集团南京线路器材有限公司，四平线路器材厂，成都电力金具总厂，江苏捷凯电力器材有限公司，辽宁锦兴电力金具科技股份有限公司，永固集团股份有限公司，西安创源电力金具有限公司。

本标准主要起草人：王景朝、刘胜春、赵全江、陈宁、吴国洪、熊维持、孙涛、徐有岩、李宝强、司佳钧、董玉明、牛海军、郑晓超、王唯、王宝东、张军。

本标准所代替标准的历次版本发布情况：

——GB 2315—1980、GB 2315—1985、GB/T 2315—2000、GB/T 2315—2008。

电力金具
标称破坏载荷系列及连接型式尺寸

1 范围

本标准规定了电力金具标称破坏载荷系列及槽型、环型和球窝连接尺寸。

本标准适用于架空电力线路电力金具(以下简称金具)。

2 规范性引用文件

下列文件对于本文件的应用是必不可少的。凡是注日期的引用文件,仅注日期的版本适用于本文件。凡是不注日期的引用文件,其最新版本(包括所有的修改单)适用于本文件。

GB/T 2314 电力金具通用技术条件

GB/T 2317.1 电力金具试验方法 第1部分:机械试验

GB/T 4056 绝缘子串元件的球窝连接尺寸

DL/T 764 电力金具用杆部带销孔六角头螺栓

DL/T 1579 棒形悬式复合绝缘子用端部装配件技术规范

3 术语和定义

下列术语和定义适用于本文件。

3.1

标称破坏载荷 specified failiure load

规定的不允许发生机械破坏的最小载荷。

3.2

槽型连接 clevis and tongue couping

由单板、槽和连接销等构成的连接。

3.3

环型连接 ring and ring coupling

由环和环构成的连接。

3.4

球窝连接 ball and socket coupling

由脚球和帽窝构成的连接。

4 标称破坏载荷系列

标称破坏载荷系列分为18个等级,其标记、螺栓直径及材料抗拉强度见表1。

表 1 标称破坏载荷系列

标记	4	7	10	12	16	21	25	32	42
标称破坏载荷/ kN	40	70	100	120	160	210	250	320	420
螺栓直径/mm	16	16	18	22	24	24	27	30	36
螺栓抗拉强度/MPa ≥	400				600				
标记	55	64	84	110	128	168	220	256	330
标称破坏载荷/ kN	550	640	840	1 100	1 280	1 680	2 200	2 560	3 300
螺栓直径/mm	36	39	45	48	52	64	68	72	80
螺栓抗拉强度/MPa ≥	600			800					

5 连接型式

5.1 连接型式类型

连接型式分为槽型连接、环型连接和球窝连接 3 种。

5.2 槽型连接

5.2.1 槽型连接尺寸应符合图 1 和表 2 的规定。

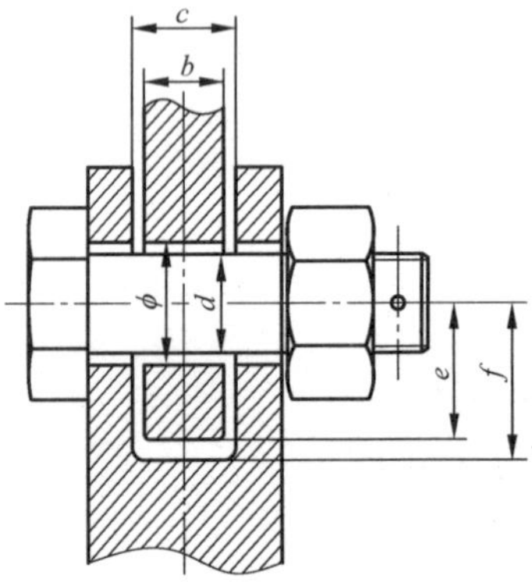

图 1 槽型连接示意图

表 2 槽型连接尺寸

标记		4	7	10	12	16	21	25	32	42
螺栓直径/mm	d	16	16	18	22	24	24	27	30	36
螺栓孔径/mm	ϕ	18	18	20	24	26	26	30	33	39
孔径偏差/mm		±0.5						±0.75		
单板厚度/mm	b	12	16	16	16	18	20	24	28	32
双板开档/mm	c	15	19	19	20	22	24	28	32	36
孔边距/mm	e	20	22	24	30	32	32	36	40	45
槽深/mm ≥	f	22	24	26	32	34	34	38	42	48
材料抗拉强度/MPa ≥		375				500				

表 2（续）

标记		55	64	84	110	128	168	220	256	330
螺栓直径/mm	d	36	39	45	48	52	64	68	72	80
螺栓孔径/mm	ϕ	39	42	48	51	55	68	72	76	84
孔径偏差/mm		±0.75				±1.0				
单板厚度/mm	b	32	32	32	36	38	42	50	52	60
双板开档/mm	c	36	38	42	46	49	54	62	64	72
孔边距/mm	e	48	52	64	72	78	96	102	110	122
槽深/mm ≥	f	51	55	68	76	86	110	118	126	138
材料抗拉强度/MPa ≥		650								

5.2.2 槽型连接的螺栓应符合 DL/T 764 的要求，并按 DL/T 764 作出性能等级标记。

5.2.3 槽型连接的标记同标称破坏载荷的标记，640 kN 及以上标称破坏载荷金具型号后加“GQ”标记。

5.2.4 槽型连接的尺寸偏差应符合 GB/T 2314 的规定。

5.3 环型连接

5.3.1 标称破坏载荷与相应的环型连接尺寸应符合图 2、表 3 的规定。

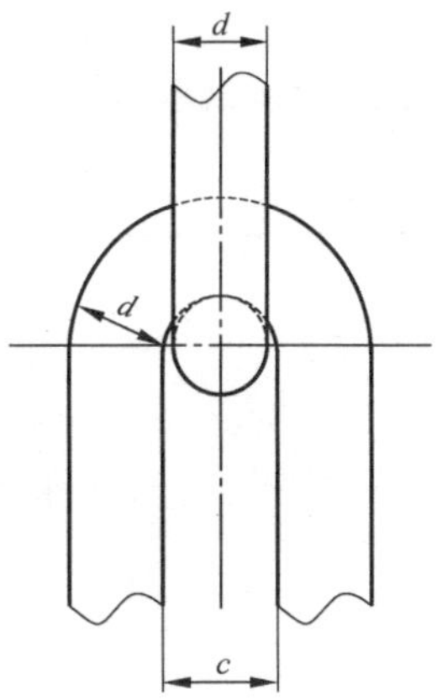

图 2 环型连接示意图

表 3 环型连接尺寸

标记	4	7	10	12	16	21	25	32	42	55	64	84	110	128	168
d/mm	12	16	16	18	20	20	24	28	32	32	34	38	42	45	50
c/mm	15	19	19	22	24	24	28	32	36	36	38	42	46	49	54
材料抗拉强度/MPa ≥	375		500							650					

5.3.2 环型连接标记同标称破坏载荷标记，640 kN 及以上标称破坏载荷金具型号后加“GQ”标记。

5.3.3 环型连接的尺寸偏差应符合 GB/T 2314 的规定。

5.4 球窝连接

5.4.1 球窝连接如图 3 所示。

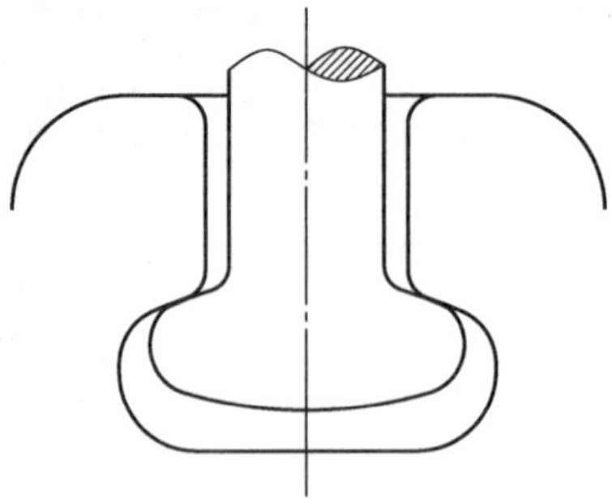

图 3 球窝连接示意图

5.4.2 球窝连接尺寸按 GB/T 4056 和 DL/T 1579 执行。

5.4.3 球窝连接用标称脚杆直径作连接标记，550 kN 以上标称破坏载荷金具型号后加“GQ”标记。

示例：球窝连接标称破坏载荷 210 kN，标称脚杆直径 20 mm。

标记为：球窝 20　210 kN(GB/T 4056)

6 试验方法

槽型连接、环型连接和球窝连接的金具的机械试验按 GB/T 2317.1 执行。

ICS 29.240.20
K 51

中华人民共和国国家标准

GB/T 2317.1—2008
代替 GB/T 2317.1—2000

电力金具试验方法　第1部分:机械试验

Test method for electric power fittings　Part 1: Mechanical tests

(IEC 61284:1997, Overhead lines—Requirements and tests for fittings, MOD)

2008-09-24 发布　　　　2009-08-01 实施

中华人民共和国国家质量监督检验检疫总局
中国国家标准化管理委员会　发布

前　言

GB/T 2317《电力金具试验方法》共有4个部分，分别是：

GB/T 2317.1　电力金具试验方法　第1部分：机械试验

GB/T 2317.2　电力金具试验方法　第2部分：电晕和无线电干扰试验

GB/T 2317.3　电力金具试验方法　第3部分：热循环试验

GB/T 2317.4　电力金具试验方法　第4部分：验收规则

本部分是GB/T 2317的第1部分。

本部分修改采用了IEC 61284:1997《架空线路——金具的要求和试验》，也考虑了我国具体情况，增加了预绞式金具机械试验内容。

本部分和IEC 61284:1997相比，主要有以下区别：

——增加了均压屏蔽金具的强度、接触金具的弯曲和母线金具的试验方法；

——考虑我国具体情况，增加了预绞式金具机械试验内容；

——按我国习惯表达进行了修改：如增加了"连接金具——机械损伤载荷及破坏载荷试验时的典型载荷分解图"。对于增加载荷的方式，本部分采用了文字叙述，而IEC标准采用了图示的方式；

——标注中定义用语不完全一致，如IEC中的"规定的最小破坏载荷"，在本部分中为"标称破坏载荷"。

本部分代替GB/T 2317.1—2000《电力金具　机械试验方法》。

本部分与GB/T 2317.1—2000相比，主要进行了以下修改：

——对部分术语的定义进行了调整，使定义更为明确清晰；

——将原标准第4章标题"试验型式及试件数量"改为"试验类别"。试验类别分别用"目的"和"一般要求"两条来定义，定义更为清楚；

——对连接金具和悬垂线夹的"试验布置"的文字内容进行了大幅修改，对试验布置的描述更为清楚易懂，也与IEC标准的对应部分相吻合；

——对连接金具和悬垂线夹的"判定准则"的内容进行了大幅修改，不再区分型式试验、抽样试验和例行试验，代替以统一的判定准则；

——将6.1标题"机械损伤载荷和机械破坏载荷"修改为"机械载荷试验"；

——将原标准6.2.1和6.2.2的内容进行合并，并增加一种试验方法可供选择。

本部分由中国电力企业联合会提出。

本部分由全国架空线路标准化技术委员会(SAC/TC 202)归口。

本部分负责起草单位：国网北京电力建设研究院。

本部分参加起草单位：南京线路器材厂、浙江省电力设计院。

本部分主要起草人：薄通、徐乃管、董吉谔、陈宁、刘长青、尤传永、邹春宁、王景朝、周立宪。

本部分所代替标准的历次版本发布情况为：

——GB/T 2317—1985、GB/T 2317.1—2000。

电力金具试验方法　第1部分：机械试验

1　范围

本部分规定了电力金具的机械试验方法。

本部分适用于额定电压10 kV及以上架空电力线路、变电站及电厂配电装置用的电力金具(以下简称金具)。

2　规范性引用文件

下列文件中的条款通过GB/T 2317的本部分的引用而成为本部分的条款。凡是注日期的引用文件，其随后所有的修改单(不包括勘误的内容)或修订版均不适用于本部分，然而，鼓励根据本部分达成协议的各方研究是否可使用这些文件的最新版本。凡是不注日期的引用文件，其最新版本适用于本部分。

GB/T 2317.4　电力金具　验收规则　标志与包装

GB/T 8287.2　高压支柱瓷绝缘子　第2部分：尺寸与特性(GB/T 8287.2—1999，neq IEC 60273)

DL/T 763　架空线路用预绞式金具技术条件

DL/T 1098　间隔棒技术条件和试验方法

DL/T 1099　防振锤技术条件和试验方法

3　术语和定义

下列术语和定义适用于本部分。

3.1

机械破坏载荷　mechanical failure load

在规定的试验条件下，能施加于金具的最大载荷。

3.2

机械损伤载荷　mechanical damage load

在规定的试验条件下，金具不出现永久变形条件下所能承受的最大载荷。

3.3

标称破坏载荷　normal failure load

由需方提出或由供方规定的，金具不发生机械破坏的最小载荷。

3.4

滑移　slip

采用某种方式紧固导线的金具，在施加载荷后，导线与金具之间出现相对位移，以致试验载荷无法继续上升时，则此现象称为滑移。

3.5

握力　holding force

对导线有紧固要求的金具，在不出现滑移现象时所能承受的最大载荷。

4　试验类别

4.1　机械型式试验

4.1.1　目的

机械型式试验是为了确定设计特性，通常只做一次，只有在设计、材料或工艺更改时才重做。

4.1.2 一般要求

按 GB/T 2317.4 执行。试件的主要尺寸应与正式产品相同。

4.2 机械抽样试验

4.2.1 目的

机械抽样试验是为了验证产品质量。

4.2.2 一般要求

按 GB/T 2317.4 执行。金具应按批次进行抽样试验,试件应从提供验收的批量金具中随机抽样。

4.3 机械例行试验

4.3.1 目的

机械例行试验是为了证明金具是否符合专门的技术要求,淘汰有缺陷的金具。

4.3.2 一般要求

凡需要进行例行试验的金具,应对其逐个进行非破坏性试验。

5 连接金具的试验

5.1 试验布置

被试金具应以接近于运行时受力状态进行试验布置,见图 1。

若被试金具无法按实际受力状态进行试验,则可将作用在金具上的总载荷分解成若干分载荷,这些分载荷相继作用在同一金具上,或作用在同一批样品的其他金具上,并保证这种载荷分解能符合金具的实际受力情况,见图 2。

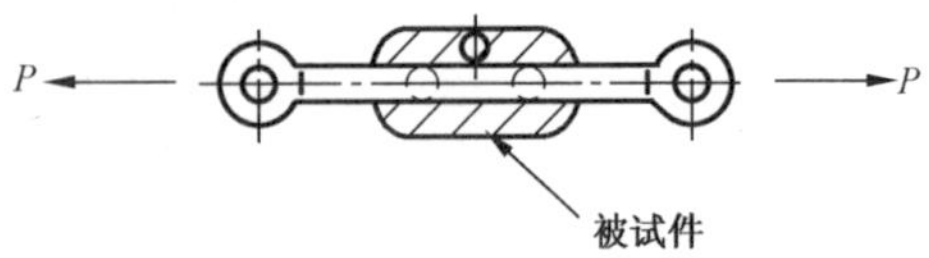

a) 挂环

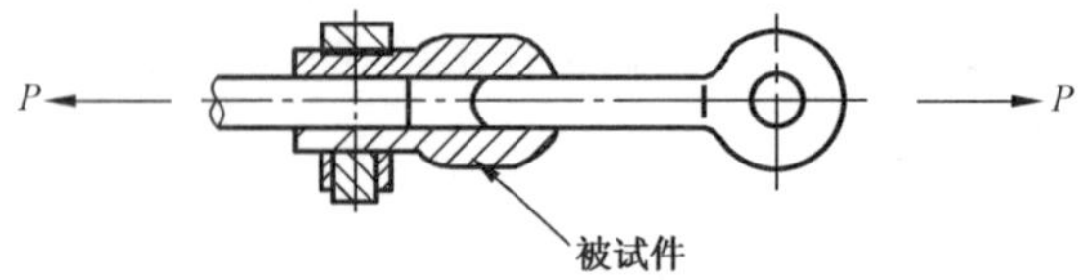

b) U 形挂环

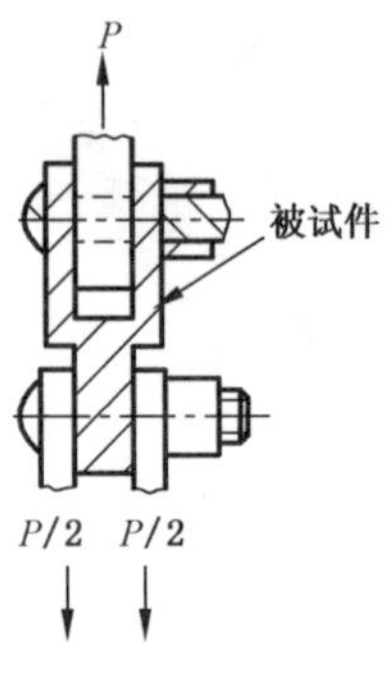

c) 挂板

d) U 形挂板

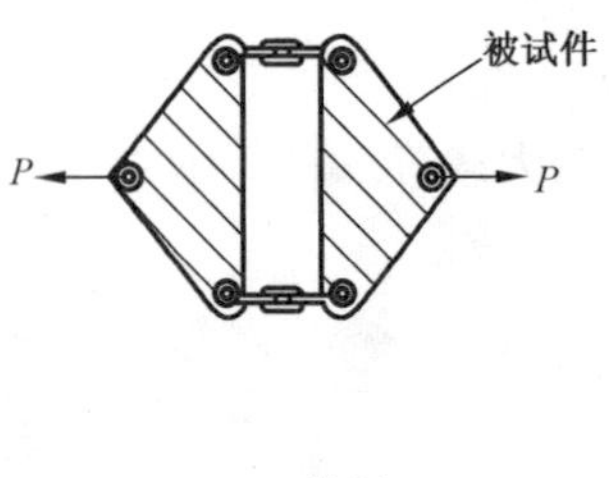

e) 二联板

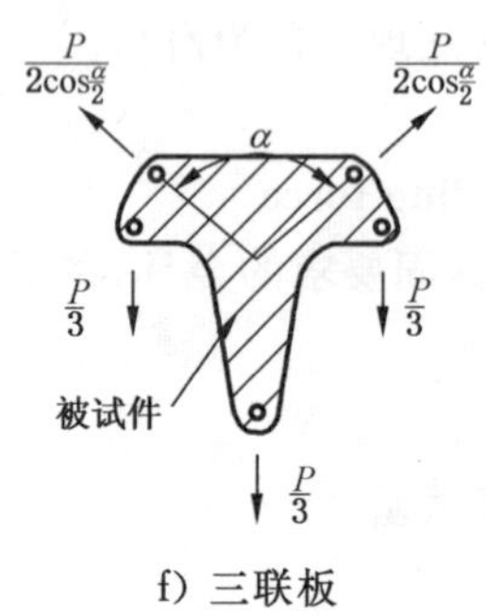

f) 三联板

图 1 连接金具 机械损伤载荷及破坏载荷试验的典型布置图

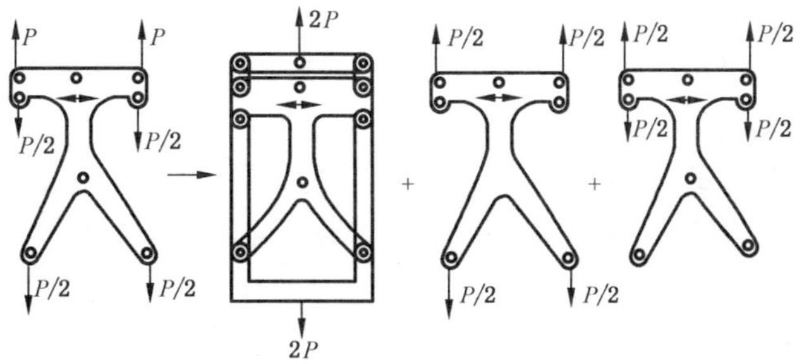

图 2 连接金具 机械损伤载荷及破坏载荷试验时的典型载荷分解图

5.2 试验步骤

a) 将金具固定在拉力试验机上，以平稳的速度施加载荷到规定的机械损伤载荷；

b) 将该载荷保持 60 s，然后卸荷，测量金具的永久变形量；

c) 再次加荷到金具的标称破坏载荷，保持 60 s，然后加荷直到金具发生破坏。如果载荷达到标称破坏载荷的 1.2 倍，金具还没有发生破坏，此时可以停止试验。除非供需双方另有约定。

5.3 判定准则

在达到规定的机械损伤载荷，保持 60 s，金具没有出现永久变形，且达到标称破坏载荷，保持 60 s，线夹没有出现破坏，则试验通过。

6 悬垂线夹的试验

6.1 机械载荷试验

6.1.1 试验布置

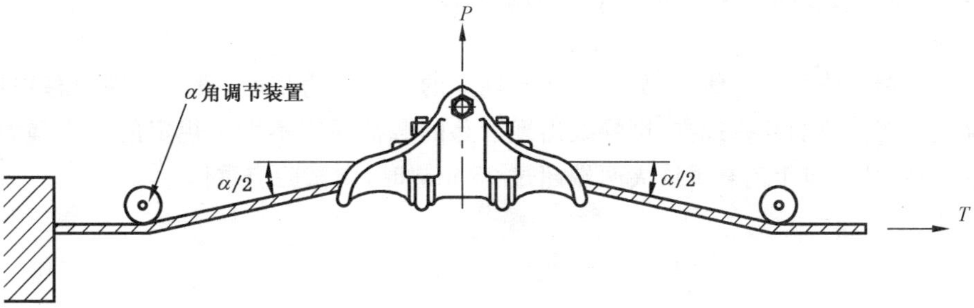

a)

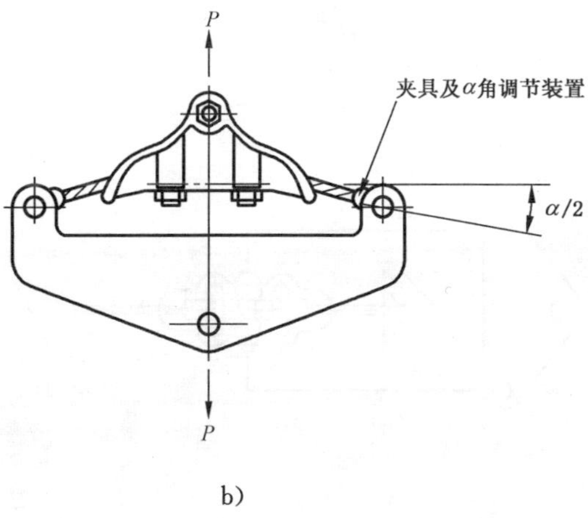

b)

图 3 悬垂线夹 垂直损伤及破坏载荷试验典型布置图

6.1.2 试验步骤

a) 将悬垂线夹固定在试验装置上,以平稳的速度施加载荷到规定的机械损伤载荷;

b) 将该载荷保持 60 s,然后卸荷,测量线夹的永久变形;

c) 再次加荷到标称破坏载荷,保持 60 s,然后加荷直到发生破坏。如果载荷达到标称破坏载荷的 1.2 倍,线夹还没有发生破坏,此时可以停止试验。除非供需双方另有约定。

6.1.3 判定准则

在达到规定的机械损伤载荷,保持 60 s,线夹没有出现永久变形,且达到标称破坏载荷,保持 60 s,线夹没有出现破坏,则试验通过。

6.2 握力试验

6.2.1 试验布置与试验步骤

试验应选用与该线夹相匹配的导线。若运行状态下使用护线条,则试验时也应在导线上包缠护线条。被试线夹与拉力试验机夹具之间的距离不小于导线外径的 100 倍,并不得使导线起灯笼。每次握力试验都要使用新的悬垂线夹样品及新的护线条。

握力试验的布置可采取图 4a)、b)两种方法中任一种进行。

a) 将导线安装在试验机上,并对其施加导线计算拉断力 20%的张力。然后将悬垂线夹固定在导线上,并按规定的紧固力矩拧紧螺栓。随后将导线张力降为零,将线夹悬挂点与拉力试验机相连,向整个试件施加规定握力 20%的力,并在线夹出口处的导线上作一个参考标记,以便测量线夹的滑移量。逐步增加载荷达到规定的握力值,保持 60 s,然后测量滑移量;

b) 将导线安装在试验机上,并对其施加导线计算拉断力 20%的张力。然后将悬垂线夹固定在导线上,并按规定的紧固力矩拧紧螺栓。随后将线夹悬挂点连接在一拉力装置上,要求施载方向与导线同轴,并在线夹出口处的导线上作一个参考标记,以便测量线夹的滑移量。逐步增加载荷达到规定的握力值,保持 60 s,然后测量滑移量。

6.2.2 判定准则

对仅具有最小握力值的悬垂线夹,如果在达到规定的最小握力值时,没有出现滑移现象,则试验通过。对还具有最大握力值的悬垂线夹,则导线出现滑移的载荷还应不大于规定的最大握力值。若导线的一股或几股发生破断,但距离悬垂线夹两端超过 25 mm 时,则试验应重作。

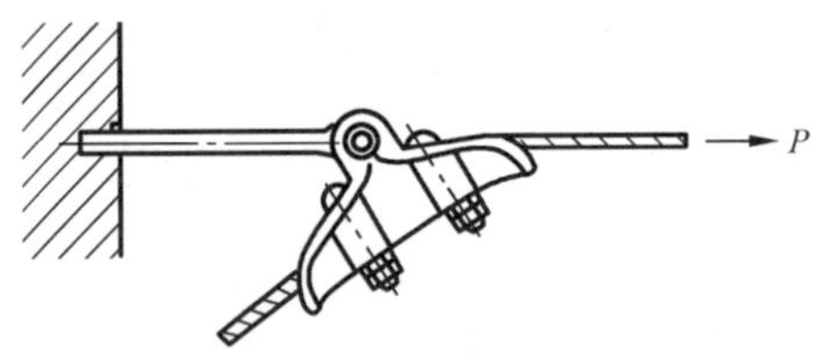

a)

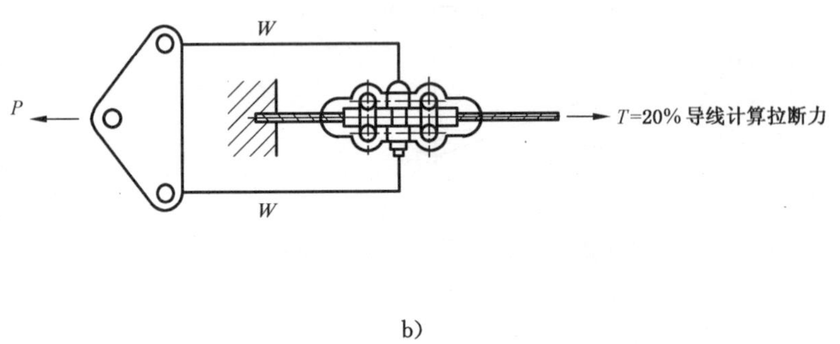

b)

图 4 悬垂线夹握力试验典型布置图

7 耐张线夹与接续金具的试验

7.1 握力试验

7.1.1 试验布置

试验应选用与被试金具相匹配的导线。被试金具与导线连接时不得使导线起灯笼。试件中金具与金具之间或金具与夹具之间的导线长度应不小于导线外径的 100 倍，且不小于 2.5 m。当试验两个耐张线夹和一个接续管时，试验布置如图 5 所示。

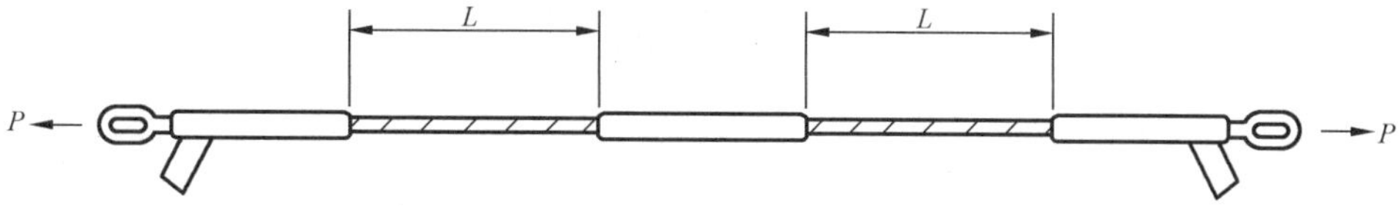

$L \geqslant 100d$

d——导线直径

图 5 耐张线夹及接续金具 握力试验典型布置图

7.1.2 试验步骤

a) 将被试金具安装在拉力试验机上，施加载荷达到导线计算拉断力的 20%，在金具出口端的导线上作一个参考标记，以测量导线相对于金具的滑移量；

b) 在不少于 30 s 时间内，将张力逐步增加到导线计算拉断力的 50%，保持 120 s；

c) 在不少于 30 s 的时间内，将张力逐步增加到规定的握力值，保持 60 s。

7.1.3 判定准则

在试验中导线相对金具没有出现滑移现象，并且导线没有出现断股或破坏，则试验通过。

7.2 机械载荷试验

7.2.1 试验布置

将金具安装在拉力试验机上，受力状态应与运行中一致，可以用圆棒或同样尺寸的钢缆代替导线。试验布置见图 6、图 7 所示。

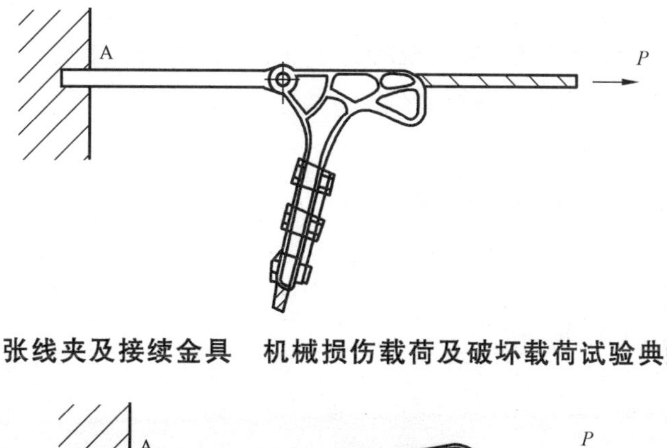

图 6 耐张线夹及接续金具 机械损伤载荷及破坏载荷试验典型布置图

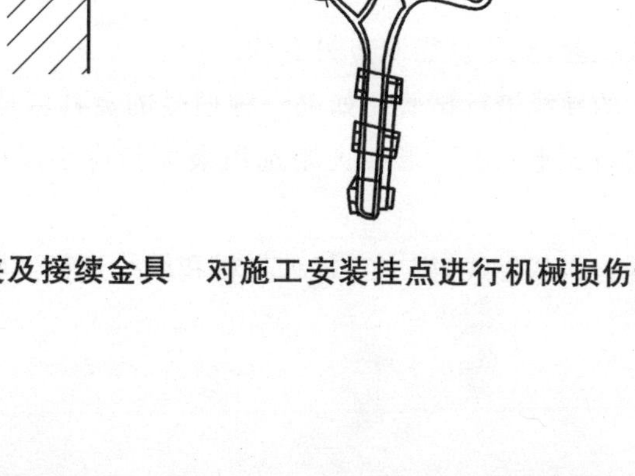

图 7 耐张线夹及接续金具 对施工安装挂点进行机械损伤试验典型布置图

7.2.2 试验步骤

a) 以平稳的速度施加载荷到规定的机械损伤载荷，保持 60 s，然后卸载，测量金具的永久变形；

b) 再次逐步加荷到金具的标称破坏载荷，保持 60 s，然后加荷直到金具发生破坏。如果载荷达到标称破坏载荷的 1.2 倍，金具还没有发生破坏，此时可以停止试验。除非供需双方另有约定。

7.3 判定准则

在达到机械损伤载荷时金具没有出现永久变形，并在达到标称破坏载荷时，金具没有发生破坏，则试验通过。

8 预绞式金具的试验

预绞式金具机械试验按 DL/T 763 进行。

9 保护金具的试验

9.1 补修管拉力试验

9.1.1 试验布置

选用与补修管相匹配的导线，并将导线最外层中相邻的若干线股切断，断口的位置应分散布置在大约 3 倍导线直径的一段导线长度内。然后按厂家要求的方法安装上补修管。随后在导线的端部安装夹具附件，注意不要使导线起灯笼，补修管两侧与夹具之间的长度应不小于导线外径的 100 倍。将试件安装在拉力试验机上。试验布置可参照图 5。

9.1.2 试验步骤

a) 在不少于 30 s 时间内，将载荷逐步增加到导线计算拉断力的 50%，保持 120 s；

b) 继续增加载荷逐步至导线计算拉断力的 95%，保持 60 s。

9.1.3 判定准则

如果在试验后补修管没有损坏，并且导线或地线没有断股或破坏，则认为试验通过。

9.2 均压屏蔽金具的强度试验

9.2.1 试验布置

按用户要求或按均压屏蔽金具能保证安全的支撑一个人体重的要求进行试验。先按照运行状态布置安装金具，施加设计图样中所规定的载荷，保持 60 s。

9.2.2 判定准则

如果试验后金具未发生机械破坏，则试验通过。

9.3 防振锤及间隔棒试验

9.3.1 防振锤试验按 DL/T 1099 进行。

9.3.2 间隔棒试验按 DL/T 1098 进行。

10 接触金具的试验

10.1 试验要求

10.1.1 接触金具只进行型式试验，除非供需双方另有约定。

10.1.2 应选用与金具相匹配的导线进行试验。如果一种型号的金具可适用于多个规格的导线，则应选用最大和最小规格的导线进行试验；对 T 形线夹则选用最大和最小规格的导线的组合情况进行试验。

10.1.3 如果金具适用于多种材料的导线，则应对每种材料和绞线进行试验。

10.1.4 如果某个系列型号的金具属于一种通用设计，并且该系列包括三种或更多种型号的金具，则应选取最大、最小和中间型号的三种金具进行试验。

10.2 滑移试验

10.2.1 试验布置

将金具安装在相匹配的导线上，如果这种金具用的导线不止一种规格，应在最大和最小规格导线上进行试验。将被试金具固定在试验机上，其受力状态应接近于实际运行状态。

10.2.2 试验步骤

a) 施加载荷到导线计算拉断力的5%，然后在导线上作一个检测金具相对位移的标记；

b) 继续增加载荷逐步至导线计算拉断力的10%，保持60 s。

10.2.3 判定准则

导线与金具间无相对滑移，且导线与金具均无损伤，则试验通过。

10.3 拉伸试验

10.3.1 试验布置

a) 选用与T形线夹相匹配的主导线，先将主导线安装在拉力试验机上，并施加主导线计算拉断力10%的载荷；

b) 将T形线夹安装在带载荷的主导线上，T形线夹每侧的导线长度应不小于100倍的导线外径。

10.3.2 试验步骤

a) 在不短于30 s的时间内，把载荷逐渐增加到导线计算拉断力的50%，保持120 s；

b) 在不短于30 s的时间内，继续增加载荷逐步至导线计算拉断力的95%，保持60 s。

10.3.3 判定准则

若主导线无损伤，则试验通过。

10.4 弯曲试验

对采用闪光焊接工艺或摩擦焊接工艺制造的铜与铝的过渡板进行此项试验。用试验机使铜铝焊接处弯曲180°，压头半径为2.5倍的板厚。若焊缝不断裂，则试验通过。

11 母线金具的试验

11.1 试验要求

11.1.1 母线金具只进行型式试验，除非供需双方另有约定。

11.1.2 母线固定金具应进行抗弯试验。施加在金具上的弯矩应按GB/T 8287.2的规定，换算成金具所受弯矩进行抗弯试验。

11.1.3 母线伸缩节只进行疲劳试验。

11.2 抗弯试验

11.2.1 试验布置

母线固定金具应按使用的实际情况固定在支座上，并按受力方向将金具连同支座安装在万能试验机工作台上，如图8所示，使金具受力点在万能材料试验机压头中心线上。

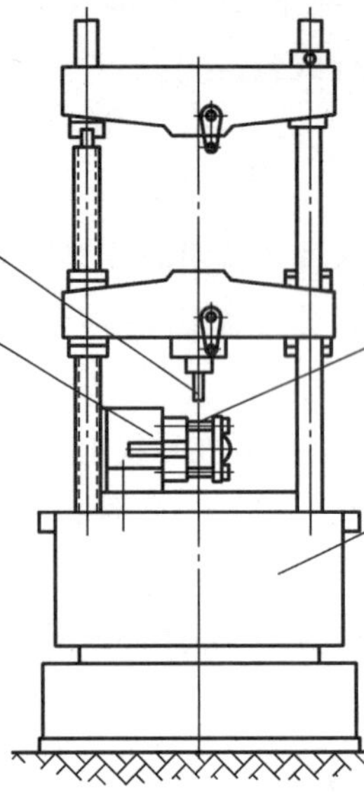

图 8 母线固定金具试验布置图

11.2.2 **试验步骤**

a) 压头加力至弯矩的40%,保持60 s,卸荷后测量金具的永久变形;

b) 继续增加载荷逐步至机械破坏载荷值,保持60 s,然后加荷直到金具发生破坏。如果达到机械破坏载荷的1.2倍,金具还没有发生破坏,此时可以停止试验,除非供需双方另有约定。

11.2.3 **判定准则**

在弯矩达到40%,保持60 s,金具没有出现永久变形,且在弯矩达到机械破坏载荷的规定,保持60 s,金具没有出现破坏,则试验通过。

11.3 **疲劳试验**

母线伸缩节应进行伸缩量32 mm,往返10^3次的疲劳试验,往返频率40次/h～60次/h,若伸缩节及焊缝无损坏,则试验通过。

ICS 29.240.20
K 51

中华人民共和国国家标准

GB/T 2317.2—2008
代替 GB/T 2317.2—2000

电力金具试验方法 第2部分：电晕和无线电干扰试验

**Test method for electric power fittings—
Part 2: Corona and RIV tests for electric power fittings**

(IEC 61284:1997, Overhead lines—
Requirements and tests for fittings, MOD)

2008-12-30 发布　　2009-10-01 实施

中华人民共和国国家质量监督检验检疫总局
中国国家标准化管理委员会　发布

前　言

GB/T 2317《电力金具试验方法》共有4个部分，分别是：

GB/T 2317.1《电力金具试验方法　第1部分：机械试验》

GB/T 2317.2《电力金具试验方法　第2部分：电晕和无线电干扰试验》

GB/T 2317.3《电力金具试验方法　第3部分：热循环试验》

GB/T 2317.4《电力金具试验方法　第4部分：验收规则》

本部分是GB/T 2317的第2部分。

本部分修改采用IEC 61284:1997《架空线路　金具的要求和试验》，借鉴了IEC 61284中有关名词定义、试验方法、接受判据以及试品布置的部分内容。本部分考虑了我国具体的实际情况，与IEC 61284:1997的区别包括：

① 试验中只采用电压法，而未用梯度法；

② 试品布置未采用映射面的金属墙和塔身构架；

③ 规定了确定试验电压的方法。

本部分代替GB/T 2317.2—2000。

与GB/T 2317.2—2000相比较，本次修订的主要内容如下：

——适用金具的电压等级从500 kV增加到了750 kV，并增加了750 kV电压对应的内容；

——对部分定义的文字进行了调整，使各条款的定义更为明确；

——可见电晕和无线电干扰试验中，明确了模拟横担的尺寸规定；

——原"4.7　接受判据"修改为"4.6　判定准则"，将本条内容修改为"在规定电压下，试品应无可见电晕，无线电干扰电压不大于规定值(通常为1 000 μV，也可由需方确定)，则试验通过。"；

——删掉"5　试验报告"。

本部分附录A为规范性附录。

本部分由中国电力企业联合会提出。

本部分由全国架空线路标准化技术委员会归口。

本部分负责起草单位：中国电力科学研究院。

本部分参加起草单位：国网武汉高压研究院。

本部分主要起草人：王来、谷莉莉、易辉、张学军、谢梁。

本部分所代替标准的历次版本发布情况：

——GB/T 2317—1985、GB/T 2317.2—2000。

电力金具试验方法
第2部分:电晕和无线电干扰试验

1 范围

GB/T 2317的本部分规定了架空电力线路电力金具的电晕和无线电干扰试验方法、程序和判据。

本部分适用于330 kV～750 kV交流高压架空线路使用的金具,变电站所用金具可参照执行。

2 规范性引用文件

下列文件中的条款通过GB/T 2317的本部分的引用而成为本部分的条款。凡是注日期的引用文件,其随后所有的修改单(不包括勘误的内容)或修订版均不适用于本部分,然而,鼓励根据本部分达成协议的各方研究是否可使用这些文件的最新版本。凡是不注日期的引用文件,其最新版本适用于本部分。

GB 311.1 高压输变电设备的绝缘配合(GB 311.1—1997,IEC 60071-1:1993,NEQ)

GB/T 2900.19 电工术语 高电压试验技术和绝缘配合(GB/T 2900.19—1994,IEC 60071-1:1993,NEQ)

GB/T 6113(所有部分) 无线电骚扰和抗扰度测量设备和测量方法规范(CISPR 16-1所有部分,IDT)

JB/T 3567 高压绝缘子无线电干扰试验方法

3 术语和定义

GB/T 2900.19确立的以及下列术语和定义适用于本部分。

3.1

可见电晕 visual corona

电力金具表面附近空气绝缘局部击穿而产生的气体放电现象,一般可用肉眼、望远镜或紫外成像仪等仪器观察到。

3.2

电晕起始电压 inception corona voltage

在试品上施加的电压逐渐升高直至试品上发生可见电晕时的电压。

3.3

电晕熄灭电压 extinction corona voltage

当试品上发生可见电晕后,逐步降低所施加的电压直至可见电晕消失时的电压。

3.4

无线电干扰电压 radio interference voltage

RIV

试品产生电晕时对周围无线电接收设备造成干扰信号的强弱以无线电干扰电压来衡量,单位为μV。

在通讯领域,通常用无线电干扰电平来衡量无线电干扰的强度,单位为分贝(dB)。干扰电平和干扰电压的关系如下:

$$A = 20 \log \frac{U}{U_0} \qquad \cdots\cdots(1)$$

式中：

A——分贝值；

U——实测的干扰电压(μV)；

U_0——基准电压，1 μV。

无线电干扰电压、可见电晕与施加电压之间典型关系如图1所示。

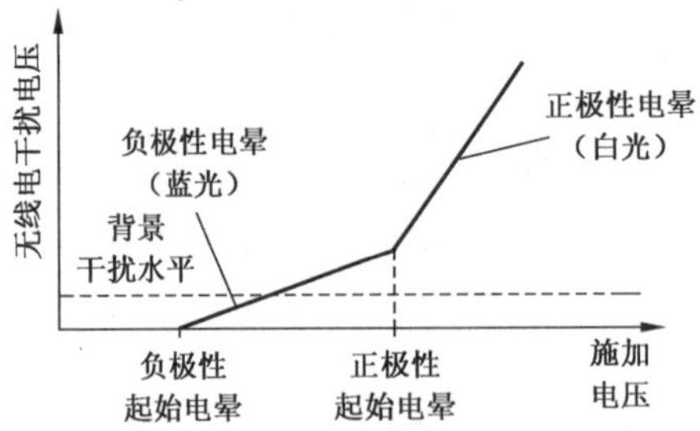

图1 无线电干扰电压、可见电晕与施加电压之间关系

4 可见电晕和无线电干扰电压试验

4.1 试品布置

布置试品时应了解安装被试金具的架空线路几何尺寸、布置和最高运行电压。在本试验中是以单相导线来模拟三相输电线路导线上的场强。因此，试品组装和布置时应尽可能与实际线路相同。对绝缘子的金具试验，应把绝缘子元件和金具组成完整的绝缘子(串)装置，线路金具应安置在导线或子导线上。导线或子导线可以用直径相同的光滑金属棒或金属管来模拟。导线的两端应安装屏蔽环或球，以屏蔽端部电晕。模拟横担长度为绝缘子串长的2倍，宽度与实际线路杆塔横担宽度相当。

可见电晕和无线电干扰试验的试品布置相同，二者可同时试验，也可分别试验。试品布置参见图2～图4。图2、图3和图4的布置分别适用于悬垂串、耐张串和档中的金具。

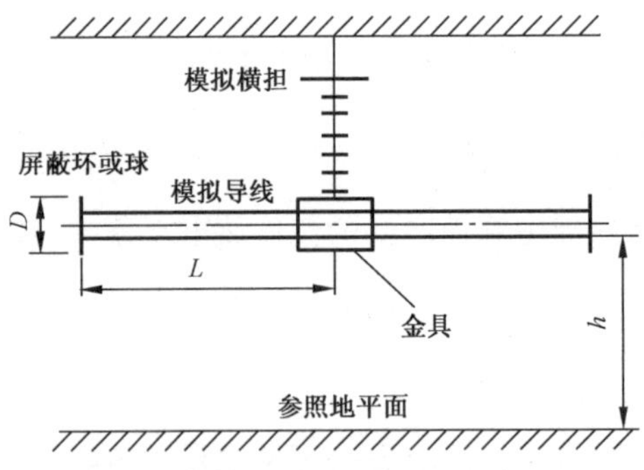

图2 悬垂装配试品的典型布置

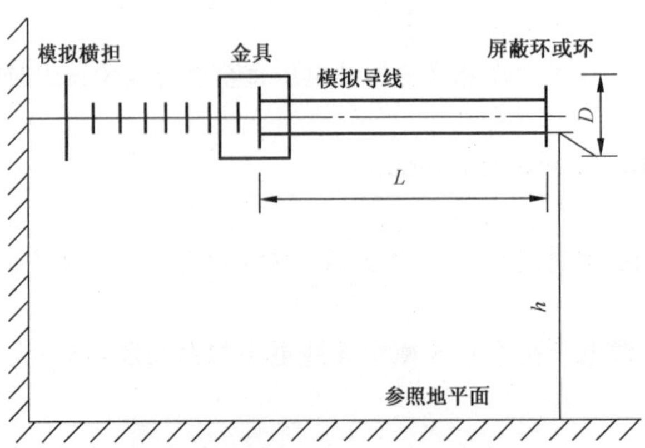

图3 耐张装配试品的典型布置

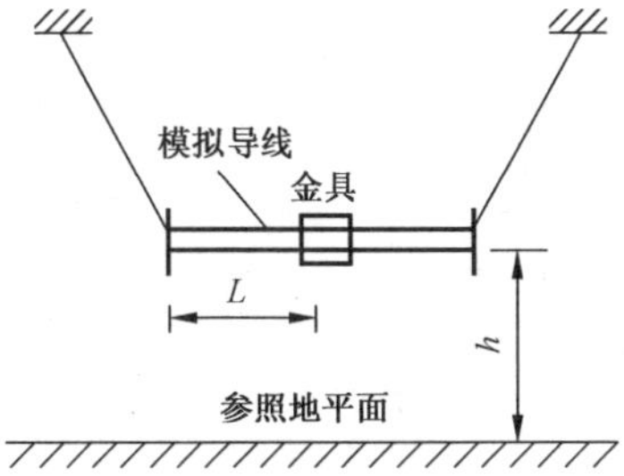

图 4 档中金具的典型布置

图中各有关参数如表 1 所示：

表 1 试品布置的有关尺寸

U_N[a]/kV	h/(m±5%)	L/(m±10%)	L_1[b]/m	L_2[b]/m
330	4	4D	3D	3D
500	6	4D	3D	3D
750	8	4D	3D	3D
注：对于多回路的试品布置由供需双方协商确定。				
[a] U_N 为系统额定电压，D 为屏蔽环或球的直径(m)。D≥1.2 倍分裂导线间距。 [b] L_1 是金具与均压环之间的距离，L_2 是金具之间的距离。				

平行于导线的墙面与试品间的距离 S 应满足：2 h≤S≤4 h。

试验时，一般应将试品逐个进行试验，也可以 3 只试品(不包括均压环之类的金具)一起试验，但试品的布置应符合表 1 的规定。试验中若有 1 只试品在规定电压下发生可见电晕或 RIV 不满足要求，则应重新对试品进行逐个试验。

4.2 试验回路和仪器设备

无线电干扰试验回路应符合 JB/T 3567 的要求，回路如附录 A 所示，所用仪器应符合 GB/T 6113 的有关规定。

观测电晕可用肉眼、望远镜和紫外成像仪等设备；记录电晕可用照相机、紫外成像仪或映像增强器等仪器设备。

4.3 试品数量

型式试验、抽样试验各抽 3 只。试品应清洁干净。

4.4 试验程序

4.4.1 可见电晕试验

用肉眼、望远镜观察可见电晕，试验应在黑暗条件下进行，观测者需在黑暗条件下停留 15 min 以上，以适应黑暗条件下的观测；紫外成像仪可用于白天非黑条件下进行可见电晕电压试验。试验时逐步升高施加在试品上的电压，直至观察到试品电晕的产生，维持 5 min，并记录该电压作为电晕起始电压；然后逐步降低施加在试品上的电压，直至试品上的电晕消失为止，维持 5 min，并记录该电压为电晕熄灭电压。上述试验重复三次，分别取其平均值作为该试品的电晕起始电压和电晕熄灭电压。

4.4.2 无线电干扰试验

进行无线电干扰试验时，应进行背景干扰测量。背景干扰应在无试品或试品没有干扰的条件下对试验回路进行测量，原则上，背景干扰电压应不大于试品干扰电压的 30%。

首先在试品上施加规定电压的 120%，并维持 5 min，然后降到规定电压的 30%，再逐级升高电压，直到规定电压的 120%，而后再逐级降低电压至规定电压的 30%。在第二次降压过程中同时记录施加电压和无线电干扰电压值，由此可作出一条干扰电压和施加电压的关系曲线。通常每级电压为规定电压值的 10%。

4.5 试验电压

试验电压的有效值应以电压的峰值除以$\sqrt{2}$来表示。本部分规定的试验电压：

1） 在海拔 1 000 m 及以下的地区：

$$U_0 = 1.1 \times k_1 \times k_2 \times k_3 \times U_m/\sqrt{3} \quad \cdots\cdots(2)$$

式中：

U_m——系统最高运行电压，kV；

k_1——试品位置修正系数，档中金具取 1.00，塔窗附近金具取 1.05；

k_3——试品悬挂高度修正系数，如表 2 所示；

k_2——气象修正系数，在环境温度为 10 ℃～40 ℃、相对湿度为 20%～70%的条件下，只作空气密度修正：

$$k_2 = \frac{p_1}{p_2} \times \frac{273 + t_0}{273 + t_1} \quad \cdots\cdots(3)$$

式中：

p_1——试验时的大气压强，kPa；

p_0——标准大气压强，kPa；

t_0——标准温度 20 ℃；

t_1——试验时的温度，℃。

表 2 悬挂高度修正系数

U_N[b]/kV \ h[a]/m	4	6	8	10	12	14
330	1.0	1.05	1.075	—	—	—
500	0.925	1.000	1.050	1.075	—	—
750	—	0.930	1.000	1.050	1.090	1.105
注：对于多回路的试品布置由供需双方协商确定。						
a h——试品悬挂高度； b U_N——系统额定电压。						

2） 当金具用于海拔高于 1 000 m 但不高于 4 000 m 的地区时，试验电压应按 GB 311.1 进行海拔修正

$$U_H = k_H \times U_0 \quad \cdots\cdots(4)$$

$$k_H = \frac{1}{1.1 - 0.1H} \quad \cdots\cdots(5)$$

式中：

H——海拔高度，km。

4.6 判定准则

在规定电压下，试品应无可见电晕，无线电干扰电压不大于规定值(通常为 1 000 μV，也可由需方确定)，则试验通过。

附　录　A
（规范性附录）
无线电干扰试验回路

无线电干扰试验回路如图 A.1 所示，按照 JB/T 3567 的规定，主要参数如下：

a）　测量频率：$f=(0.5\pm0.05)$MHz 或（1+0.1）MHz；

b）　等效电阻：$R_L=(R_1+R_2 /\!/ R_m)=300(\Omega)$，其中 R_m 为仪器内阻；

c）　调谐阻抗：Z_S，在测量频率下 $(Z_S+R_L)=(300\pm40)\Omega$，相角不超过 20°。

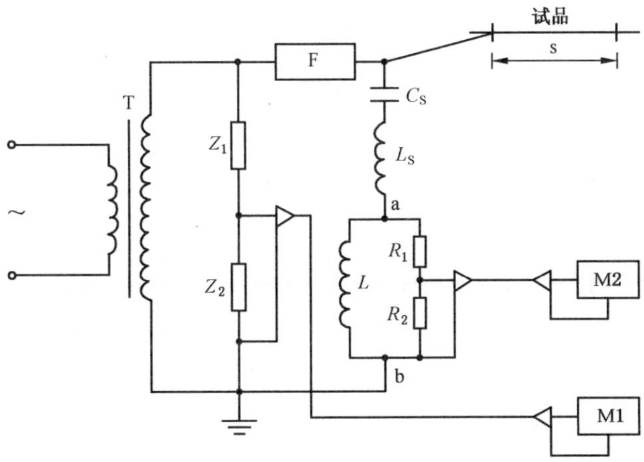

T——试验变压器；

F——滤波器；

M1，M2——测量仪器；

R_1——满足被试品跨接 300 Ω 要求的电阻；

R_2——匹配电阻；

Z_S——由电感器 L_S 和电容器 C_S 组成的串联调谐回路阻抗；

L——并联电感。

图 A.1　无线电干扰试验回路图

ICS 29.240.20
K 51

中华人民共和国国家标准

GB/T 2317.3—2008
代替 GB/T 2317.3—2000

电力金具试验方法
第3部分:热循环试验

**Test method for electric power fittings—
Part 3:Heat cycle tests for electric power fittings**

(IEC 61284:1997,Overhead lines—
Requirements and tests for fittings, MOD)

2008-12-30 发布　　2009-10-01 实施

中华人民共和国国家质量监督检验检疫总局
中国国家标准化管理委员会　发布

前　言

GB/T 2317《电力金具试验方法》共有4个部分，分别是：

GB/T 2317.1 《电力金具试验方法　第1部分：机械试验》

GB/T 2317.2 《电力金具试验方法　第2部分：电晕和无线电干扰试验》

GB/T 2317.3 《电力金具试验方法　第3部分：热循环试验》

GB/T 2317.4 《电力金具试验方法　第4部分：验收规则》

本部分是GB/T 2317的第3部分。

本部分在修订时修改采用了IEC 61284:1997《架空线路　金具的要求和试验》的相关内容。本部分和IEC 61284:1997相比，主要有以下区别：

① 将温升试验、电阻试验单独列出，以便于根据不同要求进行产品的试验、检测；

② 在IEC标准相关数值的基础上，对热循环次数 N 及温升 T_f 进行了补充；

③ 对承受拉力的A类和不承受拉力的B类电气接续金具的试验方法进行了统一。

本部分代替GB/T 2317.3—2000。

本部分与GB/T 2317.3—2000相比，主要进行了以下修改：

——将原标准第3章“一般要求”改为“概述”，并取消了原标准3.2，使内容清晰，有利于标准的执行；

——对“试件数量”的规定修改为“按GB/T 2317.4的规定执行。”；

——“试验规则”一章中，对部分条款的文字进行了调整，使各条款的定义更为明确；

——新增加了“电阻试验”，并作为新标准的第6章；

——新增加了“温升试验”，并作为新标准的第7章；

——“热循环试验”作为新标准的第8章，并且增加了“对于耐热导线等具有较高运行温度的其他导线配套金具试验方法可参照执行。”；

——对附录F中的公式进行了修正。

本部分的附录A、附录B、附录C、附录D、附录E、附录F是规范性附录。

本部分由中国电力企业联合会提出。

本部分由全国架空线路标准化技术委员会归口。

本部分负责起草单位：中国电力科学研究院。

本部分参加起草单位：南京线路器材厂。

本部分主要起草人：薄通、徐乃管、董吉谔、陈宁、刘长青、尤传永、王景朝、周立宪。

本部分所代替标准的历次版本发布情况：

——GB/T 2317—1985、GB/T 2317.3—2000。

电力金具试验方法
第3部分:热循环试验

1 范围

GB/T 2317 的本部分规定了电力金具的热循环试验方法。

本部分适用于电气接续金具的电阻、温升及热循环电气性能的试验。

2 规范性引用文件

下列文件中的条款通过 GB/T 2317 的本部分的引用而成为本部分的条款。凡是注日期的引用文件,其随后所有的修改单(不包括勘误的内容)或修订版均不适用于本部分,然而,鼓励根据本部分达成协议的各方研究是否可使用这些文件的最新版本。凡是不注日期的引用文件,其最新版本适用于本部分。

GB/T 2314 电力金具 通用技术条件

GB/T 2317.4 电力金具试验方法 第4部分:验收规则

3 概述

电气接续金具按受力情况可分为承受拉力(A类)和不承受拉力(B类)两类(见附录A)。

4 试件

4.1 试件数量

按 GB/T 2317.4 的规定执行。

4.2 连接两种及以上导线的电气接续金具

对于连接两种及以上导线的电气接续金具,选择在最大规格和最小规格的导线上进行试验。

4.3 准备

电气接续金具及导线上的接触表面,应按厂家的说明进行处理,然后将其安装在新导线上,不得有松动。

5 试验规则

5.1 试验条件

试验应在环境温度 15 ℃～30 ℃较为不通风的条件下进行。试验布置应使金具之间或为便于试验而引入的其他连接件之间保持一定的距离,要足以保证忽略掉热扰动的影响。试件的支撑方式,应使空气可以绕试件自由环流而自然冷却。如果采用加速冷却,则应在整个试验布置区进行均匀冷却。

试验应使用新导线,对承受拉力的电气接续金具可以施加不超过导线计算拉断力 20%的张力。

5.2 参照导线

为测量电阻和温度,试验回路应包括具有一定长度的一根导线,作为测量金具电阻和温度的参照体。如果布置中一个接续金具要连接两种规格的导线,那么应将较小的导线作为参照导线。参照导线的长度不得小于导线直径的100倍,最长不超过4 m。

5.3 电位测点

测量电阻时的测点位置应位于距离各电气接续金具端部25 mm处的导线上。对于参照导线的电位测点可采用附录B和附录C的示意图方式。

注：电位测试点不必焊接。附录D中电位测点的实用操作方法可以得到满意的性能。

5.4 试验回路的安装

试验回路的典型布置见附录B和附录C。

5.5 测量方法

5.5.1 电阻测量方法

各试验电气接续金具及参照导线，其电阻测量应在5.3规定的电位测点之间进行。

测量电阻时应读出参照导线的温度和试验电气接续金具的温度，并按下式求出20 ℃时的电阻值。

$$R_{20}=\frac{R_{\theta}}{1+\alpha_{20}(\theta-20)}$$

式中：

R_{θ}——测得的电阻值；

θ——测量电阻时的电气接续金具或参照导线的温度，℃；

α_{20}——电阻温度系数，取值为：

对于铜、铝和钢芯铝绞线，$\alpha_{20}=4\times10^{-3}$/℃；

对于铝合金，$\alpha_{20}=3.6\times10^{-3}$/℃。

测量电阻应在15 ℃～30 ℃之间的稳定环境温度下进行，测量的电阻为直流电阻。电流引入点距电气接续金具的距离不得小于导线直径的50倍，并应与导线的全部线股有效接续，在计算导线等效电阻时要考虑到这一条件。

测量电阻用的仪表误差不大于1%，或不大于0.5 μΩ。

注：当采用附录F中的统计法这一判定方法时，测量电阻的误差会增加试件不能通过试验的可能性。为此，要考虑以下情况：

——热电势会影响低电阻的测量精度(约10 μΩ)，作为补偿应改变引线电流方向，取两次测量电阻的平均值作为试件实际电阻值。

——测量电阻前要有一段时间的恒温或冷却，恒温或冷却时间的长短会影响到测量值，因此，切断电源后需要足够长的时间。为了缩短试验时间，允许对试件作强迫冷却。

5.5.2 温度测量方法

电气接续金具、参照导线以及环境温度应使用热电偶或其他合适仪器进行测量。测量精度为2 ℃或更高精度。

记录的电气接续金具温度应是其表面最热部分的温度。测温探头紧贴于试件表面，或在试件上打个小孔，将测温探头插入小孔中。对于参照导线，测温探头应置于导线长度中央，且可靠固定好。对于绞合导线，测温探头应置于线股中。对于整根导体可打一小孔，测温探头放在小孔中(见附录B和附录C)。

整个试验中都要测量环境温度，测温探头应设置在不受电气回路发热影响的地方。

6 电阻试验

6.1 试验程序

按5.3规定确定电位测点，按5.5.1规定的测量方法，测试出参照导线与试件的直流电阻，并算出平均值作为实际电阻值。

6.2 判定准则

对于压缩型金具，如果其电阻值不大于与金具等长的参照导线电阻值，则试验通过。对于非压缩型金具，如果其电阻值不大于与金具等长的参照导线电阻值的1.1倍，则试验通过。

7 温升试验

7.1 试验程序

在试验回路中通入试验电流，按5.5.2规定的测量方法，在恒温30 min的后15 min内，测试出参照导线与试件的温度。应重复3次～5次温升试验，并计算其温升值。取试验结果的平均值作为测试结果。

7.2 判定准则

如果试件的温升不大于参照导线的温升，则试验通过。

8 热循环试验

8.1 总则

热循环试验包括N次载流循环，循环次数和温升按表1执行。

每次热循环包括对试验回路的一次通电加热过程和紧随其后的切断电流的冷却过程。热循环试验应使用交流电进行。

对于耐热导线等具有较高运行温度的其他导线配套金具试验方法可参照执行，或由供需双方协商确定。

表1 循环次数N的选择

循环次数N	温升T_f/℃
500	100
300	115
200	122
100	130

8.2 试验程序

a) 按4.3要求准备好试件。试验回路中布置4个试件，试验前应按5.5.1的要求，测量各试件电阻及参照导线的电阻。根据试件长度，计算或测出参照导线等效长度上的电阻值；

b) 让电流通过试验回路，试验电流的大小和通电时间的长短应使参照导线的温度升至环境温度以上T_f+5 ℃，恒温30 min。为缩短试验时间，可加大初期电流以加速加热，但不得超过试验电流的1.5倍；

c) 加热过程结束，切断电流，让导线冷却至高于环境温度5 ℃以内，为缩减冷却时间，允许强迫冷却；

d) 重复操作，进行$0.1N \pm 0.02N$次循环；

e) 在$0.1N \pm 0.02N$次热循环中，应在最后5次循环中的某一次，在恒温30 min的后15 min内，测量导线及试件的温度；

f) 然后将试件温度冷却至环境温度，测量导线及试件的电阻；

g) 继续进行热循环，在每个$0.1N$次热循环末测量温度和电阻，直至完成$0.5N$次循环；

h) 在以后的$0.5N$次循环中，每个$0.05N(\pm 0.01N)$次循环要测量电阻，每个$0.1N(\pm 0.02N)$次循环要测量温度。

试验过程中不得对试件进行紧固和调整。上述试验程序以图表形式示于附录E中。

8.3 判定准则

如果试验满足下列要求，则试验通过：

a) 试验回路中每个试件的初始电阻值与4个试件初始电阻平均值的差值不应超过平均值的30%；

b) 每 0.1N 次热循环时，试件表面温度不得超过参照导线的温度；

c) 在每 0.1N 次热循环末，在环境温度下测得的试件电阻不得超过参照导线等效长度电阻；

d) 在后 0.5N 次热循环中，试件的平均电阻不得大于初始电阻值的 1.5 倍；

e) 电阻与热循环关系曲线图应表明有一合理概率，即后 0.5N 次热循环中电阻的增加不得超过同期电阻平均值的 15%。确定此概率的方法应符合附录 F 的要求。

附 录 A
（规范性附录）
常用的电气接续金具型式

A.1 受拉的接续金具(A类)

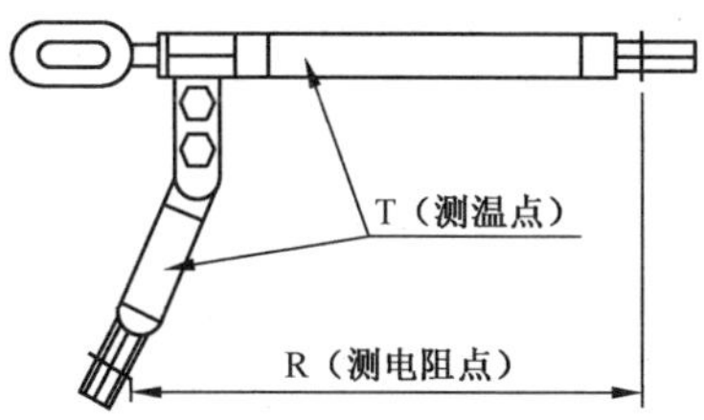

图 A.1 耐张线夹

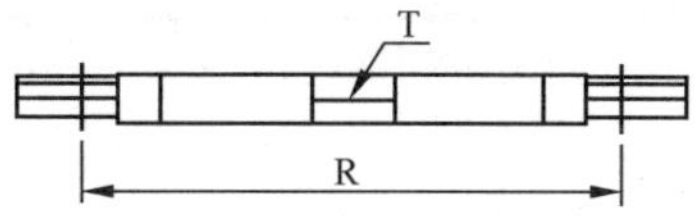

图 A.2 接续管或修补管

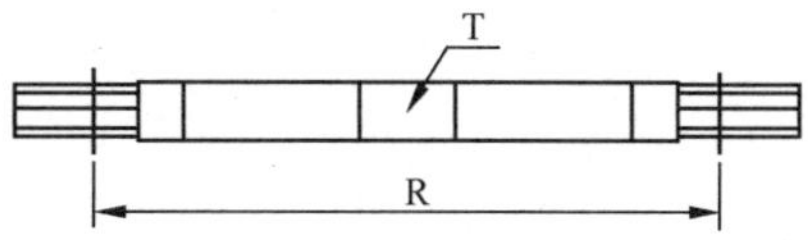

图 A.3 跳线接续管

A.2 不受拉的接续金具(B类)

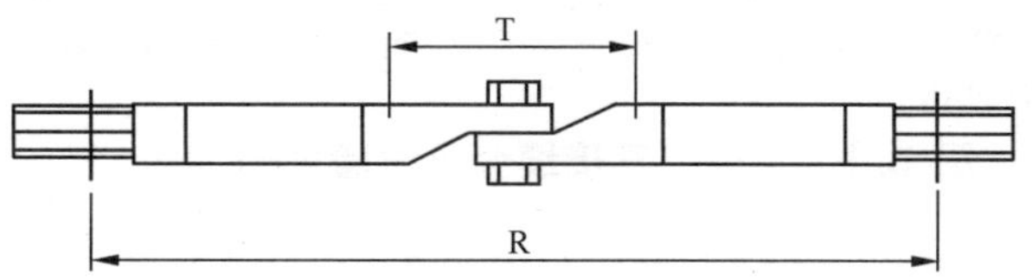

图 A.4 引流管

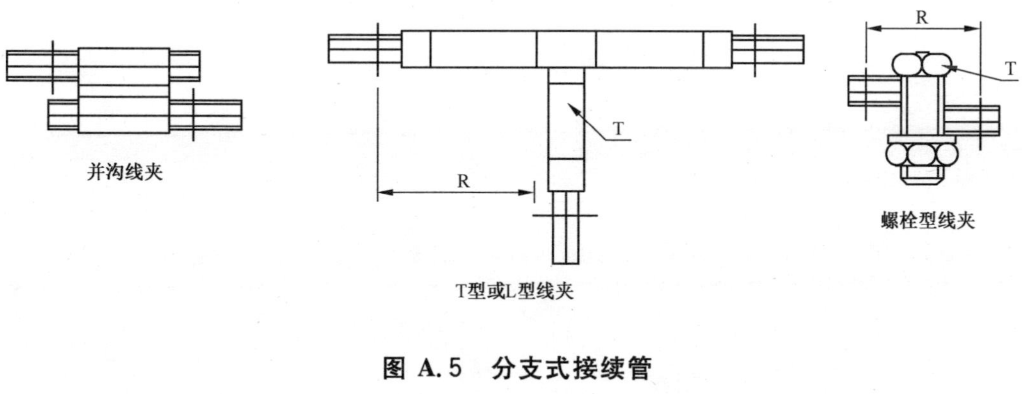

图 A.5 分支式接续管

附 录 B
（规范性附录）
A类电气接续金具的典型试验回路

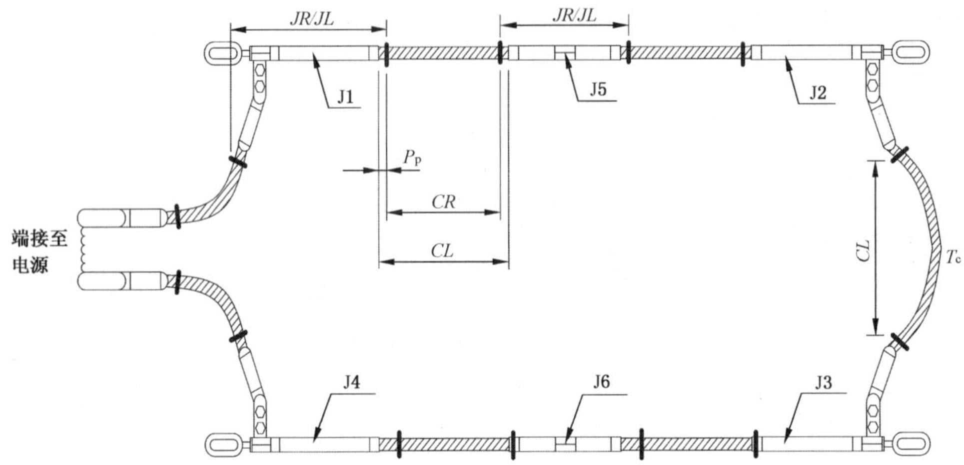

试验回路中允许串入不同型号的接续金具。例如此回路中：

J1～J4——耐张线夹；

J5～J6——直线管；

JL——接续金具长度，mm；

JR——接续金具电阻，μΩ；

CR——导线电阻，μΩ；

P_p——电位测点。距试件25 mm，见附录D；

T_c——参照导线测点温度，℃；

CL——参照导线长度，mm，为试件之间的导线直径的100倍(最长为4 m)。

单位长度导线电阻：$CR/(CL$-50 mm)；

单位长度金具电阻：$JR/(JL$-50 mm)。

图B.1 A类电气接续金具试验回路

附 录 C
（规范性附录）
B类电气接续金具的典型试验回路

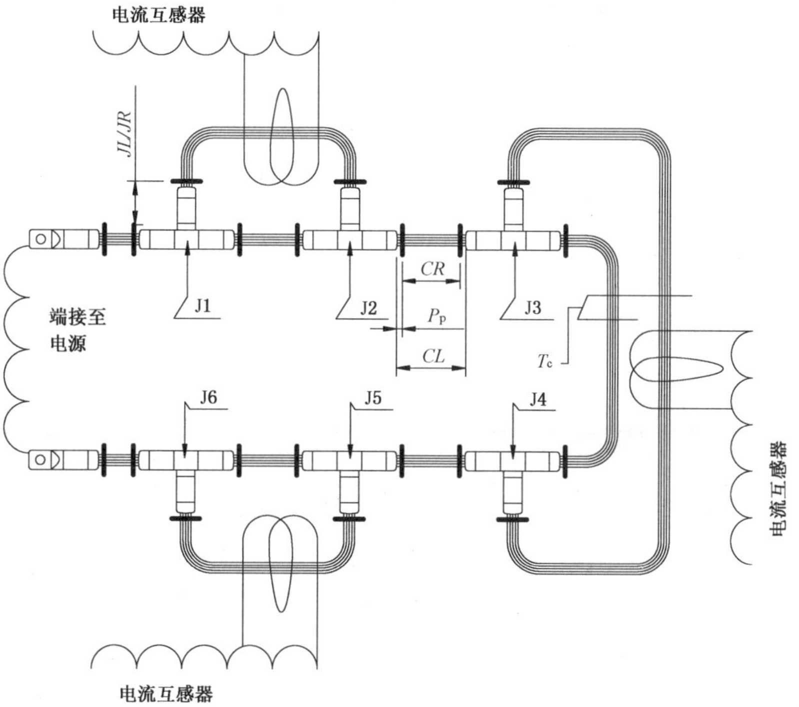

试验回路中允许串入不同型号的接续金具，例如回路中：

J1～J6——T型线夹；

JL——接续金具长度，mm；

JR——接续金具电阻，μΩ；

CR——导线电阻，μΩ；

P_p——电位测点。距试件25 mm，见附录D；

T_c——参照导线测温点，℃；

CL——参照导线长度，mm，为试件之间的导线直径的100倍（最长为4 m）。

单位长度导线电阻：$CR/(CL$-50 mm)；

单位长度金具电阻：$JR/(JL$-50 mm)。

图C.1 B类电气接续金具的典型试验回路

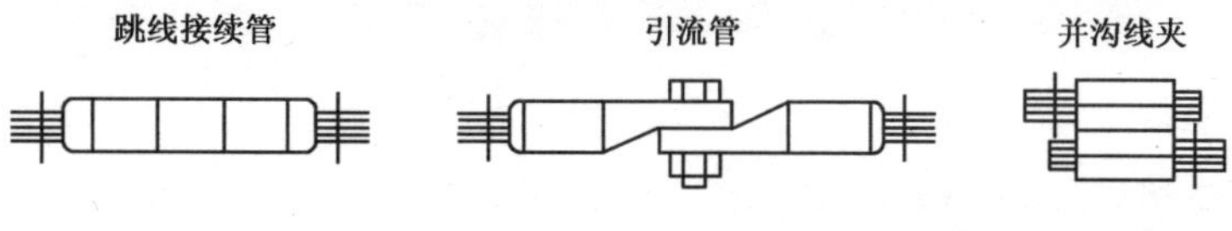

a)　　b)　　c)

图C.2 不受拉的接续金具的电位测点

附 录 D
（规范性附录）
电 位 测 点

对于绞合导线，用3圈镀锡铜线绕紧的测点具有满意的性能。应注意，测量前必须保证铜丝紧紧缠绕在测点处导线上，图例见图D.1

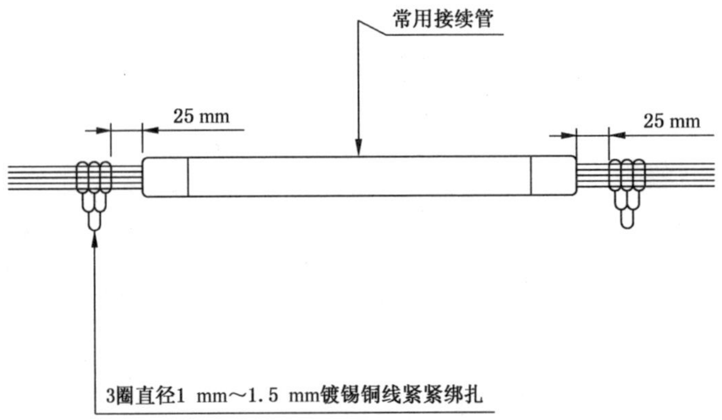

图 D.1 电位测点

附　录　E
(规范性附录)
热循环试验程序图

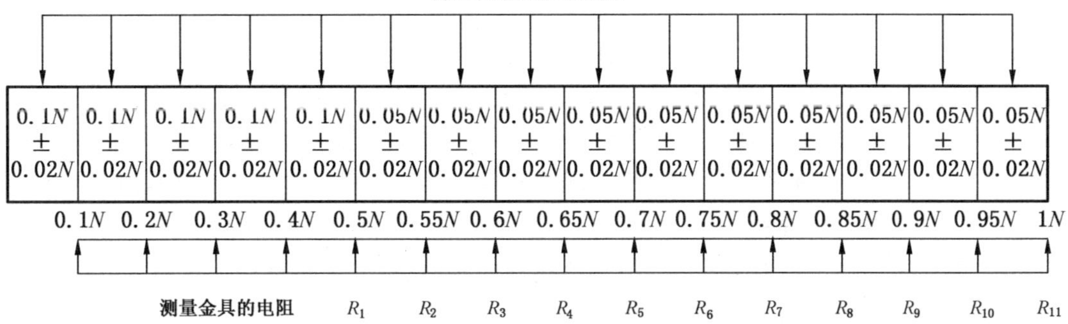

注：R_1,R_2…R_{11}为统计法中使用的电阻值，见附录 F。

图 E.1　热循环试验程序明细表

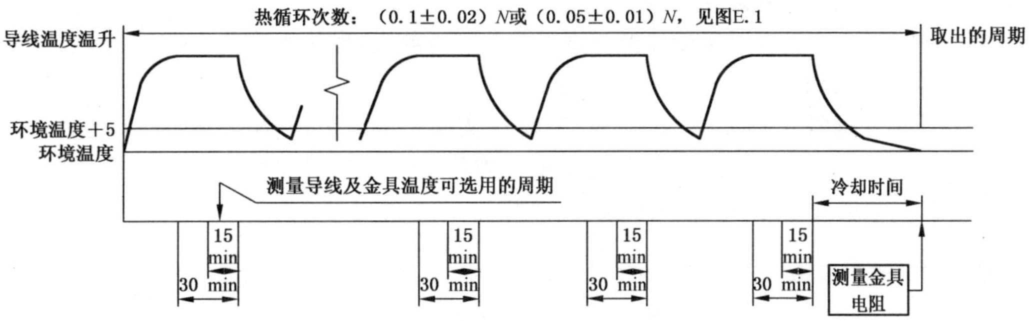

图 E.2　0.1 N 或 0.05 N 次热循环程序明细表

附　录　F
（规范性附录）
统　计　法

F.1　概述

附录提出的统计法，目的是对 0.5N～N 次热循环试验结果提供一个客观的评价方法，这是因为对电阻-热循环次数关系曲线进行直观判断不易作出准确评价。当然，采用统计法并不是摒弃直观判断的方法，因为在对一个试件的统计方法中，尽管要记录 11 个数据中的每一个数据，但是一个明显偏离最佳拟合直线的数据会对试验结果产生严重影响，对此数据应该剔除。例如 B 类电气接续金具，6 个试件中 5 个通过了试验，而第 6 个试件要不是由于试验误差造成的一次靠不住的读数，试验也将被通过。在 6 个电阻读数中，依据一次不良的电阻读数而报废设计的金具，这不符合常识。舍去这一不良读数，继续在此区间进行试验的结果或许跟其余试验数据一致。

判定准则有以下三步：

a）　计算电阻变化量 M。用最小二乘法对数据拟合最佳直线，以此为基准线计算 0.5N～N 次热循环中电阻的升降变化量。将此变化量表示成对 0.5N～N 次热循环中电阻平均读数的比值，计作 M。

注意：电阻升降变化量 M 通常取为正值。

b）　计算离散度 S。计算对于最佳拟合直线的电阻离散度，将其表示成对 0.5N～N 次热循环中电阻平均值的比值，计作 S。

c）　计算考虑了电阻变化量 $D=M+S$。参数 D 实际上是 0.5N～N 次热循环的电阻变化量，将其表示成为 0.5N～N 次热循环中的电阻平均值的比值。假如电阻对最佳拟合直线成正态分布，有 95％的置信度，则可接受的判定准则是 D 不得超过 0.15。

F.2　测量电阻的表示方法

被测量的电阻值见表 F.1。

表 F.1　被测量的电阻值

循环次数	0.5N	0.55N	0.6N	0.65N	0.7N	0.75N	0.8N	0.85N	0.9N	0.95N	1N
测量电阻值	R_1	R_2	R_3	R_4	R_5	R_6	R_7	R_8	R_9	R_{10}	R_{11}

F.3　计算电阻平均值 *R*

$$R=\frac{R_1+R_2+\cdots+R_{11}}{11} \qquad \cdots\cdots\cdots\cdots(\text{F.1})$$

F.4　计算电阻最佳拟合直线的斜率 *B*

$$B=\frac{-5R_1-4R_2-3R_3-2R_4-R_5+R_7+2R_8+3R_9+4R_{10}+5R_{11}}{110} \qquad \cdots\cdots(\text{F.2})$$

F.5　计算电阻变化量 *M*

根据拟合直线的斜率，将其表示成对平均电阻的比值。

$$M=\frac{10B}{R} \qquad \cdots\cdots\cdots\cdots(\text{F.3})$$

F.6 将 *M* 与判定准则相比较

若 $M>0.15$，则试样不合格；

若 $M\leqslant 0.15$，则继续进行 F.7 的计算。

F.7 对拟合直线离散度 *S* 的计算

$$S=\frac{2.07}{R}\sqrt{\frac{A_1^2+A_2^2+\cdots+A_{11}^2}{9}} \qquad \text{(F.4)}$$

式中：

$A_1=R_1-R+5B$

$A_2=R_2-R+4B$

$A_3=R_3-R+3B$

$A_4=R_4-R+2B$

$A_5=R_5-R+B$

$A_6=R_6-R$

$A_7=R_7-R-B$

$A_8=R_8-R-2B$

$A_9=R_9-R-3B$

$A_{10}=R_{10}-R-4B$

$A_{11}=R_{11}-R-5B$

F.8 将 *M*+*S* 与判定准则比较

对于合格试件，$D=M+S\leqslant 0.15$

ICS 29.240.20
K 51

中华人民共和国国家标准

GB/T 2317.4—2008
代替 GB/T 2317.4—2000

电力金具试验方法
第4部分:验收规则

Test method for electric power fittings—
Part 4:Acceptance inspection for electric power fittings

2008-12-30 发布 2009-10-01 实施

中华人民共和国国家质量监督检验检疫总局
中国国家标准化管理委员会 发布

前　　言

GB/T 2317《电力金具试验方法》共有4个部分，分别是：

GB/T 2317.1 《电力金具试验方法　第1部分：机械试验》

GB/T 2317.2 《电力金具试验方法　第2部分：电晕和无线电干扰试验》

GB/T 2317.3 《电力金具试验方法　第3部分：热循环试验》

GB/T 2317.4 《电力金具试验方法　第4部分：验收规则》

本部分是GB/T 2317的第4部分。

本部分代替GB/T 2317.4—2000。

本部分与GB/T 2317.4—2000相比，主要有以下差别：

——为便于标准的使用，取消了“标志与包装”一章，将这部分内容划归到GB/T 2314—2008《电力金具通用技术条件》中；

——取消了“定期试验”的内容。

本部分由中国电力企业联合会提出。

本部分由全国架空线路标准化技术委员会归口。

本部分负责起草单位：中国电力科学研究院。

本部分参加起草单位：南京线路器材厂。

本部分主要起草人：薄通、徐乃管、董吉谔、陈宁、刘长青、尤传永、王景朝、周立宪。

本部分所代替标准的历次版本发布情况：

——GB/T 2317—1985、GB/T 2317.4—2000。

电力金具试验方法
第4部分:验收规则

1 范围

本部分规定了电力金具的验收规则。

本部分适用于额定电压10 kV及以上架空电力线路、变电站及电厂配电装置用的电力金具(以下简称金具)。

对低压配电网使用的同类金具可参照使用本部分。对在严重腐蚀、污秽的环境、高海拔地区、高寒地区等条件下使用的金具尚应满足其他标准的有关规定。

2 规范性引用文件

下列文件中的条款通过GB/T 2317的本部分的引用而成为本部分的条款。凡是注日期的引用文件,其随后所有的修改单(不包括勘误的内容)或修订版均不适用于本部分,然而,鼓励根据本部分达成协议的各方研究是否可使用这些文件的最新版本。凡是不注日期的引用文件,其最新版本适用于本部分。

GB/T 2314 电力金具通用技术条件

GB/T 2317.1 电力金具试验方法 第1部分:机械试验

GB/T 2317.2 电力金具试验方法 第2部分:电晕及无线电干扰试验

GB/T 2317.3 电力金具试验方法 第3部分:热循环试验

DL/T 756 悬垂线夹

DL/T 768.7 电力金具制造质量 钢铁件热镀锌层

DL/T 1098 间隔棒技术条件和试验方法

DL/T 1099 防振锤技术条件和试验方法

3 验收规则

3.1 金具由制造厂的技术检验部门检验合格后方能出厂,制造厂应保证所有出厂的金具符合国家标准及图样规定的有关技术条件。

3.2 金具试验分为型式试验、抽样试验和例行试验。

3.3 型式试验

3.3.1 总则

型式试验的目的是确认设计性能,通常在新产品试制定型时进行一次,当设计、材料或工艺更改后需重新进行。

3.3.2 试验项目及数量

金具应按表1进行型式试验,"○"表示进行该项试验。

防振锤、间隔棒、悬垂线夹还需满足DL/T 1099、DL/T 1098、DL/T 756规定的其他试验要求。

3.3.3 合格判定

如果试件全部符合要求,则该种产品为合格。

3.4 抽样试验

3.4.1 总则

抽样试验的目的是证实材料和产品的性能。抽样试验按批进行，在一批金具中随机抽取试验样品。

3.4.2 试验项目及数量

a) 金具应按表1进行抽样试验。受试样品在送交检验的批次中随机选取。需方有选择受试样品的权利；

表1 金具试验的项目及数量

序号	试验项目	悬垂线夹			连接金具			耐张线夹			接续金具			防护金具			型式试验数量	试验方法
		型式	抽样	例行	型式	抽样	例行	型式	抽样	例行	型式	抽样	例行	型式	抽样	例行		
1	外观	○	○	○[a]	○	○	○[a]	○	○	○[a]	○	○	○[a]	○	○	○[a]	3	GB/T 2314
2	尺寸	○	○	○[a]	○	○	○[a]	○	○	○[a]	○	○	○[a]	○	○	○[a]	3	按图样要求
3	组装	○	○		○	○		○	○		○	○		○	○		3	按图样要求
4	热镀锌锌层	○	○		○	○		○	○		○			○	○		3	DL/T 768.7
5	非破坏性试验					○[a]	○[a]										3	GB/T 2317.1
6	破坏载荷	○	○		○	○		○[c]	○[a,c]					○			3	GB/T 2317.1
	握力	○						○			○			○			3	GB/T 2317.1
7	电阻							○[b]			○						4	GB/T 2317.3
	温升							○[b]			○						4	GB/T 2317.3
	热循环							○[b]			○						4	GB/T 2317.3
8	电晕和无线电干扰	○[d]						○[b,d]			○[d]			○[d]			3	GB/T 2317.2

[a] 供需双方商定。

[b] 仅用于压缩型。

[c] 仅用于螺栓型及楔型耐张线夹。

[d] 用于额定电压 330 kV 及以上的金具。

b) 除非另有规定，一批产品不足100件时，不做抽样试验。批量在100件以上时，抽样数量按以下公式计算：

当 $100 \leqslant n < 500$ 时，$p=4$

当 $500 \leqslant n \leqslant 20\ 000$ 时，$p=4+1.5n/1\ 000$

当 $n > 20\ 000$ 时，$p=19+0.75n/1\ 000$

式中：

n——金具批量；

p——抽样数量(最接近的整数)。

热镀锌锌层检验的抽样数量按 DL/T 768.7 的规定执行。

3.4.3 验收标准

如果试件全部符合要求，则该批产品为合格。如果有二件或更多的试件不能通过同一项试验，则该批产品为不合格。如果有一件试件有一项试验不符合要求，则在同批产品中抽取原抽样两倍的数量，重做表1中该项试验，如果新试件全部符合要求，则该批产品为合格。如再有一个试件不符合要求，则该批产品为不合格。

3.5 例行试验

3.5.1 总则

例行试验的目的是验证金具是否符合专门的技术要求，在每个金具上进行。试验不应损坏金具。

3.5.2 试验项目、数量及验收标准

a) 经供需双方商定，金具可进行表1列出的例行试验。不符合技术要求的金具应剔除；

b) 球、窝连接的球与窝应逐件进行“过规”及“不过规”检查。

3.6 需方有权按3.4的要求对产品进行抽样试验，并有权要求厂家提供型式试验报告。

ICS 29.080.10
K 48

中华人民共和国国家标准

GB/T 772—2005
代替 GB 772—1987

高压绝缘子瓷件　技术条件

Technical specifications of porcelain element for high voltage insulators

2005-08-26 发布　　2006-04-01 实施

中华人民共和国国家质量监督检验检疫总局
中国国家标准化管理委员会　发布

前　言

本标准代替 GB/T 772—1987《高压绝缘子瓷件　技术条件》。

本标准与 GB/T 772—1987 相比主要变化如下：

——结构和编写规则按 GB/T 1.1—2000《标准化工作导则　第 1 部分：标准的结构和编写规则》；

——修改了壁厚偏差的规定(1987 年版的 2.1.1.3，本版的 4.1.3)；

——修改了圆度公差的规定(1987 年版的 2.2.1，本版的 4.2.1.3)；

——删去了"超声波探测检查"的规定(1987 年版的 2.9)。

本标准由中国电器工业协会提出。

本标准由全国绝缘子标准化技术委员会归口。

本标准起草单位：西安电瓷研究所、大连电瓷厂、南京电气集团有限责任公司、唐山市高压电瓷厂、西安西电高压电瓷有限责任公司、NGK 唐山电瓷有限公司。

本标准主要起草人：李大楠、刘树横、林荣伟、房子章、杨明、贺建苍、董刚。

本标准所代替标准的历次版本发布情况为：

GB 772—1965、GB 772—1977、GB/T 772—1987。

高压绝缘子瓷件 技术条件

1 范围

本标准规定了高压绝缘子瓷件的技术要求、试验、包装和标志的一般要求。

本标准适用于标准电压高于 1 000 V、频率不超过 100 Hz 的交流系统的架空电力线路、电气装置和设备上使用的绝缘子瓷件。

本标准不适用于在有破坏瓷及釉的介质(气体或液体)中工作的瓷件。

2 规范性引用文件

下列文件中的条款通过本标准的引用而成为本标准的条款。凡是注日期的引用文件,其随后所有的修改单(不包括勘误的内容)或修订版均不适用于本标准,然而,鼓励根据本标准达成协议的各方研究是否可使用这些文件的最新版本。凡是不注日期的引用文件,其最新版本适用于本标准。

GB/T 191—2000 包装储运图示标志(eqv ISO 780:1997)

GB/T 775.1 绝缘子试验方法 第 1 部分:一般试验方法

GB/T 775.2 绝缘子试验方法 第 2 部分:电气试验方法

GB/T 775.3 绝缘子试验方法 第 3 部分:机械试验方法

GB/T 1182—1996 形状和位置公差 通则、定义、符号和图样表示法(eqv ISO 1101:1996)

GB/T 2900.8—1995 电工名词术语 绝缘子(eqv IEC 60471)

JB/T 3384—1999 高压绝缘子抽样方案

JB/T 5896—1991 常用绝缘子术语

3 术语和定义

GB/T 2900.8、JB/T 5896 和 GB/T 1182 确立的以及下列术语和定义适用于本标准。

3.1

斑点 freckles

熔化在瓷件表面上的杂物(如铁质、石膏等)所形成的异色斑点。

3.2

杂质 inclusions

粘附在瓷件表面上的钵屑、砂粒、石英粉等颗粒。

3.3

烧缺 imperfection

坯体内杂物烧去后所形成深入瓷件上的凹陷。

3.4

气泡 bubbles

因杂物分解在瓷体表面所形成的泡。

3.5

粘釉 glaze stick

在熔烧时,由于瓷件相互之间或与外物粘连而损坏釉面或瓷体的缺陷。

3.6

碰损　chippings

坯件或瓷件相互之间或与外物相碰击而伤及釉面或瓷体的缺陷。

3.7

缺釉　spots without glaze

瓷件规定应上釉的表面上露出的瓷件无釉部分。

3.8

釉面针孔　pinholes in the glaze

瓷件釉面上呈现的不深入瓷体的、直径在 1 mm 以下的小孔。

3.9

堆釉　stacked glaze

高出正常釉面的积釉部分。

3.10

折痕　folds

坯泥折迭在坯件表面上面而未开裂的痕迹。

3.11

刀痕　scratches

由于坯件加工不当，在表面上造成的细条痕迹。

3.12

波纹　waviness

由于坯件加工不当，在表面上造成的不平痕迹。

3.13

有限结构　limited design

影响瓷件装配附件的部位。

3.14

无限结构　unlimited design

瓷件不装配附件的部位。

4　技术要求

4.1　尺寸偏差

4.1.1　瓷件一般尺寸偏差

瓷件一般尺寸偏差应符合表 1 的规定。

表 1　瓷件一般尺寸偏差

mm

瓷件公称尺寸 d	允许偏差	
	有限结构	无限结构
$d \leqslant 45$	±1.5	±2.0
$45 < d \leqslant 60$	±2.0	±2.5
$60 < d \leqslant 70$	±2.5	±3.0
$70 < d \leqslant 80$	±3.0	±4.0
$80 < d \leqslant 90$	±3.5	±4.5
$90 < d \leqslant 110$	±4.0	±5.0

表 1(续)

mm

瓷件公称尺寸 d	允许偏差	
	有限结构	无限结构
110<d≤125	±4.5	±6.0
125<d≤140	±5.0	±6.5
140<d≤155	±6.0	±7.5
155<d≤170	±6.5	±8.0
170<d≤185	±7.0	±9.0
185<d≤200	±7.5	±9.5
200<d≤250	±8.0	±10.5
250<d≤300	±8.5	±11.5
300<d≤350	±9.0	±12.5
350<d≤400	±10.0	±14.5
400<d≤450	±12.0	±16.5
450<d≤500	±13.0	±18.0
500<d≤600	±15.0	±21.0
600<d≤700	±16.0	±23.0
700<d≤800	±18.0	±26.0
800<d≤900	±19.0	±28.0
900<d≤1000	±20.0	±30.0
d>1 000	±(0.015d+5)	±(0.025d+5)
注：表中“瓷件公称尺寸”为被测量部位的长(高)度或直径。		

4.1.2 **爬电距离偏差**

爬电距离的测量值与图样上规定的设计尺寸有关，即使这个尺寸可能大于买方原先规定的值。

爬电距离的偏差值规定如下：

——以公称值(包括最小公称值)规定时，最大偏差为：

±(0.04L+1.5)mm(L 为公称爬电距离，mm)；

——以最小值规定时，爬电距离的测量值不得小于此值。

4.1.3 **壁厚偏差(未研磨瓷套)**

瓷套壁厚偏差应符合表 2 的规定。

表 2 壁厚偏差

mm

公称壁厚 t	壁厚允许偏差
t<10	+a/−1.5
10≤t<15	+a/−2.0
15≤t<20	+a/−3.0
20≤t<25	+a/−3.5
25≤t<30	+a/−4.0
30≤t<40	+a/−4.5

表 2(续)

mm

公称壁厚 t	壁厚允许偏差
$40 \leqslant t < 55$	$+a/-5.0$
$55 \leqslant t < 70$	$+a/-6.0$

注 1：a 由下式确定：

$$a = \frac{x+y}{2}$$

式中，x、y 为内径 d_1 和外径 d_2 的公差。

注 2：公称壁厚

$$t = \frac{d_2 - d_1}{2}$$

4.1.4 瓷件磨削部位的直径尺寸偏差

瓷件磨削部位的直径尺寸偏差应符合表 3 的规定。如无偏差等级要求应按表 1 的规定。

表 3 瓷件磨削部位的直径尺寸允许偏差

mm

直径 D	偏差等级			直径 D	偏差等级		
	Ⅰ级	Ⅱ级	Ⅲ级		Ⅰ级	Ⅱ级	Ⅲ级
$D \leqslant 250$	±0.9	±2.5	±3.5	$500 < D \leqslant 630$	±1.4	±3.5	±5.5
$250 < D \leqslant 315$	±1.0	±2.5	±4.0	$630 < D \leqslant 800$	±1.6	±4.0	±6.0
$315 < D \leqslant 400$	±1.2	±3.0	±4.5	$800 < D \leqslant 1\,000$	±1.8	±4.5	±7.0
$400 < D \leqslant 500$	±1.2	±3.0	±5.0				

4.1.5 瓷件不上釉部位的尺寸偏差

瓷件不上釉部位的尺寸偏差不应超过±5.0 mm，或由供需双方协议。

4.2 形位公差和表面粗糙度

4.2.1 瓷件的形位公差

4.2.1.1 瓷件两端面平行度不应超过 $0.026D$mm（D 一般指直径或端面尺寸，mm）。

4.2.1.2 瓷件轴线的直线度不应超过（$0.8\%H+1.5$）mm（H 为瓷件长度或高度，mm）。

当瓷件主体长度 H 与直径 D 的比值 $H/D>6$ 时，瓷件轴线的直线度由供需双方协议。

由于轴线的弯曲可能引起瓷件伞裙的倾斜而影响瓷件两端与金属附件的装配时，瓷件两端伞裙倾斜不应使 $H_{max}-H_{min}>(0.032D+3)$mm（$H_{max}$ 为伞裙至端面的最大距离，H_{min} 为伞裙至端面的最小距离，D 为瓷件端部伞裙直径，单位均为 mm）。

4.2.1.3 瓷件的圆度应符合下列公差：

当 $D \leqslant 300$ 时，（$0.04D+1.5$）mm；

当 $D>300$ 时，（$0.025D+6$）mm；

这里，D 为瓷件直径，mm。

当 D 为瓷套内径时，应为（$0.025D+1.5$）mm。

当未测量瓷件的圆度而测量瓷件圆截面的直径差时，其最大直径与最小直径差值的一半不应超过如下值：

当 $D \leqslant 250$ 时，（$0.01D+2.5$）mm；

当 $D>250$ 时，$0.02D$mm。

4.2.1.4 盘形悬式绝缘子和针式绝缘子瓷件的伞缘变形度，不应超过 $0.02D$mm（D 为瓷件伞裙直径，mm）。伞的变形不应导致正常使用情况下在伞的上表面产生积水现象。

4.2.2 瓷件经磨削后的形位公差及表面粗糙度

4.2.2.1 瓷件两端面平行度不应超过：

等级Ⅰ　0.18%D　mm

等级Ⅱ　0.35%D　mm

等级Ⅲ　0.52%D　mm

式中：D——瓷件直径，mm。

4.2.2.2 瓷件的上下端同轴度不应超过：

等级Ⅰ　0.15%H　mm

等级Ⅱ　0.25%H　mm

等级Ⅲ　0.30%H　mm

式中：H——瓷件长(高)度，mm。

4.2.2.3 瓷件端面的粗糙度不应大于表4的规定。

表4 磨削端面粗糙度

表面粗糙度 Ra μm	25	12.5	6.3	3.2	1.6
适用范围	无密封要求，只是由于制造上的原因需要磨削时		油密封面	气体密封面	特殊要求的光滑面
注：检查时，一般可采用试品与标样(瓷)凭目力观测的方法进行比较，必要时采用仪器进行测量。					

4.3 瓷件的外观质量

4.3.1 瓷件应按图样在规定的部位均匀地上一层光滑、发亮并坚硬的釉，釉面应无裂纹和影响其良好运行性能的其他缺陷。釉不应有显著的色调不均现象，但因釉较薄而颜色较浅是允许的，例如在半径较小的边缘部位的釉面。

4.3.2 瓷件表面缺陷不应超过表5的规定，且不应影响瓷件的安装和连接。

表5 瓷件表面缺陷最大允许值

瓷件分类		单个缺陷					外表面缺陷总面积 mm²
类别	$H\times D$ mm²	斑点、杂质、烧缺、气泡等直径 mm	粘釉或碰损面积 mm²	缺釉 内表面 mm²	缺釉 外表面 mm²	深度或高度 mm	
1	$H\times D\leqslant 5\ 000$	3	20.0	80.0	40.0	1	100.0
2	$5\ 000<H\times D\leqslant 40\ 000$	3.5	25.0	100.0	50.0	1	150 (100.0)
3	$40\ 000<H\times D\leqslant 100\ 000$	4	35.0	140.0	70.0	2	200 (140.0)
4	$100\ 000<H\times D\leqslant 300\ 000$	5	40.0	160.0	80.0	2	400.0
5	$300\ 000<H\times D\leqslant 750\ 000$	6	50.0	200.0	100.0	2	600.0
6	$750\ 000<H\times D\leqslant 1\ 500\ 000$	9	70.0	280.0	140.0	2	1 200
7	$H\times D>1\ 500\ 000$	12	100.0	400.0	200.0	2	$100+\frac{HD}{1\ 000}$
注1：表中，H为瓷件高度或长度，mm；D为瓷件最大外径，mm。 注2：内表面(内孔及胶装部位，但不包括悬式头部胶装部位)缺陷总面积不作规定。 注3：括号内数值适用于线路针式和悬式绝缘子的瓷件。							

4.3.3 当耐污型产品的 $L/H>2.2$ 时(L 为爬电距离,H 为瓷件高度),其允许的缺陷总面积,不应大于表 5 中规定的外表缺陷总面积乘以 $\frac{L}{2H}$。

4.3.4 瓷件主体部位外表面单个缺釉面积不应超过 25 mm^2。

4.3.5 釉面缺陷不能过分集中。釉面针孔在任一 500 mm^2 面积范围内应不超过 15 个。总针孔量不应超过 $50+D\times L/1\,500$ 个(D 为瓷件直径,L 为瓷件的爬电距离,单位均为 mm)。积聚的杂质(例如砂粒)应算作单个缺陷。

4.3.6 堆釉、折痕的高度或深度应不超过表 5 的规定,刀痕和波纹的深度不超过 0.5 mm,这些缺陷不计算面积。

4.3.7 瓷件焙烧支承面不上釉部位不算缺陷,但其不上釉高度不应超过表 6 的规定,超过部分按缺釉计算其面积。磨削部位表面不算作缺釉。

表 6 瓷件焙烧支承面不上釉高度

瓷件类别	1	2~4	5~7
不上釉高度 mm	≤3	≤5	≤10

4.3.8 线路绝缘子瓷件不允许有裂纹。

电器和配电装置用瓷件一般不允许有裂纹。作为主绝缘用的及承受较大冲击机械负荷的瓷件,允许在距离主体(包括电极)部位 10 mm 以外的伞棱表面上有裂纹,其他瓷件允许在距离电极部位 10 mm 以外的表面上有裂纹。

以上裂纹的宽度不应超过 0.5 mm,单个长度不应超过 10 mm,裂纹总长不应超过 $\frac{\text{外表面缺陷总面积}}{5}$(mm)。

4.3.9 瓷件表面缺陷超过本标准规定时,缺陷的修补应由供需双方协议。

4.4 孔隙性试验要求

瓷件剖面应均质致密,经孔隙性试验后不应有任何渗透现象。孔隙性试验的压力不低于 20×10^6 Pa,压力(Pa)与时间(h)的乘积不应低于 180×10^6。

4.5 温度循环试验要求

瓷件应能耐受三次温度循环试验而不损坏,其试验温度差按表 7 的规定。

表 7 温度循环试验温度差

瓷件类型	瓷件尺寸/mm				温度差 ℃
	最大外径 D	高(长)度 H	厚度 d		
B 型瓷件	$D\leqslant400$	$H\leqslant1\,000$	$d\leqslant45$		70
	$400<D\leqslant600$	$1\,000<H\leqslant1\,200$	$45<d\leqslant60$		60
	$600<D\leqslant750$	$1\,200<H\leqslant1\,500$	$60<d\leqslant70$		50
	>750	$>1\,500$	>70		40
A 型瓷件	—	—	最大杆径	$d\leqslant50$	70
	—	—		$50<d\leqslant120$	60
	—	—		$120<d\leqslant150$	50
	—	—		>150	40

注 1:当瓷件的直径、高度或厚度(或杆径)分别与按表中确定的温度差不同时,应取最小温度差作为瓷件温度循环试验的温度差。

注 2:厚度定义按 GB/T 775.1 的定义确定。

注 3:瓷件循环试验时在冷或热水中停留时间的规定见 GB/T 775.1。

4.6 瓷件(瓷套、瓷管)壁厚工频击穿电压

瓷件(瓷套、瓷管)壁厚工频击穿电压不应低于表8的规定。

表8 壁厚工频击穿电压

壁厚 mm	10	15	20	25	30	40	50	60
工频击穿电压 kV(有效值)	65	80	90	100	105	115	125	135
注:当瓷件壁厚介于表中的中间数值时,其击穿电压按线性插入法确定。								

4.7 逐个电气试验要求(仅对B型瓷件或空心瓷件)

作主绝缘用的B型及空心瓷件,应能耐受连续5 min的工频火花电压试验而不击穿、损坏或异常发热。

作非主绝缘用的瓷件,其瓷壁应能耐受连续5 min的工频电压试验而不击穿,其试验电压值为表8规定值的1/2。对于小型瓷件或由于结构上的原因试验时可能要发生闪络的瓷件,试验电压值应为该瓷件发生闪络时的电压值的90%。

4.8 机械强度

瓷件应符合产品标准或图样规定的机械强度要求,并按产品标准进行机械破坏或耐受试验。

5 试验[1)]

5.1 试验分类

瓷件的试验项目分为逐个试验、抽样试验和型式试验。

5.2 逐个试验

出厂的每一只瓷件应按表9规定的顺序进行逐个试验,如有瓷件不符合表9中规定的任何一项要求,则此瓷件不符合本标准要求。

表9 逐个试验项目

序号	试验项目名称	试验根据	试验方法
1	外观检查	本标准第4.3条及6.2条	GB 775.1
2	尺寸检查	本标准第4.1条	GB 775.1
3	形位公差检查	本标准第4.2条	GB 775.1
4	工频火花电压试验	本标准第4.7条	GB 775.2
5	瓷壁耐压试验	本标准第4.7条	GB 775.2
6	逐个机械负荷试验	本标准第4.8条	GB 775.3
注1:尺寸及形位公差检查的项目应由产品标准规定。 注2:用整体成型方法制造的瓷套,瓷壁耐压试验允许按验收批量进行抽样试验,如不合格则应进行逐个试验。			

5.3 抽样试验

5.3.1 抽样规则

瓷件应按批进行验收,以同一工艺方法制成的同一型号(或代号)的瓷件算作一批,大型及特大型瓷件(指表5中5类及以上瓷件)批量不应超过500只,小型瓷件不应超过3 200只。

瓷件应按批进行抽样试验,抽样试验在逐个试验合格后的批中随机抽取试品进行,抽样规则按JB/T 3384的规定。

1) 第5、6章的条款仅适用于以"瓷件"为产品出厂的情况。

批量与样本容量(每项试验的试品数)字码关系按表10的规定。

表 10 批量与样本容量字码

批量 N	检查水平		
	S-1	S-2	S-3
≤15	A	A	A
16～25	A	A	B
26～50	A	B	B
51～90	B	B	C
91～150	B	B	C
151～500	B	C	D
501～1 200	C	C	E
1 201～3 200	C	D	E

注1：表中字母A，对于特大型产品，允许样本容量为“1”。

注2：如无特殊规定，检查水平按下列规定：

a) S-1——特大型瓷件(指表5中7类)；

b) S-2——大型瓷件(指表5中5～6类)；

c) S-3——一般瓷件或有重要要求的瓷件。

计件抽样方案的判定准则见表11。

表 11 判定准则

样本字码	样本容量		判定数			
			A_c		R_e	
			A_{c1}	A_{c2}	R_{e1}	R_{e2}
A	n_1	1	0		1	
A或B	n_1	2	0		2	
	n_2	4		1		2
C	n_1	3	0		2	
	n_2	6		1		2
D	n_1	5	0		2	
	n_2	10		1		2
E	n_1	8	0		2	
	n_2	16		2		3

注：A_c——接收判定数。第一次抽样的接收判定数为 A_{c1}，第二次抽样的接收判定数为 A_{c2}。

R_e——拒收判定数。第一次抽样的拒收判定数为 R_{e1}，第二次抽样的判定数为 R_{e2}。

n_1——一次抽样的样本容量或二次抽样的第一次抽取的样本容量。

n_2——二次抽样的第二次抽样的样本容量。

5.3.2 抽样试验项目及试验顺序

抽样试验项目及试验顺序规定见表12。

表 12 抽样试验项目

序号	项目名称	试验根据	试验方法	试品数量
1	尺寸及形位公差检查	本标准第 4.1 及 4.2 条	GB/T 775.1	按抽样方案规定抽出总数的全部
2	温度循环试验	本标准第 4.5 条	GB/T 775.1	经项 1 试验后的全部
3	机械破坏负荷试验	本标准第 4.8 条	GB/T 775.3	按抽样方案规定并经项 2 试验
4	孔隙性试验	本标准第 4.4 条	GB/T 775.1	与抽样方案规定的试品数目相同的瓷块，但不得少于 3 块

注 1：尺寸及形位公差检查的项目(包括爬电距离)应由产品标准规定。

注 2：大型及特大型瓷件经温度循环试验合格的试品，可以提交用户使用。

注 3：进行机械破坏负荷的种类由产品标准规定，但机械破坏负荷试验有两种或若干种时，其试品数量应为检查水平规定数量的两倍或若干倍。

注 4：孔隙性试验用的试块，可以选取机械破坏负荷试验后的瓷块或用相同工艺制造的同等厚度的试块进行。

试验采用计件二次抽样方案(当样本容量为“1”时，采用计件一次方案)，其判定程序如下：

如果第一次样本 n_1 中，不合格品数 $d_1 \leqslant A_{c1}$，则接收该批。如果 $d_1 \geqslant R_{e1}$，则拒收该批。如果 $A_{c1} < d_1 < R_{e1}$，则应在该批中重新再抽取第二次样本 n_2 进行重复试验。在第二次样本中的不合格品种 d_2 加上 d_1，即两次联合样本中的不合格品样之和，如果 $d_2 + d_1 \leqslant A_{c2}$，则接收该批。如果 $d_2 + d_1 \geqslant R_{e2}$，则拒收该批。但若在第二次试验时仅尺寸、形位公差或外观质量不合格，允许逐个进行检查，合格品则可以出厂。

5.4 型式试验

新产品试制定型或正常产品修改结构、改变原材料配方及工艺方法时，必须进行型式试验。每项试验的试品数量大型及特大型瓷件为 3 只(对于破坏性试验项目允许抽 1 只)，小型瓷件为 5 只。型式试验在逐个试验合格后按表 13 的规定进行。

试验时，即使有一只试品不符合表 13 中规定的任何一项要求，则型式试验不合格。

表 13 型式试验项目

序号	项目名称	试验根据	试验方法	试品数量
1	尺寸及形位公差检查	本标准第 4.1 及 4.2 条	GB/T 775.1	全部
2	温度循环试验	本标准第 4.5 条	GB/T 775.1	经项 1 试验后的全部
3	机械破坏负荷试验	本标准第 4.8 条	GB/T 775.3	经项 2 试验后的全部
4	壁厚工频击穿电压试验	本标准第 4.6 条	GB/T 775.2	经破坏试验后的瓷块，每只试品取一块
5	孔隙性试验	本标准第 4.4 条	GB/T 775.1	经破坏试验后的瓷块，每只试品取一块

注 1：尺寸及形位公差检查的项目(包括爬电距离)应由产品标准规定。

注 2：孔隙性试验和壁厚工频击穿电压试验时，如瓷件试品仅一只时，则应选取三块瓷块进行。

注 3：进行机械破坏负荷的种类由产品标准规定，若机械破坏负荷试验有两种或若干种时，其试品数量应为规定数量的两倍或若干倍。

6 包装与标志

6.1 瓷件的包装必须保证在正常运输途中不致因包装不良而损坏瓷件。有特殊要求的瓷件应保持瓷件表面清洁干净，密封表面应严加防护。

6.2 瓷件应在图样规定的部位清晰而牢固地标出制造厂商标及制造年份。

6.3 瓷件包装箱(或篓)上应标明:

a) 制造厂名称;

b) 瓷件型号(或代号);

c) 瓷件数量;

d) 包装箱的重量;

e) 符合 GB/T 191 规定的“易碎物品”、“禁止翻滚”标志图形。

6.4 随着每批送交的瓷件应附有产品检验合格证,此证应具有制造厂技术检验部门的印章。

ICS 29.080.10
K 48

中华人民共和国国家标准

GB/T 1001.1—2003
代替 GB 1001—1986
GB 1000.1—1988

标称电压高于1 000 V的架空线路绝缘子 第1部分：交流系统用瓷或玻璃绝缘子元件——定义、试验方法和判定准则

Insulators for overhead lines with a nominal voltage above 1 000 V—Part 1:Ceramic or glass insulator units for a.c. systems—Definitions, test methods and acceptance criteria

(IEC 60383-1:1993,MOD)

2003-06-24 发布 2004-02-01 实施

中华人民共和国
国家质量监督检验检疫总局 发布

前　言

GB 1001《标称电压大于1 000 V的架空线路绝缘子》分为两个部分：

——第1部分：交流系统用瓷或玻璃绝缘子元件——定义、试验方法和判定准则；

——第2部分：交流系统用绝缘子串和绝缘子组——定义、试验方法和判定准则。

本部分为GB 1001的第1部分。

本部分修改采用IEC 60383-1：1993《标称电压大于1 000 V的架空线路绝缘子　第1部分：交流系统用瓷或玻璃绝缘子元件——定义、试验方法和判定准则》(英文版)。

本部分根据IEC 60383-1：1993重新起草。有关技术性差异已编入正文中并在它们所涉及的条款的页边空白处用垂直单线标识。其主要差异如下：

——删除IEC 60383-1：1993的前言；

——在第16章中增加了第五段；

——增加了第18章“残留机械强度试验(型式试验)”，致使以下各章编号对应于IEC 60383-1：1993顺延一个号。

为了方便比较，在附录A中列出了本部分章编号与IEC 60383-1：1993章编号的对照一览表，在附表B中给出了这些技术性差异及其原因的一览表以供参考。

本部分代替GB 1001—1986《盘形悬式绝缘子　技术条件》、GB 1000.1—1998《高压线路针式瓷绝缘子　技术条件》、JB/T 9676—1999《高压线路瓷横担绝缘子　技术条件》、JB/T 8509—1996《高压线路柱式瓷绝缘子》技术条件部分、GB 11030—2000《交流牵引线路用棒形瓷绝缘子》技术条件部分和JB 9681—1999《高压线路耐污盘形悬式绝缘子》技术条件部分。

本部分的附录A、附录B、附录C、附录D和附录E为资料性附录。

本部分由中国电器工业协会提出。

本部分由全国绝缘子标准化技术委员会归口。

本部分起草单位：西安电瓷研究所、大连电瓷厂、福建省电力工业局、南京(电气)集团有限责任公司、苏州电瓷厂。

本部分主要起草人：丁京玲、张俊锋、曾明求、林荣伟、闵定富、陆洲。

本部分所代替标准的历次版本发布情况为：

——GB 1001—1967、GB 1001—1980、GB 1001—1986；

——GB 1000—1967、GB 1000—1981、GB 1000.1—1988；

——JB 1383—1975、GB 11029.1—1989、JB/T 8179.1—1995、JB/T 9676—1999；

——JB/T 8509—1996；

——JB 3081—1982、GB 11030—1989、JB/T 8180—1995、GB 11030—2000；

——JB 3357—1983、ZB K50008—1990、JB 9681—1999。

引　言

本部分分为9节。

前五节论述了通用条款,包括通用要求和有关试验程序。

第6节至9节论述了四种不同类型的绝缘子:

第6节:针式绝缘子

第7节:线路柱式绝缘子

第8节:绝缘子串元件

第9节:架空电力和牵引线路用绝缘子

第6、7和8节给出了适用于绝缘子的试验和被试验数量的参照表。

第9节论述的牵引绝缘子没有参照表,因为牵引线路绝缘子可以参照本部分所述的其他三种型式绝缘子中的某一种。

本部分使用者仅需要参照与被试绝缘子类型有关那一节和一至五节中包括的通用要求及相关试验程序。

标称电压高于1 000 V的架空线路绝缘子 第1部分：交流系统用瓷或玻璃绝缘子元件——定义、试验方法和判定准则

第1节 总 论

1 范围

GB 1001的本部分适用于标称电压高于1 000 V、频率不超过100 Hz交流架空电力和牵引线路用瓷或玻璃绝缘子。

本部分也适于直流架空电力牵引线路用绝缘子。

本部分适用于绝缘子串元件、架空线路刚性绝缘子和变电所用的类似结构的绝缘子。

本部分不适用于构成电器部件的绝缘子或电器结构中用的部件，以及GB 8287.1《高压支柱瓷绝缘子 第1部分：技术条件》中所包括的支柱绝缘子。

绝缘子串和绝缘子组的试验(如湿操作冲击电压)在GB 1001的第2部分中论述。

注：本部分不包括人工污秽和无线电干扰试验。

这些项目的相应的试验方法在下列标准中论述：

GB/T 4585.1—1984 交流系统用高压绝缘子污秽试验方法盐雾法(eqv IEC 60507)

GB/T 4585.2—1991 交流系统用高压绝缘子人工污秽试验方法 固体层法(idt IEC 60507)

JB/T 3567—1999 高压绝缘子无线电干扰试验方法(eqv IEC 60437)

本部分的目的是：

——定义使用的术语；

——规定绝缘子的特性和规定检验这些特性规定值的条件；

——规定试验方法；

——规定判定准则。

本部分不包括用于特殊条件的绝缘子的选用要求。

注：在污秽条件下选择绝缘子的导则见JB/T 5895—1991污秽地区绝缘子使用导则(neq IEC 60815)。

绝缘子的特性数值在相应产品标准中规定。

2 规范性引用文件

下列文件的条款通过GB 1001的本部分的引用而成为本部分的条款。凡是注日期的引用文件，其随后所有的修改单(不包括勘误的内容)或修订版均不适用于本部分，然而，鼓励根据本部分达成协议的各方研究是否可使用这些文件的最新版本。凡是不注日期的引用文件，其最新版本适用于本部分。

GB/T 2900.8—1995 电工术语 绝缘子(eqv IEC 60471)

GB/T 4056 高压线路悬式绝缘子连接结构和尺寸(eqv IEC 60120:1984)

GB/T 16927.1—1997 高电压试验技术 第一部分：一般试验要求(eqv IEC 60060-1:1989)

JB/T 7616—1994 高压线路绝缘子陡波冲击耐受试验(neq IEC 61211)

JB/T 8177—1999 绝缘子金属附件热镀锌层通用技术条件

JB/T 8181 绝缘子串元件球窝联接用锁紧销(eqv IEC 60372)

IEC 60797:1984 架空线路玻璃和瓷绝缘子串元件绝缘件机械破损后的残余强度

3 术语和定义

GB/T 2900.8 确立的以及下列术语和定义适用于 GB 1001 的本部分。

本部分所用的术语“绝缘子”指的是被试验的试品。

3.1

绝缘子串 insulator string

由一个或多个绝缘子串元件组成，作为架空线路导体的挠性支持，并主要承受张力。

3.2

针式绝缘子 pin insulator

由固定在绝缘子孔内的一个脚把绝缘件刚性地安装到支持结构上的一种刚性绝缘子。绝缘件可由一个或多个彼此胶装在一起的单个绝缘件构成。该绝缘件与脚的固定可以是可分离的，也可以是永久性的(具有胶装脚的针式绝缘子)。

除非另有规定，术语“针式绝缘子”不包括可分离的脚。

注：绝缘子脚有两种基本形式，一种形式是，绝缘件被固定在绝缘子脚的末端，并且不允许绝缘件与支持结构接触。另一种形式是，绝缘件借助于脚被固定，可以直接与支持结构接触，也可以经过一个板与支持结构接触，该板或是一个可分离的垫片，或是脚的一部分(有时称作针式支柱绝缘子)。

3.3

线路柱式绝缘子 line post insulator

由一个或多个绝缘件与一个金属底座并且有时还有一个帽胶装在一起构成的一种刚性绝缘子，此金属底座，通过装在其上的螺栓可以刚性地安装在支持结构上。

3.4

牵引绝缘子 traction insulator

用作架空电力牵引线路提供挠性或刚性支持物的绝缘子或绝缘子组。所有型式的架空线路绝缘子都可用于这一目的。

3.5

批 lot

提交验收的由同一制造厂在相同生产条件下生产的同一结构的一批绝缘子。一批或多批绝缘子可以一起提交验收，提交的批可以是订货量的全部或部分。

3.6

闪络 flashover

在绝缘子外部发生的一种破坏性放电，使得在正常情况下加有运行电压的两附件间发生连接。

注：本部分中采用术语“闪络”，包括沿绝缘子表面发生的闪络以及通过绝缘子附近的空气火花放电所造成的破坏性放电。

3.7

雷电冲击干耐受电压 dry lightning impulse withstand voltage

在规定的试验条件下，绝缘子在干燥状态时能耐受的雷电冲击电压。

3.8

50%雷电冲击干闪络电压 50%dry lightning impulse flashover voltage

在规定的试验条件下，绝缘子在干燥状态下有50%的闪络概率的雷电冲击电压值，用U_{50}表示。

3.9

工频湿耐受电压 wet power-frequency withstand voltage

在规定的试验条件下，绝缘子在湿状态下能耐受的工频电压。

3.10

机电破坏负荷 electromechanical failing load

在规定的试验条件下,绝缘子串元件试验时所能达到的最大负荷。

3.11

机械破坏负荷 mechanical failing load

在规定的试验条件下,绝缘子串元件或刚性绝缘子试验时所能达到的最大负荷。

3.12

击穿电压 puncture voltage

在规定的试验条件下,引起绝缘子串元件或刚性绝缘子被击穿时的电压。

3.13

爬电距离 creepage distance

在正常情况下,沿着加有运行电压的绝缘子瓷或玻璃绝缘件表面的两部件间的最短距离或最短距离的总和。

注:水泥或其他导电连接件表面不应算作是爬电距离的一部分。如果绝缘子绝缘件的部分表面覆盖有高阻层,则应把该高阻层视为有效绝缘表面,而且沿它们表面上的距离应算作爬电距离。

3.14

偏移 displacements

轴向或径向偏移 axial or radial displacement

绝缘子环绕其轴旋转一周考察在规定一点上的最大位置变化。

角偏移 angular displacement

在两个连接件对应平面之间绕绝缘子轴的角偏移。

3.15

标准短串 short standard string

标准短串仅用于检验对绝缘子串有意义的元件特性。它包括:

盘形悬式元件:

最少由5个绝缘子元件组成的绝缘子串,其长度不超过1.5 m。

长棒形绝缘子元件:

对于可安装成串的长棒形绝缘子元件,其绝缘子串的长度在1 m~2 m之间。对于长度小于1 m,且单独作为一个串使用的长棒形绝缘子元件,元件本身可作为标准短串。

3.16

规定的特性 specified characteristics

规定的特性有:

——标准中规定的电压、机械负荷数值,或其他任何特性值;

——供需双方协议的其他任何特性值。

规定的耐受和闪络电压是指在标准大气条件下(见第10章)的值。

第2节 绝缘子

4 绝缘子的分类、型式和绝缘材料

4.1 绝缘子的分类

架空线路绝缘子按其结构可分为两种类型:

A型:系指穿过固体绝缘材料的最短击穿路径的长度至少等于电弧距离一半的绝缘子或绝缘子元件。例如外胶装附件的长棒形绝缘子。

B 型：系指穿过固体绝缘材料的最短击穿路径的长度小于电弧距离一半的绝缘子或绝缘子元件。例如盘形悬式绝缘子。

4.2 绝缘子的型式

本部分将架空线路绝缘子分为下列四种型式：

——针式绝缘子

——线路柱式绝缘子

——绝缘子串元件，分为两种派生型式：

• 盘形悬式绝缘子

• 长棒形绝缘子

——架空电力牵引线路用绝缘子

注：架空牵引线路用绝缘子通常是前述三种型式绝缘子中的一种，带有或不带有专门配置的金属附件，设计用于架空电力牵引线路。

4.3 绝缘材料

本部分所包括的架空线路绝缘子的绝缘材料是：

——瓷材料：瓷。

——退火玻璃：通过热处理消除了内部机械应力的玻璃。

——钢化玻璃：通过热处理在其内部造成可控制的机械应力的玻璃。

注 1：关于瓷和玻璃绝缘材料的定义和分类的进一步说明见 GB/T 8411.1。

注 2：本标准中所用的术语“瓷材料”，与北美的使用习惯不同，不包括玻璃。

5 绝缘子的标志

每一个绝缘子都应在绝缘件上或金属附件上标明绝缘子制造厂名称或商标以及制造年份。此外，每个绝缘子串元件还应标明其机电破坏负荷或机械破坏负荷规定值。这些标志应清晰牢固。

相应的产品标准中所规定的产品型号也可采用。

第 3 节 试验分类、抽样规则和程序

6 试验分类

试验可分为下列三组：

6.1 型式试验

型式试验的目的主要是用来检验由绝缘子的结构所决定的主要特性。该组试验通常在少量的绝缘子上进行，且对绝缘子的新结构或新制造工艺只进行一次，而后，只有在绝缘子的结构或制造工艺变更时才重复试验。当该项变更仅影响到某些特性时，则仅重复进行与这些特性有关的试验。此外，新设计的绝缘子如果与具有等效结构的绝缘子制造工艺相同，且具有有效试验合格证书，则没有必要进行电气、机械和热机械型式试验。等效结构的含义在有关适用条款中给出。型式试验的结果可以由用户认可的试验合格证书证明，也可由权威机构认可的试验合格证证明。

机械型式试验合格证书的有效期从给出数据之日起为十年。

电气型式试验合格证书的有效期无限制。

如型式试验的结果和后来相应的抽样试验的结果没有大的差别，在上述期限内，型式试验报告仍然有效。型式试验和抽样试验结果的比较方法在附录 C 中给出。

型式试验绝缘子的选取应从满足所有有关抽样试验（与型式试验相同的项目除外）和逐个试验要求的绝缘子批中随机抽取。

6.2 抽样试验

进行抽样试验是为了检验随绝缘子的制造工艺和部件材料质量变化而发生的特性。抽样试验作为验收试验。试品应从满足有关逐个试验要求的绝缘子批中随机抽取。

6.3 逐个试验

逐个试验的目的在于剔除有缺陷的绝缘子元件，在制造过程中对每一个绝缘子进行。

注1：在某些情况下，对于一种新结构的线路绝缘子型式、抽样和逐个试验作为一个完整的试验进行，这种试验被看作是“定型试验”。

注2：本部分中只有逐个试验在全部绝缘子上进行。因为绝缘子的逐个试验常常是在制造过程中进行的，所以是否选择对未装配的绝缘子进行逐个试验由制造厂家决定。

7 质量保证

经供需双方协议，可考虑采用本部分要求的质量体系，以证实在制造过程中绝缘子的质量。

注：关于应用质量保证体系的详细资料在下列国家标准中给出：

GB/T 19000.1 质量管理和质量保证标准 第1部分：选择和使用指南

GB/T 19001 质量管理体系 要求(idt ISO 9001)

8 型式和抽样试验的程序

8.1 型式试验绝缘子的抽取

试品数量在有关章节(第6、7、8和9节)参照表中规定，应从满足所有有关的抽样试验和逐个试验要求的绝缘子批中抽取。

注：通常由制造者抽取。

8.2 抽样试验的抽样规则和程序

抽样试验采用E1和E2两种样本，样本容量在下列表中给出。当绝缘子多于10 000只时，应将它们分成每批由2 000至10 000只绝缘子组成的适当批量数，每批的试验结果应分别进行评价。

绝缘子应从每批中随机抽取，用户有权进行抽样。

样品应经受在有关章节(第6、7、8和9节)参照表中列出的抽样试验项目试验。如抽样试验不合格，可采用相应的重复试验程序(见8.3)。

批量 N	样本容量	
	E1	E2
$N \leqslant 300$	按协商的数量	
$300 < N \leqslant 2\,000$	4	3
$2\,000 < N \leqslant 5\,000$	8	4
$5\,000 < N \leqslant 10\,000$	12	6

经抽样试验可能影响机械和电气性能的绝缘子不应提交使用。

8.3 抽样试验的重复试验程序

如果判定准则有规定，抽样试验采用如下重复试验程序。

如果仅有一个绝缘子或金属附件抽样试验不合格，则应抽取等于第一次抽样试品数量两倍的新试品进行重复试验。重复试验应包括试验不合格项目及该项目之前的且对试验结果有影响的试验项目。

如果有两个或更多的绝缘子或金属附件在任何一项抽样试验不合格，或是重复试验时有任何一个绝缘子或金属附件不合格，则整批产品不符合本部分，应由制造厂收回。

如果能够清楚地识别出产品不合格的原因，制造厂可以在该批绝缘子中剔除具有这种缺陷的所有绝缘子(当一批绝缘子已分成若干小批时，如果小批中有一批不合格，则调研可以扩大到其他批)。然后，精选后的批或部分绝缘子可重新提交试验。此时抽取试品的数量是第一次抽取试品数量的三倍。重新试验应包括不合格项及该项之前且对试验结果有影响的试验项目。重新试验时，有任何一个绝缘子不合格，则整批产品不符合本部分。

第 4 节　电气试验的试验程序

这一节给出了本部分范围内不同型式的绝缘子电气试验的试验程序和要求。每种绝缘子的试验项目、安装和判定常数在第 6 至 9 节中给出。

9　高电压试验的一般要求

a）雷电冲击电压和工频电压的试验程序按 GB/T 16927.1。

b）雷电冲击电压以峰值表示，而工频电压以峰值除以$\sqrt{2}$表示。

c）当试验时的大气条件与标准值(10.1)不同时，必须按照 10.2 校正因数进行校正。

d）高压试验开始前，绝缘子应是清洁和干燥的。

e）应采用特殊预防措施，避免绝缘子表面凝露，在相对湿度高的时候更是这样。例如，绝缘子应预先在试验场所的环境温度下保持足够的时间，以便在试验开始前达到热平衡。
除非供需双方另有协议，干试验不得在相对湿度超过 85％的条件下进行。

f）闪络或耐受试验时，连续两次施加电压的时间间隔应足够长，以使前次施加电压的影响减至最小。

10　电气试验的标准大气条件和校正因数

10.1　标准参考大气条件

电气试验的标准参考大气条件应按 GB/T 16927.1 的规定。

10.2　大气条件的校正因数

校正因数应根据 GB/T 16927.1 确定。如果试验时大气条件与标准参考大气条件不同，则应计算空气密度(K_1)和湿度(K_2)校正因数，并确定其乘积 $K=K_1\times K_2$。试验电压应按下式校正。

耐受电压(雷电冲击和工频)

施加试验电压＝$K\times$规定的耐受电压

闪络电压(雷电冲击和工频)

$$\text{记录闪络电压}=\frac{\text{测得的闪络电压}}{K}$$

注：湿工频电压试验不进行湿度校正，$K_2=1$，则 $K=K_1$。

11　湿试验的人工雨参数

应采用 GB/T 16927.1 所述的标准试验程序，人工雨应符合 GB/T 16927.1 的要求。

注：当对于水平或倾斜位置的绝缘子进行试验时，淋雨方向应经供需双方协议。

12　电气试验的安装布置

各种被试绝缘子详细安装布置在有关章节中规定。

13　雷电冲击电压试验(型式试验)

测定单个绝缘子和标准短串的雷电冲击耐受电压通常是按 GB/T 16927.1 所规定的方法，由升降法测定的 50％闪络电压水平来计算。

注：经供需双方协议，耐受电压可以按 GB/T 16927.1 中所述的施加 15 次冲击的方法来检验。

13.1 试验程序

采用标准的1.2/50雷电冲击波(见GB/T 16927.1)。

绝缘子应在第9章和第10章规定的条件下进行试验。

采用正负极性两种冲击波。然而，当某种极性下耐受电压明显较低时，即用该种极性进行试验。

试品的数量应符合8.1的规定。

13.2 判定准则

用上述方法确定的50%雷电冲击闪络电压应按10.2进行校正。

对一个绝缘子元件或标准短串进行试验时，如果50%雷电冲击闪络电压平均值不低于[1/(1-1.3δ)]=1.040倍规定的雷电冲击耐受电压，则认为绝缘子通过本试验。式中σ是标准偏差(假设等于3%)。

对三个绝缘子元件进行试验时，应计算三个绝缘子50%雷电冲击闪络电压的平均值。若50%雷电冲击闪络电压平均值不低于[1/(1-1.3σ)]=1.040倍规定的雷电冲击耐受电压，则认为绝缘子通过本试验。式中σ是标准偏差(假设等于3%)。

试验中绝缘子不应损坏，但是允许在绝缘件表面有轻微痕迹，或者有胶装用水泥或其他材料的小碎片。

14 湿工频电压试验(型式试验)

14.1 试验程序

试验回路应符合GB/T 16927.1的规定。

绝缘子应在第9章和第10章规定的条件下进行试验。

人工雨的特性应符合GB/T 16927.1的要求。

施加在绝缘子上的试验电压应按试验时的大气条件校正过的规定的工频湿耐受电压(见10.2)。试验电压应在此值下保持1 min。

试品数量应符合8.1的规定。

注：对牵引绝缘子试验时，试验电压的标准频率适用于0 Hz～100Hz范围的其他频率绝缘子。

14.2 判定准则

对一个绝缘子元件或标准短串试验时，如果试验期间没有发生闪络或击穿，则通过本试验。

对三个绝缘子元件试验时，如果均未发生闪络或击穿，则通过本试验。

注：如果被试的任何一个绝缘子发生闪络，则可以在校正淋雨条件下对相同元件进行第二次试验。

如在订货时特别要求提供数据，绝缘子湿闪络电压可以通过从约为工频湿耐受电压的75%开始，以每秒约为该电压2%的速度逐步升至闪络来确定。闪络电压应是连续5次读数的算术平均值，并记录经校正至标准大气条件(见10.2)的值。

15 击穿耐受试验(抽样试验，仅对B型绝缘子)

击穿试验可以是工频击穿耐受试验，也可以经供需双方协议，采用冲击过电压击穿耐受试验。

15.1 工频击穿耐受试验

将清洁干燥的绝缘子完全浸入盛有合适绝缘介质的容器内，以防止绝缘子表面放电。如容器是金属制成的，则其尺寸应足够大，使得绝缘子的任何部分与容器壁间最短距离不小于绝缘子最大伞径的1.5倍。绝缘介质温度应接近于室温。

虽然不可能精确地规定绝缘介质的性能，但是希望其具有轻微的导电性(电阻率为10^6 Ω·m～10^8 Ω·m)。

试验电压应施加在正常承受运行电压的两部件之间。在浸入绝缘介质时，应采取预防措施，避免在绝缘子伞裙下形成气穴。

试验电压应尽快地升高到规定的击穿电压，并且和测量仪表的指示值相同步。在低于规定的击穿电压时不应发生击穿。

为了提供信息和订货时有特别要求，电压升高到发生击穿时为止，并记录该电压值。

8.3 的重复试验程序适用于本试验。

15.2 冲击过电压击穿耐受试验

如要求做本试验，应按 JB/T 7616 的规定。

16 逐个电压试验(仅对 B 型瓷或退火玻璃绝缘子)

瓷或退火玻璃绝缘子串元件和刚性绝缘子应承受连续施加的交流电压。

刚性绝缘子应头朝下放置在盛有水的槽中，水深应足以淹没侧线槽，并且电压应施加在水槽和充满每个绝缘子脚孔或空腔的水之间。若瓷或玻璃中的电场强度不降低，则可用金属电极代替。

交流电压可以是工频或高频。

当使用工频时，施加试验电压的时间应连续 3 min～5 min，并且试验电压应足够高，以产生零星的火花或偶闪(几秒钟一次)。

对 B 型耐污盘形悬式绝缘子，工频试验电压应不低于同强度等级的普通型盘形悬式绝缘子的工频火花放电试验电压。

当使用高频时，交变电压频率应在 100 kHz～500 kHz 之间，并适当阻尼。施加试验电压的时间至少连续 3 s，并且试验电压应足够高，以产生连续火花。在高频试验期间或在高频试验之后，应在绝缘子上施加工频电压或采用其他方法以确定绝缘子是否已击穿。

试验时击穿的绝缘子应报废。

除非另有规定，该试验应在逐个机械试验之后进行，以剔除在机械试验时产生局部损伤的绝缘子。

注：对某些结构的 B 型刚性绝缘子不可能进行上述试验，在订货时由供需双方协议，可以用对装配前绝缘件的试验来代替对已装配好的绝缘子的试验。

第 5 节　机械和其他试验的试验程序

这一节给出本部分范围内不同型式绝缘子的机械试验程序和要求。对每种绝缘子的试验项目、安装布置和判定常数在有关章节(第 6、7、8 和 9 节)中给出。机械和其他试验中，型式和抽样试验这两种试验的某些试验程序相同，但判定准则可能不同。

17 尺寸检查(型式和抽样试验)

试验绝缘子的尺寸应符合相应的图样，特别注意任何有专门公差要求的尺寸(例如规定的结构高度)和影响互换性的细节(例如 GB/T 4056 所规定的连接尺寸)。

绝缘子串元件的球窝连接尺寸应按 E1 和 E2 抽样检查，其他尺寸和其他型式绝缘子仅采用 E2 抽样检查。

除非另有协议，对所有未标注专门偏差的尺寸，允许下列偏差(d 为检查尺寸，单位 mm)：

±(0.04 d+1.5) mm，当 $d \leqslant 300$ mm 和所有长度的爬电距离时；

±(0.025 d+6) mm，当 $d > 300$ mm 时。

即使爬电距离规定为最小公称值，上述给出的偏差也适用。

8.3 重复试验程序适用于本试验。

18 残留机械强度试验(型式试验)

绝缘子串元件的残留机械强度试验应按 IEC 60797 的规定。

19 机电破坏负荷试验(型式和抽样试验)

19.1 试验程序

本试验适用于可用内部放电表征绝缘件机械破坏的绝缘子串元件。

绝缘子串元件应逐个施加工频电压，并同时在金属附件之间施加拉伸负荷。在整个试验中保持该电压。

施加的电压应等于标准短串规定的工频湿耐受电压值除以标准短串元件数。

试验机连接部件的主要尺寸，球窝连接和槽型连接的绝缘子应符合 GB/T 4056。对于本部分适用的牵引绝缘子或其他的特殊绝缘子，可能需要专门连接。型式和抽样试验应采用同样强度的连接件(标准的或加强的)。

拉伸负荷应平稳、迅速地从零增加到约为规定机电破坏负荷的 75%，然后以每分钟 100%～35%规定机电破坏负荷的速度(相当于在 15 s～45 s 时间内达到规定的机电破坏负荷)逐步增加到第 3 章所规定破坏负荷为止，并记录该数值。

19.2 判定准则

见 20.4。

20 机械破坏负荷试验(型式和抽样试验)

20.1 针式绝缘子和线路柱式绝缘子的试验程序

针式绝缘子或线路柱式绝缘子应按有关章节(第 6、7、8 和 9 节)的规定安装，并且施加机械弯曲负荷。该负荷应平稳、迅速地从零增加到约为规定机械破坏负荷的 75%，然后以每分钟 100%～35%规定机械破坏负荷的速度(相当于在 15 s～45 s 时间内达到规定的机械破坏负荷)逐步增加，对于针式绝缘子，增加到规定的机械破坏负荷为止，对于线路柱式绝缘子，增加到第 3 章定义的破坏负荷为止。应记录线路柱式绝缘子的破坏负荷。

20.2 绝缘子串元件的试验程序

绝缘子串元件应独立经受施加在金属附件之间的拉伸负荷。

试验机连接部件的主要尺寸，球窝连接和槽型连接的绝缘子应符合 GB/T 4056。对于本部分适用的牵引绝缘子或其他特殊的绝缘子，可能需要专门的连接。型式和抽样试验应采用同样强度的连接件(标准的或加强的)。

拉伸负荷应平稳、迅速地从零增加到约为规定机械破坏负荷的 75%，然后以每分钟 100%～35%规定机械破坏负荷的速度(相当于在 15 s～45 s 时间内达到规定机械破坏负荷)逐步增加到第 3 章所规定的破坏负荷为止，并记录该数值。

20.3 针式绝缘子的判定准则

如果达到规定的机械破坏负荷而绝缘件没有发生机械破坏，则认为绝缘子通过本试验。另外，对于具有固定脚的绝缘子，在试验负荷施加点上绝缘件的残余变形不应超过该点离支撑板高度的 20%。

8.3 中的重复试验程序适用于本试验。

20.4 绝缘子串元件和线路柱式绝缘子的判定准则

用机电或机械破坏负荷试验时得到的破坏负荷 X，计算其平均值 $\overline{X}$ 和标准偏差 σ_{n-1}。

计算时使用下列符号：

SFL：规定的机电或机械破坏负荷；

$\overline{X}_T$：型式试验结果的平均值；

$\overline{X}_1$：抽样试验结果的平均值；

$\overline{X}_2$：重复试验结果的平均值；

σ_T：型式试验结果的标准偏差；

σ_1：抽样试验结果的标准偏差；

σ_2：重复试验结果的标准偏差；

C_0、C_1、C_2、C_3：判定常数。

如果 $\overline{X}_T \geqslant SFL + C_0\sigma_T$，则型式试验通过。

如果 $\overline{X}_1 \geqslant SFL + C_1\sigma_1$，则抽样试验通过。

如果 $SFL + C_2\sigma_1 \leqslant \overline{X}_1 < SFL + C_1\sigma_1$，则允许进行双倍抽样数量的重复试验。

如果 $\overline{X}_2 \geqslant SFL + C_3\sigma_2$，则重复试验通过，平均值 $\overline{X}_2$ 和标准偏差 σ_2 仅从重复试验结果计算中得到。

如果重复试验没有通过，则认为该批不符合本部分，为了找出不合格的原因，应进行调查分析（当一批已分成若干小批时，如果小批中有一批不合格，则调研可以扩大到其他批）。

适用的判定常数 C_0、C_1、C_2 和 C_3 分别在第 31 章和第 34 章中规定。

机电或机械型式和抽样试验结果的比较方法见附录 C。型式和抽样试验完整的判定程序以及计算举例见附录 D。

注：计算标准偏差 σ 时，应注意它是分母为 $n-1$ 的抽样标准偏差。

21 热机械性能试验（型式试验）

21.1 试验程序

绝缘子元件应承受四个 24 h 冷却和加热循环，并同时施加拉伸负荷，该负荷的大小保持在所规定机电或机械破坏负荷的 60%～65%之间。每个 24h 循环中，首先应进行将其冷却到－30℃±5℃，然后进行将其加热到＋40℃±5℃。应控制冷却和加热循环的温度偏差，以保证记录的冷却和加热温度之间的最小温差为 70 K。在温度循环中最高温度和最低温度至少均应连续保持 4 h。温度变化的速度实际上并不重要，它取决于试验装置。所有温度应在其中一个绝缘子的金属附件上或附近测量。

开始第一次冷热循环之前，应在室温下在绝缘子上施加拉伸负荷。在每次加热期终结时，完全卸除该拉伸负荷，并再重新施加，但最后一次热循环除外。在第四次 24 h 循环之后，将其冷却到室温，除去拉伸负荷。该试验程序用图示法表示见图 1。

机电破坏负荷试验（见第 19 章）或机械破坏负荷试验（见第 20 章）应在从绝缘子元件上卸除拉伸负荷的同一天进行。

注 1：绝缘子元件经受冷热循环和机械负荷时，它们可以串联形式和/或并联形式连接在一起。并联连接时应对绝缘子元件施加等量负荷。

注 2：机械试验中可拆卸的连接脚不应包括在内，因为它们不是绝缘子的内部结构。例如用于长棒形绝缘子的连接脚。

21.2 判定准则

本机电和机械破坏负荷试验应采用的判定准则见 20.4。如果在加热和冷却循环期间，有任何一个绝缘子损坏，则这些绝缘子都不符合本部分。

22 轴向、径向和角偏移的检查（抽样试验）

22.1 试验程序

绝缘子串元件两端装有合适的连接件并在它们之间轻微施加拉力，连接件应符合 GB/T 4056。在槽型连接的情况下，有必要添加衬垫使连接金属附件对准中心。两连接件应在同一垂直轴线上，且能自由旋转。

——对盘形悬式绝缘子元件：

上安装附件或是窝，或是槽，使试验中绝缘子的球头或扁脚头通过其套挂，同时帽通过下安装附件定位。两种测量装置 A 和 B 的安装如图 2a）所示，以便它们在绝缘件最大直径的点上和外端伞棱的最高点上分别与绝缘件接触。

把绝缘子旋转 360°，并记录测量装置读数最大变化量。

注：测量装置 A 读数变化会反映绝缘件平面度的任一变化。通常，可接受的变化应在规定的最大值范围内。平面

度变化过大，将会使装置A测得的变化量超过规定的最大值。

——对长棒形绝缘子元件：

测量装置B的安装如图2b)所示，在绝缘子中部使其尽可能紧地与绝缘杆部接触。

把绝缘子旋转360°，并记录在测量装置读数最大变化量。

另外，连接件的角偏移α通过合适的方法测量，例如图3所示。

22.2 盘形悬式绝缘子的判定准则

下面给出的最大变化量仅供参考。

A装置的变化量：绝缘子标称直径的4%；

B装置的变化量：绝缘子标称直径的3%。

8.3的重复试验程序适用于本试验。

22.3 长棒形绝缘子的判定准则

下面给出的最大变化量仅供参考。

B装置的变化量：

当绝缘子长度≤750 mm时，为绝缘子长度的1.4%；

当绝缘子长度>750 mm时，为绝缘子长度的1.2%。

连接件的角偏移α值不应大于下列值：

对于槽型连接件：$\alpha \leqslant 4°$；

对于球窝连接件：$\alpha \leqslant 15°$；

对其他组合连接件：$\alpha \leqslant 15°$，除非供需双方另有协议。

8.3的重复试验程序适用于本试验

23 锁紧销检查(抽样试验)

本试验适用于球窝连接的绝缘子串元件，本试验应包括四部分：

——锁紧销的符合性；

——锁紧状态的检查；

——锁紧销的位置(仅对R型锁紧销)；

——操作试验。

8.3的重复试验程序适用于本试验。

23.1 锁紧销的符合性

绝缘子或金属附件制造厂应检验锁紧销是否符合JB/T 8181的要求。绝缘子制造厂应持有有效的检验合格证书，确认进行了检验。

注：如果不能证明提交验收的绝缘子上所装的锁紧装置是属于已取得合格证书的同一批，则可以按JB/T 8181对若干锁紧装置进行试验，被试验锁紧装置不超过8.2中给出的抽样数E2。

23.2 锁紧状态的检查

对于盘型悬式绝缘子，把绝缘子连接成两个元件的串。而对于长棒形绝缘子，绝缘子元件装上相应球头连接件。锁紧装置置于锁紧位置。然后施加与运行所能受到的类似的运动，检查绝缘子串或球头连接件，不应有连接脱开。

23.3 锁紧销的位置

对于R型锁紧销，检查在锁紧位置时锁腿不应伸出窝的入口，并且用具有孔眼直径一半的一个尖形工具插入R型销孔眼，检查是否能把R型销从销紧位置移动到连接位置。

注1：见JB/T 8181关于连接和锁紧位置的说明。

注2:对于R型销,应注意在销子置于锁紧位置时,过重打击销子头部会引起变形,以致影响锁紧能力。还必须注意,R型销的功能不受末端敞开时引起变形的影响。

注3:对于标准连接11,允许开口销的腿伸出窝入口不大于5 mm。

23.4 操作试验的程序

使锁紧销处在锁紧位置。

——对R型锁紧销:

用合适的装置沿其轴线方向将拉伸负荷 F 施加在R型销的孔眼上。

——对W型锁紧销:

用一根截面尺寸为 $F_5 \times T$(其尺寸见JB/T 8181)矩形钢棒,沿轴线方向将负荷F施加在W形销的两个弧形端头上。

负荷逐渐增大,直至锁紧销移动到连接位置。从锁紧位置移动到连接位置的操作应连续进行三次。记录每次使锁紧销从锁紧位置移动到连接位置的负荷 F。应施加下面判定准则中所示的负荷 F_{max},锁紧销不应从窝里完全拉脱。

23.5 操作试验的判定准则

三次操作的负荷值 F 都应在下面所给出的 F_{min} 和 F_{max} 值之间。

	R型销	W型销
——对标准连接11	$F_{min}=30$ N	$F_{min}=25$ N
	$F_{max}=300$ N	$F_{max}=250$ N
——对标准连接	$F_{min}=50$ N	$F_{min}=25$ N
16A-16B,20,24	$F_{max}=500$ N	$F_{max}=250$ N

注1:R型销用很硬的不锈钢制造时,300 N和500 N的负荷有时可能不足以引起销子从锁紧位置移动到连接位置。由供需双方商定,如果采用带电作业法允许这样较高的负荷,则可规定较高的负荷值 F_{max}(对于标准连接16~24,增大到650 N)。

注2:对标准连接28~32,F_{min} 和 F_{max} 值应该由供需双方商定,给出下列数值作为参考:$F_{min}=100$ N,$F_{max}=650$ N。

24 温度循环试验(抽样试验)

24.1 瓷绝缘子串元件、针式绝缘子和线路柱式绝缘子的试验程序

带有固定金属附件(如果有的话)的瓷绝缘子,应不经过中间容器,迅速而完全地浸入到温度比后面试验用的冷水温度高70 K的热水中,并在此温度下保持一段时间 T,T 以min表示。

对A型绝缘子,$T=15+0.7\,m$ min,最长时间 T 为30 min。(式中 m 为绝缘子质量,以千克表示)。

对B型绝缘子,$T=15$ min。

然后取出试品,并且不经过中间容器而完全地浸入到冷水中,并在此温度下与在热水中保持相同的时间。这样的热冷循环应连续进行三次。从热到冷或从冷到热,转换时间应尽可能短,不超过30 s。

完成第三次循环后,绝缘子应经检验证明没有裂纹,然后应经受下列适用的试验:

规定应经受逐个机械试验的A型绝缘子:

进行一分钟机械负荷试验,该负荷等于规定机械破坏负荷的80%。

B型绝缘子:

按第16章的规定程序进行一分钟工频试验。

24.2 退火玻璃绝缘子串元件、针式绝缘子和线路柱式绝缘子的试验程序

带有固定金属附件(如果有的话)的退火玻璃绝缘子,应不经过中间容器,迅速而完全地浸入在温度比后面试验用的人工雨温度高 θ K的热水中,并在此热水中保持15 min,然后取出试品,并迅速地淋以15 min的人工雨,人工雨的降雨率为3 mm/min,没有其他特殊要求。

这样的热冷循环应连续进行三次,从热水到淋雨或其相反的转换时间内不应超过30 s。

退火玻璃耐受温度变化的能力取决于许多因素，其中最主要的一个因素是它的成分。因此，温度 θ 应由供需双方协商确定。

完成第三次循环后，绝缘子应经检验证明没有裂纹，然后应经受下列试验：

规定应经受逐个机械试验的 A 型绝缘子：

进行一分钟机械负荷试验，该负荷等于规定机械破坏负荷的 80%。

B 型绝缘子：

按第 16 章规定的程序进行一分钟工频试验。

24.3 厚截面或特大型绝缘子的特殊试验程序

对于特大绝缘子或具有厚截面的绝缘子元件，按上述 24.1 和 24.2 的规定进行试验太苛刻，经供需双方协议，可以采用降低严格程序的试验，对该试验，一般温度变化为 50 K 是合适的。对此，具有下列尺寸之一的绝缘子应认为是特大型刚性绝缘子或绝缘子串元件：

$L>1\ 200$ mm　　L＝绝缘子的长度

$D^2L>80\times10^6$ mm^3　　D＝最大直径

$d>90$ mm　　d＝实心绝缘子的杆径（见图 4a)）

$\Phi>25$ mm　　Φ＝最大厚度，即通过绝缘子轴线截面的轮廓内作出的最大内切圆直径（见图 4b)）

24.4 附加规定

a) 对上述试验，试验水箱中的水量应足够多，以便绝缘子浸入时引起水温的变化不超过±5 K。

b) 限制不能使用中间容器但可使用具有低热系数并且能使水自由流通的金属丝网篮。

24.5 判定准则

绝缘子应能耐受本试验，不出现裂纹或发生击穿或机械破坏。8.3 的重复试验程序适用于本试验。

25 热震试验（抽样试验）

25.1 试验程序

将已用热空气或其他合适的方法加热到至少高于水温 100 K，且温度均匀的绝缘子迅速而完全浸入温度不超过 50℃的水中。

绝缘子在水中至少应保持 2 min。

25.2 判定准则

绝缘子应承受本试验而不发生绝缘件的损坏。8.3 的重复试验程序适用于本试验。

26 孔隙性试验（抽样试样）

26.1 试验程序

将从绝缘子上或按协议从放在绝缘子邻近的一起烧成的样块上敲下来的瓷碎片浸入压力不小于 15×10^6 N/m^2 的 1%品红酒精溶液（100 g 变性酒精中含 1 g 品红）中，试验时间以 h 计，压力以 N/m^2 计，二者的乘积不小于 180×10^6。

然后将碎片从溶液中取出，洗涤、干燥，接着再敲碎。

26.2 判定准则

用肉眼检查新敲碎的表面，应无任何染色渗透，渗入最初敲取小碎片时形成的小裂纹除外。

8.3 的重复试验程序适用于本试验。

27 镀层试验（抽样试验）

除非下面另有规定，JB/T 8177 适用于本试验。

注：虽然提出一个总的推荐是困难的，对于加工粗糙造成小面积镀锌层损坏进行满意的修补是可能的，但需使用特制的低熔点锌合金修补焊条进行修补，修补层的厚度至少应等于镀锌层的厚度。允许修补的最大面积在某种程度上应取决于黑色金属件的种类和它的尺寸。但作为一般性导则，建议面积为 40 mm^2 是合适的。而对于大型

绝缘子金属附件，建议最大面积为 100 mm^2。然而，仅在特殊情况下，在较小的缺陷上，经供需双方协商同意后才允许修补损坏的镀层。应当注意，用修补焊条进行修补的方法只能在未装配的黑色金属附件上进行，因为在进行修补时，黑色金属附件温度太高，故不允许在完整的绝缘子上采用此法修补。

27.1 试验程序

黑色金属部件应经受外观检查，接着用磁力试验法测定镀层质量。当对用磁力法测试的结果有分歧意见时，应进行如下仲裁试验的一种：

——对铸件和锻件以及经过协议的垫圈用称量法，应按 JB/T 8177—1999 中 7.3 的规定进行试验。

——对螺栓、螺母或垫圈，用显微镜法，应按 JB/T 8177—1999 中 7.4 的规定进行试验。

注：在订货时由供需双方商定的其他试验方法也可采用。例如，用硫酸铜溶液法或气体重量分析法。协议中应确定选择何种方法及其适用范围和通用试验条件。有许多资料叙述了用硫酸铜溶液法，它可以测量锌层的连续性。

27.1.1 外观

金属件应经受外观检查。

27.1.2 用磁力试验法确定镀层质量

试验应按 JB/T 8177—1999 中 7.2 规定的条件下进行。

对每个被试品，应按其尺寸大小进行 3～10 次测量。这些测量应均匀而随机地分布在整个试品表面，避开边缘和尖端处。

注：用磁力法确定镀层质量是非破坏性的。简单、迅速且有足够的精度，在绝大多数情况下适用。因此，该方法规定为基本试验方法。

27.2 判定准则

27.2.1 外观试验的判定准则

镀层应连续，尽可能均匀光滑（以免搬运时损坏），避免任何不利于镀品正常使用的缺陷。

允许有小的缺锌庇点，单个缺锌庇点的最大面积为 4 mm^2，但总的缺锌面积不应超过大约金属附件总面积的 0.5%，最大不得超过 20 mm^2。

镀层应附着良好，在正常使用时，能经受装卸而不起皮剥落。

8.3 的重复试验程序适用于本试验。

注：带有螺纹的零件，应加工好螺纹后镀锌。除非供需双方另有规定，螺母（含内螺纹）应在镀锌后攻丝并防护。

27.2.2 镀层质量值的判定准则

由测量的算术平均值得出的镀层质量不应小于下面规定的值。

下列最小标准值是适用的，除非当这些部件使用在特别严酷的条件下，预先由供需双方协议可采用较高的值（例如任何单独的螺栓、螺母和垫片的平均值为 500 g/m^2）。

最小平均镀层质量：

——对铁和钢的铸件和煅件：

全部试样为 600 g/m^2，任何单个试样为 500 g/m^2；

——对螺栓、螺母和垫圈：

全部试样为 375 g/m^2，任何单个试样为 300 g/m^2。

注：作为指导，与上述数值相应的等值厚度约为：

600 g/m^2＝85 μm

500 g/m^2＝70 μm

375 g/m^2＝54 μm

300 g/m^2＝43 μm

然而，如果全部试品的平均值合格，而仅单个试品的平均值不合格，则用同样方法按 8.3 的规定进行重复试验。如果每个单个试品的结果合格，而全部试品的平均值不合格，则采用重量法或显微镜法进行仲裁试验（见 27.1）。

28 逐个外观检查

应对每个绝缘子进行检查，绝缘件上应按图样安装金属附件。

28.1 瓷绝缘子

绝缘子的釉色应接近于图样规定。允许瓷釉颜色色调有某些变化，这样的绝缘子不应报废。这也适用于上釉较薄因而较淡的部分釉面，例如，半径较小的边缘。

图样规定的上釉面，应覆盖一层光滑而发亮坚硬的釉。釉面应无裂纹，没有其他不利于良好运行的缺陷。

釉面缺陷包括缺釉点、釉面碰损、釉层杂质及针孔。

绝缘子元件外观缺陷允许值如下：

对绝缘子元件，总釉面缺陷面积不应超过：

$$100+D\times F/2\ 000\ \mathrm{mm}^2$$

单个釉面缺陷面积不应超过：

$$50+D\times F/20\ 000\ \mathrm{mm}^2$$

式中：

D——绝缘子的最大直径，单位为 mm；

F——绝缘子的爬电距离，单位为 mm。

对实心长棒形绝缘子的杆体，不允许釉面有缺陷。

对于其他实心绝缘子的杆体，单个缺釉面积不应超过 25 mm²。伞上釉层杂质(例如上部伞裙上的钵屑)总面积不应超过 25 mm²，任何单个杂质突出不应超过 2 mm。

杂质的堆积物(例如沙粒)应看作单个釉面缺陷。它们的包容表面应计入釉面缺陷总面积内。

直径小于 1.0 mm 的非常小的釉面针孔(例如在上釉时由灰尘微粒所引起的那些小孔)，不应计入总缺陷面积。然而，在任何 50 mm×10 mm 的面积里，针孔的数量不应超过 15 个。此外，在绝缘子元件上总的针孔数量不应超过：

$$50+D\times F/1\ 500$$

式中 D 和 F 的定义与上述相同。

28.2 玻璃绝缘子

绝缘件不应有折痕、气孔等不利于良好运行的表面缺陷，并且在玻璃体中不应有直径大于 5 mm 的气泡。

29 逐个机械试验

29.1 线路柱式绝缘子的逐个机械试验

逐个机械试验只要求对标称高度大于 600 mm 线路柱式绝缘子进行。应适当安装被试绝缘子，在绝缘子顶部从四个相互垂直的方向施加等于规定机械破坏负荷 50%的弯曲负荷，每次至少持续 3 s。

试验时，不应有绝缘子断裂或金属附件破坏或拉脱。

注：对某些瓷绝缘子，在逐个机械试验之后，可用超声波试验测定绝缘材料中的隐蔽缺陷。

29.2 绝缘子串元件的逐个机械试验

A 型绝缘子串元件至少应承受 1 min 等于规定机械破坏负荷 80%的拉伸负荷。

B 型绝缘子串元件至少应承受 3 s 等于规定机械破坏负荷 50%的拉伸负荷。

试验时发生断裂或其金属附件破坏或拉脱的绝缘子应报废。

注：对某些类型的瓷绝缘子，在逐个机械试验之后，可用超声波试验测定绝缘材料的隐蔽缺陷。

第 6 节 针式绝缘子

下列试验适用于针式绝缘子，某些试验仅适用于某些型式的绝缘子或某类材料。应按参照表(表1)确定适用于针式绝缘子的试验。

表 1 中每个矩形框里的第一行数字表示每次试验所应提交的绝缘子数，代码 E1 和 E2 对应于 8.2 中所给出的样本容量。每个矩形框里的第二行数字表示适用于所述绝缘子试验的条款。

对给定的绝缘子型式试验仅进行一次(见 6.1)。对针式绝缘子机械破坏负荷试验，无法满意地进行型式试验和抽样试验结果的比较。

抽样试验按参照表中所给出的样本 E1 和 E2 进行，样本容量应按 8.2 的规定确定。抽样试验应按参照表规定的次序进行。然而，在完成适用于两种样本抽样试验之后，在其他抽样试验之前，允许进行仅适合样本 E1(或 E2)的试验。

逐个试验应对每个绝缘子进行。

针式绝缘子的安装布置在第 30 章中规定

表 1　针式绝缘子试验项目参照表

<table>
<tr><td colspan="2">绝缘子的型式</td><td colspan="6">针式绝缘子</td></tr>
<tr><td colspan="2">绝缘子的材料</td><td colspan="2">瓷材料</td><td colspan="2">退火玻璃</td><td colspan="2">钢化玻璃</td></tr>
<tr><td colspan="2">绝缘子的类型</td><td>A</td><td>B</td><td>A</td><td>B</td><td>A</td><td>B</td></tr>
<tr><td rowspan="8">型式试验</td><td rowspan="2">尺寸检查</td><td>5</td><td>5</td><td>5</td><td>5</td><td>5</td><td>5</td></tr>
<tr><td colspan="6">17</td></tr>
<tr><td rowspan="2">雷电冲击耐受电压试验</td><td>3</td><td>3</td><td>3</td><td>3</td><td>3</td><td>3</td></tr>
<tr><td colspan="6">13　30.1　30.2　36</td></tr>
<tr><td rowspan="2">工频湿耐受电压试验</td><td>3</td><td>3</td><td>3</td><td>3</td><td>3</td><td>3</td></tr>
<tr><td colspan="6">14　30.1　30.2　36</td></tr>
<tr><td rowspan="2">机械破坏负荷试验</td><td>5</td><td>5</td><td>5</td><td>5</td><td>5</td><td>5</td></tr>
<tr><td colspan="6">20.1　20.3　30.3</td></tr>
<tr><td rowspan="14">抽样试验</td><td rowspan="2">尺寸检查</td><td>E2</td><td>E2</td><td>E2</td><td>E2</td><td>E2</td><td>E2</td></tr>
<tr><td colspan="6">17</td></tr>
<tr><td rowspan="2">温度循环试验</td><td>E1 和 E2</td><td>E1 和 E2</td><td>E1 和 E2</td><td>E1 和 E2</td><td></td><td></td></tr>
<tr><td colspan="2">24.1</td><td colspan="2">24.2</td><td colspan="2"></td></tr>
<tr><td rowspan="2">机械破坏负荷试验</td><td>E1</td><td>E1</td><td>E1</td><td>E1</td><td>E1</td><td>E1</td></tr>
<tr><td colspan="6">20.1　20.3　30.3</td></tr>
<tr><td rowspan="2">热震试验</td><td colspan="2" rowspan="2"></td><td colspan="2" rowspan="2"></td><td>E2</td><td>E2</td></tr>
<tr><td colspan="2">25</td></tr>
<tr><td rowspan="2">击穿耐受试验</td><td rowspan="2"></td><td>E2</td><td rowspan="2"></td><td>E2</td><td rowspan="2"></td><td>E2</td></tr>
<tr><td>15</td><td>15</td><td>15</td></tr>
<tr><td rowspan="2">孔隙性试验</td><td>E1</td><td>E2</td><td colspan="2" rowspan="2"></td><td colspan="2" rowspan="2"></td></tr>
<tr><td colspan="2">26</td></tr>
<tr><td rowspan="2">镀层试验[a]</td><td>E2</td><td>E2</td><td>E2</td><td>E2</td><td>E2</td><td>E2</td></tr>
<tr><td colspan="6">27</td></tr>
<tr><td rowspan="4">逐个试验</td><td rowspan="2">外观检查</td><td>全数</td><td>全数</td><td>全数</td><td>全数</td><td>全数</td><td>全数</td></tr>
<tr><td colspan="6">28</td></tr>
<tr><td rowspan="2">电气试验</td><td rowspan="2"></td><td>全数</td><td rowspan="2"></td><td>全数</td><td colspan="2" rowspan="2"></td></tr>
<tr><td>16</td><td>16</td></tr>
<tr><td colspan="8">a　当适用时。</td></tr>
</table>

30 针式绝缘子试验的安装布置

30.1 电气试验的标准安装布置

根据针式绝缘子的型式(第3章),采用装在支持横担上的两种安装布置。

——对于在使用中绝缘件不与支持结构相接触的针式绝缘子。

试品安装在一根直径约为25 mm的垂直金属杆上,金属杆的长度应大于从上端电极和/或连接金属附件到支持横担最短干闪距离的25%～50%。该杆体应与试品同轴。如果绝缘子具有一固定脚,则应采用该脚。

——对于在使用中绝缘件与支持结构相接触的针式绝缘子(柱形针式):

试品应直接安装在支持横担上。

除非另有规定,支持横担应是一个水平安装的、且平直光滑的接地金属管或是一个平面宽度不小于76 mm、不大于152 mm的金属构件。位置离地面高度至少大于1 m。

直径不小于13 mm的一导体与支持横担成直角放置,并在两个方向延伸,其延伸长度超过绝缘子顶部外裙边缘,且至少为绝缘子高度的两倍。导体尽可能接近水平地固定在绝缘子侧槽,用直径约为2.5 mm的金属线固定。金属线缠绕导体的长度约为绝缘子顶部最大外裙直径的两倍,并沿绝缘子两边等量地延伸。导体的长度应使闪络不会在其端部发生。对于湿试验,导体的放置应与淋雨方向垂直,并在绝缘子靠近人工雨喷射装置的一侧。

在1 m或1.5倍绝缘子高度距离内(取较大数值),不应有其他物体。

如果绝缘子装有线夹,那么导体应放在线夹里。

试验电压应施加在导体和地之间。

30.2 模拟使用条件电气试验的安装布置

经订货时协议,针式绝缘子电气试验可以在尽可能模拟使用的条件下进行。模拟的使用条件应由供需双方商定,考虑可能影响试验结果的所有因素。

注:在这些非标准条件下,特性值可能不同于采用标准安装方式所测得的值。

30.3 机械破坏负荷试验的安装布置

如果绝缘子脚和绝缘件可以分离,绝缘子应刚性地安装在脚上,该脚应能够承受规定的机械破坏负荷而无明显的变形。

对于具有固定脚的绝缘子,试验应在完整的绝缘子上进行。

机械负荷应在导体所在平面中通过缠绕在绝缘子侧槽里的金属线垂直地施加到绝缘子轴上。金属线的放置方式应避免绝缘子侧槽里的应力集中。如果绝缘子带有线夹,机械负荷应以模拟最接近使用应力的方式施加。

第7节 线路柱式绝缘子

下列试验适用于线路柱式绝缘子。某些试验仅适用于某些型式的绝缘子或某类材料。应按参照表(表2)确定适用于线路柱式绝缘子的试验。

表 2　线路柱式绝缘子试验项目参照表

绝缘子的型式		线路柱式绝缘子					
绝缘子的材料		瓷材料		退火玻璃		钢化玻璃	
绝缘子的高度[a]		$H^a \leqslant 600$	$H^a > 600$	$H^a \leqslant 600$	$H^a > 600$	$H^a \leqslant 600$	$H^a > 600$
绝缘子的类型		A[b]	A	A[b]	A	A[b]	A
型式试验	尺寸检查	5	5	5	5	5	5
		17					
	雷电冲击干耐受电压试验	3	1	3	1	3	1
		13　32.1　32.2　36					
	工频湿耐受电压试验	3	1	3	1	3	1
		14　32.1　32.2　36					
	机械破坏负荷试验	5	5	5	5	5	5
		20.1　20.4　31.1　32.3					
抽样试验	尺寸检查	E2	E2	E2	E2	E2	E2
		17					
	温度循环试验	E1 和 E2	E1 和 E2	E1 和 E2	E1 和 E2		
		24.1		24.2			
	机械破坏负荷试验	E1	E1	E1	E1	E1	E1
		20.1　20.4　31.1　32.3					
	热震试验					E2	E2
						25	
	孔隙性试验	E1	E1				
		26					
	镀层试验	E2	E2	E2	E2	E2	E2
		27					
逐个试验	外观检查	全数	全数	全数	全数	全数	全数
		28					
	机械试验		全数		全数		全数
			29.1		29.1		29.1

a　H 是名义总高度，以毫米表示（见 JB/T 8509）。

b　B 型线路柱式绝缘子应进行适用于 B 型针式绝缘子的试验（见表 1）。

表 2 中每个矩形框里的第一行数字表示每次试验所应提交的绝缘子数；代码 E1 和 E2 对应于 8.2 中所给出的样本容量。每个矩形框里的第二行数字表示适用于所述绝缘子试验的条款。

抽样试验按参照表中所规定的样本 E1 和 E2 进行。样本容量应根据 8.2 确定。抽样试验应按参照表规定的次序进行。然而，在完成适合两种样本抽样试验之后，在其他抽样试验之前，允许进行仅适合样本 E1（或 E2）的试验。

逐个试验应对每个绝缘子进行。

线路柱式绝缘子的详细安装布置在第 32 章规定。

31　线路柱式绝缘子试验结果的统计分析常数

31.1　型式试验的常数

下列常数用于线路柱式绝缘子型式试验中机械破坏负荷试验结果的判定。

$$C_0 = 1.2$$

31.2　抽样试验的常数

下列常数用于线路柱式绝缘子抽样试验中机械破坏负荷试验结果的分析判定。

常　　数	样本容量(E1)		
	4	8	12
C_1	1	1.42	1.7
C_2	0.8	1.2	1.5
C_3	1	1.42	1.7

32　线路柱式绝缘子试验的安装布置

32.1　电气试验的标准安装布置

绝缘子应垂直向上安装在一水平的接地金属构件中央。该金属构件由倒扣槽钢构成，宽度约等于被试绝缘子底座的直径，长度至少等于绝缘子高度的两倍。离地面高度至少为 1 m。

在 1 m 或 1.5 倍绝缘子高度距离之内(取较大数值)，不应有其他物体。

直径不小于 13 mm 的一导体与支持横担成直角放置，并向两个方向延伸，其延伸长度超过绝缘子顶部外裙边缘，且至少为绝缘子高度的两倍。导体尽可能接近并水平地固定在绝缘子侧槽内，用直径约 2.5 mm 的金属线固定。金属线缠绕导体的长度约为绝缘子顶部外裙直径的两倍，并沿绝缘子两边等量地延伸。导体的长度应使闪络不会在它的端部发生。对于湿试验，导体的放置应与雨淋方向垂直，并在绝缘子靠近人工雨喷射装置的一侧。

如果绝缘子装有线夹，那么导体应放在线夹里。

试验电压应施加在导体和地之间。

32.2　模拟使用条件的电气试验和安装布置

经在订货时协议，线路柱式绝缘子电气试验可以在尽可能模拟使用条件的情况下进行。模拟的使用条件应由供需双方商定，考虑可能影响试验结果的所有因素。

注：在这些非标准条件下，特性值可能不同于采用标准安装方式时的测量值。

32.3　机械破坏负荷试验的安装布置

线路柱式绝缘子应安装在一个刚性的固定构架上，该构架能够承受试验时所施加的负荷而无明显的变形。在抽样试验和型式试验中应采用同样强度的紧固双头螺栓或螺栓。如果双头螺栓或螺栓是可分离的，在线路柱式绝缘子进行破坏负荷试验时，这些附件的强度应加强。

机械负荷应垂直地施加在绝缘子轴线和导体轴线上。对于头部没有金属附件的绝缘子，负荷应通过金属绳缠绕绝缘子侧槽来施加。金属绳的缠绕方式应能够避免使绝缘子侧槽里产生局部应力集中。对于头部有金属附件的绝缘子，负荷应施加在这些附件上。如果绝缘子具有线夹，机械负荷应以最接近使用应力的方式施加。

第 8 节　绝缘子串元件

下列试验适用于绝缘子串元件。某些试验仅适用于某些类型的绝缘子或材料。应按参照表(表 3)确定适用于绝缘子串元件的试验。表 3 中每个矩形框里的第一行数字表示每项试验所应提交的绝缘子数，代码 E1 和 E2 对应于 8.2 所给出的样本容量。每个矩形框里的第二行数字表示适用于所述绝缘子试验的条款和(或)分条款。

对给定的绝缘子或等效结构的绝缘子型式试验仅进行一次(见 6.1 和第 33 章)。

抽样试验按参照表中所给出的样本 E1 和 E2 进行，样本容量应根据 8.2 确定。抽样试验应按参照表规定的次序进行。然而，在完成适用于两种样本抽样试验之后，在其他抽样试验之前，允许进行仅适用于样本 E1 和(或 E2)的试验。

逐个试验应对所提供的每个绝缘子进行。

绝缘子串元件的安装布置在第 35 章中规定。

表 3　绝缘子串元件试验项目参照表

<table>
<tr><td colspan="2">绝缘子的型式</td><td colspan="4">绝缘子串元件</td></tr>
<tr><td colspan="2">绝缘子的小类型式</td><td colspan="2">盘形悬式</td><td colspan="2">长棒形</td></tr>
<tr><td colspan="2">绝缘子的材料</td><td>瓷材料</td><td>钢化玻璃</td><td colspan="2">瓷材料</td></tr>
<tr><td colspan="2">绝缘子的类型</td><td>B</td><td>B</td><td>A</td><td>B</td></tr>
<tr><td rowspan="14">型式试验</td><td rowspan="2">尺寸检查</td><td>10</td><td>10</td><td>10</td><td>10</td></tr>
<tr><td colspan="4">17</td></tr>
<tr><td rowspan="2">雷电冲击干耐受电压试验</td><td>1 SS[a]</td><td>1 SS[a]</td><td>1 或 SS[b]</td><td>1 或 SS[b]</td></tr>
<tr><td colspan="4">13　35　36</td></tr>
<tr><td rowspan="2">工频湿耐受电压试验</td><td>1 SS[a]</td><td>1 SS[a]</td><td>1 或 SS[b]</td><td>1 或 SS[b]</td></tr>
<tr><td colspan="4">14　35　36</td></tr>
<tr><td rowspan="2">残留机械强度试验</td><td>25</td><td>25</td><td rowspan="2"></td><td rowspan="2"></td></tr>
<tr><td colspan="2">18</td></tr>
<tr><td rowspan="2">机电破坏负荷试验</td><td>10</td><td colspan="2" rowspan="2"></td><td>5</td></tr>
<tr><td>19　34.1</td><td>19　34.1</td></tr>
<tr><td rowspan="2">机械破坏负荷试验</td><td rowspan="2"></td><td>10</td><td>5</td><td rowspan="2"></td></tr>
<tr><td colspan="2">20.2　20.4　34.1</td></tr>
<tr><td rowspan="2">热机械性能试验</td><td>10</td><td>10</td><td>5</td><td>5</td></tr>
<tr><td colspan="4">21　34.1</td></tr>
<tr><td rowspan="20">抽样试验</td><td rowspan="2">尺寸检查[c]</td><td>E1 和 E2</td><td>E1 和 E2</td><td>E1 和 E2</td><td>E1 和 E2</td></tr>
<tr><td colspan="4">17</td></tr>
<tr><td rowspan="2">偏差检查</td><td>E1 和 E2</td><td>E1 和 E2</td><td>E1 和 E2</td><td>E1 和 E2</td></tr>
<tr><td colspan="4">22</td></tr>
<tr><td rowspan="2">锁紧销检查[d]</td><td>E2</td><td>E2</td><td>E2</td><td>E2</td></tr>
<tr><td colspan="4">23</td></tr>
<tr><td rowspan="2">温度循环试验</td><td>E1 和 E2</td><td rowspan="2"></td><td>E1 和 E2</td><td>E1 和 E2</td></tr>
<tr><td>24.1</td><td colspan="2">24.1</td></tr>
<tr><td rowspan="2">机电破坏负荷试验</td><td>E1</td><td colspan="2" rowspan="2"></td><td>E1</td></tr>
<tr><td>19　34.2</td><td>19　34.2</td></tr>
<tr><td rowspan="2">机械破坏负荷试验</td><td rowspan="2"></td><td>E1</td><td>E1</td><td rowspan="2"></td></tr>
<tr><td colspan="2">20.2　20.4　34.2</td></tr>
<tr><td rowspan="2">热震试验</td><td rowspan="2"></td><td>E2</td><td colspan="2" rowspan="2"></td></tr>
<tr><td>25</td></tr>
<tr><td rowspan="2">击穿耐受试验</td><td>E2</td><td>E2</td><td rowspan="2"></td><td>E2</td></tr>
<tr><td colspan="2">15</td><td>15</td></tr>
<tr><td rowspan="2">孔隙性试验</td><td>E1</td><td rowspan="2"></td><td>E1</td><td>E1</td></tr>
<tr><td>26</td><td colspan="2">26</td></tr>
<tr><td rowspan="2">镀层试验</td><td>E2</td><td>E2</td><td>E2</td><td>E2</td></tr>
<tr><td colspan="4">27</td></tr>
<tr><td rowspan="6">逐个试验</td><td rowspan="2">外观检查</td><td>全数</td><td>全数</td><td>全数</td><td>全数</td></tr>
<tr><td colspan="4">28</td></tr>
<tr><td rowspan="2">机械试验</td><td>全数</td><td>全数</td><td>全数</td><td>全数</td></tr>
<tr><td colspan="4">29</td></tr>
<tr><td rowspan="2">电气试验</td><td>全数</td><td colspan="2" rowspan="2"></td><td>全数</td></tr>
<tr><td>16</td><td>16</td></tr>
</table>

a　1 SS＝对一短串进行试验。

b　1 或 SS＝对一个或一短串绝缘子进行试验。

c　E1 和 E2 对连接尺寸检查,其他尺寸仅采用 E2 抽样,见第 17 章。

d　当适用时。

33 绝缘子串型式试验的规定

33.1 绝缘子串电气型式试验

标准短串电气型式试验是为了在考虑相邻元件存在的影响时，对不同的绝缘子串元件性能在同一个标准的基础上进行比较。标准短串的规定性能和在其上得到的试验结果用 kV/m 表示。

注：标准短串的规定性能和在其上得出的试验结果不可能必然线性地延伸到较长串。然而，如果耐受电压试验在两个不同长度的短串上进行(例如 1 m 和 2 m)，那么试验结果可以线性地内推，提供长度在两个被试长度之间的绝缘子串的性能数据。

参照 6.1，电气上等效的绝缘子元件是在同一工厂制造的、具有相同材料、采用相同工艺过程制造的产品。此外，还具有下列特性：

——对于长棒形绝缘子：

· 公称杆体直径相同或较小；

· 公称伞间距相同，差异在±5%之内；

· 伞伸出相同，差异在±5%之内；

· 伞型相同。

——对于盘形悬式绝缘子：

· 绝缘件相同；

· 公称结构高度相同，差异在±5%之内。

33.2 机械型式试验

参照 6.1，机械上等效的绝缘子元件是同一工厂制造、具有相同材料、采用相同工艺过程制造的强度等级、连接尺寸以及绝缘件与金属附件之间的连接结构相同的产品。此外，还具有下列特性：

——对于长棒形绝缘子：

· 公称杆体直径相同；

· 公称伞间距相同或较大；

· 公称伞伸出相同或较小；

· 公称爬电距离相同或较小；

· 公称电弧距离相同或较小。

——对于盘形悬式绝缘子：

· 公称直径相同或较小；

· 公称爬电距离相同或较小。

34 绝缘子串试验结果的统计分析常数

34.1 型式试验的常数

下列常数 C_0 用于悬式绝缘子型式试验中机械破坏负荷、机电破坏负荷和热机械性能试验结果的判定。

样本容量=5　　　　$C_0=1.2$

样本容量=10　　　$C_0=0.72$

34.2 抽样试验的常数

下列常数用于悬式绝缘子抽样试验中机械破坏负荷、机电破坏负荷和热机械性能试验结果的判定。

常　数	样本容量(E1)		
	4	8	12
C_1	1	1.42	1.7
C_2	0.8	1.2	1.5
C_3	1	1.42	1.7

35 绝缘子串元件电气试验的安装布置

详述的安装布置适用于下列绝缘子的电气试验：

——由盘形悬式元件或长棒形元件组成的标准短串；

——长度上大于1 m的长棒形绝缘子串元件或作为一串使用的长棒形元件。

绝缘子串元件或绝缘子串用一金属绳或金属棒从接地支架上垂直地悬挂。绝缘子金属附件最上端与支持结构之间的距离不能小于1 m。在绝缘子串长度的1.5倍距离内不应有其他物体。把一段平直、光滑的金属棒或管状导体连接到绝缘子串元件或绝缘子串下端的金具上，并处于水平位置。从瓷件或玻璃件的最下端伞到导体的最上表面的距离应尽可能短，但应大于最下端绝缘子伞径的0.5倍。

导体的直径为25 mm。

导体的长度为3 m。

采取预防措施避免导体两端发生闪络。

试验电压应施加在导体和地之间。

第9节 架空电力牵引线路用绝缘子

正如引言所述，没有架空电力牵引线路用绝缘子的参照表，因为这些绝缘子通常属于前述其他三种型式之一。当采用时，适用于相似类型绝缘子的试验应与有关弯曲/拉伸试验一起进行。

架空电力牵引线路用绝缘子的安装布置在下面规定。另外，第6、第7和第8节中对绝缘子的要求也同样适用。

除正常要求的试验之外，弯曲和拉伸试验对在运行中承受这些力的绝缘子可能是必要的。进行该试验应根据订货时供需双方的协议。同样，试验程序、安装布置和判定准则也应由供需双方协商。

36 架空电力牵引线路用绝缘子电气试验的安装布置

36.1 标准安装布置

——垂直绝缘子：

绝缘子用一金属绳或金属棒从接地支架上垂直地悬挂。绝缘子帽部与支持点之间的距离应不小于1 m。在绝缘子的较低端，长1m的金属棒与绝缘子连接，并保持垂直位置。

在离绝缘子轴线或金属棒的端部1m或绝缘子长度的1.5倍距离内(取较大值)不应有其他物体。

试验电压应施加在绝缘子底部金属棒和悬挂接地点之间。

——水平绝缘子：

绝缘子用与地相连的电缆或金属棒固定。绝缘子附件的外端和固定点之间的距离不应小于1 m。绝缘子的另一端有长约1 m的金属棒。采用任何方便的措施，使整个布置近似保持水平位置。

在离绝缘子轴线或金属棒端部1 m或绝缘子长度1.5倍距离内(取较大值)，不应有其他物体。

试验电压应施加在金属棒的端部与接地固定点之间。

36.2 模拟使用条件的安装布置

经在订货时协议，架空电力牵引线路用绝缘子的试验可以在尽可能模拟使用条件的情况下进行。模拟使用条件的程度由供需双方商定，考虑可能影响绝缘子性能的所有因素。

注：在这些非标准条件下，特性值可能不同于使用标准安装方法所测得的值。

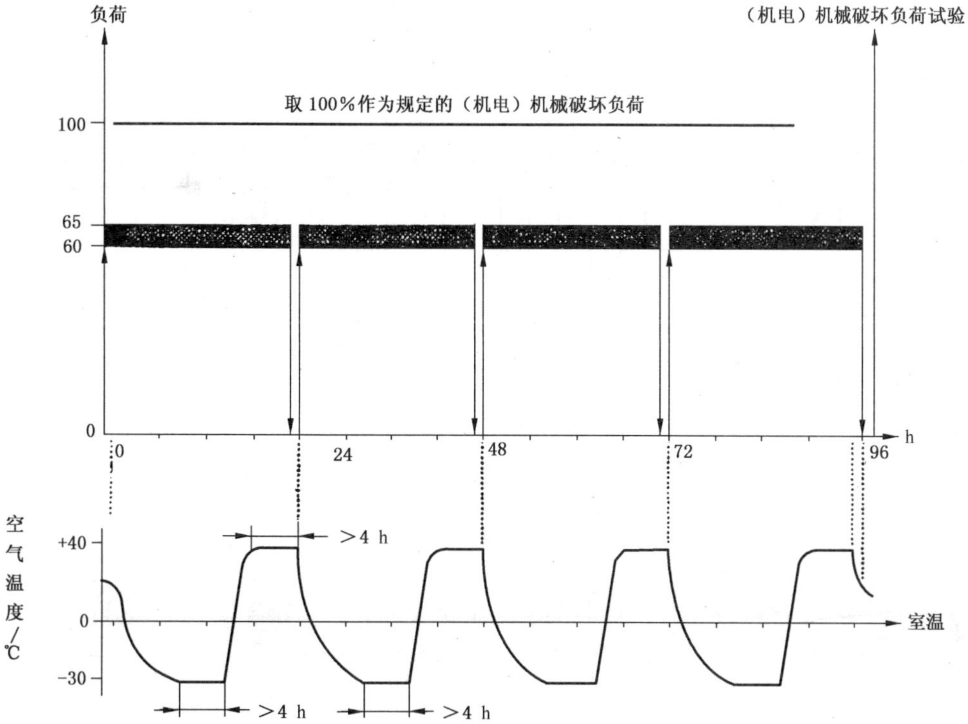

图 1　热机械性能试验图示

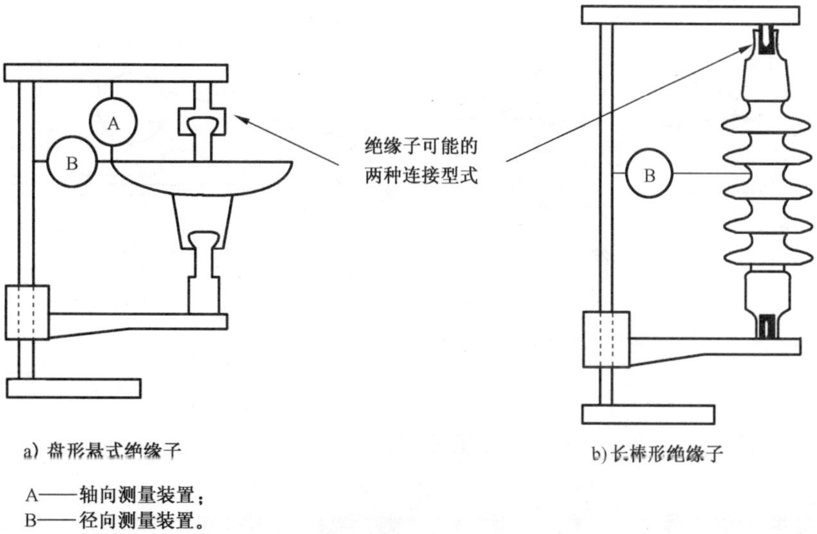

图 2　轴向和径向偏移的测量

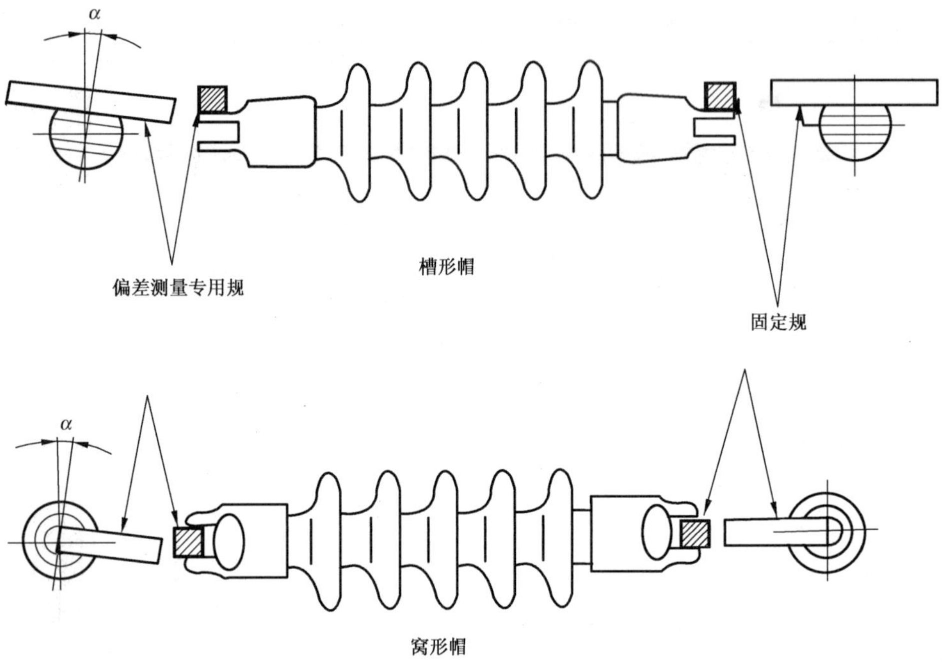

图 3 角偏移测量

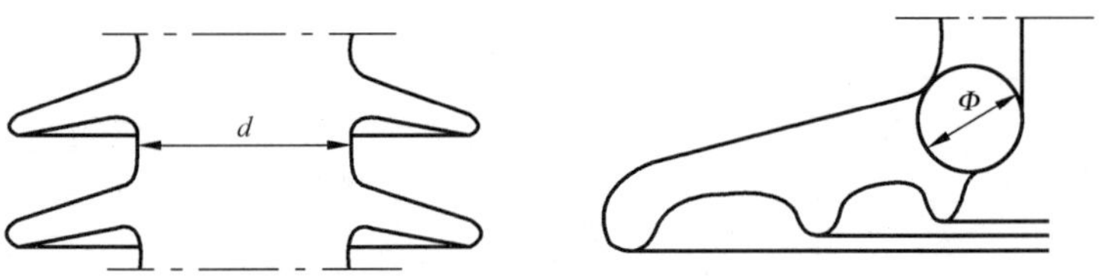

a) 长棒形绝缘子

b) 盘形悬式绝缘子

d——杆径；

Φ——绝缘子的最大厚度。

图 4 绝缘子的最大厚度

附　录　A
（资料性附录）
本部分章编号与 IEC 60383-1：1993 章编号对照

表 A.1 给出了本部分章编号与 IEC 60383-1：1993 章编号对照一览表。

表 A.1　本部分章编号与 IEC 60383-1：1993 章编号对照

本部分章编号	对应的国际标准章编号	本部分章编号	对应的国际标准章编号
1	1	22	21
2	2	23	22
3	3	24	23
4	4	25	24
5	5	26	25
6	6	27	26
7	7	28	27
8	8	29	28
9	9	30	29
10	10	31	30
11	11	32	31
12	12	33	32
13	13	34	33
14	14	35	34
15	15	36	35
16	16	图	图
17	17	附录 A	—
18	—	附录 B	—
19	18	附录 C	附录 A
20	19	附录 D	附录 B
21	20	附录 E	附录 C

附　录　B
（资料性附录）
本部分与 IEC 60383-1：1993 技术性差异及其原因

表 B.1 给出了本部分 IEC 60383-1：1993 的技术性差异及其原因的一览表。

表 B.1　本部分与 IEC 60383-1：1993 技术性差异及其原因

本部分的章编号	技术性差异	原　　因
18	增加了第 18 章“残留机械强度试验（型式试验）”。	因为 IEC 60383-1 是在 1993 年出版的，在该版本中无此项试验，而类同的 IEC 61325《标称电压高于 1 000 V 的架空线路用绝缘子——直流系统用瓷或玻璃绝缘子元件——定义、试验方法和判定准则》是在 1995 年出版的，该版中有此项试验。故经讨论分析增加了此项试验。
16	在第 16 章中增加了第五段，“对 B 型耐污盘形悬式绝缘子，工频试验电压应不低于同强度等级的普通型盘形悬式绝缘子的工频火花试验电压”。	按原标准《高压线路耐污盘形悬式瓷绝缘子》的技术要求，增加了此项内容。这样做科学合理，同时考虑了我国国情。

附 录 C
（资料性附录）
机电或机械型式和抽样试验结果的比较方法

为了验证型式试验中的被试验绝缘子能代表抽样试验中被试验绝缘子，应比较它们的平均值和标准偏差。

$\overline{X}_1$：抽样试验的平均破坏负荷；

$\overline{X}_2$：重复试验的平均破坏负荷；

σ_1：抽样试验的标准偏差；

σ_2：重复试验的标准偏差；

$\overline{X}_T$：型式试验的平均破坏负荷；

σ_T：型式试验的标准偏差。

注：当计算标准偏差 σ 时，应注意它是抽样标准偏差，其分母 $n-1$。

如果满足下面给出的限定值，绝缘子破坏水平相同的概率很高(95%)，这些限定值基于型式试验样本容量为 5 或 10。不符合这些限定值不应导致该批拒收。

——对于没有重复试验的情况

$$|\overline{X}_T-\overline{X}_1|\leqslant a\sqrt{\sigma_T^2+b\cdot\sigma_1^2} \text{ 和 } \frac{\sigma_1}{\sigma_T}<c$$

常　数	5 元件的型式试验样本容量(E1)			10 元件的型式试验样本容量(E1)		
	4	8	12	4	8	12
a	1.20	0.76	0.59	1.12	0.75	0.60
b	0.75	1.75	2.75	0.33	0.78	1.22
c	2.57	2.47	2.44	1.96	1.81	1.76

——对于具有重复试验的情况

$$|\overline{X}_T-\overline{X}_2|\leqslant a\sqrt{\sigma_T^2+b\cdot\sigma_2^2} \text{ 和 } \frac{\sigma_2}{\sigma_T}<c$$

常　数	5 元件的型式试验样本容量(E1×2)			10 元件的型式试验样本容量(E1×2)		
	8	16	24	8	16	24
a	0.76	0.49	0.39	0.75	0.51	0.41
b	1.75	3.75	5.75	0.78	1.67	2.56
c	2.47	2.42	2.40	1.81	1.74	1.71

附　录　D
（资料性附录）
绝缘子串元件和线路柱式绝缘子机械和机电试验判定程序图示

D.1　程序方框图

当采用计量法进行统计评价时，流程图表明了型式试验（见图 D.1）和抽样试验（见图 D.2）的判定程序。图 D.3 给出了型式试验和抽样试验结果比较的流程图。

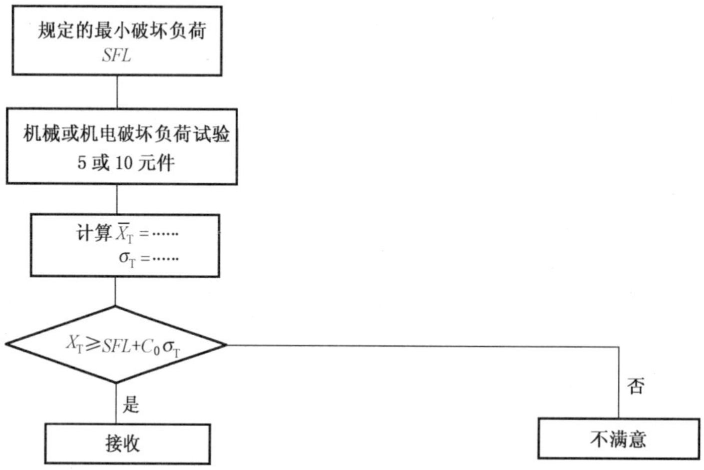

图 D.1　机械或机电型式试验的判定程序框图

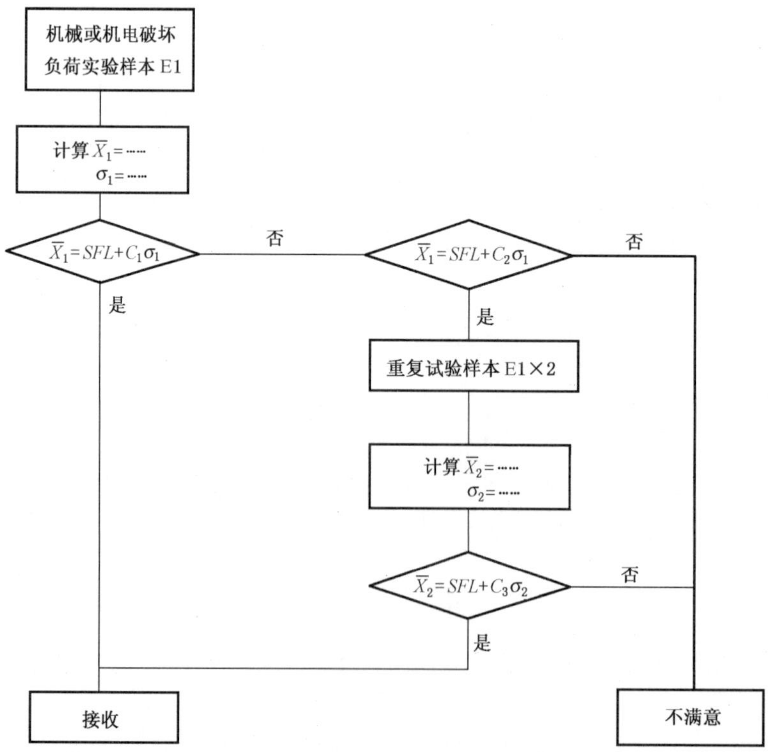

图 D.2　机械或机电抽样试验的判定程序框图

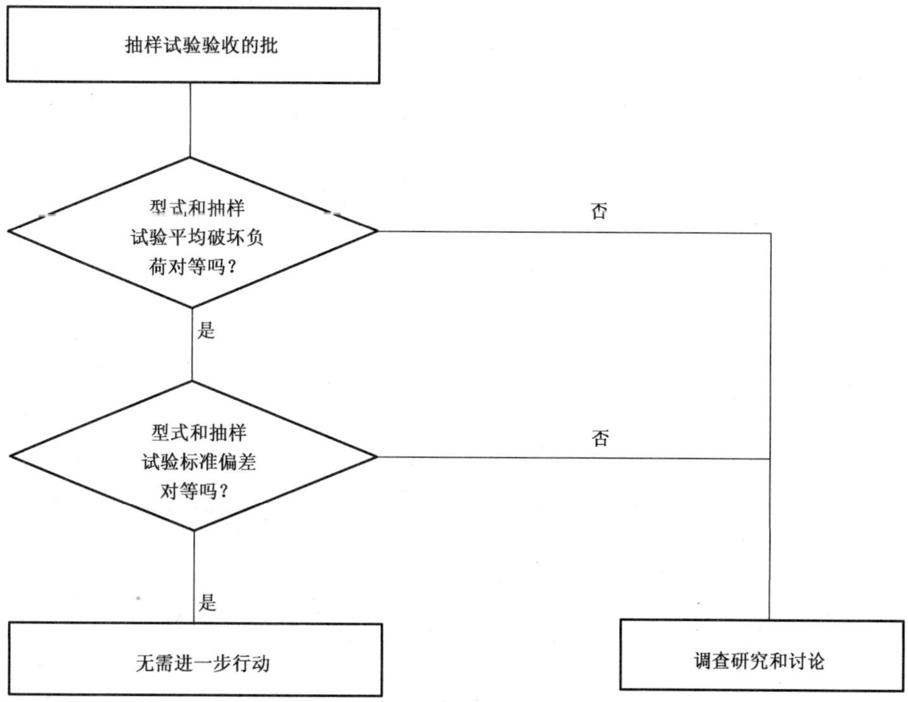

图 D.3　型式和抽样试验结果相比较的流程图

D.2　接收和拒收计算举列

由“计量”统计评价试验结果要求，应用计件法进行常规试验的思想进行某些更新。为了帮助理解，表 D.1 中给出了四个示例列出了各种试验结果的平均值和标准偏差的计算。

例 1：说明即使最小值低于规定的破坏负荷，该批可以接收。

在例 2 中，所有情况最小值都较高，但只有在重复试验后才能判定。

例 3 类似，然而没有重复试验的可能，该批拒收。

例 4 表示接收，但是型式试验和抽样试验结果不对等，有必要调查研究。

表 D.2 是一张空白表，可以用于实际的试验结果的评价。

注：当计算标准偏差 σ 时，应注意它是抽样标准偏差，其分母为 $n-1$。

表 D.1　机械或机电抽样试验举例

规定破坏负荷 SFL=180 kN

型式试验的平均值 $\overline{X}_T$=249 kN

型式试验的标准偏差 σ_T=30.23 kN

例号	样本容量		试验值 kN	评价 kN	结　果	型式和抽样试验比较 (附录 C)
	E1	E1×2				
1	4	—	222.0　174.5　249.3　233.2	$\overline{X}_1$=217.25 σ_1=31.16 $SFL+C_1\sigma_1$=211.16 $\overline{X}_1>SFL+C_1\sigma_1$	接收	$\overline{X}_T\equiv\overline{X}_1$ $\sigma_T\equiv\sigma_1$
2	12	—	253.7　181.0　331.6　229.9 257.2　237.9　289.9　296.9 229.9　240.7　191.9　217.3	$\overline{X}_1$=246.49 σ_1=43.29 $SFL+C_1\sigma_1$=253.59 $\overline{X}_1<SFL+C_1\sigma_1$ $SFL+C_2\sigma_1$=244.94 $\overline{X}_1>SFL+C_2\sigma_1$	不满足 重复试验	
	—	24	233.6　281.6　248.2　237.6 221.0　225.0　229.7　283.6 263.4　291.3　243.8　301.2 249.3　236.1　261.6　292.5 234.1　244.6　208.5　280.4 235.2　200.8　285.5　194.8	$\overline{X}_2$=249.31 σ_2=30.2 $SFL+C_3\sigma_2$=231.34 $\overline{X}_2>SFL+C_3\sigma_2$	接收	$\overline{X}_T\equiv\overline{X}_2$ $\sigma_T\equiv\sigma_2$
3	12	—	274.3　197.3　332.1　199.8 231.5　224.1　248.5　291.1 221.4　237.4　236.8　191.1	$\overline{X}_1$=240.45 σ_1=41.41 $SFL+C_1\sigma_1$=250.40 $\overline{X}_1<SFL+C_1\sigma_1$ $SFL+C_2\sigma_1$=242.12 $\overline{X}_1<SFL+C_2\sigma_1$	不满足 不重复试验 拒收	
4	4	—	317.8　283.2　287.1　275.8	$\overline{X}_1$=290.98 σ_1=18.49 $SFL+C_1\sigma_1$=198.49 $\overline{X}_1>SFL+C_1\sigma_1$	接收	$\overline{X}_T\neq\overline{X}_1$ $\sigma_T\neq\sigma_1$

表 D.2 用于机械或机电抽样试验计算的空白表格

规定破坏负荷 $SFL=$

型式试验的平均值 $\overline{X}_{T}=$

型式试验的标准偏差 $\sigma_{T}=$

<table>
<tr><td rowspan="2">例号</td><td colspan="2">样本容量</td><td rowspan="2">试验值
kN</td><td rowspan="2">评价
kN</td><td rowspan="2">结　果</td><td rowspan="2">型式和抽样试验比较（附录 C）</td></tr>
<tr><td>E1</td><td>E1×2</td></tr>
<tr><td>首次试验</td><td>—</td><td>…</td><td>… … … …
… … … …
… … … …</td><td>$\overline{X}_1=\cdots\cdots$
$\sigma_1=\cdots\cdots$
$SFL+C_1\sigma_1=\cdots\cdots$
$\overline{X}_1\cdots\cdots SFL+C_1\sigma_1$

$SFL+C_2\sigma_1$
$\overline{X}_1\cdots SFL+C_2\sigma_1$</td><td></td><td></td></tr>
<tr><td>重复试验</td><td>…</td><td>—</td><td>… … … …
… … … …
… … … …</td><td>$\overline{X}_2=\cdots\cdots$
$\sigma_2=\cdots\cdots$
$SFL+C_3\sigma_2=\cdots\cdots$
$\overline{X}_2\cdots SFL+C_3\sigma_2$</td><td></td><td></td></tr>
</table>

附　录　E
（资料性附录）
提供参考的标准文件目录

GB/T 4585.1—1984　交流系统用高压绝缘子人工污秽试验方法　盐雾法

GB/T 4585.2—1991　交流系统用高压绝缘子人工污秽试验方法　固体层法

GB 8287.1—1998　高压支柱瓷绝缘子　第1部分:技术条件

GB/T 8411.1—1987　电瓷材料　第一部分　定义、分类和性能

GB/T 19000.1—1994　质量管理和质量保证标准　第1部分:选择和使用指南

GB/T 19001—2000　质量管理体系　要求

JB/T 3567—1999　高压绝缘子　无线电干扰试验方法

JB/T 5895—1991　污秽地区绝缘子使用导则

JB/T 8509—1996　高压线路柱式瓷绝缘子

ICS 29.080.10
K 48

中华人民共和国国家标准

GB/T 4056—2008/IEC 60120:1984
代替 GB/T 4056—1994

绝缘子串元件的球窝连接尺寸

Ball and socket coupling dimensions of string insulator units

(IEC 60120:1984,IDT)

2008-06-18 发布　　2009-03-01 实施

中华人民共和国国家质量监督检验检疫总局
中国国家标准化管理委员会　发布

前　言

本标准等同采用 IEC 60120:1984《绝缘子串元件的球窝连接尺寸》(英文版)并只代替 GB/T 4056—1994的球窝连接尺寸部分。

为了便于使用,本标准做了下列编辑性修改:

——用小数点符号“.”代替了逗号“,”;

——增加了图和表的编号;

——删除国际标准的前言。

本标准的附录 A、附录 B 均为规范性附录。

本标准由中国电器工业协会提出。

本标准由全国绝缘子标准化技术委员会归口。

本标准起草单位:西安电瓷研究所。

本标准主要起草人:王云鹏、丁京玲。

本标准所代替标准的历次版本发布情况为:

——GB 4056—1983、GB/T 4056—1994。

绝缘子串元件的球窝连接尺寸

1 范围

本标准适用于盘形和长棒形绝缘子串元件及其金属附件。

2 目的

本标准的目的是规定使用标准锁紧销(见 IEC 60372:1984《绝缘子串元件球窝联接用锁紧销——尺寸和试验》和修改件 2:2003)的标准球窝联接系列尺寸,以便使不同的制造者供应的绝缘子或金属附件能装配在一起。

注:本标准仅涉及安装所必需的尺寸,不规定材料性能和工作负荷。尺寸与强度等级的配合,在 GB/T 7253—2005《盘形悬式绝缘子元件的特性》和 IEC 60433《长棒形绝缘子元件的特性》中规定。

3 标准的方案

本标准包括以脚杆的公称直径为标记的六种标准尺寸。这六种标准尺寸构成本标准的基础。每种标准尺寸由第 9 章～第 11 章中所规定的脚球、帽窝和连接“通”规的尺寸来确定。连接二个帽窝的双脚球的尺寸在第 12 章中规定。间隙和锁紧条件在第 13 章和第 14 章中规定。锁紧销的销孔尺寸在第 15 章和第 16 章中规定。

所有尺寸均以毫米表示。

脚球和帽窝的尺寸适用于经任何表面处理后的成品。

脚球在帽窝中的极端位置见附录 A。

4 脚球

脚球应符合第 9 章中所规定的尺寸。控制脚球形状的主要尺寸是 h_1、d_2、r_1 和 r_2。给出的尺寸 r_3 作参考用,因其精确值只有作图才能获得。此外,脚杆的连接长度在联接“通”规中 H_3(见 11)的范围内,脚杆直径 d_1 不得超过规定值。

5 帽窝

帽窝内腔应符合第 10 章中所规定的尺寸,并且也规定了锁紧销的最小厚度。

注 1:符合本章所述的帽窝为平底。具有曲率半径不小于脚球尺寸 r_2 的圆形底面的帽窝也可以使用。在此情况下,尺寸 R_5 必须相应地减小。

注 2:符合第 10 章中规定的 16 mm 标准尺寸有两种可供选择的帽窝。其理由是:既需要一种帽窝准确地与标准脚球以及 r_1=23 mm 的原有脚球相配合(A 型);也需要另一种帽窝准确地与标准脚球以及 r_1=50 mm 的脚球相配合(B 型)。A 型和 B 型除尺寸 H_1、H_2 和 T 外,其余尺寸均相同。当无需要求脚球与 B 型帽窝相配合时,采用较小尺寸的 A 型帽窝更为可取。

6 连接“通”规

帽窝的外部尺寸未予规定,但此帽窝应能通过符合第 11 章中规定的连接“通”规。

7 绝缘子伞下部分

绝缘子伞下部分的形状应能使符合第 6 章中规定的具有最大外部尺寸的帽窝装配上。

8 锁紧销

锁紧销，即 R 型销或 W 型销，应设计成在最大尺寸的帽窝中能锁紧最小尺寸的脚球。如果采用 IEC 60372 中的标准化的锁紧销，则这个要求可以满足。

9 脚球尺寸

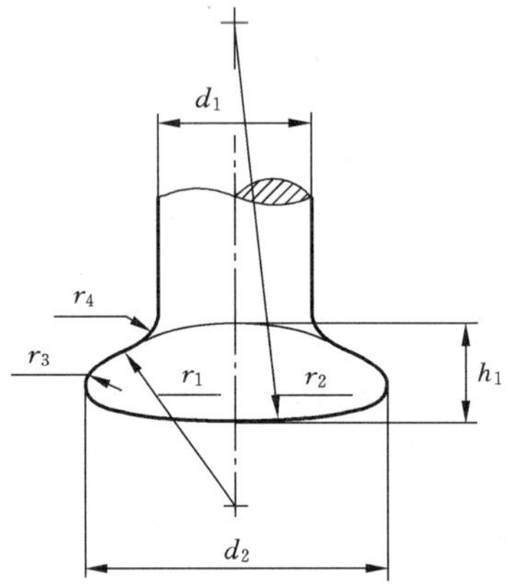

图 1 脚球尺寸

表 1 脚球尺寸

尺寸单位为毫米

连接标记	d_1	d_2	h_1	r_1	r_2	r_3[a]	r_4
11	$11.9_{-1.1}^{0}$	$22.8_{-1.3}^{0}$	$9.1_{-1.2}^{0}$	35	35	3.5	1.5_{0}^{+1}
16	$17_{-1.2}^{0}$	$33.3_{-1.5}^{0}$	$13.4_{-1.3}^{0}$	23	50	3	$3_{-0.5}^{+1.0}$
20	$21_{-1.3}^{0}$	$41_{-1.6}^{0}$	$19.5_{-1.4}^{0}$	27	60	5.7	3.5 ± 1
24	$25_{-1.4}^{0}$	$49_{-1.8}^{0}$	$21_{-1.7}^{0}$	40	70	6.6	$4_{-1.0}^{+1.5}$
28	$29_{-1.5}^{0}$	$57_{-1.9}^{0}$	$23.5_{-1.8}^{0}$	55	80	8	$4.5_{-1.0}^{+1.5}$
32	$33_{-1.6}^{0}$	$65_{-2.1}^{0}$	$27_{-1.9}^{0}$	70	90	10	$5_{-1.0}^{+1.5}$

a 供参考。

10 帽窝尺寸

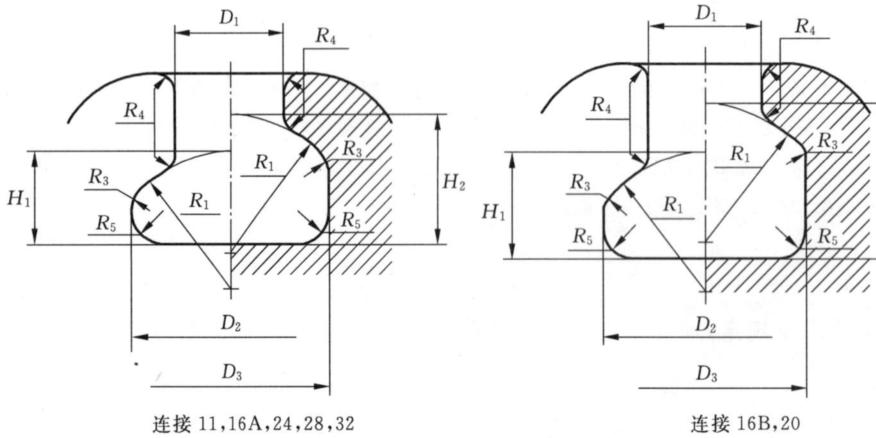

连接 11,16A,24,28,32　　　　连接 16B,20

图 2 帽窝尺寸

表 2　帽窝尺寸

尺寸单位为毫米

连接标记	D_1	D_2 min	D_3 min	H_1	H_2[c] 用 W 型销 min	H_2[c] 用 R 型销[c] min	R_1	R_3	R_4	R_5	T[b]
11	$12.5^{+1.3}_{0}$	24.5	24.5	$10.5^{+1.3}_{0}$	15.5	16.3	35	4	1.5	4	4.8
16A[a]	$19.2^{+1.6}_{0}$	34.5	34.5	$14.5^{+1.6}_{0}$	20.5	21.6	23	3	3	5	5.5
16B[a]	$19.2^{+1.6}_{0}$	34.5	34.5	$17^{+1.6}_{0}$	25.0	25.5	23	3	3	5	7.9
20	$23^{+2.1}_{0}$	42.5	42.5	$20.5^{+2.1}_{0}$	28.5	29.3	27	6	3.5	7	7.0
24	$27.5^{+2.5}_{0}$	51	51	$23.5^{+2.5}_{0}$	32.5	33.5	40	5	4	10	8.7
28	$32^{+2.9}_{0}$	59	59	$26^{+2.9}_{0}$	36.5	37.4	55	8	4.5	12	10
32	$36^{+3.3}_{0}$	67.5	67.5	$30^{+3.3}_{0}$	42.0	43.0	70	10	5	14	11.5

a 见第 5 章中注 2。

b 锁紧销的厚度。

c 有些情况下，R 型销不总是处在帽窝的底部，所以给出一个比较大的值。标准 R 型销的位置由孔的中心位置 H_3 和孔的直径 D_4（见第 15 章）以及尺寸 F_2（见 IEC 60372）来确定，同时也受到与帽窝接触的销腿末端的影响。H_2 值保证了 R 型销的正确间隙。

11　连接通规尺寸

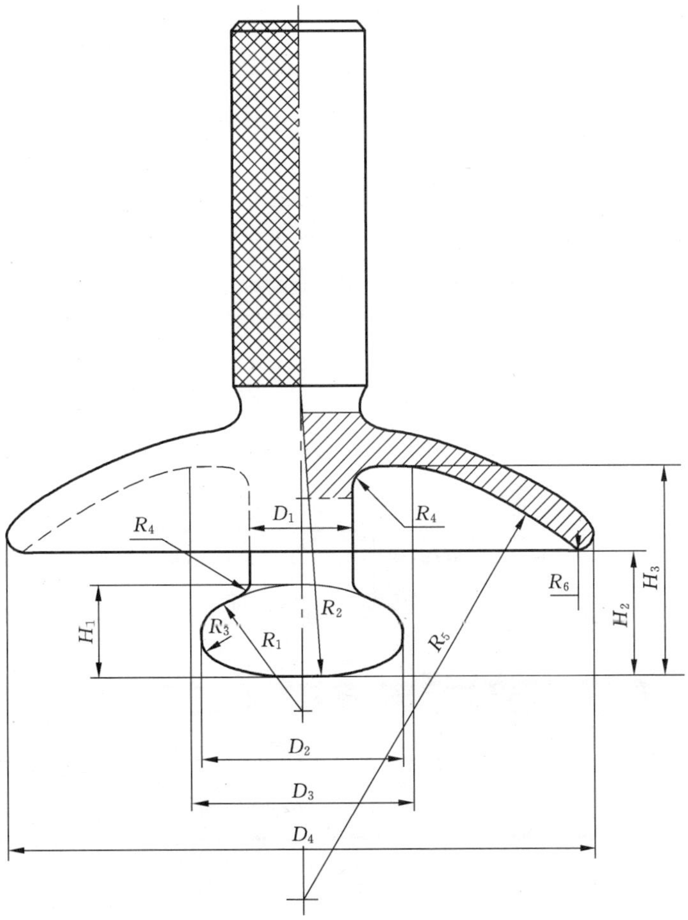

图 3　连接通规尺寸

表 3　连接通规尺寸

尺寸单位为毫米

连接标记	量规		D_1	D_2	D_3	D_4	H_1	H_2	H_3	R_1	R_2	R_3	R_4	R_5	R_6
11	新的	最大轮廓线[a]	12.000	22.950	25.322	60.15	9.250	17.775	23.775	35.075	35.075	3.631	1.450	49.70	2.80
		公称轮廓线	11.980	22.920	25.348	59.95	9.220	17.860	23.860	35.060	35.060	3.616	1.460	49.80	2.70
		最小轮廓线[a]	11.960	22.890	25.374	59.75	9.190	17.945	23.945	35.045	35.045	3.601	1.470	49.90	2.60
	已磨损的[b]		11.900	22.800	25.400	59.55	9.100	18.000	24.000	35.000	35.000	3.556	1.500	50.00	2.50
16	新的	最大轮廓线[a]	17.122	33.490	35.326	90.59	13.572	20.686	31.786	23.086	50.086	3.071	2.939	71.70	2.80
		公称轮廓线	17.096	33.450	35.351	90.39	13.536	20.768	31.868	23.068	50.068	3.055	2.952	71.80	2.70
		最小轮廓线[a]	17.070	33.410	35.376	90.19	13.500	20.850	31.950	23.050	50.050	3.039	2.965	71.90	2.60
	已磨损的[b]			33.300	35.400	89.99	13.400	20.900	32.000	23.000	50.000	2.993	3.000	72.00	2.50
20	新的	最大轮廓线[a]	21.150	41.220	45.484	120.95	19.702	25.551	42.151	27.101	60.101	5.845	3.425	89.55	3.45
		公称轮廓线	21.120	41.170	45.523	120.65	19.656	25.678	42.278	27.078	60.078	5.824	3.440	89.70	3.30
		最小轮廓线[a]	21.090	41.120	45.561	120.35	19.610	25.805	42.405	27.055	60.055	5.803	3.455	89.85	3.15
	已磨损的[b]			41.000	45.600	120.05	19.500	25.900	42.500	27.000	60.000	5.753	3.500	90.00	3.00
24	新的	最大轮廓线[a]	25.172	49.250	50.490	140.90	21.242	25.971	46.171	40.121	70.121	6.732	3.914	104.55	3.45
		公称轮廓线	25.136	49.190	50.527	140.60	21.186	26.093	46.293	40.093	70.093	6.706	3.932	104.70	3.30
		最小轮廓线[a]	25.100	49.130	50.564	140.30	21.130	26.215	46.415	40.065	70.065	6.680	3.950	104.85	3.15
	已磨损的[b]			49.000	50.600	140.00	21.000	26.300	46.500	40.000	70.000	6.615	4.000	105.00	3.00
28	新的	最大轮廓线[a]	29.190	57.290	66.870	165.94	23.770	29.100	51.100	55.135	80.135	7.994	4.414	129.55	3.45
		公称轮廓线	29.150	57.215	66.915	165.64	23.708	29.250	51.250	55.104	80.104	7.967	4.432	129.70	3.30
		最小轮廓线[a]	29.110	57.140	66.960	165.34	23.646	29.400	51.400	55.073	80.073	7.938	4.450	129.85	3.15
	已磨损的[b]			57.000	67.000	165.04	23.500	29.500	51.500	55.000	80.000	7.864	4.500	130.00	3.00
32	新的	最大轮廓线[a]	33.220	65.310	85.800	198.45	27.300	34.000	61.400	70.150	90.150	9.719	4.914	149.55	3.45
		公称轮廓线	33.170	65.230	85.850	198.22	27.225	34.175	61.600	70.112	90.113	9.683	4.932	149.70	3.30
		最小轮廓线[a]	33.120	65.150	85.900	197.98	27.150	34.350	61.800	70.075	90.075	9.647	4.950	149.85	3.15
	已磨损的[b]			65.000	86.000	197.83	27.000	34.500	62.000	70.000	90.000	9.572	5.000	150.00	3.00

a　新量规的轮廓线应在最大和最小轮廓线之间。

b　见附录 B.1。

12　双脚球尺寸

其他尺寸见第 9 章。

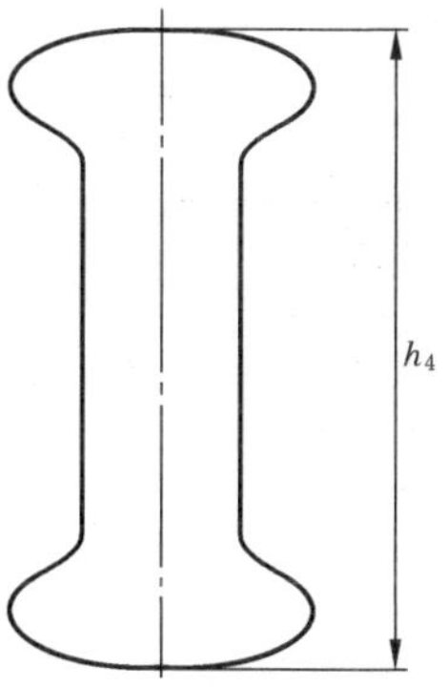

图 4 双脚球尺寸

表 4 双脚球尺寸

尺寸单位为毫米

联接的标记尺寸	h_4
11	$47_{-2.5}^{0}$
16	$63_{-3.0}^{0}$
20	$83_{-3.2}^{0}$
24	$90_{-3.5}^{0}$
28	$97_{-3.5}^{0}$
32	$120_{-4.0}^{0}$

13 脚球和帽窝间的间隙

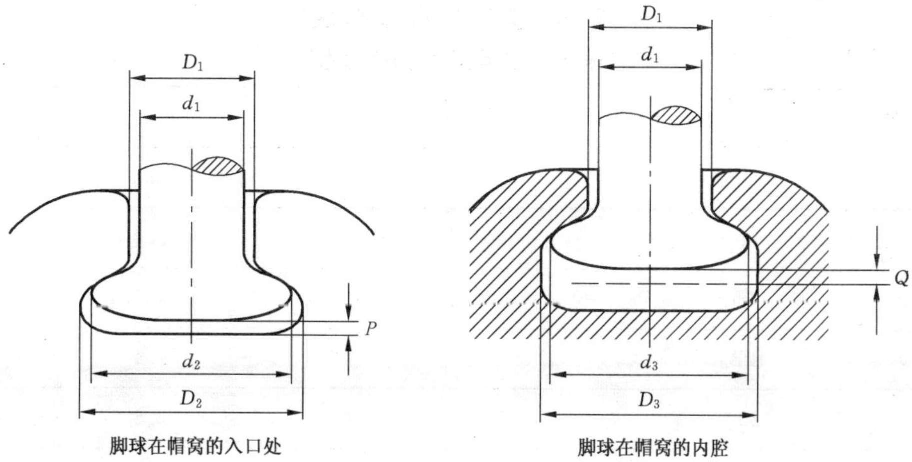

图 5 脚球和帽窝之间的间隙

表 5 脚球和帽窝之间的间隙

尺寸单位为毫米

连接标记	D_1-d_1		D_2-d_2	D_3-d_3	P		Q[a]
	min	max	min		min	max	min
11	0.6	3.0	1.7	1.7	1.4	3.9	1.6
16A	2.2	5.0	1.2	1.2	1.1	4.0	1.6
16B	2.2	5.0	1.2	1.2	3.6	6.5	3.7
20	2.0	5.4	1.5	1.5	1.0	4.5	2.0
24	2.5	6.4	2.0	2.0	2.5	6.7	2.8
28	3.0	7.4	2.0	2.0	2.5	7.2	3.0
32	3.0	7.9	2.5	2.5	3.0	8.2	3.5

[a] 脚球和锁紧销之间的间隙。

14 锁紧脚球的有效性

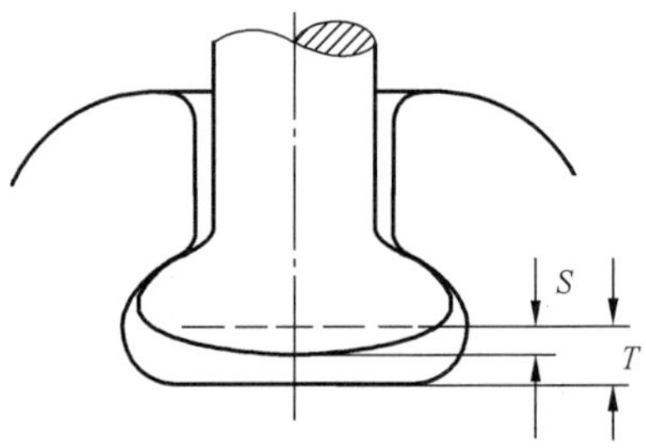

T=锁紧销最小厚度

S=锁紧有效性

图 6 锁紧脚球的有效性

表 6 锁紧脚球的有效性

连接标记	S/mm
	min
11	0.9
16A	1.5
16B	1.4
20	2.5
24	2.0
28	2.8
32	3.3

15 R 型销的销孔尺寸

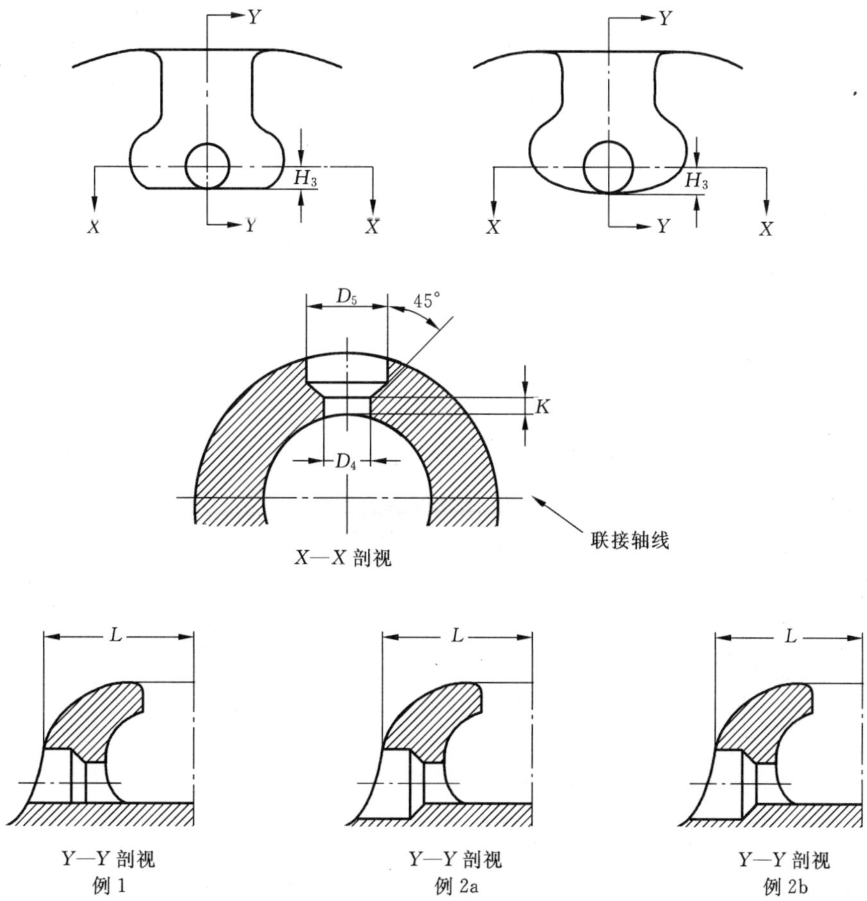

图 7 R 型销的销孔尺寸

表 7 R 型销的销孔尺寸

尺寸单位为毫米

连接标记	D_4	D_5	H_3	K	L
		min		min	max
11	7.5±0.4	13.5	3.75^{+1}_{0}	3.5±0.6	24
16A	9.5±0.5	16.0	4.75^{+1}_{0}	4+0.7	32
16B	10±0.5	18.0	5^{+1}_{0}	5±1	32
20	10±0.5	18.0	$5^{+1.2}_{0}$	5±1	40
24	12±0.5	21.5	$6^{+1.5}_{0}$	6±1	51
28	13±0.5	24.0	$6.5^{+1.5}_{0}$	7±1.2	59
32	15±0.5	28.0	$7.5^{+1.5}_{0}$	8±1.4	68

这些销孔尺寸适用于标准型和供选择型的两种 R 型销(见 IEC 60372)。

16 W型销的销孔尺寸

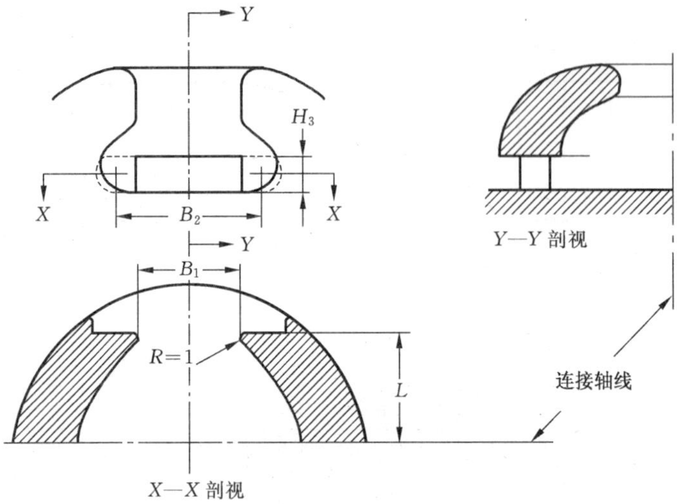

图8 W形销的销孔尺寸

表8 W形销的销孔尺寸

尺寸单位为毫米

连接标记	B_1	B_2	H_3	L
		min		max
11	12.5±0.8	24	6.5 ±0.8	18
16A	16±1	33	7±0.8	24
16B	16±1	33	9.5 ±0.8	24
20	17±1	34	8.5 ±0.8	29
24	17.5±1	34.5	10.5 ±0.8	34
28	20±1	39	11.5 ±0.8	42
32	22±1	42	13.0 ±0.8	48

尺寸B_2是凹槽中高度必须保持H_3的那部分的长度。在B_2范围外,其凹槽的形状就不重要了。

附 录 A
（规范性附录）
脚球在帽窝中的滑动位置和倾斜位置

A.1 脚球在帽窝中的滑动位置

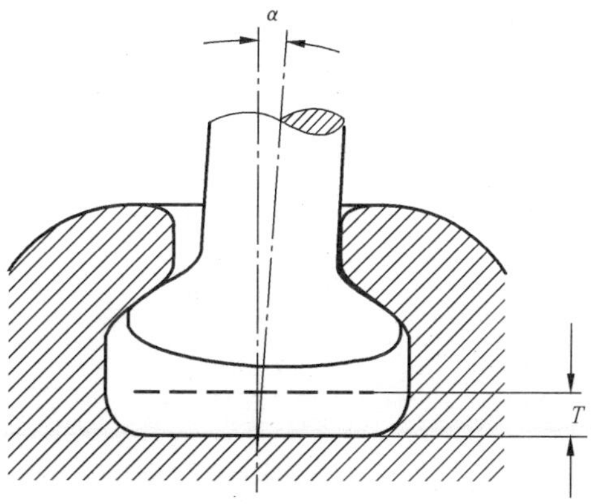

图 A.1

表 A.1

连接标记	α/(°)，平均值
11	1.3
16A	4.0
16B	4.0
20	3.3
24	2.7
28	2.5
32	2.0

A.2 脚球在帽窝中的倾斜位置

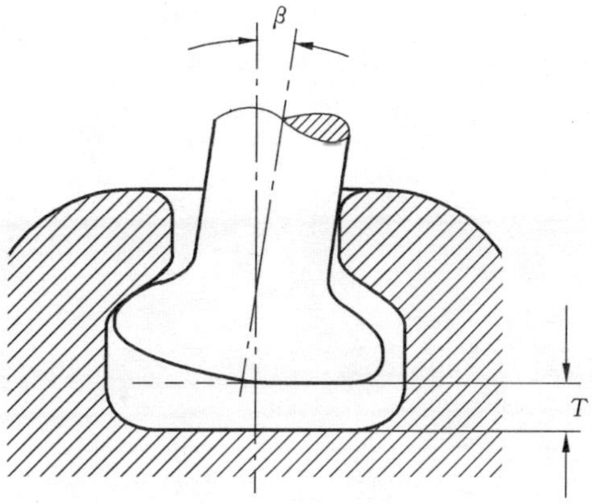

图 A.2

表 A.2

连接标记	β/(°)[a],平均值
11	12.0
16A	9.5
16B	12.0
20	9.0
24	10.0
28	9.0
32	9.0

[a] β值应与H_2的适当公差相适应。

附 录 B
（规范性附录）
推 荐 量 规

B.1 公差制度

量规的公差应遵循，即“止”规仅具有制造公差，该公差与连接部分相应公差限有关，并对称地布置。“通”规具有磨损留量和落在连接部分公差带内的制造公差。

注：对于“通”规，由每个制造者去选择所采用的磨损留量，以增大所建议的制造公差。量规磨损到超过对磨损量规规定的任一极限时，不应再使用。

B.2 量规的结构特征

材料的选择、硬度、表面粗糙度、表面处理和制造方法，每个制造者可能各不相同。因此，下列推荐仅作为一般导则：

——脚的量规厚度不应小于 5 mm；

——具有圆孔的量规应稍厚些；

——材料应是经油淬火的不收缩钢；

——洛氏 C 级硬度的数值应为 62～63，以减少变形和磨损；

——表面粗糙度应小于 4 μm；

——在一定情况下，表面镀硬质铬可增强耐磨性。

注：帽窝量规应有一个直径为 D_1 的磨光的颈或定心缺口，以便于量规的操作。此定心缺口切除了一部分曲面，这就简化了制造公差。

B.3 脚球的检查

a) 球和杆应至少在一个方向能通过球高、杆径和杆长“通”规（见 B.5）。

b) 球应能通过球径“通”规（见 B.6）。

c) 球和杆在任何方向都不应该通过球高“止”规（见 B.7）。

d) 球在任何方向不应该通过球径“止”规（见 B.8）。

e) 杆在任何方向不应通过杆径“止”规（见 B.9）。

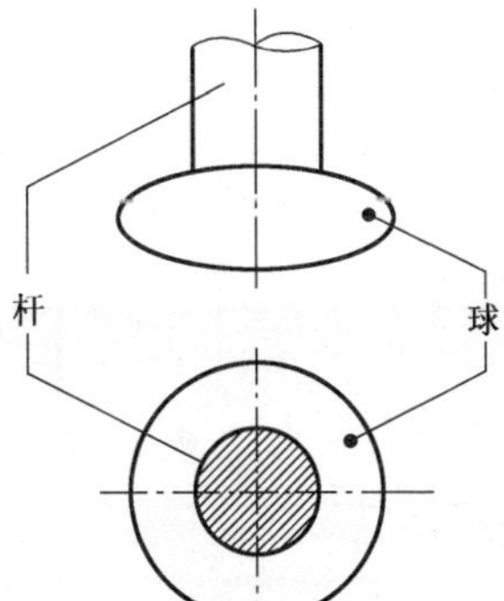

图 B.1

B.4 帽窝的检查

a) 窝入口应能容纳入口高度、入口宽度和颈部宽度“通”规(见 B.10)。

b) 窝的内部高度和内部直径应能允许内部高度和内部直径“通”规在帽窝内旋转 180°(见 B.11)。

c) 窝入口高度不应通过入口高度“止”规(见 B.12)。

d) 窝入口不应通过颈部宽度“止”规(见 B.13)。

注：标有(—·—·—)的轮廓线部位应能容纳联接“通”规(见 11)。

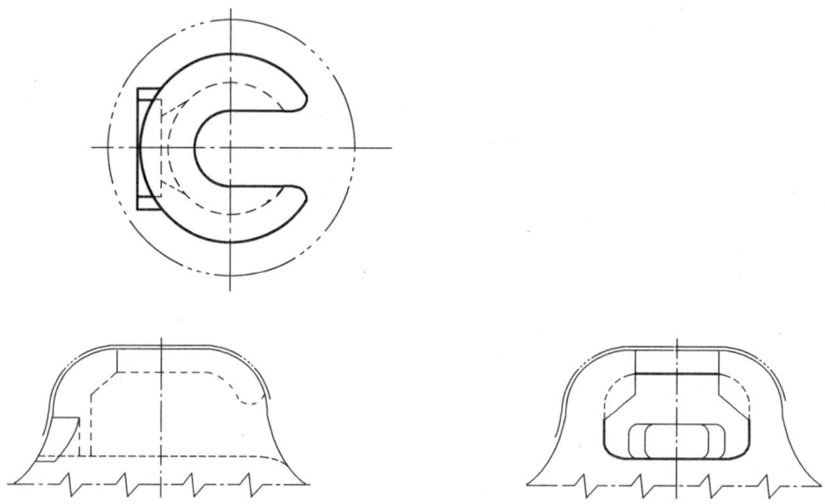

图 B.2

B.5 脚球的球高、杆径和杆长“通”规

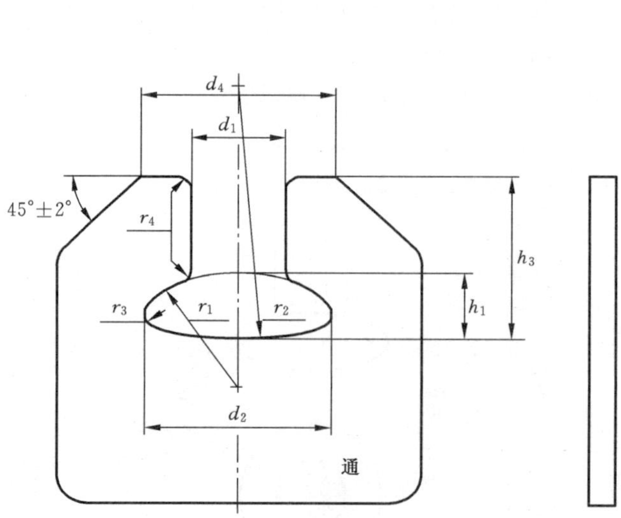

图 B.3

表 B.1 脚球的球高、杆径和杆长“通”规

尺寸单位为毫米

连接标记	量规		d_1	d_2	d_4	h_1	h_3	r_1	r_2	r_3	r_4
11	新的	最小轮廓线[a]	11.826	22.712	25.5	9.008	24.11	34.954	34.954	3.509	2.537
		公称轮廓线	11.836	22.728	25.0	9.024	24.08	34.962	34.962	3.517	2.532
		最大轮廓线[a]	11.846	22.744	24.5	9.040	24.05	34.970	34.970	3.525	2.527
	已磨损的[b]		11.900	22.800	24.0	9.100	24.00	35.000	35.000	3.556	2.500
16	新的	最小轮廓线[a]	16.922	33.204	35.5	13.304	32.14	22.952	49.952	2.945	4.039
		公称轮廓线	16.932	33.222	35.0	13.320	32.10	22.960	49.960	2.952	4.034
		最大轮廓线[a]	16.942	33.240	34.5	13.336	32.06	22.968	49.968	2.959	4.029
	已磨损的[b]		17.000	33.300	34.0	13.400	32.00	23.000	50.000	2.993	4.000
20	新的	最小轮廓线[a]	20.916	40.900	45.5	19.400	42.64	26.950	59.950	5.703	4.542
		公称轮廓线	20.928	40.920	45.0	19.418	42.60	26.959	59.959	5.711	4.536
		最大轮廓线[a]	20.940	40.940	44.5	19.436	42.56	26.968	59.968	5.719	4.530
	已磨损的[b]		21.000	41.000	44.0	19.500	42.50	27.000	60.000	5.753	4.500
24	新的	最小轮廓线[a]	24.912	48.890	50.5	20.888	46.65	39.944	69.944	5.558	5.544
		公称轮廓线	24.924	48.912	50.0	20.908	46.61	39.954	69.954	6.567	5.538
		最大轮廓线[a]	24.936	48.934	49.5	20.928	46.57	39.964	69.964	6.577	5.532
	已磨损的[b]		25.000	49.000	49.0	21.000	46.50	40.000	70.000	6.615	5.500
28	新的	最小轮廓线[a]	28.906	56.811	68.5	23.380	51.66	54.940	79.940	7.803	6.044
		公称轮廓线	28.919	56.905	68.0	23.402	51.62	54.951	79.951	7.814	6.038
		最大轮廓线[a]	28.932	56.929	67.5	23.424	51.58	54.962	79.962	7.825	6.032
	已磨损的[b]		29.000	57.000	67.0	23.500	51.50	55.000	80.000	7.864	6.000
32	新的	最小轮廓线[a]	32.899	64.871	87.5	26.868	62.16	69.934	89.934	9.506	6.544
		公称轮廓线	32.913	64.897	87.0	26.892	62.12	69.946	89.946	9.517	6.538
		最大轮廓线[a]	32.927	64.923	86.5	26.916	62.08	69.958	89.958	9.528	6.532
	已磨损的[b]		33.000	65.000	86.0	27.000	62.00	70.000	90.000	9.572	6.500

[a] 新量规的轮廓线应在最小和最大轮廓线之间。

[b] 见 B.1。

B.6 脚球的球径“通”规

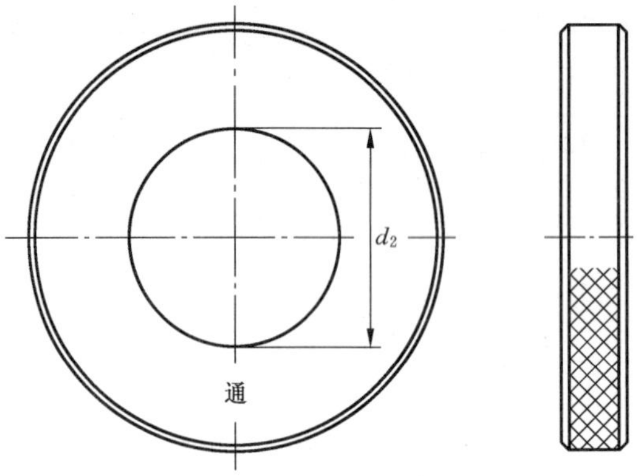

图 B.4

表 B.2 脚球的球径“通”规

连接标记	量规	d_2/mm
11	新的	22.728±0.011
	已磨损的[a]	22.800
16	新的	33.223±0.012
	已磨损的[a]	33.300
20	新的	40.920±0.013
	已磨损的[a]	41.000
24	新的	48.913±0.014
	已磨损的[a]	49.000
28	新的	56.908±0.015
	已磨损的[a]	57.000
32	新的	64.903±0.016
	已磨损的[a]	65.000

[a] 见 B.1。

B.7 脚球的球高“止”规

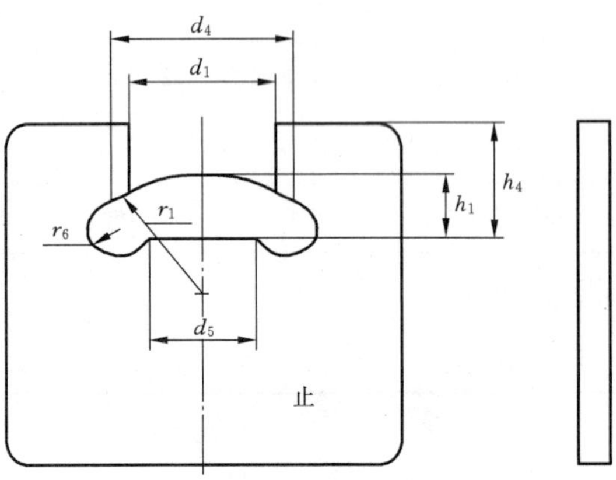

图 B.5

表 B.3 脚球的球高“止”规

尺寸单位为毫米

连接标记	量　规	d_1	d_4	d_5	h_1	h_4	r_1	r_6
11	最小轮廓线[a]	16.08	18.60	12.3	7.884	15.5	34.992	3.7
	公称轮廓线	16.10	18.40	12.0	7.900	16.0	35.000	4.0
	最大轮廓线[a]	16.12	18.20	11.7	7.916	16.5	35.008	4.3
16	最小轮廓线[a]	23.66	30.3	18.3	12.084	21.5	22.992	4.7
	公称轮廓线	23.70	30.0	18.0	12.100	22.0	23.000	5.0
	最大轮廓线[a]	23.74	29.7	17.7	12.116	22.5	23.008	5.3
20	最小轮廓线[a]	28.36	36.3	23.3	18.082	29.5	26.991	6.7
	公称轮廓线	28.42	36.0	23.0	18.100	30.0	27.000	7.0
	最大轮廓线[a]	28.48	35.7	22.7	18.118	30.5	27.009	7.3
24	最小轮廓线[a]	34.48	42.3	28.3	19.280	31.5	39.990	7.7
	公称轮廓线	34.54	42.0	28.0	19.300	32.0	40.000	8.0
	最大轮廓线[a]	34.60	41.7	27.7	19.320	32.5	40.010	8.3
28	最小轮廓线[a]	36.90	47.3	32.3	21.678	44.5	54.989	9.7
	公称轮廓线	37.00	47.0	32.0	21.700	45.0	55.000	10.0
	最大轮廓线[a]	37.10	46.7	31.7	21.722	45.5	55.011	10.3
32	最小轮廓线[a]	40.88	52.3	36.3	25.076	47.5	69.988	11.7
	公称轮廓线	41.00	52.0	36.0	25.100	48.0	70.000	12.0
	最大轮廓线[a]	41.12	51.7	35.7	25.124	48.5	70.012	12.3

[a] 量规的轮廓线应在最小和最大轮廓线之间。

B.8 脚球的球径“止”规

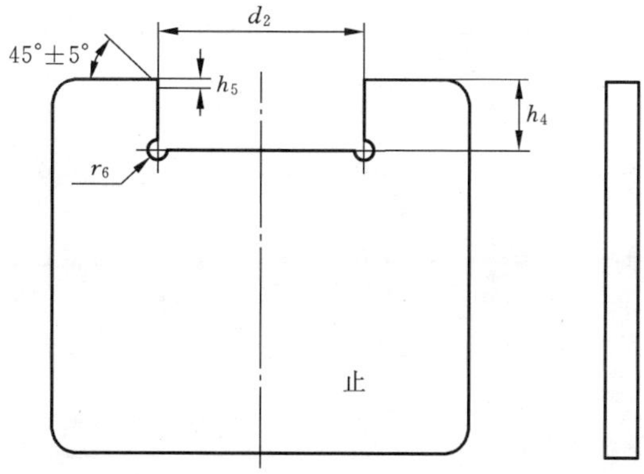

图 B.6

表 B.4 脚球的球径“止”规

尺寸单位为毫米

连接标记	d_2	h_4	h_5	r_6
11	21.500±0.011	10.0±0.5	1.0±0.3	1.5±0.5
16	31.800±0.012	12.0±0.5	1.0±0.3	1.5±0.5
20	39.400±0.013	18.0±0.5	1.0±0.3	1.5±0.5
24	47.200±0.014	20.0±0.5	1.0±0.3	1.5±0.5
28	55.100±0.015	22.0±0.5	1.0±0.3	1.5±0.5
32	62.900±0.016	25.0±0.5	1.0±0.3	1.5±0.58

B.9 脚球的杆径“止”规

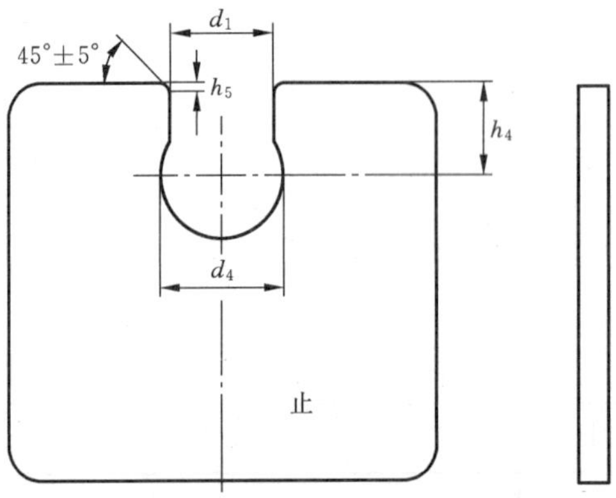

图 B.7

表 B.5 脚球的杆径“止”规

尺寸单位为毫米

连接标记	d_1	d_4	h_4	h_5
11	10.800±0.009	15.0±0.5	12.0±0.5	1.0±0.3
16	15.800±0.010	20.0±0.5	15.0±0.5	1.0±0.3
20	19.700±0.012	25.0±0.5	18.0±0.5	1.0±0.3
24	23.600±0.012	30.0±0.5	23.0±0.5	1.0±0.3
28	27.500±0.013	35.0±0.5	27.0±0.5	1.0±0.3
32	31.400±0.014	40.0±0.5	31.0±0.5	1.0±0.3

B.10 帽窝的入口高度、入口宽度和颈部宽度“通”规

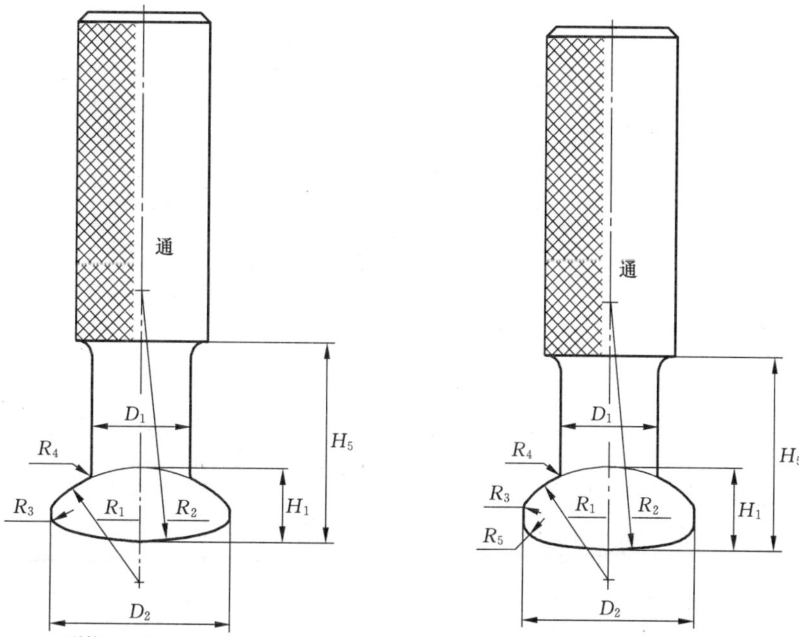

联接11、16A、24　　联接16B、20、28、32

图 B.8

表 B.6 帽窝的入口高度、入口宽度和颈部宽度“通”规

尺寸单位为毫米

连接标记	量规		D_1	D_2	H_1	H_5	R_1	R_2	R_3	R_4	R_5
11	新的	最大轮廓线[a]	12.584	24.590	10.596	30.5	35.048	35.048	4.222	1.458	—
		公称轮廓线	12.572	24.578	10.580	30.0	35.040	35.040	4.213	1.464	—
		最小轮廓线[a]	12.560	24.566	10.564	29.5	35.032	35.032	4.205	1.470	—
	已磨损的[c]		12.500	24.500	10.500	29.0	35.000	35.000	4.173	1.500	—
16A[b]	新的	最大轮廓线[a]	19.294	34.602	14.608	40.5	23.054	50.054	3.338	2.953	—
		公称轮廓线	19.280	34.588	14.588	40.0	23.044	50.044	3.325	2.960	—
		最小轮廓线[a]	19.266	34.574	14.568	39.5	23.034	50.034	3.311	2.967	—
	已磨损的[c]		19.200	34.500	14.500	30.0	23.000	50.000	3.281	3.000	—
16B[b]	新的	最大轮廓线[a]	19.294	34.602	17.108	40.5	23.054	50.054	3.051	2.953	3.051
		公称轮廓线	19.280	34.588	17.088	40.0	23.044	50.044	3.044	2.960	3.044
		最小轮廓线[a]	19.266	34.574	17.068	39.5	23.034	50.034	3.037	2.967	3.037
	已磨损的[c]		19.200	34.500	17.000	39.0	23.000	50.000	3.000	3.000	3.000
20	新的	最大轮廓线[a]	23.116	42.630	20.632	50.5	27.066	60.066	6.065	3.442	5.565
		公称轮廓线	23.098	42.610	20.606	50.0	27.053	60.053	6.055	3.451	5.555
		最小轮廓线[a]	23.080	42.590	20.580	49.5	27.040	60.040	6.045	3.460	5.545
	已磨损的[c]		23.000	42.500	20.500	49.0	27.000	60.000	6.000	3.500	5.500

表 B.6（续）

尺寸单位为毫米

连接标记	量规		D_1	D_2	H_1	H_5	R_1	R_2	R_3	R_4	R_5
24	新的	最大轮廓线[a]	27.630	51.150	23.652	55.5	40.076	70.076	7.898	3.935	—
		公称轮廓线	27.610	51.126	23.622	55.0	40.061	70.061	7.881	3.945	—
		最小轮廓线[a]	27.590	51.102	23.592	54.5	40.046	70.046	7.864	3.955	—
	已磨损的[c]		27.500	51.000	23.500	54.0	40.000	70.000	7.821	4.000	—
28	新的	最大轮廓线[a]	32.144	59.166	26.170	60.5	55.085	80.085	8.083	4.429	10.083
		公称轮廓线	32.122	59.138	26.135	60.0	55.067	80.063	8.069	4.440	10.069
		最小轮廓线[a]	32.100	59.110	26.100	59.5	55.050	80.050	8.055	4.451	10.055
	已磨损的[c]		32.000	59.000	26.000	59.0	55.000	80.000	8.000	4.500	10.000
32	新的	最大轮廓线[a]	36.158	67.680	30.190	70.5	70.095	90.095	10.090	4.923	11.890
		公称轮廓线	36.134	67.650	30.150	70.0	70.075	90.075	10.075	4.935	11.875
		最小轮廓线[a]	36.110	67.620	30.110	69.5	70.055	90.055	10.060	4.947	11.860
	已磨损的[c]		36.000	67.500	30.000	60.0	70.000	90.000	10.000	5.000	11.800

[a] 新量规的轮廓线应在最小和最大轮廓线之间。

[b] 见第 5 章中注 2。

[c] 见 B.1。

B.11 帽窝的内部高度和内部直径"通"规

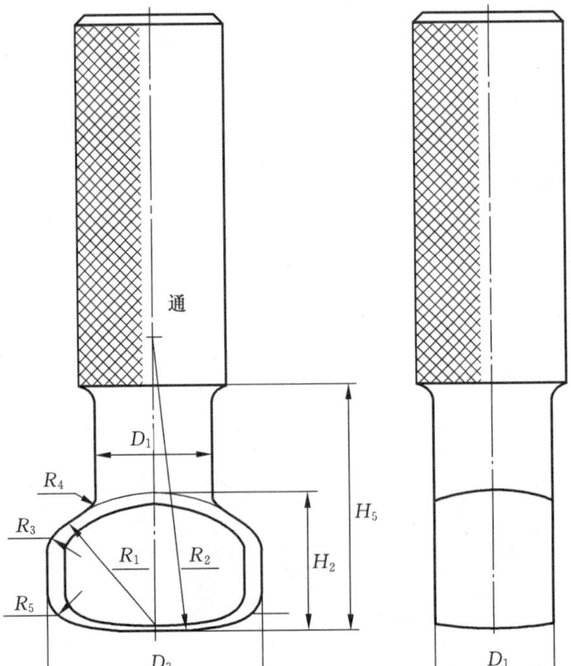

图 B.9

表 B.7 帽窝的内部高度和内部直径“通”规

尺寸单位为毫米

连接标记	量规		D_1	D_3	H_2		H_5	R_1	R_2	R_3	R_4	R_5
					W 型销	标准 R 型销[d]						
11	新的	最大轮廓线[a]	12.584	24.590	15.596	16.396	30.5	35.048	35.048	4.045	1.458	4.045
		公称轮廓线	12.572	24.578	15.580	16.380	30.0	35.040	35.040	4.039	1.464	4.039
		最小轮廓线[a]	12.560	24.566	15.564	16.364	29.5	35.032	35.032	4.033	1.470	4.033
	已磨损的[c]		12.500	24.500	15.500	16.300	29.0	35.000	35.000	4.000	1.500	4.000
16A[b]	新的	最大轮廓线[a]	19.294	34.602	20.608	21.708	40.5	23.054	50.054	3.051	2.953	3.051
		公称轮廓线	19.280	34.588	20.588	21.688	40.0	23.044	50.044	3.044	2.960	3.044
		最小轮廓线[a]	19.266	34.574	20.568	21.668	39.5	23.034	50.034	3.037	2.967	3.037
	已磨损的[c]		19.200	34.500	20.500	21.600	39.0	23.000	50.000	3.000	3.000	3.000
16B[b]	新的	最大轮廓线[a]	19.294	34.602	25.108	25.608	40.5	23.054	50.054	3.051	2.953	3.051
		公称轮廓线	19.280	34.588	25.088	25.588	40.0	23.044	50.044	3.044	2.960	3.044
		最小轮廓线[a]	19.266	34.574	25.068	25.568	39.5	23.034	50.034	3.037	2.967	3.037
	已磨损的[c]		19.200	34.500	25.000	25.500	39.0	23.000	50.000	3.000	3.000	3.000
20	新的	最大轮廓线[a]	23.116	42.630	28.632	29.432	50.5	27.066	60.066	6.065	3.442	6.065
		公称轮廓线	23.098	42.610	28.606	29.406	50.0	27.053	60.053	6.053	3.451	6.055
		最小轮廓线[a]	23.080	42.590	28.580	29.380	49.5	27.040	60.040	6.045	3.460	6.045
	已磨损的[c]		23.000	42.500	28.500	29.300	49.0	27.000	60.000	6.000	3.500	6.000
24	新的	最大轮廓线[a]	27.630	51.150	32.652	33.652	55.5	40.076	70.076	5.075	3.935	8.075
		公称轮廓线	27.610	51.126	32.622	33.622	55.0	40.061	70.061	5.063	3.945	8.063
		最小轮廓线[a]	27.590	51.102	32.592	33.592	54.5	40.046	70.046	5.051	3.955	8.051
	已磨损的[c]		27.500	51.000	32.500	33.500	54.0	40.000	70.000	5.000	4.000	8.000
28	新的	最大轮廓线[a]	32.144	59.166	36.670	37.570	60.5	55.085	80.085	8.083	4.429	8.083
		公称轮廓线	32.122	59.138	36.635	37.533	60.0	55.067	80.068	8.069	4.440	8.069
		最小轮廓线[a]	32.100	59.110	36.600	37.500	59.5	55.050	80.050	8.055	4.451	8.055
	已磨损的[c]		32.000	59.000	36.500	37.400	59.0	55.000	80.000	8.000	4.500	8.000
32	新的	最大轮廓线[a]	36.158	67.680	42.190	43.190	70.5	70.095	90.095	10.090	4.923	10.090
		公称轮廓线	36.134	67.650	42.150	43.150	70.0	70.075	90.075	10.075	4.935	10.075
		最小轮廓线[a]	36.110	67.620	42.110	43.110	69.5	70.055	90.055	10.060	4.967	10.060
	已磨损的[c]		36.000	67.500	42.000	43.000	69.0	70.000	90.000	10.000	5.000	10.000

a 新量规的轮廓线应在最小和最大轮廓线之间。

b 见第 5 章中注 2。

c 见 B.1。

d 当采用标准 R 型销的帽窝时，可以使用用于检查 W 型销的帽窝量规，但要附加一个板规，使总高度相应符合采用 R 型销帽窝的 H_2 值。

B.12 帽窝的入口高度“止”规

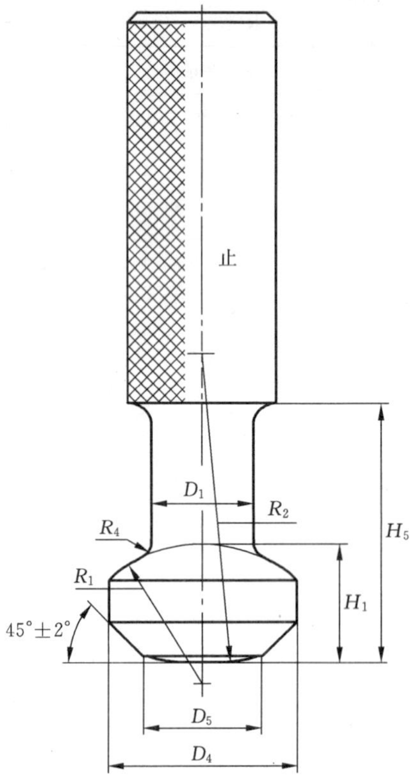

图 B.10

表 B.8 帽窝的入口高度“止”规

尺寸单位为毫米

连接标记	量　规	D_1	D_4	D_5	H_1	H_5	R_1	R_2	R_4
11	最大轮廓线[a]	10.9	17.05	12.3	11.816	30.5	35.008	35.008	1.8
	公称轮廓线	10.8	17.00	12.0	11.800	30.0	35.000	35.000	1.5
	最小轮廓线[a]	10.7	16.95	11.7	17.784	29.5	34.992	34.992	1.2
16A	最大轮廓线[a]	15.9	30.1	18.3	16.120	40.5	23.010	50.010	3.3
	公称轮廓线	15.8	30.0	18.0	16.100	40.0	23.000	50.000	3.0
	最小轮廓线[a]	15.7	29.9	17.7	16.080	39.5	22.990	49.990	2.7
16B	最大轮廓线[a]	15.9	30.1	18.3	18.620	40.5	23.010	50.010	3.3
	公称轮廓线	15.8	30.0	18.0	18.600	40.0	23.000	50.000	3.0
	最小轮廓线[a]	15.7	29.9	17.7	18.580	39.5	22.990	49.990	2.7
20	最大轮廓线[a]	19.8	36.1	23.3	22.626	50.5	27.013	60.013	3.8
	公称轮廓线	19.7	36.0	23.0	22.600	50.0	27.000	60.000	3.5
	最小轮廓线[a]	19.6	35.9	22.7	22.574	49.5	26.987	59.987	3.2
24	最大轮廓线[a]	23.7	42.1	28.3	26.030	55.5	40.015	70.015	4.3
	公称轮廓线	23.6	42.0	28.0	26.000	55.0	40.000	70.000	4.0
	最小轮廓线[a]	23.5	41.9	27.7	25.970	54.5	39.985	69.985	3.7

表 B.8（续）

尺寸单位为毫米

连接标记	量　规	D_1	D_4	D_5	H_1	H_5	R_1	R_2	R_4
28	最大轮廓线[a]	27.6	47.1	32.3	28.935	60.5	55.018	80.018	4.8
	公称轮廓线	27.5	47.0	32.0	28.900	60.0	55.000	80.000	4.5
	最小轮廓线[a]	27.4	46.9	31.7	28.865	59.5	54.982	79.982	4.2
32	最大轮廓线[a]	31.5	52.1	36.3	33.340	70.5	70.020	90.020	5.3
	公称轮廓线	31.4	52.0	36.0	33.300	70.0	70.000	90.000	5.0
	最小轮廓线[a]	31.3	51.9	35.7	33.260	69.5	69.980	89.980	4.7

[a] 新量规的轮廓线应在最小和最大轮廓线之间。

B.13 帽窝的颈部宽度"止"规

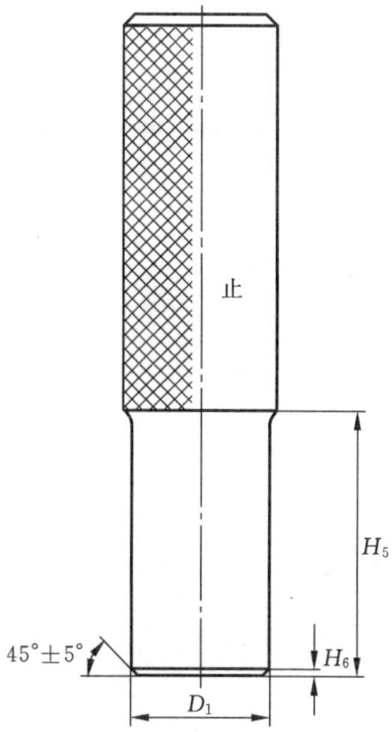

图 B.11

表 B.9 帽窝的颈部宽度"止"规

尺寸单位为毫米

连接标记	D_1	H_5	H_6
11	13.800±0.011	30.0±0.5	1.0±0.3
16	20.800±0.014	40.0±0.5	1.0±0.3
20	25.100±0.018	50.0±0.5	1.0±0.3
24	30.000±0.020	55.0±0.5	1.0±0.3
28	34.900±0.023	60.0±0.5	1.0±0.3
32	39.300±0.026	70.0±0.5	1.0±0.3

ICS 29.080.10
K 48

中华人民共和国国家标准

GB/T 4585—2004/IEC 60507:1991
代替 GB/T 4585.1—1984,GB/T 4585.2—1991

交流系统用高压绝缘子的人工污秽试验

Artificial pollution tests on high-voltage insulators to be used on a. c. systems

(IEC 60507:1991,IDT)

2004-05-14 发布 2005-02-01 实施

中华人民共和国国家质量监督检验检疫总局
中国国家标准化管理委员会 发布

前　言

本标准等同采用 IEC 60507:1991《交流系统用高压绝缘子的人工污秽试验》(英文版)。

为便于使用,本标准做了下列编辑性修改:

a) 用小数点“.”代替作为小数点的逗号“,”;

b) 删除 IEC 60507:1991 的前言。

本标准代替 GB/T 4585.1—1984《交流系统用高压绝缘子人工污秽试验方法　盐雾法》和 GB/T 4585.2—1991《交流系统用高压绝缘子人工污秽试验方法　固体层法》。

本标准与 GB/T 4585.1—1984 和 GB/T 4585.2—1991 相比主要变化如下:

——对试验设备的短路电流要求不同。GB/T 4585.1 和 GB/T 4585.2 规定短路电流不小于10 A,而本标准规定短路电流与被试绝缘子爬电比距有关,当爬电比距在 16 mm/kV 至 25 mm/kV 之间变化时,最小短路电流应在 6 A 至 15 A 之间变化才能满足要求;

——本标准规定绝缘子盐雾法试验时应进行预处理(本标准的第 10 章),而 GB/T 4585.1 无此规定。

——GB/T 4585.2 规定的染污方法包括有定量涂刷法,而本标准未规定此方法。

——GB/T 4585.2 规定染污的污液有两种,其中的惰性材料一为硅藻土,另一为硅藻土和高度分散的二氧化硅。本标准规定的染污污液有两种,其中一种与 GB/T 4585.2 相同,所含惰性材料为硅藻土和高度分散二氧化硅,另一种所含惰性材料为高岭土(或砥石粉)。

本标准的附录 A、附录 B、附录 C、附录 D 均为资料性附录。

本标准由中国电器工业协会提出。

本标准由全国绝缘子标准化技术委员会归口。

本标准起草单位:西安电瓷研究所、武汉高压研究所、重庆大学。

本标准主要起草人:李大楠、吴光亚、蒋兴良、丘志贤。

本标准所代替标准的历次版本发布情况为:

——GB/T 4585.1—1984、GB/T 4585.2—1991。

交流系统用高压绝缘子的人工污秽试验

第一节　总　　则

1　范围

本标准适用于系统最高电压 1 kV～765 kV 范围内的交流系统用户外和暴露在污秽大气中的瓷和玻璃绝缘子的工频耐受特性的测定。

这些试验不能直接应用于涂油绝缘子和特殊型式的绝缘子(具有半导电釉的绝缘子或覆盖有任何有机绝缘材料的绝缘子)。

2　目的

本标准的目的是规定适用于架空线路、变电站、牵引线路绝缘子以及套管的人工污秽试验程序。

3　定义

为本标准的目的,规定了下列定义。

3.1

试验电压　test voltage

在整个试验期间连续地施加到绝缘子上的电压的方均根值。

3.2

试验设备的短路电流(I_{sc})　short-circuit current (I_{sc}) of the testing plant

试品在试验电压下短路时由试验设备所供给的电流的方均根值。

3.3

绝缘子的爬电比距(L_S)　specific creepage distance (L_S) of an insulator

绝缘子的总爬电距离 L 除以试验电压与$\sqrt{3}$的积;它通常以 mm/kV 来表示。

3.4

绝缘子的形状因数(F)　form factor of an insulator (F)

形状因数是由绝缘子尺寸确定的。为了图解估算此形状因数,应将绝缘子圆周的倒数值($1/P$)对从绝缘子一端到所考虑点的局部爬电距离 l 画出。

形状因数由这个曲线下的面积给出并按下式计算:

$$F=\int_0^L \frac{\mathrm{d}l}{p\ (l)}$$

3.5

盐度(S_a)　salinity (S_a)

盐在自来水中的溶液的浓度,它由盐量除以溶液体积来表达;它通常以 kg/m^3 来表示。

3.6

污秽层　pollution layer

由盐和惰性材料组成的绝缘子表面上的导电电解层。

在绝缘子上污秽层的电导按 16.1 条测量。

3.7

污层电导率(K)　layer conductivity

污层的电导与形状因数的乘积;它通常以 μS 表示。

3.8

附盐密度(SDD)　salt deposit density (SDD)

沉积在绝缘子一给定表面(金属部分和胶合材料不计入此表面)上的盐量除以该表面的面积(见 16.2);它通常以 mg/cm^2 表示。

3.9

污秽度　degree of pollution

表征施加在被试绝缘子上的人工污秽的量(盐度、污层电导率、附盐密度)的值。

3.10

基准盐度　reference salinity

表征某一试验所使用的盐度值。

3.11

基准污层电导率　reference layer conductivity

表征某一试验所使用的污层电导率的数值;它定义为仅仅在进行电导测量时才带电的一绝缘子的潮湿污层的电导率的最大值。

3.12

基准附盐密度　reference salt deposit density

表征某一试验所使用的附盐密度的数值:它定义为从进行任一试验前污染了的绝缘子中选取的几个绝缘子(或它的几个部分)上测得的附盐密度的平均值。

3.13

规定的耐受污秽度　specified withstand degree of pollution

绝缘子在相关的第 11 章或第 19 章规定的条件下,四次试验中至少有三次试验能耐受住规定试验电压的绝缘子的基准污秽度。

3.14

最大耐受污秽度　maximum withstand degree of pollution

在相关的第 11 章或第 19 章规定的条件下,在规定的试验电压下四次试验中至少有三次试验能耐受住的最高污秽度。

3.15

规定耐受电压　specified withstand voltage

施加到绝缘子上的试验电压,绝缘子在此试验电压和相关的第 11 章或第 19 章规定的条件下,四次试验中至少有三次试验能耐受住规定的污秽度。

3.16

最大耐受电压　maximum withstand voltage

在相关的第 11 章或第 19 章规定的条件下,四次试验中至少有三次试验能耐受住规定污秽度的最高试验电压。

第二节　一般试验要求

4　试验方法

下列两种类型的污秽试验方法推荐为标准试验法:

——盐雾法(第三节),使用此法时绝缘子遭受到一确定的环境污染;

——固体层法(第四节),使用此法时在绝缘子表面上覆盖有一规定的固体污秽物,覆盖层相当均匀。

注:在这些试验方法中,电压在至少为几分钟的一段时间内保持不变。电压连续升高至闪络的方法不作为标准化的方法,但可以应用于特殊目的。

5 被试绝缘子的准备

5.1 试验布置

绝缘子应直立于试验室内,并完整地装上固定装在其上的金属附件。通常推荐采用垂直位置以比较不同型式的绝缘子。模拟实际运行条件的其他位置(倾斜、水平)条件下的试验经供需双方协议也可以进行。当有特殊的原因不应在垂直位置试验绝缘子(例如穿墙套管和电力断路器的纵向绝缘)时,最好考虑运行位置。

除绝缘子的支持结构物以及喷嘴柱(当用时)以外,绝缘子的任一部件与任何接地物体之间的最小间距为每 100 kV 试验电压不应小于 0.5 m,并且在任何情况下不应小于 1.5 m。

支持结构以及带电金属部件的布置,至少在绝缘子的最小间距内应模拟运行中的预计情况。喷嘴的安排以及它的结构在第 8 章中叙述。

至于电容效应对试验结果的影响,根据有效的经验可作如下考虑:

——可认为附件不会明显影响试验结果,至少对 450 kV 及以下试验电压时是如此;

——内部的大电容对表面性能会有某些影响,特别是用固体层法试验时是如此。

5.2 绝缘子的清洗

绝缘子应仔细地清洗以除去所有污物和油脂的痕迹。清洗后,手不应触及绝缘子的绝缘部件。

注:如有必要,金属部件和胶合材料可以涂以抗盐水涂料以保证试验期间不致将锈蚀生成物洗落在绝缘表面上。

应使用加有磷酸三钠或其他清洗剂的水(最好将其加热到 50℃)进行清洗,然后将绝缘子用自来水彻底冲洗。如果看到了大片连续的湿表面就可以认为绝缘子表面已充分清洁并没有任何油脂了。

以后每次染污前,仅需用自来水对绝缘子再次进行彻底的清洗,以除去污秽物的所有痕迹。

6 对试验设备要求

6.1 试验电压

试验电压的频率应在 48 Hz 至 62 Hz 间。

通常要求试验电压应与绝缘子在正常运行条件下能耐受住的最高电压(相对地值)相一致。对于设备,该值等于 $U_m/\sqrt{3}$,其中 U_m 是设备的最高电压(见 IEC 60071-1《绝缘配合　第 1 部分:术语、定义、原理和规则》)。当试验相对相配置或中性点绝缘的系统用绝缘子时,试验电压可高于此值。

6.2 最小短路电流

人工污秽试验时要求试验设备应比其他型式的绝缘子的试验有较高的短路电流(I_{sc})。这意味着此 I_{sc} 应具有随试验条件而变的一最低值;此外,对试验设备的其他参数也有要求。

I_{sc} 最低值(I_{scmin})以试验中的绝缘子的表面电应力的函数的形式给出在图 1,此表面电应力以爬电比距 L_s 来表达。

除了 I_{scmin} 的上述要求值以外,试验设备还应满足下面两个条件:

——电阻/电抗比(R/X)等于或高于 0.1;

——电容电流/短路电流比(I_c/I_{sc})在 0.001～0.1 范围内。

评定是否符合上述要求的判据的更详细的资料列于附录 A。

虽然试验设备的 I_{sc} 值高于 6 A,但仍不能满足在图 1 中给出的极限值,污秽绝缘子规定耐受特性的检验(见第 11 和 18 章)或它的最大耐受特性的测定(见附录 B)也还可以进行,只要电源的有效性能已用下面的检验方法直接确认。

在该项研究的每个单独试验中应记录其最高泄漏电流脉冲的幅值，并从在耐受条件下能耐受住的三次试验结果中确定它的最大值($I_{h\,max}$)。

此 $I_{h\,max}$ 值应符合下面的表达式：

$$I_{sc}/I_{h\,max} \geqslant 11$$

式中 I_{sc} 是方均根值，而 $I_{h\,max}$ 是峰值。

更进一步的细节见附录 A。

由于泄漏电流可用来解释试验结果，推荐配备适宜的装置以记录人工污秽试验期间泄漏电流。

第三节　盐雾法

7　盐溶液

盐溶液应由商业纯氯化钠(NaCl)和自来水配制。

注：高硬自来水，例如等值 $CaCO_3$ 含量高于 350 g/m³ 的自来水，可能会在绝缘子表面产生石灰石沉积物，此时推荐使用去离子水制备盐溶液。

自来水的硬度以等值 $CaCO_3$ 含量来测定*。

盐度应从下列数值中选用：2.5，3.5，5，7，10，14，20，28，40，56，80，112，160 和 224 kg/m³。

盐度最大允许误差为规定值的±5%。

盐度推荐使用测量其电导率或密度并经温度校正的方法来测定。

表 1 给出了温度 20℃时，溶液的盐度、体积电导率和密度值间的对应关系。

当溶液温度不是 20℃时，电导率和密度值应校正。

盐溶液的温度应介于(5～30)℃之间，因为还没有经验来证明在这个溶液温度范围以外进行的试验的有效性。

表 1　盐雾法：温度 20℃时溶液的盐度、体积电导率和密度值间的对应关系

盐度 S_a/ kg/m³	体积电导率 σ_{20}/ S/m	密度 Δ_{20}/ kg/m³
2.5	0.43	—
3.5	0.60	—
5	0.83	—
7	1.15	—
10	1.6	—
14	2.2	—
20	3.0	—
28	4.1	1 018.0
40	5.6	1 025.9
56	7.6	1 037.3
80	10	1 052.7
112	13	1 074.6
160	17	1 104.5
224	20	1 140.0

* 依据由 G. Hawley 修订的简明化学辞典——化学百科全书；Van Nostrand Reinhold 公司。纽约(美国)，1971。

电导率的校正可使用下列公式：

$$\sigma_{20}=\sigma_{\theta}[1-b(\theta-20)]$$

式中：

θ——溶液温度，单位为度（℃）；

σ_{θ}——温度 θ℃时的体积电导率，单位为西门子每米（S/m）；

σ_{20}——温度 20℃时的体积电导率，单位为西门子每米（S/m）；

b——取决于温度 θ 的系数，给出于下：

θ/℃	b
5	0.03156
10	0.02817
20	0.02277
30	0.01905

注：在 5℃～30℃范围内的其他温度值，系数 b 可用内插法得到。

密度校正应使用下列公式：

$$\Delta_{20}=\Delta_{\theta}[1+(200+1.3\ S_{a})\ (\theta-20)\times 10^{-6}]$$

式中：

θ——溶液温度，单位为摄氏度（℃）；

Δ_{θ}——温度 θ℃时的密度，单位为千克每立方米（kg/m³）；

Δ_{20}——温度 20℃时的密度，单位为千克每立方米（kg/m³）；

S_{a}——盐度，单位为千克每立方米（kg/m³）。

该校正公式仅对超过 20 kg/m³ 的盐度是有效的。

8 喷雾系统

雾在实验室中由规定数量的喷雾器产生，它通过垂直吹向溶液喷嘴的压缩空气气流使溶液雾化。喷嘴由耐蚀管制成，空气喷嘴内径为 1.2 mm±0.02 mm，而溶液喷嘴的内径为 2.0 mm±0.02 mm。两种喷嘴的外径均为 3.0 mm±0.05 mm，并且喷嘴的末端应切成直角并抛光。

溶液喷嘴的末端应装在空气喷嘴轴线上，偏差在±0.05 mm 内。压缩空气喷嘴的末端和溶液喷嘴中心线间的距离应为 3.0 mm±0.05 mm。两个喷嘴的轴线应位于同一平面上，偏差在±0.05 mm 内。

图 2 示出了喷雾器喷嘴的一典型结构。

喷雾器应排成两纵列，平行于绝缘子并排在其两侧，绝缘子的轴线在两纵列所构成的同一平面内，即对垂直的绝缘子试验时应排成垂直的两纵列，而对水平的绝缘子试验时排成水平的两纵列。在倾斜的绝缘子情况下（见图 3），包含绝缘子和两纵列的平面与水平面的交线应垂直于绝缘子的轴线；在此情况下，溶液喷嘴的轴线应是垂直的。溶液喷嘴和绝缘子轴线间的距离应为 3.0 m±0.05 m。

两个喷雾器间应相隔 0.6 m 的间隔，每一喷雾器应与该纵列轴线的方向相垂直并朝向另一纵列的相应喷雾器，与喷雾器平面夹角在 1°以内。对垂直的喷雾器是否符合此要求可这样核对：将溶液喷嘴降低，通水经空气喷嘴喷出，调节方向与对面喷来的方向一致，然后将溶液喷嘴升回至工作位置。绝缘子的中点最为与两纵列喷雾器的中点在一条直线上。两纵列应超出绝缘子每端至少 0.6 m。

对于长度为 H（以米计）的绝缘子，每一纵列喷雾器的最小数量 N 应为：

$$N = \frac{H}{0.6} + 3$$

应供给喷雾器相对压力为700 kPa±35 kPa 的过滤无油空气。

试验期间每一喷雾器的溶液流量应为0.5 dm^3/min±0.05 dm^3/min,并且全部喷雾器的总流量允差应为标称值的±5%。

9 试验开始前的条件

当绝缘子按5.2 清洗后还完全潮湿时试验即应开始。

试验开始时绝缘子应与试验室空气处于热平衡。另外,周围温度既不应低于5℃也不应高于40℃,并且它与水溶液的温差不应超过15 K。

将绝缘子加上电压,开动盐溶液泵和空气压缩机,一旦喷嘴处压缩空气达到正常操作压力时试验就可以开始。

10 预处理过程

对按正常方法准备好的绝缘子在基准盐度下施加试验电压持续20 min 或直至绝缘子闪络;如果绝缘子不发生闪络,则把电压每隔5 min 按10%试验电压逐级升高直至闪络。

闪络后,重新施加电压并尽可能快地升高至先前得到的闪络电压的90%,然后每隔5 min 按初始闪络电压的5%逐级升高直至闪络。最后升压过程应再重复6 次,每次都是将电压迅速升高至上次得到的闪络电压90%,然后每隔5 min 以5%的级差逐级升高至闪络。经8 次闪络后,去雾,用自来水清洗绝缘子,然后尽快开始进行耐受试验(见第11 章)。

预处理过程时电源的特性应不低于耐受试验时基准值(见第6 章)。

如果在基准盐度下执行预处理过程,要求有极高的电压时,允许使用较高的盐度值进行预处理。如果用这个方法所要求的电压还太高,则允许将绝缘子分成较短的部分用合适的方法分别进行预处理,以避免内绝缘(如果有的话,如在避雷器或套管的情况下)受到过电压。

11 耐受试验

本试验的目的是验证绝缘子在规定试验电压下的规定耐受盐度。

当试验绝缘子和试验室条件满足了第9 章规定的要求并按第10 章对绝缘子进行预处理后,试验就应开始。

在规定试验电压下使用符合第7 章的规定试验盐度的盐溶液对绝缘子进行一个系列的试验。如在这段时间内不出现闪络的话,每一次试验的持续时间应为1 h。每次试验前都应用自来水对绝缘子进行仔细的清洗。

12 耐受试验的接收准则

如按第11 条规定的方法进行一个系列的三次连续试验期间没有出现闪络,则认为绝缘子满足了本标准。如果仅出现了一次闪络,则应进行第4 次试验,并且如不再出现闪络则认为绝缘子通过了本试验。

注:为了研究的目的,可以测定绝缘子的耐受特性。评定或检验该特性的作法列于附录B。

第四节 固体层法

13 污液的组成

污液应按下面的两种混合物之一制备。

13.1 硅藻土混合物

其组成为：

——100 g 硅藻土，见第 14 章；

——10 g 高度分散的二氧化硅，颗粒大小 2 μm～20 μm；

——1 000 g 自来水；

——适量的商业纯 NaCl。

当自来水的体积电导率高于 0.05 S/m 时，推荐使用软化水。

为了使试验时的绝缘子上达到其基准污秽度并符合规定偏差±15%要求，可以将所提交试验的绝缘子本身(或它的一部分)作初步的试验性的染污以确定所要制备的污液的体积电导率的适宜值。所期望的体积电导率可通过调整污液中的盐量来达到。作为一个近似的参考值，后面的表 2 给出了绝缘子基准污秽度与温度 20℃时污液的体积电导率间的近似对应关系。

表 2　硅藻土混合物：绝缘子上基准污秽度和温度 20℃时污液体积电导率间近似的对应关系

硅藻土混合物的基准污秽度		污液的体积电导率 σ_{20}/(S/m)
附盐密度 *SDD*/(mg/cm²)	污层电导率 K_{20}/μS	
0.017 6	7	0.21
0.025	10	0.30
0.035 3	14	0.42
0.050	20	0.60
0.070 5	28	0.85
0.1	40	1.20
0.141	56	1.69
0.20	80	2.40

13.2 高岭土(或砥石粉)混合物

其组成为：

——40 g 高岭土(或砥石粉)，见第 14 章；

——1 000 g 自来水；

——适量的商业纯 NaCl。

当自来水的体积电导率高于 0.05 S/m 时，推荐使用软化水。

为了使试验时在绝缘子上达到其基准污秽度并符合规定偏差±15%要求，可以将所提交试验的绝缘子本身(或它的一部分)作初步的试验性的染污以确定所要制备的污液的体积电导率的适宜值。所期望的体积电导率可通过调整污液中的盐量来达到。

作为一个近似的参考，后面的表 3 给出了正常的周围条件下对标准盘形绝缘子垂直染污时的绝缘子基准污秽度与温度 20℃时污液的体积电导率间的近似对应关系。对其他绝缘子所要求的体积电导率可能与表 3 中给出值不同。

表 3 高岭土(或砥石粉)混合物:绝缘子上的基准污秽度与温度 20℃时污液体积电导率间近似的对应关系

高岭土混合物的基准污秽度		污液的体积电导率 σ_{20}/S/m
附盐密度 SDD/ mg/cm²	污层电导率 K_{20}/μS	
0.025	3	1
0.035	4.2	1.4
0.05	5.5	2
0.07	8	2.8
0.1	11	4
0.14	14.5	5.6
0.2	20	8
0.28	27	11.2
0.4	37	16

14 惰性材料的主要特性

制备污液用的典型的硅藻土、高岭土和砥石粉的主要特性值范围给出在下面的表 4。

其他名称的惰性材料,只要其特性能与上面提到材料型式之一的范围相同,就可以用来代替那种型式材料。

表 4 固体层污液用惰性材料的主要特性

惰性材料的型式	重量组成/%				颗粒分析(累积分布)/μm			体积电导率 σ_{20}/(S/m)
	SiO_2	Al_2O_3	Fe_2O_3	H_2O	16%	50%	84%	
硅藻土	70~90	5~25	0.5~6	7~14	0.1~0.2	0.4~1	2~10	0.001 5~0.02
高岭土	40~50	30~40	0.3~2	7~14	0.1~0.2	0.4~1	2~10	0.001 5~0.02
砥石粉	60~70	10~20	4~8	—	0.8~1.5	3~5	8~15	0.002~0.01

注 1:颗粒分布表示的值是表列总质量百分数值的颗粒能通过的筛孔直径(μm)。

注 2:惰性材料特性中的体积电导率是使用软化水测得的。

15 污层的涂覆

将用第 13 章规定的混合物之一制备好的污液采用喷射或浇流的方法涂覆到预先按第 5.2 条清洗

过的干的绝缘子上，以得到一适当均匀的表层。也可以将绝缘子浸在污液中，只要其尺寸能适应其操作。

注 1：当目测检查均匀性不满意时，建议使用一种探头（见附录 C）来检验此湿层。

注 2：人工污层可以经商业型式的喷枪的一个或两个喷嘴把制备的污液喷到绝缘子表面上来进行涂覆。喷雾器喷嘴的方向应调整得使整个绝缘子表面有一适当均匀的污层。喷雾器喷嘴口与绝缘子伞缘间的距离约 20 cm～40 cm 时，可得到满意的结果。污液需要保持不断搅拌。

所要求的绝缘子污秽度可通过反复地涂覆来得到。

注 3：涂覆时间可因绝缘子的预先加热而减少。此时，染好的绝缘子应与试验开始时试验室空气处于热平衡。涂覆时间也可因在两次连续的涂覆中对污层进行烘干而缩短。

也可以使用其他的适当的涂覆方法。例如，当使用高岭土或砥石粉混合物时，可将准备好的污液浇流在绝缘子表面上直至它流出的作法（"浇染"技术），这特别适用于大型的或很长的绝缘子。

注 4：对盐雾试验规定的预处理过程对固体层法是不需要的。详见 D.1 条。

将绝缘子送去试验前应使污层干燥。详见 D.2。

16 被试绝缘子污秽度的测定

被试绝缘子的污秽度由污层电导率或附盐密度表示，它们按下面的方法测定。

16.1 污层电导率（*K*）

正如已经提到的，污层电导率可通过在不带电绝缘子上测得的表层电导与它的形状因数的乘积算得。

污层电导的测量在绝缘子湿润期间应反复进行，其目地是确定最大值是否达到。

污层电导的每一次测量都由对该绝缘子施加按总爬电距离计每米不低于 700 V(r.m.s.)的电压和测量流过湿污层的电流两部分所组成。施加电压的时间只需维持至能读出仪表读数即可。

当施加较高值电压时，测量时间应缩短至足以避免由于污层的发热或干燥而引起严重的误差。为了这个目的应该校检脉冲波的频度及波幅，使其变化都不应影响到被测电流的波形。

污层电导率应按下式换算至基准温度 20℃：

$$K_{20} = K_\theta[1 - b(\theta - 20)]$$

式中：

θ——绝缘子表面的温度（℃）；

K_θ——温度 θ℃时的污层电导率（μS）；

K_{20}——温度 20℃时的污层电导率（μS）；

b——在第 7 章已经定义过的因数。

16.2 附盐密度（*SDD*）

沉积物应从与被试绝缘子相同的并按相同方法染污的一单独的绝缘子（或它的一部分）上取下，并仔细地收集起来。为了这个目的，应对该绝缘子的整个表面，或是上表面和下表面分别地清洗，但金属部件除外。详见 D.6 条。

当仅有一个可供试验用的圆柱形绝缘子时，附盐密度的测量可在它的几个伞上进行。测量后应对清洗过的表面用再涂覆污层的方法予以复原。

选作 *SDD* 测量用的绝缘子（或它的一部分）在染污操作以后在污层干燥前应仔细地除去污滴，这样就可以避免由于污秽度评定对试验带来实际影响的误差。

然后将沉积物溶解在已知量的水中，最好使用软化水。得到的污液在温度 θ(℃)下测最体积电导率 σ_θ(S/m)前应至少保持搅动 2 min。然后按与第 7 章相同的关系式从 σ_θ 求得 σ_{20} 的值。

当 σ_{20} 在(0.004～0.4) S/m 范围内时污液的盐度 S_a(kg/m^3)可按下式求得：

$$S_a = (5.7\,\sigma_{20})^{1.03}$$

然后按下式算得附盐密度 SDD(mg/cm^2)：

$$SDD = \frac{S_a \cdot V}{A}$$

式中：

V——污液的体积(cm^3)；

A——清洗表面的面积(cm^2)。

17 污层湿润的一般要求

应通过雾发生器来湿润试品，此雾发生器应能沿试品的整个长度和围绕试品提供均匀分布的雾。湿润开始时试品的温度与试验室内周围温度的差应在±2 K 内。可用围绕试品的一个塑料帐篷来限定试验室的体积。

在试验室中，雾发生器应保持一恒定的均匀的流速直至一次单个的试验结束。

当污层达到一定的湿润程度以后，水分开始从绝缘子伞缘滴落；这样某些污秽就从污层中除去并预料会逐渐地冲洗试品。

18 试验程序

建议了两个供选择的程序，其根本的差别在于当试验电压施加于试品上的瞬间试品的污层状况不同，一个是湿的，一个是干的。

关于这两个试验程序的主要规则给出于后。

18.1 程序 A——带电前和带电期间湿润

对于本程序，绝缘子使用硅藻土混合物(见 13.1)或高岭土(或砥石粉)混合物(见 13.2)染污。污秽度通常用污层电导率来表示，但也可以使用附盐密度。

雾发生器起动时，将按第 15 章为本试验准备好的绝缘子置于试验室它的位置上。

最好应使用蒸汽雾来湿润污层。

作为一个例子，图 4 示出了一种蒸汽雾发生器，它由带有等距离隔开的喷嘴的一个分配管构成。

注：代替蒸汽雾也允许使用喷射热水或冷水的喷嘴(作为这个装置的一个例子见图 2)产生的雾。只要那种雾能给出所推荐的均匀湿润。

当使用这种喷雾方式时，开始试验前使试品冷却可能是有利的。

为了计算污层电导率，应按 16.1 测量被试绝缘子污层电导。

在正常周围温度下，输入雾室中的雾的流速应足够高，以使污层电导率在起雾开始后 20 min～40 min内达到它的最大值。试验时测得的污层电导率的最大值作为基准污层电导率。

然后瞬时地或在不超过 5 s 的时间内对试品加上试验电压并维持至闪络，如不出现闪络则维持 15 min。

然后将绝缘子从雾室中取出并让它干燥。将这个试品第二次放入雾室中，由雾再次湿润直至污层电导率达到它的最大值；如果此时污层电导率不低于上面提到的基准值的 90%，可以再一次施加试验电压直至闪络，如果不出现闪络则维持 15 min；如果低于 90%，则应按第 15 章对该绝缘子重新染污。

同一污层的一个绝缘子可以进行不多于两次的连续试验。

18.2 程序 B——带电后湿润

对于本程序，绝缘子使用高岭土(或砥石粉)混合物(见 13.2)染污。污秽度通常用附盐密度(见 16.2)来表示。

注：通常不要求测量污层电导。经供需双方协议，也可以对与被试缘子(或是它的一部分)相同的并用相同方式染

污的一个单独的不带电的绝缘子在湿润期间测量其污层电导。

将按第15章为本试验准备好的绝缘子放入雾室中置于它的试验位置处，此时污层还是干的。

污层湿润应使用蒸汽雾。

雾发生器应在试品的下面并尽可能接近地面。在所有情况下，它离试品应至少1 m，并且雾的流动不应直接朝向试品。

试验电压施加前，雾室中蒸汽雾输入速率应为零，施加试验电压后此速率应保持恒定。在正常周围温度下，蒸汽雾的输入速率应在(0.05±0.01) kg/h每立方米试验室体积范围内。在特殊试验条件下，通过D.3中叙述的方法直接检验雾的湿润效应，这个值可能需要作某些调整。

试验电压应维持至出现闪络。否则应从试验开始算起维持100 min，或是直至其电流峰值(如果测量电流的话)持续下降至低于记录到的最大峰值的70%。详见D.4和D.5。

对于本程序，污层仅能使用一次。

19 耐受试验和接收准则(对程序A和B都通用的)

本试验的目的是检验在规定试验电压下的该规定耐受污秽度。如果按18.1程序A或18.2程序B进行的三次连续的试验期间未发生闪络，则认为该绝缘子符合本标准。

如仅出现一次闪络，则应进行第四次试验，如果不发生闪络，则认为该绝缘子符合本标准。

注：为了研究的目的可以测定绝缘子的耐受特性。评定或检验这些特性的作法列于附录B。

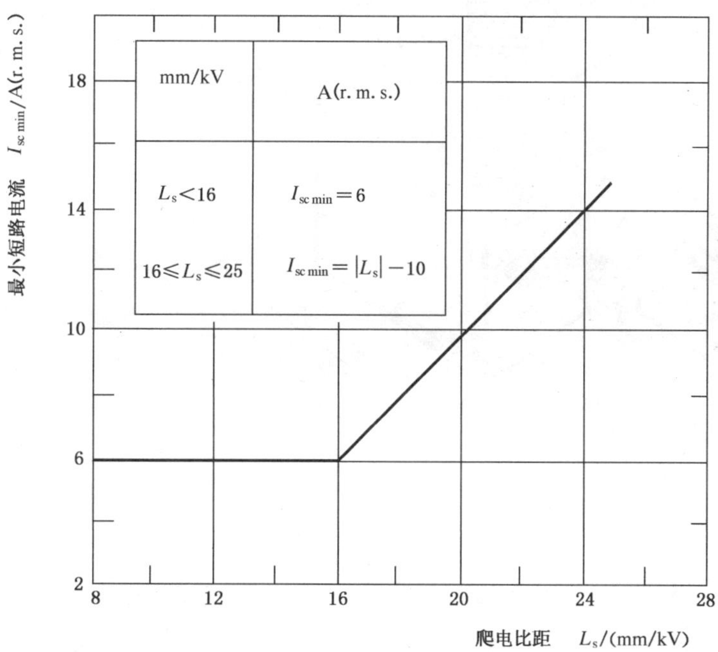

图1 对试验设备要求的最小短路电流 I_{scmin} 与被试验绝缘子爬电比距 L_s 的关系

(现有经验不足以给出对爬电比距高于25 mm/kV时试验用的 I_{scmin} 值)

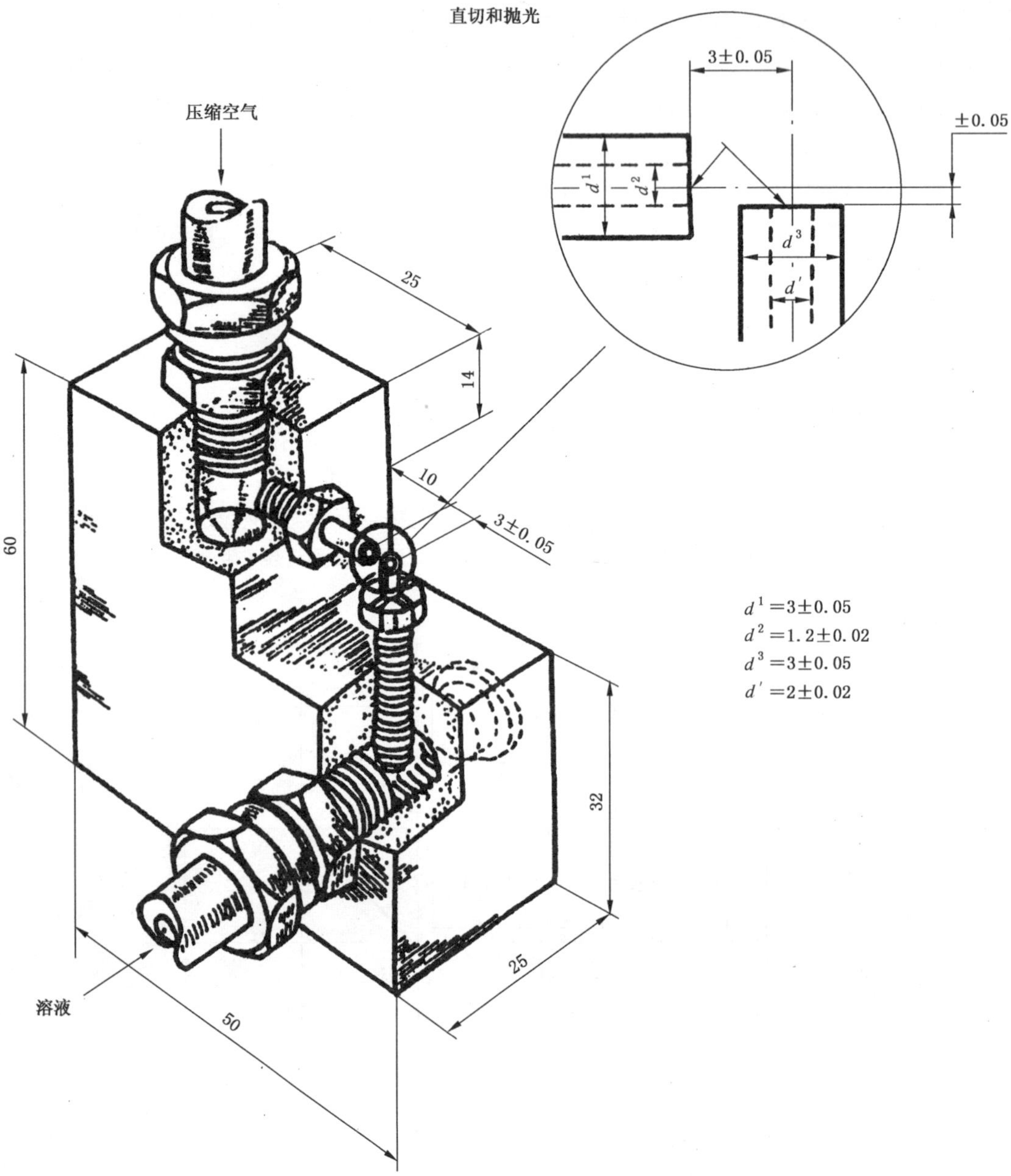

尺寸以毫米表示

图 2　喷雾器喷嘴的典型结构

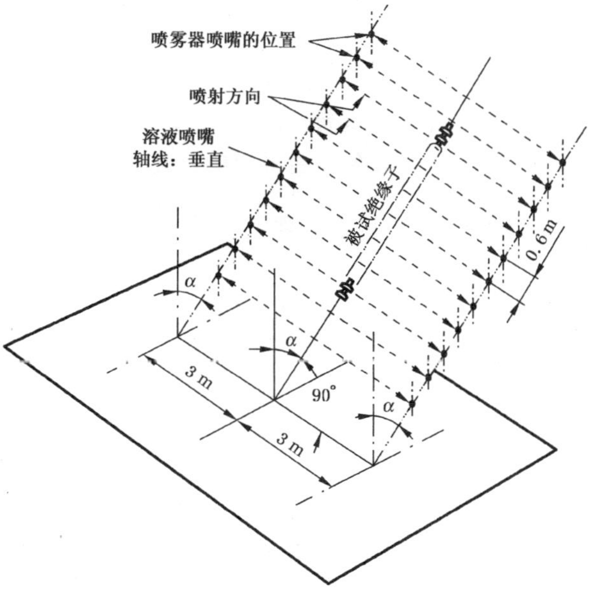

α——倾斜角

图 3　倾斜绝缘子的试验布置

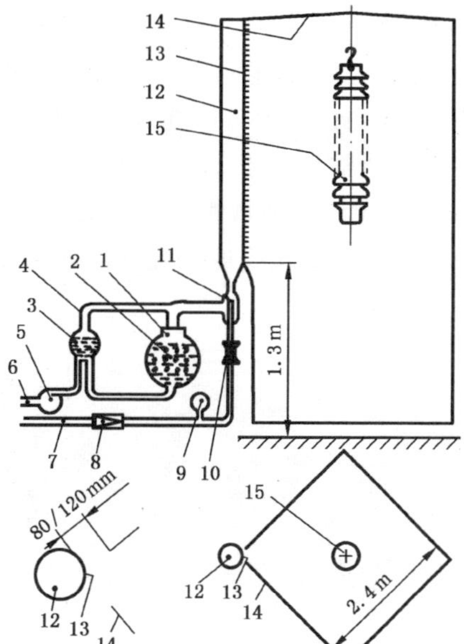

1——低压锅炉：容积约 20 L；
2——电加热器：12 个加热线圈，每个 3 kW；
3——给水调整器阀；
4——压力补偿管；
5——锅炉给水泵：50 L/h，10^5 Pa；
6——软水连接管；
7——压缩空气连接管；
8——可调式压缩空气减压阀；
9——压力表：0～5×10^5 Pa；
10——压缩空气阀，电气遥控；
11——喷气嘴：7.5/16 mm 直径；
12——多部件喷嘴管。三个喷嘴管，每个 1.5 m 长，一个没有喷嘴的中间管，作升高装置用。离地总高：11 m；下面的管子内径：120 mm；管内径逐级地减小到上部管子的 50 mm；
13——喷嘴，内径 1.6 mm；相邻喷嘴间距离 30 mm；
14——塑料帐篷；
15——试品。

图 4　蒸汽雾发生器的典型布置

附 录 A
（资料性附录）
评定试验设备是否要求的补充资料

研究了许多试验室提供的污秽绝缘子在耐受条件下(见附录B)所有单个耐受试验的整个期间出现的最高泄漏电流脉冲值 I_h。下表给出了各种表面电应力水平和该试验设备规定的条件(第6章)下在任何试验位置和所有型式绝缘子上记录到的 I_h 最大值($I_{h\,max}$)。

爬电比距[1] L_s/ (mm/kV)	$I_{h\,max}$(峰值)/ A
16	0.55
20	0.85
25	1.35

1) 爬电距离除以试验电压与$\sqrt{3}$的积。

注：在比上面提到的条件更苛刻的条件，例如当闪络概率比耐受条件下一次耐受试验相应的闪络概率高的条件下试验绝缘子时，该 $I_{h\,max}$ 值可能会被超过。

在考虑 $I_{sc}/I_{h\,max}$ 比值时(I_{sc}的定义见6.2)，发现在该比值超过某极限值时，试验结果(即耐受电压或耐受污秽度，见附录B)就不再受该比值影响，这就可以在现有的试验室经验基础上确定该极限值。在上表给出的表面电应力范围内这个极限值估计等于11。

至于比值 I_c/I_{sc}，其规定极限一些试验设备通常都能符合。特别是其下限，会由于等值电源电容、集中电容(套管和电压分压器)以及回路中的杂散电容加在一起而达到。

附 录 B
(资料性附录)
绝缘子耐受特性的测定

第二、三和四节都涉及到在规定试验电压下规定耐受污秽度的检验问题。但是,一个绝缘子的特性也可以在一个电压范围内或者换句话说可以在绝缘子本身的一个爬电比距范围内进行测定。为了达到此目的,就应在不同电压水平下测量最大耐受污秽度,或者在一些另外的情况下要在各种基准污秽度值下测定最大耐受电压或50%耐受电压。这样一些评定方法的例子叙述于下。

如有要求检验人工污秽试验室设备时,B.3 给予了指导。

B.1 在一给定试验电压时最大耐受盐度的测定

绝缘子应在一给定试验电压和按第7章列出的不同盐度下进行多次试验。试验应按第11章进行。

这些试验可按任何顺序进行,只要:

a) 如任一盐度下的闪络总数达到2,就不应在相同的或较高的盐度下作进一步的试验;

b) 如耐受总次数达到3,就不应在相同的或较低的盐度作进一步的试验。

测定最大耐受盐度前,对绝缘子应进行预处理(见第10章)。

注:当要做长时间的试验系列的试验时,每当绝缘子状况有需要时,可能有必要对绝缘子按5.2推荐的方法清洗并随后作预处理。

如果在盐度224 kg/m^3 下记录到了四次耐受,那么就认为最大耐受盐度等于或大于224 kg/m^3。如果在224 kg/m^3 盐度下记录到一次闪络和三闪耐受,那么此盐度就应考虑作为最大耐受盐度。

B.2 在一给定基准污层电导率或一给定基准附盐密度下最大耐受电压或50%耐受电压的测定

B.2.1 最大耐受电压

对具有一给定基准污层电导率或基准附盐密度的绝缘子应进行一系列的试验。每次试验应在几个电压水平中取任一水平进行。这些电压水平中的每一个应大约为下面一个较低值的1.05倍。

每次试验都应按第18章进行。

试验可以按任何顺序进行,只要:

a) 如在任一电压下的闪络总次数达到2,就不应在相同的或较高的电压水平下作进一步的试验。

b) 如任一电压下的耐受总次数达到3,就不应在相同的或较低的电压水平下作进一步的试验。

B.2.2 50%耐受电压

绝缘子应在一给定基准污秽度下经受至少为10次的"有效的"试验,试验应按18.2进行。每一次试验时的施加电压水平应按升降法来改变。电压级差应约为预期的50%耐受电压的10%。

与先前一些试验产生的效果不同的第一个试验应被选作第一个"有效的"试验。只有这一次试验和随后的至少9次试验才算作为有效的试验,并用它们来确定50%耐受电压。50%耐受电压应按下式计算:

$$U_{50\%}=\frac{\sum(n_i\times U_i)}{N}$$

式中:

U_i——某一施加的电压水平;

N_i——在相同施加电压水平 U_i 下进行的试验的次数。

N——有效试验次数。

有关升降法的进一步的细节以及该相关结果的处理见IEC 60060-1《高电压试验技术 第1部分:一般定义和试验要求》。

注:50%耐受电压常写成"50%闪络电压"。

B.3 参考悬垂式绝缘子的耐受值

为了简化现有的或新的人工污秽试验室设备的检验，表 B.1 给出了几种参考悬垂式绝缘子的耐受特性值范围，这些值是基于海拔 1 000 m 以下地区的几个试验室的结果。这些结果是按本标准给出的推荐获得的。

注：给出在表 B.1 中的参考悬垂式绝缘子不能被看作它们的各自等级的代表品种。选取它们并不意味着对它们有好评或设想它们可能在试验中或在运行条件下会比其他类似型式有更好的性能。

刚开始进行人工污秽试验的试验室或是地处海拔超过 1 000 m 的试验室或是通常不使用前面提到的某一种试验方法的试验室，其相关结果可能会与表 B.1 给出的数值范围有某些差别。

注：出版物 IEC 60060-1 指出湿度校正不适用于人工污秽试验，并告知对那些试验的空气密度校正正在考虑中。

表 B.1 参考悬垂式绝缘子在人工污秽试验时的耐受特性值范围

单串垂直布置

绝缘子型式和每串元件数	爬电比距/(mm/kV)	施加电压 (r.m.s.)/kV	盐雾试验法	固体层法[1)			
				程序 A		程序 B	
			最大耐受盐度/(kg/m³)	最大耐受污层电导率/μS	最大耐受附盐密度/(mg/cm²)	最大耐受附盐密度/(mg/cm²)	最大耐受污层电导率/μS
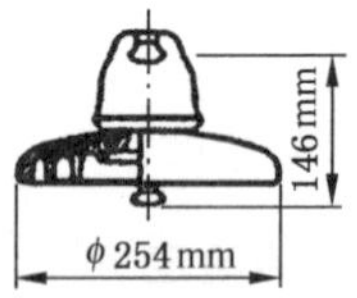	16	95	7～14	7～14	0.02～0.04		
9 元件 总爬电距离 2 630 mm	20	76	20～40	14～28	0.04～0.1		
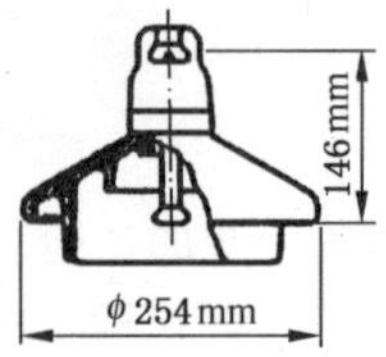	20	101	28～56	14～28	0.04～0.1		
9 元件 总爬电距离 3 510 mm	25	81	80～160	20～40	0.06～0.15		
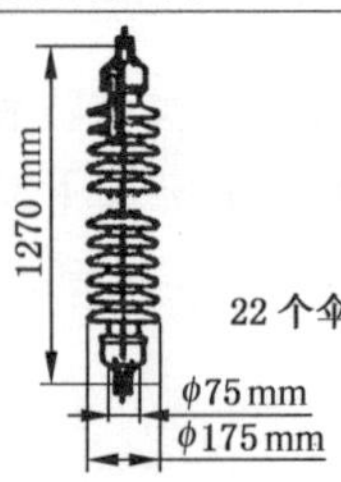	20	85	14～28	15～40	0.025～0.08		
1 元件 总爬电距离 2 960 m	25	68	40～80	28～56	0.06～0.13		

1) 对于程序 A 的最大耐受污层电导率和最大耐受附盐密度值系根据采用第 13.1 条的污液组成得到的经验而定。对于程序 B 的值还在考虑中。

附 录 C
（资料性附录）
检验污层均匀性的污层电导率的测量

测量绝缘子表面上湿层的污层电导率（K）装置主要由一个探头和一个仪表所组成。作为一个提示，下面叙述了这样一个装置的一种可能的结构。

——探头（图 C.1）

两个球形的不锈钢电极，直径 5 mm，中心距 14 mm。这两个球从探头上伸出，用手把它们压向绝缘子表面。借助于一个能产生大约 9 N 的力的弹簧机构来得到一个不变的表面压力。

——仪表（图 C.2）

由 6.8 V 齐纳二极管稳压的电压源供应电流通过两电极以及其间的表面，偏转满程为 50 μA 的测量仪由并联的一个二级管保护。

对于污层电导率为 50 μS 薄膜，电极间的电阻假定为 32.7 kΩ；对于 100 μS 和 500 μS 污层电导率的相应值为 16.35 kΩ 和 3.27 kΩ。这些电阻的每一个都与试验电池相连，并与两电极并联地插接。选择开关用来选择对各个测量范围的满表盘偏转。

污层电导率的上述测量应在绝缘子表面的各不同点上进行。极化效应可以由快速按动仪表按钮来加以注意。

当测量值的每一个和它的平均值间的差，以平均值的百分率的表示不超过±30%范围时，则认为污层的均匀性是可以接受的。

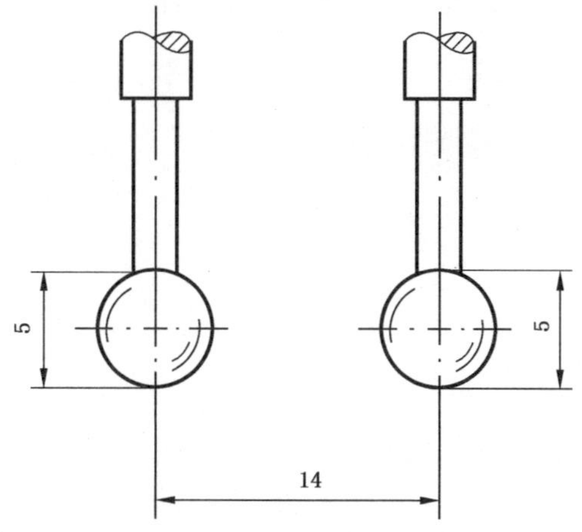

图 C.1 探头电极的布置（所有尺寸 mm 表示）

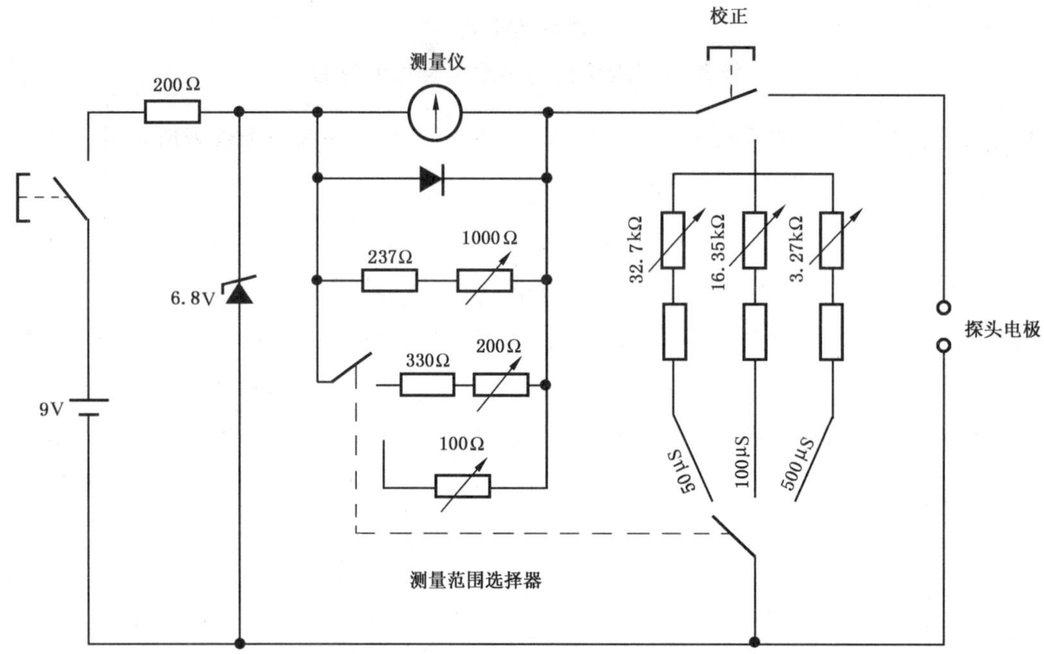

测量仪
充电率 50 μA
内阻 1.5 kΩ

图 C.2 仪表的回路图

附 录 D
（资料性附录）
与固体层法程序有关的补充推荐

下面给出的补充推荐对固体层法的操作作了更深入的规定，提供了试验期间辅助控制的准则，防止在这方面还不熟练的专家可能出现的不准确的应用。

D.1 和 D.2 是总则，剩下的 D.3～D.6 主要是对固体层法程序 B 的。

D.1 染污操作

当使用喷涂或浇染法时，可以将绝缘子放入雾室置于它的试验位置上进行。当使用浸染法时绝缘子应在装入雾室前染污。如果绝缘子是多个元件串接组成的，其每个元件可以分开浸染。然后，在污染滴流期间使其轴线保持垂直，直到污层完全干燥为止。

如果染污操作后发现在绝缘子上有污渍层，则应将其表面洗去并再次按 5.2 清洁。然后进行一次或多次的试验性染污，每次都应适当清洗，直到在绝缘子上得到一连续层。这时即可以对这个绝缘子进行试验。经验表明，通常几次重复操作足以使绝缘子表面满意地染污，而无需进行任何的预处理。

D.2 污层的干燥

只要时间足够长(6 h～8 h)，绝缘子周围的相对湿度保持不高于 70%，绝缘子的污层自然干燥就可以满足了。相对湿度比这个水平低时可以缩短干燥时间。

如果使用热空气加速污层的干燥，产生热空气的方法不应使在材料沉积方面影响绝缘子表面的受潮和污染程度。例如，某些火焰燃烧可以产生油物质，它可以阻止绝缘子表面的受潮。

最后，热空气流的速度也应控制，以防止绝缘子表面的任何污层物质被带走。

D.3 雾湿润效果的检查

在户外温度很高或很低的情况下，特别是雾室热绝缘很差时，在高海拔地区或雾室中存在有湍流时，要求对被试绝缘子表面的湿润效果进行直接检查。

为了实现这个目的，由表 B.1 标准盘形绝缘子至少 2 个元件构成的串作为一个模拟绝缘子，将其染污至 *SDD* 值等于 0.07 mg/cm^2 不带电地置于试验雾室中代替被试绝缘子，与其离地应具有相同的平均高度。使雾发生器象实际试验中一样喷雾，按 16.1 给出的方法测量经模拟绝缘子湿层流过的电流。及时监测污层电导的增大并与图 D.1 的参照曲线比较。如果需要的话，应重新调整雾的输入速率以保证测得曲线与参照曲线一致。

D.4 试验室雾的输入

雾应由敞开的水箱中沸腾水产生的蒸汽生成或由经大直径喷雾器喷嘴低速喷进的蒸汽来生成。雾室中雾的输入仅在所产生的蒸汽达到它的稳定速率后才可进行。因此，当蒸汽是由水箱产生时，应加盖直至水内部达到沸腾点为止。

放置绝缘子应使它周围的可见雾能尽可能地均匀。

试验终结时在试品高度处测得的雾室温升不应超过 15 K。

D.5 耐受试验的最少持续时间

一次最终认为是耐受试验的试验最短时间的直接评定可能在某些情况下可以使得时间短于 18.2 的规定。为此，在试验期间应在带电绝缘子上测量其电流波峰值。在达到最大峰值以后，由于受潮过程中污层受到冲洗电流脉冲减小。当电流峰值减少到持续地低于所记录到的最大峰值 70%时，则认为该绝缘子耐受住了并且试验可以停止。

D.6 基准附盐密度(*SDD*)的测定

应将污层从所选取的绝缘子面积上完全清除下来。为此应对那个表面擦洗至少连续三次。

作为一个指导，为了溶解所收集到的沉积物，每平方米清洁表面可使用 2 L～4 L 软化水。擦洗工作是否有效可用残余沉积物的测量来检验。

每次浇污操作可使得绝缘子上表面与下表面分别测得的 *SDD* 值有某些差别。那样的差别是由于绝缘子形状和污液的种类(见第 13 章)两者所引起的。建议检验 *SDD* 的某一局部测量值和在绝缘子整个表面上的值间的比是否位于 0.7～1.3 范围内。

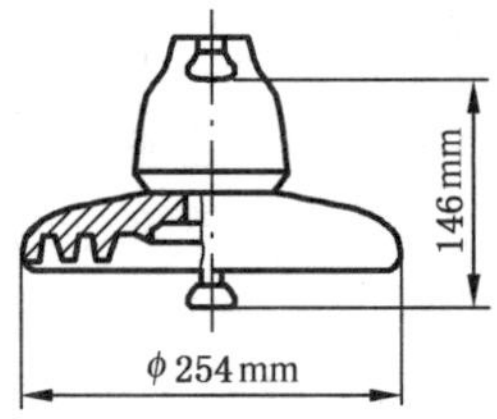

爬电距离 292 mm

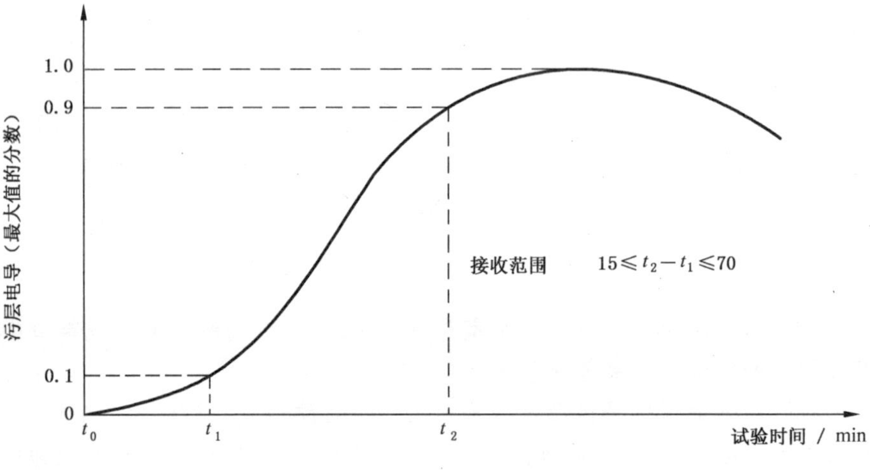

图 D.1 蒸汽雾湿润效果的控制；在试验期间在所选取的模拟绝缘子(表 B.1 标准型)上记录污层电导

ICS 29.080.10
K 48

中华人民共和国国家标准

GB/T 7253—2005
代替 GB/T 7253—1987

标称电压高于 1 000 V 的架空线路绝缘子 交流系统用瓷或玻璃绝缘子元件 盘形悬式绝缘子元件的特性

Insulators for overhead lines with a nominal voltage above 1 000 V—
Ceramic or glass insulator units for a. c. systems—
Charateristics of insulator units of the cap and pin type

(IEC 60305:1995,MOD)

2005-09-19 发布　　2006-06-01 实施

中华人民共和国国家质量监督检验检疫总局
中国国家标准化管理委员会　发布

前　　言

本标准修改采用 IEC 60305:1995《标称电压高于 1 000 V 的架空线路绝缘子——交流系统用瓷或玻璃绝缘子元件——盘形悬式绝缘子元件的特性》(英文版)。

为便于使用,本标准做了下列编辑性修改:

a) “本国际标准”一词改为“本标准”;

b) 删除国际标准的前言。

考虑到我国目前生产和使用情况,增加一个规范性附录 A 并在它们所涉及的条款的页边空白处用垂直单线标识。附录 B 给出了这些技术性差异及其原因的一览表。

本标准代替 GB/T 7253—1987《盘形悬式绝缘子串元件尺寸与特性》和 JB 9681—1999《高压线路耐污盘形悬式绝缘子》的型式尺寸与特性部分。

本标准与 GB/T 7253—1987 和 JB 9681—1999 相比主要变化如下:

——本标准尺寸特性规定的是绝缘件最大公称直径,而 GB/T 7253 和 JB 9681 规定的是绝缘件公称直径或瓷件公称盘径;

——本标准没有给出绝缘子串元件的电气特性规定值;

——取消打击试验负荷值。

本标准的附录 A 为规范性附录。

本标准的附录 B 为资料性附录。

本标准由中国电器工业协会提出。

本标准由全国绝缘子标准化技术委员会归口。

本标准起草单位:西安电瓷研究所、西北电力设计院、南京(电气)集团有限责任公司、苏州电瓷有限公司、自贡塞迪维尔钢化玻璃绝缘子有限公司、NGK 唐山电瓷有限公司。

本标准主要起草人:丁京玲、李勇伟、石玉秉、金忠华、何勇、董刚。

本标准代替标准的历次版本发布情况为:

GB 1001—1980、JB 3159—1982、GB/T 7253—1987。

标称电压高于1 000 V的架空线路绝缘子
交流系统用瓷或玻璃绝缘子元件
盘形悬式绝缘子元件的特性

1 范围

本标准适用于标称电压高于1 000 V、频率不大于100 Hz的交流架空线路用瓷或玻璃盘形悬式绝缘子串元件。本标准也适用于变电站使用的类似结构的绝缘子。

本标准既适用于球窝连接也适用于槽形连接的盘形悬式绝缘子串元件。

本标准适用于清洁地区和污秽地区的架空线路绝缘子串元件。对用于污秽水平很严重的地区和其他特殊的或极端环境条件下,改变某些尺寸可能是需要的。绝缘子元件可选择不同的爬电距离、结构高度和形状(例如开放形、半球形等)。对用于直流系统的绝缘子可能也需选择不同的尺寸。在任何情况下,推荐采用本标准规定的标准化的机械特性和连接尺寸。

本标准规定了盘形悬式绝缘子串元件的机械特性和主要尺寸的特征值。

本标准未规定绝缘子串元件的工频、雷电冲击和击穿耐受电压值。GB/T 1001.1—2003规定了绝缘子串元件的电气特性,其值应该由供需双方商定。

GB/T 4056—1994 包括球窝连接和槽形连接。

注:污秽分级的定义见JB/T 5895—1991。

2 规范性引用文件

下列文件中的条款通过本标准的引用而成为本标准的条款。凡是注日期的引用文件,其随后所有的修改单(不包括勘误的内容)或修订版均不适用于本标准,然而,鼓励根据本标准达成协议的各方研究是否可使用这些文件的最新版本。凡是不注日期的引用文件,其最新版本适用于本标准。

GB/T 1001.1—2003 标称电压大于1 000 V的架空线路绝缘子 第1部分:交流系统用瓷或玻璃绝缘子元件 定义,试验方法和判定准则(IEC 60383-1:1993,MOD)

GB/T 4056—1994 高压线路悬式绝缘子连接结构和尺寸(eqv IEC 60120:1984)

JB/T 5895—1991 污秽地区绝缘子使用导则(nqv IEC 60815)

3 机械和尺寸特性

标准盘形悬式绝缘子串元件由以下特性表征:

——机电或机械破坏负荷;

——绝缘件的最大公称直径;

——公称结构高度;

——最小公称爬电距离;

——标准连接标记。

相应的值在表1和表2中示出。

注1:对使用于污秽地区的绝缘子应注意以下几点:

a) 即使爬电距离相同,其电压耐受特性可能因伞形而变化;

b) 即使串长度相同,其电压耐受特性可能因绝缘子强度增加而降低,这是由于平均直径较大时爬电距离的利用效率较低。

注2:JB/T 5895—1991给出了关于耐污绝缘子伞形轮廓重要参数。

4 型号及标志

表 1 和表 2 中的绝缘子的型号由字母 U 和其后规定的机电或机械破坏负荷的千牛数来标志。

随后的字母 B 或 C 分别表示球窝或槽形连接。

随后的字母 S 或 L，则表示短或长结构高度。

污秽地区的大爬距绝缘子用字母 P 置于最后来表示。

GB/T 1001.1—2003 规定，绝缘子应该用规定的机电或机械破坏负荷来标志。这个负荷可由表 1 和表 2 第一列中给出的型号的前一部分示出：例如，对于元件 U160BS、U160BL 和 U160BLP，绝缘子可以标志为 U160。

5 公差

除公称结构高度外，GB/T 1001.1—2003 指出的尺寸公差适用于所有的公称值，包括表 1 和表 2 中给出的最大公称直径和最小公称爬电距离。

公称结构高度的公差应为：

$$\pm(0.03P + 0.3)\ \text{mm}$$

P 为用毫米表示的结构高度。

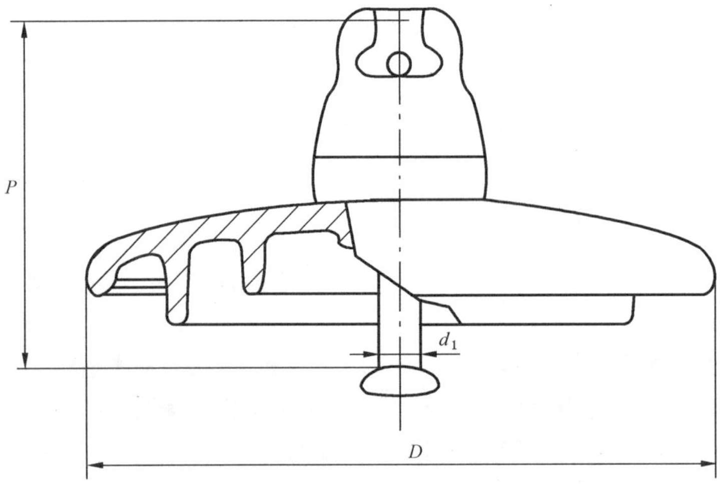

图 1 球窝连接的绝缘子串元件

表 1 球窝连接的绝缘子串元件的机械和尺寸特性规定值

型　号	机电或机械破坏负荷 kN	绝缘件的最大公称直径 D mm	公称结构高度 P mm	最小公称爬电距离 mm	标准连接标记 d_1
U40B	40	175	110	190	11
U40BP	40	210	110	295	11
U70BS	70	255	127	295	16
U70BL	70	255	146	295	16
U70BLP	70	280	146	440	16
U100BS	100	255	127	295	16
U100BL	100	255	146	295	16
U100BLP	100	280	146	440	16
U120B	120	255	146	295	16
U120BP	120	280	146	440	16

表 1（续）

型　　号	机电或机械破坏负荷 kN	绝缘件的最大公称直径 D mm	公称结构高度 P mm	最小公称爬电距离 mm	标准连接标记 d_1
U160BS	160	280	146	315	20
U160BSP	160	330	146	440	20
U160BL	160	280	170	340	20
U160BLP	160	330	170	525	20
U210B	210	300	170	370	20
U210BP	210	330	170	525	20
U300B	300	330	195	390	24
U300BP	300	400	195	590	24
U400B	400	380	205	525	28
U530B	530	380	240	600	32

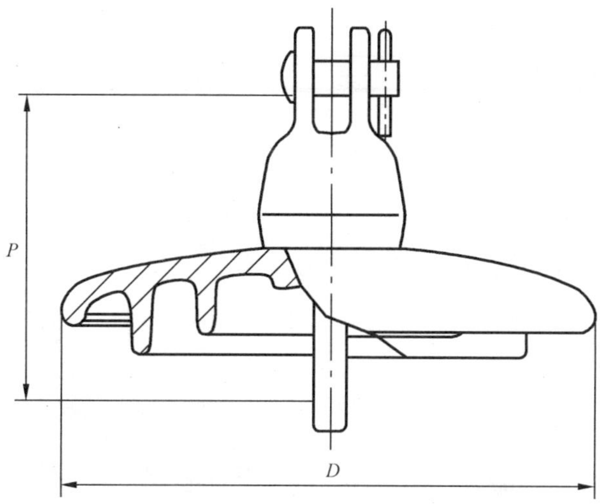

图 2　槽形连接的绝缘子串元件

表 2　槽形连接的绝缘子串元件的机械和尺寸特性规定值

型　　号	机电或机械破坏负荷 kN	绝缘件的最大公称直径 D mm	公称结构高度 P mm	最小公称爬电距离 mm	标准连接标记
U70C	70	255	146	295	16C
U70CP	70	280	146	440	16C
U100C	100	255	146	295	16C
U100CP	100	280	146	440	16C
U120C	120	255	146	295	16C
U120CP	120	280	146	440	16C
U160C	160	280	170	340	19C
U160CP	160	330	170	525	19C
U210C	210	300	178	370	22C
U210CP	210	330	178	525	22C
注：机电或机械破坏负荷大于 210 kN 的绝缘子未作规定。如有需要，应最好使用在表 1 中规定的球窝连接绝缘子。					

附 录 A
（规范性附录）
本标准与 GB/T 7253—1987 和 JB 9681—1999 典型盘形悬式绝缘子串元件型号对照

由于本标准与 GB/T 7253—1987 和 JB 9681—1999 标准中绝缘子的型号编制方法差异较大，为了便于标准的实施使用，将本标准与 GB/T 7253—1987 和 JB 9681—1999 中机械和尺寸特性类同的绝缘子列于表 A.1 中，供型号转换时参考。另外，考虑了目前我国生产和使用情况，将生产量大的 155 mm 和 160 mm 结构高度的绝缘子也列入表 A.1 中，作为过渡型绝缘子。

表 A.1 本标准与 GB/T 7253—1987 和 JB 9681—1999 典型盘形悬式绝缘子串元件型号对照

<table>
<tr><th>本附录型号[a]</th><th>GB/T 7253—1987 或 JB 9681—1999 型号[b]</th><th>机电或机械破坏负荷
kN</th><th>绝缘件最大公称或公称直径
D
mm</th><th>公称结构高度
P
mm</th><th>最小公称爬电距离
mm</th><th>标准连接标记
d_1</th><th>备 注</th></tr>
<tr><td>U70BS</td><td>XP-70</td><td>70</td><td>255</td><td>127</td><td>295</td><td>16</td><td></td></tr>
<tr><td rowspan="2">U70BL</td><td>XP1-70</td><td rowspan="2">70</td><td rowspan="2">255</td><td rowspan="2">146</td><td rowspan="2">295</td><td rowspan="2">16</td><td rowspan="2"></td></tr>
<tr><td>LXP1-70</td></tr>
<tr><td>U70BL</td><td>XWP2-70</td><td>70</td><td>255</td><td>146</td><td>400</td><td>16</td><td></td></tr>
<tr><td rowspan="2">U70BEL</td><td>XWP1-70</td><td rowspan="2">70</td><td rowspan="2">255</td><td rowspan="2">160</td><td rowspan="2">400</td><td rowspan="2">16</td><td rowspan="3">适用于国内使用</td></tr>
<tr><td>XHP1-70</td></tr>
<tr><td>U70BELP</td><td>XWP3-70</td><td>70</td><td>280</td><td>160</td><td>450</td><td>16</td></tr>
<tr><td rowspan="2">U100BL</td><td>XP-100</td><td rowspan="2">100</td><td rowspan="2">255</td><td rowspan="2">146</td><td rowspan="2">295</td><td rowspan="2">16</td><td rowspan="2"></td></tr>
<tr><td>LXP-100</td></tr>
<tr><td>U100BEL</td><td>XWP1-100</td><td rowspan="3">100</td><td>255</td><td rowspan="3">160</td><td>400</td><td rowspan="3">16</td><td rowspan="3">适用于国内使用</td></tr>
<tr><td>U100BELP</td><td>XWP2-100</td><td>280</td><td>450</td></tr>
<tr><td>U100BEL</td><td>XHP1-100</td><td>270</td><td>400</td></tr>
<tr><td rowspan="2">U120B</td><td>XP-120</td><td rowspan="2">120</td><td rowspan="2">255</td><td rowspan="2">146</td><td rowspan="2">295</td><td rowspan="2">16</td><td rowspan="2"></td></tr>
<tr><td>LXP-120</td></tr>
<tr><td>U160BS</td><td>XP2-160</td><td>160</td><td>280</td><td>146</td><td>330</td><td>20</td><td></td></tr>
<tr><td rowspan="2">U160BM</td><td>XP-160</td><td rowspan="2">160</td><td>255</td><td rowspan="2">155</td><td>305</td><td rowspan="2">20</td><td rowspan="2">适用于国内使用</td></tr>
<tr><td>LXP-160</td><td>280</td><td>330</td></tr>
<tr><td rowspan="4">U160BM</td><td>XWP1-160</td><td rowspan="4">160</td><td rowspan="3">280</td><td rowspan="4">160</td><td rowspan="4">400</td><td rowspan="4">20</td><td rowspan="4">适用于国内使用</td></tr>
<tr><td>XWP6-160</td></tr>
<tr><td>XHP1-160</td></tr>
<tr><td>XAP1-160</td><td>300</td></tr>
</table>

表 A.1(续)

本附录型号[a]	GB/T 7253—1987 或 JB 9681—1999 型号[b]	机电或机械破坏负荷 kN	绝缘件最大公称或公称直径 D mm	公称结构高度 P mm	最小公称爬电距离 mm	标准连接标记 d_1	备 注

a 本附录型号说明：

□ □ □ □ □

- 第五位 □——P 表示大爬距
- 第四位 □——S 或 L 表示短或长结构高度，M 表示中长，EL 超长
- 第三位 □——B 或 C 表示球窝或槽形连接
- 第二位 □——数字表示规定的机电或机械破坏负荷千牛数
- 第一位 □——U 表示悬式绝缘子

b 原标准型号说明：

□ □ □—□——数字表示规定的机电或机械破坏负荷千牛数

- 第三位 □——1、2、3…… 表示设计顺序号
- 第二位 □——P 表示普通型、WP 表示双层伞耐污型、HP 表示钟罩伞耐污型，AP 表示大伞径耐污型
- 第一位 □——X 表示瓷悬式绝缘子，LX 表示玻璃悬式绝缘子

附　录　B
（资料性附录）
本标准与 IEC 60305:1995 技术性差异及其原因

表 B.1 给出了本标准与 IEC 60305:1995 的技术性差异及其原因的一览表。

表 B.1　本标准与 IEC 60305:1995 技术性差异及其原因

本标准章条编号	技术性差异	原　　因
附录 A	增加了“附录 A(规范性附录)”。	考虑到原 GB/T 7253—1987 和 JB 9681—1999 包含的 155 mm 和 160 mm 结构高度绝缘子目前还有生产和使用，如果等同采标，这些绝缘子的生产和使用将会出现无标可依的情况，鉴于此，为不改变正文文本结构增加了规范性的附录 A。

ICS 29.080.10
K 48

中华人民共和国国家标准

GB/T 8287.1—2008
代替 GB 8287.1—1998,GB 12744—1991

标称电压高于 1 000 V 系统用户内和户外支柱绝缘子 第 1 部分:瓷或玻璃绝缘子的试验

Indoor and outdoor post insulators for systems with nominal voltage greater than 1 000 V—Part 1:Test on insulators of ceramic material or glass

(IEC 60168:2001,Tests on indoor and outdoor post insulators of ceramic material or glass for systems with nominal voltages greater than 1 000 V,MOD)

2008-06-30 发布　　2009-04-01 实施

中华人民共和国国家质量监督检验检疫总局
中国国家标准化管理委员会 发布

前　言

GB/T 8287《标称电压高于1 000 V系统用户内和户外支柱绝缘子》目前包括二个部分：

——第1部分：瓷或玻璃绝缘子的试验；

——第2部分：尺寸与特性。

本部分为GB/T 8287的第1部分。

本部分修改采用IEC 60168:2001《标称电压高于1 000 V系统用户内和户外支柱瓷或玻璃绝缘子的试验》(英文版)。

本部分和IEC 60168:2001的技术性差异在它们所涉及的条款的页边空白处用垂直单线标识，附录C给出了技术性差异及其原因一览表，附录D给出了本部分和IEC 60168:2001章条对照表。

为便于使用，本部分还做了下列编辑性修改：

a) “本国际标准”一词改为“本部分”；

b) 用小数点“.”代替作为小数点的“,”；

c) 删除国际标准的前言和参考文献。

本部分整合并代替了GB 12744—1991《耐污型户外棒形支柱瓷绝缘子》的技术条件部分和GB 8287.1—1998《高压支柱瓷绝缘子　第1部分：技术条件》的内容。

本部分与GB 8287.1—1998的主要差异有：

——文本格式、编排、章条等完全按照IEC 60168:2001，和GB 8287.1—1998完全不同；

——将支柱绝缘子的主要表征特性由额定电压改为冲击电压；

——机械型式试验的试品数量由原来的三只改为一只；

——抽样试验的规则和程序按照IEC体系，不再采用计件二次试验程序。试品数若大于或等于3时，机械破坏试验也不再采用$AQL=2.5\%$的计量二次试验程序；

——尽管叠装式圆柱形支柱绝缘子在我国极少使用，但考虑到IEC 60168列入了此类绝缘子，为了保持标准文本的完整性，本部分仍旧列入了此类绝缘子；

——取消了GB 8287.1—1998中Ⅱ级产品爬电距离上限不做规定的表述；

——孔隙性试验用燃料由品红乙醇溶液改为次甲基染料甲醇或乙醇溶液；

——本部分的适用范围延伸到了特高压，以适应特高压产品的发展。

本部分的附录A、附录B、附录C和附录D均为资料性附录。

本部分由中国电器工业协会提出。

本部分由全国绝缘子标准化技术委员会(SAC/TC 80)归口。

本部分主要起草单位：西安双佳高压电瓷电器有限公司、西安电瓷研究所、唐山高压电瓷有限公司、苏州电瓷厂有限公司、西安西电高压电瓷有限责任公司、国家绝缘子避雷器质量监督检验中心。

本部分主要起草人：陈月娥、姚君瑞、杨明、陆洲、李大楠、杨山、王卫国、危鹏。

本部分所代替标准的历次版本发布情况为：

——GB 8287.1—1987，GB 8287.1—1998；

——GB 12744—1991。

标称电压高于1 000 V系统用户内和户外支柱绝缘子 第1部分:瓷或玻璃绝缘子的试验

1 总则

1.1 目的和范围

GB/T 8287的本部分适用于交流标称电压高于1 000 V、频率不超过100 Hz的电气装置或设备用户内和户外支柱瓷或玻璃绝缘子及其元件。

直流系统用支柱绝缘子可参照本部分执行。

本部分不适用于复合绝缘子或户内有机材料支柱绝缘子。

本部分的目的是:

——定义所使用的术语;

——规定支柱绝缘子的电气和机械特性;

——规定特性值的验证条件;

——规定试验方法;

——规定接收准则。

支柱绝缘子特性值在GB/T 8287.2—2008中规定。

本部分不包含特殊运行条件下支柱绝缘子的选择要求。

注1:污秽条件下绝缘子的选择见IEC 60815。

注2:本部分不包含无线电干扰试验,其试验方法见JB/T 3567—1999。

注3:若本部分用于空心支柱绝缘子时,也应考虑IEC 62155的要求。

1.2 规范性引用文件

下列文件中的条款通过GB/T 8287的本部分的引用而成为本部分的条款。凡是注日期的引用文件,其随后所有的修改单(不包括勘误的内容)或修订版均不适用于本部分,然而,鼓励根据本部分达成协议的各方研究是否可使用这些文件的最新版本。凡是不注日期的引用文件,其最新版本适用于本部分。

GB 311.1—1997 高压输变电设备的绝缘配合(neq IEC 60071-1:1993)

GB/T 494—1998 建筑石油沥青

GB/T 2900.8 电工术语 绝缘子(GB/T 2900.8—1995,mod IEC 60050-471)

GB/T 4585—2004 交流系统用高压绝缘子的人工污秽试验(IEC 60507:1991,IDT)

GB/T 8411.1—2008 陶瓷和玻璃绝缘材料 第1部分:定义和分类(IEC 60672-1:1995,MOD)

GB/T 8411.3—2008 陶瓷和玻璃绝缘材料 第3部分:材料性能(IEC 60672-3:1997,MOD)

GB/T 8287.2—2008 标称电压高于1 000 V系统用户内和户外支柱绝缘子 第2部分:尺寸与特性(IEC 60273:1990, MOD)

GB/T 16927.1—1997 高电压试验技术 第1部分:一般试验要求(eqv IEC 60060-1:1989)

GB/T 19001 质量管理体系 要求(GB/T 19001—2000,idt ISO 9001:2000)

JB/T 3567—1999 高压绝缘子无线电干扰试验方法(mod IEC 60437:1997)

JB/T 4307—2004 绝缘子胶装用水泥胶合剂

JB/T 5889—1991　绝缘子用有色金属铸件　技术条件

JB/T 5891—1991　绝缘子用黑色金属铸件　技术条件

JB/T 8177—1999　绝缘子金属附件热镀锌层　通用技术条件

JB/T 9674—1999　超声波探测瓷件内部缺陷

IEC 60071-1:2006　绝缘配合　第1部分:定义、原理和规则

IEC 60815　污秽条件下高压绝缘子的选择和尺寸确定

IEC 62155:2003　额定电压高于1 000 V的电器设备用空心瓷绝缘子

1.3　术语和定义

除以下术语和定义外,GB/T 2900.8确立的术语和定义适用于本部分。

1.3.1

绝缘子　insulator

本部分所使用的术语“绝缘子”是被试验的对象,除非另有规定,它是装配好的并带有金属附件的完整支柱绝缘子。在本部分中,术语“支柱绝缘子”指支柱绝缘子或支柱绝缘子元件。

注1:术语“近似圆柱形”包含直径可能有变化的圆截面元件。

注2:对冷凝严重的户内装置,可以使用户外支柱绝缘子或特殊的户内支柱绝缘子。

1.3.2

批　lot

提交验收的一组绝缘子,这些绝缘子应是同一制造厂制造、具有相同结构,并在相同生产条件下生产。一批或多批绝缘子可以一起提交验收,提交验收的批可以是订货量的全部或其一部分。

1.3.3

雷电冲击干耐受电压　dry lightning-impulse withstand voltage

支柱绝缘子在规定试验条件下耐受的干雷电冲击电压。

1.3.4

50%雷电冲击干闪络电压　50% dry lightning impulse flashover voltage

支柱绝缘子在规定试验条件下具有50%闪络概率的干雷电冲击电压值。

注:本部分使用的术语“闪络”包括跨越绝缘子表面的闪络以及相邻绝缘子间由空气火花引起的破坏性放电。在其他部位(例如,对其他结构或对地)偶尔出现的破坏性放电本部分不予考虑。

1.3.5

操作冲击干或湿耐受电压　dry or wet switching-impulse withstand voltage

支柱绝缘子在规定试验条件下耐受的干或湿操作冲击电压。

1.3.6

50%操作冲击干或湿闪络电压　50% dry or wet switching-impulse flashover voltage

支柱绝缘子在规定试验条件下具有50%闪络概率的干或湿操作冲击电压值。

1.3.7

工频干或湿耐受电压　dry or wet power-frequency withstand voltage

支柱绝缘子在规定试验条件下耐受的工频干或湿电压。

1.3.8

工频干或湿闪络电压　dry or wet power-frequency flashover voltage

支柱绝缘子在规定试验条件下测得的干或湿闪络电压的算术平均值。

1.3.9

击穿电压　puncture voltage

在规定试验条件下引起支柱绝缘子击穿的电压。

1.3.10

机械破坏负荷　mechanical failing load

支柱绝缘子在规定试验条件下试验时达到的最大负荷。

1.3.11

爬电距离　creepage distance

通常承受运行电压的两部件间沿支柱绝缘子瓷或玻璃绝缘件表面轮廓的最短距离或最短距离之和。

注1：水泥或其他非绝缘胶合材料表面不构成爬电距离的组成部分。

注2：如果绝缘子表面覆盖有高阻层，则该部分应作为有效绝缘表面，其距离应包括在爬电距离内。

注3：高阻层的表面电阻率通常约 10^6 Ω，但也可能会低至 10^4 Ω。

注4：如果支柱绝缘子整个表面均覆盖高阻层（也称为稳定化绝缘子），则表面电阻率和爬电距离问题应由供需双方协商。

注5：按此定义规定的爬电距离在 GB/T 8287.2—2008 中作为最小公称爬电距离。

1.3.12

规定特性　specified characteristic

规定特性有：

——电压、机械负荷数值，或相关标准中规定的任何其他特性值。

——经供需双方协议的任何其他特性数值。

规定的耐受电压和闪络电压是指标准大气条件下的值（见 4.2.1）。

1.3.13

端面平行度　parallelism of the end faces

由测量金属附件两端面间距离测得的支柱绝缘子高度的最大差值。

注：此高度差通常在直径为 250 mm 的圆周上测量。

1.3.14

上下安装孔中心圆轴线间最大偏差　eccentricity

支柱绝缘子顶部和底部金属附件安装孔中心圆中心间垂直于绝缘子轴线的偏差。

1.3.15

上下安装孔角度偏差　angular deviation of the fixing holes

支柱绝缘子顶部和底部金属附件相应安装孔间的角度偏差，以度数表示。

2　绝缘子

2.1　绝缘子结构和绝缘子用材料

2.1.1　绝缘子结构

支柱绝缘子和支柱绝缘子元件按其结构划分为不同类型。本部分所包含的结构类型有：

a) 外胶装棒形支柱绝缘子，其特点是沿每一支柱绝缘子元件整个高度方向均为固体绝缘材料，即典型的不可击穿绝缘子（见图1）；

b) 外胶装空腔圆柱形支柱绝缘子，其特点是支柱绝缘子元件内腔中具有和绝缘子主体整体烧制而成的陶瓷隔层（见图2）；

c) 内胶装棒形支柱绝缘子，其特点是经固体绝缘材料的最短击穿距离至少等于两金属附件间外部电弧距离的一半，即不可击穿绝缘子（见图3）；

d) 内胶装棒形支柱绝缘子，其特点是经固体绝缘材料的最短击穿距离小于金属附件间外部电弧距离的一半（见图4）；

e) 针式支柱绝缘子，其特点是支柱绝缘子元件由金属附件和一个或多个绝缘件构成，且绝缘件固

体绝缘材料的厚度较外部尺寸小(见图 5);

f) 叠装式圆柱形支柱绝缘子,其特点是支柱绝缘子元件由金属附件和多个绝缘件叠装构成,且单个绝缘件固体绝缘材料的厚度较外部尺寸小,但整个装配件为不可击穿型(见图 6)。

注:术语"圆柱形绝缘子"也包括截锥形绝缘子。

上述各类支柱绝缘子的型式试验、抽样试验和逐个试验在第 6 章中详述,并汇总于表 3、表 4 和表 5。

2.1.2 绝缘子用材料

本部分所述支柱绝缘子的绝缘材料有:

——陶瓷材料,电瓷;

——退火玻璃,内部机械应力已经热处理消除的玻璃;

——钢化玻璃,经热处理在其内部形成可控机械应力的玻璃。

注:有关陶瓷和玻璃绝缘材料定义和分类的更多信息可参见 GB/T 8411.1—2008。

绝缘件材料应符合 GB/T 8411.1—2008 和 GB/T 8411.3—2008 的规定。绝缘子的金属附件应符合 JB/T 5889—1991 或 JB/T 5891—1991 的规定。绝缘子的水泥胶合剂应符合 JB/T 4307—2004 的规定。绝缘件和附件与水泥胶合剂接触部分表面均匀涂敷的沥青缓冲层,其沥青应符合 GB/T 494—1998 的规定。

注 1:其他适宜的水泥胶合剂也可以使用。

注 2:沥青应加溶剂配制后使用。适宜的沥青清漆也可以使用。

2.2 支柱绝缘子的特性值

适用时,支柱绝缘子有下列特性值:

a) 规定雷电冲击干耐受电压;

b) 规定操作冲击干耐受电压(仅对户内绝缘子);

c) 规定操作冲击湿耐受电压(仅对户外绝缘子);

d) 规定工频干耐受电压(仅对户内绝缘子);

e) 规定工频湿耐受电压(仅对户外绝缘子);

f) 规定最低击穿电压(仅对 2.1.1 规定的第 4 类和第 5 类绝缘子);

g) 规定机械破坏负荷;

h) 规定主要尺寸,包括爬电距离;

i) 人工污秽耐受特性。

注:现有许多系统的设备最高电压为 300 kV~420 kV,经验表明在这些系统中操作冲击耐受电压对支柱绝缘子设计已不是一个临界因素。因此,对要用于这些系统中的支柱绝缘子,仅当供需双方有协议时,才进行操作冲击试验。

也可由供需双方协商确定下列特性:

——负荷下的偏移;

——无线电干扰特性(JB/T 3567—1999)。

这些特性的适宜性与设备最高工作电压有关,应参照 GB 311.1—1997 或 IEC 60071-1:2006 确定。

2.3 绝缘子的标志

每个支柱绝缘子上均应标有制造商名称或商标、制造年份以及支柱绝缘子参考标记。这些标志应清晰并不易抹去。

只要不造成混淆,也可以使用 GB/T 8287.2—2008 中的型号。

3 试验分类、抽样规则和程序

3.1 试验分类

试验可分为如下三类:

3.1.1 型式试验

型式试验用来验证主要由绝缘子设计决定的主要特性，通常所有试验应在一只绝缘子上进行，并且对某一新设计或新制造工艺仅进行一次，仅当设计、材料或制造工艺改变时才重新进行试验。若这些改变仅影响到某些特性时，则仅重复与那些特性有关的试验。某一新设计的支柱绝缘子如果有等同设计支柱绝缘子试验报告，则不需进行全部电气和机械型式试验。电气等同设计和机械等同设计的含义分别列于3.3.3和3.3.4。

型式试验结果可由买方认可的试验证书确认，也可由具有资格的机构认可的试验证书确认。机械型式试验证书的有效期为自签发之日期起10年。电气型式试验证书长期有效。

提交型式试验的绝缘子应已经过逐个试验和抽样试验(不包括机械抽样试验)，并且满足规定要求。

3.1.2 抽样试验

抽样试验用来验证绝缘子随制造过程或部件材料质量变化的特性。若抽样试验作为接收试验，支柱绝缘子样品应从满足相关逐个试验要求的批中随机抽取。

3.1.3 逐个试验

逐个试验用来剔除有缺陷的元件并在制造过程中对每个绝缘子进行。

注：在某些情况下，将型式试验、抽样试验和逐个试验作为整体对某一新设计的绝缘子进行试验，称为"定型试验"。

3.2 质量管理

为了证实绝缘子的制造质量，并考虑到本部分的要求，经供需双方协议，可以采用某一质量管理程序。

注：有关质量管理的详细信息列于相关国家标准。推荐GB/T 19001作为绝缘子的质量管理体系。

3.3 型式试验的一般要求

3.3.1 型式试验用绝缘子的选取

通常提交试验的绝缘子应经过逐个试验和抽样试验(不包括机械抽样试验)，并且满足规定要求。经过型式试验，并且这些试验可能会影响其机械和(或)电气特性的绝缘子不应再使用。

3.3.2 尺寸检查

在其他试验之前，应按5.1检验型式试验用支柱绝缘子的相关尺寸。

注：经供需双方协议，只要认为试品的差异不影响试验结果，型式试验也可以使用尺寸变化超出图样或本部分规定偏差的绝缘子。这也适用于釉缺陷面积大于5.8允许值的绝缘子。

3.3.3 电气型式试验

表3(6.4)所列的电气型式试验，应在提交试验的一只支柱绝缘子上进行并仅做一次。

电气型式试验时，在电气等同设计支柱绝缘子上得到的结果可以扩展用于由它所代表的所有支柱绝缘子。所代表的绝缘子是指由相同材料制造、且与被试绝缘子相比满足下列要求的绝缘子：

a) 电弧距离相同或较大；

b) 主体公称直径相同或较小；

c) 金属附件的数量和大致位置相同；

d) 公称伞间距相同，偏差在 ±5% 之内；

e) 公称伞伸出相同，偏差在 ±10% 之内；

f) 伞形相同。

注1：户外圆柱形支柱绝缘子通常有电气等同设计，其他结构的支柱绝缘子，特别是针式支柱绝缘子不存在电气等同设计。

注2：金属附件的形状和尺寸对电气等同设计的影响可能需要予以考虑。

注3：绝缘子运行条件下的闪络和耐受电压可能与标准试验条件下的闪络和耐受电压不同。这种影响已被雷电冲击试验所证实，特别是在设备电压很高时尤为明显，而且周围条件、支柱绝缘子以及与其连接的金属件的布置的影响在操作冲击时大得多，这是由于试验标准布置和运行时的安装布置间的电场分布存在差异所致。因

此，检验规定操作冲击耐受电压时可以要求试验安装布置尽量重现运行条件。安装布置细节应由供需双方协议确定。

注4：电气等同设计概念主要用于本部分中所包括的试验。在污秽性能方面，电气设计等同还应满足绝缘子的爬电距离相等或较大、伞间距对伞伸出之比相等或较大二个条件。

3.3.4 机械破坏负荷型式试验

机械强度型式试验应在一只支柱绝缘子上进行，并且仅做一次，通常是弯曲破坏负荷试验。若要求提供更多信息，经供需双方协议，下列试验中的一项或多项也可作为型式试验，试品根据试验项目另外选取：

——拉伸试验；

——扭转试验；

——压缩试验。

机械破坏负荷型式试验时，在机械等同设计支柱绝缘子上得到的结果可以扩展用于由它所代表的所有支柱绝缘子。所代表的绝缘子是指由同一工厂、相同材料、相同制造方法制造，且与被试绝缘子相比满足下列要求的绝缘子：

a) 主体公称直径相同；

b) 绝缘件与金属附件间的连接结构相同；

c) 与绝缘件相连部位金属附件的形状和尺寸相同；

d) 公称高度相差不超过±20%。

注1：对机械等同而言，由于要求影响支柱绝缘子机械强度的所有因素（材料、制造方法和尺寸）均应相同，因而弯矩强度（$P_0 \times h$）、拉伸强度和扭转强度值也应与由它所代表的支柱绝缘子相同。这些机械强度特性值中的一个或多个低于（并且不大于）支柱绝缘子的型式试验值时，能否确定为机械等同设计应有供需双方协议。

注2：当应用机械等同设计概念时，可能需要考虑不同高度对支柱绝缘子压缩强度的影响。

注3：机械等同设计的支柱绝缘子可以有不同的安装结构，如GB/T 8287.2—2008表4A所示。

注4：在确定机械等同设计时，可能需要考虑由于伞伸出和伞间距改变而带来的公称外径出现明显差别的影响。

3.4 抽样试验的一般要求

3.4.1 抽样试验的抽样规则和程序

试验抽取支柱绝子的数量应符合表1。买方有权从符合逐个试验要求的批中选取试品。

经过抽样试验，并且这些试验可能会影响其机械和（或）电气特性的绝缘子不应再使用。

表1 抽样试验样本数量

批量(n)	样本数量
$n \leqslant 100$	按协议
$100 < n \leqslant 500$	1%
$500 < n$	$4+\frac{1.5n}{1\ 000}$
如果该百分数或算得的数不是整数，则应选取比其大的下一个整数。	

3.4.2 抽样试验重复试验程序

如果仅有一只支柱绝缘子或金属附件不符合抽样试验中的任何一项要求，则应重新进行抽样试验，试品数量为首次的两倍。重复试验项目应包括先前不符合要求的试验项目，以及该项试验以前可能对其试验结果有影响的试验项目。

如果有两只或多只支柱绝缘子或金属附件不符合抽样试验中的任何一项要求，或重复试验中有任意一项不符合要求，则认为整批不符合本部分，并拒收。

如果能够清楚地识别不合格的原因，制造商可以拣选该批，剔除有该缺陷的绝缘子。拣选后的批或其一部分可以再次提交试验。

此时试品数量为首次的三倍，重复试验项目应包括先前不符合要求的试验项目，以及该项试验以前可能对其试验结果有影响的试验项目。重复试验中如果有任一绝缘子不符合要求，则认为整批不符合本部分要求。

注：若锌层试验不合格是由于先前的试验中机械负荷超过了逐个试验负荷所致，则可以用未装配的金属附件或该批中的其他支柱绝缘子进行重复试验。

如果抽样试验中有一只或多只支柱绝缘子尺寸不符合5.1或相关图样规定的允许偏差，经供需双方协议，重复试验程序可由尺寸偏差逐个检验代替。

还可以达成使用尺寸超出允许偏差的支柱绝缘子元件或支柱绝缘子的协议。此时，制造商应在每只支柱绝缘子元件上标出偏差的大小和位置，如果可能，应将超差元件组装成完整的支柱绝缘子。这些元件以及从整只支柱绝缘子上测得的超差(如果有的话)均应做出标记，以便买方在交付后组装成同样的支柱绝缘子。

4 电气试验程序

本章给出了支柱绝缘子电气试验程序和要求，其适用性列于第6章。

注：试验程序的完整细节参见GB/T 16927.1—1997。

4.1 高电压试验的一般要求

a) 雷电和操作冲击电压以及工频电压的试验程序应按GB/T 16927.1—1997。

b) 雷电和操作冲击电压应用其预期峰值来表示，工频电压用峰值除以$\sqrt{2}$表示。

c) 试验时的自然大气条件与标准值(见4.2.1)不同时，有必要使用4.2.2修正因数进行修正。

d) 高电压试验开始前绝缘子应保持清洁和干燥。

e) 应采取特殊措施避免绝缘子表面发生冷凝，特别是相对湿度较高时。例如，绝缘子应在试验场地环境温度下放置足够时间，以便试验开始前达到热平衡。

除非经供需双方协议，相对湿度超过85%时不应进行干试验。

f) 多次施加电压的时间间隔应足够长，以避免闪络和耐受试验中先前施加电压的影响。

4.2 标准大气条件和电气试验修正因数

4.2.1 标准参照大气条件

标准参照大气条件应符合GB/T 16927.1—1997。

4.2.2 大气条件的修正因数

修正因数应按GB/T 16927.1—1997确定。如果试验时的大气条件与标准参照大气条件不同，则应计算空气密度修正因数(K_1)和湿度修正因数(K_2)，并确定其乘积$K=K_1\times K_2$。试验电压作如下修正：

——耐受电压(雷电冲击、操作冲击和工频)：

$$施加试验电压 = K \times 规定耐受电压$$

——闪络电压(雷电冲击、操作冲击和工频)：

$$记录的闪络电压 = \frac{测得的闪络电压}{K}$$

注：对湿工频电压试验和湿操作冲击电压试验，湿度不做修正，即$K_2=1$，$K=K_1$。

4.3 湿试验的人工雨参数

应使用GB/T 16927.1—1997规定的标准湿试验程序。人工雨特性应符合GB/T 16927.1—1997的要求。

注：若对水平或倾斜安装的绝缘子试验时，淋雨方向应由供需双方协议。

4.4 电气试验安装布置

支柱绝缘子电气试验安装布置取决于是否要求进行操作冲击试验(见 2.2),以及是否再现运行条件。支柱绝缘子的各项电气试验都应使用下列条款叙述的适用安装布置之一。

4.4.1 不要求操作冲击试验的支柱绝缘子标准安装布置

支柱绝缘子应直立安装在一个用倒扣槽钢制成的水平接地金属支架上。支架宽度大约和被试支柱绝缘子安装面直径相等,长度至少应等于支柱绝缘子高度的二倍。对于高度不超过 1.80 m 的支柱绝缘子,支架应高出地面至少 1 m,对更高的支柱绝缘子,支架应高出地面至少 2.5 m。

将一圆柱形导体固定于支柱绝缘子顶部,导体应保持水平并和接地支架长度方向垂直。导体的长度至少应为支柱绝缘子高度的 1.5 倍,且至少应自支柱绝缘子轴线向两侧伸出 1 m。导体直径应约为支柱绝缘子高度的 1.5%,最小为 25 mm。

试验电压应施加在导体和接地支架之间,高电压端应与导体相连。

试验期间,除本条所叙述装置以外,其他物体离支柱绝缘子顶部导体的距离应至少为 1 m 或支柱绝缘子高度的 1.5 倍,二者中取较大值。

支柱绝缘子应完整地装有制造商规定的必要的部件。

4.4.2 要求操作冲击试验的支柱绝缘子标准安装布置

支柱绝缘子应直立安装在一个垂直接地金属支架上,该支架上部最好有一个方形安装面,安装面每一边的宽度应为被试支柱绝缘子底部金属附件直径的 1～2 倍,也可以使用圆形或矩形安装面,但尺寸在前述的方形安装面规定范围内。支架安装面以下的形状应不影响试验结果,并确保适用于操作冲击电压试验,支架中点以上部分不应有超出安装面垂直投影面的部件。

户外支柱绝缘子金属支架安装面离地高度应符合表 2 规定。

表 2 户外支柱绝缘子安装高度

支柱绝缘子总高(h)/mm	金属支架超出地面高度(H)/mm
h≤2 500	2 500
2 500<h≤3 200	3 000
3 200<h≤4 200	4 000
4 200<h≤5 700	5 000
5 700<h	6 000

将一水平圆柱形导体固定于支柱绝缘子顶部,导体长度至少应保证自支柱绝缘子轴线向两侧的延伸长度为支柱绝缘子高度的 0.75 倍,对于操作冲击试验,最好为 1 倍。导体直径应为支柱绝缘子高度的 1.5%～2%。为避免端部放电,导体两端应用适当装置防护,如加装金属环等。

试验电压应施加在导体和接地支架之间,高电压端应与导体一端相连。

试验期间,除本条所叙述装置以外,其他物体离支柱绝缘子顶部导体的距离应至少为支柱绝缘子高度的 1.5 倍。

支柱绝缘子应完整地装有制造商规定的必要的部件。

注 1:接地金属支架高度(H)选取是为了通过比较不同设计支柱绝缘子的操作冲击性能而优化试验布置。

注 2:试验结果对变电所设备设计未必有效,这是因为经常把支柱绝缘子安装在高度较低的支架上。此时可能需要按 4.4.3 试验。

4.4.3 模拟运行条件的安装布置

当有协议时,试验可以尽可能再现运行条件进行。模拟运行条件的程度由供需双方协议,考虑可能影响支柱绝缘子性能的所有因素。

注:在这样的非标准条件下,绝缘子的特性值可能与使用标准安装布置测得的不同。当支柱绝缘子高度超过 1.8 m(特别是操作冲击试验)或离地高度降低(例如户内支柱绝缘子)时,这种差异值得考虑。

4.5 雷电冲击干耐受电压试验——型式试验

支柱绝缘子应在4.1、4.2和4.4所述的条件下试验，调整冲击电压发生器产生1.2/50冲击波(见GB/T 16927.1—1997)。

试验应使用正、负两种极性冲击，但若有证据表明某种极性冲击的闪络电压较低时，用这种极性冲击试验即可。

两种常用雷电冲击耐受试验程序为：

——15次冲击耐受电压程序；

——50%闪络电压程序。

注：50%闪络电压程序会给出更多信息。

试验程序选择应经供需双方协议。

4.5.1 使用耐受电压程序的耐受电压试验

耐受电压试验时，支柱绝缘子施加的规定电压应经大气条件修正(见4.2.2)，冲击次数15次。

4.5.1.1 接收准则

若闪络次数不超过2次，则支柱绝缘子通过本项试验。

试验后支柱绝缘子不应损坏，但允许绝缘件表面上有轻微痕迹，或存在水泥或其他胶合材料碎片。

4.5.2 使用50%闪络电压程序的耐受电压试验

雷电冲击耐受电压应用50%雷电冲击闪络电压计算，50%雷电冲击闪络电压按照GB/T 16927.1—1997规定的升降法测定。50%雷电冲击电压应按4.2.2修正。

4.5.2.1 接收准则

若50%雷电冲击闪络电压不低于规定雷电冲击耐受电压的$[1/(1-1.3\sigma)]=1.040$倍，则支柱绝缘子通过本项试验，式中σ为标准偏差，假定为3%。

试验后支柱绝缘子不应损坏，但允许绝缘件表面上有轻微痕迹，或存在水泥或其他胶合材料碎片。

4.6 操作冲击湿或干耐受电压试验——型式试验

支柱绝缘子应在4.1、4.2、4.4的规定条件下试验，湿试验还应满足4.3的规定。调整冲击发生器产生250/2500冲击(见GB/T 16927.1—1997)。

试验应使用正、负两种极性冲击，但若有证据表明某种极性冲击的闪络电压较低时，用这种极性冲击试验即可。

两种常用操作冲击耐受试验程序为：

——15次冲击耐受电压程序；

——50%闪络电压程序。

注：50%闪络电压程序会给出更多信息。

试验程度选取应由供需双方协议。

注：操作冲击电压试验仅对设备最高电压等于或大于363 kV的交流系统用绝缘子进行(见2.2)。

4.6.1 使用耐受电压程序的耐受电压试验

耐受电压试验时，支柱绝缘子施加的规定电压应经大气条件修正(见4.2.2)，冲击次数15次。

4.6.1.1 接收准则

若闪络次数不超过2次，则支柱绝缘子通过本项试验。

试验后支柱绝缘子不应损坏，但允许绝缘件表面上有轻微痕迹，或存在水泥或其他胶合材料碎片。

4.6.2 使用50%闪络电压程序的耐受电压试验

操作冲击干或湿耐受电压应用50%操作冲击闪络电压计算，50%操作冲击闪络电压按照GB/T 16927.1—1997规定的升降法测定。50%操作冲击电压应按4.2.2修正。

4.6.2.1 接收准则

若50%操作冲击干或湿闪络电压不低于规定操作冲击干或湿耐受电压的$[1/(1-1.3\sigma)]=1.085$倍，则支柱绝缘子通过本项试验，式中σ为标准偏差，假定为6%。

试验后支柱绝缘子不应损坏，但允许绝缘件表面上有轻微痕迹，或存在水泥或其他胶合材料碎片。

4.7 工频干耐受电压试验——型式试验(仅适用于户内支柱绝缘子)

4.7.1 试验程序

试验回路参照GB/T 16927.1—1997。

支柱绝缘子应在4.1、4.2、4.4的规定条件下试验。

对支柱绝缘子施加经试验时大气条件修正(见4.2.2)后的规定工频干耐受电压，试验电压保持1 min。

4.7.2 接收准则

试验中若没有出现闪络或击穿，则支柱绝缘子通过本试验。

4.7.3 工频干闪络电压

若要求提供信息，经供需双方协议，可以测定支柱绝缘子的干闪络电压，试验时试验电压从约工频干耐受电压的75%逐渐升高至闪络，每秒钟的升压速率约为该耐受电压的2%。干闪络电压值是5次连续读数的算术平均值，然后将该值修正到标准大气条件(见4.2.2)并记录。

4.8 工频湿耐受电压试验——型式试验(仅适用于户外支柱绝缘子)

4.8.1 试验程序

试验回路参照GB/T 16927.1—1997。

支柱绝缘子应在4.1、4.2、4.3和4.4的规定条件下试验。

对支柱绝缘子施加经试验时大气条件修正(见4.2.2)后的规定工频湿耐受电压，试验电压保持1 min。

4.8.2 接收准则

试验中若没有出现闪络或击穿，则支柱绝缘子通过本试验。

注：绝缘子如果闪络，在确认淋雨条件后可以在同一元件上进行第二次试验。

4.8.3 工频湿闪络电压

若要求提供信息，经供需双方协议，可以测定支柱绝缘子的湿闪络电压，试验时试验电压从约工频湿耐受电压的75%逐渐升高至闪络，每秒钟升压速率约为该耐受电压的2%。湿闪络电压值是5次连续读数的算术平均值，然后将该值修正到标准大气条件(见4.2.2)并记录。

4.9 人工污秽耐受电压试验——型式试验(仅适用于户外支柱绝缘子)

人工污秽耐受电压试验应按照GB/T 4585—2004进行，提供实测数据。

4.10 击穿试验——抽样试验

本试验仅适用于第4类和第5类支柱绝缘子(见2.1.1)。

4.10.1 试验程序

击穿试验属于工频电压试验。

将已清洁和干燥后的绝缘子完全浸入在装有适当绝缘介质的箱体内，以避免绝缘子表面放电。箱体如果用金属制作，其内部尺寸应能提供适当空隙距离，确保不出现闪络。绝缘介质温度应大致和周围室温持平。

试验电压应施加在绝缘子正常承受运行电压的部件之间。绝缘子浸入绝缘介质时应注意避免在伞下形成空气穴。

升高试验电压至规定最低击穿电压，升压速度应尽量快，并与测量仪表数值显示速度相一致。

注：很难精确定义绝缘介质的性能，但其电导率微小(电阻率的数量级为10^6 Ωm～10^8 Ωm)。

4.10.2 接收准则

若在规定最低击穿电压以下不出现击穿，则支柱绝缘子通过本试验。

注：表面放电的热效应使绝缘子伞缘碎裂或绝缘子损伤不属于击穿。

4.10.3 击穿电压

当要求提供进一步信息时，电压可升高至击穿，并记录。

4.11 逐个电气试验

4.11.1 内胶装圆柱形支柱绝缘子和针式支柱绝缘子（第4类和第5类，见2.1.1）

试验对瓷或退火玻璃支柱绝缘子或支柱绝缘子元件进行，交流试验电压连续施加于正常运行中承受电气应力的部件之间。

交流电压可以是工频或高频。

使用工频电压试验时，连续加压时间为5 min，施加电压应高到足以产生火花或偶闪（每几秒钟一次）。

使用高频电压试验时，电压应是一适当衰减的交流电压，频率100 kHz～500 kHz。试验电压应至少持续施加3 s，电压值应高到足以保证连续闪络。高频试验期间或其后，应采用对绝缘子施加工频电压2 min或其他适当的方法检出击穿的绝缘子。

试验期间击穿的支柱绝缘子应剔除。

除非另有规定，本项试验应在逐个机械试验之后进行，以剔除机械试验时可能已经局部损坏的绝缘子。

注：对于某些针式支柱绝缘子，以上所述试验可能不适用。经供需双方在订货时协议，可以用装配前的绝缘件试验代替装配后的绝缘子试验。

4.11.2 空腔圆柱形支柱绝缘子（第2类，见2.1.1）

这种绝缘子的瓷件在装配前应进行逐个电气试验。试验时将电极放入内腔，保持与陶瓷隔层接触，在隔层两端施加工频电压。试验电压至少应连续施加3 min，施加电压应高到足以产生火花或偶闪（每几秒钟一次）。

试验期间击穿的瓷件应剔除。

5 机械和其他试验程序

本章给出了支柱绝缘子机械试验和其他试验的程序，这些试验的适用性列于第6章。

5.1 尺寸检查——型式试验和抽样试验

支柱绝缘子的尺寸应按照有关图样检查，应特别注意检查影响互换性的尺寸及其规定允许偏差，如GB/T 8287.2—2008规定的高度、光孔或螺孔尺寸。

5.1.1 一般要求

除非供需双方另有协议，未标注偏差尺寸的规定允许偏差为：

当$d \leqslant 300$时，$\pm(0.04d+1.5)$ mm

当$d>300$时，$\pm(0.025d+6)$ mm

式中d为被检尺寸，单位mm。

5.1.2 爬电距离偏差

爬电距离应按支柱绝缘子图样规定的设计尺寸测量，即使其大于买方的规定值。

爬电距离的允许偏差如下：

——爬电距离以公称值（包括以GB/T 8287.2—2008中的最小公称值）表示时为$\pm(0.04d+1.5)$mm；

——爬电距离以最小值表示时，不允许有负偏差，允许正偏差为$2\times(0.04d+1.5)$ mm。

5.1.3 特殊偏差

除非另有协议，所有支柱绝缘子的高度、孔径（光孔或螺孔）、端面平行度、上下安装孔中心圆轴线间最大偏差以及安装孔角度偏差均应符合 GB/T 8287.2—2008 的要求。

支柱绝缘子元件的直线度应不大于：

$$(1.5 + 0.008h)\ \text{mm}$$

h 是以 mm 表示的支柱绝缘子元件的高度。

注：检查端面平行度、上下安装孔中心圆轴线间最大偏差、上下安装孔角度偏差和直线度的适当方法示于附录 A。

5.1.4 伞倾角

若设计图样显示支柱绝缘子伞的上表面伞根和伞缘的连线为直线时，应测量其平均伞倾角，平均伞倾角的允许偏差为±3°。

应选择大致位于支柱绝缘子顶部、中部和底部的三个伞，在所选伞的四个相互垂直方向上测量。计算 12 次测量的平均值并与图样上的规定值相比较。

注 1：测量伞倾角的适当方法见附录 A。

注 2：若设计图样上伞的上表面是曲线时，伞倾角不可能测量。

5.1.5 接收准则

若测得的尺寸符合规定要求(包括允许偏差)，则支柱绝缘子通过了本检查。

爬电距离抽样试验时，若实际值大于规定值，并超过正偏差允许值，经供需双方协议可以接收该批。

5.2 机械破坏负荷试验——型式和抽样试验

5.2.1 一般要求

机械破坏负荷试验用来测定支柱绝缘子承受弯曲、扭转、拉伸或压缩等机械负荷时的强度。

支柱绝缘子的机械强度试验包括下列四项试验中的一项或几项：

——弯曲试验；

——拉伸试验；

——扭转试验；

——压缩试验。

除非供需双方另有协议，机械破坏负荷试验指弯曲试验。

注：机械强度试验可以考虑绝缘子的运行状态。

经规定机械破坏负荷试验的支柱绝缘子不能再使用。

5.2.2 安装布置

支柱绝缘子应安装在一个固定的刚性底座或支架上，底座或支架应能耐受试验负荷，并且无可见变形。型式试验和抽样试验应采用相同强度的连接螺栓。如果连接螺栓可拆卸，进行支柱绝缘子破坏负荷试验时，可增大这些部件的强度。

5.2.3 负荷施加方式

负荷应从不大于规定机械破坏负荷的 50%开始施加，并且逐步升高至规定机械破坏负荷。

为了获取更多信息，当有特别要求时，负荷应升高至 1.3.10 定义的实际机械破坏负荷，并记录该负荷值。

注：负荷先迅速平稳地从零升高至约规定机械破坏负荷的 50%，然后以每分钟该负荷值 35%～100%的速度升高至规定破坏负荷或实际破坏负荷(当有要求时)。

5.2.4 弯曲试验

5.2.4.1 试验程序

验证 GB/T 8287.2—2008 中规定的机械破坏负荷 P_0、P_x 或 P_{50}，以及顶部金属附件处的弯矩 M(当有要求)时，应使支柱绝缘子或支柱绝缘子元件承受弯曲负荷。

若每一元件在支柱绝缘子上的位置均能确定，试验可在整只支柱绝缘子上或各单个元件上进行。

如果整只支柱绝缘子的不同位置使用同一种元件，则应对每一个单个元件都进行试验。

负荷施加方向应通过并垂直于支柱绝缘子的轴线。

5.2.4.2 整只支柱绝缘子试验

下列条件适用于整只支柱绝缘子试验：

——负荷 P_0验证应施加负荷到支柱绝缘子的自由端。

——负荷 P_x和 P_{50}验证应施加负荷到延伸杆上，负荷施加点分别位于绝缘子顶部端面以上 X mm 或 50 mm 处。

5.2.4.3 元件试验

当试验单个元件时，如果需要，应按以下条件采用一延伸杆来试验，使负荷可以施加到它的顶面以上；

——当规定的负荷是负荷 P_0时，延伸杆的长度应等于被代替的一个或多个元件的高度；

——当规定的负荷是负荷 P_x时，延伸杆应有适当长度以模拟负荷施加到完整支柱绝缘子顶部表面以上距离为 X mm 处。

如果支柱绝缘子上有二个或多个元件相同，则延伸杆的长度应按照处于较下或最下面的元件计算。

5.2.4.4 顶部金属附件试验

当进行顶部金属附件处弯矩 M 验证试验时，应在绝缘子顶部端面上加装延伸杆，使产生的弯矩达到 GB/T 8287.2—2008 的要求或供需双方协议值。

按照 GB/T 8287.2—2008，弯矩 M 的标准值为：

对支柱绝缘子 C4—60～C20—650，$M=0.5P_0h$。

倘若支柱绝缘子设计强度（P_0h）从顶部金属附件到底部处线性增长，可以在绝缘子顶部端面以上 X mm 处施加负荷 $P_x=0.5P_0$，达到所要求的弯矩。

对支柱绝缘子 C2—750～C16—3200，$M=0.2P_0h$。

该弯矩可以通过高度 X 及在该处的负荷 P_x 适当组合得到，同时要满足强度线性增长要求。

倘若要求支柱绝缘子的强度从顶部金属附件处的 M 到底部处的 P_0h 线性增长，则应在订货时经供需双方协议。

注：经供需双方协议，顶部金属附件处的弯矩 M 也可以采用倒装支柱绝缘子，并在自由端施加负荷的方法验证。这一方法在支柱绝缘子机械强度不是按线性增长设计时也可使用。

5.2.5 扭转试验

支柱绝缘子承受扭转负荷时应避免承受任何弯矩。支柱绝缘子的扭转强度可以用单个支柱绝缘子元件试验。试验时如果支柱绝缘子由多种元件构成，选择强度最低的一种元件试验。

5.2.6 拉伸试验

试验时支柱绝缘子应沿其轴线承受拉伸负荷。支柱绝缘子的拉伸强度可以用单个支柱绝缘子元件试验。试验时如果支柱绝缘子由多种元件构成，选择强度最低的一种元件试验。

5.2.7 压缩试验

试验时支柱绝缘子应沿其轴线承受压缩负荷。二元件支柱绝缘子的压缩强度可以用单个支柱绝缘子元件试验。试验时如果支柱绝缘子由多种元件构成，选择强度最低的一种元件试验。较长的支柱绝缘子压缩试验时可能失稳，需要用整只支柱绝缘子试验。

5.2.8 接受准则

若试验时达到规定机械破坏负荷，则支柱绝缘子通过本试验。

5.3 负荷下的偏移试验——特殊型式试验

当认为有需要时应经供需双方协议进行本试验。

试验时，在整只支柱绝缘子的自由端或通过延伸杆（见 5.2.4）对其施加弯曲负荷，并在支柱绝缘子上端面测量偏移。偏移量随着施加负荷的升高而增长，分别记录负荷为规定机械破坏负荷 20%、50% 和 70%时的偏移值。

5.4 温度循环试验——抽样试验

5.4.1 一般要求

a) 本试验于机械破坏负荷试验前在单独支柱绝缘子元件上进行。

b) 试验容器中的水量应足够多，以保证绝缘子浸入时引起水温的变化不超过 ±5 K。

c) 绝缘子在热水浴和冷水浴中或在其之间转运时可以使用中间容器。这种容器应为金属网篮，热容量低，水能够自由进出。

5.4.2 适用于支柱瓷或钢化玻璃绝缘子的试验

试验用热水浴和冷水浴的温差为 50 K，将具有完整金属附件的支柱绝缘子迅速完全浸入热水浴中，保持时间(15+0.7m) min，但最长为 30 min，式中 m 是支柱绝缘子的质量，单位 kg。然后将其取出并迅速完全浸没在冷水浴中，保持时间和在热水浴中的相同。

此热-冷的循环应连续进行 3 次，中间转运时间应尽可能短，并不超过 1 min。

三个循环完成后，应检查绝缘子有无开裂或其他损坏。对于第 2 类、第 4 类和第 5 类绝缘子(见 2.1.1)，还应按 4.10.1 规定的程序进行工频电压试验。

5.4.3 适用于支柱退火玻璃绝缘子的试验

试验用热水浴和人工冷雨的温差为 θ K，将具有完整金属附件的支柱绝缘子迅速完全浸入热水浴中(无中间容器)，保持 15 min，然后将其取出迅速以强度为 3 mm/min 的人工冷雨(其他特性不规定)浇淋 15 min。

此热-冷的循环应连续进行 3 次，中间转运时间应不超过 1 min。

退火玻璃耐受温度变化的能力取决于若干因素，其中最重要的因素是配方组成。对于这种绝缘子，除非供需双方另有协议，温差 θ 应为：

碱金属玻璃配方，30 K；

硼硅酸盐玻璃配方，70 K。

三个循环完成后，应检查绝缘子有无开裂或其他损坏。对于第 2 类、第 4 类和第 5 类绝缘子(见 2.1.1)，还应按 4.10.1 规定的程序进行工频电压试验。

5.4.4 接受准则

如果没有开裂或机械破坏，第 2 类、第 4 类和第 5 类绝缘子在工频电压试验期中没有出现击穿，则支柱绝缘子通过本试验。同时，绝缘子应符合机械破坏负荷试验的要求(见 5.2)。

5.5 逐个热震试验(仅适用于钢化玻璃绝缘件)

将未装配或安装金属附件的钢化玻璃件迅速完全浸没在温度不超过 50 ℃ 的水中，在此之前，应用热空气或其他适宜的方法将玻璃件均匀加热，温度达到至少比上述水温高 100 K。

试验中破坏的钢化玻璃件应予剔除。

5.6 孔隙性试验——抽样试验(仅适用于支柱瓷绝缘子)

5.6.1 试验程序

试样应为从绝缘子上敲击取得的瓷碎块，或经供需双方协议在邻近绝缘子焙烧位置专门制得的具有代表性的瓷碎块。试验应采用 3%的红色或紫罗兰色次甲基染料(如 Astrazon 或 Basonil[1])甲醇或乙醇溶液。试验时将试样浸没在试验溶液中，试验压力不小于 15 MPa，试验压力(MPa)和时间(h)的乘积不小于 180。

试验后把试样从溶液中取出，冲洗后干燥，并再次敲碎。

5.6.2 接收准则

目力观察新敲击开的表面，不应有任何染料渗透现象。试验前敲击形成小裂纹中的渗透应予忽略。

---

1) Astrazon 或 Basonil 是市售产品举例，给出这些信息是为了使本部分的用户更为方便，并不表示指定这些产品。

5.7 镀锌层试验

JB/T 8177—1999 适用于本试验。

注：虽然难以给出镀锌层修补的一般推荐，但是仍有可能通过简单处理对损伤面积较小的锌层进行修补，并且修补效果令人满意，例如，用专门制造的低熔点锌合金修补棒进行修补。修补层的厚度至少应和镀锌层的厚度相等。修补可接受的最大面积在某种程度上由黑色金属件的种类及其尺寸决定，但一般建议为 40 mm^2，对于大件绝缘子附件，最大为 100 mm^2。然而，仅当属于次要缺陷时，经供需双方协议才允许进行损伤镀层修补。应该注意，只有未胶装或装配的黑色金属部件才可能用修补棒修补。这是因为在修补过程中黑色金属件的温度太高，不允许把这种修补方法用于已经胶装好的绝缘子。

5.8 逐个外观检查

应检查每只支柱绝缘了，绝缘件上金属附件的安装应符合图样要求。

5.8.1 支柱瓷绝缘子

支柱绝缘子的颜色应和图样规定大致一致。允许釉色深浅有所变化，这种变化不应作为拒收产品的理由，这一点同样适用于釉层较薄而引起的釉色变浅，例如在半径较小的边缘上。

图样规定的上釉表面应覆盖一层平滑、光亮、坚硬的釉，釉面应无裂纹和有损其良好运行性能的其他缺陷。

釉面缺陷包括缺釉、碰损、杂质及针孔。

支柱绝缘子元件外观检查允许缺陷如下：

单个支柱绝缘子元件釉面缺陷总面积不应超过：

$$100 + \frac{D \times F}{2\ 000}\ \mathrm{mm}^2$$

单个釉面缺陷面积不应超过：

$$50 + \frac{D \times F}{20\ 000}\ \mathrm{mm}^2$$

式中：

D——绝缘子元件的最大直径，单位为毫米(mm)；

F——绝缘子元件的爬电距离，单位为毫米(mm)。

圆柱形支柱绝缘子元件主体上不允许有类似于碰损和开裂那样的表面缺陷。允许有 25 mm^2 以下的缺釉和釉面杂质。

杂质(如伞面上的砂粒)总面积不应超过 25 mm^2，单个杂质表面突起不应超过 2 mm。

杂质堆积(如沙粒堆积)应认作单个釉面缺陷，其环绕线内的面积均应计入总釉面缺陷面积。

直径小于 1.0 mm 的小针孔(例如，上釉中灰尘颗粒所引起的针孔)不应计入总釉面缺陷面积，但这种针孔在任一 50 mm×10 mm 面积内总数不应超过 15 个。此外，支柱绝缘子元件上的针孔总数不应超过：

$$50 + \frac{D \times F}{1\ 500}$$

式中 D 和 F 的定义同前。

5.8.2 支柱玻璃绝缘子

绝缘件不应有影响其运行性能的折痕、气孔等表面缺陷，玻璃体内不应有直径大于 5 mm 的气泡。

5.9 逐个机械试验

适用于支柱绝缘子的逐个机械试验项目取决于绝缘子的结构类型(见 2.1.1)和高度。

5.9.1 公称高度大于 770 mm 的圆柱形支柱绝缘子(第 1 类、第 2 类和第 6 类)

5.9.1.1 已装配的支柱绝缘子

对整只支柱绝缘子进行逐个弯曲试验。绝缘子应安装在刚性底座上，在绝缘子自由端施加试验负荷，施加负荷方向与绝缘子轴线垂直。

注：逐个机械试验可以对各个支柱绝缘子元件进行。此时制造商应保证试验负荷和弯曲应力与整只支柱绝缘子试验时完全相当，例如可使用延伸杆，延伸杆的长度与被试元件上方的一个或几个元件长度相同。

如果买方要求进行弯矩试验，而且规定弯矩超过 GB/T 8287.2—2008 的要求，则逐个弯矩试验可以作为正常逐个试验的一部分，也可以作为一个附加试验，试验负荷施加到顶部金属附件上。

5.9.1.1.1 整只支柱绝缘子的逐个机械试验

应在四个相互垂直的方向上对绝缘子施加负荷。试验负荷为绝缘子规定机械破坏负荷的 50%，每一方向持续至少 3 s。

另外，订货时经供需双方协议，弯曲试验负荷可以为规定机械破坏负荷的 70 % 及以下，施加方向多于一个，每一方向持续至少 3 s。

注：供需双方协议中有必要考虑较高的试验负荷对瓷件或玻璃件与金属附件结合区域可能的影响。

5.9.1.1.2 顶部金属附件上的逐个机械试验

适用的试验程序取决于买方提出的强度要求。

——若买方要求从 $0.5P_0h$ 或 $0.2P_0h$(按支柱绝缘子的结构)到 P_0h 强度线性增长，逐个机械试验应使用延伸杆在整只绝缘子上进行。调整延伸杆的长度和施加负荷达到按 5.9.1.1.1 在支柱绝缘子底部所要求的弯矩。

——若买方不要求强度线性增长，不可能使用延伸杆在整只支柱绝缘子上进行逐个机械试验。此时，若顶部金属附件的弯曲强度特别重要并且买方提出要求，应对顶部元件进行附加试验。试验细节应在订货时协议，包括使用延伸杆或者采用倒置该元件试验。

5.9.1.1.3 实际使用要求的逐个机械试验

若实际使用有要求，供需双方可以协议进行如扭转试验、拉伸试验或压缩试验等不同型式的逐个试验，试验细节应在订货时协议。

5.9.1.2 未装配的支柱绝缘子

经供需双方协议，逐个机械试验可以在圆柱形支柱绝缘子或支柱绝缘子元件装配前对其绝缘件进行，作为在已装配的支柱绝缘子上的逐个弯曲试验的替代试验。此时，弯曲负荷应分几个不同方向施加。负荷值应足以保证沿绝缘件自由端或未支撑端长度方向上的每一处所达到的弯曲应力至少等于施加规定破坏负荷时在该处产生应力的 70%，但不超过 100%。

注 1：未装配绝缘子元件逐个机械试验的适宜方法示于附录 B。

注 2：应该注意到，该项试验并不验证金属附件和支柱绝缘子的装配质量。

5.9.2 公称高度小于等于 770 mm 的圆柱形支柱绝缘子(第 1 类、第 2 类、第 3 类、第 4 类和第 6 类)

除非供需双方另有协议，公称高度 $h\leqslant770$ mm 的圆柱形支柱绝缘子不需要进行逐个机械试验。如果要求进行逐个机械试验，通常应进行拉伸试验或弯曲试验，试验细节应在订货时协议。

5.9.3 针式支柱绝缘子(第 5 类)

逐个机械试验通常应为拉伸试验。试验负荷应等于以拉伸方式施加的规定机械破坏负荷的 30%，持续至少 3 s。

第 4 类和第 5 类支柱绝缘子的逐个机械试验应在逐个电气试验前进行。

5.9.4 接收准则

逐个机械试验后应仔细检查每个支柱绝缘子。绝缘子不应有任何损坏，包括金属附件破坏，或开始脱落。

5.10 逐个超声波探伤检查

超声波试验用于探测圆柱形支柱绝缘子的内部缺陷或裂纹。超声波的频率为 0.8 MHz～5 MHz。试验应在安装金属附件前进行，超声波探测方向沿绝缘子轴线。试验方法和程序符合JB/T 9674—1999。

注：经供需双方协议，超声波试验也可以用于垂直于绝缘子轴线的方向探测，但超声波试验结果解释需要经验，因而还不能将这种方法准确描述。

6 支柱绝缘子试验项目

6.1 型式试验

6.1.1 标准试验

根据3.3和3.1.1,下列试验(若适用)仅做一次:

a) 雷电冲击干耐受电压试验(4.5);

b) 操作冲击干耐受电压试验(4.6)——本试验仅适用于户内支柱绝缘子;

c) 操作冲击湿耐受电压试验(4.6)——本试验仅适用于户外支柱绝缘子;

d) 工频干耐受电压试验(4.7)——本试验仅适用于户内支柱绝缘子;

e) 工频湿耐受电压试验(4.8)——本试验仅适用于户外支柱绝缘子;

f) 人工污秽耐受电压试验(4.9)——本试验仅适用于户外支柱绝缘子;

g) 机械破坏负荷试验(5.2)。

注:适用于各种结构类型支柱绝缘子的标准型式试验项目汇总于表3(6.4)。

6.1.2 特殊试验

经供需双方协议也可以进行下列试验:

——负荷下偏移试验(5.3);

——无线电干扰试验(见JB/T 3567—1999)。

6.2 抽样试验

根据3.4.1,从提交验收的批中随机抽取一定数量的支柱绝缘子进行下列抽样试验(若适用):

a) 尺寸检查(5.1);

b) 温度循环试验(5.4);

c) 机械破坏负荷试验(5.2);

d) 击穿试验(4.9)——仅对第4类和第5类(见2.1.1)支柱绝缘子;

e) 孔隙性试验(5.6)——仅对瓷绝缘子;

f) 镀锌层试验(5.7)。

选取的每只支柱绝缘子均应进行试验a)、试验b)、试验e)(对瓷绝缘子)和试验f)。

不同机械破坏负荷试验(弯曲、扭转、拉伸和压缩)间样品数的分配,以及击穿试验用绝缘子数量应经供需双方协议。若无特殊运行因素,机械破坏负荷试验通常应为弯曲试验。

任一支柱绝缘子或金属附件不符合所适用的任何一项抽样试验中的接收准则,均应按相关重复试验程序(见3.4.2)办理。

注:适用于各种结构类型支柱绝缘子的抽样试验项目汇总于表4(见6.4)。

6.3 逐个试验

每只支柱绝缘子均应按下列次序进行相应的试验:

a) 超声波探伤检查(见5.10);——仅对圆柱形支柱瓷绝缘件;

b) 逐个高度检查(见5.1.3);

c) 逐个热震试验(见5.5)——仅对钢化玻璃件;

d) 逐个外观检查(见5.8);

e) 逐个电气试验(见4.11.2)——对空腔圆柱形支柱绝缘子(第2类,见2.1.1)瓷件;

f) 逐个机械试验(见5.9);

g) 逐个电气试验(见4.11.1)——仅对第4类和第5类支柱绝缘子(见2.1.1)。

注1:打击试验推荐为支柱绝缘子瓷件的一种有效的逐个试验方法,其试验方法由企业自行确定。

注2:适用于各种结构类型支柱绝缘子的逐个试验项目汇总于表5(见6.4)。

6.4 支柱绝缘子试验项目汇总

6.1、6.2 和 6.3 详述了适用于支柱绝缘子的型式、抽样和逐个试验。表 3(型式试验)、表 4(抽样试验)和表 5(逐个试验)汇总了所有试验项目，并指出了它们对各种结构类型支柱瓷或玻璃绝缘子的适用性。

表 3 支柱绝缘子的型式试验

对一只支柱绝缘子的型式试验(见 6.1) 章条编号和型式试验项目	户内支柱绝缘子		户外支柱绝缘子	
	瓷 材 料	玻 璃	瓷 材 料	玻 璃
4.5 雷电冲击干耐受电压试验	×	×	×	×
4.6 操作冲击干耐受电压试验 (仅适用于设备最高电压 363 kV 及以上的支柱绝缘子)	×	×	—	—
4.6 操作冲击湿耐受电压试验 (仅适用于设备最高电压 363 kV 及以上的支柱绝缘子)	—	—	×	×
4.7 工频干耐受电压试验	×	×	—	—
4.8 工频湿耐受电压试验	—	—	×	×
4.9 人工污秽耐受电压试验	—	—	×	×
5.2 机械破坏负荷试验	×	×	×	×

注:GB/T 8287.2—2008 包括的户内支柱绝缘子用第 3 类或第 4 类代表。其他支柱绝缘也可用于户内。GB/T 8287.2—2008包括的户外支柱绝缘子用第 1 类至第 6 类代表。

表 4 支柱绝缘子的抽样试验

对随机抽取的支柱绝缘子的抽样试验 (见 3.4.1 和 6.2)章条编号和抽样试验项目	2.1.1 定义及图 1～图 6 显示的结构类型					
	1)	2)	3)	4)	5)	6)
5.1 尺寸检查	×	×	×	×	×	×
5.4 温度循环试验	×	×	×	×	×	×
5.2 机械破坏负荷试验	×	×	×	×	×	×
4.9 击穿试验	—	—	—	×	×	—
5.6 孔隙性试验(仅适用于瓷材料支柱绝缘子)	×	×	×	×	×	×
5.7 镀锌层试验	×	×	(×)	(×)	×	×

表 5 支柱绝缘子的逐个试验

对所有绝缘子的逐个试验(见 6.3) 章条编号和试验项目		2.1.1 定义及图 1～图 6 显示的结构类型					
		1)	2)	3)	4)	5)	6)
		瓷材料支柱绝缘子					
5.8 逐个外观检查		×	×	×	×	×	×
5.1.3 高度检查		×	×	×	×	×	×
5.10 超声波探伤检查		Y	—	Y	—	—	—
5.9 逐个机械试验	高度>770mm(弯曲试验)	×	×	×	×	—	×
	高度≤770mm(拉伸试验)	—	—	—	—	×	—
4.10 逐个电气试验		—	Y	—	×	×	—
		玻璃材料支柱绝缘子					
5.5 逐个热震试验		—	×	×	×	×	×
5.8 逐个外观检查		—	×	×	×	×	×
5.1.3 高度检查		—	×	×	×	×	×
5.9 逐个机械试验	高度>770 mm(弯曲试验)	—	×	×	×	—	×
	高度≤770 mm(拉伸试验)	—	—	—	—	×	—

注 1：若实际使用有要求，经供需双方协议，可以对支柱绝缘子进行替代或附加机械逐个试验(见 5.9)。

注 2：Y——适用于装配前的瓷件。

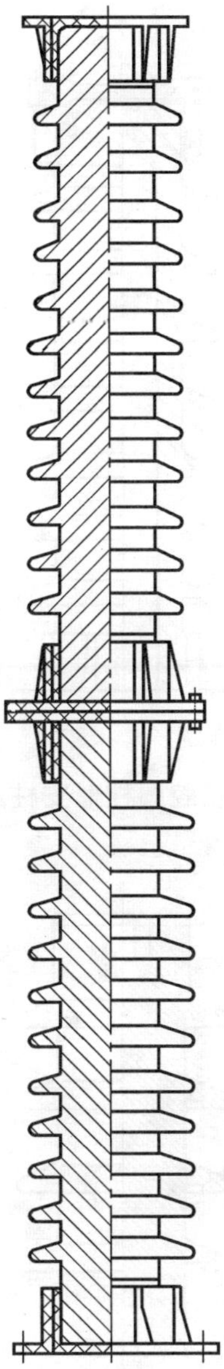

图 1　实心圆柱形支柱绝缘子

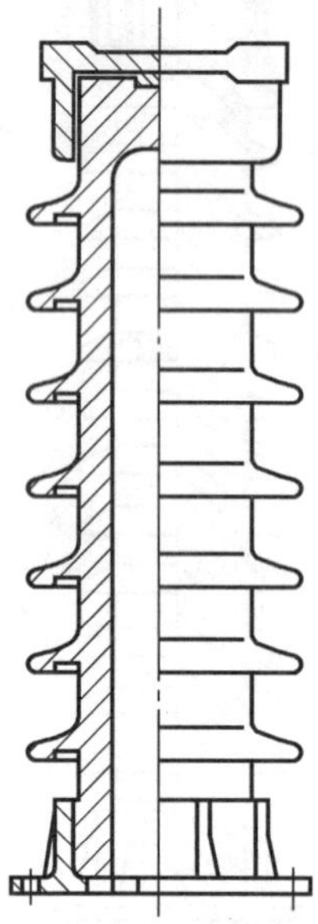

图 2　空腔圆柱形支柱绝缘子

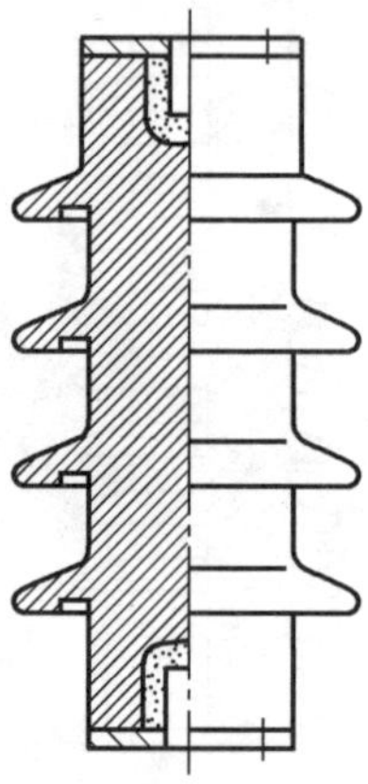

图 3　内胶装实心圆柱形支柱绝缘子

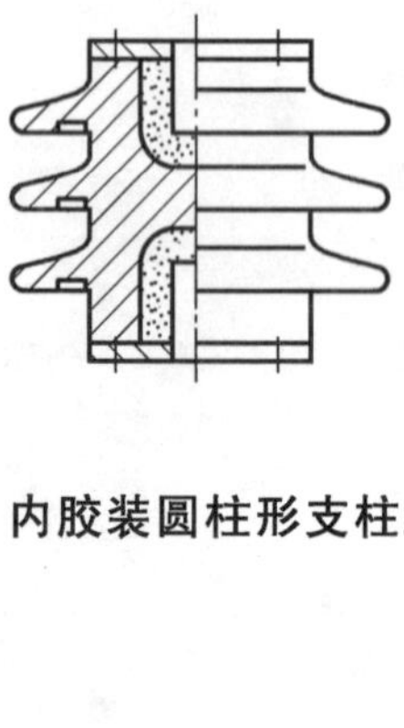

图 4　内胶装圆柱形支柱绝缘子

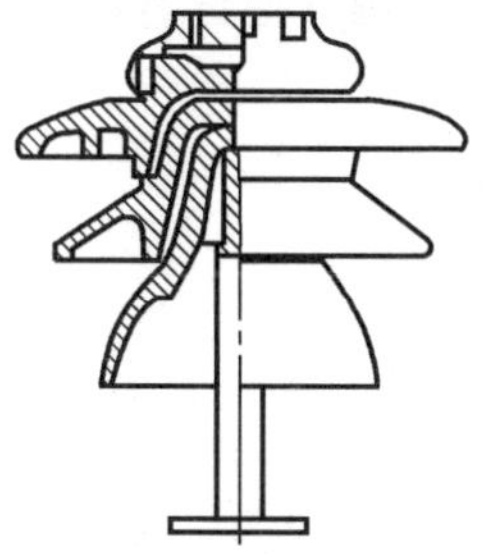

图5 针式支柱绝缘子

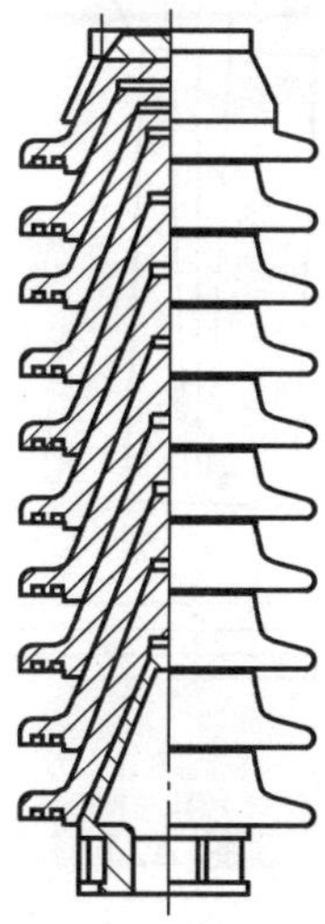

图6 叠装式圆柱形支柱绝缘子

附 录 A
（资料性附录）
支柱绝缘子的形状和位置偏差检验方法

下列检验方法仅作为示例给出，也可以采用其他适宜的检验方法。

A.1 检验方法

a) 端面平行度（图 A.1）

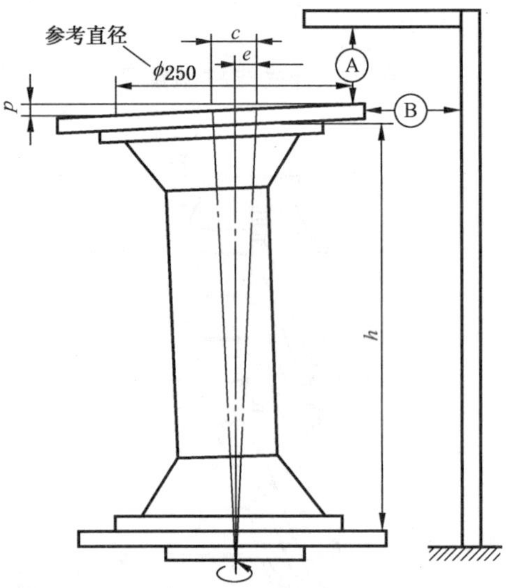

图 A.1

将支柱绝缘子垂直并定心安装在一个刚性转盘上，必要时，可以使用诸如带螺纹的锥形定位销和厚度均匀的过渡平板定心。在支柱绝缘子上端面，通过固定孔固定一块厚度均匀的板，可以采用带螺纹的锥形定位销定心。通过转盘旋转支柱绝缘子，读取并记录测量装置 A 上显示的最大值和最小值，其相对于直径为 250 mm 圆的差值即为支柱绝缘子端面平行度。

b) 上下安装孔中心圆轴线间最大偏差（图 A.1）

使用与 a）相同的安装方法，采用诸如带螺纹的锥形定位销通过固定孔将一块圆板同心地固定在上表面。通过转盘旋转支柱绝缘子，读取并记录测量装置 B 上显示的最大值和最小值。

上下安装孔中心圆轴线间最大偏差为最大值和最小值之差的一半。

c) 安装孔角度偏差（图 A.2）

在两端使用诸如 V 形块将支柱绝缘子水平放置。将光杆部分经精加工的螺钉旋入金属附件的螺孔内，或将加工的非标螺栓定心固定到金属附件的光孔内。

在绝缘子一端放置一只足够精确的水平仪，在绝缘子另一端放置一只足够精确并可直接读数的水平仪，即可如图所示确定安装孔的相对角度偏差。

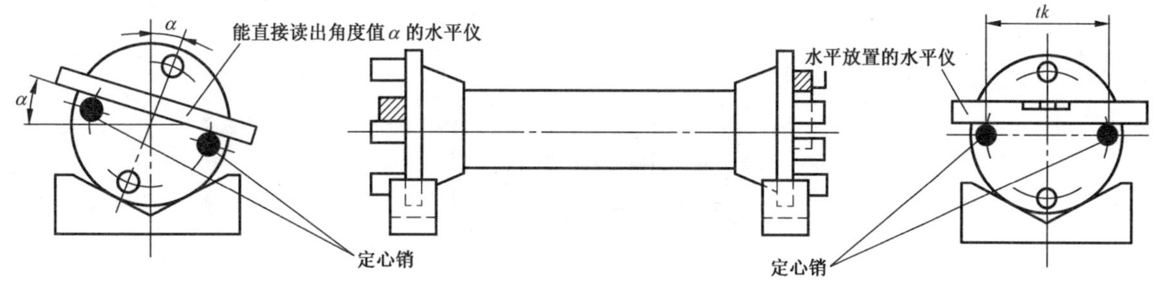

图 A.2

d) 直线度(图 A.3)

安装支柱绝缘子元件,使其能够绕一轴线旋转,该轴线为通过支柱绝缘子上下部金属附件安装孔中心圆圆心的一条直线。

安装方法与项 a)相同,只要顶部金属附件相对于底部金属附件不偏心。端面平行度偏差可以用诸如在底部金属附件和转盘间插入小薄垫片来矫正。

将测量装置 C 置于沿参考轴线的不同水平位置,通过转盘旋转支柱绝缘子元件,读取并记录每一水平位置时最大和最小读数间的差值,所有差值中最大值的一半即为直线度。

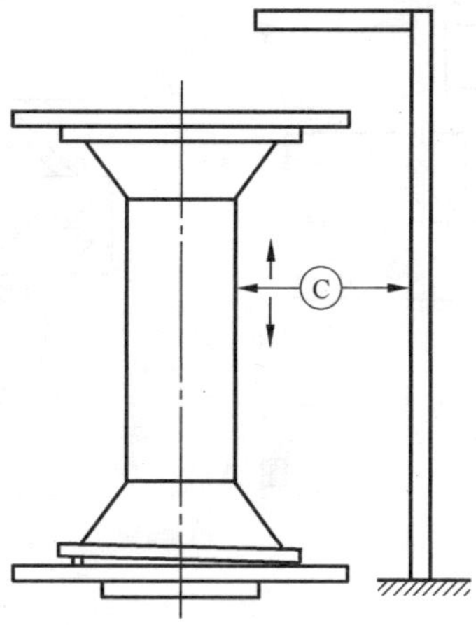

图 A.3

e) 伞倾角(图 A.4)

将支柱绝缘子元件垂直安装,使其能够旋转。安装方法与 a)相同。

在绝缘子旁边直立的部件带有测量装置 D,测量装置配有水平参考标志和具有角刻度的活动板。活动板角度与绝缘子伞的上表面贴近在一起时,即可确定其倾斜度或伞倾角。

A.2 检验时要采取的措施

对于 a)、b)和 d),有必要验证转盘表面垂直于旋转轴。

对于 a)和 b),还需注意校准,使支柱绝缘子金属附件安装孔中心圆圆心与转盘旋转轴重合。为此,可以用在 4 个安装孔中安装带螺纹的锥形销或螺栓的方法定位(示例于图 A.5)。

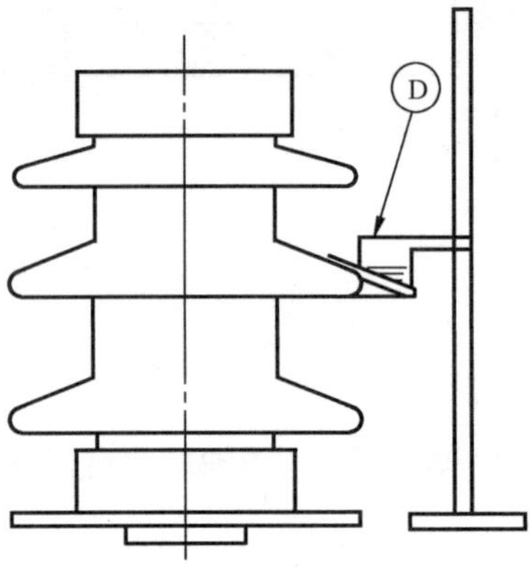

图 A.4

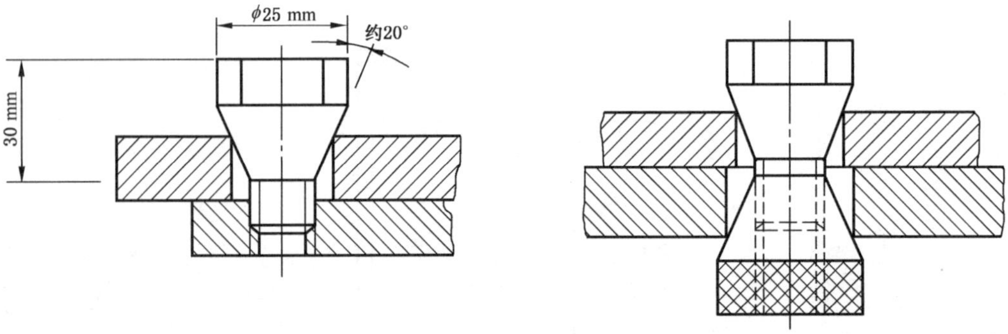

图 A.5

附 录 B
（资料性附录）
未装配的绝缘子元件逐个试验方法

下列试验方法仅作为示例给出，也可以采用其他适宜的检验方法。制造商应选择与规定负荷施加条件最接近的试验方法。

B.1 均匀弯矩试验方法

可将被试绝缘子元件水平安装在适宜的试验设备（比如图 B.1 示意）上，两液压臂施加相等的负荷在支柱绝缘子元件整个长度方向上产生均匀弯矩。适当调整加载点和轴支点位置以及施加的负荷，能使该弯矩等于已装配好的支柱绝缘子元件经受机械破坏负荷时的弯矩。应在四个相互垂直的方向上施加弯矩，负荷应在绝缘子元件转动 90°前释放。

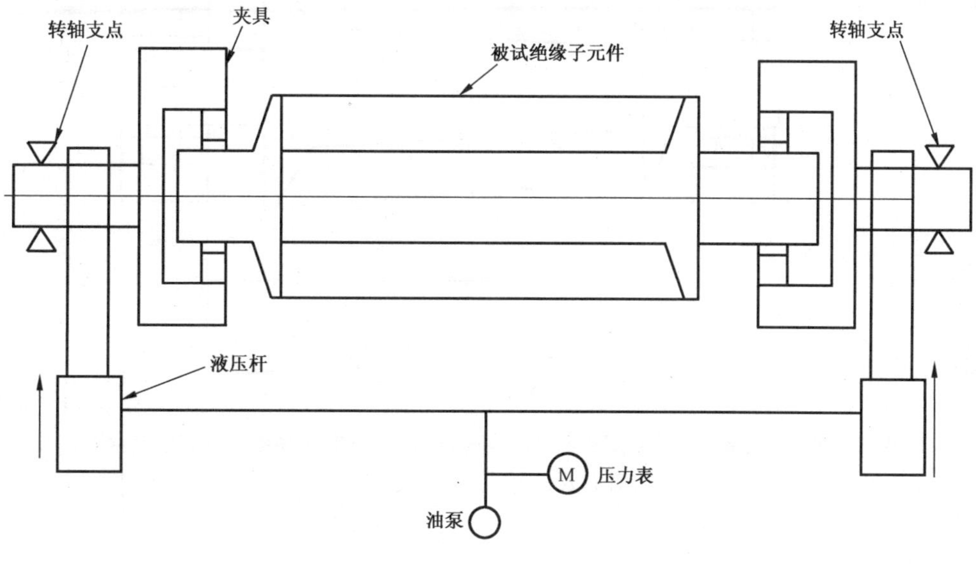

图 B.1

B.2 不均匀弯矩试验方法

可将被试绝缘子元件水平安装在适宜的试验设备（比如图 B.2 示意）上，液压臂施加的负荷通过杠杆在支柱绝缘子元件整个长度方向上产生不均匀弯矩。调节负荷和杠杆的有效长度，能够得到与已装配好的支柱绝缘子元件经受机械破坏负荷相同的弯矩分布。应在四个相互垂直的方向上施加弯矩，负荷应在绝缘子元件转动 90°前释放。

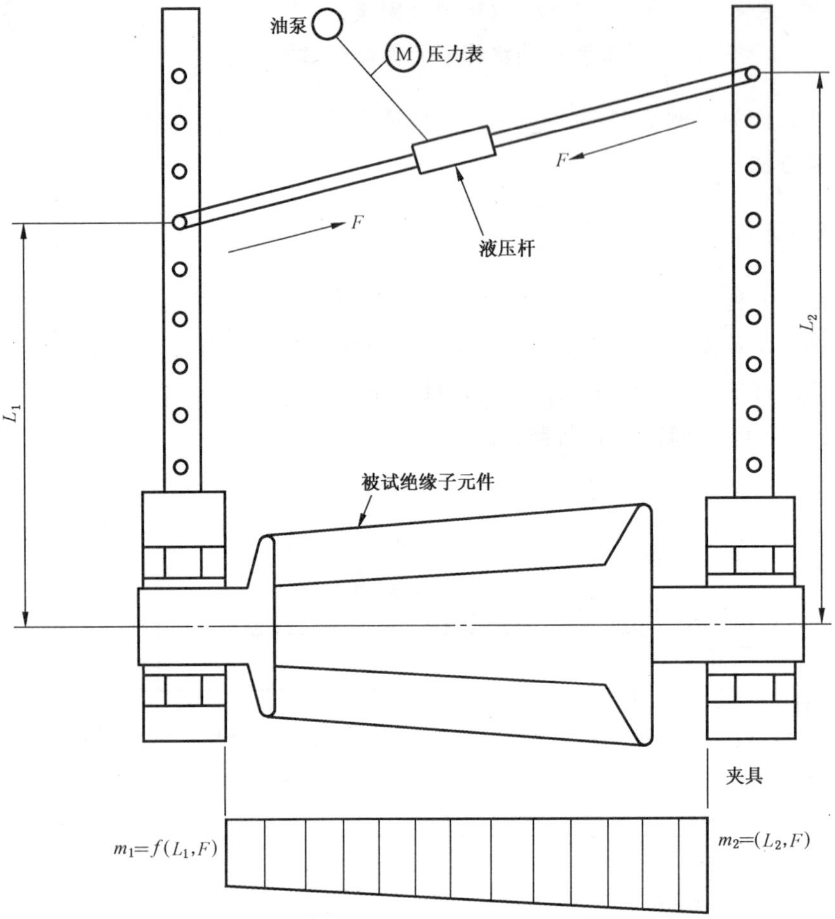

m_1、m_2——已装配好的支柱绝缘子承受规定机械破坏负荷时元件上下部金属附件处相应的弯矩。

L_1、L_2——上下部金属附件处相应的杠杆臂有效长度。

F——液压臂产生的负荷。

$f()$——函数。

图 B.2

B.3 施加弯曲负荷试验方法

可将被试绝缘子元件垂直安装在适宜的试验设备(比如图 B.3 示意)上。绝缘子元件下端适当固定,在自由端施加水平负荷。施加的负荷应使在绝缘子元件下部产生的弯矩和对已装配好绝缘子施加规定机械破坏负荷时在被试元件上产生的弯矩相同。应在四个相互垂直的方向上施加负荷,负荷应在绝缘子元件转动 90°前释放。

可以把绝缘子元件倒转,再次在四个相互垂直方向上施加负荷进行试验。

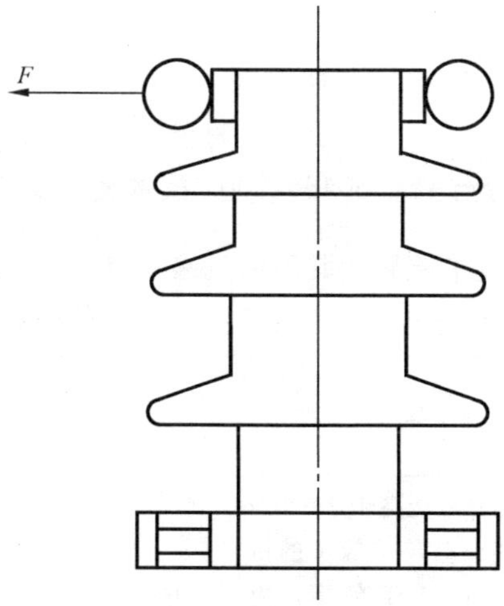

图 B.3

附 录 C
（资料性附录）
本部分与 IEC 60168:2001 技术差异及其原因

本部分与 IEC 60168:2001 的技术差异及其原因见表 C.1。

表 C.1 本部分与 IEC 60168:2001 的技术差异及其原因

本部分章条编号	技 术 性 差 异	原 因 简 述
标题	将 IEC 60168 的标题“标称电压高于 1 000 V 系统用户内和户外支柱瓷或玻璃绝缘子的试验”改为“标称电压高于 1 000 V 系统用户内和户外支柱绝缘子　第 1 部分：瓷或玻璃绝缘子的试验”。	为适应原国家标准为一个标准的两个部分的现状。
1.1	注 2 中删除了有关人工污秽试验的内容。	本部分把人工污秽试验作为型式试验项目之一，有关人工污秽试验的内容在本部分的其他章条中叙述。
2.1	将标题“绝缘子结构和绝缘材料”改为“绝缘子结构和绝缘子用材料”。	和 2.1.2 修改保持一致。
2.1.2	将标题“绝缘材料”改为“绝缘子用材料”，在内容中增加了对构成绝缘子的其他主要材料的要求。	根据 GB 8287.1—1998 的运行经验及我国实际情况，除绝缘材料外，构成绝缘子的其他主要材料，如金属附件、水泥胶合剂等对绝缘子的性能都有很大影响，因而保留了原标准的该部分内容。
2.2	将人工污秽特性从供需双方协商特性调整为标准特性。	鉴于新的 IEC 60815 还未发布出版，与之对应的国家标准也未报批，新的污秽条件下绝缘子的选择和尺寸确定方法在我国尚无足够的实施经验，本标委会确定暂时仍按照 GB 12744—1991 将人工污秽试验作为型式试验项目之一。
3.2	将“质量保证”修改为“质量管理”。	适应 GB/T 19000(IDT ISO 9000)族标准体系的变化。
表 2	在绝缘子总高一栏将“$4200<h$”一档改为“$4200<h\leqslant 5700$”，增加“$5700<h$”一档，同时调整了金属支架高度栏的数值。	纳入我国特高压产品的试验要求。
4.9	增加了本条：人工污秽耐受电压试验。	同 2.2。
4.11.1	修改“连续施加电压 3 min～5 min ”为“连续施加电压 5 min”。	保留了 GB 8287.1—1998 的内容，便于实际操作。
5.2.4.4	修改“对支柱绝缘子 C2—750～C10—2550，$M=0.2\ P_0h$。”为“对支柱绝缘子 C2—750～C16—3200，$M=0.2\ P_0h$。”。	纳入我国特高压产品的试验要求，和 GB/T 8287.2 协调。
5.7	将所有内容改为引用 JB/T 8177—1999。	JB/T 8177—1999 在我国执行多年，情况良好，其技术内容和 IEC 60168:2001 基本无差异。
5.10	增加逐个超声波探伤检查的内容。	超声波可有效探测实心瓷件内部缺陷，国内各制造企业都积累了大量实测经验，可以作为瓷件的逐个试验项目之一。

表 C.1（续）

本部分章条编号	技术性差异	原因简述
6.1	把人工污秽耐受电压试验从特殊试验调整为标准试验。	同2.2。
6.3 表5	增加超声波探伤检查项目。	同5.10。
6.3;表5	增加逐个高度检查项目。	根据GB 8287.1—1998的执行经验，保留了该标准的内容。
6.3	在注中推荐企业把打击试验作为质量控制手段之一。	打击试验是支柱绝缘子瓷件的一种有效的逐个试验方法，但操作经验较为重要，难以列入国家标准，推荐企业自行确定试验方法。
表3	将操作冲击耐受电压的适用性由245 kV以上修改为363 kV及以上。	适应我国的电压等级规定。
附录C	增加。	便于对照本部分和IEC 60168:2001的技术性差异。
附录D	增加。	便于对照本部分和IEC 60168:2001的章条。

附 录 D
（资料性附录）
本部分与 IEC 60168:2001 章条编号对照

表 D.1 给出了本部分与 IEC 60168:2001 的章条编号对照一览表。

表 D.1 本部分与 IEC 60168:2001 相应章条编号对照

本部分章条编号	IEC 60168:2001 章条编号
1	1
2	2
3	3
4	4
4.1	4.1
4.2	4.2
4.3	4.3
4.4	4.4
4.5	4.5
4.6	4.6
4.7	4.7
4.8	4.8
4.9	—
4.10	4.9
4.11	4.10
5	5
5.1	5.1
5.2	5.2
5.3	5.3
5.4	5.4
5.5	5.5
5.6	5.6
5.7	5.7
—	5.7.1
—	5.7.2
6	6
附录 C	—
附录 D	—
注:其余章条编号完全相同。	

ICS 29.080.10
K 48

中华人民共和国国家标准

GB/T 8287.2—2008
代替 GB/T 8287.2—1999,GB 12744—1991

标称电压高于1 000 V系统用户内和户外支柱绝缘子　第2部分:尺寸与特性

Indoor and outdoor post insulators for systems with nominal voltage greater than 1 000 V—Part 2:Dimensions and characteristics

(IEC 60273:1990,Characteristics of indoor and outdoor post insulators for systems with nominal voltages greater than 1 000 V,MOD)

2008-06-30 发布　　2009-04-01 实施

中华人民共和国国家质量监督检验检疫总局
中国国家标准化管理委员会　发布

前　言

GB/T 8287《标称电压高于1 000 V的系统用户内和户外支柱绝缘子》目前分为两个部分：

——第1部分：瓷或玻璃绝缘子的试验；

——第2部分：尺寸与特性。

本部分为GB/T 8287的第2部分。

本部分修改采用IEC 60273:1990《标称电压高于1 000 V的系统用户内和户外支柱绝缘子的特性》(英文版)。

本部分和IEC 60273:1990的技术性差异在它们所涉及的条款的页边空白处用垂直单线标识，附录B给出了技术性差异及其原因一览表，附录C给出了本部分和IEC 60273:1990章条对照表。

为便于使用，本部分还做了下列编辑性修改：

a) “本国际标准”一词改为“本部分”；

b) 用小数点“.”代替作为小数点的“,”；

c) 删除国际标准的前言和参考文献。

本部分整合了GB/T 8287.2—1999《高压支柱瓷绝缘子　第2部分：尺寸与特性》和GB 12744—1991《耐污型户外棒形支柱瓷绝缘子》的内容。

本部分和GB/T 8287.2—1999和GB 12744—1991的主要差异有：

——文本格式、编排、章条等按照IEC 60273:1990，和GB/T 8287.2—1999及GB 12744—1991完全不同；

——将支柱绝缘子的主要表征特性由额定电压改为冲击电压；

——补充了550 kV绝缘子的特性值，增加了800 kV和1 100 kV绝缘子的特性值；

——为了保持文本的完整性，保留IEC 60273:1990的全部内容，特别是标准的范围扩展到了户内支柱有机材料绝缘子；

——对于户外棒形支柱绝缘子设置了四级最小爬电距离等级。

附录D列出了GB/T 8287.2—1999原有系列的特性，以便本部分使用时参考。

本部分的附录A、附录B、附录C和附录D均为资料性附录。

本部分由中国电器工业协会提出。

本部分由全国绝缘子标准化技术委员会(SAC/TC 80)归口。

本部分主要起草单位：唐山高压电瓷有限公司、西安电瓷研究所、西安双佳高压电瓷电器有限公司、苏州电瓷厂有限公司、西安西电高压电瓷有限责任公司、国家绝缘子避雷器质量监督检验中心。

本部分主要起草人：杨明、姚君瑞、陈月娥、陆洲、李大楠、迟向丽、刘占民、危鹏。

本部分所代替标准的历次版本发布情况：

——GB 8287.2—1987、GB/T 8287.2—1999。

——GB 12744—1991。

标称电压高于 1 000 V 系统用户内和户外支柱绝缘子　第 2 部分：尺寸与特性

1　目的和范围

1.1　范围

GB/T 8287 的本部分适用于标称电压高于 1 000 V、频率不超过 100 Hz 的交流系统中运行的电气装置或设备用的户内或户外支柱瓷或玻璃绝缘子及其元件，以及户内有机材料支柱绝缘子。本部分也可作为直流系统用支柱绝缘子的暂行标准。

本部分包括的绝缘子主要用于隔离开关、断路器、母线和熔断器等电气设备。

本部分包括五种类型的支柱绝缘子：

a）　户内内胶装支柱瓷或玻璃绝缘子；

b）　户内内胶装有机材料支柱绝缘子；

c）　户外内胶装圆柱形支柱瓷或玻璃绝缘子；

d）　户外外胶装圆柱形支柱瓷或玻璃绝缘子；

e）　户外针式支柱瓷或玻璃绝缘子。

术语“圆柱形绝缘子”也包括截锥形绝缘子。

本部分包括的五种类型绝缘子按其电气、机械和尺寸特性分类。图 1、图 2、图 3、图 4 和图 5 分别为每种绝缘子的典型图例。

这些图例仅给出一般性描述，允许采用其他形状和结构。

1.2　目的

本部分的目的是规定支柱绝缘子的电气特性、机械特性和尺寸特性值。尺寸特性值是同类型支柱绝缘子及其元件实现互换的基础。

注：瓷和玻璃材料绝缘子的一般定义和试验方法见 GB/T 8287.1—2008，有机材料绝缘子的一般定义和试验方法见 JB/T 10305。

1.3　术语和定义

GB/T 2900.8—1995 和 GB/T 8287.1—2008 确立的术语和定义适用于本部分。

2　规范性引用文件

下列文件中的条款通过 GB/T 8287 的本部分的引用而成为本部分的条款。凡是注日期的引用文件，其随后所有的修改单（不包括勘误的内容）或修订版均不适用于本部分，然而，鼓励根据本部分达成协议的各方研究是否可使用这些文件的最新版本。凡是不注日期的引用文件，其最新版本适用于本部分。

GB/T 197—2003　普通螺纹　公差（ISO 965-1：1998，MOD）

GB 311.1—1997　高压输变电设备的绝缘配合（neq IEC 60071-1：1993）

GB/T 1800.4—1999　极限与配合　标准公差等级和孔、轴的极限偏差表（eqv ISO 286-2：1988）

GB/T 2900.8—1995　电工术语　绝缘子（IEC 60050-471，MOD）

GB/T 8287.1—2008　标称电压高于 1 000 V 系统用户内和户外支柱绝缘子　第 1 部分：瓷或玻璃绝缘子的试验（IEC 60168：2001，MOD）

IEC 60071-1：1993　绝缘配合　第 1 部分：定义、原理和规则

3 电气特性

每种支柱绝缘子的规定雷电冲击耐受电压值是根据 GB 311.1—1997 和 IEC 60071-1:1993 的标准值设计的。绝缘子的最低高度选择由表中列出的某一个电气特性决定，即由适用的雷电冲击干耐受电压、工频湿耐受电压和操作冲击湿耐受电压之一和适当的绝缘配合要求所决定。运行电压不作规定，因为它与支柱绝缘子的高度没有直接关系，高度取决于使用条件特别是污秽条件。

支柱绝缘子的组成，即绝缘子元件的数量、尺寸和位置不作规定，但是对于一个给定高度的支柱绝缘子，它的外形、尺寸和金属附件的形状的组合都会影响绝缘子的电气特性，特别是操作冲击湿耐受电压值。

考虑到如上所述和湿操作冲击试验中的分散性，规定了操作冲击耐受电压值。但是对于许多支柱绝缘子结构，都能达到比规定值更高的操作冲击耐受电压值。

表中给出的耐受电压是按照 GB/T 8287.1—2008 对单柱支柱绝缘子进行试验的要求。这种试验条件有利于得到比使用条件下更高的耐受电压值。这种情况对完整隔离开关更为明显，其实际的耐受值与表中所给的数值有所不同。在此情况下，可选用大于标准高度的绝缘子或使用专用的应力控制金属附件。

4 机械特性

支柱绝缘子机械强度等级按规定弯曲破坏负荷确定。机械强度等级如下：

a) 户内内胶装支柱瓷或玻璃绝缘子

强度等级 2 ………… 2 000 N
强度等级 4 ………… 4 000 N
强度等级 8 ………… 8 000 N
强度等级 16 ………… 16 000 N
强度等级 25 ………… 25 000 N

b) 户内内胶装有机材料支柱绝缘子

强度等级 2 ………… 2 000 N
强度等级 4 ………… 4 000 N
强度等级 8 ………… 8 000 N
强度等级 10 ………… 10 000 N
强度等级 16 ………… 16 000 N
强度等级 25 ………… 25 000 N

c) 户外内胶装圆柱形支柱瓷或玻璃绝缘子

强度等级 2 ………… 2 000 N
强度等级 4 ………… 4 000 N
强度等级 8 ………… 8 000 N
强度等级 16 ………… 16 000 N
强度等级 31.5 ………… 31 500 N

d) 户外外胶装圆柱形支柱瓷或玻璃绝缘子

强度等级 2 ………… 2 000 N
强度等级 4 ………… 4 000 N
强度等级 6 ………… 6 000 N
强度等级 8 ………… 8 000 N
强度等级 10 ………… 10 000 N

强度等级 12.5 ………………………………………………………………… 12 500 N
强度等级 16 ………………………………………………………………… 16 000 N
强度等级 20 ………………………………………………………………… 20 000 N
强度等级 25 ………………………………………………………………… 25 000 N
强度等级 31.5 ………………………………………………………………… 31 500 N
强度等级 40 ………………………………………………………………… 40 000 N

e) 户外针式支柱瓷或玻璃绝缘子
强度等级 A …………………………………………………… 3 000 N～5 000 N
强度等级 B …………………………………………………… 5 000 N～7 500 N
强度等级 C …………………………………………………… 7 500 N～12 000 N
强度等级 D …………………………………………………… 12 000 N～18 000 N
强度等级 E …………………………………………………… 18 000 N～30 000 N

注：d)中所列的等级中仅对强度等级 2～20 绝缘子尺寸作了规定，强度等级 25、31.5 和 40 产品的尺寸有待将来补充。

规定强度等级是按支柱绝缘子直立安装，水平施加负荷于其顶部进行弯曲试验时的最小破坏负荷规定值。除表 5 包含的绝缘子外，当绝缘子倒装时，弯曲强度规定值可能不适用。当绝缘子的重量不可忽略时，其他的安装状态(如水平安装)也影响其强度。因此，非直立安装绝缘子的适宜强度规定值应由供需双方协议。

根据绝缘子的不同型式，可用不同的方法确定沿绝缘子轴线方向不同高度的弯曲强度(见表 1、表 3、表 5、表 7 和表 9 及注)。

也可规定加在绝缘子顶部表面以上 X mm 处的破坏负荷 P_X，此负荷值需由供需双方协议。对于户内绝缘子表中规定了 $P_{50}(X=50\ \text{mm})$的数值。

注：这些值由公式 $P_X=P_0\frac{h}{h+X}$确定，h 为绝缘子的总高。

拉伸或压缩强度不作规定。

扭转强度只对上述 d)和 e)类户外支柱绝缘子有规定。

对于有特殊用途的支柱绝缘子，可能要求另外的机械特性，在这种情况下，机械特性值由供需双方协议。

对上述 b)类有机材料支柱绝缘子有如下规定：

圆形截面绝缘子，规定破坏负荷应在垂直于绝缘子轴线的任意方向施加，否则负荷的施加方向应由供需双方协议。

非圆形截面绝缘子的负荷施加方向应予规定。

除非另有协议，规定破坏负荷应在环境温度下施加。

表 3 列出了在 20%和 50%破坏负荷下偏移量的差值，以便评定有机材料支柱绝缘子的挠曲性能。

5 尺寸特性

尺寸特性规定如下：

——总高度；
——绝缘件的最大公称直径；
——安装结构(见第 6 章)；
——允许偏差；
——最小公称爬电距离(仅对户外支柱绝缘子)。

支柱绝缘子的组成不作规定(见第 3 章)。

支柱绝缘子尺寸的标称值应不大于规定的最大值，也应不小于规定的最小值。绝缘子的实际尺寸应有适宜的制造允许偏差。绝缘子高度的允许偏差列于表1、表3、表5、表7和表9，其余尺寸的允许偏差按照GB/T 8287.1—2008中的5.1，但爬电距离检查中仅需满足负偏差要求的情况除外。

注：考虑到产品品种的发展，未列高度允许偏差可以按照以下公式计算：

当 $h \leqslant 1\,220$ mm时，±1 mm；

当 $h > 1\,220$ mm时，$\pm(1.5+0.001h)$mm，h以mm计。

按照GB/T 8287.1—2008 附录A测量时，端面平行度、上下附件安装孔中心圆轴线间最大偏差和安装孔角度偏差允许偏离的最大值如下：

端面平行度：

当高度 $h \leqslant 1$ m时，为0.5 mm；

当高度 $h > 1$ m时，为 $0.5h$ mm，h以m计。

端面平行度在直径 $D=250$ mm的圆上测量。

上下附件安装孔中心圆轴线间最大偏差：

$2(1+h)$mm，h以m计。

安装孔角度偏差：

1°（顺时针或逆时针方向）。

安装螺孔中心距偏差不应超过±0.5 mm；

安装光孔中心距偏差不应超过±1 mm；

安装螺孔偏差按照GB/T 197—2003中等精度规定；

安装光孔偏差按照GB/T 1800.4—1999中的H16级；

螺孔的螺纹有效长度不应小于公称螺纹直径。

经验表明，对于多元件支柱绝缘子，如果元件符合上述允许偏差，当两个或更多元件叠装时，通常装配时不会有问题。

上述规定值在制造商与用户之间因没有协议而出现争议时使用，而其他值应根据绝缘子使用需达到的精度要求商定。

注：当元件不符合上述允许偏差时，可参照GB/T 8287.1—2008有关条款执行。

在表5和表9中，仅规定了绝缘子的一种最小公称爬电距离。

在表7中，规定了绝缘子的Ⅰ、Ⅱ、Ⅲ和Ⅳ四级最小公称爬电距离。

注：此仅为产品的最小公称爬电距离等级，与现场污秽度等级无直接对应关系，实际选用按IEC 60815的规定。

绝缘子爬电距离在规定尺寸以内可以增加的值，随绝缘子结构和尺寸而异。当要求增大爬电距离时，应由供需双方共同协商，以避免结构不适用于所运行的污秽环境。

6 安装结构

支柱绝缘子及其元件安装结构应符合表1、表3、表5、表7和表9。

安装孔应等间隔分布在与绝缘子轴线同心的安装孔中心圆的圆周上。除非另有规定，上、下附件安装孔中心圆轴线应处于一条直线上，并能安装标准六角螺栓和螺母。

安装螺孔应是标准尺寸，但不大于0.25 mm的扩径情况除外。此孔应能够与镀锌后的标准尺寸的钢质螺栓相匹配。对于户内和户外支柱瓷或玻璃绝缘子，螺孔螺纹全长不应小于螺纹公称直径；对户内有机材料支柱绝缘子，螺孔螺纹全长不应小于螺孔公称直径的1.5倍。镀锌附件上的螺纹可以在镀锌后加工。

螺纹应采用米制。

有机材料绝缘子底部安装面与底部螺纹孔端面间的轴向距离（图2中的尺寸 l）假定为零，在供需双方另有协议时应采用表 5 中最后一栏所提供的数值。

注 1：尽管现使用的绝缘子在运行中其性能符合本部分所规定的特性，但其螺纹也可能为惠氏或美国粗牙螺纹。

注 2：为了提高互换性，元件之间的连接螺栓可随绝缘子提供。

7 标准特性

绝缘子的规定特性列于以下各表：

——户内内胶装支柱瓷或玻璃绝缘子：表 1；

——户内内胶装有机材料支柱绝缘子：表 3；

——户外内胶装圆柱形支柱瓷或玻璃绝缘子：表 5；

——户外外胶装圆柱形支柱瓷或玻璃绝缘子：表 7；

——户外针式支柱瓷或玻璃绝缘子：表 9 和表 11。

——安装结构：表 2、表 4、表 6、表 8 和表 10。

表中具有相同雷电冲击耐受电压的绝缘子归为一组，针式支柱绝缘子元件按型号数字顺序排列。

整柱支柱绝缘子的完整规范是圆柱形支柱绝缘子标准化的基础。

表 9 和表 11 中元件的完整规范是针式支柱绝缘子标准化的基础。整柱针式支柱绝缘子是由一个或多个元件组成。对多于一个元件的组装柱，通常可以用各种方法达到给定的电压和强度值。不同组装的针式支柱绝缘子在某些方面可能不同，例如刚性和无线电干扰性能等。因此，需要由供需双方协议确定最合适的组合方式。针式支柱绝缘子元件的组合示例列于附录 A，也可能有其他组合方式。

8 支柱绝缘子的型号

每类支柱绝缘子都用相应的标志符号表示：

——绝缘子的型式：

户内内胶装支柱瓷或玻璃绝缘子	用符号 J 表示
户内内胶装有机材料支柱绝缘子	用符号 J0 表示
户外内胶装支柱瓷或玻璃绝缘子	用符号 H 表示
户外外胶装圆柱形支柱瓷或玻璃绝缘子	用符号 C 表示
户外针式支柱瓷或玻璃绝缘子元件	用符号 E 表示
户外针式支柱瓷或玻璃绝缘子	用符号 P 表示

——机械强度等级（见第 4 章）：

户内内胶装支柱瓷或玻璃绝缘子	2—4—8—16—25
户内内胶装有机材料支柱绝缘子	2—4—6—8—10—16—25
户外内胶装支柱瓷或玻璃绝缘子	2—4—8—16—31.5
户外外胶装圆柱形支柱瓷或玻璃绝缘子	2—4—6—8—10—12.5—16—20—25—31.5—40
户外针式支柱瓷或玻璃绝缘子	A—B—C—D—E

——爬电距离等级：

户外外胶装圆柱形支柱瓷或玻璃绝缘子	Ⅰ级—Ⅱ级—Ⅲ级—Ⅳ级
——雷电冲击耐受电压(kV)等级	60～3 200

注 1：由于本部分有时包括多种可替代结构，型号并不总能完全确定一种绝缘子。

注 2：针式支柱绝缘子元件不用强度等级和雷电冲击耐受电压表征，而用某一参数表示。

示例：

型号 J4-125 表示：户内支柱瓷或玻璃绝缘子，机械强度等级 4 kN，雷电冲击耐受电压等级 125 kV。

型号 J0 8-60 表示：户内有机材料支柱绝缘子，机械强度等级 8 kN，雷电冲击耐受电压等级 60 kV。

型号 H16-75 表示：户外内胶装支柱瓷或玻璃绝缘子，机械强度等级 16 kN，雷电冲击耐受电压等级 75 kV。

型号 C6-1050-Ⅰ表示：户外外胶装圆柱形支柱瓷或玻璃绝缘子，机械强度等级 6 kN，雷电冲击耐受电压等级 1 050 kV；爬电距离等级Ⅰ级。

型号 PD-1050 表示：户外针式支柱瓷或玻璃绝缘子，机械强度等级 D 级，雷电冲击耐受电压等级 1 050 kV。

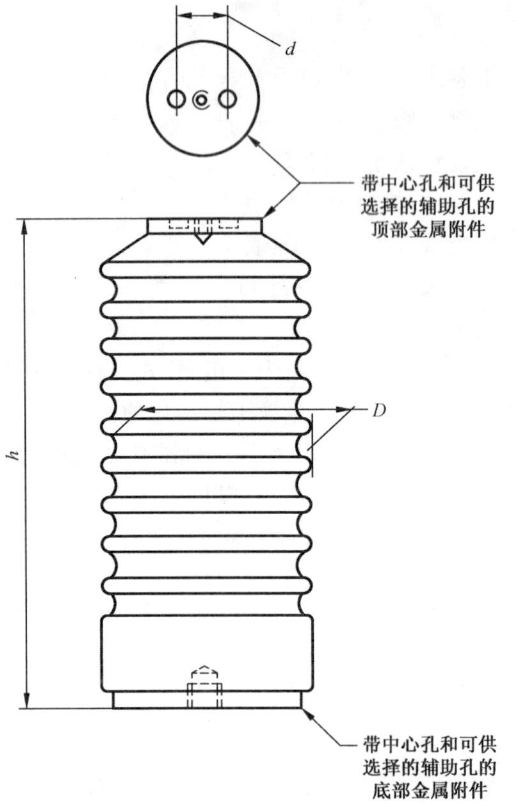

图 1 户内支柱瓷或玻璃绝缘子示例(绝缘件的形状可以不同)

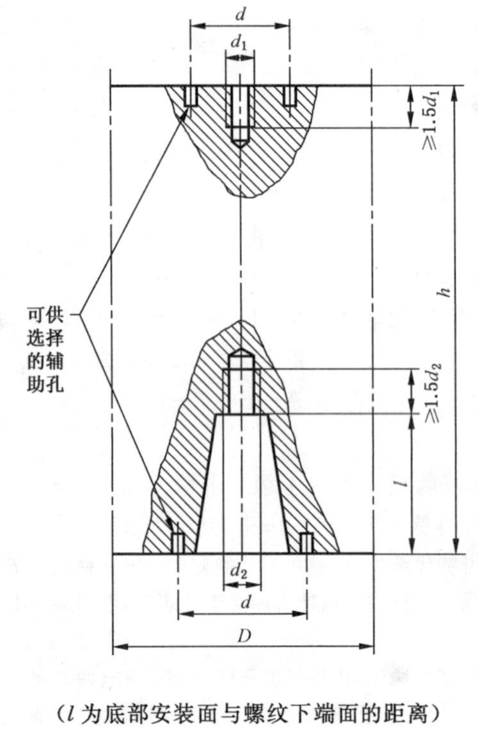

(l 为底部安装面与螺纹下端面的距离)

图 2 户内有机材料支柱绝缘子示例(绝缘件可以有棱或无棱)

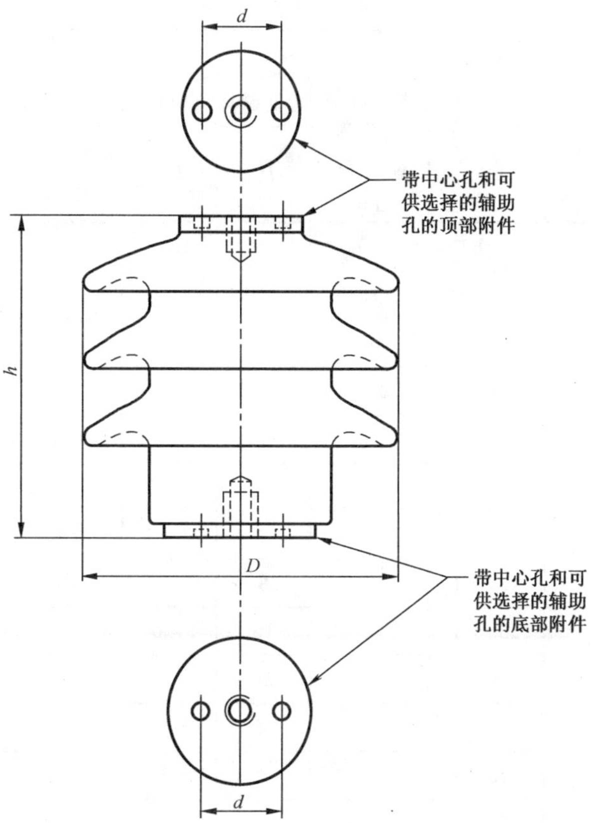

图 3　户外内胶装支柱绝缘子示例(绝缘件形状可以不同)

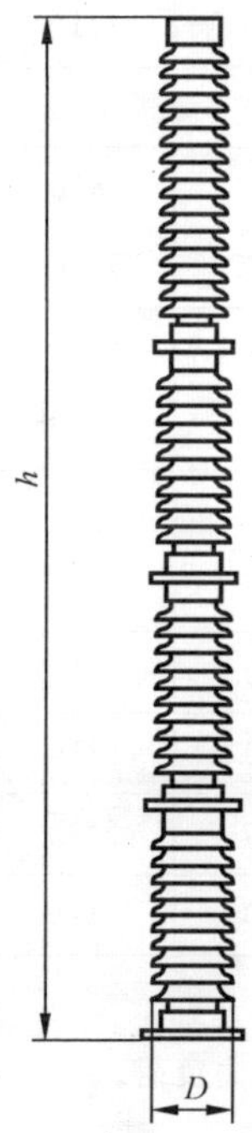

图 4　户外外胶装支柱绝缘子示例

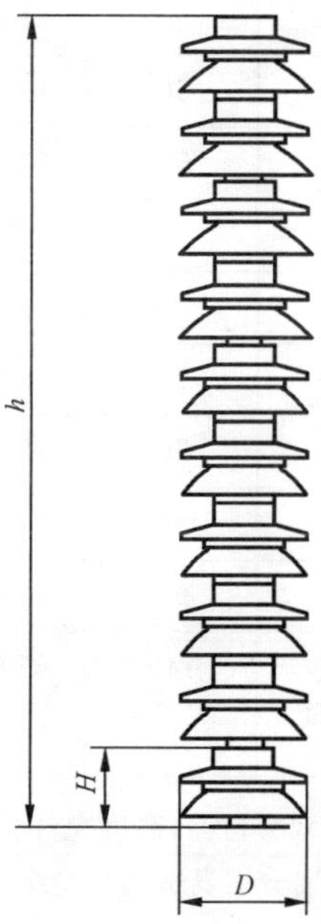

图 5　户外针式支柱绝缘子示例

表 1　户内内胶装支柱瓷或玻璃绝缘子

1	2	3	4	5	6	7	8	9	10	11
型号	雷电冲击耐受电压/kV	工频干耐受电压/kV	高度 h/mm	绝缘件最大公称直径 D/mm	弯曲破坏负荷/kN		顶部金属附件		底部金属附件	
					P_0	P_{50}	最大公称直径/mm	中心孔（螺孔）	最大公称直径/mm	中心孔（螺孔）
J2-60	60	28	95±1	60	2	1.30	40	M12	55	M12
J4-60	60	28	95±1	75	4	2.60	60	M12	70	M16
J8-60	60	28	95±1	85	8	5.20	70	M16	80	M16
J16-60	60	28	95±1	125	16	10.50	95	M16	115	M20
J25-60	60	28	95±1	160	25	16.40	115	M16	140	M20
J2-75	75	38	130±1	60	2	1.45	40	M12	55	M12
J4-75	75	38	130±1	75	4	2.90	60	M12	70	M16
J8-75	75	38	130±1	100	8	5.80	70	M16	95	M16
J16-75	75	38	130±1	125	16	11.60	95	M16	115	M20
J25-75	75	38	130±1	160	25	18.00	115	M16	140	M20
J2-95	95	50	175±1	60	2	1.55	40	M12	55	M12
J4-95	95	50	175±1	80	4	3.10	60	M12	75	M16
J8-95	95	50	175±1	110	8	6.20	70	M16	105	M20
J16-95	95	50	175±1	130	16	12.50	95	M16	120	M20
J25-95	95	50	175±1	170	25	19.50	115	M16	150	M20
J2-125	125	50	210±1	75	2	1.60	40	M12	70	M12
J4-125	125	50	210±1	85	4	3.20	60	M12	80	M16
J8-125	125	50	210±1	125	8	6.45	70	M16	115	M20
J16-125	125	50	210±1	140	16	13.00	95	M16	130	M20
J25-125	125	50	210±1	170	25	20.00	115	M16	150	M24
J2-170	170	70	300±1	75	2	1.70	40	M12	70	M12
J4-170	170	70	300±1	105	4	3.40	60	M12	100	M16
J8-170	170	70	300±1	130	8	6.85	70	M16	120	M24
J16-170	170	70	300±1	160	16	13.70	95	M16	140	M24
J4-250	250	95	500±1	125	4	3.60	70	M12	165	M16
J8-250	250	95	500±1	140	8	7.25	80	M16	180	M24
J4-325	325	140	620±1	130	4	3.70	80	M12	165	M20
J8-325	325	140	620±1	160	8	7.40	80	M16	180	M24

注 1：经供需双方协商，高度允许偏差可允许达到高度的 2%。

注 2：P_0 和 P_{50} 分别表示加在绝缘子顶部表面和高于顶部表面 50 mm 处的弯曲负荷。

$P_{50}=P_0\frac{h}{h+50}$ h 为绝缘子高度，以 mm 计。

注 3：在支柱绝缘子的破坏负荷下，符合规定尺寸螺栓的应力不大于 220 N/mm²。

表 2 顶部和(或)底部金属附件辅助孔

1	2	3	4
型 号	螺 孔	孔的螺纹最小深度/mm	孔中心距 d/mm
J2-60…170	—	—	—
J4-60…325	M6	6	36
J8-60…325	M10	6	46
J16-60…170	M10	6	66
J25-60…125	M10	6	66
注：辅助孔是供选择的，是否需要应由供需双方协议。按协议也可将辅助孔制成光孔。			

表 3 户内内胶装有机材料支柱绝缘子

<table>
<tr><td>1</td><td>2</td><td>3</td><td>4</td><td>5</td><td>6</td><td>7</td><td>8</td><td>9</td><td>10</td><td>11</td></tr>
<tr><td rowspan="2">型号</td><td rowspan="2">雷电冲击耐受电压/kV</td><td rowspan="2">工频干耐受电压/kV</td><td rowspan="2">高度 h/mm</td><td rowspan="2">绝缘件最大公称直径 D/mm</td><td colspan="2">弯曲破坏负荷/kN</td><td rowspan="2">在 20%和 50%额定破坏负荷下绝缘子偏移的最大差值/mm</td><td rowspan="2">顶部附件中心孔（螺孔）d_1</td><td rowspan="2">底部附件中心孔（螺孔）d_2</td><td rowspan="2">底面和底部螺纹下端面间的最大距离 l/mm</td></tr>
<tr><td>P_0</td><td>P_{50}</td></tr>
<tr><td>J02-60</td><td>60</td><td>28</td><td>95±1</td><td>60</td><td>2</td><td>1.30</td><td>1.5</td><td>M12</td><td>M12</td><td>15</td></tr>
<tr><td>J04-60</td><td>60</td><td>28</td><td>95±1</td><td>75</td><td>4</td><td>2.60</td><td>1.5</td><td>M12</td><td>M16</td><td>15</td></tr>
<tr><td>J06-60</td><td>60</td><td>28</td><td>95±1</td><td>80</td><td>6</td><td>3.90</td><td>1.5</td><td>M12</td><td>M16</td><td>15</td></tr>
<tr><td>J08-60</td><td>60</td><td>28</td><td>95±1</td><td>85</td><td>8</td><td>5.20</td><td>1.5</td><td>M16</td><td>M16</td><td>15</td></tr>
<tr><td>J010-60</td><td>60</td><td>28</td><td>95±1</td><td>95</td><td>10</td><td>6.50</td><td>1.5</td><td>M16</td><td>M16</td><td>15</td></tr>
<tr><td>J016-60</td><td>60</td><td>28</td><td>95±1</td><td>125</td><td>16</td><td>10.50</td><td>1.5</td><td>M16</td><td>M20</td><td>15</td></tr>
<tr><td>J025-60</td><td>60</td><td>28</td><td>95±1</td><td>145</td><td>25</td><td>16.40</td><td>1.5</td><td>M16</td><td>M20</td><td>15</td></tr>
<tr><td>J02-75</td><td>75</td><td>38</td><td>130±1</td><td>60</td><td>2</td><td>1.45</td><td>2.0</td><td>M12</td><td>M12</td><td>25</td></tr>
<tr><td>J04-75</td><td>75</td><td>38</td><td>130±1</td><td>75</td><td>4</td><td>2.90</td><td>2.0</td><td>M12</td><td>M16</td><td>25</td></tr>
<tr><td>J06-75</td><td>75</td><td>38</td><td>130±1</td><td>90</td><td>6</td><td>4.35</td><td>2.0</td><td>M12</td><td>M16</td><td>25</td></tr>
<tr><td>J08-75</td><td>75</td><td>38</td><td>130±1</td><td>100</td><td>8</td><td>5.80</td><td>2.0</td><td>M16</td><td>M16</td><td>25</td></tr>
<tr><td>J010-75</td><td>75</td><td>38</td><td>130±1</td><td>105</td><td>10</td><td>7.20</td><td>2.0</td><td>M16</td><td>M20</td><td>25</td></tr>
<tr><td>J016-75</td><td>75</td><td>38</td><td>130±1</td><td>125</td><td>16</td><td>11.60</td><td>2.0</td><td>M16</td><td>M20</td><td>25</td></tr>
<tr><td>J025-75</td><td>75</td><td>38</td><td>130±1</td><td>145</td><td>25</td><td>18.00</td><td>2.0</td><td>M16</td><td>M20</td><td>25</td></tr>
<tr><td>J02-95</td><td>95</td><td>50</td><td>175±1</td><td>60</td><td>2</td><td>1.55</td><td>2.7</td><td>M12</td><td>M12</td><td>35</td></tr>
<tr><td>J04-95</td><td>95</td><td>50</td><td>175±1</td><td>80</td><td>4</td><td>3.10</td><td>2.7</td><td>M12</td><td>M16</td><td>35</td></tr>
<tr><td>J06-95</td><td>95</td><td>50</td><td>175±1</td><td>95</td><td>6</td><td>4.65</td><td>2.7</td><td>M12</td><td>M16</td><td>35</td></tr>
<tr><td>J08-95</td><td>95</td><td>50</td><td>175±1</td><td>110</td><td>8</td><td>6.20</td><td>2.7</td><td>M16</td><td>M20</td><td>35</td></tr>
<tr><td>J010-95</td><td>95</td><td>50</td><td>175±1</td><td>115</td><td>10</td><td>7.80</td><td>2.7</td><td>M16</td><td>M20</td><td>35</td></tr>
<tr><td>J016-95</td><td>95</td><td>50</td><td>175±1</td><td>130</td><td>16</td><td>12.50</td><td>2.7</td><td>M16</td><td>M20</td><td>35</td></tr>
<tr><td>J025-95</td><td>95</td><td>50</td><td>175±1</td><td>155</td><td>25</td><td>19.50</td><td>2.7</td><td>M16</td><td>M20</td><td>35</td></tr>
<tr><td>J02-125</td><td>125</td><td>50</td><td>210±1</td><td>75</td><td>2</td><td>1.60</td><td>3.2</td><td>M12</td><td>M12</td><td>75</td></tr>
<tr><td>J04-125</td><td>125</td><td>50</td><td>210±1</td><td>85</td><td>4</td><td>3.20</td><td>3.2</td><td>M12</td><td>M16</td><td>75</td></tr>
<tr><td>J06-125</td><td>125</td><td>50</td><td>210±1</td><td>105</td><td>6</td><td>4.80</td><td>3.2</td><td>M12</td><td>M16</td><td>75</td></tr>
</table>

表 3（续）

1	2	3	4	5	6	7	8	9	10	11
型号	雷电冲击耐受电压/kV	工频干耐受电压/kV	高度 h / mm	绝缘件最大公称直径 D/ mm	弯曲破坏负荷/kN		在 20%和 50%额定破坏负荷下绝缘子偏移的最大差值/ mm	顶部附件中心孔（螺孔）d_1	底部附件中心孔（螺孔）d_2	底面和底部螺纹下端面间的最大距离 l/ mm
					P_0	P_{50}				
J08-125	125	50	210±1	125	8	6.45	3.2	M16	M20	75
J010-125	125	50	210±1	130	10	8.10	3.2	M16	M20	75
J016-125	125	50	210±1	140	16	13.00	3.2	M16	M20	75
J025-125	125	50	210±1	160	25	20.00	3.2	M16	M24	75
J02-145	145	70	270±1	75	2	1.70	4.0	M12	M12	95
J04-145	145	70	270±1	95	4	3.40	4.0	M12	M16	95
J06-145	145	70	270±1	115	6	5.10	4.0	M12	M16	95
J08-145	145	70	270±1	130	8	6.75	4.0	M16	M20	95
J010-145	145	70	270±1	140	10	8.40	4.0	M16	M20	95
J016-145	145	70	270±1	150	16	13.50	4.0	M16	M24	95
J025-145	145	70	270±1	170	25	21.00	4.0	M16	M24	95
J02-170	170	70	300±1	75	2	1.70	5.0	M12	M12	125
J04-170	170	70	300±1	105	4	3.40	5.0	M12	M16	125
J06-170	170	70	300±1	115	6	5.10	5.0	M12	M16	125
J08-170	170	70	300±1	130	8	6.85	5.0	M16	M24	125
J010-170	170	70	300±1	140	10	8.60	5.0	M16	M24	125
J016-170	170	70	300±1	160	16	13.70	5.0	M16	M24	125
J025-170	170	70	300±1	180	25	21.50	5.0	M16	M30	125
J04-250	250	95	500±1	125	4	3.60	8.0	M12	M16	250
J06-250	250	95	500±1	130	6	5.45	8.0	M12	M24	250
J08-250	250	95	500±1	140	8	7.25	8.0	M16	M24	250
J010-250	250	95	500±1	150	10	9.10	8.0	M16	M24	250
J016-250	250	95	500±1	180	16	14.50	8.0	M16	M24	250
J025-250	250	95	500±1	220	25	22.50	8.0	M20	M30	250
J04-325	325	140	620±1	130	4	3.70	11.0	M12	M20	320
J06-325	325	140	620±1	150	6	5.50	11.0	M12	M24	320
J08-325	325	140	620±1	160	8	7.40	11.0	M16	M24	320
J010-325	325	140	620±1	170	10	9.20	11.0	M16	M24	320
J016-325	325	140	620±1	200	16	14.80	11.0	M20	M30	320
J025-325	325	140	620±1	240	25	23.00	11.0	M20	M30	320

注 1： 当绝缘件不是圆形截面时，绝缘件最大公称直径表示垂直于绝缘件轴线截面的最大尺寸。

注 2：P_0 和 P_{50} 分别表示加在绝缘子顶部表面和高于顶部表面 50 mm 处的弯曲负荷。

$P_{50}=P_0\frac{h}{h+50}$，h 为绝缘子高度，以 mm 计。

注 3：在支柱绝缘子的破坏负荷下，符合规定尺寸螺栓的应力不大于 220 N/mm^2。

表 4 顶部和(或)底部金属附件辅助孔

1	2	3	4
型　号	螺　孔	孔的螺纹最小深度/mm	孔中心距 d/mm
J02-60…170	—	—	—
J04-60…325	M6	6	36
J06-60…325	M6	6	36
J08-60…325	M10	6	46
J010-60…325	M10	6	46
J016-60…325	M10	6	66
J025-60…325	M10	6	66
注：辅助孔是供选择的，是否需要应由供需双方协议。按协议也可将辅助孔制成光孔。			

表 5 户外内胶装圆柱形支柱瓷或玻璃绝缘子

1	2	3	4	5	6	7	8	9
型号	雷电冲击耐受电压/kV	工频湿耐受电压/kV	高度 h/mm	最小公称爬电距离/mm	绝缘件最大公称直径 D/mm	弯曲破坏负荷 P_0/kN	顶部和底部金属附件	
							最大公称直径/mm	中心孔（螺孔）
H2-60	60	20	95±1	220	130	2	55	M12
H4-60	60	20	95±1	220	145	4	70	M16
H8-60	60	20	95±1	220	160	8	80	M16
H16-60	60	20	95±1	220	195	16	115	M20
H31.5-60	60	20	95±1	220	230	31.5	140	M24
H2-75	75	28	130±1	240	130	2	55	M12
H4-75	75	28	130±1	240	145	4	70	M16
H8-75	75	28	130±1	240	170	8	95	M20
H16-75	75	28	130±1	240	195	16	115	M20
H31.5-75	75	28	130±1	240	230	31.5	140	M24
H2-95	95	38	175±1	330	130	2	55	M12
H4-95	95	38	175±1	330	150	4	75	M16
H8-95	95	38	175±1	330	180	8	105	M20
H16-95	95	38	175±1	330	200	16	120	M20
H31.5-95	95	38	175±1	330	240	31.5	150	M24
H2-125	125	50	210±1	430	145	2	70	M12
H4-125	125	50	210±1	430	160	4	80	M16

表 5（续）

1	2	3	4	5	6	7	8	9
型 号	雷电冲击耐受电压/kV	工频湿耐受电压/kV	高度 h/mm	最小公称爬电距离/mm	绝缘件最大公称直径 D/mm	弯曲破坏负荷 P_0/kN	顶部和底部金属附件	
							最大公称直径/mm	中心孔（螺孔）
H8-125	125	50	210±1	430	195	8	115	M20
H16-125	125	50	210±1	430	210	16	130	M24
H31.5-125	125	50	210±1	430	240	31.5	150	M24
H2-170	170	70	300±1	600	145	2	70	M12
H4-170	170	70	300±1	600	180	4	100	M16
H8-170	170	70	300±1	600	200	8	120	M24
H16-170	170	70	300±1	600	230	16	140	M24
H4-250	250	95	500±1	980	230	4	165	M16
H8-250	250	95	500±1	980	230	8	180	M24
H4-325	325	140	620±1	1 200	240	4	165	M20
H8-325	325	140	620±1	1 200	240	8	180	M24

注 1：经供需双方协商，高度允许偏差可允许达到高度的 2%。

注 2：绝缘子倒装的弯曲强度应与正装时一样。

注 3：在支柱绝缘子的破坏负荷下，符合规定尺寸的螺栓应力不大于 220 N/mm²。但对于型号为 H31.5-125 的绝缘子，此应力应不大于 300 N/mm²。

表 6　顶部和(或)底部金属附件辅助孔

1	2	3	4
型　　号	螺　　孔	孔的螺纹最小深度/mm	孔中心距 d/mm
H2-60…170	—	—	—
H4-60…325	M6	6	36
H8-60…325	M10	6	46
H16-60…170	M10	6	66
H31.5-60…125	M10	6	66

注：辅助孔是供选择的，是否需要应由供需双方协议。按协议也可将辅助孔制成光孔。

表 7　户外外胶装圆柱形支柱瓷或玻璃绝缘子

1	2	3	4	5	6	7	8	9	10	11	12	13	14
型号	雷电冲击耐受电压/kV	操作冲击湿耐受电压/kV	工频湿耐受电压/kV	高度 h/mm	最小公称爬电距离/mm				绝缘件最大公称直径 D/mm	机械破坏负荷		顶部金属附件安装孔中心圆直径/mm	底部金属附件安装孔中心圆直径/mm
					Ⅰ	Ⅱ	Ⅲ	Ⅳ		弯曲 P_0/kN	扭转/(kN·m)		
C4-60	60	—	20	190±1	120	150	180	230	175	4	0.6	76	76
C6-60	60	—	20	190±1	120	150	180	230	175	6	0.6	76	76
C8-60	60	—	20	190±1	120	150	180	230	185	8	0.8	76	76
C10-60	60	—	20	190±1	120	150	180	230	185	10	1	76	76
C4-75	75	—	28	215±1	200	240	300	380	180	4	0.6	76	76
C6-75	75	—	28	215±1	200	240	300	380	180	6	0.6	76	76
C8-75	75	—	28	215±1	200	240	300	380	190	8	0.8	76	76
C10-75	75	—	28	215±1	200	240	300	380	190	10	1	76	76
C4-95	95	—	38	255±1	280	350	440	550	220	4	0.8	76	76
C6-95	95	—	38	255±1	280	350	440	550	220	6	0.8	76	76
C8-95	95	—	38	255±1	280	350	440	550	220	8	1.2	76	76
C10-95	95	—	38	255±1	280	350	440	550	240	10	1.2	76	76
C12.5-95	95	—	38	255±1	280	350	440	550	240	12.5	1.8	76	76
C4-125	125	—	50	305±1	390	480	600	—	230	4	0.8	76	76
C6-125	125	—	50	305±1	390	480	600	—	230	6	0.8	76	76
C8-125	125	—	50	305±1	390	480	600	—	230	8	1.2	76	76
C10-125	125	—	50	305±1	390	480	600	—	250	10	1.2	76	76
C12.5-125	125	—	50	305±1	390	480	600	—	250	12.5	2	76	76
C4-150	150	—	50	355±1	440	540	680	850	230	4	1	76	76
C6-150	150	—	50	355±1	440	540	680	850	230	6	1.2	76	76

表 7（续）

1	2	3	4	5	6	7	8	9	10	11	12	13	14
型号	雷电冲击耐受电压/kV	操作冲击湿耐受电压/kV	工频湿耐受电压/kV	高度 h/mm	最小公称爬电距离/mm				绝缘件最大公称直径 D/mm	机械破坏负荷		顶部金属附件安装孔中心圆直径/mm	底部金属附件安装孔中心圆直径/mm
					Ⅰ	Ⅱ	Ⅲ	Ⅳ		弯曲 P_0/kN	扭转/(kN·m)		
C8-150	150	—	50	355±1	440	540	680	850	230	8	1.5	76	76
C10-150	150	—	50	355±1	440	540	680	850	260	10	1.8	76	76
C12.5-150	150	—	50	355±1	440	540	680	850	260	12.5	2.5	76	76
C4-170	170	—	70	445±1	580	720	900	1 120	240	4	1.2	76	76
C6-170	170	—	70	445±1	580	720	900	1 120	240	6	1.5	76	76
C8-170	170	—	70	445±1	580	720	900	1 120	240	8	2	76	76
C10-170	170	—	70	445±1	580	720	900	1 120	260	10	2.5	76	76
C12.5-170	170	—	70	445±1	580	720	900	1 120	260	12.5	3	127	127
C4-200	200	—	70	475±1	650	810	1 020	1 270	250	4	1.2	76	76
C6-200	200	—	70	475±1	650	810	1 020	1 270	250	6	1.8	76	76
C8-200	200	—	70	475±1	650	810	1 020	1 270	250	8	2	76	76
C10-200	200	—	70	475±1	650	810	1 020	1 270	270	10	2.5	76	76
C12.5-200	200	—	70	475±1	650	810	1 020	1 270	270	12.5	3	127	127
C4-250	250	—	95	560±1	840	1 040	1 300	1 620	250	4	1.8	76 或 127	76 或 127
C6-250	250	—	95	560±1	840	1 040	1 300	1 620	250	6	2	76 或 127	76 或 127
C8-250	250	—	95	560±1	840	1 040	1 300	1 620	250	8	2.5	127	127
C10-250	250	—	95	560±1	840	1 040	1 300	1 620	270	10	3	127	127
C12.5-250	250	—	95	560±1	840	1 040	1 300	1 620	270	12.5	4	127	127
C2-325	325	—	140	770±1	1 160	1 450	1 820	2 260	260	2	1.2	127	127
C4-325	325	—	140	770±1	1 160	1 450	1 820	2 260	260	4	2	127	127

表 7（续）

1	2	3	4	5	6	7	8	9	10	11	12	13	14
型号	雷电冲击耐受电压/kV	操作冲击湿耐受电压/kV	工频湿耐受电压/kV	高度 h/mm	最小公称爬电距离/mm				绝缘件最大公称直径 D/mm	机械破坏负荷		顶部金属附件安装孔中心圆直径/mm	底部金属附件安装孔中心圆直径/mm
					Ⅰ	Ⅱ	Ⅲ	Ⅳ		弯曲 P_0/kN	扭转/(kN·m)		
C6-325	325	—	140	770±1	1 160	1 450	1 820	2 260	260	6	2.5	127	127
C8-325	325	—	140	770±1	1 160	1 450	1 820	2 260	260	8	3	127	127
C10-325	325	—	140	770±1	1 160	1 450	1 820	2 260	280	10	4	127	127
C12.5-325	325	—	140	770±1	1 160	1 450	1 820	2 260	280	12.5	4	127	127
C16-325	325	—	140	770±1	1 160	1 450	1 820	2 260	300	16	5	127	225
C20-325	325	—	140	770±1	1 160	1 450	1 820	2 260	310	20	6	127	254
C2-450	450	—	185	1 020±1	1 600	2 000	2 500	3 100	250	2	1.8	127	127
C4-450	450	—	185	1 020±1	1 600	2 000	2 500	3 100	250	4	2.5	127	127 或 178
C6-450	450	—	185	1 020±1	1 600	2 000	2 500	3 100	260	6	3.5	127	127 或 178
C8-450	450	—	185	1 020±1	1 600	2 000	2 500	3 100	280	8	4	127	127 或 200
C10-450	450	—	185	1 020±1	1 600	2 000	2 500	3 100	290	10	4	127	127 或 225
C12.5-450	450	—	185	1 020±1	1 600	2 000	2 500	3 100	300	12.5	6	127	225
C16-450	450	—	185	1 020±1	1 600	2 000	2 500	3 100	310	16	6	127	254
C20-450	450	—	185	1 020±1	1 600	2 000	2 500	3 100	310	20	6	127	254
C2-550	550	—	230	1 220±1	2 020	2 520	3 150	3 910	300	2	2	127	127
C4-550	550	—	230	1 220±1	2 020	2 520	3 150	3 910	300	4	3	127	127 或 178
C6-550	550	—	230	1 220±1	2 020	2 520	3 150	3 910	300	6	4	127	127 或 200
C8-550	550	—	230	1 220±1	2 020	2 520	3 150	3 910	300	8	4	127	127 或 200
C10-550	550	—	230	1 220±1	2 020	2 520	3 150	3 910	350	10	4	127	127 或 225
C12.5-550	550	—	230	1 220±1	2 020	2 520	3 150	3 910	350	12.5	6	127	254

表 7（续）

1	2	3	4	5	6	7	8	9	10	11	12	13	14
型号	雷电冲击耐受电压/kV	操作冲击湿耐受电压/kV	工频湿耐受电压/kV	高度 h/mm	最小公称爬电距离/mm				绝缘件最大公称直径 D/mm	机械破坏负荷		顶部金属附件安装孔中心圆直径/mm	底部金属附件安装孔中心圆直径/mm
					Ⅰ	Ⅱ	Ⅲ	Ⅳ		弯曲 P_0/kN	扭转/(kN·m)		
C16-550	550	—	230	1 220±1	2 020	2 520	3 150	—	350	16	6	127	254
C20-550	550	—	230	1 220±1	2 020	2 520	3 150	—	350	20	6	127	275
C2-650	650	—	275	1 500±2.5	2 320	2 900	3 630	4 510	350	2	2	127	127 或 178
C4-650	650	—	275	1 500±2.5	2 320	2 900	3 630	4 510	350	4	3	127	127 或 200
C6-650	650	—	275	1 500±2.5	2 320	2 900	3 630	4 510	350	6	3	127	127 或 200
C8-650	650	—	275	1 500±2.5	2 320	2 900	3 630	4 510	350	8	4	127 或 225	127 或 225
C10-650	650	—	275	1 500±2.5	2 320	2 900	3 630	4 510	400	10	4	127 或 225	254
C12.5-650	650	—	275	1 500±2.5	2 320	2 900	3 630	4 510	400	12.5	6	127 或 225	254
C16-650	650	—	275	1 500±2.5	2 320	2 900	3 630	4 510	400	16	6	225	275
C20-650	650	—	275	1 500±2.5	2 320	2 900	3 630	4 510	420	20	6	225	300
C2-750	750	—	325	1 700±2.5	2 720	3 400	4 250	5 270	350	2	2	127	127 或 178
C4-750	750	—	325	1 700±2.5	2 720	3 400	4 250	5 270	350	4	3	127	127 或 200
C6-750	750	—	325	1 700±2.5	2 720	3 400	4 250	5 270	350	6	3	127 或 225	127 或 225
C8-750	750	—	325	1 700±2.5	2 720	3 400	4 250	5 270	350	8	4	127 或 225	127 或 225
C10-750	750	—	325	1 700±2.5	2 720	3 400	4 250	5 270	400	10	4	127 或 225	254
C12.5-750	750	—	325	1 700±2.5	2 720	3 400	4 250	5 270	400	12.5	6	127 或 225	254
C16-750	750	—	325	1 700±2.5	2 720	3 400	4 250	5 270	400	16	6	225 或 254	275
C20-750	750	—	325	1 700±2.5	2 720	3 400	4 250	5 270	420	20	6	225 或 254	300
C4-850	850	—	360	1 900±3.5	3 270	4 080	5 100	6 330	400	4	3	127	200
C6-850	850	—	360	1 900±3.5	3 270	4 080	5 100	6 330	400	6	3	127 或 225	225

表 7（续）

1	2	3	4	5	6	7	8	9	10	11	12	13	14
型号	雷电冲击耐受电压/kV	操作冲击湿耐受电压/kV	工频湿耐受电压/kV	高度 h/mm	最小公称爬电距离/mm				绝缘件最大公称直径 D/mm	机械破坏负荷		顶部金属附件安装孔中心圆直径/mm	底部金属附件安装孔中心圆直径/mm
					Ⅰ	Ⅱ	Ⅲ	Ⅳ		弯曲 P_0/kN	扭转/(kN·m)		
C8-850	850	—	360	1 900±3.5	3 270	4 080	5 100	6 330	400	8	4	127 或 225	254
C10-850	850	—	360	1 900±3.5	3 270	4 080	5 100	6 330	400	10	4	127 或 225	254
C12.5-850	850	—	360	1 900±3.5	3 270	4 080	5 100	6 330	400	12.5	6	127 或 225 或 254	254
C16-850	850	—	360	1 900±3.5	3 270	4 080	5 100	6 330	400	16	6	225 或 254	275
C20-850	850	—	360	1 900±3.5	3 270	4 080	5 100	6 330	420	20	6	225 或 254	300
C4-950	950	750	395	2 100±3.5	4 040	5 040	6 300	—	450	4	3	127	200
C6-950	950	750	395	2 100±3.5	4 040	5 040	6 300	—	450	6	3	127 或 225	225
C8-950	950	750	395	2 100±3.5	4 040	5 040	6 300	—	450	8	4	127 或 225	254
C10-950	950	750	395	2 100±3.5	4 040	5 040	6 300	—	450	10	4	127 或 225	254
C12.5-950	950	750	395	2 100±3.5	4 040	5 040	6 300	—	450	12.5	6	127 或 225 或 254	275
C16-950	950	750	395	2 100±3.5	4 040	5 040	6 300	—	450	16	6	225 或 254	300
C20-950	950	750	395	2 100±3.5	4 040	5 040	6 300	—	450	20	6	225 或 254	325
C4-1050	1 050	750	460	2 300±3.5	4 040	5 040	6 300	7 820	450	4	3	127	200
C6-1050	1 050	750	460	2 300±3.5	4 040	5 040	6 300	7 820	450	6	3	127 或 225	225
C8-1050	1 050	750	460	2 300±3.5	4 040	5 040	6 300	7 820	450	8	4	127 或 225	254
C10-1050	1 050	750	460	2 300±3.5	4 040	5 040	6 300	7 820	450	10	4	127 或 225	275
C12.5-1050	1 050	750	460	2 300±3.5	4 040	5 040	6 300	—	450	12.5	6	127 或 225 或 254	275
C16-1050	1 050	750	460	2 300±3.5	4 040	5 040	6 300	—	450	16	6	225 或 254	300
C20-1050	1 050	750	460	2 300±3.5	4 040	5 040	6 300	—	450	20	6	225 或 254	325
C4-1175	1 175	850	—	2 650±4.5	4 800	6 000	7 500	—	450	4	3	127 或 225	225

表 7（续）

1	2	3	4	5	6	7	8	9	10	11	12	13	14
型号	雷电冲击耐受电压/kV	操作冲击湿耐受电压/kV	工频湿耐受电压/kV	高度 h/mm	最小公称爬电距离/mm				绝缘件最大公称直径 D/mm	机械破坏负荷		顶部金属附件安装孔中心圆直径/mm	底部金属附件安装孔中心圆直径/mm
					Ⅰ	Ⅱ	Ⅲ	Ⅳ		弯曲 P_0/kN	扭转/(kN·m)		
C6-1175	1 175	850	—	2 650±4.5	4 800	6 000	7 500	—	450	6	3	127 或 225	254
C8-1175	1 175	850	—	2 650±4.5	4 800	6 000	7 500	—	450	8	4	127 或 225	254
C10-1175	1 175	850	—	2 650±4.5	4 800	6 000	7 500	—	450	10	4	127 或 225	275
C12.5-1175	1 175	850	—	2 650±4.5	4 800	6 000	7 500	—	450	12.5	6	127 或 225 或 254	300
C16-1175	1 175	850	—	2 650±4.5	4 800	6 000	7 500	—	450	16	6	225 或 254	325
C20-1175	1 175	850	—	2 650±4.5	4 800	6 000	7 500	—	450	20	6	225 或 254	356
C4-1300	1 300	950	—	2 900±4.5	5 810	7 260	9 080	—	450	4	3	127 或 225	225
C6-1300	1 300	950	—	2 900±4.5	5 810	7 260	9 080	—	450	6	3	127 或 225	254
C8-1300	1 300	950	—	2 900±4.5	5 810	7 260	9 080	—	450	8	4	127 或 225	275
C10-1300	1 300	950	—	2 900±4.5	5 810	7 260	9 080	—	450	10	4	127 或 225	275
C12.5-1300	1 300	950	—	2 900±4.5	5 810	7 260	9 080	—	450	12.5	6	127 或 225 或 254	300
C16-1300	1 300	950	—	2 900±4.5	5 810	7 260	9 080	—	450	16	6	225 或 254	325
C20-1300	1 300	950	—	2 900±4.5	5 810	7 260	9 080	—	450	20	6	225 或 254	356
C4-1425	1 425	950	—	3 150±4.5	5 810	7 260	9 080	—	450	4	3	127 或 225	225
C6-1425	1 425	950	—	3 150±4.5	5 810	7 260	9 080	—	450	6	3	127 或 225	254
C8-1425	1 425	950	—	3 150±4.5	5 810	7 260	9 080	—	450	8	4	127 或 225	275
C10-1425	1 425	950	—	3 150±4.5	5 810	7 260	9 080	—	450	10	4	127 或 225	300
C12.5-1425	1 425	950	—	3 150±4.5	5 810	7 260	9 080	—	450	12.5	6	127 或 225 或 254	325
C16-1425	1 425	950	—	3 150±4.5	5 810	7 260	9 080	—	450	16	6	225 或 254	356
C20-1425	1 425	950	—	3 150±4.5	5 810	7 260	9 080	—	450	20	6	225 或 254	356

表 7（续）

1	2	3	4	5	6	7	8	9	10	11	12	13	14
型号	雷电冲击耐受电压/kV	操作冲击湿耐受电压/kV	工频湿耐受电压/kV	高度 h/mm	最小公称爬电距离/mm				绝缘件最大公称直径 D/mm	机械破坏负荷		顶部金属附件安装孔中心圆直径/mm	底部金属附件安装孔中心圆直径/mm
					Ⅰ	Ⅱ	Ⅲ	Ⅳ		弯曲 P_0/kN	扭转/(kN·m)		
C4-1550	1 550	1 050	—	3 350±4.5	5 810	7 260	9 080	11 260	450	4	3	127 或 225	225
C6-1550	1 550	1 050	—	3 350±4.5	5 810	7 260	9 080	11 260	450	6	3	127 或 225	254
C8-1550	1 550	1 050	—	3 350±4.5	5 810	7 260	9 080	11 260	450	8	4	127 或 225	275
C10-1550	1 550	1 050	—	3 350±4.5	5 810	7 260	9 080	11 260	450	10	4	127 或 225	300
C12.5-1550	1 550	1 050	—	3 350±4.5	5 810	7 260	9 080	11 260	450	12.5	6	127 或 225 或 254	325
C16-1550	1 550	1 050	—	3 350±4.5	5 810	7 260	9 080	11 260	450	16	6	225 或 254	356
C20-1550	1 550	1 050	—	3 350±4.5	5 810	7 260	9 080	11 260	450	20	6	225 或 254	356
C4-1675	1675	1 050	—	3 650±5.5	6 720	8 400	10 500	—	450	4	3	127 或 225	254
C6-1675	1675	1 050	—	3 650±5.5	6 720	8 400	10 500	—	450	6	3	127 或 225	275
C8-1675	1675	1 050	—	3 650±5.5	6 720	8 400	10 500	—	450	8	4	127 或 225	300
C10-1675	1675	1 050	—	3 650±5.5	6 720	8 400	10 500	—	450	10	4	127 或 225	300
C12.5-1675	1675	1 050	—	3 650±5.5	6 720	8 400	10 500	—	450	12.5	6	225 或 254	325
C16-1675	1675	1 050	—	3 650±5.5	6 720	8 400	10 500	—	450	16	6	225 或 254	356
C20-1675	1675	1 050	—	3 650±5.5	6 720	8 400	10 500	—	450	20	6	225 或 254	375
C4-1800	1 800	1 175	—	4 000±5.5	8 400	10 500	13 130	—	450	4	3	225 或 254	254
C6-1800	1 800	1 175	—	4 000±5.5	8 400	10 500	13 130	—	450	6	3	225 或 254	275
C8-1800	1 800	1 175	—	4 000±5.5	8 400	10 500	13 130	—	450	8	4	225 或 254	300
C10-1800	1 800	1 175	—	4 000±5.5	8 400	10 500	13 130	—	450	10	4	225 或 254	325
C12.5-1800	1 800	1 175	—	4 000±5.5	8 400	10 500	—	—	450	12.5	6	225 或 254	356
C16-1800	1 800	1 175	—	4 000±5.5	8 400	10 500	—	—	450	16	6	225 或 254	356

表 7（续）

1	2	3	4	5	6	7	8	9	10	11	12	13	14
型号	雷电冲击耐受电压/kV	操作冲击湿耐受电压/kV	工频湿耐受电压/kV	高度 h/mm	最小公称爬电距离/mm				绝缘件最大公称直径 D/mm	机械破坏负荷		顶部金属附件安装孔中心圆直径/mm	底部金属附件安装孔中心圆直径/mm
					Ⅰ	Ⅱ	Ⅲ	Ⅳ		弯曲 P_0/kN	扭转/(kN·m)		
C20-1800	1 800	1 175	—	4 000±5.5	8 400	10 500	—	—	450	20	6	225 或 254	375
C4-1950	1950	1 300	—	4 400±5.5	8 800	11 000	13 750	—	450	4	3	225 或 254	254
C6-1950	1950	1 300	—	4 400±5.5	8 800	11 000	13 750	—	450	6	3	225 或 254	275
C8-1950	1950	1 300	—	4 400±5.5	8 800	11 000	13 750	—	450	8	4	225 或 254	300
C10-1950	1950	1 300	—	4 400±5.5	8 800	11 000	13 750	—	450	10	4	225 或 254	325
C12.5-1950	1950	1 300	—	4 400±5.5	8 800	11 000	13 750	—	450	12.5	6	225 或 254	356
C16-1950	1950	1 300	—	4 400±5.5	8 800	11 000	13 750	—	450	16	6	225 或 254	356
C20-1950	1950	1 300	—	4 400±5.5	8 800	11 000	13 750	—	450	20	6	225 或 254	375
C4-2100	2 100	1 300	—	4 700±5.5	8 800	11 000	13 750	—	450	4	3	225 或 254	254
C6-2100	2 100	1 300	—	4 700±5.5	8 800	11 000	13 750	—	450	6	3	225 或 254	275
C8-2100	2 100	1 300	—	4 700±5.5	8 800	11 000	13 750	—	450	8	4	225 或 254	300
C10-2100	2 100	1 300	—	4 700±5.5	8 800	11 000	13 750	—	450	10	4	225 或 254	325
C12.5-2100	2 100	1 300	—	4 700±5.5	8 800	11 000	13 750	—	450	12.5	6	225 或 254	356
C16-2100	2 100	1 300	—	4 700±5.5	8 800	11 000	13 750	—	450	16	6	254	356
C20-2100	2 100	1 300	—	4 700±5.5	8 800	11 000	13 750	—	450	20	6	254	375
C4-2250	2 250	1 425	—	5 000±6.5	8 800	11 000	13 750	17 060	450	4	3	225 或 254	254
C6-2250	2 250	1 425	—	5 000±6.5	8 800	11 000	13 750	17 060	450	6	3	225 或 254	300
C8-2250	2 250	1 425	—	5 000±6.5	8 800	11 000	13 750	17 060	450	8	4	225 或 254	325
C10-2250	2 250	1 425	—	5 000±6.5	8 800	11 000	13 750	17 060	450	10	4	225 或 254	356
C12.5-2250	2 250	1 425	—	5 000±6.5	8 800	11 000	13 750	—	450	12.5	6	225 或 254	356

表 7（续）

1	2	3	4	5	6	7	8	9	10	11	12	13	14
型号	雷电冲击耐受电压/kV	操作冲击湿耐受电压/kV	工频湿耐受电压/kV	高度 h/mm	最小公称爬电距离/mm				绝缘件最大公称直径 D/mm	机械破坏负荷		顶部金属附件安装孔中心圆直径/mm	底部金属附件安装孔中心圆直径/mm
					Ⅰ	Ⅱ	Ⅲ	Ⅳ		弯曲 P_0/kN	扭转/(kN·m)		
C16-2250	2 250	1 425	—	5 000±6.5	8 800	11 000	13 750	—	450	16	6	254	375
C20-2250	2 250	1 425	—	5 000±6.5	8 800	11 000	13 750	—	450	20	6	254	400
C4-2400	2 400	1 425	—	5 300±6.5	8 800	11 000	13 750	17 060	450	4	3	225 或 254	254
C6-2400	2 400	1 425	—	5 300±6.5	8 800	11 000	13 750	17 060	450	6	3	225 或 254	300
C8-2400	2 400	1 425	—	5 300±6.5	8 800	11 000	13 750	17 060	450	8	4	225 或 254	325
C10-2400	2 400	1 425	—	5 300±6.5	8 800	11 000	13 750	17 060	450	10	4	225 或 254	356
C12.5-2400	2 400	1 425	—	5 300±6.5	8 800	11 000	13 750	17 060	450	12.5	6	225 或 254	356
C16-2400	2 400	1 425	—	5 300±6.5	8 800	11 000	13 750	17 060	450	16	6	254	375
C20-2400	2 400	1 425	—	5 300±6.5	8 800	11 000	13 750	17 060	450	20	6	254	400
C4-2550	2 550	1 550	—	5 700±6.5	12 240	15 300	19 130	—	450	4	3	225 或 254	275
C6-2550	2 550	1 550	—	5 700±6.5	12 240	15 300	19 130	—	450	6	3	225 或 254	300
C8-2550	2 550	1 550	—	5 700±6.5	12 240	15 300	19 130	—	450	8	4	225 或 254	325
C10-2550	2 550	1 550	—	5 700±6.5	12 240	15 300	19 130	—	450	10	4	225 或 254	356
C12.5-2550	2 550	1 550	—	5 700±6.5	12 240	15 300	19 130	—	450	12.5	6	254	375
C16-2550	2 550	1 550	—	5 700±6.5	12 240	15 300	19 130	—	450	16	6	275	400
C4-2650	2 650	1650	—	6 300±7.5	12 800	16 000	20 000	—	450	4	3	127 或 275	300
C6-2650	2 650	1650	—	6 300±7.5	12 800	16 000	20 000	—	450	6	3	127 或 275	300
C8-2650	2 650	1650	—	6 300±7.5	12 800	16 000	20 000	—	450	8	4	127 或 275	325
C10-2650	2 650	1650	—	6 300±7.5	12 800	16 000	20 000	—	450	10	4	127 或 275	356
C12.5-2650	2 650	1650	—	6 300±7.5	12 800	16 000	20 000	—	450	12.5	6	127 或 275	375

表 7（续）

1	2	3	4	5	6	7	8	9	10	11	12	13	14
型号	雷电冲击耐受电压/kV	操作冲击湿耐受电压/kV	工频湿耐受电压/kV	高度 h/mm	最小公称爬电距离/mm				绝缘件最大公称直径 D/mm	机械破坏负荷		顶部金属附件安装孔中心圆直径/mm	底部金属附件安装孔中心圆直径/mm
					Ⅰ	Ⅱ	Ⅲ	Ⅳ		弯曲 P_0/kN	扭转/(kN·m)		
C16-2650	2 650	1650	—	6 300±7.5	12 800	16 000	20 000	—	450	16	6	127 或 275	400
C4-2750	2750	1 700	—	6 800±8.0	12 800	16 000	20 000	—	450	4	3	127 或 275	300
C6-2750	2750	1 700	—	6 800±8.0	12 800	16 000	20 000	—	450	6	3	127 或 275	325
C8-2750	2750	1 700	—	6 800±8.0	12 800	16 000	20 000	—	450	8	4	127 或 275	356
C10-2750	2750	1 700	—	6 800±8.0	12 800	16 000	20 000	—	450	10	4	127 或 275	356
C12.5-2750	2750	1 700	—	6 800±8.0	12 800	16 000	20 000	—	450	12.5	6	127 或 275	375
C16-2750	2750	1 700	—	6 800±8.0	12 800	16 000	20 000	—	450	16	6	127 或 275	400
C4-2850	2850	1750	—	7 200±8.5	12 800	16 000	20 000	—	450	4	3	127 或 275	300
C6-2850	2850	1750	—	7 200±8.5	12 800	16 000	20 000	—	450	6	3	127 或 275	325
C8-2850	2850	1750	—	7 200±8.5	12 800	16 000	20 000	—	450	8	4	127 或 275	356
C10-2850	2850	1750	—	7 200±8.5	12 800	16 000	20 000	—	450	10	4	127 或 275	356
C12.5-2850	2850	1750	—	7 200±8.5	12 800	16 000	20 000	—	450	12.5	6	127 或 275	375
C16-2850	2850	1750	—	7 200±8.5	12 800	16 000	20 000	—	450	16	6	127 或 275	400
C4-3000	3000	1 800	—	8 400±9.5	17 600	22 000	27 500	—	500	4	3	127 或 275	300
C6-3000	3000	1 800	—	8 400±9.5	17 600	22 000	27 500	—	500	6	3	127 或 275	325
C8-3000	3000	1 800	—	8 400±9.5	17 600	22 000	27 500	—	500	8	4	127 或 275	356
C10-3000	3000	1 800	—	8 400±9.5	17 600	22 000	27 500	—	500	10	4	127 或 275	375
C12.5-3000	3000	1 800	—	8 400±9.5	17 600	22 000	27 500	—	500	12.5	6	127 或 275	400
C16-3000	3000	1 800	—	8 400±9.5	17 600	22 000	27 500	—	500	16	6	127 或 300	400
C4-3200	3200	1950	—	10 000±11.5	17 600	22 000	27 500	—	500	4	3	127 或 275	300

表 7（续）

1	2	3	4	5	6	7	8	9	10	11	12	13	14
型号	雷电冲击耐受电压/kV	操作冲击湿耐受电压/kV	工频湿耐受电压/kV	高度 h/mm	最小公称爬电距离/mm				绝缘件最大公称直径 D/mm	机械破坏负荷		顶部金属附件安装孔中心圆直径/mm	底部金属附件安装孔中心圆直径/mm
					Ⅰ	Ⅱ	Ⅲ	Ⅳ		弯曲 P_0/kN	扭转/(kN·m)		
C6-3200	3200	1950	—	10 000±11.5	17 600	22 000	27 500	—	500	6	3	127 或 275	325
C8-3200	3200	1950	—	10 000±11.5	17 600	22 000	27 500	—	500	8	4	127 或 275	356
C10-3200	3200	1950	—	10 000±11.5	17 600	22 000	27 500	—	500	10	4	127 或 275	375
C12.5-3200	3200	1950	—	10 000±11.5	17 600	22 000	27 500	—	500	12.5	6	127 或 300	400 或 425
C16-3200	3200	1950	—	10 000±11.5	17 600	22 000	27 500	—	500	16	6	127 或 300	425 或 450

注 1：对每一绝缘子高度参照 IEC 60815(TDS 文件)提出的统一爬电比距计算列出四个爬电距离等级，以便使用者选取。最小公称爬电距离栏中标识为“—”的，表示按计算的爬电距离算得的爬电系数大于 IEC 60815 的规定，不推荐采用。

注 2：当污秽条件和绝缘子结构需要时，经供需双方协议绝缘件最大公称直径可以增加。

注 3：绝缘子顶部金属附件应能耐受最小弯矩 M：对 C4-60 至 C20-650 型绝缘子 $M=0.5P_0h$；对 C2-750 至 C16-3200 型绝缘子 $M=0.2P_0h$；其中 P_0 为最小破坏负荷，h 为产品的高度。定货时供方应要求需方说明，是否要求绝缘子的弯矩 M 从顶部到底部按 P_0h 线性增大。

注 4：对于产品的某些用途，如旋转式隔离开关，由供需双方商定，需要的扭转强度可能更高。

注 5：一般情况下绝缘子的安装结构应从表 8 中选择，但是经供需双方协议，也可采用不同于表中所列的安装结构。
在绝缘子的破坏负荷下，符合规定尺寸的螺栓应力不超过 400 N/mm^2。
底部金属附件安装孔中心圆直径不能小于顶部金属附件安装孔中心圆直径。

表 8　户外外胶装圆柱形支柱绝缘子安装结构

1	2	3	4	5
安装孔中心圆直径/mm	螺　栓　数	螺　栓　孔		安装面最大公称直径/mm
		螺　　孔	光孔 ϕ/mm	
76	4	M12	—	115
127	4	M16	—	165
178	4	—	18	225
200	4	—	18	245
225	4	—	18	270
254	8	—	18	300
275	8	—	18	320
300	8	—	18	345
325	8	—	18	370
356	8 或 12	—	18 或 22	400
375	8 或 12	—	18 或 22	420
400	8 或 12	—	22 或 26	450
425	12	—	22 或 26	475
450	12 或 16	—	22 或 26	500

表 9　户外针式支柱绝缘子元件

1	2	3	4	5	6	7	8	9	10	11
型号	雷电冲击耐受电压/kV	工频湿耐受电压/kV	元件高度±0.7 mm h/mm	最小公称爬电距离/mm	绝缘件最大公称直径 D/mm	破坏负荷			顶部金属附件安装孔中心圆直径/mm	底部金属附件安装孔中心圆直径/mm
						弯曲/kN		扭转/(kN·m)		
						正装	倒装			
E30	60	20	152	127	152	6.7	4.0	0.225	76	76
E31	95	38	203	203	178	6.7	4.0	0.340	76	76
E32	110	45	254	280	203	9.0	4.5	0.680	76	76
E33	150	50	305	406	280	9.0	4.5	0.680	76	76
E34	170	70	368	560	356	13.5	9.0	1.700	76	76
E35	200	75	381	585	330	9.0	4.5	1.130	76	76
E36	250	95	457	840	356	9.0	4.5	1.350	76	76
E50	95	34	203	203	229	18.0	13.5	1.350	127	127
E51	110	45	254	280	254	18.0	13.5	1.350	127	127

表 9（续）

1	2	3	4	5	6	7	8	9	10	11
型号	雷电冲击耐受电压/kV	工频湿耐受电压/kV	元件高度±0.7mm h/mm	最小公称爬电距离/mm	绝缘件最大公称直径 D/mm	破坏负荷			顶部金属附件安装孔中心圆直径/mm	底部金属附件安装孔中心圆直径/mm
						弯曲/kN		扭转/(kN·m)		
						正装	倒装			
E52	125	50	254	406	330	18.0	13.5	1.350	127	127
E53	150	50	305	432	330	18.0	13.5	1.800	127	127
E54	200	75	381	585	356	18.0	13.5	2.250	127	127
E55	250	95	508	788	432	18.0	11.0	2.250	127	127
E56	200	75	368	762	432	31.0	18.0	4.500	127	127
E57	200	75	368	762	483	44.5	27.0	8.500	127	127
E58	200	75	368	762	483	44.5	27.0	8.500	127	254
E59	200	75	368	762	483	44.5	27.0	8.500	127	178
E70	200	75	368	762	483	44.5	27.0	8.500	178	178
E71	200	75	368	762	483	44.5	27.0	8.500	178	254
E72	200	75	394	762	533	89.0	67.0	8.500	178	178
E73	200	75	394	762	533	107.0	67.0	8.500	178	254
E100	200	75	368	762	533	107.0	67.0	8.500	254	254
E101	200	75	394	762	533	107.0	67.0	8.500	254	356
E102	200	75	457	762	660	107.0	107.0	11.300	254	254
E140	200	75	432	762	660	178.0	107.0	11.300	356	356
E141	250	90	533	1143	762	310.0	267.0	17.000	356	356

表 10　针式支柱绝缘子的安装结构

1	2	3	4	5
安装孔中心圆直径/mm	螺　栓　数	螺　栓　孔		安装面的最大公称直径/mm
		螺 孔	光孔 ϕ/mm	
76	4	M12	15	115
127	4	M16	18	165
178	4	M20	22	225
254	8	M20	22	300
356	8	M20	22	400

表 11 户外针式支柱绝缘子元件叠装成柱时的破坏负荷

1	2	3	4	5	6	7	8	9	10
元件型号	E34	E52	E53	E55	E56	E57 E58 E59 E70 E71	E72 E73 E100 E101	E102 E140	E141
柱中元件数	正装弯曲试验时的最小破坏负荷/kN								
2	6.70	7.60	8.50	5.80	13.30	24.30	40.00	62.50	97.50
3	3.60	4.45	4.90	3.30	7.60	12.50	29.00	36.50	58.50
4		3.30	3.30		5.30	8.90	20.00	26.00	42.00
5					4.00	6.70	15.60	20.00	32.70
6					3.30	5.30	12.50	16.50	26.70
7						4.45	10.20	13.80	22.70
8						4.00	8.90	12.00	19.60
9						3.40	7.60	10.70	17.40
10							6.70	9.40	15.60
11							6.00	8.50	14.00
12							5.50	7.80	12.90
13								7.10	11.80
注：表中是指相同元件的叠装柱。不同高度和不同弯曲破坏负荷的元件叠装成柱，在计算整柱绝缘子的强度时，必须考虑其差别。									

附 录 A
（资料性附录）
户外针式支柱绝缘子组装示例

表 A.1 给出了户外针式支柱绝缘子组装示例。

表 A.1 户外针式支柱绝缘子组装示例

1	2	3	4	5	6	7	8	9	10	11
型号	雷电冲击耐受电压/kV	工频湿耐受电压/kV	高度 h/mm	最小公称爬电距离/mm	绝缘件最大公称直径 D/mm	破坏负荷 弯曲/kN	破坏负荷 扭转/(kN·m)	顶部金属附件安装孔中心圆直径/mm	底部金属附件安装孔中心圆直径/mm	组 合
PB-60	60	20	152	127	152	6.70	0.225	76	76	1E30
PB-95	95	38	203	203	178	6.70	0.340	76	76	1E31
PD-95	95	34	203	203	229	18.00	1.350	127	127	1E50
PC-110	110	45	254	280	203	8.90	0.680	76	76	1E32
PD-110	110	45	254	280	254	18.00	1.350	127	127	1E51
PD-125	125	50	254	406	330	18.00	1.350	127	127	1E52
PC-150	150	50	305	406	280	8.90	0.680	76	76	1E33
PD-150	150	50	305	432	330	18.00	1.800	127	127	1E53
PD-170	170	70	368	560	356	13.50	1.700	76	76	1E34
PC-200	200	75	381	585	330	8.90	1.130	76	76	1E35
PD-200	200	75	381	585	356	18.00	2.250	127	127	1E54
PE-200	200	75	368	762	432	31.00	4.500	127	127	1E56
PC-250	250	95	457	840	356	8.90	1.350	76	76	1E36
PD-250	250	95	508	788	432	18.00	2.250	127	127	1E55
PB-350	350	140	737	1 118	356	6.70	1.700	76	76	2E34
PD-350	350	140	737	1 524	432	13.30	4.500	127	127	2E56
PE-350	350	140	737	1 524	483	24.40	8.500	127	127	2E57
PA-380	380	150	762	1 219	330	4.45	1.350	127	127	3E52
PC-380	380	150	876	1 549	432	9.80	2.250	127	127	1E55,1E56
PD-380	380	150	876	1 524	483	15.50	2.250	127	127	1E55,1E57
PA-450/1	450	185	1 016	1 626	330	3.30	1.350	127	127	4E52
PA-450/2	450	185	914	1 295	330	4.90	1.800	127	127	3E53
PB-450	450	185	1 016	1 575	432	5.80	2.250	127	127	2E55
PC-450	450	185	1 105	2 286	432	7.60	4.500	127	127	3E56
PD-450	450	185	1 105	2 286	483	12.40	4.500	127	127	2E56,1E57
PE-450/1	450	185	1 105	2 286	533	24.40	4.500	127	254	1E56,1E58,1E100

表 A.1(续)

1	2	3	4	5	6	7	8	9	10	11
型号	雷电冲击耐受电压/kV	工频湿耐受电压/kV	高度 h/mm	最小公称爬电距离/mm	绝缘件最大公称直径 D/mm	破坏负荷		顶部金属附件安装孔中心圆直径/mm	底部金属附件安装孔中心圆直径/mm	组　合
						弯曲/kN	扭转/(kN·m)			
PE-450/2	450	185	1 105	2 286	533	24.40	8.500	178	254	1E70,1E71,1E100
PA-550	550	230	1 219	1 727	330	3.30	1.800	127	127	4E53
PC-550	550	230	1 194	2 286	432	7.60	4.500	127	127	3E56,SB5
PD-550	550	230	1 194	2 286	483	12.40	4.500	127	127	2E56,1E57,SB5
PE-550/1	550	230	1 194	2 286	533	24.40	4.500	127	254	1E56,1E58,1E100, SB10
PE-550/2	550	230	1 194	2 286	533	24.40	8.500	178	254	1E70,1E71,1E100, SB10
PA-650	650	275	1 524	2 362	432	3.30	2.250	127	127	3E55
PB-650/1	650	275	1 473	3 048	432	5.30	4.500	127	127	4E56
PB-650/2	650	275	1 245	2 311	432	6.20	2.250	127	127	1E55,2E56
PC-650/1	650	275	1 473	3 048	483	7.60	4.500	127	127	3E56,1E57
PC-650/2	650	275	1 473	3 048	483	8.90	8.500	127	127	4E57
PD-650/1	650	275	1 473	3 048	533	12.40	4.500	127	254	2E56,1E58,1E100
PD-650/2	650	275	1 473	3 048	533	12.40	8.500	178	254	2E70,1E71,1E100
PD-650/3	650	275	1 499	3 048	533	12.40	8.500	178	178	3E70,1E72
PE-650/1	650	275	1 562	3 048	660	29.00	8.500	254	254	3E100,1E102
PE-650/2	650	275	1 638	3 048	660	27.00	8.500	178	254	2E72,1E73,1E102
PE-650/3	650	275	1 562	3 048	660	29.00	8.500	254	356	2E100,1E101,1E140
PA-850	850	360	1 842	3 810	432	4.00	4.500	127	127	5E56
PB-850/1	850	360	1 842	3 810	483	5.30	4.500	127	127	4E56,1E57
PB-850/2	850	360	1 842	3 810	483	6.70	4.500	127	127	3E56,2E57
PC-850/1	850	360	1 842	3 810	533	7.60	4.500	127	254	3E56,1E58,1E100
PC-850/2	850	360	1 842	3 810	533	8.90	8.500	178	254	3E70,1E71,1E100
PD-850/1	850	360	1 842	3 810	533	12.40	4.500	127	254	2E56,1E58,2E100
PD-850/2	850	360	1 842	3 810	533	12.40	8.500	178	254	2E70,1E71,2E100
PD-850/3	850	360	1 892	3 810	533	12.40	8.500	178	178	3E70,2E72
PD-850/4	850	360	1 918	3 810	533	15.10	8.500	178	178	2E70,3E72
PE-850/1	850	360	1 930	3 810	660	20.00	8.500	254	254	4E100,1E102
PE-850/2	850	360	2 032	3 810	660	18.60	8.500	178	254	3E72,1E73,1E102
PE-850/3	850	360	1 930	3 810	660	20.00	8.500	254	356	3E100,1E101,1E140

表 A.1（续）

1	2	3	4	5	6	7	8	9	10	11
型号	雷电冲击耐受电压/kV	工频湿耐受电压/kV	高度 h/mm	最小公称爬电距离/mm	绝缘件最大公称直径 D/mm	破坏负荷		顶部金属附件安装孔中心圆直径/mm	底部金属附件安装孔中心圆直径/mm	组　合
						弯曲/kN	扭转/(kN·m)			
PA-1050	1 050	460	2 210	4 572	432	3.30	4.500	127	127	6E56
PB-1050/1	1 050	460	2 210	4 572	533	5.30	4.500	127	127	4E56,2E57
PB-1050/2	1 050	460	2 210	4 572	533	6.70	8.500	178	254	4E70,1E71,1E100
PC-1050/1	1 050	460	2 210	4 572	533	7.60	4.500	127	254	3E56,1E58,2E100
PC-1050/2	1 050	460	2 210	4 572	533	8.90	8.500	178	254	3E70,1E71,2E100
PC-1050/3	1 050	460	2 261	4 572	533	8.90	8.500	178	178	4E70,2E72
PD-1050/1	1 050	460	2 286	4 572	533	12.00	8.500	178	178	3E70,3E72
PD-1050/2	1 050	460	2 388	4 572	660	18.90	8.500	254	254	4E100,2E102
PD-1050/3	1 050	460	2 489	4 572	660	18.20	8.500	178	254	3E72,1E73,2E102
PD-1050/4	1 050	460	2 362	4 572	660	18.90	8.500	254	356	3E100,1E101,2E140
PE-1050	1 050	460	2 680	5 334	762	27.50	8.500	178	356	1E72,1E73,1E101,1E140,2E141
PA-1175/1	1 175	510	2 578	5 334	533	4.00	4.500	127	254	5E56,1E58,1E100
PA-1175/2	1 175	510	2 578	5 334	483	4.45	8.500	178	178	7E70
PB-1175/1	1 175	510	2 578	5 334	533	5.30	4.500	127	254	4E56,1E58,2E100
PB-1175/2	1 175	510	2 578	5 334	533	6.70	8.500	178	254	4E70,1E71,2E100
PC-1175/1	1 175	510	2 578	5 334	533	7.60	4.500	127	254	3E56,1E58,3E100
PC-1175/2	1 175	510	2 578	5 334	533	8.90	8.500	178	254	3E70,1E71,3E100
PC-1175/3	1 175	510	2 654	5 334	533	8.90	8.500	178	178	4E70,3E72
PC-1175/4	1 175	510	2 680	5 334	533	10.20	8.500	178	178	3E70,4E72
PD-1175/1	1 175	510	2 845	5 334	660	15.50	8.500	254	254	4E100,3E102
PD-1175/2	1 175	510	2 883	5 334	660	15.30	8.500	178	254	4E72,1E73,2E102
PD-1175/3	1 175	510	2 730	5 334	660	15.50	8.500	254	356	4E100,1E101,2E140
PE-1175	1 175	510	3 213	6 477	762	26.70	8.500	178	356	1E72,1E73,1E101,1E140,3E141
PA-1300/1	1 300	570	2 946	6 096	533	4.00	4.500	127	254	5E56,1E58,2E100
PA-1300/2	1 300	570	2 946	6 096	483	4.00	8.500	178	178	8E70
PB-1300/1	1 300	570	2 946	6 096	533	5.30	4.500	127	254	4E56,1E58,3E100
PB-1300/2	1 300	570	2 946	6 096	533	6.70	8.500	178	254	4E70,1E71,3E100
PC-1300/1	1 300	570	2 946	6 096	533	7.60	4.500	127	254	3E56,1E58,4E100
PC-1300/2	1 300	570	2 946	6 096	533	8.90	8.500	178	254	3E70,1E71,4E100

表 A.1（续）

1	2	3	4	5	6	7	8	9	10	11
型号	雷电冲击耐受电压/kV	工频湿耐受电压/kV	高度 h/mm	最小公称爬电距离/mm	绝缘件最大公称直径 D/mm	破坏负荷		顶部金属附件安装孔中心圆直径/mm	底部金属附件安装孔中心圆直径/mm	组　合
						弯曲/kN	扭转/(kN·m)			
PC-1300/3	1 300	570	3 048	6 096	533	8.70	8.500	178	178	4E70,4E72
PD-1300/1	1 300	570	3 213	6 096	660	13.10	8.500	254	254	5E100,3E102
PD-1300/2	1 300	570	3 277	6 096	660	11.50	8.500	178	254	5E72,1E73,2E102
PD-1300/3	1 300	570	3 099	6 096	660	12.40	8.500	254	356	5E100,1E101,2E140
PE-1300	1 300	570	3 607	7 239	762	20.00	8.500	178	356	2E72,1E73,1E101,1E140,3E141
PA-1425/1	1 425	630	3 315	6 858	483	3.40	8.500	178	178	9E70
PA-1425/2	1 425	630	3 315	6 858	533	4.00	4.500	127	254	5E56,1E58,3E100
PA-1425/3	1 425	630	3 315	6 858	533	4.00	8.500	178	254	7E70,1E71,1E100
PB-1425/1	1 425	630	3 315	6 858	533	5.30	4.500	127	254	4E56,1E58,4E100
PB-1425/2	1 425	630	3 315	6 858	533	6.70	8.500	178	254	4E70,1E71,4E100
PC-1425/1	1 425	630	3 315	6 858	533	7.60	4.500	127	254	3E56,1E58,5E100
PC-1425/2	1 425	630	3 315	6 858	533	7.60	8.500	178	254	3E70,1E71,5E100
PC-1425/3	1 425	630	3 442	6 858	533	7.30	8.500	178	178	4E70,5E72
PD-1425/1	1 425	630	3 581	6 858	660	12.30	8.500	254	254	6E100,3E102
PD-1425/2	1 425	630	3 734	6 858	660	11.50	8.500	178	254	5E72,1E73,3E102
PD-1425/3	1 425	630	3 531	6 858	660	12.30	8.500	254	356	5E100,1E101,3E140
PD-1425/4	1 425	630	4 039	8 000	762	17.30	8.500	178	356	2E72,1E73,1E101,2E140,3E141
PE-1425	1 425	630	4 140	8 382	762	20.00	8.500	178	356	2E72,1E73,1E101,1E140,4E141
PA-1550/1	1 550	680	3 683	7 620	533	4.00	8.500	178	254	7E70,1E71,2E100
PA-1550/2	1 550	680	3 683	7 620	533	4.00	4.500	127	254	5E56,1E58,4E100
PB-1550/1	1 550	680	3 683	7 620	533	5.30	4.500	127	254	4E56,1E58,5E100
PB-1550/2	1 550	680	3 683	7 620	533	6.70	8.500	178	254	4E70,1E71,5E100
PB-1550/3	1 550	680	3 810	7 620	533	6.40	8.500	178	178	5E70,5E72
PC-1550/1	1 550	680	3 950	7 620	660	10.20	8.500	254	254	7E100,3E102
PC-1550/2	1 550	680	4 128	7 620	660	10.20	8.500	178	254	6E72,1E73,3E102
PC-1550/3	1 550	680	3 899	7 620	660	10.20	8.500	254	356	6E100,1E101,3E140
PD-1550	1 550	680	4 572	9 144	762	17.30	8.500	178	356	2E72,1E73,1E101,2E140,4E141

表 A.1（续）

1	2	3	4	5	6	7	8	9	10	11
型号	雷电冲击耐受电压/kV	工频湿耐受电压/kV	高度 h/mm	最小公称爬电距离/mm	绝缘件最大公称直径 D/mm	破坏负荷		顶部金属附件安装孔中心圆直径/mm	底部金属附件安装孔中心圆直径/mm	组　合
						弯曲/kN	扭转/(kN·m)			
PA-1675	1 675	740	4 051	8 382	533	4.00	8.500	178	254	7E70,1E71,3E100
PB-1675/1	1 675	740	4 051	8 382	533	5.30	4.500	127	254	4E56,1E58,6E100
PB-1675/2	1 675	740	4 051	8 382	533	6.00	4.500	178	254	4E70,1E71,6E100
PB-1675/3	1 675	740	4 204	8 382	533	5.80	8.500	178	178	5E70,6E72
PC-1675/1	1 675	740	4 318	8 382	660	8.90	8.500	254	254	8E100,3E102
PC-1675/2	1 675	740	4 521	8 382	660	8.40	8.500	178	254	7E72,1E73,3E102
PC-1675/3	1 675	740	4 267	8 382	660	8.90	8.500	254	356	7E100,1E101,3E140
PD-1675	1 675	740	4 966	9 906	762	14.60	8.500	178	356	3E72,1E73,1E101,2E140,4E141
PB-1800	1 800	—	4 420	9 144	533	5.30	8.500	178	254	5E70,1E71,6E100
PC-1800	1 800	—	4 699	10 668	660	8.40	8.500	178	356	3E70,1E71,3E100,1E101,4E140
PD-1800	1 800	—	5 600	11 430	762	14.60	8.500	178	356	3E72,1E73,1E101,1E140,6E141

注1:绝缘子的组合是根据表中规定的雷电冲击耐受电压和工频湿耐受电压而选定的,但对于雷电冲击耐受电压大于1 050 kV的组合,适合于比表中所列值高的雷电冲击耐受电压。

注2:操作冲击耐受电压未列入表中,若要规定此电压值,其相应的针式支柱绝缘子组合应由供需双方协议。

附 录 B
（资料性附录）
本部分与 IEC 60273:1990 的技术性差异及其原因

表 B.1 给出了本部分与 IEC 60273:1990 的技术性差异及其原因一览表。

表 B.1 本部分与 IEC 60273:1990 技术性差异及其原因

本部分章条编号	技术性差异	原因
标题	将 IEC 60273 的标题“标称电压高于 1 000 V 系统用户内和户外支柱绝缘子的特性”改为“标称电压高于 1 000 V 系统用户内和户外支柱绝缘子 第 2 部分:尺寸与特性”	为适应原国家标准为两个部分的情况
1.2	删除了 IEC 60273 的注 2	适应将耐污型支柱绝缘子列入本部分的要求
1.3	增加了“术语和定义”	适应我国现行标准编写要求
2	增加了规范性引用文件	适应我国现行标准编写要求
5	增加了注:考虑到产品品种的发展,未列高度的允许偏差可以按照以下公式计算: ——当 $h \leqslant 1\ 220$ mm 时,±1 mm; ——当 $h > 1\ 220$ mm 时,±(1.5+0.001h) mm,h 以 mm 计	属于 GB 8287.1—1998 的要求,列入后便于理解高度允许偏差的来源
5	在产品尺寸偏差规定后增加了下列内容: 安装螺孔中心距偏差不应超过± 0.5 mm; 安装光孔中心距偏差不应超过± 1 mm; 安装螺孔偏差按照 GB/T 197—2003 中等精度规定; 安装光孔偏差按照 GB/T 1800.4—1999 中的 H16 级; 螺孔的螺纹有效长度不应小于公称螺纹直径	属于 GB 8287.1—1998 的内容,实践证明列入这些内容有利于产品安装、使用
5,8,表 7	IEC60273 在表 7 中规定了二级最小公称爬电距离,本部分在表 7 中规定了四级最小公称爬电距离,调整了 1、2 级的数值。并加注说明这些特性值的来源	污秽问题是我国电力系统面临的重要问题之一,四级爬电距离较好地反映了我国支柱绝缘子的生产和使用现状
8	冲击耐受电压等级由“60 kV～2 550 kV”修改为“60 kV～3 200 kV”	适应我国电压等级发展的需求
表 7	补充了高度 3 650～5 300 mm 产品的机械强度数值到 20 kN;5 700 mm 产品的机械强度数值到 16 kN	适应我国电压等级发展的需求
表 7	增加了产品高度为 6 300 mm、6 800 mm、7 200 mm、8 400 mm 和 10 000mm 的特性值	适应我国电压等级发展的需求
表 8	增加了安装孔中心圆直径 400 mm、425 mm 和 450 mm 的安装结构,以及安装孔中心圆直径 356 mm和 375 mm 时螺栓孔径 22 mm 的安装结构。同时删除了 IEC 60273 中未列入 375 mm 及以上安装孔中心圆直径安装结构的原因说明	适应我国电压等级发展,满足产品强度增加的需要
附录 D	列入了 GB/T 8287.2—1999 中原有系列支柱绝缘子的特性	在新标准颁布实施时便于和原有产品对照

附 录 C
（资料性附录）
本部分与 IEC 60273:1990 章条编号对照

表 C.1 给出了本部分与 IEC 60273:1990 章条编号对照一览表。

表 C.1 本部分与 IEC 60273:1990 章条编号对照

本部分章条编号	IEC 60273:1990 章条编号
1	1,2
2	—
3	3
4	4
5	5
6	6
7	7
8	8
表 1	表 1
表 2	表 1A
表 3	表 2
表 4	表 2A
表 5	表 3
表 6	表 3A
表 7	表 4
表 8	表 4A
表 9	表 5
表 10	表 5A
表 11	表 7
附录 A	附录 A
附录 B	—
附录 C	—
附录 D	—

附 录 D
（资料性附录）
GB/T 8287.2—1999 国内产品系列

GB/T 8287.2—1999 的原有系列的特性列入表 D.1～表 D.4。

表 D.1 户内内胶装和联合胶装支柱绝缘子

型式	型号	额定电压/kV	额定机械破坏负荷/kN		高度 h/mm	绝缘件最大公称直径 D/mm	上附件安装尺寸				下附件安装尺寸			
							中心孔 d_1	旁孔			中心孔 d_3	旁孔		
			弯曲	拉伸				孔中心圆直径 a_1/mm	孔径 d_2	孔数/个		孔中心圆直径 a_2/mm	孔径 d_4/mm	孔数/个
内胶装	ZN-7.2/4	7.2	4	4	100	85	—	18	M8	2	M12	—	—	—
	ZN-12/4	12	4	4	120	85	—	18	M8	2	M12	—	—	—
	ZN-12/8	12	8	8	120	105	—	24	M10	2	M16	—	—	—
	ZN-12/16	12	16	16	170	160	—	36	M12	2	M20	—	—	—
	ZN-24/16	24	16	16	230	160	—	36	M12	2	M20	—	—	—
联合胶装	ZL-12/4	12	4	4	160	95	M10	—	—	—	—	130	12	2
	ZL-12/8	12	8	8	170	95	M16	—	—	—	—	145	14	2
	ZL-12/16	12	16	16	185	120	M16	—	—	—	—	180	14	4
	ZL-24/16	24	16	16	265	130	M16	—	—	—	—	210	14	4
	ZL-24/30	24	30	30	290	170	M20	—	—	—	—	250	18	4
	ZL-40.5/4	40.5	4	4	380	105	M10	36	M8	2	—	145	14	2
	ZL-40.5/8	40.5	8	8	400	120	M16	46	M10	2	—	180	14	4

表 D.2 户内外胶装支柱绝缘子

型号	额定电压/kV	额定机械破坏负荷/kN		高度 h/mm	绝缘件最大公称直径 D/mm	上附件安装尺寸				下附件安装尺寸			
						中心孔 d_1	旁孔			中心孔 d_3	旁孔		
		弯曲	拉伸				孔中心距 a_1/mm	孔径 d_2	孔数/个		孔中心距 a_2/mm	孔径 d_4/mm	孔数/个
ZA-7.2Y	7.2	3.75	3.75	165	90	M10	36	M6	2	M12	—	—	—
ZB-7.2Y	7.2	7.5	7.5	185	110	M16	46	M10	2	M16	—	—	—
ZA-7.2T	7.2	3.75	3.75	165	90	M10	36	M6	2	—	135	12	2
ZB-7.2T	7.2	7.5	7.5	185	110	M16	46	M10	2	—	175	15	2
ZA-12Y	12	3.75	3.75	190	90	M10	36	M6	2	M12	—	—	—
ZB-12Y	12	7.5	7.5	215	110	M16	46	M10	2	M16	—	—	—
ZA-12T	12	3.75	3.75	190	90	M10	36	M6	2	—	135	12	2
ZB-12T	12	7.5	7.5	215	110	M16	46	M10	2	—	175	15	2
ZC-12F	12	12.5	12.5	225	135	M16	66	M10	4	—	140	15	4
ZD-12F	12	20	20	235	170	M16	76	M12	4	—	155	15	4
ZD-24F	24	20	20	315	180	M18	76	M12	4	—	175	18	4

表 D.3 户外棒形支柱绝缘子

型号	额定电压/kV	额定机械破坏负荷		高度 h/mm	最小公称爬电距离 L/mm	绝缘件最大公称直径 D/mm	上附件安装尺寸			下附件安装尺寸		
		弯曲/kN	扭转/(kN·m)				孔中心圆直径 a_1/mm	孔径 d_1/mm	孔数/个	孔中心圆直径 a_2/mm	孔径 d_2/mm	孔数/个
ZS-12/4	12	4	—	210	200	145	36	M8	2	130	12	2
ZS 24/8	24	8	—	350	400	185	76	M12	2	180	14	4
ZS-24/16	24	16	—	350	400	210	140	M12	4	210	18	4
ZS-24/30	24	30	—	400	400	230	140	M12	4	250	18	4
ZS-40.5/4	40.5	4	1	400	625	185	140	14	4	140	14	4
ZS-40.5/6L	40.5	6	1	420	625	200	140	M12	4	140	M12	4
ZS-40.5/8	40.5	8	1.5	420	625	200	140	M12	4	180	14	4
ZS-72.5/4	72.5	4	1.5	760	1 100	200	140	M12	4	180	14	4
ZS-126/4	126	4	2	1 060	1 870	210	140	M12	4	225	18	4
ZS-126/4L	126	4	2	1 080	1 870	210	140	M12	4	140	M12	4
ZS5-126/4L	126	4	2	1 190	1 870	210	140	M12	4	140	M12	4
ZS-252/4	252	4	2	2 120	3 740	270	140	M12	4	250	18	4
ZS-252/8	252	8	2	2 400	3 740	290	280	18	8	280	18	8
ZS-363/4	363	4	2	3 200	5 630	270	190	14	4	250	18	8
ZS1-550/5	550	5	2	4 200	8 800	300	225	18	4	300	18	8

表 D.4 户外针式支柱绝缘子

型号	额定电压/kV	额定弯曲破坏负荷/kN	高度 h/mm	最小公称爬电距离 L/mm	绝缘件最大公称直径 D/mm	上附件安装尺寸				下附件安装尺寸			
						孔距 a_1/mm	孔径 d_1	孔数/个	螺孔深 h_1/mm	孔距 a_2/mm	孔径 d_2/mm	孔数/个	法兰厚度 h_2/mm
ZPA-7.2	72	3.75	170	170	150	36	M8	2	8	50	11	2	2
ZPB-12	12	5	188	200	170	36	M8	2	10	70	11	2	13
ZPD-12	12	20	210	200	260	120	M12	4	18	120	15	4	16

ICS 29.060.20
K 13

中华人民共和国国家标准

GB/T 9327—2008
代替 GB/T 9327.1—1988,GB/T 9327.2—1988 等

额定电压35 kV(U_m=40.5 kV)及以下电力电缆导体用压接式和机械式连接金具 试验方法和要求

Compression and mechanical connectors for power cables for rated voltages up to 35 kV(U_m=40.5 kV)—Test methods and requirements

(IEC 61238-1:2003,MOD)

2008-12-31 发布　　　　2009-11-01 实施

中华人民共和国国家质量监督检验检疫总局
中国国家标准化管理委员会　发布

前　言

本标准修改采用 IEC 61238-1:2003《额定电压 30 kV(U_m=36 kV)电力电缆用压接和机械连接金具　第1部分:试验方法和要求》(第2版,英文版)。

本标准根据 IEC 61238-1:2003 重新起草,其章条编号和 IEC 61238-1:2003 完全一致。

在采用 IEC 61238-1:2003 时,本标准作了一些修改。有关技术性差异已编入正文并在它们所涉及的条款的空白处用垂直单线标识。主要技术性差异和解释如下:

——考虑到我国电网国情,本标准将电压适用范围延伸到了 35 kV(U_m=40.5 kV)。

为便于使用,本标准作了下列编辑性修改:

——用小数点“.”代替作为小数点的逗号“,”;

——删除 IEC 61238-1:2003 的引言。

本标准代替 GB/T 9327.1—1988《电缆导体压缩和机械连接接头试验方法　总则》、GB/T 9327.2—1988《电缆导体压缩和机械连接接头试验方法　直流电阻试验方法》、GB/T 9327.3—1988《电缆导体压缩和机械连接接头试验方法　短路试验方法》、GB/T 9327.4—1988《电缆导体压缩和机械连接接头试验方法　热循环试验方法》和 GB/T 9327.5—1988《电缆导体压缩和机械连接接头试验方法　抗拉强度试验方法》。

本标准与 GB/T 9327—1988 相比,主要变化如下:

——接头种类由 A、B、C 三类减为 A、B 两类(GB/T 9327.4—1988 的附录 B,本版第1章);

——热循环次数由 250 次、500 次、1 000 次统一规定为 1 000 次(GB/T 9327.4—1988 的表3,本版 6.3.3);

——短路试验由 3 次增加到 6 次(GB/T 9327.4—1988 的表3,本版 6.3.4、表2);

——电气试验中取消了初始电阻比率要求;初始离散度和平均离散度要求由 0.15(压接式)、0.3(机械)统一规定为 0.3(GB/T 9327.1—1988 的表 A1 和表 A3,本版表2);

——机械性能由抗拉强度试验改为拉力试验(GB/T 9327.1—1988 的表 A4,本版表3);

——增加了关于提高测量精确度的建议(本版的附录 C);

——增加了短路电流的测量(本版的附录 D);

——增加了计算方法(本版的附录 E);

——增加了计算方法的解释(本版的附录 F);

——增加了温度变化曲线图的解释(本版的附录 G);

——增加了关于电气连接金具评估试验结果统计方法的解释(本版的附录 H);

——增加了 IEC 61238-1 的参考文献(本版的参考文献);

——取消了 1988 版分 5 个部分的编排方式。

本标准的附录 A、附录 B 和附录 E 为规范性附录;附录 C、附录 D、附录 F、附录 G 和附录 H 为资料性附录。

本标准由中国电器工业协会提出。

本标准由全国电线电缆标准化技术委员会(SAC/TC 213)归口。

本标准起草单位:上海电缆研究所、永固集团股份有限公司。

本标准主要起草人:顾荣荣、葛光明、郑革、郑晓权、陈钧法、张智勇、马瞻。

本标准所代替标准的历次版本发布情况为:

——GB/T 9327.1—1988,GB/T 9327.2—1988,GB/T 9327.3—1988,GB/T 9327.4—1988,GB/T 9327.5—1988。

额定电压 35 kV(U_m=40.5 kV)及以下电力电缆导体用压接式和机械式连接金具 试验方法和要求

1 范围

本标准适用于额定电压 35 kV(U_m=40.5 kV)及以下电力电缆导体用压接式和机械式连接金具，例如适用于直埋电缆或安装在建筑物内的电缆。这些电缆为：

a) 符合 GB/T 3956—2008 标准的导体，铜芯导体截面积为 10 mm^2 以上，铝芯导体截面积为 16 mm^2 以上。

b) 导体的最高连续运行温度不超过 90 ℃。

本标准不适用于架空导体上的连接金具，该连接金具有特殊机械要求，需专门设计。本标准也不适用于具有滑动连接的可分离连接金具或多芯连接金具(即滑环连接金具)。

虽然无法准确地确定所有应用的使用条件，但还是可以将连接金具分成两大类：

——A 类：A 类连接金具适用于能承受相对较长时间和较大强度的短路电流作用的配电或工业网络。因此，A 类连接金具可在大多数环境下使用。

——B 类：B 类连接金具适用于装有保护装置(例如快熔保险装置)且能将过载负荷或短路电流迅速排除的网络。

根据连接金具应用的不同，连接金具进行下列试验：

——A 类：热循环和短路试验。

——B 类：仅做热循环试验。

本标准的目的是确定适用于电力电缆铜或铝导体用压接式或机械式连接金具型式试验的方法和要求。

以前，对该类产品的认可是依据使用性能达到国家标准或规范的基础上进行的。本标准的出版并不否定已有的认可。然而，根据早期标准或规范认可产品不能声明符合本标准，除非这些产品经过特别的试验。

产品获得认可后，无须重新进行试验，除非连接金具的材料、设计或生产流程发生了变化，且这些变化可能会影响到连接金具的特性。

2 规范性引用文件

下列文件中的条款通过本标准的引用而成为本标准的条款。凡是注日期的引用文件，其随后所有的修改单(不包括勘误的内容)或修订版均不适用于本标准，然而，鼓励根据本标准达成协议的各方研究是否可使用这些文件的最新版本。凡是不注日期的引用文件，其最新版本适用于本标准。

GB/T 2900.10—2001 电工术语 电缆(idt IEC 60050(461):1984)

GB/T 3956—2008 电缆的导体 (IEC 60228:2004, IDT)

GB/T 21223—2007 老化试验数据统计分析导则 建立在正态分布的试验结果的平均值基础上的方法(IEC 60493-1:1974,IDT)

3 术语和定义

GB/T 2900.10—2001 确立的以及下列术语和定义适用于本标准。

3.1

导体连接金具　connector(of cable)

将导体与某个设备的端子或将两根或两根以上的导体连接起来的一个金属装置。

3.2

直通连接金具　through connector

用来连接两根导体以延续其长度用的连接金具。

3.3

分支连接金具　branch connector

连接分支导体与主干线导体用的连接金具。

3.4

接线端子　(terminal) lug

连接电缆导体与其他电气设备用的连接金具。

3.5

接线端子连接板　palm (of terminal lug)

接线端子中用来连接电气设备部分。

3.6

接线端子、连接金具的圆管　barrel(of terminal lug, of connector, etc.)

被连接导体插入接线端子、连接金具的一部分。

3.7

基准导体　reference conductor

在试验回路中用来确定基准温度和基准电阻的一段无接头的裸导体或剥去绝缘层的导体。

3.8

均流器　equalizer

在试验回路中能使绞合导体每根导体间电流分布均匀又能用作电势测量点的接头或扎线。

3.9

压接式连接　compression jointing

通过使用专用工具将连接金具与导体可靠连接的一种方法。该方法能够使连接金具与导体产生永久变形。

3.10

机械式连接　mechanical jointing

借助于螺钉或螺栓或其他方式使连接金具与导体可靠连接的一种方法。

3.11

中值连接金具　median connector

在试验回路第一次热循环中，所记录的 6 个连接金具的温度中第三个较高温度的连接金具即为中值连接金具。

3.12

绝缘穿刺连接器　insulation piercing connector (IPC)

通过金属齿穿透电缆线芯绝缘与导体电气接触的连接器。

4　符号

A——导体的标称截面积；

D——连接金具电阻比率变化量；

I——在电阻测量过程中，通过连接金具的直流电流；

I_{rms}——等值短路电流有效值；

I_N——维持基准导体平衡温度的交流电流；

I_r——在电阻测量过程中通过基准导体的直流电流；

k——连接金具的电阻比率：连接金具的电阻与等效长度基准导体的电阻的比率；

l_a, l_b, l_j——分别表示连接金具两端与测量点之间的导体长度；

l_r——测量点之间的基准导体长度；

t_1——加热时间；

t_2——连接金具和基准导体冷却到不大于 35 ℃所需的时间；

U——当电流 I 通过时，测量点之间的电位差；

U_r——当电流 I_r 流通时，基准导体上两个测量点之间的电位差；

α——在 20 ℃时，电阻的温度系数；

β——连接金具电阻比率在试验周期内的平均离散度；

δ——连接金具电阻比率的初始离散度；

λ——电阻比率比值：连接金具电阻比率对其初始电阻比率的变化量；

θ——连接金具的温度；

θ_{max}——整个试验期间被记录下来的连接金具最高温度；

θ_R——第一个热循环中所确定的基准导体的温度；

θ_{ref}——在测得 θ_{max} 的同时测得的基准导体温度。

注：下标可用于标识连接金具的序号值，见附录 F。

5 概述

5.1 导体

在试验报告中应包括下列信息：

——导体的材料；

——标称截面积、尺寸和形状。建议给出实际截面积；

——导体的类型，即实心或绞合。如果是绞合导体，则应将所知的或者可以通过检测确认的所有导体的具体结构信息反映在报告里面，如：

- 紧压型；
- 非紧压型；
- 柔性等级(第 5 种和第 6 种，按 GB/T 3956—2008)；
- 绞合的数量和排列；
- 如适用的话，镀层类型；
- 如适用的话，浸渍类型、阻水等；
- 近似的硬度指标，如退火、半硬、硬；
- 对于绝缘穿刺连接器，绝缘的材料和厚度。

5.2 连接金具和工具

在试验报告中应包括下列信息：

——所使用的组装工艺；

——工具、模具及必要的配件；

——螺栓、螺母、垫圈、扭矩等；

——如适用的话，接触表面的处理；

——连接金具的类型、识别编码以及其他任何标识；

——对于绝缘穿刺连接器，绝缘的类型和运行温度。

5.3 认可范围

总的来说，对同一个类型连接金具/导体组合所做的试验，只能适用于该类型的连接金具。然而，为了限制试验次数，允许下列情况：

——同时适用于圆形绞合导体和整圆扇形绞合导体的连接金具，如果通过了圆形紧压导体上的试验，则同时认可这两种类型的导体；

——覆盖一定导体截面积范围的连接金具，如果通过了最小和最大导体截面积上的试验，则认可该截面积范围(见注 2)；

——如果直通连接金具可连接两个不同截面积、形状或材料的导体，且制造工艺技术及连接金具圆管部分已分别在每个截面积上试验通过，则无需附加试验。如果未经试验，对双金属的直通连接金具需进行附加试验。附加试验中，两种导体中温度较高的导体作为基准导体；

——如果生产商能够明确地证明，其一个系列连接金具都是根据通用的和相关的设计标准进行设计，那么只要通过该系列中最大、最小以及两个中等大小的连接金具试验，则认可该系列。

示例 1：如果一个系列的连接金具只有 5 种规格，那么仅需对最大和最小规格以及代表性中等规格的连接金具进行试验。

示例 2：如果一个系列的连接金具只有不多于 4 种规格，那么仅需对最大和最小规格的连接金具进行试验。

——对于宽范围连接金具，应对适用于最大和最小截面积导体的连接金具试验。

——PVC 绝缘的绝缘穿刺连接器通过了在较低温度下进行的热循环和短路试验，则仅认可绝缘是 PVC 的该种连接金具。

——通过干式导体上的连接金具试验，则认可该连接金具可用于同种类型浸渍纸绝缘电缆导体。

——如果连接金具的设计为一端或两端适用一定截面积范围，且不同截面积采用通用的压紧或压接连接，则依据第 7 章的规定，应在最大和最小截面积的导体上进行机械试验。

注 1：相关的设计标准包括：

- 接头压接处理；
- 接触螺丝或压接件的数量；
- 接触螺丝或压接件每单位面积的挤压力；
- 连接金具材料用量与导体的材料用量的比值。

注 2：不同阻水类型能够影响连接金具的性能。

6 电气试验

6.1 安装

在试验回路中，具有同一截面积的所有导体应该使用相同的连续的线芯。

对每个系列的试验来说，根据生产商的安装说明书在裸导体或在已剥去绝缘的导体上安装 6 个连接金具，与基准导体一起构成试验回路。

对于绞合导体，在不同绞合单线上测量点之间电位会使电阻测量产生误差。因此应使用均流器(见附录 A)来解决这个问题，确保基准导体和连接金具均流器测量点之间的电流分布均匀。

如果试验绝缘穿刺连接器，则绝缘穿刺连接器内的导体应绝缘，且连接器外至少保留导体绝缘 100 mm。试验回路还应包含有绝缘的基准导体。如果绝缘穿刺连接器是根据 B 类进行试验的，那么无需使用裸基准导体。

安装试验回路的区域内应空气静止，其周围的环境温度应为 15 ℃～30 ℃。

在绝缘穿刺连接器的组装过程中，环境温度应为(23±3)℃。

如果是实心导体，电位测量点应尽可能地靠近连接金具，以便能够使 l_a 和 l_b 接近零。

试验回路可为任意形状放置，其布置不应受地板、墙面以及屋顶的影响。

试验回路应易于拆开，以便于进行短路试验(仅对 A 类连接金具)。从温度测量的角度考虑，连接拆开工艺不应影响测量。

试验过程中，连接金具的螺栓或螺丝不允许重新拧紧。

6.1.1 直通连接金具和接线端子

试验回路如图 1，图中注明了所用的尺寸。

如果要试验接线端子，可按照生产商的要求，用螺栓将接线端子连接板与连接排连接在一起。连接排的尺寸、厚度以及材质应与接线端子的连接板相同。

为获得 6.3 规定的温度，可能需要调整连接排的热特性，如果不用连接排，也可以将接线端子连接板相互连接，然后对接线端子进行试验。有争议时，应使用连接排的方法。

对于要求评估包括螺栓连接的接线端子连接板性能的试验，连接排端部所用材料、尺寸及表面镀层应与接线端子的连接板一致。

6.1.2 分支连接金具

当分支连接金具的分支导体截面积与主导体的截面积相等或接近时，主导体和分支导体之间可视为直通连接金具，采用直通连接金具的试验方法。对于其他情况，试验回路如图 2 所示。如果出于连接金具类型的原因而要将主导体切断，那么作为直通连接金具的那部分连接金具也应进行试验。

6.2 测量

6.2.1 电阻测量

在整个试验过程中，需在不同阶段对电阻进行测量，见 6.3 规定。

电阻的测量需在稳定的温度条件下进行，包括试验回路温度和试验场地的温度。环境温度应为 15 ℃～30 ℃。

测量电阻推荐的方法为：在不升高温度的情况下，连接金具和基准导体上通以直流电流（热循环电流的 10%），然后测量规定电位点之间的电位差。电位差和直流电流的比值即为相应点之间的电阻。

注：为了提高电阻测量的精度，建议在整个试验过程中使用同样的直流电流。

根据图 2 安装的分支导体中，应在测量电位差的金具部分通以全部测量电流。因此在安装过程中，应该提供开关或断开点。

热电势会影响低电阻的测量准确性（约为 10 μΩ）。如果对测量到的电阻有疑问，可进行两次电阻测量，第一次数据读取后，让测量电流反向，然后进行第二次读取。两次读取的数据的平均值就是实际电阻。

电位点的位置见图 3 和附录 B。此外，需对图 3 和附录 B 中所示的各种长度进行测量，确保获得真实的连接金具电阻。进行电阻测量时，应记录连接金具和基准导体的温度。为了能够直接比较，将电阻值修正至 20 ℃时的电阻。同时也在附录 B 中提供了关于所推荐方法的相关信息。在热循环试验过程中，应该在这些位置进行温度测量。

电阻间接读取时要求：

电压测量的精度应不低于±0.5%或±10 μV，取精度较高值；

电流测量的精度应不低于±0.5%或±0.1 A，取精度较高值。

电阻直接读取时要求：

当计量仪器根据认证的标准电阻进行校准后，电阻测量的精度应不低于±1%或±0.5 μΩ，取精度较高值。

6.2.2 温度测量

在整个试验中，需在不同阶段对温度进行测量，见 6.3 规定。

在图 3 中所指定的位置对连接金具和基准导体的温度进行测量。推荐采用热电偶的温度测量方法。温度读数精确为±2 K。

6.3 热循环试验

应用交流电进行热循环试验。

6.3.1 **第一次热循环**

第一次热循环的目的是确定基准导体的温度。该温度会在后续循环中使用;而且还可以确认中值连接金具。

a) 非绝缘穿刺连接器的直通连接金具和接线端子

电流通过试验回路,将基准导体升温到 120 ℃且处于稳定状态。

稳定状态是指基准导体和连接金具在 15 min 内,其温度变化不超过±2 K。

如果中值连接金具的温度(见 3.11)大于或等于 100 ℃,那么在其后续热循环中,基准导体的温度将取为 120 ℃。如果中值连接金具温度小于 100 ℃,那么应增加回路电流,直到中值连接金具温度达到 100 ℃的平衡状态,其前提是基准导体的温度不超过 140 ℃。当基准导体的温度达到了 140 ℃时,如果中值连接金具的温度仍然没有到达 100 ℃,那么在该温度状态下进行试验。测量得到的基准导体温度 θ_R 可以用在后续的热循环中(120 ℃$\leqslant\theta_R\leqslant$140 ℃)。处于平衡温度的电流 I_N 应记录在试验报告中。

注 1:如果接线端子试验使用连接排,那么应测量连接排(与接线端子连接板相连)中点的温度。该温度应该等于基准导体的温度 θ_R,误差为±5 K。

b) 非绝缘穿刺连接器的分支连接金具

如果需用到图 2 所示的电路,让电流通过试验回路,将主基准导体和三根分支基准导体的温度提高到 120 ℃的平衡状态。为了能够达到这个温度,应该通过电流注入或阻抗控制方法对三根分支导体中的电流进行调整。如果中值连接金具的温度(见 3.11)不低于 100 ℃,那么后续热循环中,基准导体的温度为 120 ℃。如果中值连接金具温度小于 100 ℃,那么应增加回路中的电流,直到中值连接金具的温度达到 100 ℃的平衡状态,其前提是基准导体的温度不得超过 140 ℃。有必要在该阶段以及在整个试验过程中的所有区间内,调整单个分支导体内的电流,以确保每个分支的基准导体温度与主基准导体温度一样。测量得到的主基准导体和分支基准导体温度 θ_R 可用于后续的热循环中(120 ℃$\leqslant\theta_R\leqslant$140 ℃)。温度平衡时主导体和分支导体内的电流 I_N 应记录在试验报告中。

c) 绝缘穿刺连接器

绝缘穿刺连接器的试验过程中,需使用图 1 或图 2 中所示的相同试验回路;不过也有例外,那就是在试验回路中添加有绝缘的基准导体。在循环过程中,中值连接金具的温度应比导体在正常运行下的最高温度要高 10 K。不过,应该对循环的电流进行限制,以便处于平衡温度的绝缘基准导体,其温度不会比导体在正常运行下的最高温度还要高 10 K~15 K。如果使用的是分支连接金具,那么有必要在整个试验过程中的所有区间内,调整单个分支导体内的电流,以确保每个分支的基准导体温度与主基准温度一致。当处于平衡温度时,主线和分支导体内的电流 I_N 应记录在试验报告中。

注 2:如果连接金具在使用过程中,其达到的温度比导体在正常运行下的最高温度要高出很多,那么经生产商和用户的协商之后,有必要对试验回路的高温状态进行附加测试。宜通过热绝缘体的应用,使试验回路的温度额外增加。

6.3.2 **第二次热循环**

第二次热循环的目的是确定热循环的持续时间和温度曲线图。此时间和温度曲线将会在所有的后续热循环中用到。电流通过回路,直到主基准导体的温度达到 6.3.1 中所确定的 θ_R 为止,误差为$^{+6}_{0}$K,中值连接金具的温度在 10 min 内,其温度变化不超过 2 K。

增大电流可以用来缩短加热时间。增大电流的持续时间见表 1。此后,电流应该降低或被调节到维持基准导体平衡温度的交流电流 I_N。必要时,可以利用多次循环以确定第二次热循环。

基准导体的温度是一个控制参数,在热循环过程中应保持温度曲线稳定。通过控制周围环境温度的方式,使它不会影响基准导体温度曲线的形状。

表 1 增大电流最短的加热时间

导体标称截面积 A/mm^2	铝 铜	$16 \leqslant A \leqslant 50$ $10 \leqslant A \leqslant 35$	$50 < A \leqslant 150$ $35 < A \leqslant 95$	$150 < A \leqslant 630$ $95 < A \leqslant 400$	$A > 630$ $A > 400$
时间/min		5	10	15	20

基准导体温度在时间(t_1)内的加热变化曲线见图 4,且需记录在试验报告中,供后续循环使用。t_1 之后是冷却时间段 t_2,该时间段后,所有连接金具和基准导体冷却到 35 ℃以下。

有必要的话,可在后续热循环中调整 t_2,以确保能够获得所需的温度状况。

如果采用加速冷却,则限于使用环境温度的空气且作用于整个试验回路。

一个热循环周期的完整时间为 $t_1 + t_2$(见图 4)。

6.3.3 后续热循环

总热循环次数为 1 000 次(见 6.3.2 规定)。经热循环的冷却时间段之后,按照 6.2 规定应记录每个连接金具和每根基准导体的电阻和温度。在循环过程中先测量每个连接金具的最高温度,然后再测量电阻。

在下列循环中进行测量:

A 类	B 类
0(第一次热循环之前,见 6.3.1)	0(第一次热循环之前,见 6.3.1)
200,短路之前	250
200,短路之后	每隔 75 次循环
250	(共进行 12 次测量)
每隔 75 次循环	
(共进行 14 次测量)	

允许±10 次循环误差。

6.3.4 短路试验(仅 A 类连接金具)

200 次热循环后,要进行 6 次短路试验。

短路电流值的确定:要求试验的短路电流能够将裸基准导体从不小于 35 ℃的温度增加到 250 ℃～270 ℃。

不过,对绝缘穿刺连接器来说,应限制短路电流值,使绝缘基准导体的温度不超过绝缘允许的最高温度。

注 1:短路电流可以根据 IEC 60949:1988 第 3 章规定进行计算;也可以根据本标准的附录 D 确定。如果实际导体的截面积已经确认,后一种方法可以用来选择电流,还能够获得所需的温升范围。

短路试验中的最高温度,时间和近似电流值或实际电流值和时间都应记录在试验报告中。

短路试验中,最大的电流为 25 kA 的持续时间应为($1^{+0.5}_{-0.1}$)s。如果需要的短路电流超过这个电流值,电流为25 kA～45 kA时持续时间可延长至≤5 s。

每次短路试验后,试验回路应冷却至≤35 ℃。

注 2:对于大截面导体,导体温度预热到 90 ℃。对截面积超过 630 mm^2 的铜导体或 1 000 mm^2 的铝导体,上述参数(45 kA 和 5 s)不足以让导体温度达到 250 ℃。

如 6.1 所述,这些试验中试验回路可拆开成几个部分。由于短路试验仅考核大电流的热效应,为降低电磁力的作用推荐使用同轴导体。试验的布置应记录。

注 3:应注意,在安装、运输和装卸过程中的弯曲或震动状况都可能产生影响试样接触电阻的机械力,应尽量避免。为了试验的重现性,如固定接线端子至试验设备上力矩,这样的机械操作宜由相关方协商确定。

注 4:对于特殊应用场合,可采用其他短路条件。

注 5:对于分支连接金具,基准导体是与分支连接金具相连的部分。

6.4 试验结果评估

单个连接金具的电阻比率 k 是一种评估连接金具的通用方法,适用于本标准的所有截面积的连接金具,下列参数按附录 E 进行计算:

a) 连接金具的电阻比率 k，对 6.3.3 所列所有测量间隔，按 E.2 对 6 个连接金具逐一进行计算；

b) 初始离散度 δ，6 个初始 k 值之间的初始离散度，根据第 0 次热循环中测得初始值 k，按 E.3 进行计算；

c) 平均离散度 β，6 个 k 值之间的平均离散度，根据最后 11 次测量间隔的平均值，按 E.4 进行计算；

d) 6 个连接金具中每个电阻比率变化量 D，按 E.5 逐个计算。D 随测量间隔的最后 11 个测量电阻的平均值 k 而变化；

e) 电阻比率比值 λ 按 E.6 进行计算；

f) 每个连接金具的最高温度 θ_{max} 按 E.7 进行记录。

6.5 要求

6 个连接金具应满足的要求见表 2。如果 6 个连接金具中的一个连接金具无法满足表中的一个或多个要求，允许重新进行试验。在这种情况下，所有 6 个新的连接金具都应满足要求。

如果一个以上连接金具无法满足表中的一个或多个要求，不允许重新试验且该类型的连接金具被判为不符合本标准。

表 2 电气试验要求

参数	标识	文本参考	最大值
初始离散度	δ	E.3	0.30
平均离散度	β	E.4	0.30
电阻比率变化量	D	E.5	0.15
电阻比率比值	λ	E.6	2.0
最高温度	θ_{max}	E.7	θ_{ref}
注：本表给定的数据是根据经验所得。			

7 机械试验

机械试验目的是确保与电力电缆导体相连的连接金具具有可接受的机械强度。

注：机械拉力与连接金具的电气质量无关。

7.1 方法

机械试验中所使用的 3 个连接金具应该与电气试验中所使用的连接金具是一样的。根据 6.1 中的电气试验规定安装这些连接金具。两个连接金具之间或连接金具与张力试验工具钳之间的导体长度应≥500 mm。负荷速率不得超过 10 N/(s·mm²)，总负荷如表 3 中所规定的值。要求该拉力值下保持 1 min。

适用于不同截面积导体的连接金具进行试验时，不同的连接金具均需根据表 3 试验。

表 3 机械试验拉力的要求

导体材料	张力/N
铝	40×A[a]；最大 20 000
铜	60×A[a]；最大 20 000
[a] A=标称截面积(mm²)。	

7.2 要求

在试验中不应发生滑动。

8 试验报告

试验报告应包括下列几个部分：

——连接金具的类别(见第 1 章)；

——所使用的导体(见 5.1);

——连接金具和工具(见 5.2);

——安装(见 6.1.1 示例);

——温度达到平衡状态时的电流(见 6.3.1);

——A 类连接金具的短路参数(见 6.3.4);

——电气试验结果;

——机械试验结果。

注:建议在试验报告中附上连接金具电阻比率 k 与循环次数的曲线图、温度与循环次数的曲线图以及温度分布曲线图。

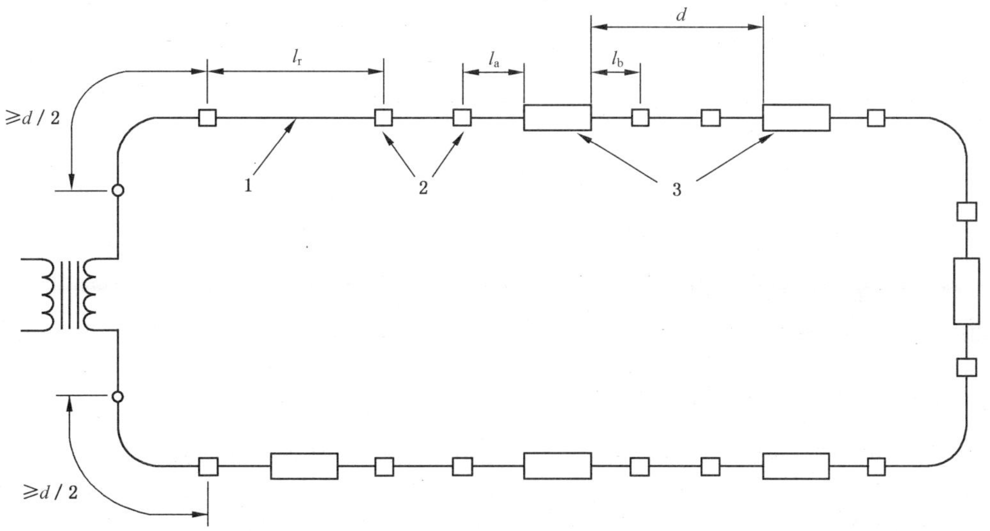

a) 直通连接金具试验回路

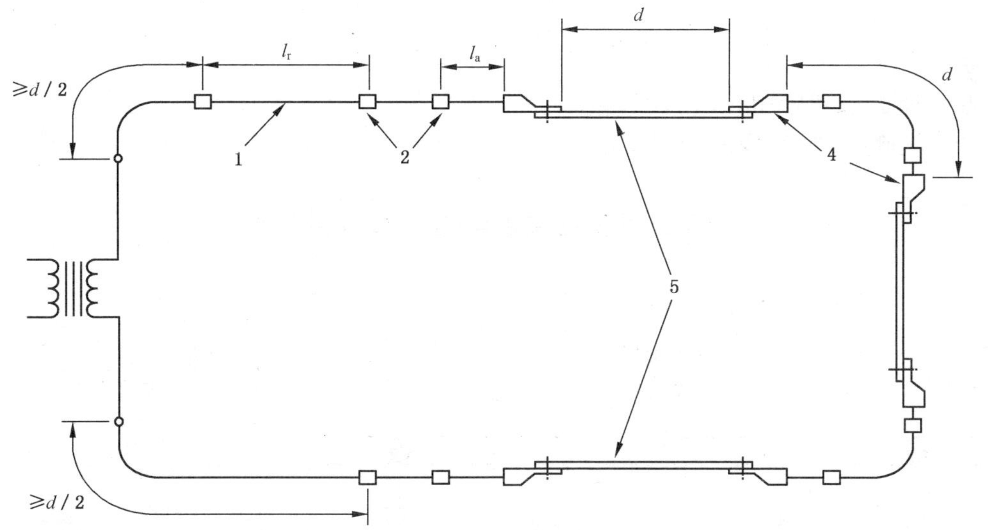

b) 接线端子试验回路

$d \geqslant 80\sqrt{A}$或 500 mm,取其中较大者

A 是相应导体截面积,mm^2

$l_r \geqslant l_a + l_b + l_j$($l_j$ 见图 3)

对于绞合导体:

$l_a, l_b \approx 15\sqrt{A}$或 150 mm,取其中较大者

1——基准导体;

2——均流器(绞合导体用);

3——直通连接金具;

4——接线端子;

5——连接排。

图 1 直通连接金具和接线端子典型试验回路

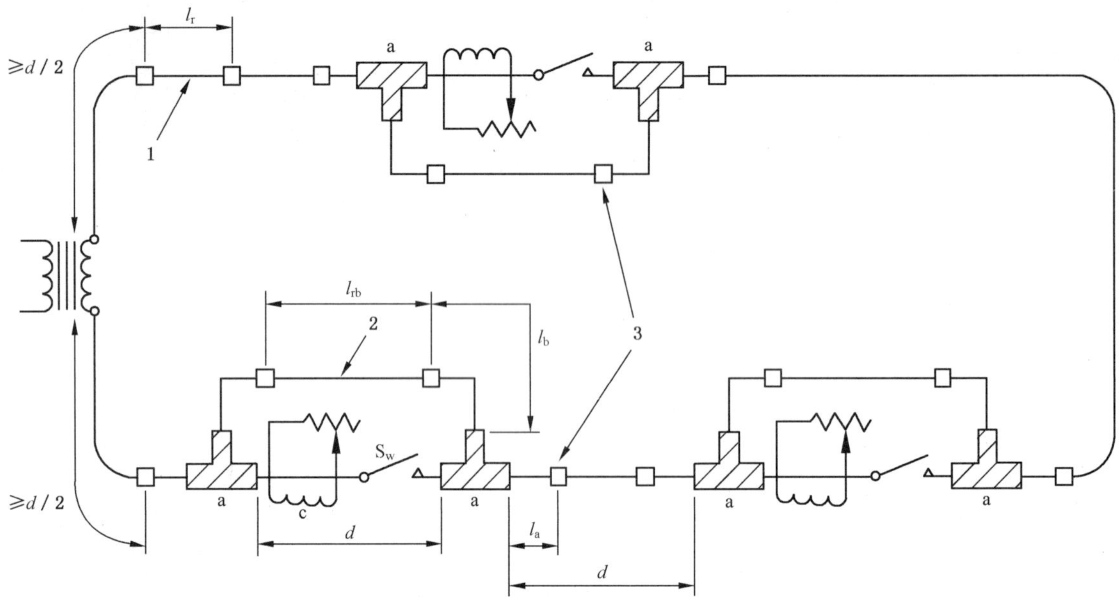

$d \geqslant 80\sqrt{A}$或 500 mm，取其中较大者

A 是相应导体截面积，mm^2

l_r，$l_{rb} \geqslant d$

对于绞合导体：

l_a，$l_b \approx 15\sqrt{A}$或 150 mm，取其中较大者

1——主导体基准导线；

2——分支基准导线；

3——均流器(绞合导体用)；

a——分支连接金具；

c——电流控制；

S_w——开关(用于分支电阻的测量)。

注：对于 IPC 的 l_a，l_b 如有需要可以加长。

图 2 分支连接金具的典型试验回路

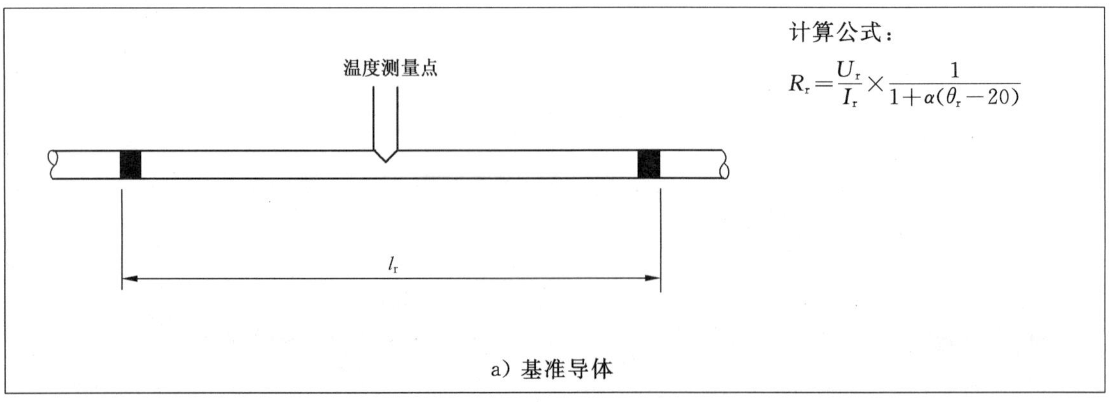

图 3 电阻测量的典型例子

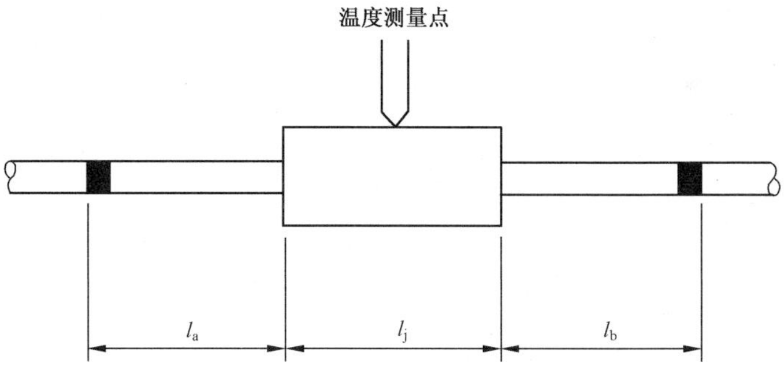

计算公式：

$$R_j = R - R_r \times \frac{(l_a + l_b)}{l_r}$$

$$K = \frac{R_j}{R_r} \times \frac{l_r}{l_j}$$

基准导体：主导体

b）直通连接金具

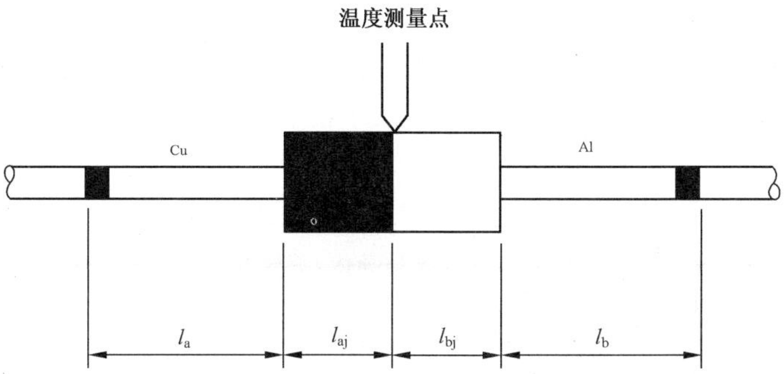

计算公式：

$$R_j = R - \left[\frac{R_r\mathrm{Cu}}{l_r\mathrm{Cu}} \times l_a + \frac{R_r\mathrm{Al}}{l_r\mathrm{Al}} \times l_b\right]$$

$$k = \frac{R_j}{\frac{R_r\mathrm{Cu}}{l_r\mathrm{Cu}} \times l_{aj} + \frac{R_r\mathrm{Al}}{l_r\mathrm{Al}} \times l_{bj}}$$

基准导体：铜和铝导体

c）双金属直通连接金具

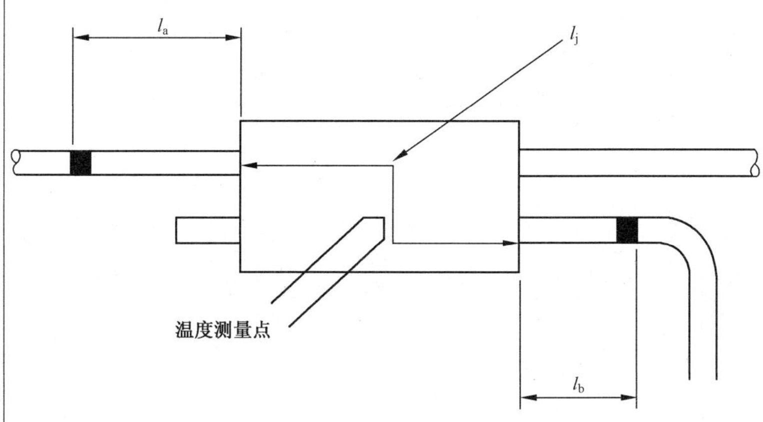

计算公式：

$$R_j = R - \left\{\frac{R_{r\ \mathrm{main}}}{l_{r\ \mathrm{main}}} \times l_a + \frac{R_{r\ \mathrm{branch}}}{l_{r\ \mathrm{branch}}} \times l_b\right\}$$

$$k = \frac{R_j}{R_{r\ \mathrm{branch}}} \times \frac{l_{r\ \mathrm{branch}}}{l_j}$$

基准导体：主导体和分支导体

d）分支连接金具

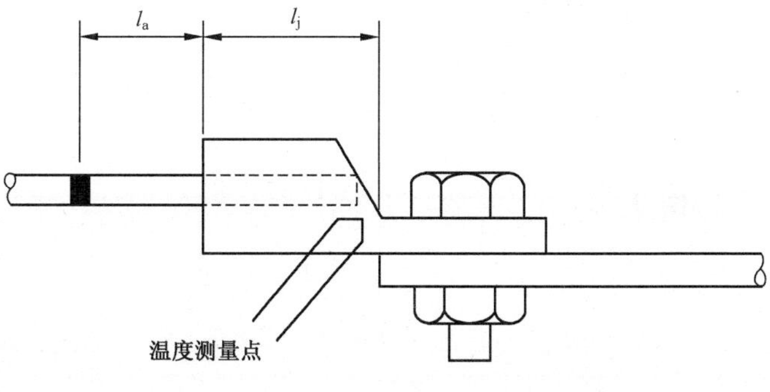

计算公式：

$$R_j = R - R_r \times \frac{l_a}{l_r}$$

$$k = \frac{R_j}{R_r} \times \frac{l_r}{l_j}$$

基准导体：主导体

e）接线端子的圆管

图 3（续）

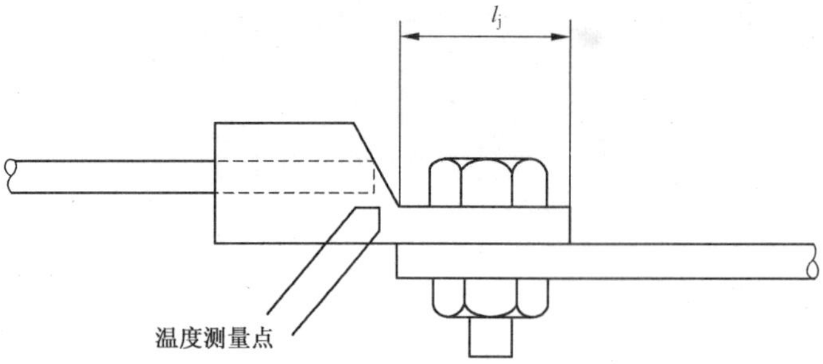

计算公式：

$R_j = R$

$k = \frac{R_j}{R_r} \times \frac{l_r}{l_j}$

基准导体：主导体

f）接线端子连接板

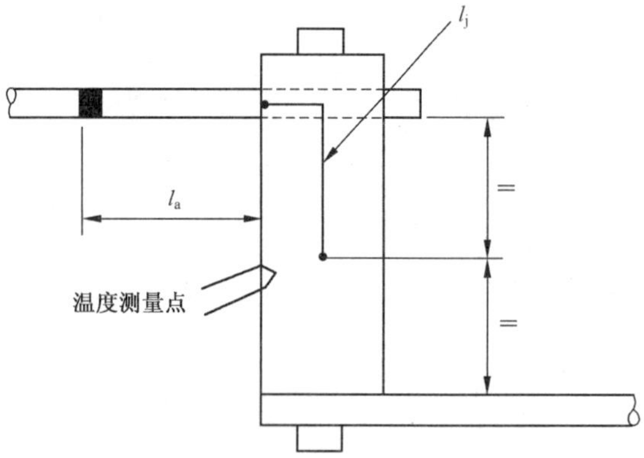

计算公式：

$R_j = R - R_r \times \frac{l_a}{l_r}$

$k = \frac{R_j}{R_r} \times \frac{l_r}{l_j}$

基准导体：主导体

g）机械连接金具与导体连接

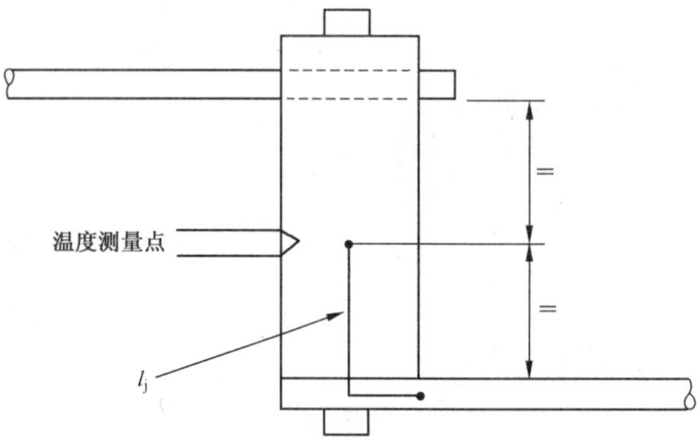

计算公式：

$R_j = R$

$k = \frac{R_j}{R_r} \times \frac{l_r}{l_j}$

基准导体：主导体

h）机械连接接头与端子排相连

图 3（续）

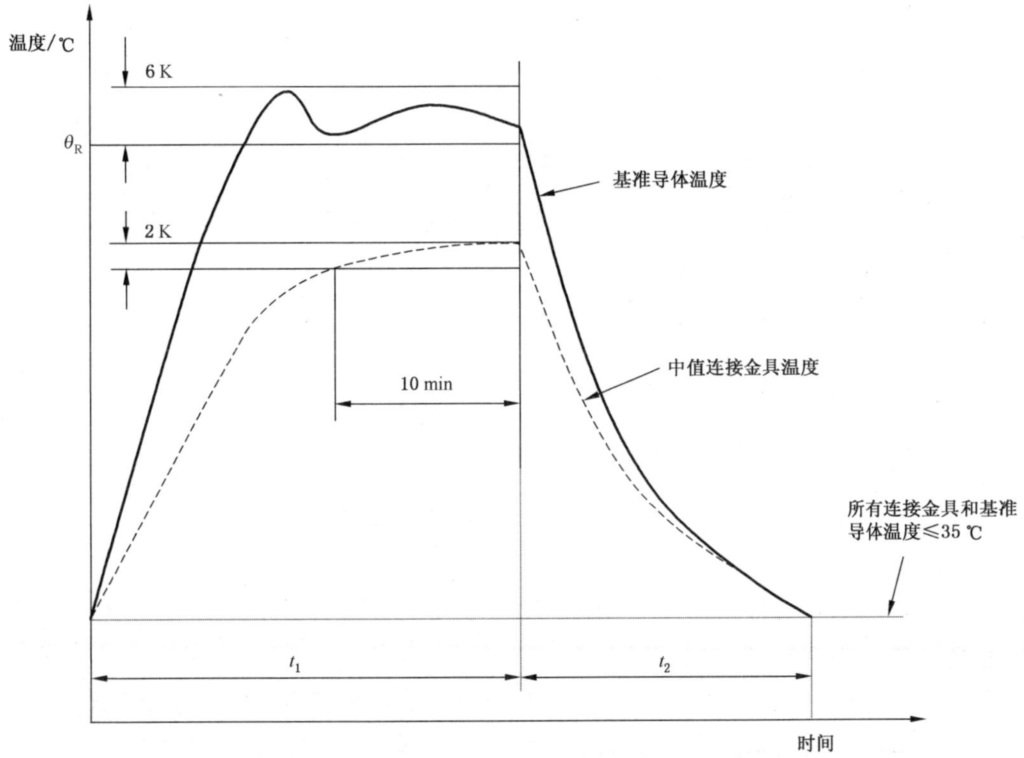
温度/℃
6 K
θ_R
2 K
10 min
基准导体温度
中值连接金具温度
所有连接金具和基准
导体温度≤35 ℃
t_1
t_2
时间

图 4　第二次热循环

附 录 A
（规范性附录）
均流器及制作

对于绞合导体，测量点处绞线的单线之间的电位可能导致电阻测量时产生误差。

可以采用焊接或钎焊均流器克服这个问题，以确保通过基准导体的电流均匀分布。推荐使用焊接均流器方法，以确保测量可靠。

只要其能提供有效结果而且不影响连接金具或基准导体的温度，其他方法也可以使用。

A.1 铜导体

铜导体需要的专用工具包括：

——银焊料；

——支撑夹具；

——冷却板；

——加热设备。

切割导体使端面与轴心垂直，将导体焊接端切成如图 A.1。然后清理端面，并将其对接好置于支架上。用银焊料焊接端面，为确保焊接区域的机械性能不受影响，该区域焊接时必须进行足够的冷却。

A.2 绞合铝导体(图 A.1)

铝导体需要的器材包括：

——钨惰性气体保护(TIG)焊接设备或金属惰性气体保护(MIG)焊接设备；

——焊接支架；

——焊条 A5 (1100)、焊条 A5(1050)或等效物。

切割导体使端面与轴心垂直，将导体焊接端切成如图 A.1。然后清理端面，使用熔接气炬将其熔化(对于截面积大于 95 mm^2 的电缆，先熔化其外围，然后添加焊料至中心以完成斜面)。斜面长度 a 和导体间距 b 的大小如下(见表 A.1)：

表 A.1 均流器尺寸

截面积 A/mm^2	$A \leqslant 95$	$95 < A \leqslant 240$	$A > 240$
a/mm b/mm	3～5 1～2	5～10 2～5	7～12 4～6

将导体架好并隔开距离 b、从中心处开始焊接、转动导体，以获得均匀的圆形焊接接头。为确保导体焊接区域的机械性能不受影响，该区域必须进行足够的冷却。

A.3 尺寸

均流器的尺寸详见图 A.1。

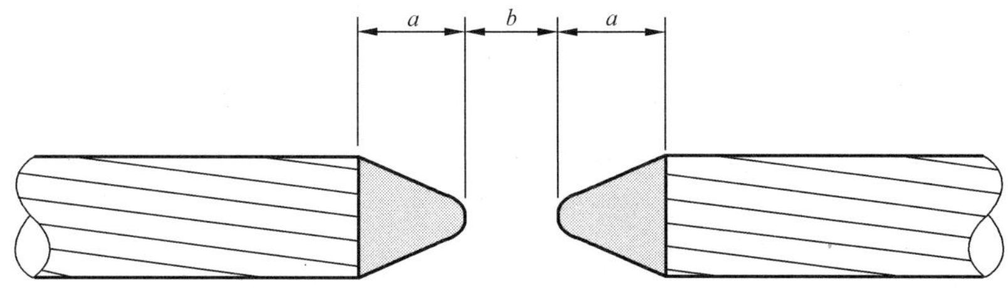

a）制备端头

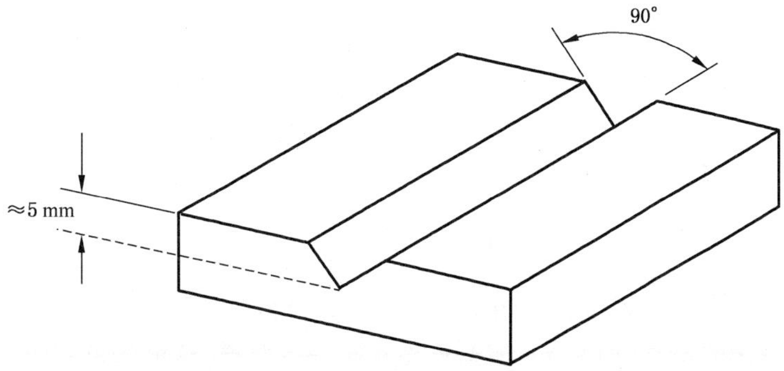

b）焊接支架

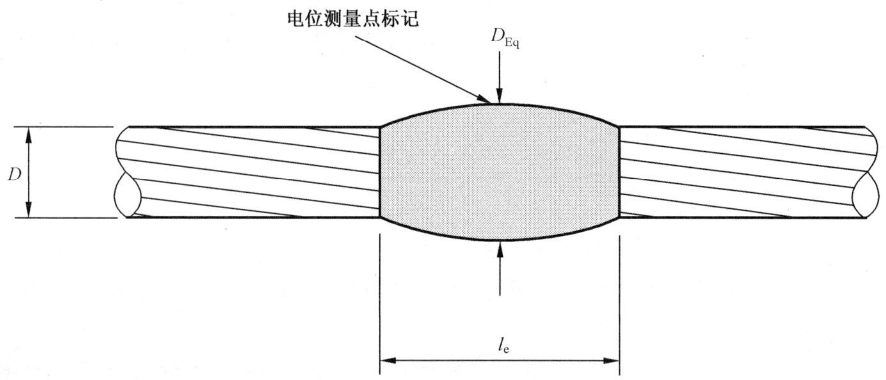

当 $D \leqslant D_{Eq} \leqslant 1.2D$

截面积 $A \leqslant 95\ mm^2$ 时，$l_e = 10\ mm \sim 15\ mm$；

截面积 $95 < A \leqslant 240\ mm^2$ 时，$l_e = 15\ mm \sim 25\ mm$；

截面积 $A > 240\ mm^2$ 时，$l_e = 25\ mm \sim 35\ mm$。

c）焊接均流器

图 A.1 均流器制作

附 录 B
（规范性附录）
测 量 方 法

B.1 典型连接金具的电位测量点

测量电阻的电位点位置见图 3a)、3b)、3c)、3d)、3e)和 3g)。实心导体的电位点应靠近，但不得接触连接金具。对于绞合导体，电位点即均流的中点离连接金具，应为是 15 $\sqrt{A}$ mm 或 150 mm，取其中较大者，实际测试连接金具的 l_a 和 l_b 的实际长度可能有所出入。因此，在计算每个连接金具的电阻时，有必要需分别测量，尽管螺栓连接终端设备的电阻测量不是本标准的要求，但可以通过直接测量或增加额外电位点[图 3f)、图 3g)和图 3h)]的方法对其进行评估。

B.2 温度测量

温度测量必须在热电偶与其测量点之间建立良好的热交换关系。

如果是测量基准导体的温度[图 3a)]，测温点设置在导体中点，热电偶可以插入实心导体上开出的小孔中，或者将其嵌入绞合导体的内层绞线中。

如果是连接金具[图 3b)至图 3h)]的温度，热电偶既可以插入连接金具主体上开出的小孔中，也可以固定在外表面。如果是后者，为保护热电偶免受损伤而在热电偶上设置遮盖物，遮盖物不应影响连接金具的散热。

B.3 等效导体电阻

测量已知长度基准导体的电阻和其温度[图 3a)]，通过减去基准导体长度 l_a 和 l_b 的电阻就可以计算出连接金具电阻 R_j。需要记录下来的各种长度见图 3。

注意，如果是分支连接金具，当计算真实连接金具电阻时[见图 3d)]，主导体基准导体和分支基准导体的电阻都需要用到。

每次测量连接金具电阻时，必须同时测量基准导体的电阻。基准导体（经温度修正）的所有电阻测量值在整个测量期间都应保持稳定，从原理上讲均流器也是稳定的。为确定参数 k（见附录 E），必须确保基准导体和所有连接金具的电阻测量均在环境温度下进行。

附　录　C
（资料性附录）
提高测量精确度的建议

C.1　试验回路的处理

搬动和布置试样过程中的弯曲或震动可能导致机械变形，这会影响测试对象的电阻，因此必须避免。

由于计算往往基于最初时的位置，因此在整个测试中，应使用相同的测量点。建议验证一下测量点，特别是在短路测试之后。

C.2　测量、仪器和读数

对于绞合导体，在没有安装连接金具的试验回路中任意均流器之间距离可以用作测量电阻的对照物（核对）。

所有记录值宜表明在整个测试期间均流器都是稳定的。

在试验前，检查每台仪器校验的有效性或进行校验。如果可能，校验整个测量链。

温度仪表可以在 100 ℃的沸水和 0 ℃的冰水中很容易地进行校核。

对于电流测量，可以在试验回路内引入校准的分流器。

如果可能，可使用相同的仪器进行电压（ΔU_{DC}）、电流（分流器的 ΔU_{DC}）和温度（热电偶-电压输出 ΔU_{DC}）测量。

标准电阻可以用作电压测量或电阻直接测量的仪器校准。在测量前或测量后都宜对其进行核对。

建议：

在整个测试期间使用相同的仪器；

尽量避免更换任何仪器，因为测量系统的变动可能导致测量的不良结果；

自动存储测量数值，以避免抄写错误；

使用有效的计算机程序进行计算，以防止偶然错误。

计算 k 值时，可能会使用到没有经过温度校准的基准导体和连接金具电阻测量值，所以在测量期间基准导体的电阻不应发生变化，在电阻测量时，试验回路内的各部分温度应保持一致和稳定。

必须避免伪读数。

仪器的性能指标应在试验报告中提供。

附 录 D
（资料性附录）
确定短路电流值

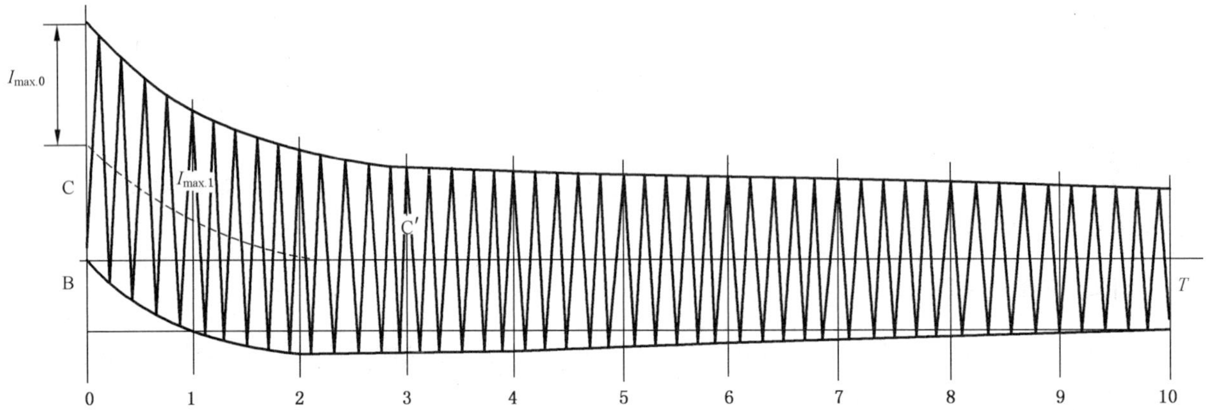

图中所示为电流随时间变化的情况，总时间 BT 分成 10 个相等的部分，电流的交变分量的测量是在点 0、1、2…10 的垂直方向进行。

这些数值通过 I_{max0}、I_{max1}、I_{max2}…I_{max10} 来表示。

则有效数值为 $I_i = I_{max\,i}/\sqrt{2}$

I_{max}是各个点交流分量的最大值。

在 BT 期间内等值短路电流有效值为：

$$I_{rms} = \sqrt{\frac{1}{30}\left[I_0^2 + 4(I_1^2 + I_3^2 + I_5^2 + I_7^2 + I_9^2) + 2(I_2^2 + I_4^2 + I_6^2 + I_8^2) + I_{10}^2\right]}$$

注 1：直流分量(CC’)在此忽略。

注 2：本附录与 IEC 60694:1988 附录相一致。

附 录 E
（规范性附录）
计 算 方 法

本统计计算符合 GB/T 21223—2007 的要求。

E.1 所作的测量

根据 6.3.3 列出的热循环，在室温下对试验回路进行如下测量（见 6.2 和附录 B）：

U——各连接金具两测量点之间的电位差；

I——在测量 U 时的直流电流；

θ——在测量 U 时的每根导体的温度；

U_r——基准导体两测量点之间的电位差；

I_r——在测量 U_r 时的直流电流；

θ_r——在测量 U_r 时的基准导体的温度。

上述为推荐方法。电阻可为直接测量。也可以用 U/I 数值作电阻。

此外，电阻测量前或测量后要测量各连接金具和导体或基准导体的温度并加以记录。

按照图 3 定义需要测量的 l_a、l_b、l_j 和 l_r 的长度，并在整个测量期间都适用。对于长度≥40 mm，测量公差是±2 mm；长度＜40 mm，则为±5%。

E.2 连接金具的电阻比率 *k*

温度为 20 ℃时，导体测量点之间的电阻如下：

$$R = \frac{U}{I} \times \frac{1}{1+\alpha(\theta-20)}$$

标准电阻温度系数 α，对于铜和铝是相同的，取 $\alpha=0.004\ \text{K}^{-1}$

温度为 20 ℃时，基准导体的电阻如下：

$$R_r = \frac{U_r}{I_r} \times \frac{1}{1+\alpha(\theta_r-20)}$$

连接金具电阻 R_j 为：

$$R_j = R - R_r \times \frac{(l_a + l_b)}{l_r}$$

连接金具电阻比率 k 为：

$$k = \frac{R_j}{R_r} \times \frac{l_r}{l_j} \qquad \cdots\cdots\cdots\cdots\cdots\cdots(\text{E.1})$$

E.3 初始离散度 *δ*

第 0 次循环时，6 个连接金具 k 值之间的初始离散度计算如下：

计算平均值：

$$\overline{K}_0 = \frac{1}{6}\sum_{1}^{6} k$$

标准差：

$$s_0 = \sqrt{\frac{1}{5}\sum_{1}^{6}(k-\overline{K}_0)^2}$$

则离散度为：

$$\delta = \frac{1}{\sqrt{6}} \frac{s_0}{\overline{K}_0} t_s$$

t_s——t 分布临界值，在试验中取双侧置信度为 99%，自由度为 5，据此查分布临界值表得：

$$t_s = t_{5;0.995} = 4.032;$$

由此

$$\delta = 1.65 \frac{s_0}{\overline{K}_0} \quad \cdots\cdots(E.2)$$

E.4 平均离散度 β

平均离散度必须使用电阻测量期内 11 个测量读数才能决定。这 11 个读数始于第 250 次循环，然后以每 75 次循环递增，直至第 1 000 次循环。递增循环误差为 ±10 循环，只有这样，本标准列出的计算公式才可以适用。如果超出此公差，则必须有具体的统计处理。为了计算方便，将原点移至 11 个读数的中点，并且引入了统计变量 x(见图 E.1)。变量 x 的数值为 0、±1、±2…±5。

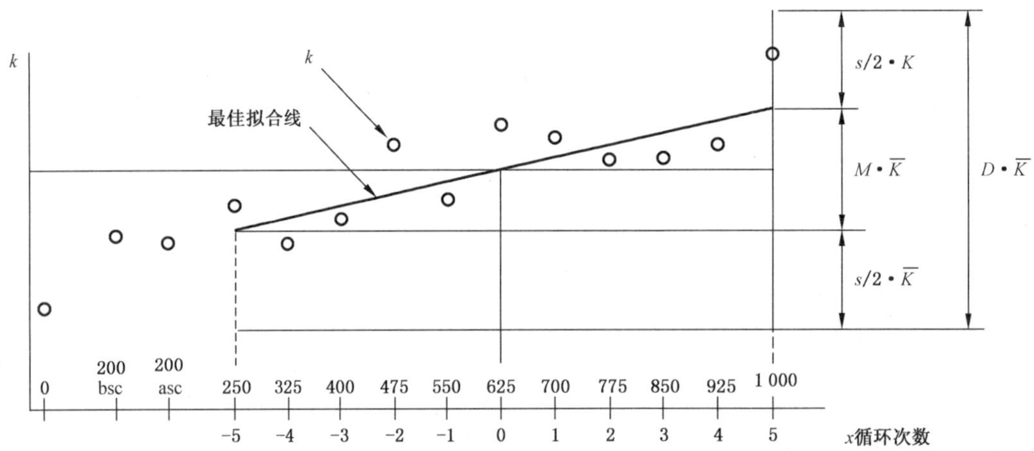

图 E.1 A 类单个连接金具评估图例

对于每个连接金具，其在区间 $x=-5\sim+5$ 的平均值可按下式计算：

$$\overline{k} = \frac{1}{11}\sum_{-5}^{+5} k \quad \cdots\cdots(E.3)$$

由于已获得 6 个数据，这 6 个数据的平均值为：

$$\overline{K} = \frac{1}{6}\sum_{1}^{6} \overline{k}$$

标准差：

$$s = \sqrt{\frac{1}{5}\sum_{1}^{6}(\overline{k} - \overline{K})^2}$$

离散度：

$$\beta = \frac{1}{\sqrt{6}} \frac{s}{\overline{K}} t_s$$

已知 $t_s=4.032$ 因此， $\beta=1.65 \frac{s}{\overline{K}}$ $\cdots\cdots(E.4)$

E.5 每个连接金具的电阻比率变化量

为了计算连接金具在11次电阻测量期内电阻比率的可能变化量，使用最小二乘法来确定最佳拟合线。拟合线和电阻比率有一定的误差，此误差大小取决于电阻比率的离散度置信区间。

E.5.1 最佳拟合线

在 $x=-5\sim+5$ 范围内，最佳拟合线的斜率计算方法如下：

$$b=\frac{\sum_{-5}^{+5}xk}{\sum_{-5}^{+5}x^2}$$

因此，电阻比率的变化量是：

$$M=10\frac{b}{\bar{k}} \quad \cdots\cdots(E.5)$$

$\bar{k}$ 值按公式(E.3)进行计算。

对6个连接金具中的每个接头分别进行 M 参数的计算。

E.5.2 置信区间的 $\boldsymbol{\delta_i}$

对于电阻比率变化置信区间的 δ_i 为：

$$\delta_i=t_s\sigma$$

式中：

t_s——分布临界值，在试验中双边置信度为90%，自由度为$(11-2)=9$时，查表得 $t_s=t_{9,0.95}=1.833$；

σ——按照最佳拟合线在 $x=+5$ 或 $x=-5$ 时估算的标准差。

对于11个测量值的情况，σ 为：

$$\sigma=0.564\sqrt{\sum_{-5}^{+5}\frac{(k-\bar{k}-b\cdot x)^2}{9}}$$

$$\sigma=0.564\times s_j$$

根号表达式是连接金具与最佳拟合线的标准差，将其定义为 s_j，它仅与单个连接有关，不应该与6个连接金具的标准差 s 混淆，后者是当 $x=0$ 时计算出来的平均数，并用于确定离散度 β。

上述表达式 s_j 可简化为：

$$s_j=\frac{1}{3}\sqrt{|11[(\bar{k^2})-(\bar{k})^2]-110b^2|}$$

式中，$\bar{k}$ 由方程式(E.3)得到

这里

$$(\bar{k^2})=\frac{1}{11}\sum_{-5}^{+5}k^2$$

相对最佳拟合线的总偏差为：

$$S=\frac{2\times t_s\times\sigma}{\bar{k}}=\frac{2\times1.833\times0.564\times s_j}{\bar{k}}=\frac{2.07\times s_j}{\bar{k}}$$

6个连接金具中的每个连接金具都要进行参数 s 的评价。

E.5.3 电阻比率变化量 $\boldsymbol{D}$

从E5.1～E5.2，在最后11次测量期间，每个连接金具 k 值变化的估算按下式进行：

$$D=|M|+S=\frac{|10b|}{\bar{k}}+\frac{2.07s_j}{\bar{k}} \quad \cdots\cdots(E.6)$$

E.6 电阻比率比值

$$\lambda = \frac{k}{k_0}$$

式中：

k——每个连接金具在任何测量阶段得到的电阻比率；

k_0——测量 k 值的连接金具在第 0 次热循环时的电阻比率。

E.7 最高温度 θ_{max}

对于每个连接接头，都应记录下 θ_{max} 的值。它是在任何测试阶段连接金具达到的最高温度值。测得 θ_{max} 时的 θ_{ref} 值也需同时记录。

附　录　F
（资料性附录）
计算方法的解释

以下表格表 F.1 和表 F.2 给出了本附录中所使用的符号。

表 F.1　索引

符号		索引
附录 E	附录 F	
—	i	连接金具的编号，1～6
—	j	测量次数，1～14
x	x	最后 11 次测量中，引入坐标系转换的统计变量。如果连接金具是 A 类产品，那么根据 A 类试验的规定，最后 11 次测量从 $j=4$（即 $x=-5$）开始，一直到 $j=14$（即 $x=+5$）为止

表 F.2　测量到的变量

符号		测量变量
第 4 章	附录 F 变量	
I	I^{ij}	在第 j 次测量过程中流过直通连接金具 i 的直流电流（单位 A）
I_r	I_r^j	在第 j 次测量过程中流过基准导体的对应直流电流（单位 A）
U	U^{ij}	在第 j 次测量过程中，连接金具 i 的两个测量点之间的电位差（单位 V）
U_r	U_r^j	基准导体上的两个测量点之间的对应电位差（单位 V）
θ	θ^{ij}	在第 j 次测量过程中，连接金具 i 的温度（单位℃）
—	θ_r^j	在第 j 次测量过程中，基准导体的对应温度（单位℃）

表 F.3 给出了在电气试验过程中的常量。

表 F.3　常量

符号		常量
第 4 章	附录 F 常量	
l_a	l_a^i	从连接金具 i 到其第一个测量点的长度（单位 mm）
l_b	l_b^i	从连接金具 i 到其第二个测量点的长度（单位 mm）
l_j	l_{con}	根据图 3 定义的所有连接金具的长度（单位 mm）。下标的改变可避免与测量次数相混淆
l_r	l_r	基准导体的测量长度（单位 mm）
α	α	温度系数（单位 K^{-1}），取决于导体的材质

使用上述测量得到的变量和常量，便可以计算得出表 F.4 中的数值。

表 F.4 计算变量

符号		计算变量
第4章	附录F变量	
R_j	R_{con}^{ij}	在第 j 次测量时的连接金具 i 的已换算成 20 ℃的电阻值
R	R^{ij}	在第 j 次测量时，连接金具 i 两个测量点之间已换算成 20 ℃的电阻
R_r	R_r^j	在第 j 次测量时基准导体已换算成 20 ℃的电阻
k	k^{ij}	在第 j 次测量时连接金具 i 的电阻比率
$\bar{K}_0$	$\bar{k}_{.1}$	组装后在第一次热循环前，6个连接金具电阻比率的平均值；代表未知真值的一个估计值
s_0	$s_{.1}$	第一次热循环前，6个连接金具电阻比率的标准差；代表未知统计标准差 σ_k 的一个估计量
δ	δ	第一次热循环前，6个连接金具电阻比率的平均值相对应初始离散度
$\bar{k}$	$\overline{k_{i.}}$	连接金具 i 电阻比率的平均值，依据最后 11 次测量值计算求得
$\bar{K}$	$\bar{k}$	全部 6 个连接金具电阻比率的总平均值，依据最后 11 次测量值计算求得
s	s	6个连接金具电阻比率平均值(根据 11 次测量结果得出)与总平均值的标准差
β	β	6个连接金具电阻比率总平均值的相对平均离散度(根据 11 次测量结果得出)
b	$\hat{b}_i$	由简单线性回归可以算出回归线的估计斜率；简单线性回归是根据最后 11 次测量过程中连接金具 i 的电阻比率计算出来的
M	M^i	在最后 11 次测量过程中，连接金具 i 的电阻比率估计的相对变化量
s_j	s^i	连接金具 i 测量值与回归线的标准差
—	s^{b_i}	连接金具 i 回归线估计斜率的标准差
σ	σ^i	连接金具 i 回归线最大相对单边偏差
δ_i	δ^i	连接金具 i 回归线最大相对单边离散度
s	s^i	连接金具 i 回归线最大相对总离散度
D	D^i	在最后 11 次测量过程中连接金具 i 的相对统计总变化量
λ	λ^{ij}	在第 j 次测量过程中，连接金具 i 相对于其初始电阻比率的电阻比率增长率

这些数值可以用来确定某个型号的连接金具是否符合本标准的要求。其目的在于定义被测某型号连接金具在整个热循环阶段的电阻稳定性。用模拟数据绘制的图例展示了统计方法证明个别性能的效果。

F.1 所作的测量

在热循环试验中某个 j 次测量期，应在环境温度下测取一系列的数据并记录，然后通过计算，得到每个连接金具的电阻比率，见表 F.5。

表 F.5 重复出现的测量参数

位置	连接金具1	连接金具2	连接金具3	连接金具4	连接金具5	连接金具6	基准导体
第 j 次测量	$U^{1j},I^{1j},\theta^{1j}$	$U^{2j},I^{2j},\theta^{2j}$	$U^{3j},I^{3j},\theta^{3j}$	$U^{4j},I^{4j},\theta^{4j}$	$U^{5j},I^{5j},\theta^{5j}$	$U^{6j},I^{6j},\theta^{6j}$	U_r^j,I_r^j,θ_r^j

通常情况下，每个电阻的测量，都是逐个测量两测量点之间的直流电压降，且在某个温度下测量的，

温度应该与周围温度在同一水平上。当所有测量点上能自动地，几乎是同时地测量时，那么在这一时刻的电流就被视作常量。

测量点应该被清楚地标注出来，并在整个试验过程中不宜改变。一旦开始试验，只要无任何变动，那么这段距离将被视为一个常量。根据实际安装情况，长度 l_a 和 l_b 可以有稍微的不同。因此每个连接金具都有必要测量各自的长度。l_{con} 取决于连接金具的设计。安装后，应根据图 3 测量这些长度。

F.2 连接金具的电阻比率 k

连接金具的电阻比率 k^{ij} 是一个经过多次变化的参数，它用于描述各种类型的连接金具。第一个变化是将连接金具的电阻与其长度相除；第二个是连接金具的电阻与其长度之比的比值被基准导体电阻与其长度的比值相除。第一个变化必须对电阻进行温度校正，因为测量得到的连接金具电阻是其所用材料的电阻温度系数的一个函数；在试验过程中，温度可以在 15 ℃～30 ℃之间变化。

电阻比率 k^{ij} 的计算方法是，将电阻 R_{con}^{ij} 除以其长度 l_{con} 的值和电阻 R_r^j 除以其长度 l_r 的值间相除。

$$k^{ij}=\frac{\dfrac{R_{con}^{ij}}{l_{con}}}{\dfrac{R_r^j}{l_r}}$$

式中 R_r^j 代表热循环中第 j 次测量基准导体的电阻，如要折算至 20 ℃。则，

$$R_r^j=\frac{U_r^j}{I_r^j}\frac{1}{1+\alpha(\theta_r^j-20)}$$

R_{con}^{ij} 代表(20 ℃温度下)在第 j 次热循环中连接金具 i 的纯电阻。R_{con}^{ij} 是 R_r^j 中减去测量点之间导体电阻 R^{ij} 之后的值。所涉及的导体电阻等于相同长度的基准导体电阻。可用下列公式表示：

$$R_{con}^{ij}=R^{ij}-R_r^j\cdot\frac{l_a^i+l_b^i}{l_r}\quad 式中，R^{ij}=\frac{U^{ij}}{I^{ij}}\frac{1}{1+\alpha(\theta^{ij}-20)}$$

因此，B 类连接金具的 72 个电阻比率和 A 类连接金具的 84 个电阻比率(见表 F.6)应根据所记录的数据进行计算，以便能够对结果进行评估。

表 F.6 A 类连接金具中的计算连接金具电阻比率 k^{ij} 的数量

A 类连接金具的第 j 次测量	连接金具 1	连接金具 2	连接金具 3	连接金具 4	连接金具 5	连接金具 6
1	$K^{1,1}$	$K^{2,1}$	$K^{3,1}$	$K^{4,1}$	$K^{5,1}$	$K^{6,1}$
2	$K^{1,2}$	$K^{2,2}$	$K^{3,2}$	$K^{4,2}$	$K^{5,2}$	$K^{6,2}$
3	$K^{1,3}$	$K^{2,3}$	$K^{3,3}$	$K^{4,3}$	$K^{5,3}$	$K^{6,3}$
4	$K^{1,4}$	$K^{2,4}$	$K^{3,4}$	$K^{4,4}$	$K^{5,4}$	$K^{6,4}$
5	$K^{1,5}$	$K^{2,5}$	$K^{3,5}$	$K^{4,5}$	$K^{5,5}$	$K^{6,5}$
6	$K^{1,6}$	$K^{2,6}$	$K^{3,6}$	$K^{4,6}$	$K^{5,6}$	$K^{6,6}$
7	$K^{1,7}$	$K^{2,7}$	$K^{3,7}$	$K^{4,7}$	$K^{5,7}$	$K^{6,7}$
8	$K^{1,8}$	$K^{2,8}$	$K^{3,8}$	$K^{4,8}$	$K^{5,8}$	$K^{6,8}$
9	$K^{1,9}$	$K^{2,9}$	$K^{3,9}$	$K^{4,9}$	$K^{5,9}$	$K^{6,9}$
10	$K^{1,10}$	$K^{2,10}$	$K^{3,10}$	$K^{4,10}$	$K^{5,10}$	$K^{6,10}$
11	$K^{1,11}$	$K^{2,11}$	$K^{3,11}$	$K^{4,11}$	$K^{5,11}$	$K^{6,11}$
12	$K^{1,12}$	$K^{2,12}$	$K^{3,12}$	$K^{4,12}$	$K^{5,12}$	$K^{6,12}$
13	$K^{1,13}$	$K^{2,13}$	$K^{3,13}$	$K^{4,13}$	$K^{5,13}$	$K^{6,13}$
14	$K^{1,14}$	$K^{2,14}$	$K^{3,14}$	$K^{4,14}$	$K^{5,14}$	$K^{6,14}$

F.3 初始离散度 δ

初始离散度提供了关于安装完毕后且在老化影响开始前，对某接触系统的设计在某导体上的表现。又可以认为，可用这 6 个被试验的样品组来估计一个“系列”的连接金具。如果被测连接金具的电阻比率是相等的，那么，只要所使用的是同类型的导体设计和安装方法，就可以认为其结果是一样的。为了方便计算，用了第一次测量中的比率 k(表 F.6，第一行，$j=1$)。假定：电阻比率是符合未知真值和未知变量 σ_{k}^{2} 的正态分布的：

$\overline{k_{.1}}$——第一次热循环前，6 个连接金具电阻比率的经验平均值：

$$\overline{k}_{.1}=\frac{1}{6}\sum_{i=1}^{6}k^{i1}=\frac{1}{6}(k^{1,1}+k^{2,1}+k^{3,1}+k^{4,1}+k^{5,1}+k^{6,1})$$

这个参数是电阻比率未知统计平均值的估计量。该电阻比率代表第一次热循环之前的连接金具类型。

$s_{.1}$——第一次热循环前，6 个连接金具电阻比率的经验标准差：

$$s_{.1}=\sqrt{\frac{1}{5}\sum_{i=1}^{6}(k^{ij}-\overline{k_{.1}})}$$

该参数估计了第一次热循环前，6 个连接金具平均值的未知统计标准差 σ_{k}。

δ——第一次热循环前，6 个连接金具电阻比率平均值的相对初始离散度：

$$\delta=\frac{\frac{1}{\sqrt{6}}\times s_{.1}\times t_{5;0.995}}{\overline{k_{.1}}}=\frac{1.65\times s_{.1}}{\overline{k_{.1}}}$$

实际的常用评估方式的结果也可以直接与其他类型连接金具直接进行比较，参数 δ 是一个无量纲的数，它代表标准差与估计平均电阻比率的百分比。并指出了一种可能性，在既定概率下，电阻比率不会超出该值。它基于在第一次热循环前，在未知真实值的情况下，置信度为 99%。这里的 $t_{5;0.995}$ 是分布临界值，在第一次循环前，置信区间以 99% 的概率 $\overline{k_{.1}}\pm t_{5;0.995}\cdot\frac{s_{.1}}{\sqrt{6}}$ 覆盖未知真实的电阻比率平均值。即每个电阻比率会被 99% 概率的置信区间覆盖的结论是不可能的。

这个数值非常有用且又符合假设的基础是：6 个连接金具的电阻比率各自独立，且未知平均值和未知标准差均符合正态分布。

图 F.1 是连接金具初始电阻比率和计算的相对初始离散度的一个例子。编号为 C1～C6 的连接金具电阻比率是 $k^{1,1}$ 到 $k^{6,1}$，这些电阻比率在图中成圆圈状分布。估计平均电阻比率 $\overline{k_{.1}}$ 用“×”表示。垂直的虚线表示未知平均数的 99% 置信区间(C.I.)的上限和下限；而水平的断线则表示初始离散度 $\delta\cdot\overline{k_{.1}}$。根据假设，初始电阻比率是正态分布的，因此该分布密度也表示在图 F.1 中。

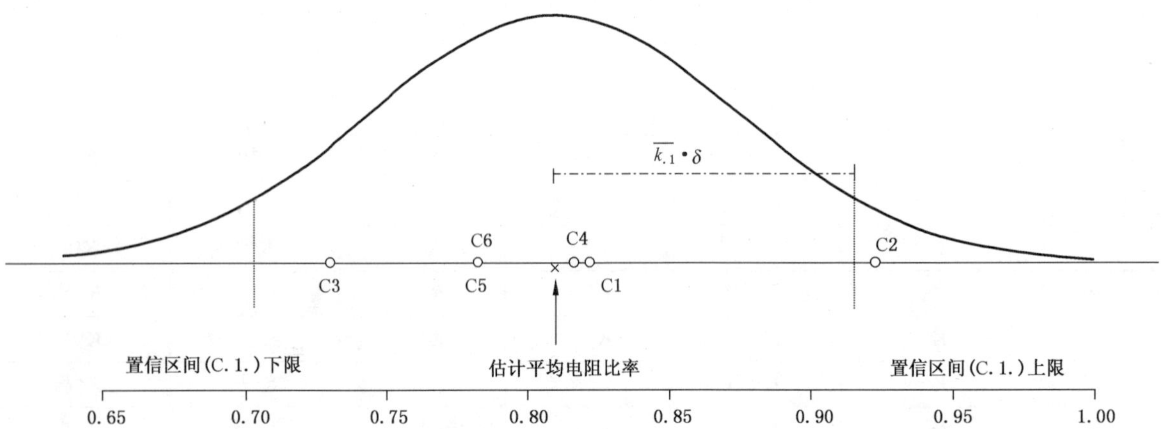

图 F.1 第一次热循环前的连接金具电阻比率和参数 δ 示意图

F.4 平均离散度 β

平均离散度表示是否所有连接金具对热循环试验的电阻比率具有相同表现进而可表明设计试验同一性。从测量读数中计算得到的连接金具后 11 个电阻比率，可以用来确定这个离散度。这 11 个读数是从第 250 次的循环点开始，然后每隔 75 次读取一次，一直到第 1 000 次循环。为了计算方便，原点被转移到 11 个读数的中点，并引入了统计哑变量“x”，见表 F.7。

表 F.7 A 类连接金具电阻比率 k^{ij} 与哑变量 x、初始离散度 δ 和平均离散度 β 的关系

热循环次数	x	$i\rightarrow$ $\downarrow j$	连接金具 1	连接金具 2	连接金具 3	连接金具 4	连接金具 5	连接金具 6	离散度
0		1	$k^{1,1}$	$k^{2,1}$	$k^{3,1}$	$k^{4,1}$	$k^{5,1}$	$k^{6,1}$	δ
200(bsc)[a]		2	$k^{1,2}$	$k^{2,2}$	$k^{3,2}$	$k^{4,2}$	$k^{5,2}$	$k^{6,2}$	
200(asc)[b]		3	$k^{1,3}$	$k^{2,3}$	$k^{3,3}$	$k^{4,3}$	$k^{5,3}$	$k^{6,3}$	
250	+5	4	$k^{1,4}$	$k^{2,4}$	$k^{3,4}$	$k^{4,4}$	$k^{5,4}$	$k^{6,4}$	
325	+4	5	$k^{1,5}$	$k^{2,5}$	$k^{3,5}$	$k^{4,5}$	$k^{5,5}$	$k^{6,5}$	
400	+3	6	$k^{1,6}$	$k^{2,6}$	$k^{3,6}$	$k^{4,6}$	$k^{5,6}$	$k^{6,6}$	
475	+2	7	$k^{1,7}$	$k^{2,7}$	$k^{3,7}$	$k^{4,7}$	$k^{5,7}$	$k^{6,7}$	
550	+1	8	$k^{1,8}$	$k^{2,8}$	$k^{3,8}$	$k^{4,8}$	$k^{5,8}$	$k^{6,8}$	
625	0	9	$k^{1,9}$	$k^{2,9}$	$k^{3,9}$	$k^{4,9}$	$k^{5,9}$	$k^{6,9}$	β
700	−1	10	$k^{1,10}$	$k^{2,10}$	$k^{3,10}$	$k^{4,10}$	$k^{5,10}$	$k^{6,10}$	
775	−2	11	$k^{1,11}$	$k^{2,11}$	$k^{3,11}$	$k^{4,11}$	$k^{5,11}$	$k^{6,11}$	
850	−3	12	$k^{1,12}$	$k^{2,12}$	$k^{3,12}$	$k^{4,12}$	$k^{5,12}$	$k^{6,12}$	
925	−4	13	$k^{1,13}$	$k^{2,13}$	$k^{3,13}$	$k^{4,13}$	$k^{5,13}$	$k^{6,13}$	
1 000	−5	14	$k^{1,14}$	$k^{2,14}$	$k^{3,14}$	$k^{4,14}$	$k^{5,14}$	$k^{6,14}$	

[a] bsc＝短路试验之前。

[b] asc＝短路试验之后。

$\overline{k_{i.}}$——连接金具 i 的电阻比率经验平均值：

$$\overline{k_{i.}} = \frac{1}{11}\sum_{j=4}^{14} k^{ij}$$

该平均值是单个连接金具 i 的电阻比率未知统计平均值的估计量，是根据后 11 次测量得到。

$\overline{k}$——所有电阻比率的总平均值：

$$\overline{k} = \frac{1}{6}\sum_{i=1}^{6}\overline{k_i} = \frac{1}{6}\times\frac{1}{11}\sum_{i=1}^{6}\sum_{j=4}^{14}k^{ij} = \frac{1}{6}\times\frac{1}{11}\sum_{i=1}^{i=6}\sum_{x=-5}^{x=+5}k^{ix}$$

该平均值是所有连接金具的电阻比率未知统计平均值的估计量，是根据后 11 次测量得到的，它表示了热循环过程中被测 6 个连接金具的典型情况。

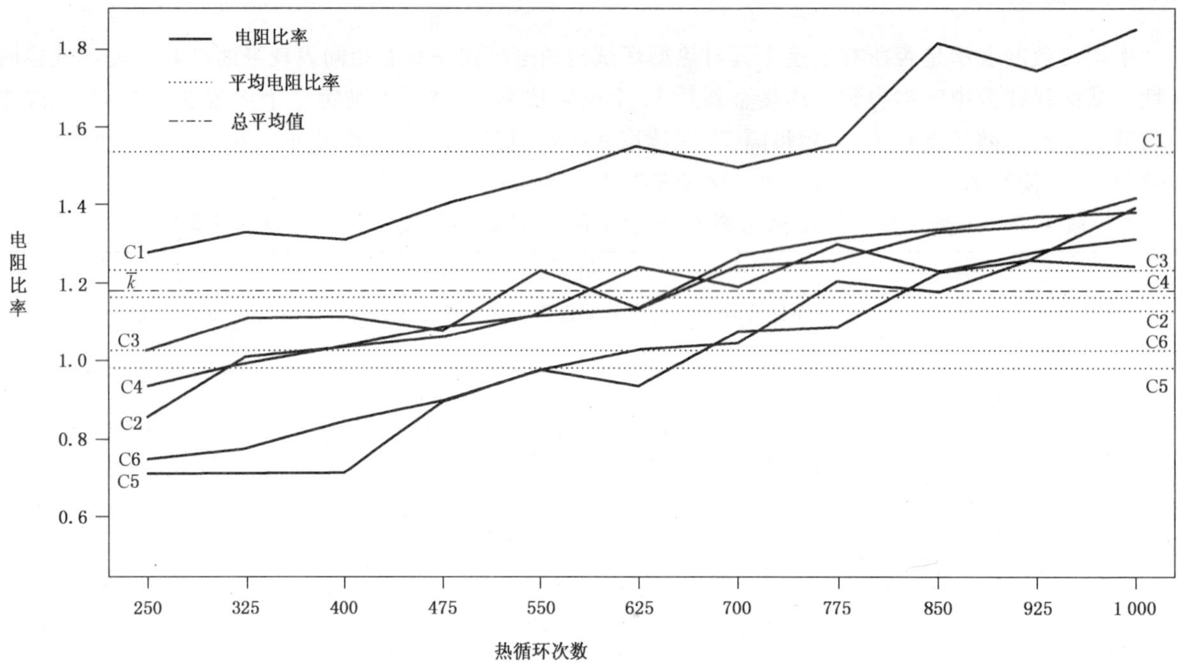

图 F.2　电阻比率 k^{ij}、估计平均电阻比率 $\bar{k}_i$ 和估计总平均值 $\bar{k}$ 的示意图

图 F.2 是 6 个连接金具(编号从 C1～C6)的电阻比率 k^{ij}(在图中用实线表示)以及 6 个对应的平均电阻比率$\overline{k_1}$(虚线)和平均值 $\bar{k}$(断线)的回归示意图。

s——标准差 是 6 个连接金具的电阻比率平均值$\overline{k_1}$(根据后 11 次测量获得)与总平均值 $\bar{k}$ 的经验标准差:

$$s=\sqrt{\frac{1}{5}\sum_{i=1}^{6}(\bar{k}_i-\bar{k})^2}$$

该经验标准差是平均值$\overline{k_i}$与总平均值 $\bar{k}$ 的未知统计标准差的一个估计量。

β——离散度　根据 6 个连接金具的平均电阻比率(根据后 11 次测量得出)与总平均值(被总平均值标准化)可按下式计算平均离散度:

$$\beta=\frac{\frac{1}{\sqrt{6}}\times s\times t_{5;0.995}}{\bar{k}}=\frac{1.65\times s}{\bar{k}}$$

β是个无量纲的数,它是标准差与总平均值的百分比,并表示每个电阻比率$\overline{k_i}$不期望超过某个概率。它是建立在对于未知真实总电阻比率有一个 99%置信区间上的。这里的 $t_{5;0.995}$分布临界值表示,99%的置信区间$\overline{k_{.1}}\pm t_{5;0.995}\cdot\frac{s_{.1}}{\sqrt{6}}$将会覆盖概率为 99%的连接金具 i 的未知真实总电阻比率。不过,它并不暗示所有平均电阻比率$\overline{k_i}$都会被概率为 99%的置信区间覆盖。

根据以上数值,我们可以做如下假设:即所有连接金具 i 的平均值$\bar{k}_{i.}$ 均各自独立而又一致地符合正态分布。

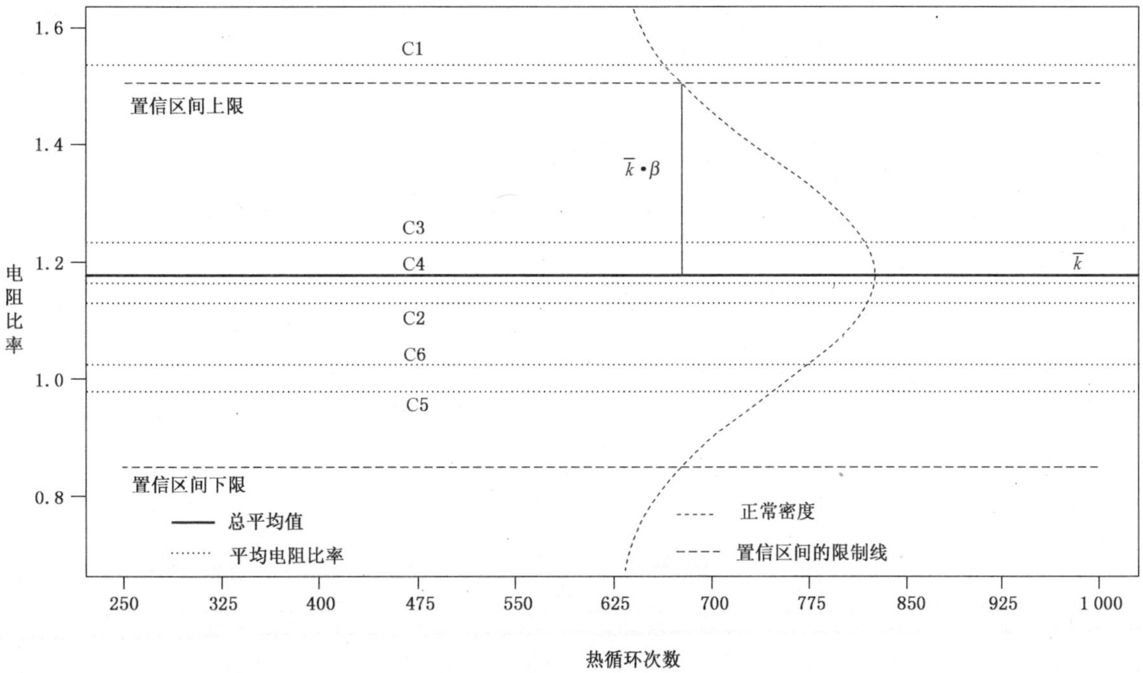

图 F.3　估计平均电阻比率 $\overline{k_{i.}}$、估计总平均值 $\overline{k}$ 和参数 β 的示意图

F.3 表明,6 个连接金具(编号从 C1～C6)的估计平均电阻比率 $\overline{k}_{i.}$(图中用虚线表示)以及估计总平均值 $\overline{k}$(水平实线)和未知真实总电阻比率(用点线表示)的 99%置信区间上限线和下限线。计算得到的平均离散度 $\beta\times\overline{k}$ 用垂直的实线表示。由于我们假设平均电阻比率 $\overline{k_i}$ 是独立而又符合正态分布的,因此图中也绘出了该分布的密度。

F.5　每个连接金具电阻比率的变化

连接金具的老化是由两个方面引起的。第一是接触力,接触力会随着导体在通电中的蠕变现象而逐渐减少。如果接触力低于最小接触力,那么接头电阻将会急剧上升;第二是化学反应,压接区的化学反应会影响到连接金具的电阻变化。这两个老化过程同时发生,但强度不一样。

通过这两个作用,连接金具的电阻将会增加(见图 F.4)。总的来说,压接区的化学和物理变化将会引起接触电阻的变化。而该变化现象可分为不同的阶段:成型期,开始形成稳定的压接区;第二个阶段是相对稳定期,连接金具的电阻只增加了一点点。就是在这个阶段进行热循环试验的。这个阶段的数学模型已经建立,因此可以对每个连接金具的性能进行分析。不过,其后果是连接金具的能耗会随着连接金具温度的增高而增大。这可以在 E.7 的评估中观察到。

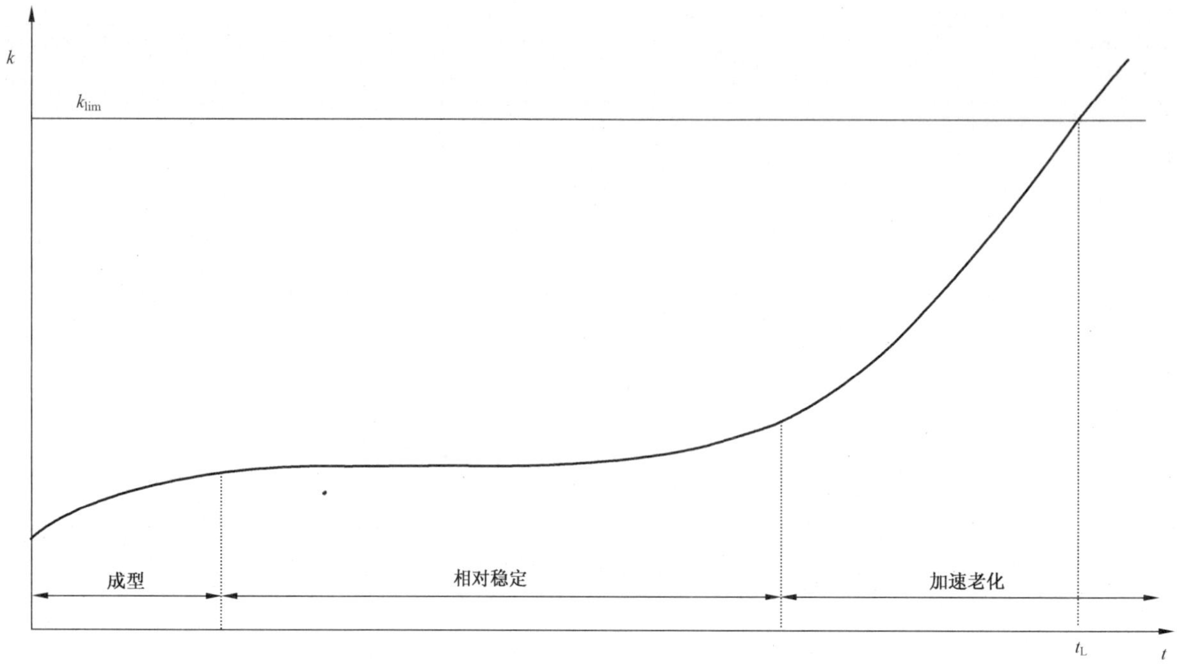

图 F.4 连接金具典型性能变化曲线

(k_{lim}极限电阻比率;t_L 寿命)

第三阶段是加速老化阶段,由于温度较高,化学作用会加速。在该加速老化的阶段,接头电阻会显著增加。这一阶段试验中不应达到。

F.5.1 最佳拟合

用连接金具在热循环中后 11 个测量的数据研究其性能变化,可提供以下模型:每个电阻比率 k^{ij} 取决于:

a) "连接金具 i 的效应"$\tilde{a}_i$(试验中单个金具的独自的电阻行为所引起);

b) "热循环效应"$b_i \times j$(与 j 次测量对应的热循环对连接金具电阻比率的影响);

c) 未知误差 ε_{ij}(代表 k^{ij} 中不能解释的和其他附加误差)。

上述 3 部分组成单个连接金具电阻比率(性能模型)即:

$$k^{ij} = \tilde{a}_i + \tilde{b}_i \times j + \varepsilon_{ij}$$

据此,根据后 11 次测量过程中得到的数据,对连接金具 i 的所有电阻比率进行简单线性回归(最佳拟合)。为了简化,我们引进了哑变量 $x_j = -5 \cdots +5$(每次测量 j 的值,如代表 A 类连接金具 $j=4$ 次到第 $j=14$ 次测量,见表 F.7),并将该模型转化为等效模型 $k^{ij} = \tilde{a}_i + b_i + x_j + \varepsilon_{ij}$。

这个模型目的是为了尝试估计第 j 次测量中连接金具 i 的电阻比率平均真值的变化。因此由公式 $\hat{k}^{ij} = \hat{a}_i + \hat{b}_i \times j = \hat{\tilde{a}}_i + \hat{b}_i \times x_j$ 建立的回归线,是对第 j 次测量中连接金具 i 的电阻比率平均变化估计。

$\hat{b}_i$——回归线的估计斜率,是在最后 11 次测量过程中,根据连接金具 i 电阻比率使用最小二乘法的简单线性回归计算出来的:

$$\hat{b}_i = \frac{1}{\sum_{j=4}^{14} x_j^2} \times \sum_{j=4}^{14} x_j \times k^{ij} = \frac{1}{110} \sum_{j=4}^{14} x_j \times k^{ij}, \quad \hat{\tilde{a}}_i = \overline{k_{i.}}$$

变量 $\hat{b}_i$ 是回归线的斜率估计值,其数值大小表示热循环对连接金具 i 电阻比率的影响大小。$\hat{\tilde{a}}_i$ 可估算"连接金具 i 的影响",也可以作为连接金具 i 平均电阻比率$\overline{k_{i.}}$估算。

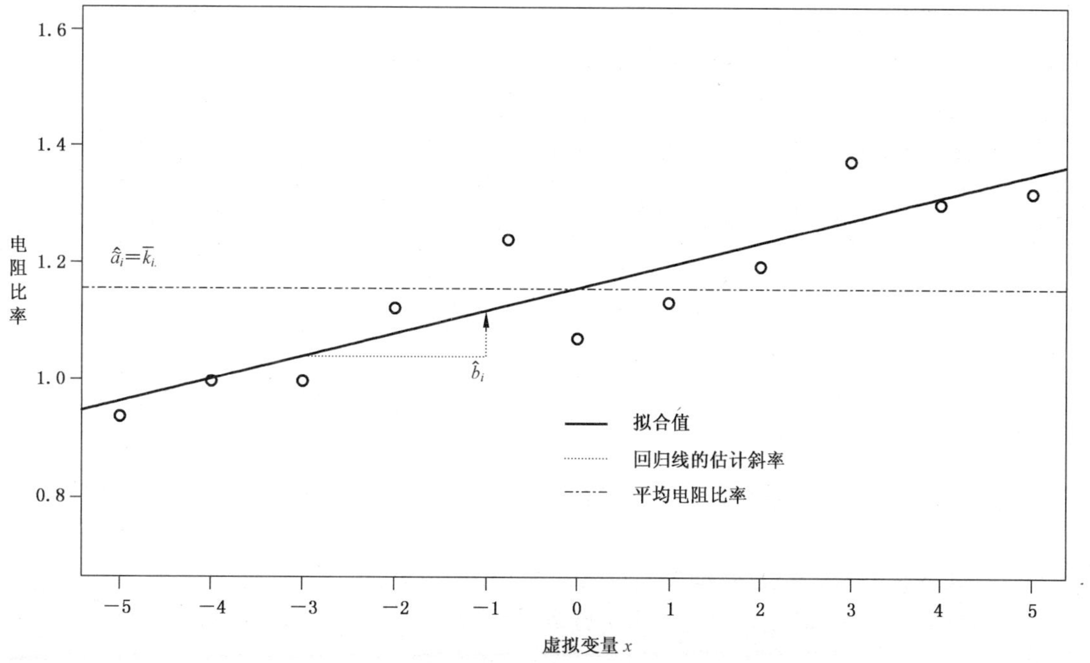

图 F.5　电阻比率、拟合值、估计截距和估计斜率的示意图

图 F.5 是关于斜率 $\hat{b}_i$ 和截距 $\hat{a}_i$ 估计量的一个示意图。这两个值分别表示连接金具 i 的“热循环影响”和“连接金具效应”。

——M^i　11 次测量中，连接金具 i 的电阻比率相对估计变化：

$$M^i=\frac{10\times\hat{b}_i}{\overline{k}_i}$$

这个数值代表连接金具 i 的电阻比率总估计变化，并被连接金具 i 的平均电阻比率(在 11 次测量中得到)标准化。因此，这是一个无量纲的数值，是连接金具 i 的电阻比率相对于平均电阻比率$\overline{k_{i.}}$的一个百分值。该数值在这 11 次测量过程中是变化的。

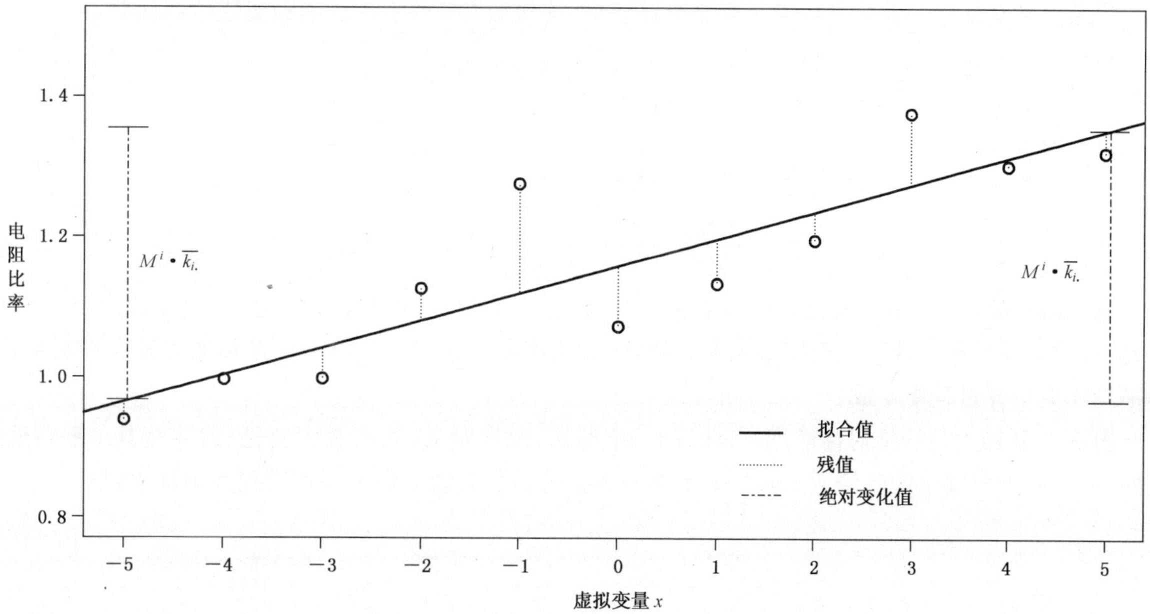

图 F.6　拟合值、残值和参数 M1 的示意图

图 F.6 是绝对数值变化 $M^i \times \overline{k_{i.}}$ 的一个示意图，表示连接金具 i 电阻比率最大和最小拟合值的偏差。该拟合值在图中用实线表示，残值用虚线表示。

F.5.2 置信区间

——s^i 连接金具 i 的残值与回归线的标准差，根据线性回归计算出来。

$$s^i = \sqrt{\frac{1}{9}\sum_{j=4}^{14}(k^{ij} - \overline{k_{i.}} - \hat{b}_i \times x_j)^2}$$

该参数表示连接金具 i 的电阻比率与回归线的偏差。

——σ^i 连接金具 i 的电阻比率平均反应预测值的一个最大标准估计误差。

$$\sigma^i = s^i \times \sqrt{\frac{1}{11} + \frac{\max(x_j^2)^i}{\sum_{j=4}^{14} x_j^2}} = \sqrt{\frac{1}{11} + \frac{25}{110}} \times s^i = 0.564 s^i$$

这个变量可以估计出最大的标准误差。该标准误差会在每一次测量过程中且在连接金具 i 的电阻比率真值估计过程中产生。

就下面的数值独立估算来说，残值相似的正态分布是可以被实际应用的。

——δ^i 连接金具 i 的平均反应值的最大估计离散度。

$$\delta^i = t_{9;0.95} \cdot \sigma^i = 1.833\sigma^i$$

δ^i 代表与平均反应值的最小偏差，且回归线不得超过某个概率。它是建立在平均反应值为 90% 的点态置信区间上的。这里的 $t_{9;0.95}$ 分位数表示 90% 的点态置信区间：

$$\hat{k}^{ij} \pm t_{9;0.95} \times s^i \sqrt{\frac{1}{11} + \frac{x_j^2}{110}} = \overline{k_i} + \hat{b}_i \times x_j \pm t_{9;0.95} \times s^i \sqrt{\frac{1}{11} + \frac{x_j^2}{110}}$$

将会在第 j 次测量中，以概率 90% 覆盖的连接金具 i 的未知平均反应值。不过，这并不能得出结论：置信区间将会以概率 90% 覆盖观察值 k^{ij}。该置信区间最宽的跨度是在点 $x=-5$ 和 $x=+5$ 之间，因此，可以在这些点上获得最大的离散度。

$$s^i \times \sqrt{\frac{1}{11} + \frac{x_j^2}{110}}$$

用最大预测估计误差来替代第 j 次测量过程中，连接金具 i 的平均反应预测值估计误差，

$$\sigma^i = s^i \sqrt{\frac{1}{11} + \frac{\max(x_j^2)}{110}}$$

我们便可以得到 δ^i 等式。

——s^i 连接金具 i 平均反应值的相对最大估计离散度。

$$s^i = \frac{2 \times \delta^i}{\overline{k_{i.}}} = \frac{2 \times t_{9;0.95}\sigma^i}{\overline{k_{i.}}} = 2.07 \frac{s^i}{\overline{k_{i.}}}$$

通过将连接金具 i 的平均反应值最大估计离散度乘以 2，再用连接金具 i 的平均电阻比率进行标准化，便可得到该数值。这是一个无量纲的变量，代表预测误差的最大百分比。该预测通常在连接金具 i 的平均反应估计过程中生成。

图 F.7 是最大估计绝对离散度 $s^i \times \overline{k_{i.}}$ 的一个图例；根据定义，该离散度值是（连接金具 i 平均反应值的）90% 的点位置信区间的上下限之差。图中的拟合值和置信区间分别用实线和虚线表示。

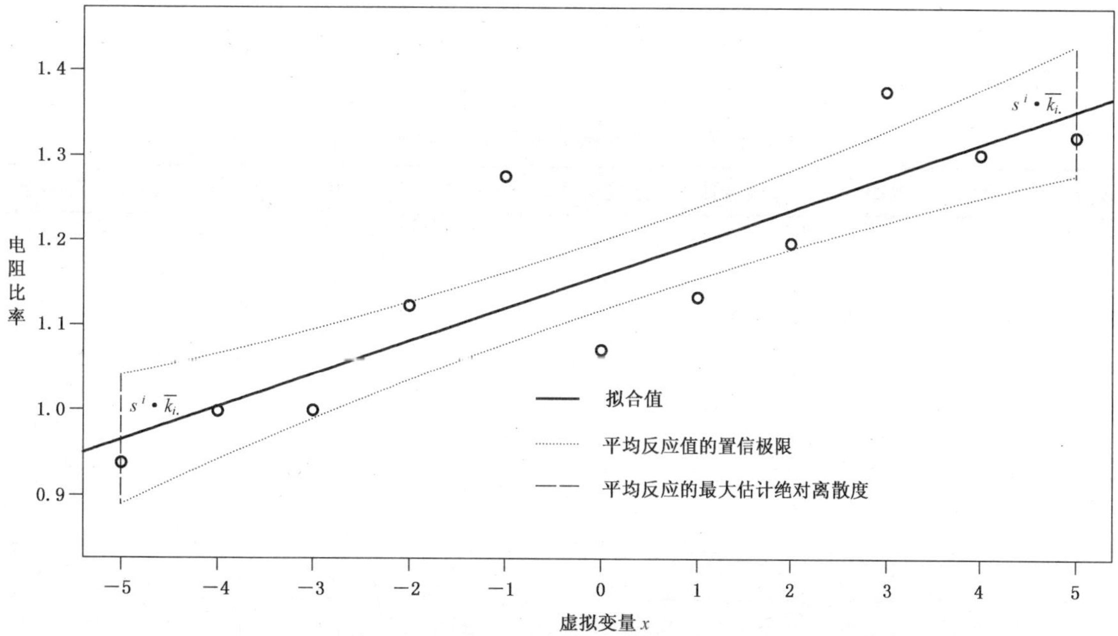

F.7 平均变化值和参数 s^i 的 90%的点态置信区间示意图

F.5.3 电阻比率变化量

——D^i 在最后 11 次测量过程中，连接金具 i 的相对统计总变化

$$D^i = |M^i| + S^i = \frac{|10\hat{b}_i| + 2.07s^i}{\overline{k_i}}$$

该变量考虑到了相对变化和相对离散度，并将它们相加为一个变量。D^i 的那些大值可以表示电阻比率的显著变化，或连接金具 i 回归线的周围的大离散度。不过，D^i 的判读仍有疑问，由于变量 M^i 和 S^i 合成为一元变量 D^i，D^i 的大值可以由两个中等大小的值决定。另一方面，在一个区别其他连接金具和其他连接金具类型的独特标准图形中，可获得一个连接金具热循环期间电阻变化的完整信息。变量 D^i 包含最重要的统计评估结果：当回归线斜率很低的时候，且不存在其他无法被该模型解释的误差：如测量不准确时，连接金具的"稳定性"就会在模型中表现出来。

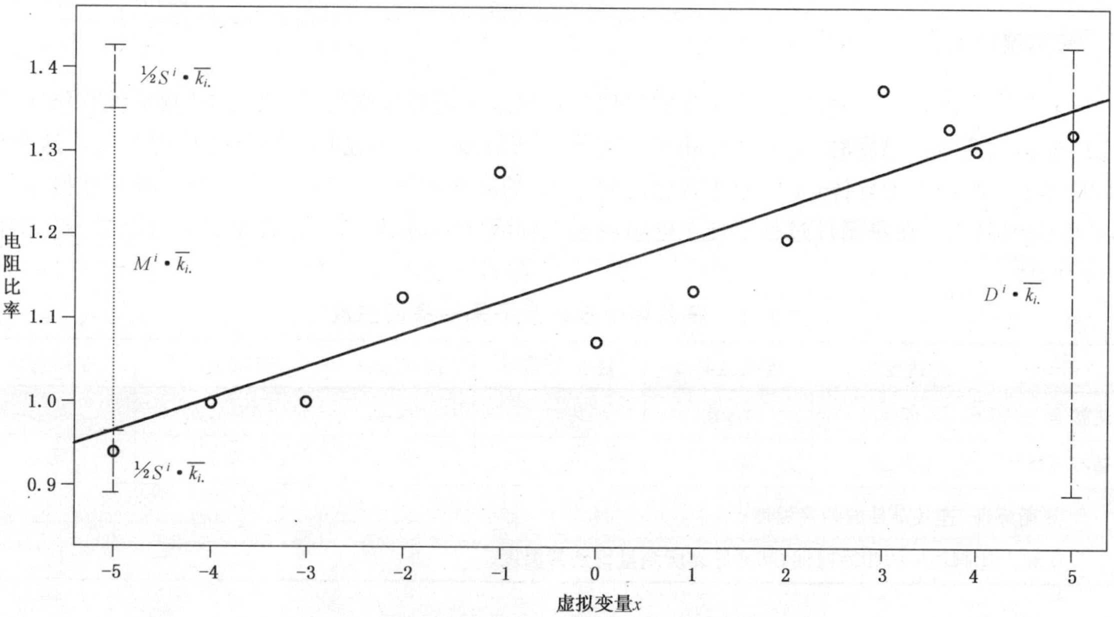

F.8 参数 M^i、S^i 和 D^i 以及回归线示意图

图 F.8 是绝对总统计变化率 $D^i \times \overline{k_{i.}}$ 的一个示意图，该图定义了绝对变化值 $M^i \times \overline{k_{i.}}$ 和绝对最大离

散度 $S^i \times \overline{k_{i.}}$ 的总量，回归线及最佳拟合线在图中是用实线表示的。

F.6 电阻比率比值

表 F.8 A 类连接金具的电阻比率比值

A 类连接金具的第 j 次测量	连接金具 1	连接金具 2	连接金具 3	连接金具 4	连接金具 5	连接金具 6
1	1	1	1	1	1	1
2	$\lambda^{1,2}$	$\lambda^{2,2}$	$\lambda^{3,2}$	$\lambda^{4,2}$	$\lambda^{5,2}$	$\lambda^{6,2}$
3	$\lambda^{1,3}$	$\lambda^{2,3}$	$\lambda^{3,3}$	$\lambda^{4,3}$	$\lambda^{5,3}$	$\lambda^{6,3}$
4	$\lambda^{1,4}$	$\lambda^{2,4}$	$\lambda^{3,4}$	$\lambda^{4,4}$	$\lambda^{5,4}$	$\lambda^{6,4}$
5	$\lambda^{1,5}$	$\lambda^{2,5}$	$\lambda^{3,5}$	$\lambda^{4,5}$	$\lambda^{5,5}$	$\lambda^{6,5}$
6	$\lambda^{1,6}$	$\lambda^{2,6}$	$\lambda^{3,6}$	$\lambda^{4,6}$	$\lambda^{5,6}$	$\lambda^{6,6}$
7	$\lambda^{1,7}$	$\lambda^{2,7}$	$\lambda^{3,7}$	$\lambda^{4,7}$	$\lambda^{5,7}$	$\lambda^{6,7}$
8	$\lambda^{1,8}$	$\lambda^{2,8}$	$\lambda^{3,8}$	$\lambda^{4,8}$	$\lambda^{5,8}$	$\lambda^{6,8}$
9	$\lambda^{1,9}$	$\lambda^{2,9}$	$\lambda^{3,9}$	$\lambda^{4,9}$	$\lambda^{5,9}$	$\lambda^{6,9}$
10	$\lambda^{1,10}$	$\lambda^{2,10}$	$\lambda^{3,10}$	$\lambda^{4,10}$	$\lambda^{5,10}$	$\lambda^{6,10}$
11	$\lambda^{1,11}$	$\lambda^{2,11}$	$\lambda^{3,11}$	$\lambda^{4,11}$	$\lambda^{5,11}$	$\lambda^{6,11}$
12	$\lambda^{1,12}$	$\lambda^{2,12}$	$\lambda^{3,12}$	$\lambda^{4,12}$	$\lambda^{5,12}$	$\lambda^{6,12}$
13	$\lambda^{1,13}$	$\lambda^{2,13}$	$\lambda^{3,13}$	$\lambda^{4,13}$	$\lambda^{5,13}$	$\lambda^{6,13}$
14	$\lambda^{1,14}$	$\lambda^{2,14}$	$\lambda^{3,14}$	$\lambda^{4,14}$	$\lambda^{5,14}$	$\lambda^{6,14}$

这个比率表示每个独立的连接金具 i 在第 j 次测量时，相对于第一次热循环前初始电阻比率的相对变化。对 A 类连接金具来说，应计算并记录 78 个 λ 值(见表 F.8)。对于 B 类连接金具，只要 66 个值便足够了。

$$\lambda^{ij} = \frac{k^{ij}}{k^{i1}}$$

F.7 最高温度 θ_{max}

与电阻比率的计算不同的是，这部分的评估与在接近环境温度进行的“冷电阻”测量没有任何关系；当连接金具达到最高温度时，本评估与处于任何热循环阶段的连接金具 i 的温度行为有关。这个温度与同时记录下来的基准导体(基准导体有稳定的电阻)的温度相比较，便可以产生每个单独连接金具“热电阻”的大致概念。在热循环过程中且在电阻测量之前或之后，记录每个连接金具以及基准导体的温度(见表 F.9)。

F.9 热循环中被记录下来的最高温度

$i\rightarrow$	连接金具 1	连接金具 2	连接金具 3	连接金具 4	连接金具 5	连接金具 6
连接金具[a]	$\theta_{1.max}$	$\theta_{2.max}$	$\theta_{3.max}$	$\theta_{4.max}$	$\theta_{5.max}$	$\theta_{6.max}$
基准导体[b]	$\theta_{1.ref}$	$\theta_{2.ref}$	$\theta_{3.ref}$	$\theta_{4.ref}$	$\theta_{5.ref}$	$\theta_{6.ref}$

a 热循环前，连接金具的最高温度。

b 在和上述脚注 a 的相同时间，基准导体所测量得到的温度。

附 录 G
（资料性附录）
温度变化曲线图的解释

G.1 总则

挤出绝缘电缆的导体能承受最高 90 ℃连续运行温度，短路时的最高温度 250 ℃。电缆接头中的连接金具温度与电缆导体温度相近。电缆接头在正常运行或短路情况下不应限制载流量。此测试必须在裸导体下展开，以便测试条件与绝缘无关。

在测试过程中，连接金具的正常温度应比导体温度低，这取决于其设计、电阻和散热。为了加快测试条件和表征接头工况，连接金具的温度必须高于正常的接头温度。这里选择的条件是 100 ℃（高于导体温度 10 K）的温度和稳定状态下 10 min。如果当基准导体的温度为 120 ℃时，连接金具的温度高于 100 ℃，那么这时基准温度为 120 ℃。如果连接金具的温度低于 100 ℃，这时基准导体的温度就将升高，直到连接金具达到 100 ℃，但基准导体的最高温度不得超过 140 ℃。这样的话，在测试过程中，连接金具的温度将模拟接头内的最高连接金具温度。稳定状态下 10 min 是为了确保在已知上升的温度内连接金具达到一定程度的老化。

如果是绝缘穿刺连接器，连接金具的温度就将选为超过电缆最高温度 10 K，而非 100 ℃。

G.2 热循环

第一次热循环是为了确定热循环过程中使用的基准导体温度，同时也是为了识别中值连接金具；

找出在基准导体上产生 120 ℃的稳定电流，识别中值连接金具是：

a) 如果中值连接金具的温度≥100 ℃，则 θ_R=120 ℃；

b) 如果中值连接金具的温度<100 ℃，这时需要增加电流直到中值连接金具的温度达到 100 ℃。但是，基准导体的温度不宜超过 140 ℃。在这种条件下，θ_R 被确定。

如果是绝缘穿刺连接器，连接金具的温度应为电缆最高温度之上加 10 K。

第二次热循环是为了确定以后热循环持续时间和使用到的温度变化曲线。电流通过试验回路，直到基准导体温度达到 θ_R，误差是 $^{+6}_{0}$K；在温度稳定的 10 min 期间，中值连接金具温度应保持稳定，并在 2 K范围内变化。

为了减少加热时间，可提高起始电流，提高电流的持续时间见表 1。然后调节或降低电流，以确保在控制期间的稳定。可能需要多次循环来确定温度曲线。

基准导体温度是热循环测试过程中用于控制温度参数。这样的话，无论室内温度发生什么变化，都不会影响到基准导体的温度曲线。

通过这种方法获得的温度将被记录下来并用于后续的热循环。

附　录　H
（资料性附录）
关于电气连接金具评估试验结果统计方法的解释

H.1　历史

不同国家电气连接金具试验方法的较大差异，使得用户按照不同标准获得的试验结果很难进行比较、评估和接受。因此在引进新产品的过程中，有时有必要要求生产商根据所有相关标准提供测试报告。为了克服这些问题，决定建立一个工作小组来制定一套能被全球所接受的标准，此标准应包括规定完善的试验程序和重新制定评估准则。该工作的成果即 IEC 61238-1，于 1993 年推出。

在本标准的准备过程中，考虑到不同试验标准都是基于温度循环，而且多数试验标准中包含短路电流的应用。电阻的要求和验收准则为稳定。在测试期间，使用了不同方法对稳定进行了定义。

本标准描述的评估测试结果的统计方法主要基于意大利标准 CEI 20-28 和英国标准 BS 4579-3 的折衷。在早期的讨论中，同意采用评估电阻变化的统计方法，来代替传统的定性方法。开展了许多试验来找出这两种标准的相似之处和不同点。目的是为了找到能与 1 000 次热循环试验相关的评估方法。意大利标准要求作 1 500 次热循环，在最后的 600 次循环中每隔 60 次循环进行电阻测试，并在 500 次循环后进行 6 次短路测试，而英国标准则要求作 2 000 次热循环，并在热循环之前先作三次短路电流试验，在热循环过程中每隔 100 次循环进行电阻测试。

H.2　IEC 61238-1 评估方法与意大利标准 CEI 20-28 和英国标准 BS 4579-3 的简要比较

不同的统计评估方法都应视作整个评估程序的一部分。三个标准都需要将 6 个相同的样品安装至试验回路，此外 11 个电阻测量值构成了统计评估的基础。需要注意的是，每个标准中公式字母的含义可能有所不同。表 H.1 列出了本标准检查连接金具的要求。

意大利和英国标准的主要区别在于，前者除了温度要求外，将 6 个样品作为 1 组进行评估，而英国标准则是每个样品单独进行评估。

纳入 BS 4579-3 的单个样品分析也被编入本标准，单个样品分析对单个样品变化电阻具有足够的灵敏性。这种分析的目标是关于最佳拟合线的离散度测量。无论怎样，本方法对异常读数敏感，这可能是本试验的一大优点，因为它能检测出异常的起因。同时也宜考虑错误读数对分析的影响。

意大利标准 CEI 20-28 中规定的组回归分析是离散度的敏感显示，其优点是可以全面考虑到 66 个测量值。此方法是对样品和特殊样品电阻变化的差异的反应。然而，该方法对单个样品的不稳定性却不怎么敏感。

本标准平均离散度公式是一组回归分析，它是基于 11 个测量的 6 组平均数值的标准误差上的。意大利组回归分析是基于从 11 个测量处中获得的 6 个样品的平均值后计算的。

组回归分析可验证被试连接金具是否属于同一族。

H.3　IEC 61238-1 测试结果评估方法

引入"相对电阻"k 一般认为是有利的，这样分析就能与连接金具的电阻绝对值独立开来。k 是连接金具电阻和导体等效长度电阻的比。k 的采用同时也希望能改进测量数据的再现率。

其他需要计算的参数包括：

——在热循环前 6 个初始值 k 的初始离散度 δ；

——由最后 11 次测量电阻读数计算得到的 6 个样品的平均离散度 β，本评估可验证 6 个连接金具的性能（电阻）是否为同一方式进行表现，并且试验它们是否属于同一族；

——电阻比率 D 的变化，其显示了最后 11 次测量读数及每个连接金具电阻比率 k 的变化。使用统计方法评估其概率：电阻变化不得超过规定值；

——电阻比率增长率，其显示了测量不同阶段电阻和起始电阻之间的关系；

——测试连接金具的最高温度 θ_{max}。

评估准则是在对不同实验室和国家的测试结果和经验进行分析后作出的选择。

在本标准的早期版本，k 本身以及由于短路而发生 k 的变化，被列为验收标准的一部分。为了减少验收准则的数量，本标准决定不包括这些参数。

H.1 要求总结

要求	IEC 61238 1
1. 连接金具不应过热	对于每个样品，在热循环期间的连接金具温度不应超过基准导线的温度
2. 电阻不可因短路测试而发生急剧变化	电阻比率比值 λ 不应超过 2.0
3. 6 个样品的电阻应接近	6 个 k 值之间的初始离散度 δ 在热循环之前不应超过 0.3
4. 电阻不应在热循环期间发生急剧变化	平均离散度 β 不应超过 0.3 电阻比率 D 的变化不应超过 0.15
5. 机械拉力。不应因机械拉力而发生滑动	铝：$40\times A$：最大 20 000 N 铜：$60\times A$：最大 20 000 N A=标称截面积 mm^2

参 考 文 献

[1] IEC 60694:1996 高压开关设备和控制设备标准的共同技术要求

[2] IEC 60949:1988 考虑非绝热效应允许短路电流的计算

[3] 意大利标准 CEI 20-28:1998 电力电缆连接器

[4] 英国标准 BS 4579-3:1976 电力电缆和电线导体机械连接和压接连接金具的性能 第3部:铝导体用机械和压接连接金具

ICS 29.080.10
K 48

中华人民共和国国家标准

GB/T 19443—2017
代替 GB/T 19443—2004

标称电压高于1 500 V的架空线路用绝缘子 直流系统用瓷或玻璃绝缘子串元件 定义、试验方法及接收准则

Insulators for overhead lines with a nominal voltage above 1 500 V—Ceramic or glass insulator units for d.c. systems—Definitions, test methods and acceptance criteria

(IEC 61325:1995, Insulators for overhead lines with a nominal voltage above 1 000 V—Ceramic or glass insulator units for d.c. systems—Definitions, test methods and acceptance criteria, MOD)

2017-11-01 发布　　2018-05-01 实施

中华人民共和国国家质量监督检验检疫总局
中国国家标准化管理委员会　发布

前　言

本标准按照 GB/T 1.1—2009 给出的规则起草。

本标准代替 GB/T 19443—2004《标称电压高于 1 000 V 的架空线路用绝缘子　直流系统用瓷和玻璃绝缘子元件　定义、试验方法和接收准则》，与 GB/T 19443—2004 相比主要技术变化如下：

——为适应 IEC 62217:2012 对高电压的定义，把标准名称修改为“标称电压高于 1 500 V 的直流架空电力线路用绝缘子”；

——因明确直流长棒形绝缘子的试验由供需双方参照本标准协议，第 1 章中删除了有关直流长棒形绝缘子试验的表述；

——为和 GB/T 20642—2006 协调，把术语“冲击过电压击穿耐受电压”改为“冲击击穿电压，并修改了定义”。同时把第 17 章的章标题修改为“空气中冲击击穿试验”；

——考虑到直流工程实践中出现的 V 形悬挂用绝缘子铁帽电解腐蚀现象，在第 6 章中规定铁帽上应加设锌环。同时在 35.1 中规定“锌套厚度应不小于 4 mm，外露部分长度应不小于 7 mm，且约为锌套总长度的 50%”。在 36.1 中规定“绝缘子的铁帽应设有锌环，锌环与绝缘件之间应适当密封。对于悬垂安装使用的盘形悬式绝缘子，锌环的有效最大厚度 应不小于 2 mm。对于非悬垂安装使用的盘形悬式绝缘子，锌环的有效最大厚度 应不小于 6 mm，外边缘直线长度应不小于 7 mm。对于长棒形绝缘子，锌环的有效最大厚度应不小于 6 mm”，并增加图 7 说明“锌环的有效最大厚度”和“外边缘直线长度”的定义；

——为规范操作和结果判定，在 35.2、35.3、36.2 中，增加了锌套、锌环尺寸的测量方法和判定准则。

——第 7 章中，为了和 JB/T 9683—2012 协调并标准化，把“IEC 60305 和 IEC 60433 中所包含的型号也可以使用”改为“可使用 JB/T 9683—2012 中所规定的产品型号”；

——第 21 章中修改了直流人工污秽试验的盐密值，仅要求提供试验数据，同时删除了 GB/T 19443—2004 的附录 F“绝缘子最大直流人工污秽耐受电压提高百分率”；

——第 22 章中，把要求对瓷绝缘子“逐个实施高频或工频火花放电试验”改为“逐个实施高频和工频火花放电试验”；

——第 23 章中，因超高压或特高压工程用绝缘子串使用的绝缘子较多，单片绝缘子爬电距离负偏差累积会对绝缘子串的性能产生显著影响，规定绝缘子的爬电距离平均值不得小于公称爬电距离；

——为避免文本重复，把 GB/T 19443—2004 的第 24 章和第 25 章合并为本标准的第 24 章；

——在第 24 章、第 25 章和第 26 章中，根据我国的工程实践，修改了机电(械)破坏负荷试验的接收常数；

——在第 25 章中，根据我国的工程实践，热机械性能试验的低温由－30 ℃修改为－40 ℃；

——在第 26 章中，根据我国的工程实践，提高了残余机械强度试验接收准则的质量指数和要求；

——根据我国的工程实践，把标准联接标记 28 和 32 的操作试验值由注改为列入表 3；

——因本标准规定玻璃绝缘子也要经受温度循环试验，第 29 章中把“瓷绝缘子”改为“绝缘子”。同时考虑到高铝水泥可能不适宜经受温度超过 75 ℃的试验，增加“注：当绝缘子采用高铝水泥胶装时，试验用热水温度需保持在 75 ℃以下，详见 GB/T 22709—2008 A.2”；

——第 31 章中，缘于环境保护要求，并和 IEC/TC 36 近年来发布的标准协调，把孔隙性试验用染料由 1%的品红酒精溶液改为红色或紫色 3% 的次甲基染料甲醇或乙醇溶液；

——第 32 章镀锌层试验中，明确外露表面不应有目测可见的缺锌缺陷，并删除了允许对缺锌进行

修补的注,并直接引用 JB/T 8177;

——和现行的工程实践协调,第 33 章中玻璃绝缘件外观检查直接引用 JB/T 9678—2012;

——删除了 GB/T 19443—2004 的表 5"长棒形瓷绝缘子参照表",明确对于 A 型绝缘子的试验,除了本标准规定外,其他试验要求及试品数量应参照本标准表 4 并经供需双方协议;

——附录 C 中,增加了三伞形产品及和 530 kN、550kN 等级产品,并按 JB/T 9683—2012 的规则编写绝缘子型号;

——删除了附录 E"SF_6、体积电阻、热机等项试验及轴(径)向、角偏移测量、绝缘子最大厚度确定的图示",把其中的图插入正文。

本标准使用重新起草法修改采用 IEC 61325:1995《标称电压高于 1 000 V 的架空线路用绝缘子 直流系统用瓷或玻璃绝缘子串元件 定义、试验方法和接收准则》。

本标准与 IEC 61325:1995 相比,在标准结构上删除了国际标准用于结构划分的节(section)编号和节标题,根据 GB/T 1.1 的要求,按照章条号编排划分标准内容,附录 A 列出了本标准与 IEC 61325:1995 的章条编号对照一览表。

本标准与 IEC 61325:1995 相比存在技术性差异,这些差异涉及的条款已通过在其外侧页边空白位置的垂直单线(|)进行了标示,附录 B 给出了这些技术性差异及其原因的一览表。

本标准由中国电器工业协会提出。

本标准由全国绝缘子标准化技术委员会(SAC/TC 80)归口。

本标准起草单位:中国电力科学研究院、西安高压电器研究院有限责任公司、国家绝缘子避雷器质量监督检验中心、苏州电瓷厂有限责任公司、大连电瓷集团有限公司、NGK 唐山电瓷有限公司、南方电网科学研究院有限责任公司、清华大学深圳研究生院、南京电气(集团)有限责任公司、四川省宜宾环球集团有限公司、自贡塞迪维尔钢化玻璃绝缘子有限公司、重庆大学。

本标准主要起草人:刘燕生、李庆峰、姚君瑞、胡文岐、危鹏、陆洲、张继军、董刚、宿志一、李锐海、张福增、赵卉、王黎明、石玉秉、胡川、何勇、蒋兴良、王云鹏。

本标准所代替标准历次版本发布情况为:

——GB/T 19443—2004。

引　言

本文件的发布机构提请注意，声明符合本文件时，可能涉及到第36章与绝缘子锌环相关的专利的使用。这三项专利的专利号/专利申请号分别为：201310094428.2、201310094429.7和201320134536.3。

文件的发布机构对于该专利的真实性、有效性和范围无任何立场。该专利持有人已向本文件的发布机构保证，他愿意同任何申请人在合理且无歧视的条款和条件下，就专利授权许可进行谈判。该专利持有人的声明已在本文件的发布机构备案。相关信息可以通过以下联系方式获得：

专利持有人名称：南方电网科学研究院有限责任公司、清华大学深圳研究生院

联系人姓名：张福增

地址：广东省广州市越秀区东风东路水均岗8号

请注意除上述专利外，本文件的某些内容仍可能涉及专利。本文件的发布机构不承担识别这些专利的责任。

标称电压高于1 500 V的架空线路用绝缘子　直流系统用瓷或玻璃绝缘子串元件　定义、试验方法及接收准则

1　范围

本标准规定了直流架空电力线路用瓷或玻璃绝缘子串元件(以下简称绝缘子)的特性,以及检验这些特性规定值的条件和接收准则。

本标准规定了与GB/T 1001.1相类似的基本特性试验。为保证直流绝缘子的长期性能,需要在此基础上增加一些试验。目前,这些增加的试验仅涉及盘形悬式绝缘子。

本标准适用于标称电压高于1 500 V的直流架空电力线路用绝缘子。

本标准不适用于复合绝缘子。

本标准不包括特定运行条件下的绝缘子选择要求或特殊试验,例如,由特定运行条件引起的老化。

注1:本标准不包括无线电干扰试验和绝缘子组试验。这些问题和有关的试验方法在GB/T 24623—2009、GB/T 1001.2—2010中论述。

注2:对用于直流牵引线路的绝缘子,除了本标准的要求和试验以外,还有一些其他试验要求,参见GB/T 1001.1。

2　规范性引用文件

下列文件对于本文件的应用是必不可少的。凡是注日期的引用文件,仅注日期的版本适用于本文件。凡是不注日期的引用文件,其最新版本(包括所有的修改单)适用于本文件。

GB/T 1001.1　标称电压高于1 000 V的架空线路绝缘子　第1部分:交流系统用瓷或玻璃绝缘子元件——定义、试验方法和判定准则(GB/T 1001.1—2003,IEC 60383-1:1993,MOD)

GB/T 2900.8—2009　电工术语　绝缘子(IEC 60050-471:2007,IDT)

GB/T 4056　绝缘子串元件的球窝连接尺寸(GB/T 4056—2008,IEC 60120:1984,IDT)

GB/T 7253　标称电压高于1 000 V的架空线路绝缘子　交流系统用瓷或玻璃绝缘子元件 盘形悬式绝缘子元件的特性(GB/T 7253—2005,IEC 60305:1995,MOD)

GB/T 16927.1—2011　高电压试验技术　第1部分:一般定义及试验要求(IEC 60060-1:2006,MOD)

GB/T 19001—2016　质量管理体系　要求(ISO 9001:2015,IDT)

GB/T 20642　高压线路绝缘子空气中冲击击穿试验(GB/T 20642—2006,IEC 61211:2004,MOD)

GB/T 22707—2008　直流系统用高压绝缘子的人工污秽试验(IEC 61245:1993,MOD)

GB/T 22708—2008　绝缘子串元件的热机和机械性能试验(IEC 60575 TR Ed 1.0:1977,MOD)

GB/T 22709—2008　架空线路玻璃和瓷绝缘子串元件绝缘体机械破损后的残余强度(IEC 60797:1984,MOD)

GB/T 25317　绝缘子串元件的槽型连接尺寸(GB/T 25317—2010,IEC 60471:1977,IDT)

GB/T 25318　绝缘子串元件球窝联接用锁紧销:尺寸和试验(GB/T 25318—2010,IEC 60372:1984,IEC 60372/AM2:2003,MOD)

JB/T 8177　绝缘子金属附件热镀锌层通用技术条件

JB/T 9678—2012 盘形悬式绝缘子用钢化玻璃绝缘件外观质量

JB/T 9683—2012 绝缘子产品型号编制方法

3 术语和定义

GB/T 2900.8—2009 界定的以及下列术语和定义适用于本文件。

注：本标准所用的术语“绝缘子”，指的是被试验的试品。

3.1

绝缘子串 insulator string

一个或多个绝缘子串元件串接在一起，作导线的挠性支持用。

[GB/T 2900.8—2009，471-03-03]

注：绝缘子串主要承受拉力。

3.2

闪络 flashover

在绝缘子外部且沿其表面的一种贯穿性放电，使正常情况下承受运行电压的部件之间发生电气连接。

[GB/T 2900.8—2009，471-01-07]

3.3

雷电冲击干耐受电压 dry lightning impulse withstand voltage

绝缘子在规定试验条件下耐受的干雷电冲击电压。

3.4

50%雷电冲击干闪络电压 50% dry lightning impulse flashover voltage

绝缘子在规定试验条件下有 50% 闪络概率的干雷电冲击电压值，用 U_{50} 表示。

3.5

直流干、湿耐受电压 dry or wet d.c. withstand voltage

绝缘子在规定试验条件下耐受的干或湿直流电压。

3.6

机电破坏负荷 electromechanical failing load

在规定的机电试验条件下，绝缘子串元件在试验时达到的最大负荷。

3.7

机械破坏负荷 mechanical failing load

在规定的机械试验条件下，绝缘子串元件或刚性绝缘子在试验时达到的最大负荷。

3.8

残余机械强度 residual mechanical strength

在规定试验条件下，用规定方法机械损坏绝缘件后，绝缘子所能达到的最大机械负荷。

3.9

SF_6 击穿耐受电压 SF_6 puncture withstand voltage

在规定试验条件下，绝缘子串元件在 SF_6 中所能耐受的直流电压。

3.10

离子迁移 ion migration

绝缘子电介质中的离子在直流电压下发生的定向变化。

注：离子迁移可能导致绝缘子电气或机械特性的变化。

3.11

预期电荷量　expected charge

Q_{50}

预期 50 年期间在规定参考环境条件和所施加电压下，流过绝缘子的总电荷量。

注：Q_{50}取决于绝缘子电介质的电阻特性。

3.12

体积电阻　electrical body resistance

在绝缘子的帽和脚之间测得的直流电阻。

3.13

热破坏　thermal runaway

具有负电阻温度系数的固体内部产生的热大于外部散发的热时发生的一种破坏现象。

3.14

锌套　zinc sleeve

熔合在绝缘子钢脚脚杆上的金属锌，用作牺牲电极来保护钢脚免受电解腐蚀。

3.15

锌环　zinc collar

熔合在绝缘子帽口的金属锌，用作牺牲电极来保护铁帽免受电解腐蚀。

3.16

冲击击穿电压　impulse puncture voltage

在规定的试验条件下，绝缘子在空气中能耐受的冲击电压峰值。

3.17

爬电距离　creepage distance

在绝缘子正常施加运行电压的导电部件之间沿其(瓷或玻璃件)表面的最短距离或最短距离之和。

注 1：水泥或其他非绝缘的胶合材料表面不能计入爬电距离。

注 2：若在绝缘子的绝缘件上施有高阻层，该绝缘件视为有效绝缘表面，其表面距离计入爬电距离。

[GB/T 2900.8—2009，471-01-04]

3.18

轴向或径向偏移　axial or radial displacement

绝缘子绕其轴旋转一周，在其规定的一点上的最大的位置变化量。

3.19

角偏移　angular displacement

两个端部装配件对应平面之间，绕绝缘子轴的角度偏差。

3.20

标准短串　short standard string

是检验绝缘子串元件特性的绝缘子试验单元：

——对盘形悬式绝缘子元件，最少由 5 片绝缘子元件组成，且串长不超过 1.5 m；

——对长棒形绝缘子元件，成串使用的绝缘子元件取长度为 1 m～2 m 的绝缘子串，小于 1 m 且单独使用的绝缘子元件本身即作为标准短串。

4　绝缘子分类和型式

架空线路用绝缘子按其结构可分为两种类型：

——类型 A:穿过固体绝缘材料的最短击穿路径长于或等于电弧距离一半的绝缘子,如外胶装端部装配件的长棒形绝缘子。

——类型 B:穿过固体绝缘材料的最短击穿路径短于电弧距离一半的绝缘子,如盘形悬式绝缘子。

5 绝缘材料

本标准所述的直流架空线路用绝缘子的绝缘材料有:

——电瓷材料;

——钢化玻璃,指通过热处理在其内部造成可控制的机械应力的玻璃。

注:关于陶瓷和玻璃绝缘材料的定义和分类的进一步信息可以在 GB/T 8411.1 和 GB/T 8411.3 中找到。

6 直流绝缘子的规定特性和特点

直流绝缘子的特殊使用条件决定了满足使用性能要求的绝缘子应采用特殊的绝缘材料和设计。因此,本标准包含括了验证绝缘子材料和设计特性的特殊试验。

由于污秽条件下单向电流引起的腐蚀问题,绝缘子的钢脚上应加装锌套(见第 35 章),铁帽上应加装锌环(见第 36 章)。

直流绝缘子的规定特性应包括标准中规定的电压、机械负荷或其他特性的数值,以及供需双方协议的任何特性的数值。

直流线路用绝缘子应规定下列特性值:

——对所有类型绝缘子

a) 规定的主要尺寸,包括爬电距离;

b) 用标准短串确定的规定雷电全波冲击干耐受电压;

c) 单元件的规定正极性直流干、湿耐受电压;

d) 规定机电(械)破坏负荷;

e) 绝缘子外形。

——仅对 B 型绝缘子

a) 在 SF_6 中规定正极性直流击穿耐受电压;

b) 规定冲击击穿电压;

c) 体积电阻;

d) 离子迁移试验。

注:为了使用方便,附录 C 列出了典型盘形悬式绝缘子的主要尺寸和机电特性。

绝缘子还应能通过本标准所述的下列试验:

——热破坏试验;

——钢脚锌套和铁帽锌环试验。

规定的耐受电压和闪络电压指标准大气条件(见第 12 章)下的值。

7 绝缘子的标识

每一个绝缘子都应在其绝缘件或金属部件上标识有制造商的名称或商标和制造年份。此外,每个绝缘子还应标识有其规定机电或机械破坏负荷值。这些标识应清晰而耐久。

在产品样本、合格证书等文件中,可使用 JB/T 9683 中所规定的产品型号。

8 试验分类

8.1 型式试验

型式试验的目的是验证由绝缘子设计所决定的主要特性。试验通常对少量绝缘子进行，且对一种新设计或采用新制造工艺的绝缘子只进行一次。以后，只有在设计或制造工艺改变时才重新实施试验。当这种改变仅影响某些特性时，则仅重新实施与这些特性有关的试验。如果具有机械等同设计和相同制造工艺绝缘子的有效试验合格证书，对新设计的绝缘子就没有必要再做机械和热机型式试验。

机械上等同设计的绝缘子是指由同一制造厂用相同的材料和相同的工艺方法制造、强度等级相同、联接标记相同、绝缘件和端部装配件联接结构相同，并且具有以下特征的绝缘子：

对长棒形绝缘子：

——公称杆径相同；

——公称伞间距相同或较大；

——公称伞伸出相同或较小；

——公称爬电距离相同或较小；

——公称电弧距离相同或较小。

对盘形悬式绝缘子：

——公称直径相同或较小；

——公称爬电距离相同或较小。

电气等同设计的概念不适用于高压直流绝缘子。

型式试验结果可以由买方认可的试验证书证明，也可由有资格的机构认可的试验证书证明。对于机械试验，型式试验证书从证书签发时起有效期为十年。在上述期限内，只要型式试验结果和后来相应的抽样试验结果无重要差异，型式试验证书保持有效。型式试验和抽样试验结果的比较方法参见附录 D。

对于电气型式试验，型式试验证书的有效性没有时间限制。

型式试验用绝缘子应从满足所有相关抽样试验和逐个试验（与型式试验相同的项目除外）要求的绝缘子批中抽取。

提交验收的一批绝缘子中的绝缘子应设计相同，并在相同生产条件下由同一制造厂生产。一批或多批绝缘子可以一起提交验收，提交验收的批可以是订货量的全部或一部分。

8.2 抽样试验

抽样试验是为了检验绝缘子随制造工艺和部件材料质量而发生变化的特性。

抽样试验用作接收试验，试验用绝缘子应随机从满足逐个试验要求的批中抽取。

8.3 逐个试验

逐个试验旨在剔除有缺陷的绝缘子，在制造过程中对每个绝缘子都要进行。

注 1：本标准仅考虑了适用于完整绝缘子的逐个试验，未装配绝缘子的逐个试验通常由制造厂在绝缘子制造过程中实施。

注 2：在某些情况下，当型式试验、抽样试验和逐个试验作为一个整体对一种新设计的绝缘子试验时，称其为“定型试验”。

9 质量管理

经供需双方协议,可以使用本标准要求的质量管理程序,以证实绝缘子在制造过程中的质量。

推荐 GB/T 19001—2008 为绝缘子质量管理体系的指导准则。

10 型式试验和抽样试验程序

10.1 型式试验用绝缘子的选取

试验用绝缘子数量按表 4 的规定,从已满足抽样和逐个试验要求的绝缘子批中选取。

注:通常由制造商选取。

10.2 抽样试验用绝缘子的抽取规则和程序

抽样试验试品数量采用三种样本,E1、E2 和 E3。样本的大小按批量在表 1 中选取。当绝缘子多于 10 000 只时,应将其分成由 2 000 只～10 000 只能独立评价的批。

提交抽样试验的绝缘子应从批中随机抽取。买方有权选择抽样试验用试品。

试品应按表 4 进行抽样试验。如试品未通过某一项试验,可采用有关的重复试验程序(见 10.3)。

进行过抽样试验并且可能影响其机械或电气性能的绝缘子不应再在运行中使用。

表 1 绝缘子抽样试验样本数量

批量 N	样本大小		
	E1	E2	E3
$N \leqslant 300$	按协议		
$300 < N \leqslant 2\ 000$	4	3	4
$2\ 000 < N \leqslant 5\ 000$	8	4	8
$5\ 000 < N \leqslant 10\ 000$	12	6	12

10.3 抽样试验的重复试验程序

当接收准则有规定时,下述重复试验程序适用:

——如果仅有一只绝缘子或端部装配件抽样试验不合格,应对等于原来经受试验的两倍的新试品进行重复试验。重复试验应包括不合格的试验项目和该项目之前且对原试验结果有影响的试验项目。

——如果有两个或更多的绝缘子或端部装配件在抽样试验中任何一项不合格,或在重复试验时发生任何不合格,则认为整批绝缘子不符合本标准,应由制造厂收回。

——如果能清楚识别不合格的原因,制造厂可以在该批中挑选剔除所有具有这种缺陷的绝缘子。在一批产品被划分为较小批的情况下,如果有一批不合格,这种挑选剔除可以扩大到其他各批。然后,可以将挑选过的各批或部分批重新提交试验。此时抽取试品的数量是第一次试验时抽取数量的 3 倍。重复试验应包括不合格的试验项目和该项目之前且对原试验结果有影响的试验项目。如果有任何一个绝缘子在重复试验时不合格,则认为整批绝缘子不符合本标准。

11 高电压试验的一般要求

本标准适用的绝缘子的高电压试验的一般要求如下：

a) 雷电冲击和直流耐受电压试验程序应按 GB/T 16927.1—2011；
b) 雷电冲击电压应以预期峰值表示；
c) 当试验时的大气条件与标准值(见 12.1)不同时，应按 12.2 进行校正；
d) 开始高电压试验前，绝缘子应清洁而干燥；
e) 应采取特别的预防措施避免绝缘子表面凝露，尤其是相对湿度较高的时候。例如，在试验开始前，绝缘子应在试验场所的环境温度下保持足够的时间以达到热平衡。除非供需双方有协议，如果相对湿度超过 85% 则不应进行干试验；
f) 闪络或耐受试验时，顺次施加电压的间隔时间应足够长，以避免前次施加电压的影响。

12 电气试验的标准大气条件和修正因数

12.1 标准参考大气条件

标准参考大气条件应按 GB/T 16927.1—2011 的 4.3.1。

12.2 大气条件的修正因数

修正因数应根据 GB/T 16927.1—2011 的 4.3.4 确定。如果试验时的大气条件与标准参考大气条件不同，则应计算空气密度和湿度的修正因数并确定乘积 $K_t = K_1 \times K_2$，然后按下式校正试验电压：

耐受电压(雷电冲击，直流)：施加的试验电压＝K_t×规定的耐受电压；

闪络电压(雷电冲击，直流)：记录的闪络电压＝测得的闪络电压/K_t。

13 电气试验的安装布置

雷电干冲击和直流干、湿耐受电压试验的安装布置对下列绝缘子适用：

——盘形悬式或长棒形绝缘子标准短串；

——长度大于 1 m 的长棒形绝缘子；

——单个盘形悬式绝缘子。

应使用接地钢丝绳或其他适合的导体把绝缘子或绝缘子串垂直悬挂在支撑结构上。绝缘子最上端与支撑结构之间的距离应不小于 1 m。在绝缘子串长度的 1.5 倍距离内不应有其他物体。

把一段直而光滑的金属棒或金属管导体连接到绝缘子或绝缘子串下端的联接件上，并使其处于水平位置。从瓷或玻璃件最下面的伞裙到导体上表面的距离应尽可能短，但应大于最下端绝缘子直径的 0.5 倍。

导体的直径应为 25 mm。

导体的长度应为 3 m。

应采用预防措施避免从导体端部闪络。

试验电压应施加在导体与地之间。

14 雷电冲击电压试验

14.1 总则

单只绝缘子和标准短串的雷电全波冲击干耐受电压通常可按 GB/T 16927.1—2011 的升降法测定的 50% 闪络电压计算来确定。

注：经供需双方协议，耐受电压可由 GB/T 16927.1—2011 中 7.3.1.2 的 15 次冲击法来检验。

14.2 试验程序

应采用 1.2/50 标准雷电冲击波(见 GB/T 16927.1—2011)，并在本标准第 11 章和第 12 章的规定条件下试验。

应采用正和负极性两种冲击波。然而，若能证明其中一种极性下耐受电压较低时，可以只用该种极性进行试验。

试验的绝缘子数量按 10.1。

14.3 接收准则

用上述程序测定的 50% 雷电冲击闪络电压，应按 12.2 修正。

如果绝缘子的 50% 雷电冲击闪络电压不低于$[1/(1-1.3\sigma)]=1.040$倍规定雷电冲击耐受电压，则绝缘子通过该试验。式中，σ 为标准偏差(假设等于 3%)。

试验中绝缘子不应损坏。但是，在绝缘件表面允许有轻微痕迹或有水泥或其他胶装材料的小碎片。

15 直流干、湿耐受电压试验

15.1 直流干耐受电压试验

15.1.1 试验程序

试验回路应符合 GB/T 16927.1—2011。

绝缘子应在第 11 章和第 12 章的规定条件下试验。

施加在绝缘子上的试验电压，应是按试验时的大气条件修正(见 12.2)过的规定正极性直流干耐受电压，试验电压应在此值下保持 1 min。

试验的绝缘子数量按 10.1。

15.1.2 接收准则

当对一个绝缘子试验时，如果试验时未发生闪络或击穿，则试验通过。

当对三个绝缘子试验时，如果所有元件都未发生闪络或击穿，则试验通过。

若订货时要求提供信息，可从 75% 直流干耐受电压起，以每秒 2% 该电压的升压速率来测定绝缘子的闪络电压。闪络电压应是 5 次连续闪络电压读数的算术平均值，并且应修正到标准大气条件(见 12.2)。

15.2 直流湿耐受电压试验

15.2.1 试验程序

试验回路、淋雨条件和湿试验程序应符合 GB/T 16927.1—2011 的 4.4。

施加在绝缘子上的试验电压应该是规定的正极性直流湿耐受电压。试验电压应在此值下保持1 min。

试验的绝缘子数量按10.1。

湿试验不进行湿度修正，空气密度修正因数见GB/T 16927.1—2011的4.3.4.1。

15.2.2 接收准则

当对一个绝缘子试验时，如果试验时未发生闪络或击穿，则试验通过。

当对三个绝缘子试验时，如果所有绝缘子都未发生闪络或击穿，则试验通过。

16 SF_6 击穿耐受试验

16.1 试验方法

把绝缘子放置在允许施加规定电压而不发生闪络或预放电的 SF_6 气体绝缘介质中，此时存在有少量其他气体不会影响试验结果。应注意，尘粒的存在可能导致过早闪络。

试验容器可以用绝缘或导电材料制成，但要足够大，以防止对容器壁闪络。气体绝缘介质的压力应保证施加试验电压后不发生闪络。通常采用的压力值是0.2 MPa～0.4 MPa，温度应为25 ℃±15 ℃。

注：压力大于0.4 MPa不会有效地提高闪络电压。

将绝缘子放在容器中，充入绝缘介质后施加电压。对绝缘子钢脚施加正极性直流电压，并尽快升高至规定的 SF_6 击穿耐受电压值(至少等于1.5倍规定的直流干耐受电压)。为了减小钢脚周围的电压梯度，可参照图1的安装布置对与钢脚联接的绝缘子帽施加电压。

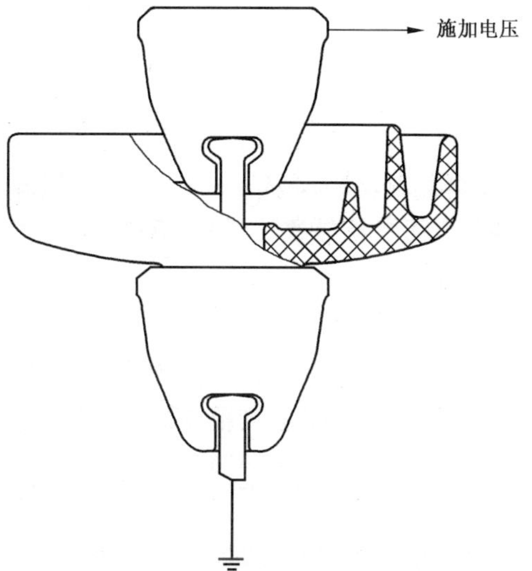

图1 SF_6 击穿耐受试验的布置

电压应保持20 min。

试验的绝缘子数量按10.1。

16.2 接收准则

若绝缘子头部没有发生击穿，则试验通过。

局部放电或有尘粒存在能够导致在绝缘子帽的外面发生闪络。在这种情况下，应检查试验条件并重新试验。

17 空气中冲击击穿试验

绝缘子试品应经受 GB/T 20642 规定的空气中冲击击穿试验，并采用 GB/T 20642 所述的接收准则和重复试验程序。冲击试验前，瓷绝缘子应先按第 29 章进行温度循环试验。

型式试验和抽样试验的绝缘子数量按表 4。

18 离子迁移试验

18.1 用于计算预期电荷 Q_{50} 的参考条件

计算预期电荷 Q_{50} 应有以下参考条件：

——预期寿命 50 年；

——假定绝缘子承受的电压为 70 000 V；

——温度为正态分布，均值 $M=25$ ℃，标准偏差 $\sigma=10$ ℃。

18.2 试验的有效性

离子迁移试验是用通过绝缘子的电荷量来表征的，对等于或小于按本标准参考条件计算的电荷量的所有实际条件都是有效的。当绝缘子安装地点的条件会导致较高的计算预期电荷量时，则应按能够产生的较高电荷量试验。

18.3 试验程序

18.3.1 体积电阻测量

对 10 只绝缘子，分别在(90±2)℃、(120±2)℃、(150±2)℃ 的温度下测量相应的绝缘子体积电阻 R_{90}、R_{120} 和 R_{150}。测量时，为避免表面电流导致的误差，应使用导电涂层或屏蔽罩作保护电极将表面电流旁路掉，图 2 示出了一种推荐布置。

应在铁帽达到规定温度至少 2 h 后进行测量。

应在施加电压至少 15 min 后测量并记录电流值，体积电阻应取每个绝缘子三次读数的平均值。

用式(1)确定 90 ℃～120 ℃、90 ℃～150 ℃ 温度范围的温度系数 A：

$$\frac{R_{\theta 1}}{R_{\theta 2}}=\frac{e^{[A/(273+\theta 1)]}}{e^{[A/(273+\theta 2)]}} \qquad (1)$$

系数 A 用于估算离子迁移的试验时间和把测得的体积电阻修正至参考温度。

某种绝缘子的 R_{90}、R_{120} 和 R_{150} 应是在 10 只绝缘子上测得并经修正的平均值。

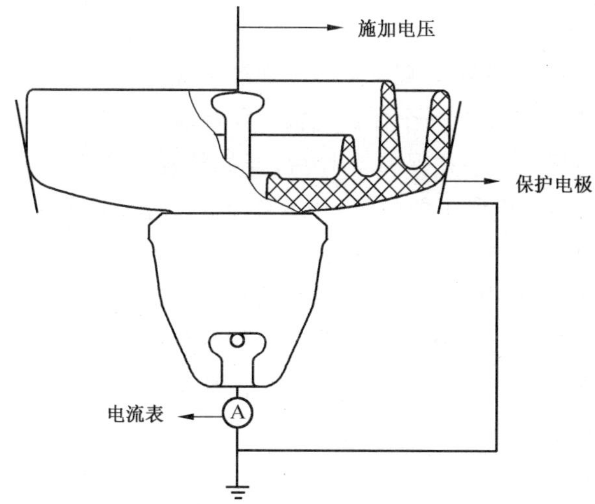

图 2　体积电阻测量的布置

18.3.2　**计算预期电荷 Q_{50}**

用体积电阻测量中得到的该型绝缘子在 90 ℃ 的参考电阻 R_{90} 和对应于 90 ℃～120 ℃得到的 A 的平均值，计算绝缘子在－15 ℃～＋65 ℃温度区间内某一温度的 $R(\theta)$ 值，$R(\theta)$ 值的计算如式(2)：

$$\frac{R(\theta)}{R_{90}}=\frac{e^{[A/(273+\theta)]}}{e^{[A/(273+90)]}} \quad \cdots\cdots(2)$$

对于从－15 ℃～＋65 ℃的每一个温度在 50 年里所占的时间 $t_{(\theta)}$（以秒计），可以从一个均值为 $M=25$ ℃，标准偏差 $\sigma=10$ ℃ 的正态分布来计算，如式(3)：

$$t_{(\theta)}=\frac{e^{[-(\theta-M)^2/2\sigma^2]}}{\sigma\sqrt{2\pi}}\times 3\,600\times 24\times 365\times 50 \quad \cdots\cdots(3)$$

在每一温度 θ 下的总电荷量 $Q_{(\theta)}$ 由式(4)求出：

$$Q_{(\theta)}=\frac{V\times t_{(\theta)}}{R(\theta)} \quad \cdots\cdots(4)$$

式中：

$V=70\,000$ V。

总的预期电荷量 Q_{50} 由式(5)给出：

$$Q_{50}=V\sum_{-15\,℃}^{+65\,℃}\frac{t(\theta)}{R(\theta)} \quad \cdots\cdots(5)$$

预计试验室试验时间 D（以天计）是试验电压、烘箱温度和通过的总电荷量(Q_{50})的函数，由式(6)给出：

$$D=\frac{Q_{50}\times R(\theta_{试验})}{3\,600\times 24\times V_{试验}} \quad \cdots\cdots(6)$$

为给出一个适当的计划试验时间，$\theta_{试验}$ 和 $V_{试验}$ 应在下列限制区间选择：

$$90\ ℃\leqslant\theta_{试验}\leqslant 130\ ℃$$

$$+65\,000\ \text{V}\leqslant V_{试验}\leqslant +75\,000\ \text{V}$$

18.3.3 试验方法

把绝缘子放置在烘箱内,并联联接到直流电源。通过绝缘子钢脚施加直流电压,铁帽通过一适当的电流测量装置接地,绝缘子铁帽端安装一个保护电极以消除表面泄漏电流的影响(参见图 2)。

烘箱温度应设定并达到规定 $\theta_{试验}$ 并保持 2 h 后,开始施加电压 $V_{试验}$。温度和电压偏差应保持在 ±5%内,应每 4 h 测量通过每个绝缘子的电流,并用来计算通过绝缘子的日平均电荷量。

试验可以因维修或其他原因中断。在这种情况下,重新升温到规定温度并稳定 2 h 后可以继续开始试验,并且把新通过的电荷量与中断前已通过的电荷量相加。

电压应施加在每个绝缘子上,当某绝缘子的各日平均电荷量的总和达到 Q_{50} 时,可以除去该绝缘子上的电压或断开其与地的连接。当所有的绝缘子各日平均电荷量的总和都达到 Q_{50} 时,应卸除电压并将它们冷却,然后按 15.1 的规定进行正、负极性的直流干耐受电压试验。两种极性电压应等于规定的正极性直流干耐受电压按标准大气条件的修正值。

18.4 接收准则

试验中,任何绝缘子击穿或损坏,或者直流干耐受试验时闪络,则此绝缘子设计不合格。

19 体积电阻试验

19.1 试验程序

体积电阻的测量应在铁帽温度 120 ℃±2 ℃时,按离子迁移型式试验程序(见 18.3.1)进行。

19.2 接收准则

在铁帽温度 (120±2)℃ 下测得的单个体积电阻值,应处在离子迁移型式试验中得到的修正过的参考体积电阻的 50%～200% 范围之内,应对抽样试验中测得的铁帽温度进行修正。

用于这一修正的系数,应该采用在离子迁移型式试验体积电阻测量中得到的,相应于 90 ℃～150 ℃温度范围的温度系数 A 的平均值。

本标准 10.3 的重复试验程序适用于本试验。

20 热破坏试验

20.1 试验条件和施加电压

烘箱温度:80 ℃

通过钢脚施加的电压:

——SFL<300 kN 时,施加电压 +110 kV,允许相对误差 −0%～+5%。

——SFL≥300 kN 时,施加电压 +125 kV,允许相对误差 −0%～+5%。

注:SFL——规定机电(械)破坏负荷。

绝缘子表面应清洁干燥。

20.2 时间

热破坏试验的时间规定如下:

——最少预热 8 h;

——80 ℃下施加电压 8 h；

——等待期 30 min；

——在规定试验电压下耐受 1 min。

20.3 试验程序

预热：试品放在烘箱内，将烘箱内的空气加热到 80 ℃，在该温度下应最少保持 8 h。连续记录烘箱内的空气温度，在预热的 8 h 中空气温度不应下降到 80 ℃以下。

施加电压：预热 8 h 后，应在 80 ℃下连续施加 8 h 试验电压。试验中，连续记录的烘箱空气温度和电压不应低于规定值。

等待期：施加电压 8 h 后，停止施加电压和加热。烘箱门仍保持关闭，绝缘子应在该处保留 30 min。

注：烘箱冷却速度并不重要。

击穿检验：在等待期后，应对绝缘子施加规定的正极性直流干耐受电压并保持 1 min，检验其是否发生击穿。

20.4 接收准则

如果试验中有任一绝缘子击穿或破碎，则此绝缘子设计不合格。

21 直流人工污秽耐受电压试验

21.1 总则

本试验是为了得到被试绝缘子在典型污秽条件下的污耐压特性，通常可按 GB/T 22707—2008 中 7.3 的“给定污秽度下最大耐受电压的测定”方法来测定。

21.2 试验程序

有关试验用电源设备、雾、试品准备（染污方法和污秽物质）以及施加试验电压的方法和最大耐受电压的确定准则等均应符合 GB/T 22707—2008。

试验采用固体层法，在绝缘子标准短串（5 片/串）上进行。

试验采用负极性电压。

试验在灰密为 1.0 mg/cm^2 和等值附盐密度分别为 0.05 mg/cm^2 和 0.1 mg/cm^2 下进行。

记录试验条件和试验结果。

22 逐个电气试验

试验施加高频和工频交流电压，电压施加于绝缘子两端部装配件之间。

高频试验采用频率为（100～500）kHz 的适当衰减的交流电压。试验电压应足够高，以便在两个电极之间产生连续的高频火花放电，并连续施加 3 s。然后再施加足够高的工频电压至少 2 min，并在两个电极之间产生断续的工频火花放电（至少几秒钟一次）。

试验中击穿的绝缘子应剔除报废。

除非另有规定，该试验应在逐个机械试验后进行，以剔除在机械试验中可能损坏的绝缘子。

23 尺寸检查

应按本标准和规定程序批准的制造图样检查绝缘子的尺寸，要特别注意任何规定了公差的尺寸(如 GB/T 7253 中规定的结构高度)和影响互换性的细节(如 GB/T 4056 和 GB/T 25317 所涉及的联接尺寸)。

球窝和槽型联接的绝缘子的联接尺寸应对样本 E1 和 E2 检查，其他联接型式的联接尺寸以及其他尺寸(如结构高度 H、盘径 D、爬电距离 L 等)仅对样本 E2 检查。

对盘形悬式绝缘子，结构高度 H 的允许偏差：$\pm(0.03\,H+0.3)$mm；

对 6 片盘形悬式绝缘子串，结构高度允许偏差：±19 mm；

对于未标注偏差的所有其他尺寸 d(被检查的尺寸，mm)，除非另有协议，允许偏差为：

——当 $d\leqslant300$ mm 时和对所有的爬电距离，$\pm(0.04d+1.5)$mm，且所检绝缘子爬电距离平均值不得小于公称爬电距离；

——当 $d>300$ mm 时，$\pm(0.025\,d+6)$mm。

本标准 10.3 的重复试验程序适用于本检查。

24 机电(械)破坏负荷试验

24.1 试验程序

机电破坏负荷试验适用于能以内部放电来表征绝缘件机械破坏的绝缘子。

机电(械)破坏负荷试验之前应先按第 29 章进行温度循环试验。

机电破坏负荷试验时绝缘子应单独承受 50 kV 的工频电压，并同时承受通过两端部装配件施加的拉伸负荷。在整个试验期间应保持此电压。

机械破坏试验时绝缘子应单独承受通过两端部装配件施加的拉伸负荷。

试验机联接件的基本尺寸，对球窝和槽形联接的绝缘子分别应按照 GB/T 4056 和 GB/T 25317。

拉伸负荷应迅速而平稳地从零升高到规定机电(械)破坏负荷的 75%，然后以每分钟 100%至 35%规定机电(械)破坏负荷的的速度[相当于在 15 s～45 s 时间内达到规定机电(械)破坏负荷]逐渐增加到第 3 章定义的破坏负荷并记录该数值。

24.2 接收准则

用机电(械)破坏负荷试验中的各个破坏负荷 X 计算平均值 $\overline{X}$ 和标准偏差 σ_{n-1}。所用符号如下：

SFL：规定机电(械)破坏负荷；

$\overline{X}_T$：型式试验的平均破坏负荷；

$\overline{X}_1$：抽样试验的平均破坏负荷；

$\overline{X}_2$：重复试验的平均破坏负荷；

σ_T：型式试验的标准偏差；

σ_1：抽样试验的标准偏差；

σ_2：重复试验的标准偏差；

C_0、C_1、C_2、C_3：接收常数。

如果 $\overline{X}_T\geqslant \text{SFL}+C_0\sigma_T$，则型式试验通过。

如果 $\overline{X}_1 \geqslant \text{SFL}+C_1\sigma_1$，则抽样试验通过。

如果 $\text{SFL}+C_2\sigma_1 \leqslant \overline{X}_1 < \text{SFL}+C_1\sigma_1$，则在抽样试验中允许进行双倍抽样量的重复试验。

如果 $\overline{X}_2 \geqslant \text{SFL}+C_3\sigma_2$，则重复试验通过。其中，均值 $\overline{X}_2$ 和标准偏差 σ_2 是从重复试验中得到的。

如果重复试验未通过，则认为该批绝缘子不符合本标准，可以进行调查以找出不合格的原因(在把一批分为若干小批的情况下，若一个小批不符合要求，调查可以扩展到其他小批)。

机电(械)型式试验结果和抽样试验结果比较的方法参见附录 D。

注：计算标准偏差时，请注意它是样本偏差，其分母是 $n-1$。

24.3 型式试验常数

样本大小等于 10 时，用于分析绝缘子机电破坏负荷、机械破坏负荷和热机性能试验的型式试验结果的常数 $C_0=3.0$。

24.4 抽样试验常数

应采用表 2 的常数分析绝缘子机电(械)破坏负荷试验的抽样试验结果。

表 2 抽样试验的常数

常数	样本大小(E_1)		
	4	8	12
C_1	2	3	
C_2	1.5	2	
C_3	2	3	

25 热机性能试验

25.1 试验程序

绝缘子应经受 4 次 24 h 冷、热循环，并且同时施加拉伸负荷，该拉伸负荷应保持在规定机电(械)破坏负荷的 60%～65% 之间。每 24 h 循环应从室温开始，先冷却到 −(40±5)℃，随后加热到 +(40±5)℃。应注意冷热循环的温度偏差，以确保记录的冷热温差不小于 80 K。每一温度循环中，在最高和最低温度水平应至少持续 4 h。温度变化的速率不是特别重要，取决于试验设备。所有的温度应在其中一个绝缘子的端部装配件上或其附近测量。

拉伸负荷应在第一次冷热循环之前于室温下对绝缘子施加。除最后一次外，在每一次加热周期结束时，应完全卸除负荷，然后重新施加。第 4 次 24 h 循环后，应等温度下降到室温后再卸除拉伸负荷。该试验程序参见图 3，其他有关要求按 GB/T 22708—2008。

热机循环后的绝缘子的机电(械)破坏负荷试验(见第 24 章)应在绝缘子卸除热机试验拉伸负荷的同一天进行。

注 1：在经受冷热循环和机械负荷时，可以把绝缘子相互串联和/或并联联接。当并联联接时，对绝缘子施加的负荷应相等。

注 2：诸如用于长棒形绝缘子的可拆卸联接的钢脚，因其不属于绝缘子本体结构的一部分，不应包括在机械试验中。

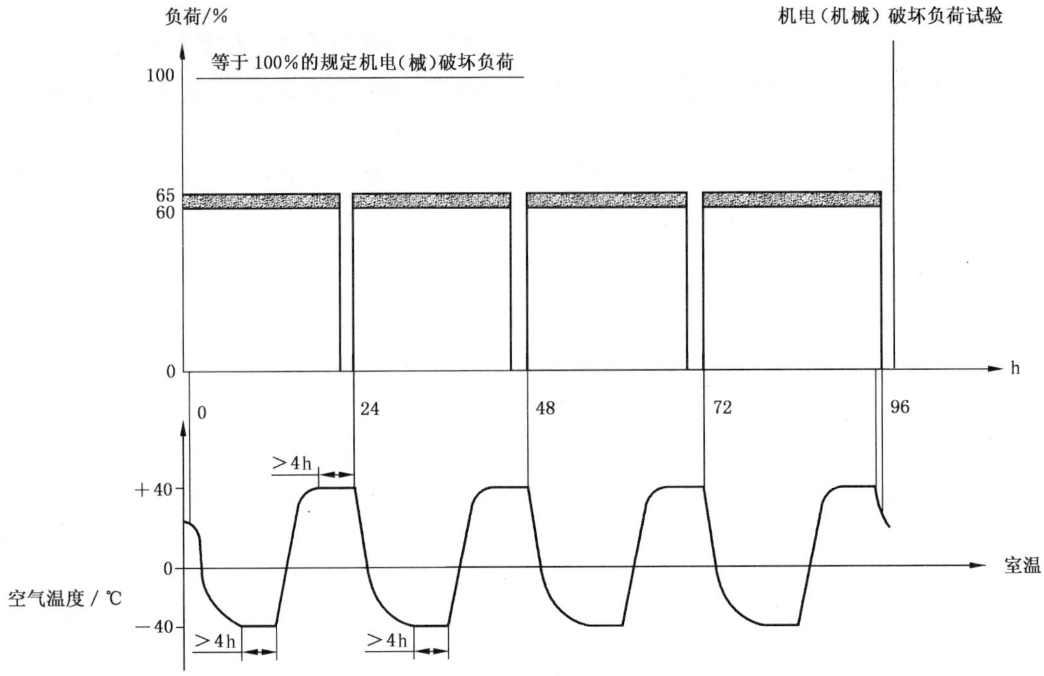

图 3　热机试验程序图示

25.2　接收准则

热机循环后的绝缘子的机电(械)破坏负荷试验接收准则同 24.2。在冷热循环中,如果任何一个绝缘子不合格,则认为绝缘子不符合本标准。

26　残余机械强度试验

26.1　预试验

残余强度试验之前应先按第 29 章进行温度循环试验。

注：GB/T 22709—2008 解释了进行温度循环试验的原因。

26.2　试品的准备

将经温度循环试验后的绝缘子,采用机械的方法(如锤击)去除其绝缘件伞盘。伞盘的残存部分不应超过铁帽最大直径。

26.3　试验程序

试品应单独承受通过两端部装配件施加的拉伸负荷(见 24.1)。拉伸负荷应从零迅速而平稳地增加到约为完好绝缘子的规定机电(械)破坏负荷的 40%,然后以每秒为规定机电(械)破坏负荷 0.5%～1% 的速率逐步增加直到发生破坏。

试验中达到的最大负荷作为试品的残余强度。

26.4 试验结果

26.4.1 破坏方式

残余强度试验中,在最大负荷下试品可能呈现两种破坏方式如下:

——铁帽和钢脚分离,例如钢脚被拉出;或

——端部装配件破坏(铁帽或钢脚)。

应记录每一个试品的破坏方式。

26.4.2 符号和说明

X_s ——分离负荷;

$\overline{X}_s$ ——分离负荷的平均值;

σ ——分离负荷的标准偏差;

X_b ——端部装配件破坏负荷;

SFL ——绝缘子的规定破坏负荷。

26.5 型式试验的接收准则

型式试验的接收准则如下:

——如果分离破坏的数目不少于 10:

若 $\overline{X}_s \geqslant 0.75\text{SFL}+1.645\sigma$,并且每个 $X_b \geqslant \text{SFL}$,则试验通过。

——如果分离破坏的数目少于 10:

若每个 $X_s \geqslant 0.8\text{SFL}$,并且每个 $X_b \geqslant \text{SFL}$,则试验通过。

26.6 抽样试验的接收准则

若每个 $X_s \geqslant 0.8\text{SFL}$,并且每个 $X_b \geqslant \text{SFL}$,则试验通过。

10.3 的重复试验程序适用于本抽样试验。

26.7 型式试验和抽样试验结果的比较

残余强度试验不进行型式试验和抽样试验结果的比较。

27 轴向、径向和角度偏移的检验

27.1 试验程序

在绝缘子两端安装适当的联接件并施加轻微的拉力,联接件应符合 GB/T 4056 和 GB/T 25317。在槽型连接的情况下,有必要增加衬垫使联接的端部装配件中心对准。两个联接件应在同一垂线上,且能自由旋转。

对盘形悬式绝缘子:试验装置上部联接件应该是窝或槽,以便在试验中连接到脚球或扁脚把绝缘子悬挂起来,而铁帽用试验装置的下部联接件来固定。两个测量装置 A 和 B 的布置参见图 4a,以使它们能分别与绝缘件最大直径上的点和最外侧伞棱的端部相接触。将绝缘子旋转 360°,记录测量装置读数的最大变化量。

注:测量装置 A 的读数变化涵盖了绝缘件平面度的变化。通常能接受的变化量在规定的最大值以内。平面度变化过大会导致用装置 A 测得的变化量超过规定的最大值。

对长棒形绝缘子:测量装置 B 的布置参见图 4b,以使它尽可能靠近并接触绝缘件主体的中部。将绝缘子旋转 360°,记录测量装置读数的最大变化量。

此外,联接件的角度偏移 α 应使用合适的方法测量,参见图 5。

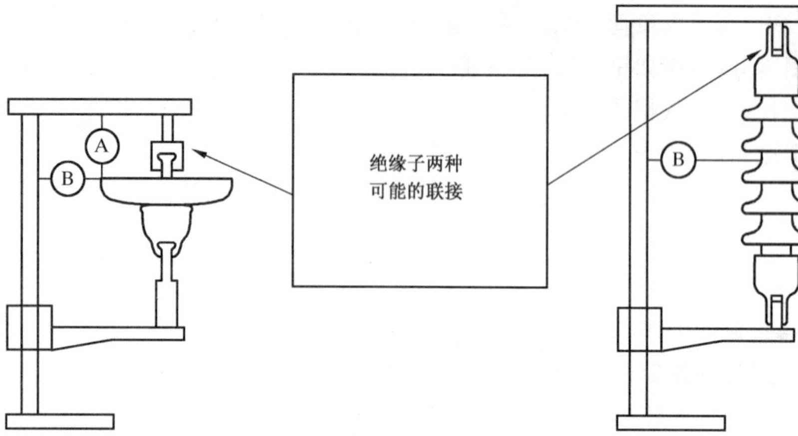

a) 盘型悬式绝缘子　　　　b) 长棒形绝缘子

图 4 轴向和径向偏移的测量

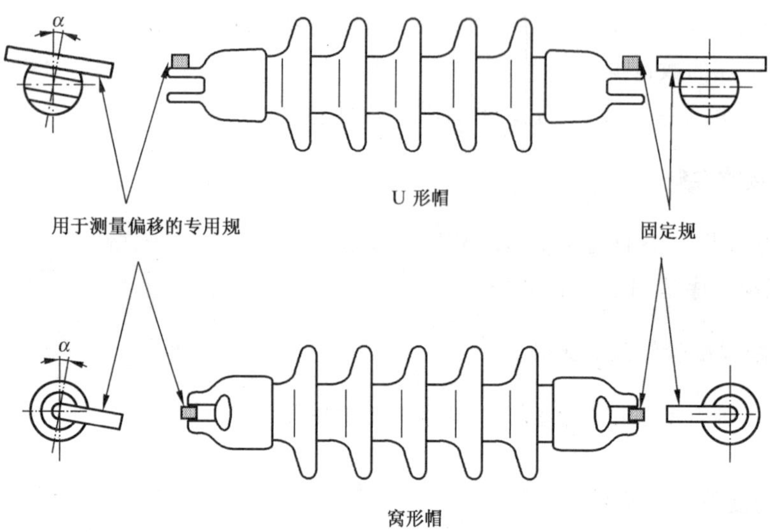

图 5 角度偏移的测量

27.2 盘形悬式绝缘子的接收准则

除非另有规定,最大变化量允许值为:

——A 上的轴向偏移(位置最大变化量),绝缘子公称盘径的 4%;

——B 上的径向偏移(位置最大变化量),绝缘子公称盘径的 3%。

10.3 的重复试验程序适用于本试验。

27.3 长棒形绝缘子的接收准则

——B 上的径向偏移(位置最大变化量):

- 绝缘子长度≤750 mm 时,绝缘子公称长度的 1.4%;
- 绝缘子长度>750 mm 时,绝缘子公称长度的 1.2%。

——联接件角度偏移 α 的值应不超过:

- 对于槽型联接,$\alpha \leqslant 4°$;
- 对于球窝联接,$\alpha \leqslant 15°$;
- 对于其他联接件组合,$\alpha \leqslant 15°$,供需双方另有协议除外。

10.3 的重复试验程序适用于本试验。

28 锁紧装置的检验

28.1 总则

本试验适用于球窝联接的绝缘子,试验包括 4 部分:

——锁紧装置的质量要求;

——锁紧状态检查;

——锁紧装置的位置(仅对 R 形销);

——操作试验。

10.3 的重复试验程序适用于本试验。

28.2 锁紧装置的符合性

绝缘子或锁紧装置制造商应证实锁紧装置符合 GB/T 25318 的要求。绝缘子制造商应有有效的试验证书确认进行了检验。

注:如果不能证明提交验收的绝缘子上所装的锁紧装置是属于已取得合格证书的同一批,则可按 GB/T 25318 对锁紧装置进行试验。被试锁紧装置的数量不大于 10.2 给出的抽样数量 E2。

28.3 锁紧状态检查

对于盘形悬式绝缘子,将绝缘子联接成两个元件的串。对长棒形绝缘子,将相应的联接球头安装在绝缘子上。锁紧装置置于锁紧位置,然后通过施加与运行中经受的相类似的动作来进行检查,应不发生串或联接球头的联接脱开的情况。

28.4 锁紧装置的位置

对于 R 形销,在锁紧位置时销腿不应伸出帽窝入口,并能把直径等于销眼直径一半的尖头工具插入销眼中,以便拉动 R 形销从锁紧位置到联接位置。

注 1:联接和锁紧位置的说明见 GB/T 25318。

注 2:对于 R 形销,注意在将其置入锁紧位置时,过重打击销子头部会引起变形,以致影响锁紧能力。同时,张开 R 形销末端时产生的变形不要影响 R 形销的功能。

注 3:对于标准联接 11,允许 *R* 形销的销腿伸出帽窝入口不大于 5 mm。

28.5 操作试验的程序

使锁紧装置位于锁紧位置,然后应按以下方法施加负荷:

——对于 R 形销：通过一个合适的装置，沿轴线方向对 R 形销的销眼施加拉伸负荷 F。

——对于 W 形销：使用一个截面尺寸为 $F_5 \times T$（尺寸要求见 GB/T 25318）的矩形钢棒，沿着销子轴线方向把负荷 F 施加在销子的两个圆弧形端头上。

逐渐增加负荷，直到锁紧装置移动到联接位置。应连续进行 3 次从锁紧到联接位置的操作。对于每一次操作，记录使锁紧装置从锁紧位置移动到联接位置的负荷 F。此后，施加 28.6 接收准则中所示的负荷 F_{max}，不应出现锁紧销从窝中完全脱出的现象。

28.6 操作试验接收准则

三次操作负荷值应在表 3 所给出的 F_{min} 和 F_{max} 之间。

表 3 三次操作负荷值的范围

标准联接标记	R 形销		W 形销	
	F_{min} N	F_{max} N	F_{min} N	F_{max} N
11	30	300	25	250
16,20,24	50	500	25	250
28,32	100	650	—	—

注：如果 R 形销是用很硬的不锈钢制作，300 N、500 N 和 650 N 的负荷有时不能使销子实现从锁紧到联接位置的移动。经供需双方协议，如果所使用的带电作业方法允许，可规定更高的 F_{max} 值（如对于标准联接 16 到 24，可提高到 650 N）。

29 温度循环试验

29.1 绝缘子串元件的试验程序

将带有完整端部装配件（如果有）的绝缘子，不经中间容器迅速而完全地浸入到温度比试验用冷水高出 70 K 以上的热水池中，浸泡 T_{min} 后从热水池中取出并迅速而完全地浸入到冷水池中，浸泡相同的时间。此热冷循环应连续进行 3 次。每次从一个水池转放到另一个水池的时间应不超过 30 s，并尽可能短，浸泡时间 T 规定如下：

——对于 A 型绝缘子，$T=(15+0.7\ m)$ min，最长为 30 min（式中 m 为绝缘子质量，以 kg 计）；

——对于 B 型绝缘子，$T=15$ min。

3 次循环完成后，应检查绝缘子有无裂纹，然后进行下面的检验。

——对于 A 型绝缘子，逐个实施 80%规定机械破坏负荷的 1 min 机械负荷试验；

——对于 B 型绝缘子，逐个实施 1 min 的工频火花放电试验。

注：当绝缘子采用高铝水泥胶装时，试验用热水温度需保持在 75 ℃以下，详见 GB/T 22709—2008 A.2。

29.2 厚剖面或特大型绝缘件绝缘子的特殊试验程序

对具有特大型或厚剖面绝缘件的绝缘子，29.1 的规定可能太苛刻，经供需双方协议可按温差不小于 50 K 进行试验。当具有下列特征之一时，被认为是特大型或厚剖面绝缘件：

——$L>1\ 200$ mm；

——$D^2L>80\times10^6$ mm^3；

——$d>90$ mm；

——$\Phi>25$ mm。

其中：

L ——绝缘件长度；

D ——最大外径；

d ——实心绝缘件主体直径(见图 6)；

Φ ——最大厚度(见图 6),定义为在通过绝缘件轴线的剖面轮廓上能作出的最大内接圆直径。

29.3 补充规定

温度循环试验有如下补充规定：

——温度循环试验用水池水量应足够大,以使绝缘子的浸入不致引起水温的变化超过±5 K；

——不使用中间容器的限制并不排除使用具有低热容系数并能让水自由流通的金属网篮。

29.4 接收准则

绝缘子应经受本试验而没有裂纹、击穿或机械破坏。

10.3 的重复试验程序适用于本试验。

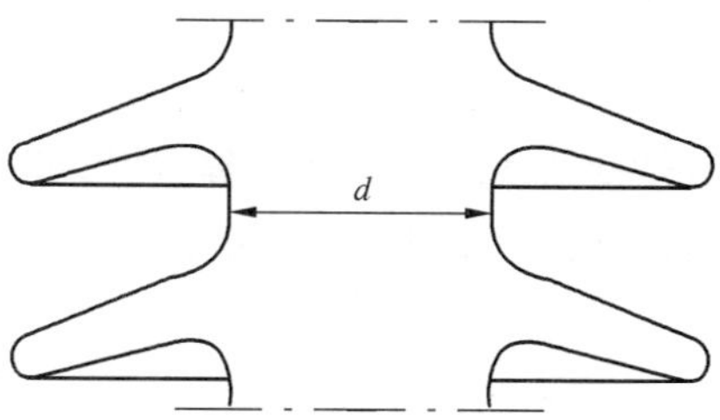

d—绝缘件杆径

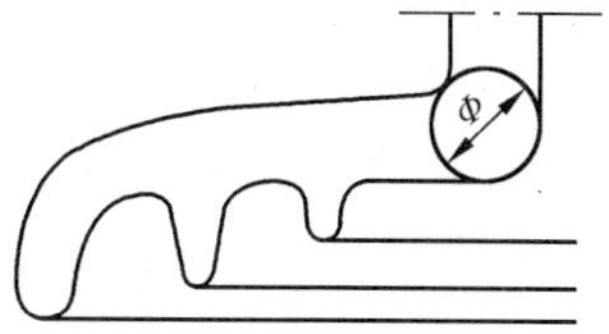

Φ—绝缘件最大厚度

图 6 绝缘件的主体直径和最大厚度

30 热震试验

30.1 试验程序

将已用热空气或其他适当的方法加热到至少高出水温 100 K 且温度均匀的绝缘子,迅速而完全地浸入温度不超过 50 ℃ 的水中。

绝缘子在水中应至少保留 2 min。

30.2 接收准则

绝缘子应能承受本试验而没有破坏。

10.3 的重复试验程序适用于本试验。

31 孔隙性试验

31.1 试验程序

试品应为从绝缘子上敲击取得的碎瓷块，或经供需双方协议在绝缘子焙烧位置附近专门制得的具有代表性的碎瓷块。试验溶液应采用红色或紫色 3% 的次甲基染料、甲醇或乙醇溶液。将试品浸没在压力不小于 15 MPa 的试验溶液中，在压力(单位：MPa)和时间(单位：h)的乘积达到 180 及以上后取出。

试品经冲洗后干燥，并再次敲碎。

31.2 接收准则

目力观察新敲击开的表面，不应有任何染料渗透现象。试验前敲击形成小裂纹中的渗透应予忽略。

10.3 的重复试验程序适用于本试验。

32 镀锌层试验

除下列规定外，JB/T 8177 适用于本试验。

——外露表面不应有目测可见的缺锌；

——外观检查后用磁性法检测镀锌层的厚度。如对磁性法所得结果存有异议时，可以实施仲裁试验：对于铸件、锻件和经协议的垫圈用称量法；对于螺栓、螺母及垫圈用显微镜法。

10.3 的重复试验程序适用于本试验。

33 逐个外观检查

33.1 瓷绝缘子

绝缘子端部装配件安装应符合制造图样规定。

绝缘子的釉色应接近于图样规定的颜色。釉色的某些小变化是允许的，不应作为拒收此绝缘子的理由。这同样适用于因釉层较薄而釉色较淡的表面，例如在小半径的边缘上。

图样上规定的施釉面应覆盖有光滑发亮而坚硬的釉，釉面不应有裂纹和其他有损于良好运行特性的缺陷。

釉面缺陷包括缺釉、落渣、杂质和针孔等。

绝缘子的外观缺陷允许值(它适合于各种绝缘子)规定如下：

——单个绝缘子的釉面缺陷总面积应不超过：$(100+D\times F/2\ 000)\mathrm{mm}^2$；

——任何单个釉面缺陷的面积应不超过：$(50+D\times F/20\ 000)\ \mathrm{mm}^2$。

式中：D、F 分别为绝缘子的最大直径和爬电距离，单位为毫米(mm)。

实心长棒形绝缘子主体上不应有釉面缺陷。

伞裙釉面杂质(例如伞上钵屑)总面积应不超过 25 mm^2，单个杂质不应凸出釉面 2 mm 以上。杂质堆积物(如沙粒)可作为单个的釉面缺陷，其包容面的面积应计入釉面缺陷总面积之内。

釉面上直径小于 1 mm 的极小针孔(如在上釉过程中由于灰尘颗粒造成的)不包括在釉缺陷总面积内。然而，在任何一个 50 mm×10 mm 的范围内，针孔的数量应不超过 15 个。另外，绝缘子上针孔的总数应不超过：$(50+D\times F/1\ 500)$个，式中 D 和 F 见上面定义。

33.2 玻璃绝缘子

绝缘子端部装配件安装应符合制造图样规定。

JB/T 9678 适用于玻璃绝缘件的外观检查。

34 逐个机械试验

A 型绝缘子应经受至少 1 min 的 80% 规定机械破坏负荷的拉伸试验。

B 型绝缘子应经受至少 3 s 的 50% 规定机电(械)破坏负荷的拉伸试验。

试验时,绝缘件破坏或金属端部装配件损坏或分离的绝缘子应予报废。

注:对某些实心瓷绝缘子,逐个机械试验后可以使用超声波探伤检查其内部缺陷。

35 锌套试验

35.1 锌套的一般要求

绝缘子的钢脚应装有锌套。锌套采用纯度不低于 99.8% 的锌制造,其与钢脚的熔合面积至少应是二者之间界面面积的 80%。锌套厚度应不小于 4 mm,外露部分长度应不小于 7 mm(包括和钢脚衔接部位的过渡圆弧部分),且约为锌套总长度的 50%。

注:运行调研和试验研究表明,非悬垂安装时,锌套的不均匀腐蚀较悬垂安装时严重。对于更为严酷条件使用的绝缘子,锌套厚度可以适当增大,但受盘形悬式绝缘子绝缘件头部内孔和钢脚直径的限制。

35.2 型式试验程序

制造厂应提供制造锌套用锌的纯度证明。

应对绝缘子施加等于 65%规定机电(械)破坏负荷的拉伸负荷并保持 1 min。然后卸除负荷,拆下钢脚,检查锌套有无裂纹。

如果施加负荷后,锌套没有出现放射状裂纹或在锌套与钢脚间界面上没有环形裂缝,则该加设锌套的钢脚合格。

锌套厚度和外露长度用适宜的量具测量,应符合 35.1 的规定。

然后对钢脚施加拉伸负荷直到破坏,检查熔合表面(黯淡,不反光),应符合 35.1 的规定。

35.3 抽样试验程序

制造厂应提供制造锌套用锌的纯度证明。

被试钢脚的数量应为 E1 样本的一半,钢脚可以取自做过机电(械)破坏负荷抽样试验的绝缘子。

锌套厚度和外露长度用适宜的量具测量,应符合 35.1 的规定。

检查熔合表面(黯淡,不反光),应符合 35.1 的规定。

36 锌环试验

36.1 锌环的一般要求

绝缘子的铁帽应装有锌环,锌环位置应能够起到防止铁帽电化学腐蚀的作用,并不影响更换绝缘子时使用作业工具,一般位于帽口及其周围。锌环应采用纯度不低于 99.8% 的锌制造,其与铁帽的熔合面积应不小于二者之间界面面积的 80%。锌环与绝缘件之间应适当密封。

注：锌环与绝缘件之间的适当密封可以防止液态电解质浸入铁帽。

锌环的尺寸要求如下：

——对于悬垂安装使用的盘形悬式绝缘子，锌环的有效最大厚度 h（如图 7 所示）应不小于 2 mm。

——对于非悬垂安装使用的盘形悬式绝缘子，锌环的有效最大厚度 h（如图 7 所示）应不小于 6 mm，且外边缘直线长度 W（如图 7 所示）应不小于 7 mm。

——对于长棒形绝缘子，锌环的有效最大厚度应不小于 6 mm。

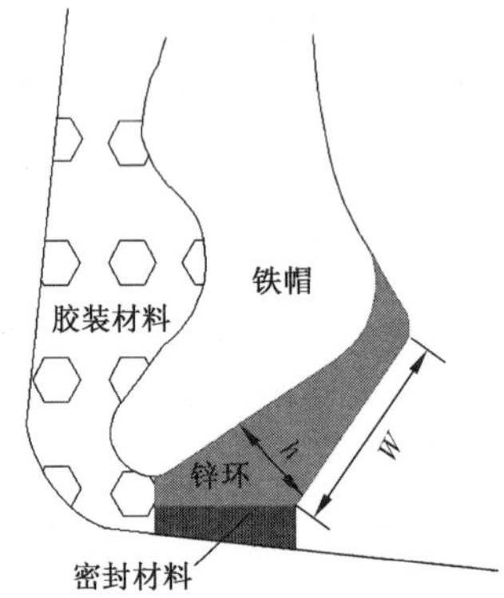

图 7　锌环示意图

36.2　型式试验和抽样试验程序

制造厂应提供制造锌环用锌的纯度证明。

锌环与铁帽之间的外侧结合面应用目视检查。锌环与铁帽之间不应有松动，在整个帽口四周应呈现出一圆弧形的良好贴边（通常是斜起的弯月面）。

用垂直于铁帽帽口的平面沿其直径方向将铁帽剖开，用适宜的量具测量锌环的有效最大厚度和外边缘直线长度（适用时），应符合 36.1 的规定。

用机械方法分离铁帽和锌环，检查熔合面（黯淡，不反光），应符合 36.1 的规定。

37　绝缘子的试验

本章列出了适用于绝缘子的试验，其中某些试验仅适用于某些类型和材料的绝缘子。适用于盘形悬式绝缘子的试验项目见表 4，表中每个方框内第一行的数字代表每项试验应提交的试品数量。代号 E1、E2、E3 对应于 10.2 表 1 的样本数。每个方框内第二行指出了该项试验在本标准中相应的章条。适用于 A 型绝缘子的试验，除了本标准规定外，其他试验要求及试品数量应参照表 4 并经供需双方协议。

适用的机械型式试验和尺寸检查见表 4，对于给定的绝缘子或等同设计的绝缘子（详见 8.1）仅进行一次。

适用的抽样试验在参照表中给出的样本 E1、E2 或 E3 上进行，这些样本的大小按 10.2 表 1 确定。抽样试验的试验次序应按表中规定进行。然而，可以先实施对三种及两种样本都要做的试验，然后再实施仅适用于样本 E1（或 E2，或 E3）的试验。

适用的逐个试验应在供货的每一只绝缘子上进行。

表 4 盘形悬式绝缘子试验参照表

<table>
<tr><th rowspan="2">试验类别</th><th rowspan="2">试 验 项 目</th><th colspan="2">试品数量及章条编号</th></tr>
<tr><th>瓷绝缘子</th><th>钢化玻璃绝缘子</th></tr>
<tr><td rowspan="14">型式试验</td><td>尺寸检查</td><td colspan="2">10 10
…… 23 ……</td></tr>
<tr><td>雷电冲击电压试验</td><td colspan="2">1SS[a] 1SS[a]
……14,13 ……</td></tr>
<tr><td>直流干、湿耐受电压试验</td><td colspan="2">3 3
……15,13 ……</td></tr>
<tr><td>机电破坏负荷试验[b]</td><td>10
…24.1,24.2,24.3…</td><td>—</td></tr>
<tr><td>机械破坏负荷试验[b]</td><td>—</td><td>10
…24.1,24.2,24.3…</td></tr>
<tr><td>离子迁移试验</td><td colspan="2">50 50
…… 18 ……</td></tr>
<tr><td>空气中冲击击穿试验[b]</td><td colspan="2">10 10
…… 17 ……</td></tr>
<tr><td>热破坏试验</td><td colspan="2">10 10
…… 20 ……</td></tr>
<tr><td>SF_6 击穿耐受试验</td><td colspan="2">10 10
…… 16 ……</td></tr>
<tr><td>锌套试验</td><td colspan="2">3 3
……35.1,35.2……</td></tr>
<tr><td>锌环试验</td><td colspan="2">3 3
…… 36 ……</td></tr>
<tr><td>残余机械强度试验[b]</td><td colspan="2">25 25
…… 26 ……</td></tr>
<tr><td>热机性能试验[b]</td><td colspan="2">10 10
……25,24.2……</td></tr>
<tr><td>直流人工污秽耐受电压试验</td><td colspan="2">标准短串 标准短串
…… 21 ……</td></tr>
<tr><td rowspan="5">抽样试验</td><td>尺寸检查[c]</td><td colspan="2">E1＋E2 E1＋E2
…… 23 ……</td></tr>
<tr><td>体积电阻试验</td><td colspan="2">E2 E2
…… 19 ……</td></tr>
<tr><td>轴向、径向和角度偏移的检验</td><td colspan="2">E1＋E2 E1＋E2
…… 27 ……</td></tr>
<tr><td>锁紧装置的检验[d]</td><td colspan="2">E2 E2
…… 28 ……</td></tr>
<tr><td>温度循环试验</td><td>E1＋E2＋E3
…… 29……</td><td>E1＋E3
…… 29……</td></tr>
</table>

表 4（续）

试验类别	试验项目	试品数量及章条编号	
		瓷绝缘子	钢化玻璃绝缘子
抽样试验	机电破坏负荷试验[b]	E1 …24.1，24.2，24.4…	—
	机械破坏负荷试验[b]	—	E1 …24.1，24.2，24.4…
	空气中冲击击穿试验[b]	E2 ……………… 17	E2 ……………
	残余机械强度试验[b]	E3 ……………… 26	E3 ……………
	热震试验	—	E2 …… 30……
	孔隙性试验	E1 …… 31 ……	—
	锌套试验	E1/2[e] ………35.1，35.3	E1/2[e] ………
	锌环试验	E1/2[e] ……………… 36	E1/2[e] ……………
	镀锌层试验	E2 …………… 32	E2 ……………
逐个试验[b]	逐个外观检查	全数 ……………… 33	全数 ……………
	逐个机械试验	全数 ……………… 34	全数 ……………
	逐个电气试验	全数 …… 22 ……	—

[a] 1SS=在一标准短串上进行的试验。

[b] 对 100 kV 以下直流线路用，且机械强度等级低于 160 kN 的绝缘子，GB/T 1001.1—2003 规定的试验要求和接收准则适用。

[c] 球窝联接和槽型联接的绝缘子的联接尺寸应对样本 E1 和 E2 检查，其他联接型式的联接尺寸以及其他尺寸仅对样本 E2 检查，见 23。

[d] 当适用时。

[e] 机电(械)破坏负荷试验后，在一半 E1 样本上进行的试验。

附　录　A
（资料性附录）
本标准与 IEC 61325:1995 章条编号对照

表 A.1 给出了本标准与 IEC 61325:1995 的章条编号对照。

表 A.1　本标准与 IEC 61325:1995 的章条编号对照表

本标准章条编号	IEC 61325:1995 章条编号
1	1
…	…
14	14
14.1	14 下的悬置段
14.2	14.1
14.3	14.2
15	—
15.1	15
15.2	—
16	16
…	…
20	20
20.1	20 下的悬置段
20.2	20.1
20.3	20.2
20.4	20.3
21	—
22	21
23	22
24	23,24
24.1	23.1,24.1
24.2	23.2,24.2
24.3	23.3
24.4	23.4
25	25
26	26
27	27
28	28
28.1	28 下的悬置段

表 A.1（续）

本标准章条编号	IEC 61325:1995 章条编号
28.2	28.1
28.3	28.2
28.4	28.3
28.5	28.4
28.6	28.5
29	29
30	30
31	31
32	32
—	32.1
—	32.2
33	33
…	…
37	37
附录 A	—
附录 B	—
附录 C	—
附录 D	附录 A
表 1	10.2 的绝缘子抽样试验样本数量表
表 2	23.4 的抽样试验常数表
表 3	28.5 的锁紧装置的操作负荷列表
表 4	表 1
—	表 2
图 1	图 1
…	…
图 6	图 6
图 7	—

附　录　B
（资料性附录）
本标准与 IEC 61325:1995 的技术性差异及其原因

表 B.1 给出了本标准与 IEC 61325:1995 的技术性差异及其原因一览表。

表 B.1　本标准与 IEC 61325:1995 技术性差异及其原因

章条编号	技术性差异	原　因
标准名称	“标称电压高于 1 000 V 的架空线路用绝缘子　直流系统用瓷或玻璃绝缘子串元件　定义、试验方法及接收准则”修改为“标称电压高于 1 500 V 的架空线路用绝缘子　直流系统用瓷或玻璃绝缘子串元件　定义、试验方法及接收准则”	适应 IEC 62217:2012 对高电压的定义
—	原国际标准中以节和章条同时编排划分标文正文内容，本标准根据 GB/T 1.1 的要求，按照章条号编排划分标准内容，删除了原有的节编号和节标题，及删除了以下内容： ——第 1 节　总论 ——第 2 节　绝缘子 ——第 3 节　试验分类、抽样规则和程序 ——第 4 节　电气试验的程序 ——第 5 节　机械试验和其他 ——第 6 节　绝缘子串元件试验	根据 GB/T 1.1 的要求，连续的章条号可以满足标准结构要求和使用要求，不需要节标题和节编号
1	把“标称电压高于 1 000 V 的直流架空电力线路用绝缘子”修改为“标称电压高于 1 500 V 的直流架空电力线路用绝缘子”。 删除了注 1 中有关不包括人工污秽试验的表述	适应 IEC 62217:2012 对高电压的定义。 本标准增加了人工污秽试验
2	规范性引用文件： ——因采用了国际标准，则用我国标准代替了相应的国际标准在本标准中的引用，这些标准是：GB/T 1001.1—2003、GB/T 2900.8—2009、GB/T 4056—2008、GB/T 7253—2005、GB/T 16927.1—2011、GB/T 20642—2006、GB/T 22707—2008、GB/T 22709—2008、GB/T 25317—2010、GB/T 25318—2010； ——因内容需要，增加了以下文件：GB/T 19001—2008、GB/T 22708—2008、JB/T 8177、JB/T 9678—2012 和 JB/T/ 9683—2012； ——由于标准内容被以上文件替代或者覆盖，删除了以下文件：IEC 433:1980、ISO 1459:1973、ISO 1460:1973 、ISO 1461:1973、ISO 1463:1982、ISO 2064:1980、ISO 2178:1982	1. IEC 433:1980、ISO 1459:1973、ISO 1460:1973 、ISO 1461:1973、ISO 1463:1982、ISO 2064:1980、ISO 2178:1982 等标准的内容已经经过采标纳入了 GB/T 22708—2008、JB/T 8177、JB/T 9678—2012 和 JB/T/9683—2012 之中。 2. 通过采用国际标准，我国标准代替了相应的国际标准在本标准中的被引用

表 B.1（续）

章条编号	技术性差异	原因
3.6	增加了术语“直流湿耐受电压”及其定义	本标准增加了直流湿耐受电压试验
3.17	把术语“冲击过电压击穿耐受电压”改为“冲击击穿电压”，并修改了定义	和 GB/T 20642—2006 协调
6	删除了“绝缘子的人工污秽试验见 IEC 61245”的表述。 把“在某些使用场合也可采用对铁帽腐蚀的保护措施”改为“铁帽上应加装锌环”。 提出了对绝缘子外形的要求。 给出了典型盘形悬式绝缘子的主要特性（参见附录 C）	本标准在第 21 章列入了人工污秽试验。 我国的工程实践证明需对铁帽加装锌环。 直流电压下对绝缘子外形要求较高。 给出这些特性方便使用和进行试验检测
7	把“IEC 60305 和 IEC 60433 中所包含的型号也可以使用”改为“可使用 JB/T 9683—2012 中所规定的产品型号。”	和 JB/T 9683—2012 协调
8.2	删除了 IEC 有关计量统计法接收常数和样本大小与 IEC 60383-1 关系的注	本标准修改了接收常数，和 IEC 60383-1 给出的接收常数不具有对应关系
9	把“质量保证”改为“质量管理”	和 GB/T 19001—2008 协调
13	增加了直流湿耐受电压试验的安装布置	适应第 15 章的修改
15.2	增加了“直流湿耐受电压试验”	湿耐受电压特性比干耐受电压特性更能反映绝缘子的实际运行状态
17	试品数量由 5 只改为 10 只	和 GB/T 20642—2006 协调
21	增加了“直流人工污秽耐受电压试验”	进一步验证绝缘子外形设计的适宜性
22	把“交流电压可以是高频或工频”改为“交流电压应是高频和工频”	更有效地剔除有缺陷绝缘子
23	明确绝缘子串元件和 6 片串的结构高度偏差，并规定爬电距离平均值不得小于公称爬电距离	超高压或特高压工程用绝缘子串使用的绝缘子较多，单片绝缘子结构高度正偏差和爬电距离负偏差累积会对绝缘子串的性能产生显著影响
24	把 IEC 61325 的第 23 章和第 24 章合并为本标准的第 24 章	避免文本重复；使本章后各章的编号与 IEC 61325 相同
24.1	增加了“机电（械）破坏负荷试验之前应先进行温度循环试验”的要求。 删除“在型式和抽样试验中，应使用相同强度的联接件（标准型或加强型）”	温度循环试验对机电（械）破坏负荷试验结果有影响。 检测实践中不可行
24.3	删除了样本大小为 5 时的接收常数，把样本大小为 10 时的接收常数从 0.72 修改为 3	适应我国直流特高压输变电工程实践要求
24.4 表 2	对应于样本大小 4、8、12 的接收常数：C_1 分别修改为 2、3、3，C_2 分别修改为 1.5、2、2，C_3 分别修改为 2、3、3	适应我国直流特高压输变电工程实践要求
25	原表述“先冷却到 −(30±5)℃，随后加热到 +(40±5)℃。现改为“先冷却到 −(40±5)℃，随后加热到 +(40±5)℃”。相应的温差由 70 K 调整为 80 K。 接收准则和第 24 章的改变协调	适应我国直流特高压输变电工程实践要求

表 B.1（续）

章条编号	技术性差异	原因
26.5	原表述：分离破坏数不少于 10 时，$\overline{X}_s \geqslant$ 0.65SFL＋1.645σ；分离破坏数少于 10 时，$X_s \geqslant$0.65SFL。现改为：分离破坏数不少于 10 时，$\overline{X}_s \geqslant$ 0.75SFL＋1.645σ；分离破坏数少于 10 时，$X_s \geqslant$0.8SFL	适应我国直流特高压输变电工程实践要求
26.6	把 $\overline{X}_s \geqslant$ 0.65SFL 修改为 $\overline{X}_s \geqslant$ 0.8SFL	适应我国直流特高压输变电工程实践要求
28.6 表 3	把标准联接标记 28 和 32 的操作试验值由注改为列入表 3	适应我国直流绝缘子产品发展需要
29	把“瓷绝缘子”改为“绝缘子”。 增加“注：当绝缘子采用高铝水泥胶装时，试验用热水温度需保持在 75 ℃以下，详见 GB/T 22709—2008 A.2”	本标准规定玻璃绝缘子也要经受温度循环试验。 根据 GB/T 22709—2008，提醒本标准的使用者，高铝水泥可能不适宜经受温度超过 75 ℃的试验
31.1	孔隙性试验用染料由 1%的品红酒精溶液改为红色或紫色 3% 的次甲基染料甲醇或乙醇溶液	缘于环境保护要求，和 IEC/TC 36 近年来发布的标准协调
32	明确外露表面不应有目测可见的缺锌缺陷，并删除了允许对缺锌进行修补的注； 删除 IEC 61325 的表述，直接引用 JB/T 8177	本标准涉及的绝缘子所安装的端部装配件的质量和镀锌表面都不算大，进行缺锌修补的必要性不大； JB/T 8177 修订版涵盖了 IEC 61325 第 32 章的所有相关技术内容，并在检测实践中使用
33.2	修改为：玻璃绝缘件的外观检查，JB/T 9678—2012 适用	JB/T 9678—2012 不仅有对玻璃件中气泡多少和大小的规定，而且对可能影响玻璃绝缘子良好运行的其他表面缺陷也尽可能给出了要求，并和现行的工程实践协调
35.1	把规定“锌套外露部分质量至少为 5 g”改为规定“锌套厚度不小于 4 mm，外露长度不小于 7 mm”，并加注说明修改的原因，以及增大锌套厚度的使用条件和限制条件	我国工程实践证明，V 形安装时锌套腐蚀较悬垂状态严重，IEC 61325 规定的锌套质量难以满足大量非垂直悬挂使用产品的要求，规定锌套厚度更加直观且便于测量
35.2、35.3	增加锌套外露部分尺寸和熔合面积的测量方法和判定准则	规范操作和合格判定
36.1	规定锌环与绝缘件之间应适当密封。 把规定锌环最小质量改为规定锌环的主要尺寸。 把对锌环主要尺寸的要求按照悬垂和非悬垂安装使用区分：对于悬垂安装，规定“锌环的有效最大厚度 h”；对于非悬垂安装，规定“锌环的有效最大厚度 h”和“外边缘直线长度 W”，并增加图 7 加以说明。 对于长棒形绝缘子，规定锌环的有效最大厚度	我国工程实践证明：锌环与绝缘件之间采取适当的密封措施可以防止液态电解质浸入铁帽，从而延缓腐蚀； V 形悬挂时锌环腐蚀较悬垂状态严重，IEC 61325规定的锌环难以满足要求，规定锌环尺寸更加直观且便于测量；在污秽状态下使用时，长棒形绝缘子也需加装锌环
36.2	删除描述锌环质量不可定量检查的注，增加了“锌环的尺寸和熔合面(黯淡，不反光)应符合 36.1”的规定	进一步明确型式试验和抽样试验接收准则。

表 B.1（续）

章条编号	技术性差异	原因
37	增加“适用于 A 型绝缘子的试验，除了本标准规定外，其他试验要求及试品数量应参照本标准表 4 并经供需双方协议”的表述。删除了“长棒形瓷绝缘子参照表（表 2）”。	实践证明，长棒形瓷绝缘子参照表的可操作性较差，容易造成混淆，明确其他试验要求及试品数量应参照本标准表 4 并经供需双方协议更符合实际状况
附录 A	增加了“附录 A 本标准与 IEC 61325:1995 的章条编号对照”	便于对照本标准与 IEC 61325:1995 的章条
附录 B	增加了“附录 B 本标准与 IEC 61325:1995 的技术性差异及其原因”	便于直观反映本标准与 IEC 61325:1995 的技术性差异及其原因
附录 C	增加了“附录 C 典型盘形悬式绝缘子的主要尺寸与特性”	目前尚无专门的直流盘形悬式绝缘子尺寸和特性标准。增加附录 C 有助于反映当前现状，便于本标准应用，也希望起到指引尺寸和特性标准化方向的作用
附录 D	删除有关型式试验样本大小为 5 的内容	本标准规定型式试验样本大小为 10

附 录 C
（资料性附录）
典型盘形悬式绝缘子的主要尺寸与特性

表 C.1 给出了典型盘形悬式绝缘子的主要尺寸与特性。

表 C.1 典型盘形悬式绝缘子的主要尺寸与特性

绝缘子型号[1]		图号[3]	公称盘径 mm	雷电冲击干耐受电压 kV ≥	正极性直流干(湿)耐受电压 kV ≥	SF_6 击穿耐受电压 kV ≥
瓷绝缘子	UD160B170/560H20R	a,b	320	140	140 (55)	210
	UD160B170/545D20R	c	360	140	140 (55)	210
	UD160B170/560T20R	d	340	140	140 (55)	210
	UD210B170/560H20R	a,b	320	140	140 (55)	210
	UD210B170/545D20R	c	360	140	140 (55)	210
	UD210B170/560T20R	d	340	140	140 (55)	210
	UD300B195/560H24R	a,b	340	140	140 (50)	210
	UD300B195/635H24R	a,b	400	150	150 (60)	225
	UD300B195/545D24R	c	360	140	140(55)	210
	UD300B195/635T24R	d	400	150	150 (60)	225
	UD400B205/560H28R[2]	a	340	140	140 (50)	210
	UD400B205/650H28R[2]	a	400	150	150 (60)	225
	UD400B205/615D28R[2]	c	400	150	150 (60)	225
	UD400B205/650T28R[2]	d	400	150	150 (60)	225
	UD420B205/560H28R[2]	a	340	140	140 (50)	210
	UD420B205/650H28R[2]	a	400	150	150 (60)	225
	UD420B205/615D28R[2]	c	400	150	150 (60)	225
	UD420B205/650T28R[2]	d	400	150	150 (60)	225
	UD530B240/635H32R[2]	a	380	150	150 (60)	225
	UD530B240/700H32R[2]	b	400	150	150 (60)	225
	UD530B240/600D32R[2]	c	420	150	150 (60)	225
	UD530B240/635T32R[2]	d	400	150	150 (60)	225
	UD550B240/635H32R[2]	a	380	150	150 (60)	225
	UD550B240/700H32R[2]	b	400	150	150 (60)	225
	UD550B240/600D32R[2]	c	420	150	150 (60)	225
	UD550B240/635T32R[2]	d	400	150	150 (60)	225

表 C.1（续）

绝缘子型号[1]		图号[3]	公称盘径 mm	雷电冲击干耐受电压 kV ≥	正极性直流干(湿)耐受电压 kV ≥	SF_6 击穿耐受电压 kV ≥
玻璃绝缘子	UDG160B170/550H20R	a	330	140	140 (55)	210
	UDG210B170/550H20R	a	330	140	140 (55)	210
	UDG300B195/550H24R	a	340	140	140 (55)	210
	UDG300B195/635H24R	a,b	390	150	150 (60)	225
	UDG300B195/690H24R	a	400	170	170 (65)	255
	UDG400B205/550H28R[2]	b	360	140	150 (60)	225
	UDG400B205/620H28R[2]	b	380	150	150 (60)	225
	UDG420B205/550H28R[2]	b	360	140	150 (60)	225
	UDG420B205/620H28R[2]	b	380	150	150 (60)	225
	UDG530B240/620H32R[2]	b	360	140	160 (65)	240
	UDG530B240/635H32R[2]	b	360	140	160 (65)	240
	UDG530B240/650H32R[2]	b	390	140	160 (70)	240
	UDG530B240/710H32R[2]	b	390	150	160 (70)	240
	UDG550B240/620H32R[2]	b	360	140	160 (65)	240
	UDG550B240/635H32R[2]	b	360	140	160 (65)	240
	UDG550B240/650H32R[2]	b	390	140	160 (70)	240
	UDG550B240/710H32R[2]	b	390	150	160 (70)	240

[1] 型号按照 JB/T 9683—2012 给出的规则编制：UD——直流盘形悬式瓷绝缘子，UDG——直流盘形悬式玻璃绝缘子；UD 或 UDG 后面的数字——规定机电(械)破坏负荷 kN；B—球头球窝联接(如果是槽形连接，将 B 改写为 C)；结构高度/公称爬电距离，单位均为 mm；爬电距离后面的字母——伞形，其中 H 代表钟罩形伞，D 代表双伞形伞，T 代表三伞形伞；×R——×联接标记 R 销。

[2] 在实际生产中，规定机电(械)破坏负荷分别为 400 kN 和 420 kN 或 530 kN 和 550 kN 且其他参数相同的产品是同一产品，不同之处在于前者属相关国家标准中给出的标准机械强度等级，机电(械)负荷试验时按 400 kN 或 530 kN 考核，后者在我国实际使用较多，机电(械)负荷试验时按 420 kN 或 550 kN 考核。

[3] 见图 C.1。

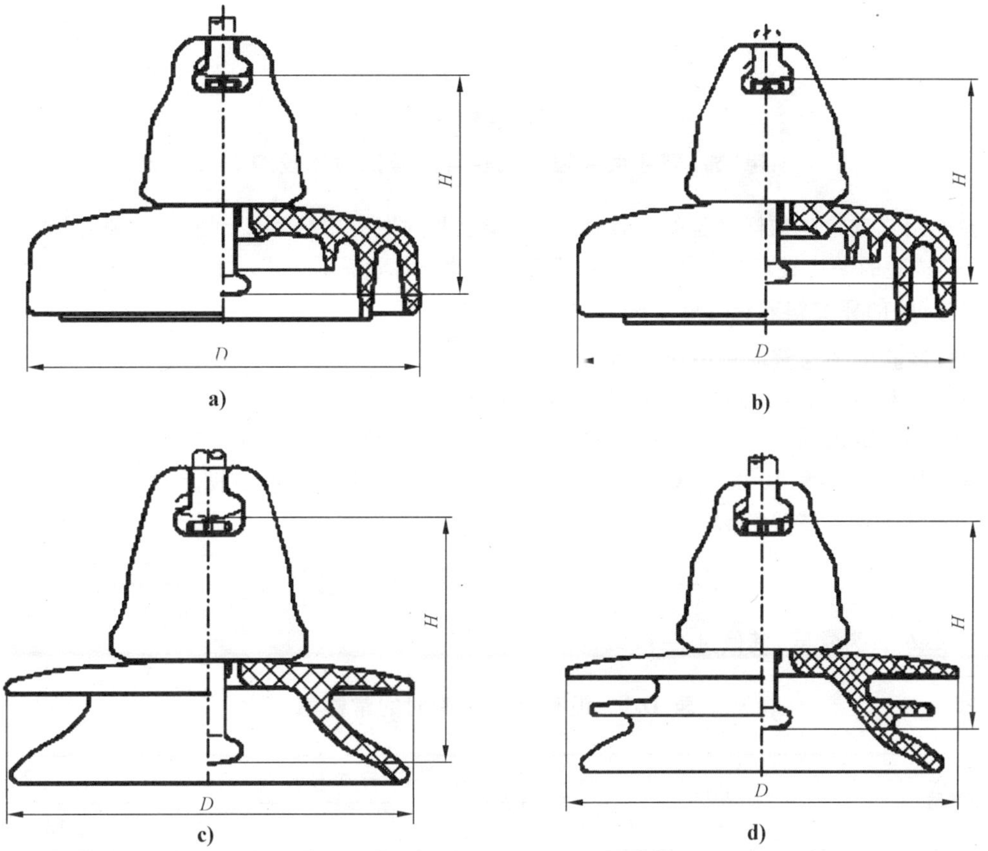

图 C.1

附 录 D
（资料性附录）
机电(械)破坏负荷型式试验与抽样试验比较的方法

为了验证型式试验和抽样试验的一致性，应比较这两种试验中分别得到的平均值和标准偏差。

$\overline{X}_1$：抽样试验的平均破坏负荷；$\overline{X}_2$：重复试验的平均破坏负荷；

σ_1：抽样试验的标准偏差；σ_2：重复试验的标准偏差；

$\overline{X}_T$：型式试验的平均破坏负荷；σ_T：型式试验的标准偏差。

注：当计算标准偏差时，应注意它是样本的标准偏差，其分母是 $n-1$。

如果下面给出的关系式[式(D.1)和式(D.2)]得到满足，说明绝缘子以高概率(95%)属于同一类型。该关系式基于样本大小为 10 的型式试验。不符合该关系式的不应导致拒收。比较方法如下：

——对于没有重复试验的情况

$$|\overline{X}_T-\overline{X}_1|\leqslant a\cdot\sqrt{(\sigma_T^2+b\cdot\sigma_1^2)}\ ，且\frac{\sigma_1}{\sigma_T}<c \qquad \text{(D.1)}$$

式中的 a、b、c 为常数，其值见表 D.1。

表 D.1 没有重复试验时的常数值

常数	E1 样本大小		
	4	8	12
a	1.12	0.75	0.60
b	0.33	0.78	1.22
c	1.97	1.81	1.76

——对于有重复试验的情况

$$|\overline{X}_T-\overline{X}_2|\leqslant a\cdot\sqrt{(\sigma_T^2+b\cdot\sigma_2^2)}\ ，且\frac{\sigma_2}{\sigma_T}<c \qquad \text{(D.2)}$$

式中的 a、b、c 为常数，其值见表 D.2。

表 D.2 有重复试验时的常数值

常数	2×E1 样本大小		
	8	16	24
a	0.75	0.51	0.41
b	0.78	1.67	2.56
c	1.81	1.74	1.72

参 考 文 献

[1] GB/T 1001.2—2010 标准电压高于1 000 V的架空线路绝缘子 第2部分:交流系统用绝缘子串及绝缘子串组 定义、试验方法和接收准则

[2] GB/T 8411.1—2008 陶瓷和玻璃绝缘材料 第1部分:定义和分类

[3] GB/T 8411.3—2009 陶瓷和玻璃绝缘材料 第3部分:材料性能

[4] GB/T 24623—2009 高压绝缘子无线电干扰试验方法

[5] GB/T 26281.2—2012 污秽条件下使用的高压绝缘子的选择和尺寸确定 第2部分:交流系统用瓷和玻璃绝缘子

ICS 29.080.10
K 48

中华人民共和国国家标准

GB/T 20142—2006

标称电压高于1 000 V的交流架空线路用线路柱式复合绝缘子——定义、试验方法及接收准则

Composite line post insulators for a. c. overhead lines with a norminal voltage greater than 1 000 V—Definitions, test methods and acceptance criteria

(IEC 61952:2002 Insulators for overhead lines composite line post insulators for alternative current with a nominal voltage >1 000 V, MOD)

2006-03-06 发布　　2006-08-01 实施

中华人民共和国国家质量监督检验检疫总局
中国国家标准化管理委员会　发布

前　言

本标准修改采用 IEC 61952:2002《标称电压高于 1 000 V 的交流架空线路用线路柱式复合绝缘子》。

本标准依据 IEC 61952:2002 重新起草。

为了方便比较，在资料性附录 E 中列出了本标准条款与 IEC 61952:2002 标准条款的对照一览表。

考虑到我国实际情况，在采用 IEC 61952 时，本标准做了一些修改。这些技术性差异用垂直单线(|)标识在它们所涉及的条款的页边空白处。

附录 D 中给出了技术性差异及其原因一览表以供参考。

为了便于使用，本标准还做了下列编辑性修改：

a) “本国际标准”一词改为“本标准”；

b) 用小数点“.”代替作为小数点的逗号“,”；

c) 删除国际标准的前言。

本标准的附录 A、附录 B、附录 C、附录 D、附录 E 均为资料性附录。

本标准由中国电器工业协会提出。

本标准由全国绝缘子标准化技术委员会(SAC/TC 80)归口。

本标准起草单位：西安电瓷研究所、陕西省电力设计院。

本标准主要起草人：苏玫、魏劲容、曹生顺、姚君瑞。

本标准为第一次制定。

引 言

线路柱式复合绝缘子由承受机械负荷的实心圆柱体芯棒及外覆在芯棒上的弹性物外套构成，机械负荷通过端头金属附件传递到芯棒上。尽管有这些共同特点，但不同制造厂使用的材料和采用的结构仍可能不同。

一部分试验归在一起作为“设计试验”，这类试验对设计同一类的绝缘子仅需进行一次，其目的是剔除不适应于高电压用途的结构和材料。时间对线路柱式复合绝缘子及其部件(芯棒材料、外套材料、界面等)的机械和电气性能的影响已在规定的设计试验中考虑，以保证其在正常运行条件下有较为理想的寿命。

本标准采用的弯曲负荷下机械试验方法基于 CIGRE 的工作。这种方法使用了损伤限概念。损伤限是绝缘子开始出现损伤前能够达到的最大应力。附录 A 给出了本标准中使用的机械负荷及其试验的解释。

线路柱式复合绝缘子经常用于支撑结构，而线路的几何结构各不相同。规定能够覆盖大多数几何结构和负荷状况的通用试验非常困难，因而模拟支撑结构中复杂负荷的组合试验不在本标准考虑范围内。作为指导性意见，附录 B 解释了如何计算组合负荷在绝缘子上产生的弯矩。这种弯矩可以折算为用于设计的等效弯曲负荷或应力。

本标准没有规定压缩负荷试验。运行中作用在线路柱式复合绝缘子上的应力产生的机械负荷绝大多数为组合负荷。这些负荷会引起绝缘子挠曲。作用于已有挠曲的绝缘子上的压缩负荷产生的结果在很大程度上取决于已有的挠曲度。因为不可能在弯曲负荷试验前规定挠曲度，纯压缩负荷试验没有意义。

本标准不包括 GB/T 4585 规定的污秽试验，因为该标准规定的瓷绝缘子的试验方法对复合绝缘子的适用性尚未得到证实。对非瓷材料绝缘子的这种试验和运行经验没有关联。非瓷材料绝缘子污秽试验方法正在考虑中。

本标准中起痕和蚀损试验基于 GB/T 19519—2004《标称电压高于 1 000 V 的交流架空线路用复合绝缘子——定义、试验方法和验收准则》的规定。现在已经在研究制定一个适用于各种型式复合绝缘子起痕、蚀损和寿命试验的通用标准。因而在通用标准出版前，用严酷环境条件下的 1 000 h 交替试验规定作为临时措施。

对于用于严酷环境条件下的绝缘子，可以考虑附加的综合应力寿命试验(如 GB/T 19519—2004《标称电压高于 1 000 V 的交流架空线路用复合绝缘子——定义、试验方法和验收准则》附录 C 中的 5 000 h寿命试验)。CIGRE 和 IEC 目前正在研究具有代表性、重复性和再现性的寿命试验，并会出版导则。在此期间，建议规定这些试验的型式和参数时要特别慎重。

本标准没有考虑把电弧试验作为一种必须进行的试验。由于输电网络的结构和杆塔不同，以及电弧保护装置设计不同，试验参数多种多样，其值也有不同。金属附件设计中应考虑电弧产生的热效应。使用适当设计的电弧保护装置能够避免由短路电流大小和持续时间引起的金属附件严重损坏。然而，本标准不排斥经供需双方协议进行电弧试验的可能性。IEC 61467 给出了绝缘子电弧试验的细节。

本标准没有规定无线电干扰和电晕试验，因为这两项性能不单纯是绝缘子的特性。

本标准目前没有涉及用空心管作为芯棒的线路柱式复合绝缘子。IEC 61462 给出了空心管复合绝缘子试验的细节，其中的许多试验能够用于用空心管作为芯棒的线路柱式复合绝缘子。

本标准没有涉及扭转负荷，因为在使用线路柱式复合绝缘子的结构中扭转负荷通常忽略不计。出现高扭转负荷的特殊使用场合不属于本标准的考虑范围。

标称电压高于 1 000 V 的交流架空线路用线路柱式复合绝缘子——定义、试验方法及接收准则

1 范围和目的

本标准适用于线路柱式复合绝缘子，该绝缘子由圆柱体绝缘芯棒、外套和端部附件构成。芯棒承受负荷，由树脂浸渍玻璃纤维制成，外套由弹性材料（如硅橡胶或乙丙橡胶）制成，端头附件永久固定于绝缘子芯棒上。

本标准所述的线路柱式复合绝缘子用来支撑线路导体时承受弯曲、拉伸和压缩负荷。

适用于标称电压高于 1 000 V、频率不高于 100 Hz 的交流架空线路。

本标准的目的是：

——定义所用的术语；

——规定试验方法；

——规定接收或不合格准则。

本标准不包含特殊运行条件下选用绝缘子的要求。

2 规范性引用文件

下列文件中的条款通过本标准的引用而成为本标准的条款。凡是注日期的引用文件，其随后所有的修改单（不包括勘误的内容）或修订版均不适用于本标准，然而，鼓励根据本标准达成协议的各方研究是否可使用这些文件的最新版本。凡是不注日期的引用文件，其最新版本适用于本标准。

GB/T 531—1999 橡胶袖珍硬度计硬度试验方法(idt ISO 7619:1986)

GB/T 1001.1—2003 标称电压高于 1 000 V 的架空线路绝缘子 第 1 部分:交流系统用瓷或玻璃绝缘子元件 定义、试验方法和判定准则(IEC 60383-1:1993,MOD)

GB/T 3505—2000 产品几何技术规范 表面结构 轮廓法 表面结构的术语、定义及参数(eqv ISO 4287:1997)

GB/T 5169.16—2002 电工电子产品着火危险试验 第 16 部分:50 W 水平与垂直火焰试验方法(IEC 60695-11-10:1999,IDT)

GB/T 6062—2002 产品几何量技术规范(GPS)表面结构 轮廓法 接触(触针)式仪器的标称特性(eqv ISO 3274:1996)

GB/T 6553—2003 评定在严酷环境条件下使用的电气绝缘材料耐漏电起痕性和耐电蚀损的试验方(IEC 60587:1984,IDT)

GB/T 16422.1—1996 塑料实验室光源暴露试验方法 第 1 部分:通则(eqv ISO 4892-1:1994)

GB/T 16422.2—1999 塑料实验室光源暴露试验方法 第 2 部分:氙弧灯(idt ISO 4892-2:1994)

GB/T 16422.3—1999 塑料实验室光源暴露试验方法 第 3 部分:荧光紫外灯(eqv ISO 4892-3:1994)

GB/T 16927.1—1997 高电压试验技术 第 1 部分:一般定义和试验要求(eqv IEC 60060-1:1989)

IEC 60383-2:1993 标称电压高于 1 000 V 的架空线路用绝缘子 第 2 部分:交流系统用绝缘子串

和绝缘子组——定义、试验方法和判定准则

ISO 3452(所有部分):1984 非破坏性试验——渗透试验

3 术语和定义

下列术语和定义适用于本标准。

3.1

线路柱式复合绝缘子(或线路柱式合成绝缘子) composite line post insulator

由承受负荷的圆柱体实心绝缘芯棒、外套和固定在绝缘芯棒上的端头附件构成的绝缘子,用于承受弯曲、拉伸和压缩负荷。

3.2

芯棒 core

线路柱式复合绝缘子的内绝缘件,用来保证绝缘子的机械性能。芯棒通常由树脂浸渍玻璃纤维制成。

3.3

外套 housing

线路柱式复合绝缘子的外绝缘件,用来提供必要的爬电距离,并保护芯棒免受环境侵蚀。用绝缘材料制成的中间护套可以是外套的一部分。

3.4

外套形状 housing profile

外套的形状和尺寸包括:

——伞伸出;

——伞根厚度和伞边缘厚度;

——伞间距;

——伞交替形式;

——伞倾角。

3.5

伞 shed

外套上伸出部分,用于增大爬电距离。

3.6

界面 interface

不同材料间的表面。大多数线路柱式复合绝缘子中存在各种界面。如:

——玻璃纤维和浸渍树脂之间;

——芯棒和外套之间;

——外套各部件之间,如伞与伞或伞与护套之间;

——外套、芯棒和端头附件相互之间。

3.7

线路柱式复合绝缘子的端头附件 end fittings of a composite line post insulator

构成绝缘子的部件装置,用于将绝缘子联接到支持构件或金属导体上。通常出现最大弯曲应力的端头附件为线路柱式复合绝缘子的底部端头附件。

3.8

接合区 connection zone

芯棒和端头附件间传递机械负荷的区域。

3.9

联接区　coupling zone

端头附件将机械负荷从外部构件传递到线路柱式复合绝缘子上的区域。

3.10

起痕　tracking

起痕是由于在绝缘材料的表面上形成通道并且发展而形成的一种不可逆的劣化现象。这种通道甚至在干燥状态下也导电。起痕可以产生在与空气相接触的表面上，也可以产生在不同绝缘材料间的界面上。

3.11

蚀损　erosion

蚀损是由于在绝缘子表面出现材料损失而形成的非导电性不可逆的劣化现象。蚀损可能是均匀的，也可能是局部的或树枝状的。

注：线路柱式复合绝缘子如同瓷绝缘子那样，局部闪络后通常会出现轻微的树枝状痕迹。这种痕迹只要不导电就无关紧要，若导电即属于起痕。

3.12

芯棒剥层　delamination of the core

肉眼观察得到的纤维间的剥离。

3.13

开裂　crack

深度超过 0.1 mm 的任何内部或表面裂纹。

3.14

额定弯曲负荷(SCL)　specified cantilever load(SCL)

在规定试验条件下绝缘子能够耐受的施加在线路端头附件上的弯曲负荷，其值由绝缘子制造商规定。

3.15

最大设计弯曲负荷(MDCL)　maximum design cantilever load(MDCL)

芯棒将要出现损伤的弯曲负荷值，运行负荷不应超过此值，其值和负荷加载方向由绝缘子制造商规定。

3.16

额定拉伸负荷(STL)　specified tensile load(STL)

在规定试验条件下绝缘子能够耐受的拉伸负荷，其值由绝缘子制造商规定。

3.17

线路柱式复合绝缘子的破坏负荷　failing load of a composite line post insulator

在规定试验条件下绝缘子能够耐受的最大负荷。

注：在低于绝缘子的破坏负荷下芯棒就可能会出现损伤。

4　标志

绝缘子制造商应在图样上标明相关尺寸和公差，以及按照本标准检查和试验时必要的参数值，同时应标明相应标准规定的型号。

每一个绝缘子上均应标出绝缘子的制造商名称或商标、制造年份、MDCL 或相应标准规定的型号。这些标志应清晰牢固，不易脱落。

注：目前尚无标准规定线路柱式复合绝缘子的型号。

5 试验分类

试验分为下面四组：

5.1 设计试验

设计试验是用来验证绝缘子的设计、材料和制造方法(工艺)是否适宜。线路柱式复合绝缘子的设计由以下因素确定：

——芯棒和外套材料，以及制造方法；

——端头附件材料，以及其结构和固定方法；

——芯棒上外套层厚度(如有，则包括护套)；

——芯棒直径。

当设计变化时，应按表1规定重新验证。

某一类线路柱式复合绝缘子进行设计试验后，其试验结果即可以代表具有下列特性同类绝缘子的设计试验，对整个这类绝缘子有效，附录C介绍了设计试验分类的概念。

a) 芯棒和外套材料相同，并且制造方法相同；

b) 端头附件材料、结构相同，并且固定方式相同；

c) 芯棒上外套最小厚度(如有护套，则包括其厚度)相同，差别在±15%范围内或较大；

d) 各种机械负荷和附件之间芯棒最小直径之比相同或较小；

e) 芯棒直径相同或较大；

f) 外套形状相同，各参数差别在±15%范围内，但伞间距在±25%范围内。

5.2 型式试验

型式试验的目的是验证线路柱式复合绝缘子的主要特性，而这些特性又主要取决于绝缘子的形状和尺寸。型式试验应对已通过设计试验的绝缘子进行。仅当线路柱式复合绝缘子的型式(绝缘子的型式详见第7章)有变化时，才重新进行型式试验。

5.3 抽样试验

抽样试验的目的是验证线路柱式复合绝缘子由制造质量和所用材料决定的特性。样品应从提交验收的批中随机抽取。

表1 设计变化后要重新进行的试验

设计变化因素		重新进行的设计试验项目							
		6.2	6.3	6.4.1	6.4.2	6.4.3	6.4.4	6.5.1	6.5.2
		界面和端头附件接合区	装配附件的芯棒负荷试验	硬度试验	加速气候试验	起痕和蚀损试验	可燃性试验	染料渗透试验	水扩散试验
1	外套材料	×		×	×	×	×		
2	外套形状[a]	×[b]				×			
3	芯棒材料	×	×					×	×
4	芯棒直径	×	×					×	×
5	制造方法	×	×	×	×	×		×	×
6	端头附件材料	×	×						
7a	端头附件接合区设计	×	×						
7b	底部端头附件联接区设计		×						

表 1（续）

设计变化因素		重新进行的设计试验项目							
		6.2	6.3	6.4.1	6.4.2	6.4.3	6.4.4	6.5.1	6.5.2
		界面和端头附件接合区	装配附件的芯棒负荷试验	硬度试验	加速气候试验	起痕和蚀损试验	可燃性试验	染料渗透试验	水扩散试验
7c	芯棒、外套和端头附件间界面设计	×							
8	端头附件和芯棒的联接方法	×	×						

[a] 在下列范围内外套形状的变化不认为存在差别：

伞伸出：±15%；

直径：$^{+15\%}_{0}$；

伞根厚和伞尖厚：±15%；

伞间距：±25%；

平均伞倾角：±3%；

伞交替形式：相同。

[b] 6.2.2.1 和 6.2.3.3 不重新试验。

5.4 逐个试验

逐个试验的目的是剔除存在制造缺陷的线路柱式复合绝缘子，应对提供的每个绝缘子进行。

6 设计试验

6.1 总则

设计试验仅进行一次，并将结果记录在试验报告中。试验的每一部分可以独立地在适当的新试品上进行。仅当所有绝缘子或试品通过全部设计试验项目时，该特定设计的线路柱式复合绝缘子才被认为通过了设计试验。

6.2 界面和端头附件联接试验

6.2.1 试品

本组试验在选取的四只完整绝缘子上进行，其中一只保留作为本标准 6.2.3.3 干工频电压试验的参考绝缘子。绝缘子两附件间距离至少应为芯棒直径的 15 倍。

如果制造商的设备能力仅能生产短于芯棒直径 15 倍的绝缘子，设计试验可以对现有绝缘子进行，但试验结果仅对被试长度及以下的绝缘子有效。

如果所选绝缘子未经逐个试验，应首先对其进行外观检查，核对其与图样的符合性，并按本标准9.1 进行逐个拉伸机械负荷试验。

6.2.2 预应力

按下列顺序给三只试品施加预应力。

6.2.2.1 热机试验

三只试品应经受两个方向相反的机械负荷和温度循环，如图 1 所示。24 h 温度循环应重复两次。每个温度循环包含+50℃±5 K 和−35℃±5 K 两个温度水平，在每个温度水平至少应分别持续 8 h。低温期温度应至少比高温期实际温度低 85 K。试验可以在空气中或在其他适宜的介质中进行。

施加的负荷对应于绝缘子的 MDCL 值。

该负荷的施加点应垂直于绝缘子的轴线，并尽可能接近运行负荷的施加点，即直接在运行导体的位置施加或在附件固定点施加。如果负荷施加点不在上述位置，应对施加负荷进行校正，以使绝缘子底部产生与在上述负荷点施加 MDCL 同样的弯矩。试验中施加于试品的弯曲负荷的方向应反转一次，一般在第一循环完成后，冷却经过环境温度时反转，如图 1 所示。

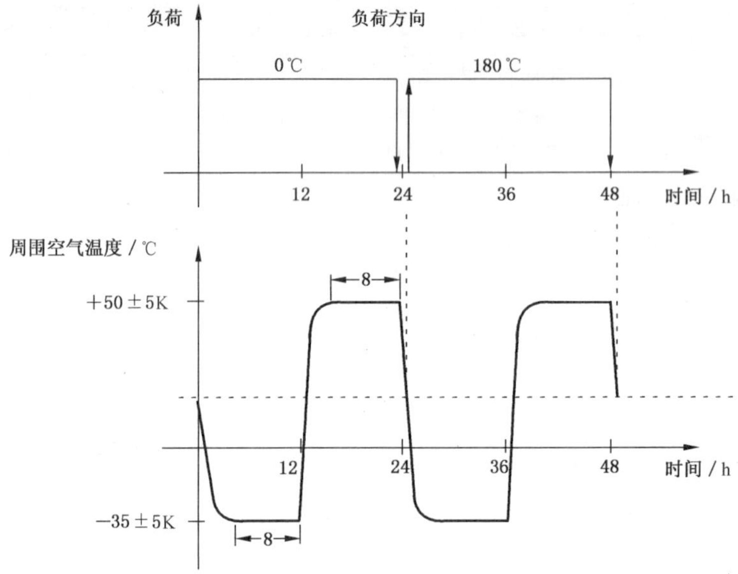

图 1　热机械预应力试验——典型循环

根据负荷方向反转和试验设备维护的需要，本试验可以中断，但总持续时间不超过 2 h。任一次中断后，试验都应从该中断循环的起点重新开始。

注：本试验中的温度和负荷并不代表运行条件，其目的是在绝缘子的各界面上产生特定的可再现的应力。

6.2.2.2　水煮试验

试品应浸入在沸腾的含有 0.1%(重量)NaCl 的去离子水中保持 42 h。去离子水也可以用自来水代替，加盐使溶液电导率在 20℃～25℃时达到 1 650 μS/cm±50 μS/cm。

沸腾结束后允许试品冷却，但应将其保持在水中，直到按下列次序进行的验证试验开始。如果在这期间需要运输，则应将湿润的绝缘子放置在密封塑料袋或其他适宜的容器中，但最长不超过 12 h。

6.2.3　验证试验

本标准 6.2.3.1、6.2.3.2 和 6.2.3.3 规定的各项试验间的时间间隔应能保证这些试验在 48 h 内完成。

6.2.3.1　外观检查

对每只试品的外套进行外观检查，不允许有开裂。

6.2.3.2　陡波前冲击电压试验

6.2.3.2.1　试验程序

在试品上安置电极(电极由卡箍构成，例如可由大约 20 mm 宽、厚度不超过 1 mm 的窄铜条制成)。此电极应牢固地紧绕在伞与伞之间的外套上，使绝缘子形成沿轴向长约 500 mm 或较小的区段。若绝缘子两端头附件间的距离小于或等于 500 mm，试验电压应施加在两端头金属附件上。

将陡度为 1 000 kV/μs～1 500 kV/μs 冲击电压施加于两个相邻的电极之间或端头附件和其相邻的电极之间，每区段应承受正负极性冲击各 25 次。

6.2.3.2.2　判定准则

每次冲击都应在两电极间发生外部闪络。绝缘子的任何部分都不应出现击穿。检查时应卸除所用的电极。

6.2.3.3　干工频电压试验

6.2.3.3.1　试验程序

测取每只试品的干工频闪络电压值 5 次，取其 5 次的算术平均值作为该只试品的干工频闪络电压值。该值应按 GB/T 16927.1—1997 校正到标准大气条件。试验时电压在 1 min 内线性地从零升到闪络。

用同样方法测定另外一只参考绝缘子的闪络电压作为基准闪络电压。试验后应使三只试品和参考绝缘子均与环境达到热平衡。

然后,三只试品和参考绝缘子均在 80%基准闪络电压下连续耐受 30 min。卸除电压后立即测量绝缘子的杆体温度。

6.2.3.3.2 判定准则

三只被试绝缘子的闪络电压值均应大于或等于基准闪络电压值的 90%。被试绝缘子任何部分均不应发生击穿,并且其杆体温度相对于参考绝缘子之差小于 10 K。

6.3 装配后的芯棒负荷试验

6.3.1 最大设计弯曲负荷(MDCL)验证试验

6.3.1.1 试品和试验程序

选取三只在生产线上制造并使用标准附件的绝缘子。如果制造商的设备能力允许,绝缘子的总长应为芯棒直径的 15 倍至 18 倍,否则应尽可能接近前述长度范围。绝缘子如果没有经过逐个试验,应依照图样进行外观检查,并依据 9.1 进行拉伸负荷试验。

绝缘子应在 20℃±10 K 温度下平缓加载到 1.1 倍 MDCL,并在此负荷下保持 96 h。负荷应施加于绝缘子导线安装位置,并垂直于导线延伸方向和绝缘子芯棒。

卸除负荷后,应按下列步骤检查:

——目测检查底部端头附件是否开裂或出现永久变形;

——检查底部端头附件的螺栓是否可以继续使用。

在离底部端头附件约 50 mm 处沿与芯棒轴线成 90°方向切断每只绝缘子,然后在前述施加弯曲负荷方向线与绝缘子轴线组成的平面上把底部端头附件沿轴向切成两半。切割面应用 180 目的细纱布打磨光滑。

——观测切开的两半是否有开裂和剥离;

——按照 ISO 3452:1984 对切开的两个表面进行染料渗透试验,以检查其是否开裂。

6.3.1.2 判定准则

本标准 6.3.1.1 各项中任意一项不符合均应判为不合格。

6.3.2 拉伸负荷试验

6.3.2.1 试验程序

选取三只在生产线上制造并使用标准端头附件的绝缘子。绝缘子如果没有经过逐个试验,应依照图样进行外观检查,并依据本标准 9.1 进行拉伸负荷试验。

拉伸负荷的施加方向应与绝缘子芯棒轴线一致,并施加于运行中导体固定点或接近于运行中导体固定点。负荷首先应迅速平稳地从零增加到约 75%STL,然后在 30 s～90 s 内平缓地增加,直至达到 STL。如果所用时间不足 90 s,则应保持负荷至达到 90 s。

6.3.2.2 判定准则

如果没有出现下列情况,则本试验合格:

——芯棒从端头附件中拉出;

——端头附件破坏。

6.4 伞裙和外套材料试验

6.4.1 硬度试验

6.4.1.1 试验程序

两片同一尺寸的外套材料试样分别从两只绝缘子外套上裁取,其尺寸、形状和厚度应适应于 GB/T 531—1999规定的硬度测量。如果伞形或厚度不适宜,试样可以专门制作,其制造工艺和参数应与绝缘子外套相同。

按 GB/T 531—1999 规定用邵尔 A 硬度计测量并记录两片试样的硬度，同时测量并记录环境温度。

然后，试样应浸没于本标准 6.2.2.2 定义的沸水中煮沸 42 h，煮沸时可以使用如图 2 所示的容器。

水煮后让试样冷却，并在 3 h 内再次测量其硬度，测量时的温度与煮沸前的差值不应超过±5 K。

6.4.1.2 **判定准则**

前后两次测量的两片试样的硬度值变化均不超过 20%。

6.4.2 **加速气候试验**

6.4.2.1 **试验程序**

从绝缘子上裁取三片和外套材料一致的试样（如果可能，其上应具有绝缘子的标记）进行试验。绝缘子外套应按下列试验方法之一经受 1 000 h 紫外光试验。如果所取外套上有标记，应将其直接曝露在紫外光下。

——氙弧法 按 GB/T 16422.2—1999：

- 无光源期方法 A，
- 标准喷射周期，
- 黑色板的温度为 65℃±3 K，
- 周围辐射度为 550 W/m^2。

——荧光紫外线法 按 GB/T 16422.2—1999：

- I 型荧光紫外灯，
- 曝光时间方法 2。

不允许无水试验。

6.4.2.2 **判定准则**

试验后伞裙或外套材料上的标记仍应清晰可辨，不允许有开裂和爆皮等表面劣化。

如对劣化判定有疑问，应测量每片试品的表面粗糙度各两次。裂纹的深度（R_z，按 GB/T 3505—2000 定义）测量，测量长度至少为 2.5 mm。R_z 不应超过 0.1 mm。

注：GB/T 6062—2002 给出了表面粗糙度测量的细节。

6.4.3 **起痕和蚀损试验**

6.4.3.1 **试品**

在生产线上制造两只爬电距离在 480 mm～690 mm 的试验用绝缘子。如果因生产线条件限制无法制得符合要求的试品，应从其他绝缘子上切割制取专门试品，以使试品的爬电距离值符合前述要求，并安装正常生产用的端头附件。

6.4.3.2 **试验程序**

本试验为在盐雾和恒定工频电压下限定时间的持续试验，施加电压值的千伏数用试品的爬电距离毫米数除以 34.6（相当于爬电比距 20 mm/kV）确定，其值在 14 kV～20 kV 范围内。试验应在潮湿密封的耐腐蚀雾室中进行。雾室容积不应超过 10 m^3，其上应设有不超过 80 cm^2 的排气孔。应用具有持续喷射能力的涡轮喷射器或室内加湿器作为喷雾装置。

试验时雾应充满雾室，但不能直接喷射到试品上，用 NaCl 和去离子水制备盐水供给喷雾装置，用试验变压器提供工频电压。当高压侧阻性电流负载为 250 mA（r.m.s.）时，试验回路的最大电压降不应超过 5%。

试验开始前应用去离子水把试品清洗干净。两只试品中，一只水平安装，另一只垂直安装。水平安装试品大约位于雾室高度一半的位置。试品与雾室顶部以及试品与雾室墙壁之间的净空距离分别至少为 200 mm 和 100 mm。

6.4.3.3 **试验条件**

试验持续时间：　　　　1 000 h（雾和电压）

水流速：　　　　　$(0.4\pm0.1)L/(m^3\cdot h)$

雾颗粒尺寸：　　　5 μm～10 μm

温度：　　　　　　20℃±5 K

水中 NaCl 含量：　$(10\pm0.5)kg/m^3$

水流的速率以升每小时每立方米试验室体积来定义。试验时不允许使用循环水。

为了检查试验情况，允许试验有几次中断，但每次中断不得超过 15 min，中断的时间不应计入试验时间。

6.4.3.4　判定准则

试验后如果无起痕、蚀损未腐蚀到玻璃纤维芯棒(目测看不到芯棒)、伞裙未击穿，则本试验通过。有关试验中闪络和跳闸的判定准则目前正在考虑中。

6.4.4　可燃性试验

本试验的目的是检查外套材料试样的点燃和自熄灭性能，试验试样和程序按 GB/T 5169.16—2002 规定。

6.4.4.1　试验程序

试验程序按 GB/T 5169.16—2002 试验方法 B——垂直燃烧试验进行。

6.4.4.2　判定准则

若试样属 V-0 类，则本试验通过。

6.5　芯棒材料试验

应进行下列试验，以检查芯棒材料的耐水渗透性能。

6.5.1　染料渗透试验

6.5.1.1　试验程序

在流动的冷水下从正常生产的绝缘子上锯取 10 只试样，锯取方向与芯棒轴线呈 90°，试样长度 10 mm±0.5 mm。试样切割面应用 180 目细砂布打磨光滑，两端面应平行且清洁。

在一玻璃容器中放置一层直径相同的钢球或玻璃球，球径 1 mm～2 mm。将试样按纤维垂直向上方向放置在球上，并将染色液倒入容器，液面应比球顶高 2 mm～3 mm。染色液为含 1%红色或紫罗兰色次甲基染料的酒精溶液。染色液会在毛细作用下穿过芯棒上升，测量染色液穿过试样的时间。

6.5.1.2　判定准则

染色液贯穿试样的时间应超过 15 min。

6.5.2　水扩散试验

6.5.2.1　试验程序

在流动的冷水下从正常生产的绝缘子上锯取 6 只试样，锯取方向与芯棒轴线呈 90°，试样长度 30 mm±0.5 mm。试样切割面应用 180 目细砂布打磨光滑，两端切面应是清洁和平行的。

6.5.2.2　预应力

试样的表面在煮沸前应先用乙醇和滤纸擦洗干净，然后将其置于含 0.1%NaCl(重量)的去离子水的玻璃容器中沸腾 100 h±0.5 h。

煮沸时一只芯棒材料的试样应用同一容器。玻璃容器示例见图 2。煮沸后应将试样从玻璃容器中取出，在室温下置于装满自来水的另一个玻璃容器中至少放置 15 min，并在从煮沸容器中取出后的 3 h 内完成耐压试验。

6.5.2.3　耐压试验

耐压试验应用图 3 所示装置 S 进行，试验用典型回路如图 4 所示。耐压试验前把试样从玻璃容器中取出，并立即用滤纸擦干。将试样分别置于两电极间，试验电压以约 1 kV/s 的速率上升到 12 kV，在此电压下持续 1 min，然后卸除电压到零。

尺寸单位为毫米

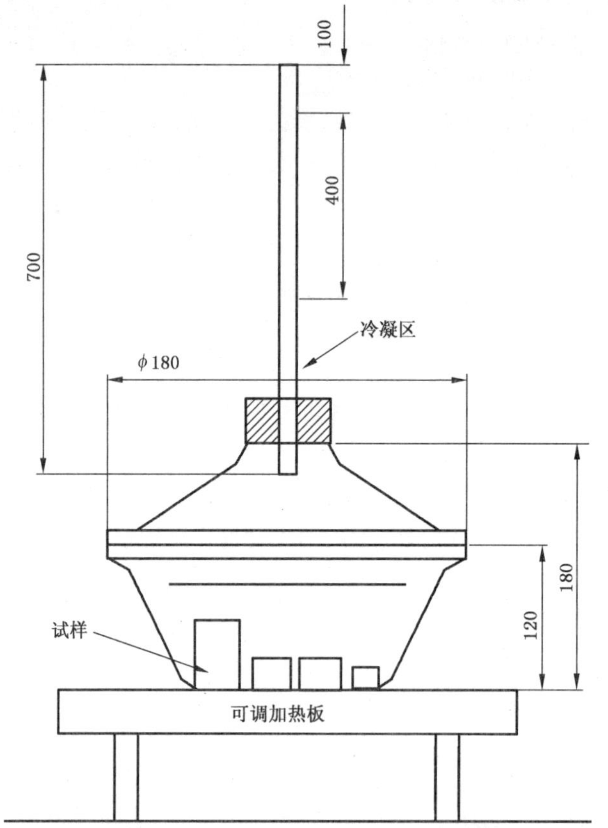

图 2 水扩散试验水煮用容器示例

尺寸单位为毫米

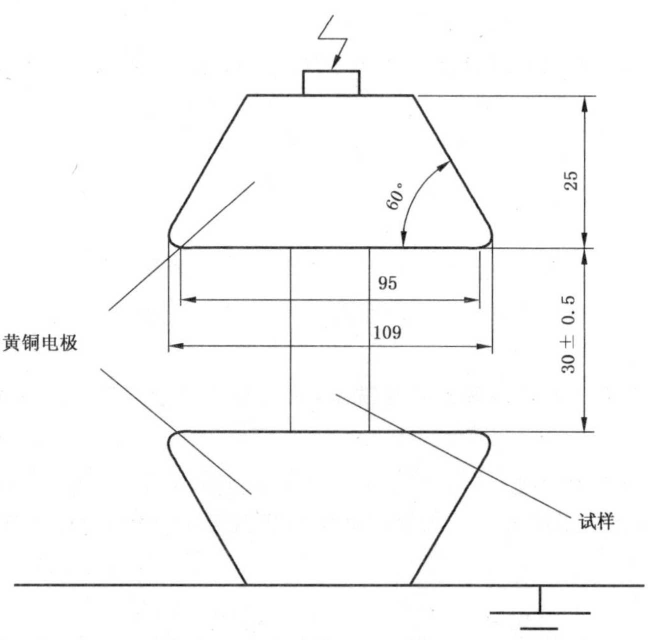

注：对于大直径试样，电极直径应增加到至少大于试样直径 25 mm。

图 3 耐压试验用电极

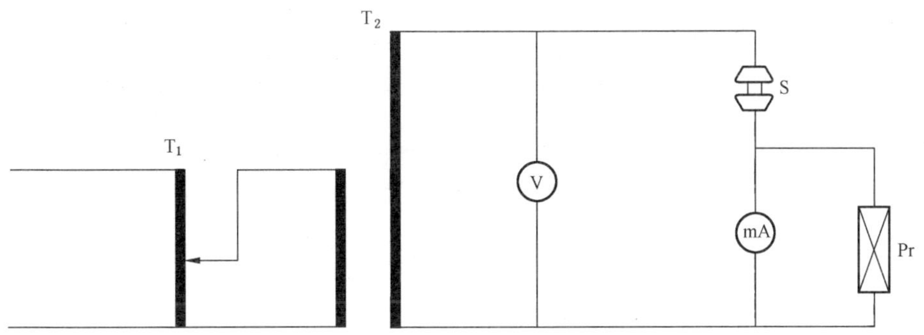

T_1——调压器；

T_2——高压试验变压器；

V——高电压测量装置；

mA——毫安表；

Pr——毫安表保护；

S——装有试样的电极。

图 4 耐压试验典型回路

6.5.2.4 **判定准则**

试验中不应出现击穿或表面闪络，电流不应超过 1 mA(r.m.s.)。

6.6 外套材料耐漏电起痕性和耐电蚀损试验

6.6.1 **试样**

试样可在进行了本标准 6.3.1 试验后的绝缘子(也可在正常生产线上的绝缘子)上按如下方法取得：

6.6.1.1 **裁取胶片**

在绝缘子较大伞裙上裁取胶片，胶片表面应没有或存在较小的划伤、凸起、凹坑、气泡、标记、修补痕迹等缺陷。胶片数量应不少于 5 片。

6.6.1.2 **修整胶片**

将胶片修整成长度不小于 60 mm，宽度 40 mm～50 mm，厚度 2 mm～6 mm 的形状，修整时应尽可能少地裁削胶片，并且进行厚度修整时只能对其一面(一般为倾斜角较大的一面)切削，胶片的边沿可以不是直线，但应在以上规定的范围内。

6.6.1.3 **压制试样**

将裁好的胶片放置于试样制备模具中，放置时应使胶片处于模具中间，未修面紧贴模具底面，然后均匀放置适量胶料(此胶料应与伞裙胶料相同或相近)，按混炼胶硫化工艺成型、制样，制备的试样表面应无裂痕，未修整表面中部不应有制样用胶料，必要时可在待试样亲和界面涂偶联剂。压制的试样尺寸应满足 GB/T 6553—2003 的要求。

6.6.2 **安装试样**

将未修整面按 GB/T 6553—2003 要求打磨处理。安装时，应将长度方向上裁取胶片较靠近底边的一端联接高压电极，且此电极应在未修整面上，上下电极间至少 65%的面积应为待试样。

6.6.3 **试验和试验结果判定**

试验方法和结果判定依据 GB/T 6553—2003，试验采用恒压法 A，耐受电压 4.5 kV，蚀损深度不应大于 2.5 mm。试验结果仅当蚀损区域在裁取的伞裙胶片内有效(蚀损深度大于 2.5 mm 的部分可以是制样用胶料），否则应重新补做该号试品。

注：如果绝缘子的外套裁取不到以上规格的胶片时，应采用正常生产使用的胶料，按正常生产的硫化条件制成符合GB/T 6553—2003规定的试样。

7 型式试验

从电气型式试验的角度看，绝缘子的型式由以下特性确定：

——电弧距离；

——爬电距离；

——外套形状。

满足上述特性条件的同一型式的绝缘子，其电气型式试验仅进行一次。如果引弧或均压装置是该型式绝缘子的必备部件，电气型式试验应在装有这些部件的绝缘子上进行。

仅当上述特性中有一项或多项变化时，电气型式试验才重新进行。

从机械型式试验的角度看，绝缘子的型式由以下特性确定：

——SCL；

——芯棒材料；

——芯棒直径；

——端头附件的固定方法；

——底部端头附件的联接区。

满足上述特性条件的同一型式的绝缘子，其机械型式试验仅进行一次。仅当上述特性中有一项或多项变化时，机械型式试验才重新进行。

绝缘子如果未经逐个试验，应对其进行外观检查，并按本标准7.1给定的公差检查其与图样的符合性。然后按本标准9.1进行逐个机械拉伸试验。

7.1 尺寸检查

除非另有规定，对没有标注公差的尺寸允许有下列公差：

若　$d \leqslant 300$ mm　　$\pm(0.04d+1.5)$mm

若　$d > 300$ mm　　$\pm(0.025d+6)$mm，最大不超过50 mm

式中：

d——尺寸，单位为毫米(mm)。

爬电距离测量以绝缘子图样设计尺寸及其规定的公差为准，即使其大于买方要求的爬电距离也是这样。如果买方规定了最小爬电距离，则负公差由该规定值确定。

7.2 电气试验

长度居中的绝缘子的电气试验结果可以用已有绝缘子电气试验的结果采用内插法获得，条件是只要作为试验结果内插法两端点的绝缘子电弧距离之比小于或等于1.5即可，不允许使用外插法。

电气试验时绝缘子的安装应尽可能接近绝缘子的实际运行情况，可以垂直或水平安装。绝缘子如果在运行中装有均压装置，试验时也应安装均压装置。

7.2.1 安装布置

7.2.1.1 垂直安装布置

绝缘子应按GB/T 1001.1—2003的规定安装。

7.2.1.2 水平安装布置

应将绝缘子水平安装在一个垂直于地面由槽钢制成的接地金属构架上。金属构架的宽度应约等于被试绝缘子底部的直径，高度至少等于被试绝缘子长度的两倍。绝缘子离地面的高度至少应为1 m或绝缘子长度的1.5倍，二者取其大者。绝缘子应安装在槽钢的平面侧。绝缘子如果设计有安装角，试验时应按该角度安装，而不应水平安装。在被试绝缘子1 m或其长度的1.5倍范围内不应有其他物体，二者取其大者。

把一根直径不小于13 mm并在两个方向上延伸至少两倍绝缘子长度的水平导体牢固地固定在超出绝缘子顶部伞裙的部位，以避免闪络在导体端头起始。如果绝缘子带有线夹，应将导体安装在线夹内，否则应采取适当措施用适宜的夹紧装置把导体固定到绝缘子上。

如果绝缘子端头部金具有线槽，应将导体放入线槽内，并用缠绕在导体上的金属丝将其固定。金属丝直径约2.5 mm，缠绕长度约两倍于上部伞裙直径，并向绝缘子两侧等量延伸。

湿试验时绝缘子的安装应使其轴线大约垂直于淋雨方向。

7.2.2 干雷电冲击耐受电压试验

该试验应按GB/T 1001.1—2003的规定进行。

7.2.3 湿工频电压试验

该试验应按GB/T 1001.1—2003的规定进行。

7.2.4 湿操作冲击耐受电压试验

该试验对$U_m \geqslant 300$ kV的绝缘子进行，电气试验按照GB/T 1001.1—2003规定安装布置，试验程序按照IEC 60383-2:1993进行。

7.3 机械试验

长度居中的绝缘子的机械试验结果可以用已有绝缘子机械试验的结果采用内插法获得，只要作为试验结果内插法两端点的绝缘子弯曲力臂之比小于或等于1.5即可。不允许使用外插法。

7.3.1 弯曲破坏负荷试验

本试验在20℃±10 K温度下进行，用于测定线路柱式复合绝缘子的破坏负荷。由于复合绝缘子挠曲变形大，所使用的设备应有足够的能力保证绝缘子破坏。

7.3.1.1 试品

应选择三只在生产线上制造，并使用常规底部端头附件的绝缘子。

7.3.1.2 试验程序

有必要使用特制螺栓或构件把底板牢固地固定在试验夹具上。弯曲负荷应迅速平稳地从零增加到约75%SCL，然后在30 s～300 s之间逐步增加到芯棒或端头附件出现破坏。其间应尽可能使施加负荷方向与未施加负荷时绝缘子的轴线方向保持垂直。弯曲破坏负荷是试验中测得的最大负荷。应在试验报告中记录破坏情况。

7.3.1.3 判定准则

三只试品的破坏负荷值均应大于SCL。

8 抽样试验

8.1 总则

抽样试验应抽取E1、E2两组样本，样本大小如表2所示。如果提交验收的绝缘子超过10 000只，应将其划分成几批，每批数量2 000只～10 000只，试验结果应分批评价。

样本应随机抽取，买方有权抽取，并对抽取的样本进行相应的抽样试验。

抽样试验包括：

——尺寸检查　　　(E1+E2)

——镀锌层试验　　(E1+E2)

——SCL验证　　　(E1)

如果抽样试验不合格，应采用本标准8.5的程序进行重复试验。仅当镀锌层试验采用磁力法时，抽样试验后只有样本E2的绝缘子可以在运行中使用。

表 2 按照批量抽取的样本大小

批量 N	样本大小	
	E1	E2
$N \leqslant 100$	协议	
$100 < N \leqslant 300$	2	1
$300 < N \leqslant 2\ 000$	4	3
$2\ 000 < N \leqslant 5\ 000$	8	4
$5\ 000 < N \leqslant 10\ 000$	12	6

8.2 尺寸检查(E1+E2)

尺寸检查应按图样规定的尺寸和公差进行。如果图样中未规定公差,则其公差应按本标准 7.1 的规定执行。

8.3 镀锌层试验(E1+E2)

试验应按 GB/T 1001.1—2003 对所有镀锌部件进行。

8.4 SCL 验证(E1)

8.4.1 试验程序

弯曲负荷应按规定方向施加在绝缘子的导体安装部位,并与绝缘子芯棒垂直。负荷应迅速平稳地从零增加到约 75%SCL,然后在 30 s～90 s 内逐步增加到 SCL。如果第二步加载过程不足 90 s,则应保持负荷至达到 90 s。

为了从试验中得到更多的信息,可以增大负荷直到芯棒或端头附件出现破坏,并记录破坏负荷值及破坏方式。

8.4.2 判定准则

如果在 SCL 下能够保持所要求的时间,则本试验通过。

8.5 重复试验程序

如果抽样试验中仅有一只绝缘子或附件不满足要求,可以进行重复试验。重复试验应包含初次试验时未通过的试验项目,抽取的样本大小为首次的两倍。

如果抽样试验中两只及两只以上绝缘子或附件不满足要求,或重复试验中任意一项不满足要求,则该批绝缘子不符合本标准,应由制造商收回。

若能清楚地识别失效原因,允许制造商对该批绝缘子进行精选,以剔除具有这种缺陷的绝缘子。经精选后的这批绝缘子可以再次提交试验,抽取的样本大小为首次的三倍。如果重复试验中有任一绝缘子不满足要求,则该批绝缘子不满足本标准。

9 逐个试验

9.1 拉伸负荷试验

每只绝缘子均应在环境温度下进行拉伸负荷试验,负荷值至少为 STL 的 50%或 5kN(二值中取其大者),持续时间至少 10 s,拉伸负荷应在正常联接位置施加。

芯棒不应从端头附件中部分或全部拉出,端头附件也不应出现开裂或变形。

9.2 外观检查

对每只绝缘子进行检查。绝缘件上端头附件的安装应符合图样要求。绝缘子的颜色应和图样规定大致相同。绝缘子的标志应符合本标准规定。

允许绝缘子表面上有下述缺陷:缺陷面积小于 25 mm^2(总缺陷面积不应超过绝缘子总面积的 0.2%),深度或高度小于 1 mm。

附 录 A
（资料性附录）
机械负荷及其试验的说明

本附录介绍了本标准要求的各种机械试验。

A.1 设计试验

对于某一类线路柱式复合绝缘子，最大设计弯曲应力或最大设计弯矩（通常用 MPa 或 N·m 表示）限制其悬臂负荷。芯棒和端头附件决定线路柱式复合绝缘子的类别，而每一类别中可以包含不同长度的绝缘子。

最大设计弯曲应力是绝缘子可以使用的最大弯曲应力，它对应于 MDCL。对于某一类线路柱式复合绝缘子，用 96h 弯曲负荷试验证明其能够经受最大设计弯曲应力而不损伤。这一试验（设计试验）对每一类绝缘子仅须选取一只具有代表性长度的绝缘子进行一次。

另外，拉伸负荷试验用来验证端头附件的设计及其固定方法。

A.2 型式试验

芯棒直径、绝缘子联接长度以及端头附件的固定方法从机械上确定了线路柱式复合绝缘子的型式。每一型式线路柱式复合绝缘子均以最大设计弯曲负荷（MDCL，以 kN 表示）表征，它通常由设计的 MDCL 验证试验用内插法获得，对于每种线路柱式复合绝缘子，表征的 MDCL 是使用负荷的极限。本标准不包含验证每一种绝缘子的 MDCL 的试验，因为这样一个型式试验费时且不经济。

弯曲破坏负荷用短时破坏负荷试验确定。本标准定义的破坏负荷值应高于额定弯曲负荷值。它是绝缘子的短时耐受强度，弯曲破坏负荷试验验证了在额定弯曲负荷下芯棒或端头附件没有损坏，尽管此时芯棒可能出现损伤。

A.3 抽样试验

短时弯曲负荷试验纳入抽样试验，以验证绝缘子的额定弯曲负荷（SCL）。本试验在批量生产并装有端头附件的完整绝缘子上进行，执行起来简单而且相对迅速。

A.4 逐个拉伸试验

本试验用来代替逐个弯曲试验。本试验可以验证部分生产中端头附件的固定工艺，这和对棒形悬式复合绝缘子进行的逐个拉伸试验相同。其理由是线路柱式复合绝缘子和瓷绝缘子不同之处在于不是用脆性材料制成的，用 MDCL 之下的任一负荷值进行逐个弯曲试验都不会得到有用的信息。

与悬式绝缘子不同，由于某些线路柱式复合绝缘子端头附件和安装底座的结构会使施加于绝缘子上的拉伸负荷不平衡，使得本试验较为困难。应仔细采取措施，保证负荷施加于绝缘子的轴线上。

附 录 B
（资料性附录）
组合负荷下等值弯矩的确定

B.1 引言

线路柱式复合绝缘子的标称值用其最大设计弯曲负荷(MDCL)表示。运行中水平绝缘子的弯曲负荷可能是由垂直负荷和水平负荷形成的组合负荷。除了这一弯曲负荷外，也可能存在轴向负荷(压缩或拉伸)。对应于这些负荷的弯矩不应超过对应于 MDCL 的弯矩。

线路柱式复合绝缘子也经常和拉伸支撑一起使用，以便能够支持更高的垂直负荷。这种结构中的线路柱式复合绝缘子通常上抬几度，垂直负荷会对线路柱式复合绝缘子产生压缩应力。

本附录其他条款给出了计算线路柱式复合绝缘子承受组合负荷时近似等值弯矩的信息，包括单独使用或作为支撑结构部件使用的情况。

计算时使用下列符号：

C、T、V、L	施加的压缩、拉伸、垂直、水平负荷(N)
P_p	在线路柱式复合绝缘子上产生的压缩负荷
P_b	在支撑部件上产生的拉伸负荷
M_C	压缩中在线路柱式复合绝缘子上产生的弯矩
M_T	拉伸中在线路柱式复合绝缘子上产生的弯矩
d	施加负荷点到底端金属附件顶端边缘的距离(m)
E	水平杨氏模量(Pa 或 Nm^{-2})
I	芯棒的惯性矩(m^4)（对直径为 D 的实心圆棒 $I=\pi d^4/64$）

注：杨氏模量和惯性矩(或芯棒实际直径)值由制造商提供。

B.2 最大允许弯矩：M_{max}

由线路柱式复合绝缘子的最大设计弯曲负荷导出其最大允许弯矩 M_{max} = MDCL × d，这一弯矩对应的最大应力对绝缘子芯棒不应产生任何损伤。

最大组合应力是由同时施加的弯曲和压缩(或拉伸)负荷导致的最大应力。运行中各种负荷的组合导致的弯矩应不大于 MDCL 导致的弯矩。

B.3 线路柱式复合绝缘子无支撑部件时的组合负荷

下列公式用于确定绝缘子承受单一或组合负荷时的弯矩。应当注意到这些公式的准确性取决于试验时的偏移量。弯矩越接近 MDCL，其准确度越小。也应该注意到即使施加负荷产生的弯矩对绝缘子处于可以接受的水平，也能导致在端头附件或其他附件上的应力处于危险应力水平。见图 B.1。

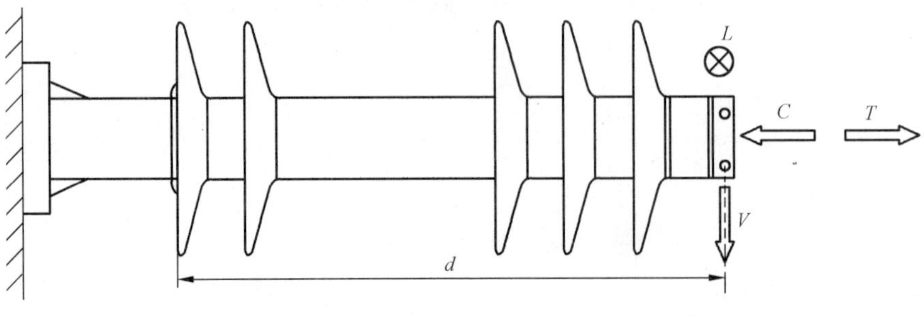

图 B.1 施加于无支撑绝缘子上的组合负荷

——水平绝缘子

运行中水平安装的绝缘子可能承受的负荷是垂直负荷(V)、水平负荷(L)、压缩负荷(C)或拉伸负荷(T)的组合,通常以垂直负荷为主,有时仅有垂直负荷。

a) 压缩状态

垂直负荷(V)和水平负荷(L)的合力对绝缘子施加一个弯曲负荷,压缩负荷(C)为施加于绝缘子头部并指向绝缘子底部的负荷。这三个力产生的弯矩由下式给出:

$$M_C = [(V^2 + L^2)EI/C]^{1/2}\tan[d(C/EI)^{1/2}]$$

使用中 M_C 不应超过 M_{max}。

b) 拉伸状态

垂直负荷(V)和水平负荷(L)的合力对绝缘子施加一个弯曲负荷,拉伸负荷(T)为施加于绝缘子头部并指向离开绝缘子底部的负荷。这三个力产生的弯矩由下式给出:

$$M_T = [(V^2 + L^2)EI/T]^{1/2}\tanh[d(T/EI)^{1/2}]$$

使用中 M_T 不应超过 M_{max}。

——垂直绝缘子

以上压缩状态的公式可以用于垂直安装的绝缘子,但此时应仔细考虑,采用适当的负荷值:垂直负荷是压缩负荷(C),负荷 V 和 L 是分别垂直于绝缘子轴线方向的负荷。

B.4 线路柱式复合绝缘子有支撑部件时的组合负荷

线路柱式复合绝缘子作为支撑部件时的弯矩可以通过公式计算确定,其负荷值和偏移都非常小。由于这样小的负荷对于确定绝缘子的工作负荷和使用负荷都没有意义,为了避免支撑绝缘结构设计中的错误,此处不再论述。

对于具有大偏移量有支撑线路柱式绝缘结构的设计和负荷确定,国际大电网会议(CIGRE)工作组目前正在开展有限元法计算的应用工作。一旦得到充分的信息,进行这种计算的导则将纳入本标准。

图 B.2 给出了规定有支撑线路柱式复合绝缘子组合负荷的一般性参考说明。

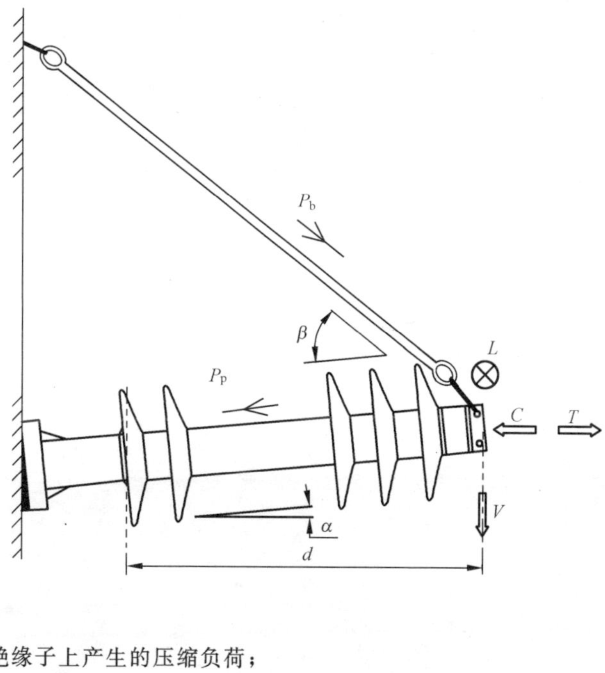

P_p——在线路柱式复合绝缘子上产生的压缩负荷;

P_b——在支撑部件上产生的拉伸负荷。

图 B.2 施加于有支撑绝缘子上的组合负荷

附　录　C
（资料性附录）
设计试验分类的说明

本标准第6章设计试验的目的是验证制造商所用设计、材料和制造工艺的适宜性。因其包含了确定在机械和电气应力下设计的固有和长期性能的各主要方面的研究，投入时间和成本是必要的。为了避免不必要的试验，可以应用以下两种方法。

a）　开发产品时允许对某些设计做出微小的变化，而不必每次都重复所有的设计试验。

b）　将绝缘子分为若干类别，选取每个类别中有代表性的绝缘子进行设计试验，验证试验对该类别中其余绝缘子有效。

本标准5.1表1给出了某一个设计类别中相对于参考绝缘子设计参数变化后要重新进行设计试验列表，注意表1给出了有关外形参数的差别范围。为改进或方便生产允许对模具或外形做小的改变。如果参考绝缘子产品的外形变化超出其相应的差别范围，应当重做适当的设计试验。

制造商应选取能满足设计试验的绝缘子，作为划分类别的参考。

本标准5.1中a)～f)给出确定一个设计类别的各个参数，这些参数不能和表1中的混淆。参考绝缘子的特性在试验报告中以公差形式反映，相对于参考绝缘子，绝缘子的特性参数如果在表1中给出的差别范围内，则属于该绝缘子类别。对于这样的绝缘子，不需要进行设计试验。

应注意到，表中公差为15%，伞间距为25%适用所有外形参数，因此给定类别的外形变化范围很大。

附　录　D
（资料性附录）
本标准条款与 IEC 61952:2002 技术性差异及其原因

表 D.1 给出了本标准与 IEC 61952:2002 的技术性差异。

表 D.1　本标准条款与 IEC 61952:2002 技术性差异及其原因一览表

本标准的条款号	技术性差异	原　　因
6.2.3.2.1	原文为： 将陡度为不小于 1 000 kV/μs 冲击电压 修改为： 将陡度为 1 000 kV/μs～1 500 kV/μs 冲击电压	陡度应该有范围，以便调整波形，同时较好保证批检的稳定性。
6.6	增加： 6.6　外套材料耐漏电起痕和电蚀性试验 6.6.1　试品 除芯棒材料试验试品外，设计试验试品的外套材料应相同。本项试验试品可在进行了 6.3.1 试验后的绝缘子（也可在正常生产线上的绝缘子）上按如下方法取得： 6.6.1.1　裁取胶片 在绝缘子较大伞群，裁取的胶片表面应没有或存在较小的划伤、凸起、凹坑、气泡、标记、修补痕迹等缺陷。胶片数量应不少于 5 片。 6.6.1.2　修整胶片 将胶片修整成不小于 60 mm，宽度 40 mm～50 mm，厚度 2 mm～6 mm的形状，修整时应尽可能少地裁削胶片，并且进行厚度修整时只能对一个伞面（一般为倾斜角较大的一面）切削，胶片的边沿可以不是直线，但应在以上规定的范围内。 6.6.1.3　压制试样 将裁好的胶片放置于试样制备模具中，放置时应保证待试样长度方向距模腔底边约 5 mm～10 mm，宽度方向应使试样放在中间，厚度方向将未修面紧贴模具底面，然后均匀放置适量胶料（此胶料应与伞群胶料相同或相近），按混炼胶硫化工艺成型、制样，制备的试样表面应无裂痕，未修整表面中部不应有制样用胶料，必要时可在待试样亲和界面涂偶联剂。 6.6.2　安装试样 将未修整面按 GB/T 6553—2003 要求打磨处理，安装时，应将长度方向中裁取胶片较靠近底边的一端联接在高压电极，且此电极应在修整面上，上下电极间至少 70%的面积应为待试样。 6.6.3　试验 试验方法和结果判定依据 GB/T 6553—2003，试验采用恒压法 A，耐受电压 4.5 kV，蚀损深度不应大于 2.5 mm。试验结果仅当蚀损区域在裁取的伞群胶料内有效（蚀损深度不大于 2.5 mm 的部分可以是制样用胶料），否则应重新补做该号试品。 注：如果绝缘子的外套裁取不到以上规格的胶片时，应采用正常生产使用的胶料，按正常生产的硫化条件制成符合 GB/T 6553—2003规定的试样。	1. 线路绝缘子外绝缘材料的实际使用环境较为严酷。IEC 61109的 5 000 h 老化试验条件尚不成熟，外套材料耐漏电起痕和蚀损试验较为简单适用。 2. 产品实际运行中，也曾因起痕和蚀损问题出现过运行故障。 3. 制备的试品真实反映胶料在正常产品生产工艺条件下的性能。

附　录　E
（资料性附录）
本标准条款与 IEC 61952 条款的对照一览表

表 E.1 给出了本标准条款与 IEC 61952 条款的对照一览表。

表 E.1　本标准条款与 IEC 61952 条款的对照一览表

本标准编号	对应的国际标准章编号	本标准编号	对应的国际标准章编号
1	1	6.2.2	6.2.2
2	2	6.2.2.1	6.2.2.1
3	3	6.2.2.2	6.2.2.2
3.1	3.1	6.2.3	6.2.3
3.2	3.2	6.2.3.1	6.2.3.1
3.3	3.3	6.2.3.2	6.3.2.2
3.4	3.4	6.2.3.2.1	6.3.2.2.1
3.5	3.5	6.2.3.2.2	6.3.2.2.2
3.6	3.6	6.2.3.3	6.2.3.3
3.7	3.7	6.2.3.3.1	6.2.3.3.1
3.8	3.8	6.2.3.3.2	6.2.3.3.2
3.9	3.9	6.3	6.3
3.10	3.10	6.3.1	6.3.1
3.11	3.11	6.3.1.1	6.3.1.1
3.12	3.12	6.3.1.2	6.3.1.2
3.13	3.13	6.3.2	6.3.2
3.14	3.14	6.3.2.1	6.3.2.1
3.15	3.15	6.3.2.2	6.3.2.2
3.16	3.16	6.4	6.4
3.17	3.17	6.4.1	6.4.1
4	4	6.4.1.1	6.4.1.1
5	5	6.4.1.2	6.4.1.2
5.1	5.1	6.4.2	6.4.2
5.2	5.2	6.4.2.1	6.4.2.1
5.3	5.3	6.4.2.2	6.4.2.2
5.4	5.4	6.4.3	6.4.3
6	6	6.4.3.1	6.4.3.1
6.1	6.1	6.4.3.2	6.4.3.2
6.2	6.2	6.4.3.3	6.4.3.3
6.2.1	6.2.1	6.4.3.4	6.4.3.4

表 E.1（续）

本标准编号	对应的国际标准章编号	本标准编号	对应的国际标准章编号
6.4.4	6.4.4	6.5.2	6.5.2
6.4.4.1	6.4.4.1	6.5.2.1	6.5.2.1
6.4.4.2	6.4.4.2	6.5.2.2	6.5.2.2
6.5	6.5	6.5.2.3	6.5.2.3
6.5.1	6.5.1	6.5.2.4	6.5.2.4
6.5.1.1	6.5.1.1	6.6	
6.5.1.2	6.5.1.2		

ICS 29.080.10
K 48

中华人民共和国国家标准

GB/T 20642—2006

高压线路绝缘子空气中冲击击穿试验

Impulse puncture tests in air on insulators for overhead lines

(IEC 61211:2004 Insulators of ceramic or glass material overhead lines with a nominal voltage greater than 1 000 V-impulse puncture tests in air,MOD)

2006-11-08 发布　　2007-05-01 实施

中华人民共和国国家质量监督检验检疫总局
中国国家标准化管理委员会　发布

前　言

本标准修改采用 IEC 61211:2004《电压高于 1 000 V 线路用瓷和玻璃绝缘子在空气中冲击击穿耐受试验》。

本标准与 IEC 61211:2004 的技术差异详见附录 C。这些差异用垂直单线(|)在它们所涉及的条款的页边空白处标识。

为便于使用,本标准还作了以下编辑性修改:

a) "本国际标准"一词改为"本标准";

b) 用小数点"."代替作为小数点的",";

c) 删除国际标准的前言;

d) 删除某些试品布置图,这些试品在国内从未出现过;

e) 某些章条作了变更,见附录 B。

本标准的附录 A、附录 B 和附录 C 是资料性附录。

本标准由中国电器工业协会提出。

本标准由全国绝缘子标准化技术委员会(SAC/TC 80)负责归口并负责解释。

本标准负责起草单位:中国电力科学研究院、西安电瓷研究所。

参加起草的单位:大连电瓷厂、NGK 唐山电瓷有限公司、自贡塞迪维尔钢化玻璃绝缘子有限公司、南京电气有限责任公司以及苏州电瓷厂等。

本标准主要起草人:王来、魏全才、朱斌、张继军。

高压线路绝缘子空气中冲击击穿试验

1 范围

本标准规定了电压高于1 000 V线路用瓷和玻璃绝缘子在空气中冲击击穿耐受试验的要求，包括盘形悬式绝缘子、针式绝缘子和可击穿型柱式绝缘子。其他形式的B型高压线路绝缘子也可参照使用。

2 规范性引用文件

下列文件中的条款通过本标准的引用而成为本标准的条款。凡是注明日期的引用文件，其随后所有的修改单(不包括勘误的内容)或修订版均不适用于本标准，然而，鼓励根据本标准达成协议的各方研究是否可使用这些文件的最新版本。凡是不注明日期的引用文件，其最新版本适用于本标准。

GB/T 1001.1 标称电压高于1 000 V的架空线路绝缘子 第1部分:交流系统用瓷或玻璃绝缘子元件 定义、试验方法和判定准则(GB/T 1001.1—2003,IEC 60383-1:1993,MOD)

GB/T 2900.8 电工术语 绝缘子

GB/T 2900.19 电工术语 高电压试验技术和绝缘配合(GB/T 2900.19—1994,neq IEC 60060-1)

GB/T 16896.1 高电压冲击测量仪器和软件 第一部分:对仪器的要求(GB/T 16896.1—2005,IEC 61083:2001,MOD)

GB/T 16927.1 高电压试验技术 第一部分:一般试验要求(GB/T 16927.1—1997,eqv IEC 60060-1:1989)

GB/T 16927.2 高电压试验技术 第二部分:测量系统(GB/T 16927.2—1997,eqv IEC 60060-2:1994)

3 术语和定义

GB/T 2900.8及GB/T 2900.19中确立的以及下列术语和定义适用于本标准的规定。

3.1

冲击击穿试验 impulse puncture test

检验绝缘子在空气中耐受一定幅值和次数的冲击电压的能力。试验中绝缘子若仅发生表面闪络而不发生绝缘件的击穿或损坏，则认为绝缘子通过了冲击击穿耐受试验。

3.2

试验电压 test voltage

在绝缘子上由冲击闪络电压决定的实际电压峰值。

3.3

冲击击穿电压 impulse puncture voltage

按本标准规定的绝缘子应能耐受的峰值电压。

4 试验要求

4.1 一般要求

除非另有规定，试验均应按GB/T 1001.1、GB/T 16927.1～16927.2进行。试验前，试品应擦拭干净，并与环境处于热平衡状态。

4.2 试品安装方式

4.2.1 盘形悬式绝缘子

盘形悬式绝缘子的铁帽朝下，置于一块尺寸不小于二倍绝缘子直径的接地金属板上，从接地金属板到绝缘子伞裙的距离应尽量小，但应防止伞裙至平板之间的直接闪络。在钢脚端，应安装一个相应的标准碗头，以避免钢脚周围水泥胶装区的电场强度过分集中。铁帽与接地金属板间可有两种连接方式，如图 1a)和 b)所示。分压器和冲击发生器的引线应与球状碗头的上端相连接，并注意避免引线和伞盘之间的空气间隙放电。槽形绝缘子可用类似的安装连接方式。

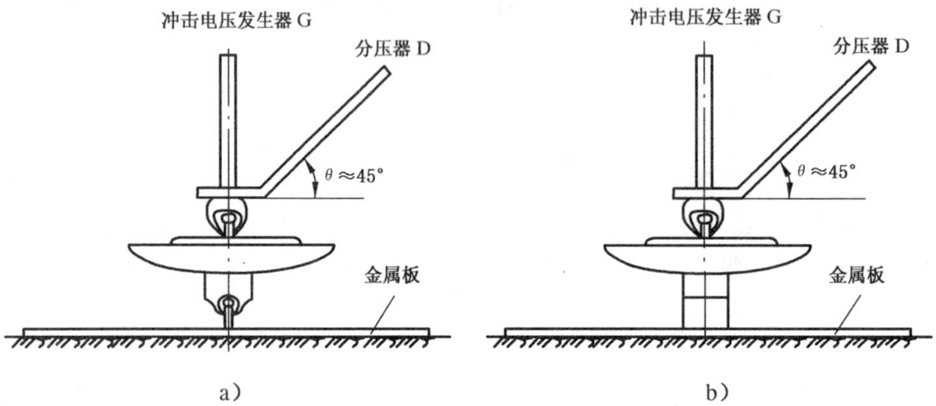

图 1 盘形悬式绝缘子的安装

4.2.2 针式和 B 型线路柱式绝缘子

针式绝缘子应安装在同一个水平、平直光滑的接地横担上，横担可用金属管或铁构件制成，直接放置在地面。横担宽度 b 应不小于 76 mm 且不大于 152 mm，长度 L 应不小于绝缘子结构高度 h 的 2 倍（包括钢脚在内）。根据针式绝缘子的种类，在支持横担上的安装方式有：

a) 绝缘件与横担不直接接触的绝缘子，试品应垂直、同轴安装在一直径为 25 mm 的钢脚上。钢脚长度应选择为：从绝缘子上电极和金属附件到横担的最短干弧距离应比到钢脚的最短干弧距离大 25%～50%。若绝缘件和钢脚是固定胶装的，则用原钢脚的安装方式，如图 2a)所示；

b) 绝缘件与横担直接接触的绝缘子，将绝缘子直接安装在横担上，如图 2b)所示；

c) B 型线路柱式绝缘子，应安装在一个水平接地的槽形金属结构中心的正上方，如图 3 所示。金属结构的宽度等于试品底部的直径，长度不小于试品高度的 2 倍。

对于顶部无金属线夹的针式和线路柱式绝缘子，可将一圆形金属弹簧放入侧线槽中。在顶部安装一块与侧线槽中弹簧接触良好的板条（或顶部有线槽时，则应嵌入顶部线槽）。这个接线板上应有两个端子，一个用于连接发生器回路，另一个接分压器系统。如果针式绝缘子和线路柱式绝缘子装有线夹，冲击电压发生器和分压器的引线必须装在线夹上，如图 3a)和 b)所示。

试品和分压器之间的接地回线应采用金属平板，也可采用 150 mm～200 mm 宽的铜带，这种铜带也可作为其他部位的接地回线。

4.3 试品数量

除相关产品标准已有明确规定、或供需双方另有约定外，试品数量按下面要求选取：

a) 型式试验：10 只；

b) 抽样试验：按产品标准抽样数量。

4.4 试验程序

盘形悬式绝缘子先施加正极性冲击 5 次，后施加负极性冲击 5 次，随后再施加正极性冲击 5 次和负极性冲击 5 次。相邻两次冲击的间隔时间为 1 min～2 min。

针式和可击穿型线路柱式绝缘子先施加负极性冲击 5 次，后施加正极性冲击 5 次，随后再施加负极性冲击 5 次和正极性冲击 5 次。相邻两次冲击的间隔时间为 1 min～2 min。

在冲击击穿试验中，若有一次电压低于规定值的允许范围，应补充 1 次冲击；若有一次电压高于规定值的允许范围，试验可继续进行。

在冲击击穿试验中，若有一次以上的冲击电压超过规定值允许范围，试验应停止。在试验电压调整后在新的样品上重新进行试验。

试验中应记录每次冲击电压的幅值。

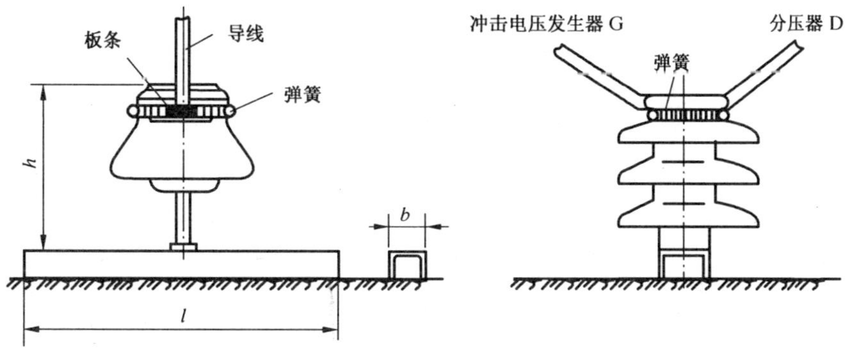

a)　　　　b)

图 2　针式绝缘子的安装

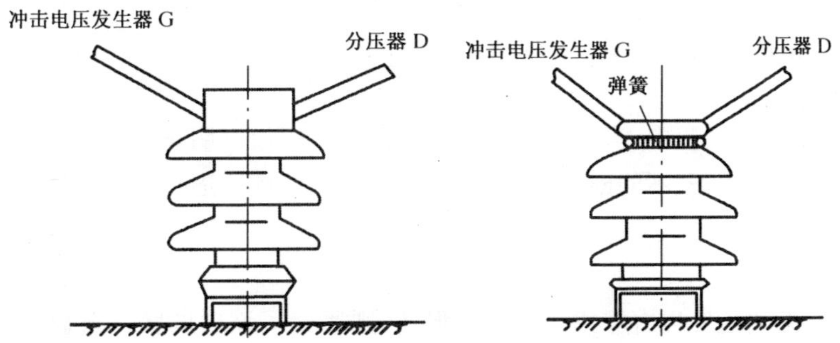

a)　　　　b)

图 3　B 型线路柱式绝缘子的安装

4.5　试验电压

4.5.1　试验电压的幅值

试验中，为通用起见，试验电压以标幺值(p. u.)来表示，即试验电压与单只绝缘子 U_{50} 的比值。U_{50} 为在标准大气条件和规定安装方式下绝缘子的雷电冲击 50%闪络电压，如图 4 所示。由于冲击击穿电压是绝缘子的一个规定特性，试验电压应不小于下面的规定值，并允许有＋10%的幅值偏差，或按供需双方的约定值进行。

绝缘子类型	试验电压
盘形悬式绝缘子	2.8p. u.
针式绝缘子	2.0p. u.
柱式绝缘子	2.3p. u.

一般情况下，盘形悬式绝缘子的 U_{50} 以负极性来代表，其他类型绝缘子以正、负极性 U_{50} 中的较低者来代表。冲击击穿试验的试验电压不作气象修正。

4.5.2　绝缘子 50%闪络电压(U_{50})的确定

绝缘子的 50%闪络电压可通过升降法来求取。盘形悬式绝缘子应以 5 片串的负极性雷电冲击的 50%闪络电压除以 5 来代表单片绝缘子的 $-U_{50}$，针式绝缘子和柱式绝缘子即单只绝缘子的 U_{50}。试验结果应按 GB/T 16927.1 标准气象条件进行修正(见注)。试品布置和试验方法应符合 GB/T 1001.1 的有关条款的规定,在进行盘形绝缘子 5 片串的 50%闪络电压试验时模拟导线的对地高度为 3 m。

注:在较大和较小绝对湿度条件下,湿度对盘形悬式短绝缘子串的 $-U_{50}$ 有明显的影响,按标准修正可能会得到更大误差。因此,建议在 9 g/m³～13 g/m³ 的湿度条件下求取 U_{50},或从附录 A 中的推荐值选取。

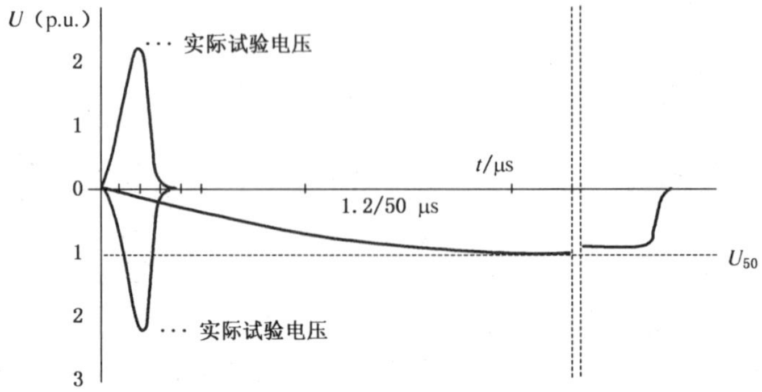

图 4 试验电压的标幺值

4.5.3 试验电压的波形

试验中应采用一个单调上升、并由试品闪络截断的冲击电压,对波前的线性度不作要求,根据各试验室的实践经验,其波前的时间一般在 100 ns～200 ns 之间。

4.6 击穿的判定

绝缘子在冲击电压击穿试验中,当示波器显示的冲击电压幅值有明显降低,或绝缘子表面无闪络电弧,则认为绝缘子发生了击穿;若不能断定绝缘子是否发生击穿,则应进行 2 次工频干闪试验。

4.7 接受判据

4.7.1 常规判据

在型式试验中,若无试品发生击穿或绝缘元件损坏,则通过了该项试验。在抽样试验中,若无试品发生击穿或绝缘元件损坏,则该批产品通过了冲击击穿试验;若仅有一只击穿或绝缘元件损坏,则需加倍重复试验。加倍试验中若无试品发生击穿或绝缘元件损坏,则认为该批绝缘子通过了冲击击穿试验。

4.7.2 特殊判据

当试验电压高于或低于规定值允许范围、且发生击穿时适用本判据。

在施加电压低于规定值、并增加电压修正后的额外次数的冲击,若在第 21 次冲击发生了击穿,应增加 1 只绝缘子重新试验。

在施加电压高于规定值并随后发生击穿,应增加 1 只绝缘子重新试验。

判据同 4.7.1。

5 试验电压的产生和测量

5.1 试验用冲击电压发生器

试验电压可由两种方法产生:一种是由冲击电压发生器的输出端直接接在试品上,通过波前电阻和电容的调节来达到试验电压的要求;另一种是在冲击电压发生器的输出端接上一个陡化回路(由陡化电容和陡化球隙组成),通过调节陡化回路参数以达到试验电压的要求。

5.2 试验电压的测量

测量试验电压时,应采用快速响应分压器(宜采用小尺寸、低阻抗以达到快速响应)。分压器可垂直放置,并且与试品的连接应尽可能的紧凑,如图 5 所示。

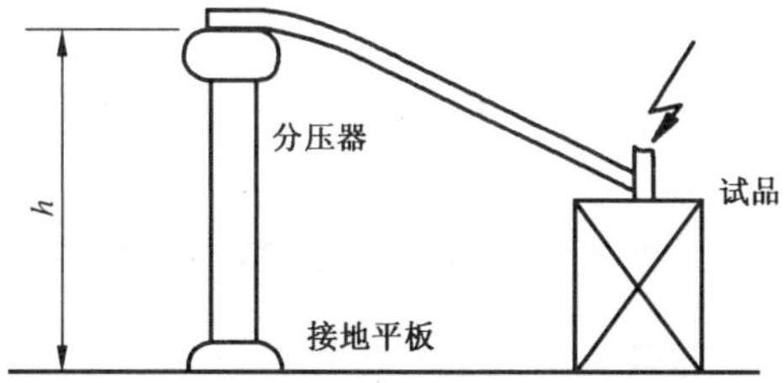

图5 小型快速响应分压器

5.2.1 对测量系统的要求

测量系统测量幅值的不确定度应不大于5%。

分压器分压比的不确定度应不大于2%。

分压器测量系统的阶跃响应(不包括示波器)应满足以下要求:

部分响应时间 $T_\alpha \leqslant 3$ ns;

阶跃响应的稳定时间 $T_{st} \leqslant 100$ ns;

阶跃响应的过冲 $\beta \leqslant 20\%$。

测量冲击击穿电压幅值和波形的示波器性能应符合GB/T 16896.1要求,并满足下面要求:

模拟量示波器:频宽 $f_B \geqslant 50$ MHz;

数字记录仪(数字示波器):对应位数 $N \geqslant 8$ bit,其采样率 $f_S \geqslant 500$ MS/s,频宽 $f_B \geqslant 100$ MHz。

5.2.2 抗干扰措施

冲击电压击穿试验波前时间较短,试品闪络时将产生较强烈的电磁干扰(空间干扰和共模干扰),测量系统应有较完善的抗干扰措施。这对高灵敏度示波器尤为重要。采取的主要措施有:安装电源滤波器、隔离变压器、屏蔽室以及抑制共模干扰的双层屏蔽电缆等。图6是一个抗干扰措施较为完善的测量系统。

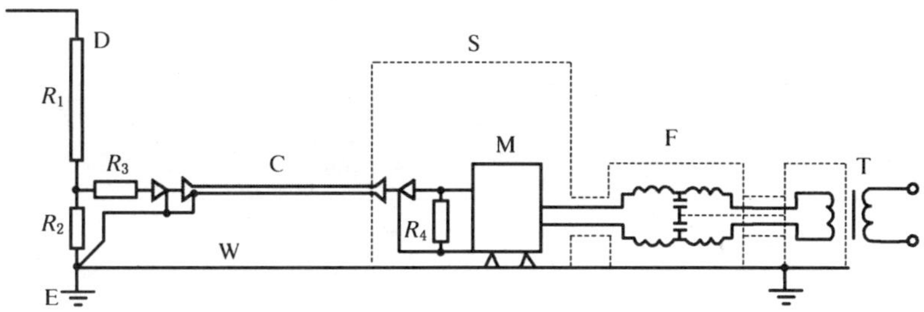

D——分压器;

C——双屏蔽电缆;

T——隔离变压器;

S——屏蔽室;

F——滤波器;

E——集中接地极;

W——金属板连接线;

M——测量仪器;

R_1、R_2——高、低压臂电阻;

R_3、R_4——电缆首、末端匹配电阻。

图6 测量系统抗干扰综合措施的示意图

5.2.3 共模干扰试验

在绝缘子冲击击穿耐受试验时,在分压器端将测量电缆的芯皮短路(接地状态不变),这时测得的干扰信号应不大于试验电压峰值的1%。

附　录　A
（资料性附录）
盘形悬式绝缘子负极性雷电冲击 U_{50} 的推荐值

表 A.1　盘形悬式绝缘子负极性雷电冲击 U_{50} 的推荐值

序号	产品类型	产品规格 $H\times D$ mm	推荐值 $-U_{50}$ kV/片
1	普通型和钟罩型	146×255	100
		146×320	105
		155×280	110
		155×330	115
		170×280	120
		170×320	125
		195×320	130
		195×400	135
		205×360	135
		240×380	145
2	双伞或三伞	146×255	105
		155×325	115
		170×325	125
		195×360	130
		195×400	135

附 录 B
（资料性附录）
本标准部分章条与 IEC 61211:2004-11 章条编号对照

表 B.1 本标准部分章条与 IEC 61211:2004-11 章条编号对照

本标准部分章条编号	IEC 61211:2004-11 章条编号
3.3(新增)	
4	5
4.1	5.1
4.2	5.2
4.3	5.3
4.4	5.6
4.5	5.5
4.6	5.7
4.7	5.8
4.7.1	5.9
5.2.1	5.4 和 Annex B
5.2.2(新增)	
5.2.3(新增)	
附录 A(新增)	

附 录 C
（资料性附录）
本标准条款与 IEC 61211:2004-11 技术差异及其原因

本标准条款与 IEC 61211:2004-11 技术差异的内容均是根据我国实际情况和经验，在保留 IEC 61211:2004-11主要条款的基础上有 4 点不同：详见表 C.1。

表 C.1 本标准部分条款与 IEC 61211:2004-11 的技术差异及原因

本标准的部分章条编号	技术性差异	原　因
4.3a)	型式试验试品 10 片（IEC 为 5 片）	考虑到我国电力线路绝缘子串都未安装招弧角（环），当存在零值绝缘子又发生闪络时，易发生绝缘子炸裂掉串、掉线事故；而欧美国家的线路绝缘子串一般都装有招弧角或环。因此，我国电力部门对绝缘子应有更高要求
5.2.1	部分响应时间 $T_{\alpha}\leqslant 3$ ns； 阶跃响应的稳定时间 $T_{st}\leqslant 100$ ns； 阶跃响应的过冲 $\beta\leqslant 20\%$； 模拟量示波器：频宽 $f_B\geqslant 50$ MHz	单调型部分响应时间也应满足 3 ns 的要求，才能满足总体测量的不确定度不超过 5%； 阶跃响应的稳定时间和过冲都应有所规定，否则将影响冲击波前的测量； IEC 规定了示波器的上升时间 0～100%的定义，但对于 ns 级过程难以确定 0 和 100%，规定频宽较明确
5.2.2	本标准给出了抗干扰措施	本标准规定的抗干扰措施是行之有效的，基本上可消除空间干扰和共模干扰
附录 A	本标准给出了盘形悬式绝缘子负极性雷电冲击 U_{50} 的推荐值	由国内几个试验室在绝对湿度为 11 g/m³ 左右的条件下进行了 5 片串试验，得出单片 $-U_{50}$，数据较为准确。各试验室可直接采用这些数值，使幅值法试验具有可操作性，试验结果具有可比性

ICS 29.080.10
K 48

中华人民共和国国家标准

GB/T 20876.2—2007

标称电压大于1 000 V的架空线路用悬式复合绝缘子元件 第2部分：尺寸和电气特性

Composite string insulator units for overhead lines with a nominal voltage greater than 1 000 V—Part 2: Dimensional and electrical characteristics

(IEC 61466-2:2002,MOD)

2007-01-23 发布

2007-08-01 实施

中华人民共和国国家质量监督检验检疫总局
中国国家标准化管理委员会 发布

前　言

GB/T 20876《标称电压大于1 000 V的架空线路用悬式复合绝缘子元件》分为两个部分：

——第1部分：标准强度等级和端部附件；

——第2部分：尺寸和电气特性。

本部分为GB/T 20876的第2部分。

本部分修改采用IEC 61466-2:2002《标称电压大于1 000 V的架空线路用复合绝缘子串元件　第2部分：尺寸和电气特性》。

本部分与IEC 61466-2:2002的条款完全对应，标准的技术性差异用垂直单线在它们所涉及的条款的页边空白处标识。在附录B中给出了技术性差异及其原因的一览表以供参考。为了使用方便，在附录C中给出了绝缘子的主要尺寸和特性以供参考。

为便于使用，本部分还做了下列编辑性修改：

a）“本国际标准”一词改为“本部分”；

b）用小数点“.”代替作为小数点的逗号“,”；

c）删除国际标准的前言。

本部分的附录A是规范性附录，附录B和附录C是资料性附录。

本部分由中国电器工业协会提出。

本部分由全国绝缘子标准化技术委员会归口。

本部分起草单位：西安电瓷研究所、中国电力科学研究院。

本部分主要起草人：党镇平、刘燕生、陈林山、丁京玲。

本部分为首次制定。

从本部分实施之日起，JB/T 8460—1996作废。

标称电压大于1 000 V的架空线路用悬式复合绝缘子元件 第2部分:尺寸和电气特性

1 范围

本部分适用于标称电压大于1 000 V、频率不超过100 Hz的交流架空线路用额定机械负荷(SML)40 kN到400 kN的悬式复合绝缘子元件。

本部分也适用于变电所或电力牵引线路上使用的类似设计的绝缘子。

本部分适用于按照IEC 61466-1:1997连接的悬式复合绝缘子元件。

本部分规定了架空线路用最高雷电冲击水平2 700 kV及额定机械负荷(SML)40 kN到400 kN的悬式复合绝缘子元件电气和尺寸特性规定值。

注:在GB/T 19519—2004中给出了试验的一般规定和方法。

2 规范性引用文件

下列文件中的条款通过GB/T 20876的本部分的引用而成为本部分的条款。凡是注日期的引用文件,其随后所有的修改单(不包括勘误的内容)或修订版不适用于本部分,然而,鼓励根据本部分达成协议的各方研究是否可使用这些文件的最新版本。凡是不注日期的引用文件,其最新版本适用于本部分。

GB/T 311.1—1997 绝缘配合 第1部分:定义、原理和规则(eqv IEC 60071-1:1993)

GB/T 311.2—2002 绝缘配合 第2部分:高压输变电设备的绝缘配合使用导则(eqv IEC 60072-1:1996)

GB/T 19519—2004 标称电压高于1 000 V交流架空线路用复合绝缘子 定义、试验方法及验收准则(IEC 61109:1995,MOD)

IEC 61466-1:1997 标称电压高于1 000 V架空线路用的复合绝缘子串元件 第1部分:标准强度等级和端部附件

3 机械和尺寸特性

标准的复合绝缘子串元件包含以下机械和尺寸特性:

——额定机械负荷(SML)
——连接型式
}——在IEC 61466-1:1997中规定了这些机械特性。

——最小爬电距离
——最小电弧距离
——绝缘件最大直径
}——在表1中给出了这些尺寸特性。

表1给出了基于16 mm/kV(相/相)的规定爬电距离条件下各绝缘子的最小爬电距离以及设备最高电压,该电压仅作为资料给出,其他值的规定爬电距离可单独要求。在附录A中提供了复合绝缘子爬电距离的更多信息。

4 电气特性

表1给出了标准雷电冲击耐受电压,该电压标准化了复合绝缘子串元件。

除非国家规程或惯例另有规定,工频湿耐受电压应按GB/T 311.1—1997规定;对于设备最高电压不小于 363 kV 的绝缘子，其湿操作冲击耐受电压由用户协商确定。

5 型号

复合绝缘子在表 1 中规定如下：

——靠着字母 CS 后面由一数字表示额定机械负荷(SML)，单位千牛(kN)；

——字母 X 和 Z，表示按照 IEC 61466-1：1997 的连接方式；

——由分隔符分开的两个数字表示标准雷电冲击耐受电压和最小爬电距离。

6 连接标记

绝缘子应按 IEC 61466-1：1997 进行标记。

7 公差

表 1 中给出的尺寸为绝对的最小或最大值，因此没有规定公差。按本部分提供的绝缘子的尺寸和公差应标注在制造厂的图样上。

8 电场控制和电弧保护装置

对于电压较高的系统，绝缘子必须有均压装置。表 1 中所列的电弧距离是安装了均压装置的。然而，当作为独立的电弧保护装置使用时，可以不用考虑电弧距离的所列数值。

表 1 复合绝缘子的设计和特性

型号[a]	额定机械负荷(SML)								标准雷电冲击耐受电压[b]	最小爬电距离	最小电弧距离[c]	绝缘件的最大直径	基于 16 mm/kV 规定爬电比距的设备最高电压[d]
	kN								kV	mm	mm	mm	kV
CS(SML)XZ-60/185	40	70	100	120	160	210	300	400	60	185	100	200	11.5
CS(SML)XZ-60/195	40	70	100	120	160	210	300	400	60	195	100	200	12
CS(SML)XZ-75/185	40	70	100	120	160	210	300	400	75	185	125	200	11.5
CS(SML)XZ-75/195	40	70	100	120	160	210	300	400	75	195	125	200	12
CS(SML)XZ-75/280	40	70	100	120	160	210	300	400	75	280	125	200	17.5
CS(SML)XZ-95/185	40	70	100	120	160	210	300	400	95	185	160	200	11.5
CS(SML)XZ-95/195	40	70	100	120	160	210	300	400	95	195	160	200	12
CS(SML)XZ-95/280	40	70	100	120	160	210	300	400	95	280	160	200	17.5
CS(SML)XZ-95/370	40	70	100	120	160	210	300	400	95	370	160	200	23
CS(SML)XZ-125/370	40	70	100	120	160	210	300	400	125	370	210	200	23
CS(SML)XZ-145/370	40	70	100	120	160	210	300	400	145	370	240	200	23
CS(SML)XZ-95/385	40	70	100	120	160	210	300	400	95	385	160	200	24
CS(SML)XZ-125/385	40	70	100	120	160	210	300	400	125	385	210	200	24
CS(SML)XZ-145/385	40	70	100	120	160	210	300	400	145	385	240	200	24
CS(SML)XZ-145/580	40	70	100	120	160	210	300	400	145	580	240	200	36

表 1(续)

型号[a]	额定机械负荷(SML)								标准雷电冲击耐受电压[b]	最小爬电距离	最小电弧距离[c]	绝缘件的最大直径	基于16 mm/kV规定爬电比距的设备最高电压[d]
	kN								kV	mm	mm	mm	kV
CS(SML)XZ-170/580	40	70	100	120	160	210	300	400	170	580	285	200	36
CS(SML)XZ-185/650	40	70	100	120	160	210	300	400	185	650	315	200	40.5
CS(SML)XZ-200/650	40	70	100	120	160	210	300	400	200	650	340	200	40.5
CS(SML)XZ-250/835	40	70	100	120	160	210	300	400	250	835	435	200	52
CS(SML)XZ-325/1160	40	70	100	120	160	210	300	400	325	1160	570	200	72.5
CS(SML)XZ-450/1705	40	70	100	120	160	210	300	400	450	1970	815	200	123
CS(SML)XZ-450/2020	40	70	100	120	160	210	300	400	450	2020	815	200	126
CS(SML)XZ-450/2320	40	70	100	120	160	210	300	400	450	2320	815	200	145
CS(SML)XZ-550/1970	40	70	100	120	160	210	300	400	550	1970	1005	200	123
CS(SML)XZ-480/2020	40	70	100	120	160	210	300	400	480	2020	870	200	126
CS(SML)XZ-550/2320	40	70	100	120	160	210	300	400	550	2320	1005	200	145
CS(SML)XZ-550/2720	40	70	100	120	160	210	300	400	550	2720	1005	200	170
CS(SML)XZ-650/2320	40	70	100	120	160	210	300	400	650	2320	1195	200	145
CS(SML)XZ-650/2720	40	70	100	120	160	210	300	400	650	2720	1195	200	170
CS(SML)XZ-650/3920	40	70	100	120	160	210	300	400	650	3920	1195	200	245
CS(SML)XZ-750/2720	40	70	100	120	160	210	300	400	750	2720	1395	200	170
CS(SML)XZ-750/3920	40	70	100	120	160	210	300	400	750	3920	1395	200	245
CS(SML)XZ-750/4035	40	70	100	120	160	210	300	400	750	4035	1395	200	252
CS(SML)XZ-850/3920	40	70	100	120	160	210	300	400	850	3920	1585	200	245
CS(SML)XZ-850/4035	40	70	100	120	160	210	300	400	850	4035	1585	200	252
CS(SML)XZ-950/3920	40	70	100	120	160	210	300	400	950	3920	1775	200	245
CS(SML)XZ-950/4035	40	70	100	120	160	210	300	400	950	4035	1775	200	252
CS(SML)XZ-1050/3920	40	70	100	120	160	210	300	400	1050	3920	1970	200	245
CS(SML)XZ-1050/4035	40	70	100	120	160	210	300	400	1050	4035	1970	200	252
CS(SML)XZ-1050/5810	40	70	100	120	160	210	300	400	1050	5810	1970	200	363
CS(SML)XZ-1175/5810	40	70	100	120	160	210	300	400	1175	5810	2210	200	363
CS(SML)XZ-1300/5810	40	70	100	120	160	210	300	400	1300	5810	2460	200	363
CS(SML)XZ-1425/8800	40	70	100	120	160	210	300	400	1425	8800	2720	200	550
CS(SML)XZ-1550/8800	40	70	100	120	160	210	300	400	1550	8800	2990	200	550
CS(SML)XZ-1675/8800	40	70	100	120	160	210	300	400	1675	8800	3270	200	550
CS(SML)XZ-1800/8800	40	70	100	120	160	210	300	400	1800	8800	3560	200	550

表 1(续)

型　　号[a]	额定机械负荷(SML)								标准雷电冲击耐受电压[b]	最小爬电距离	最小电弧距离[c]	绝缘件的最大直径	基于16 mm/kV规定爬电比距的设备最高电压[d]
	kN								kV	mm	mm	mm	kV
CS(SML)XZ-1950/12800	40	70	100	120	160	210	300	400	1950	12800	3880	200	800
CS(SML)XZ-2100/12800	40	70	100	120	160	210	300	400	2100	12800	4210	200	800
CS(SML)XZ-2250/12800	40	70	100	120	160	210	300	400	2250	12800	4550	200	800
CS(SML)XZ-2400/12800	40	70	100	120	160	210	300	400	2400	12800	4920	200	800
CS(SML)XZ-2550/12800	40	70	100	120	160	210	300	400	2550	12800	5200	200	800
CS(SML)XZ-2700/12800	40	70	100	120	160	210	300	400	2700	12800	5590	200	800

a　SML 是选定的额定机械负荷，XZ 是按 IEC 61466-1:1997 标准连接方式。

例如：

型号CS　100　S16 B16—450/2020　含义：

- 450/2020——由分隔符分开的两个数字分别表示标准雷电冲击耐受电压为 450 kV 和最小爬电距离为 2020 mm
- S16 B16——按照 IEC 61466-1:1997 的连接方式对照，字母 S 表示上附件采用 16 标记球窝，字母 B 表示下附件采用 16 标记球头
- 100——数字 100 表示额定机械负荷(SML) 为 100 kN
- CS——CS 表示悬式复合绝缘子

b　当使用电弧保护装置时，根据绝缘配合原则，用户可能指定较高的雷电冲击耐受电压。

c　在这个版本的制定中，由于端部附件的形式和材料的多样性，使得规范结构高度不现实，因此，本部分指定了最小电弧距离，而不是最大结构高度(附件间的距离)。

d　本栏仅作为资料给出。关于爬电距离的补充资料见附录 A。

附 录 A
（规范性附录）
关于爬电距离资料

表 1 给出了基于 16 mm/kV（相/相）规定爬电距离的设备最高电压 U_m。目前经验表明该规定爬电距离，对于不考虑污秽特性苛刻因素的地区是满足的。因为在绝缘子使用的每一地区会遇到不同的环境条件（例如：污秽水平、暴露时间、潮湿状况等），因此用户应考虑爬电距离的变化（增加或者甚至减小）从而保证绝缘子的良好性能。

本部分准备期间，关于规定爬电距离和适宜于复合绝缘子不同外套材料的资料不够充分，为了保证各种环境条件下绝缘子具有良好的特性，有必要给出指南。此项工作目前由 CIGRE[1] 承担，并且包括对 IEC 60815[2] 修订任务的建议。

目前在 IEC 60815 指南中，对于玻璃和瓷绝缘子的规定爬电距离和伞形参数都指出了具体的应用要求，对于复合绝缘子不直接采用此规定设计标准。

附 录 B
（资料性附录）
本部分与 IEC 61466-2:2002 技术性差异及其原因

本部分与 IEC 61466-2:2002 技术性差异及其原因：

本部分中所有与 IEC 61466-2:2002 技术性差异的内容均是因为 GB/T 311.2—2002 中所规定的我国输变电设备的系统标称电压与 IEC 60071-1:1993 有差异，本部分在保留全部 IEC 61466-2:2002 所有条款基础上，增加了上述差异的电压等级所应对应的条款。

1) CIGRE：即国际大电网会议。

2) IEC 60815 污秽条件下绝缘子的选择导则。

附　录　C
（资料性附录）
复合绝缘子的主要尺寸和特性

为了便于本部分的实施使用，考虑我国生产和使用情况，将常用的复合绝缘子的主要尺寸和特性列表供参考。

表 C.1　复合绝缘子的主要尺寸和特性

型　　号	额定机械负荷(SML)								标准雷电冲击耐受电压	20 mm/kV 和 25 mm/kV 爬电比距所对应的最小爬电距离	最小电弧距离	均压装置数量	绝缘件的最大直径	设备最高电压
	kN								kV	mm	mm		mm	kV
CS(SML)XZ-75/290	40	70							75	230/290	125	无	200	11.5
CS(SML)XZ-95/290	40	70							95	230/290	160	无	200	11.5
CS(SML)XZ-95/440	40	70							95	350/440	160	无	200	17.5
CS(SML)XZ-125/575	40	70							125	460/575	210	无	200	23
CS(SML)XZ-145/575	40	70							145	460/575	240	无	200	23
CS(SML)XZ-145/900	40	70							145	720/900	240	无	200	36
CS(SML)XZ-170/900	40	70							170	720/900	285	无	200	36
CS(SML)XZ-185/1015	40	70	100						185	810/1015	315	无	200	40.5
CS(SML)XZ-200/1015	40	70	100						200	810/1015	340	无	200	40.5
CS(SML)XZ-325/1815	40	70	100	120					325	1450/1815	570	无	200	72.5
CS(SML)XZ-450/3150		70	100	120					450	2520/3150	815	无	200	126
CS(SML)XZ-480/3150		70	100	120					480	2520/3150	870	无	200	126
CS(SML)XZ-850/6300		70	100	120	160				850	5040/6300	1585	单	200	252
CS(SML)XZ-950/6300		70	100	120	160				950	5040/6300	1770	单	200	252
CS(SML)XZ-1050/6300		70	100	120	160				1050	5040/6300	1900	单	200	252
CS(SML)XZ-1175/9075			100	120	160	210			1175	7260/9075	2210	双	200	363
CS(SML)XZ-1300/9075			100	120	160	210			1300	7260/9075	2400	双	200	363
CS(SML)XZ-1425/13750					160	210	300		1425	11000/13750	2600	双	200	550
CS(SML)XZ-1550/13750					160	210	300		1550	11000/13750	2900	双	200	550
CS(SML)XZ-1675/13750					160	210	300		1675	11000/13750	3200	双	200	550
CS(SML)XZ-1800/13750					160	210	300		1800	11000/13750	3500	双	200	550
CS(SML)XZ-1950/20000						210	300	400	1950	16000/20000	3800	双	200	800
CS(SML)XZ-2100/20000						210	300	400	2100	16000/20000	4200	双	200	800
CS(SML)XZ-2250/20000						210	300	400	2250	16000/20000	4500	双	200	800
CS(SML)XZ-2400/20000						210	300	400	2400	16000/20000	4800	双	200	800
CS(SML)XZ-2550/20000						210	300	400	2550	16000/20000	5100	双	200	800
CS(SML)XZ-2700/20000						210	300	400	2700	16000/20000	5400	双	200	800
注：设备最高电压为 550 kV 电压等级绝缘子的额定机械负荷(SML)等级常用的还有 180 kN 和 240 kN。														

ICS 29.080.10
K 48

中华人民共和国国家标准

GB/T 21206—2007

线路柱式绝缘子特性

Characteristics of line post insulators

(IEC 60720:1981,MOD)

2007-12-03 发布 2008-05-01 实施

中华人民共和国国家质量监督检验检疫总局
中国国家标准化管理委员会 发布

前　言

本标准修改采用 IEC 60720:1981《线路柱式绝缘子特性》(英文版)。

为便于使用,对于 IEC 60720:1981 标准做了下列编辑性修改:

a) 删除 IEC 60720:1981 的前言和序言;

b) 用“本标准”代替“本国际标准”。

考虑到我国目前生产和使用情况,增加了规范性附录 A,并在它们所涉及的条款的页边空白处用垂直单线标识。附录 B 给出了这些技术性差异及其原因的一览表。

本标准从实施之日起,JB/T 8509—1996《高压线路柱式瓷绝缘子》和 JB/T 8179—1999《高压线路瓷横担绝缘子　尺寸与特性》废止。

本标准的附录 A 为规范性附录,附录 B 为资料性附录。

本标准由中国电器工业协会提出。

本标准由全国绝缘子标准化技术委员会(SAC/TC 80)归口。

本标准起草单位:西安电瓷研究所。

本标准主要起草人:丁京玲、蔡梅成。

线路柱式绝缘子特性

1 范围

本标准适用于额定电压高于 1 000 V,频率不大于 100 Hz 的交流架空线路用的线路柱式瓷绝缘子。

本标准适用于直立或水平安装(图 1)的顶部绑扎型线路柱式绝缘子,也适用于直立安装(图 4)和水平安装(图 5)的顶部线夹型线路柱式绝缘子。

本标准适用于处在清洁或中等污秽地区的架空线路用的、具有标准爬电距离的线路柱式绝缘子和处在污秽地区的架空线路用的、具有较长爬电距离的线路柱式绝缘子。

注:本标准以后可考虑推广用于玻璃绝缘子。

2 目的

本标准的目的是规定线路瓷绝缘子的电气特性、机械特性的给定值和主要尺寸(见表 1 和表 2)。

注:一般的定义和试验方法,在 GB/T 1001.1—2003《标称电压高于 1 000 V 的架空线路绝缘子　第 1 部分:交流系统用瓷或玻璃绝缘子元件——定义、试验方法和判定准则》中给出。

3 电气特性

根据 GB 311.1—1997《高压输变电设备的绝缘配合》,每一种线路柱式绝缘子都由规定雷电冲击耐受电压和额定工频湿耐受电压来表征。

注:运行电压未被规定,因为它取决于运行条件,对于给定的运行电压,有必要选择不同冲击耐受电压水平的绝缘子。

4 机械特性

每一种线路柱式绝缘子由规定的最小弯曲破坏负荷来表征。

通常,此弯曲破坏负荷为 12.5 kN,另外,对冲击耐受电压水平 170 kV 及以下(包括 170 kV)的顶部绑扎型线路绝缘子,其弯曲破坏负荷为 8 kN。

对于顶部绑扎型绝缘子,弯曲负荷施加在侧线槽中心,对于顶部线夹型绝缘子,弯曲负荷施加在由尺寸 H 确定的点上。

5 尺寸特性

规定了下列尺寸特性:

——最小公称爬电距离;

——公称总高;

——绝缘件的最大公称直径;

——底部金属附件的最小公称直径;

——底部金属附件的凹进部分和中心螺孔(图 8)尺寸。

注:示于表 1 和表 2 中的爬电距离适合于通常应用的两种绝缘水平,选择按 JB/T 5895—1991《污秽地区绝缘子使用导则》的规定。

5.1 对顶部绑扎型绝缘子(图 2 和图 3)

——头部直径;

——颈部直径；
——顶部线槽半径；
——侧线槽半径；
——顶部线槽的底部与侧线槽的中心线之间的距离。

注：经供需双方协议，绝缘子可不设顶部线槽。经协议，对于 R200、R250 和 R325 型，也可采用图 3 所示的头部结构。

5.2 对顶部线夹型绝缘子(图 6)

——顶部线夹固定夹的尺寸。

6 紧固装置

紧固装置应符合图 8。中心孔直径应为 ISO 米制螺纹，且扩径不大于 0.25 mm。紧固装置应适合于有标准螺纹的镀锌后的钢脚。

7 型号与标记

在表 1 和表 2 中，线路柱式绝缘子用字母 R 表示。R 后的数字表示弯曲破坏负荷(kN)，随后的字母 E 或 J 表示金属附件外胶装或内胶装。再后的字母 T、C 或 H 分别表示顶部绑扎型、直立安装的顶部线夹型或水平安装的顶部线夹型。

后缀的数字表示规定的雷电冲击耐受电压，峰值 kV；

后缀字母 N 或 L 分别表示标准的或较长的爬电距离。

例如：

R12.5ET170 N 表示：

R—线路柱式绝缘子；

12.5—最小弯曲破坏负荷 12.5 kN；

E—外胶装；

T—顶部绑扎型；

170—雷电冲击耐受电压 170 kV；

N—标准爬电距离。

在绝缘子瓷件上应标记规定的机械破坏负荷和爬电距离，例如：R12.5N 或 R8 L。

表 1 顶部绑扎型线路柱式绝缘子特性

线路柱式绝缘子型号	雷电冲击耐受电压峰值/kV	工频湿耐受电压有效值/kV	最小公称爬电距离/mm	最小弯曲破坏负荷/kN	公称总高[a] H/mm	底部金属附件最小公称直径 d/mm	底部金属附件中心螺孔	绝缘件最大公称直径 D/mm
R8 ET75L R8 JT75L	75	28	250	8	190	90	M20	140
R8 ET95L R8 JT95L	95	38	350	8	222	90	M20	145
R8 ET125L R8 JT125L	125	50	530	8	305	90	M20	150
R8 ET170L R8 JT170L	170	70	720	8	370	90	M20	160
R12.5 ET125N R12.5 JT125N	125	50	400	12.5	305	100	M20	160

表 1（续）

线路柱式绝缘子型号	雷电冲击耐受电压峰值/kV	工频湿耐受电压有效值/kV	最小公称爬电距离/mm	最小弯曲破坏负荷/kN	公称总高[a] H/mm	底部金属附件最小公称直径 d/mm	底部金属附件中心螺孔	绝缘件最大公称直径 D/mm
R12.5 ET170N R12.5 JT170N	170	70	580	12.5	370	110	M20	170
R12.5 ET200N R12.5 JT200N	200	85	620	12.5	430	120	M20	180
R12.5 ET250N R12.5 JT250N	250	95	860	12.5	510	120	M20	190
R12.5 ET325N R12.5 JT325N	325	140	1200	12.5	660	140	M24	200
R12.5 ET75L R12.5 JT75L	75	28	250	12.5	190	90	M20	160
R12.5 ET95L R12.5 JT95L	95	38	350	12.5	222	100	M20	165
R12.5 ET125L R12.5 JT125L	125	50	530	12.5	305	100	M20	170
R12.5 ET170L R12.5 JT170L	170	70	720	12.5	370	110	M20	180
R12.5 ET200L R12.5 JT200L	200	85	900	12.5	430	120	M20	190
R12.5 ET250L R12.5 JT250L	250	95	1140	12.5	510	120	M20	200
R12.5 ET325L R12.5 JT325L	325	140	1450	12.5	660	140	M24	210

[a] 公称总高 H 的公差允许±8%。

表 2 顶部线夹型线路柱式绝缘子特性

线路柱式绝缘子型号	雷电冲击耐受电压峰值/kV	工频湿耐受电压有效值/kV	最小公称爬电距离/mm	最小弯曲破坏负荷/kN	公称总高[a] H/mm	底部金属附件最小公称直径 d/mm	底部金属附件中心螺孔	绝缘件最大公称直径 D/mm
R12.5EC 125N R12.5EH 125N	125	50	400	12.5	350 370	100	M20	160
R12.5EC 170N R12.5EH 170N	170	70	580	12.5	420 440	110	M20	170
R12.5EC 200N R12.5EH 200N	200	85	620	12.5	495 515	120	M20	180
R12.5EC 250N R12.5EH 250N	250	95	860	12.5	570 590	120	M20	190
R12.5EC 325N R12.5EH 325N	325	140	1200	12.5	710 730	140	M24	200

表 2（续）

线路柱式 绝缘子型号	雷电冲击 耐受电压 峰值/kV	工频湿耐 受电压 有效值/kV	最小公称 爬电距离/ mm	最小弯曲 破坏负荷/ kN	公称总高[a] H/mm	底部金属 附件最小 公称直径 d/mm	底部金属 附件中心 螺孔	绝缘件 最大公称 直径 D/mm
R12.5EC 75L R12.5EH 75L	75	28	250	12.5	235 255	90	M20	160
R12.5EC 95L R12.5EH 95L	95	38	350	12.5	270 290	100	M20	165
R12.5EC 125L R12.5EH 125L	125	50	530	12.5	350 370	100	M20	170
R12.5EC 170L R12.5EH 170L	170	70	720	12.5	420 440	110	M20	180
R12.5EC 200L R12.5EH 200L	200	85	900	12.5	495 515	120	M20	190
R12.5EC 250L R12.5EH 250L	250	95	1140	12.5	570 590	120	M20	200
R12.5EC 325L R12.5EH 325L	325	140	1450	12.5	710 730	140	M24	210

[a] 公称总高 H 的公差允许±8%。

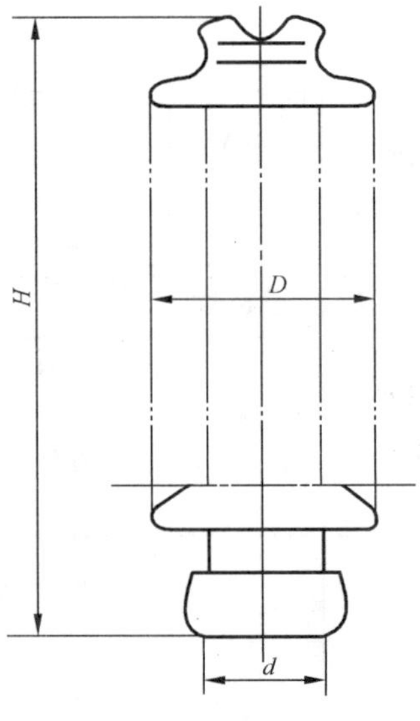

型式RE

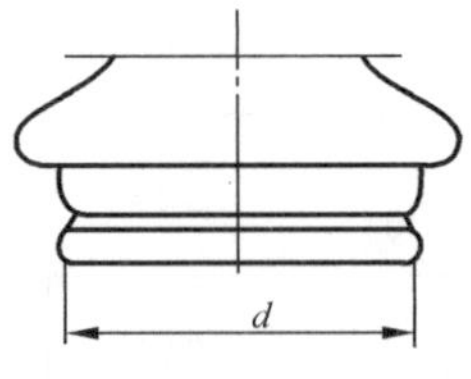

型式 RJ

图 1 顶部绑扎型线路柱式绝缘子

单位为毫米

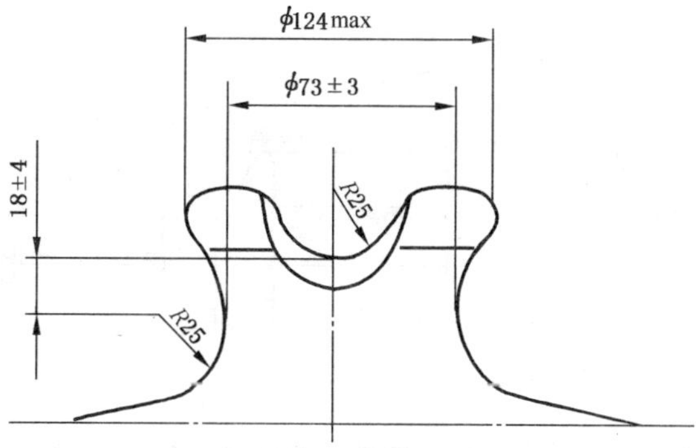

R75 至 R325 水平或垂直安装。

注：图 2 所示标准头部的顶线槽和侧线槽应能放置一根 49.2 mm 直径的圆棒。

图 2　标准头部

单位为毫米

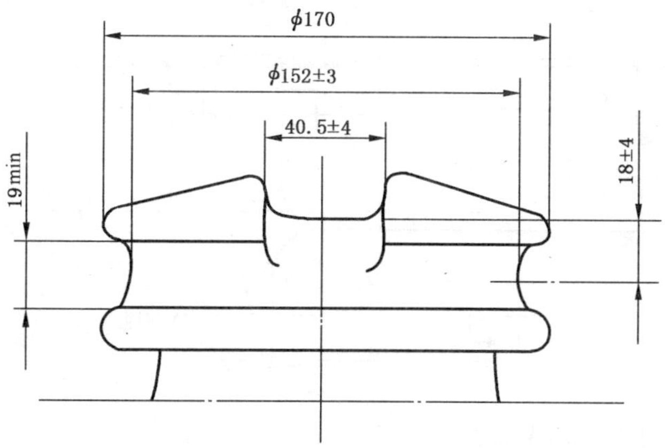

仅适于 R200、R250 和 R325 垂直安装。

图 3　替换头部

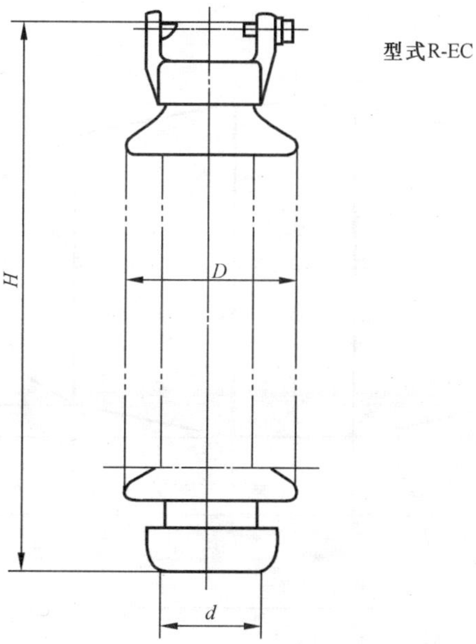

图 4　直立安装的顶部线夹型线路柱式绝缘子

型式 R-EH

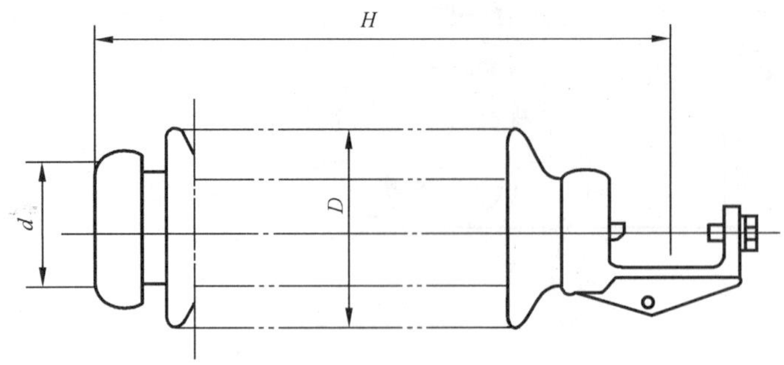

图 5 水平安装的顶部线夹型线路柱式绝缘子

单位为毫米

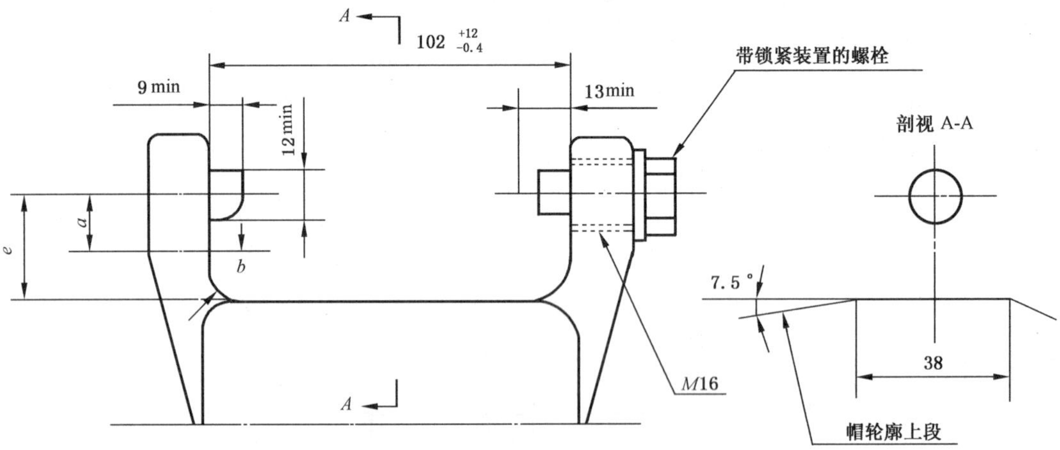

注：*a*、*b*、*e* 和图示最小值的尺寸用量规检查(见图 7)。

图 6 顶部线夹型线路柱式绝缘子头部详图

单位为毫米

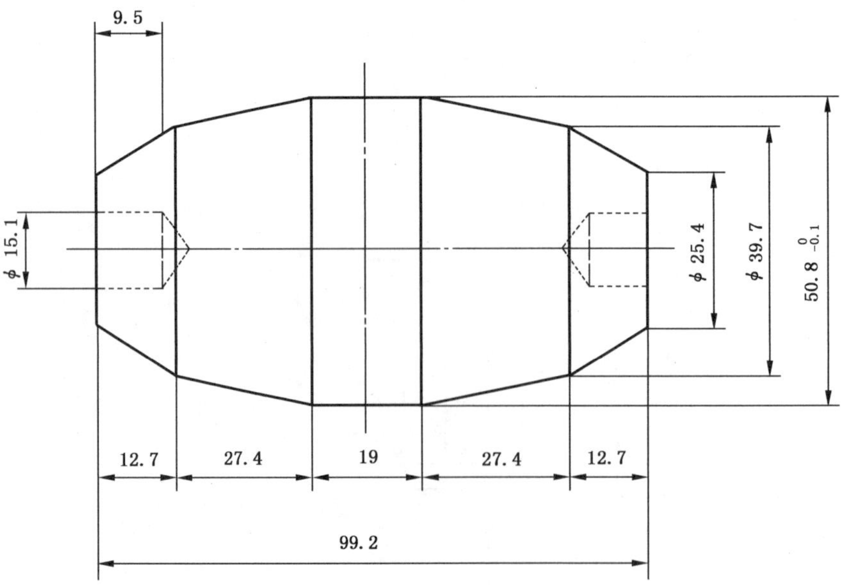

注：除图示尺寸偏差外其余尺寸偏差为±0.05 mm。

图 7 帽量规(仅举一例)

单位为毫米

对型式 R75~R250

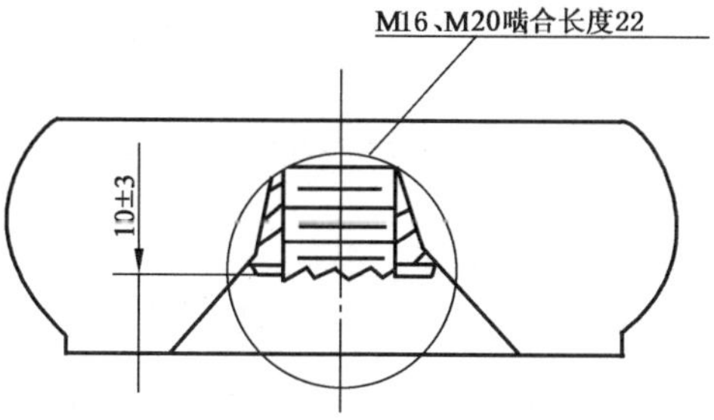

对型式 R325

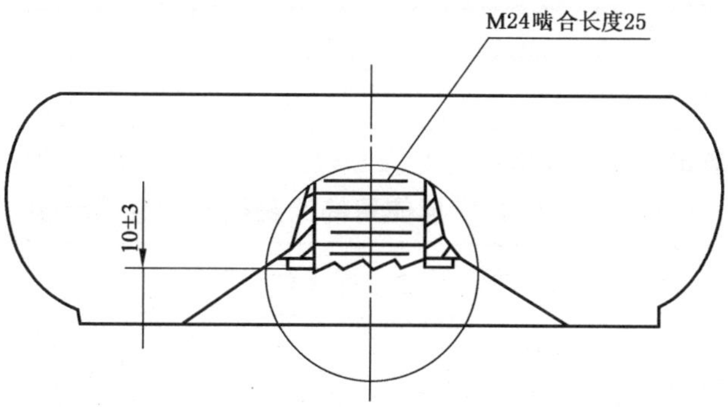

图 8 底部金属附件凹进部分和螺孔尺寸

附　录　A
（规范性附录）
增加的线路柱式绝缘子特性

表 A.1 给出了顶部绑扎型线路柱式绝缘子（图 A.1、图 A.2）的特性，并将原标型号按本标准第 7 章进行了转换。

表 A.1　顶部绑扎型线路柱式绝缘子特性

线路柱式绝缘子型号	图号	雷电冲击耐受电压峰值/kV	工频湿耐受电压有效值/kV	最小公称爬电距离/mm	最小弯曲破坏负荷/kN	公称总高[a] H/mm	底部金属附件最小公称直径 d/mm	底部金属附件中心螺孔	绝缘件最大公称直径 D/mm
R3ET105N	A.1、A.2	105	40	300	3	224	90	胶装钢脚	120
R5ET105L	A.1、A.2	105	40	360	5	283	90	M16	125
R12.5ET150N	A.1、A.2	150	65	534	12.5	336	110	胶装钢脚	170
[a] 公称总高 H 的公差允许±8%。									

表 A.2 给出了作为横担使用的线路柱式绝缘子（图 A.3、图 A.4）的特性。

表 A.2　作为横担使用的线路柱式绝缘子特性

绝缘子型号	图号	线槽与安装孔中心距 L/mm	绝缘距离 L_1/mm	线槽尺寸		安装尺寸		稳定孔直径 d_2/mm	安装孔与稳定孔中心距 a/mm	最小公称爬电距离/mm	工频湿耐受电压有效值/kV	雷电冲击耐受电压峰值/kV	额定弯曲破坏负荷/kN
				L_2/mm	R/mm	孔直径 d_1/mm	高度 h/mm						
RA2.5ET165N	A.3	390	315	22	11	18±0.5	14	6.5±0.5	40±1	320	45	165	2.5
RA2.5ET185L	A.3	440	365	22	11	18±0.5	14	6.5±0.5	40±1	380	50	185	2.5
									30±1				
RA5.0ET165L	A.4	400	320	28	14	18±0.5	140	11.0	40±1	360	45	165	5.0
									30±1				
RA5.0ET250N	A.4	580	490	28	14	22±0.5	140	11.0	40±1	700	85	250	5.0
RA5.0ET265L	A.4	620	520	28	14	22±0.5	140	11.0	40±1	1120	100	265	5.0
注：RA 表示作为横担使用的线路柱式绝缘子，其他字母表示的含义同本标准第 7 章。													

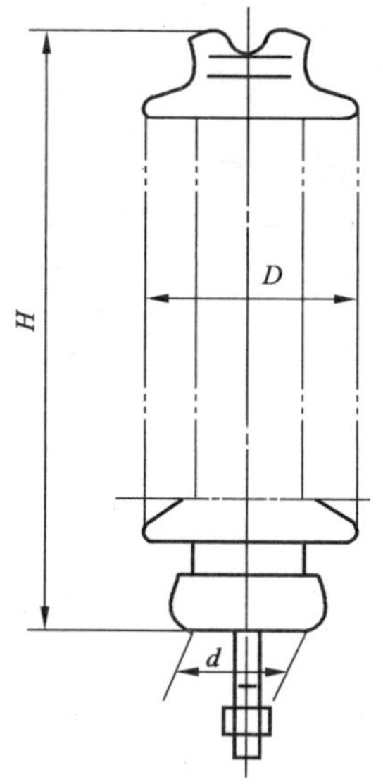

图 A.1 顶部绑扎型线路柱式绝缘子

单位为毫米

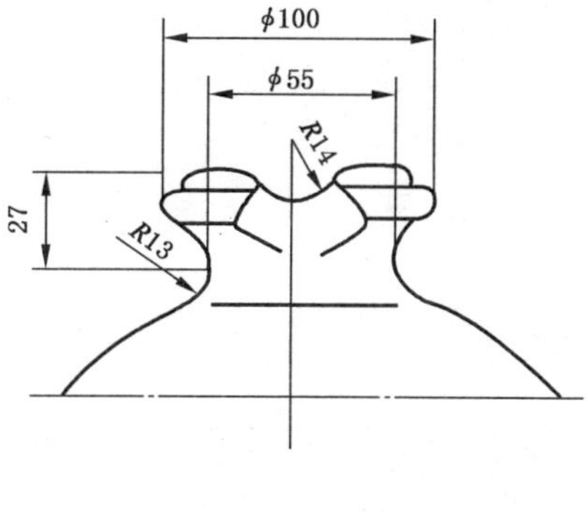

图 A.2 绑扎型头部尺寸

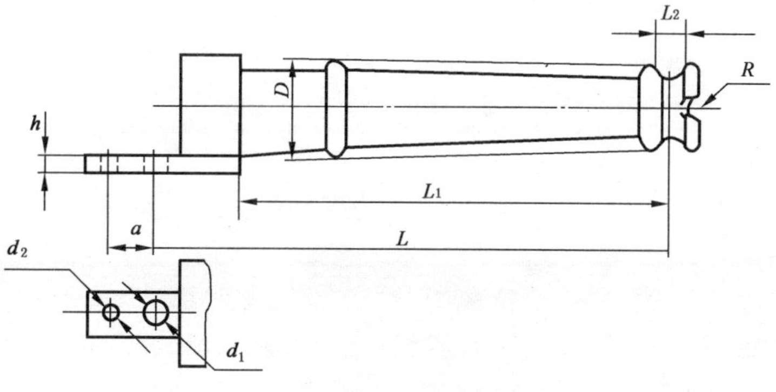

图 A.3 线路横担绝缘子

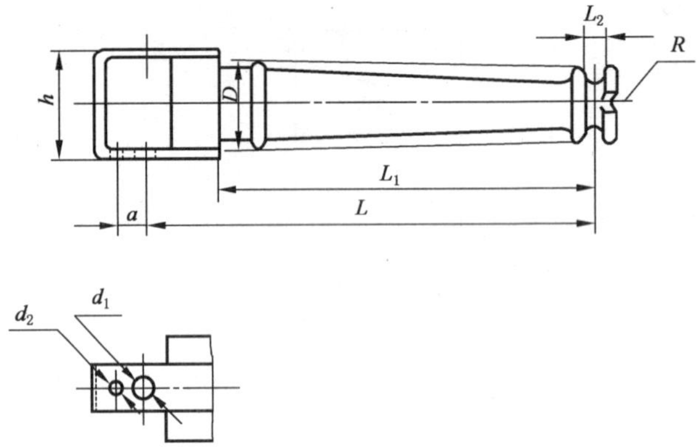

图 A.4 线路横担绝缘子

附 录 B
（资料性附录）
本标准与 IEC 60720:1981 技术性差异及其原因

表 B.1 给出了本标准与 IEC 60720:1981 技术性差异及其原因一览表。

表 B.1 本标准与 IEC 60720:1981 技术性差异及其原因

本标准章条编号	技术性差异	原 因
附录 A	增加了规范性"附录 A"	由于国内的生产厂家很多是按英国标准或澳大利亚标准或美国标准生产的，为了不影响文本结构，扩大需求面，将国内生产和出口量大的品种继续保留在附录 A 的表 A.1 中。 另外，考虑到作为横担使用的线路柱式绝缘子，目前还有生产和使用，如果不列入，这一结构产品将出现无标可依的局面，鉴于此，也将其列入到附录 A 的表 A.2 中

ICS 29.080.10
K 48

中华人民共和国国家标准

GB/T 21421.1—2008/IEC 61466-1:1997

标称电压高于1 000 V的架空线路用复合绝缘子串元件 第1部分：标准强度等级和端部附件

Composite string insulator units for overhead lines with a nominal voltage greater than 1 000 V—Part 1:Standard strength classes and end fittings

(IEC 61466-1:1997,IDT)

2008-01-22 发布 2008-09-01 实施

中华人民共和国国家质量监督检验检疫总局
中国国家标准化管理委员会 发布

前　言

GB/T 21421—2008《标称电压高于 1 000 V 的架空线路用复合绝缘子串元件》分为两个部分：

——第 1 部分：标准强度等级和端部附件；

——第 2 部分：尺寸和电气特性。

本部分为 GB/T 21421 的第 1 部分。

本部分等同采用 IEC 61466-1:1997《标称电压高于 1 000 V 的架空线路用复合绝缘子串元件　第 1 部分：标准强度等级和端部附件》(英文版)。

为便于使用，本部分做了下列编辑性修改：

a) 用小数点“.”代替作为小数点的逗号“,”；

b) 删除 IEC 61466-1:1997 的前言。

本部分的附录 A、附录 B、附录 C、附录 D 均为规范性附录。

本部分由中国电器工业协会提出。

本部分由全国绝缘子标准化技术委员会归口。

本部分起草单位：西安电瓷研究所。

本部分主要起草人：丁京玲、党镇平。

本部分为首次制定。

标称电压高于1 000 V的架空线路用复合绝缘子串元件 第1部分：标准强度等级和端部附件

1 范围

本部分适用于标称电压高于1 000 V、频率不超过100 Hz的交流架空线路用复合绝缘子串元件。

它也适用于变电所或电力牵引线路上使用类似设计的绝缘子。

本部分目的是规定复合绝缘子串元件机械特性的规定值和使用在复合绝缘子串元件上连接的主要尺寸，使不同的制造者提供的绝缘子或端部附件能够装配及互换。

本部分也规定了复合绝缘子串元件的标准连接符号表示方法。

注1：在GB/T 19519中给出了试验的一般规定和方法。

注2：本部分仅涉及连接装配所必要的尺寸，不规定材料性能和工作负荷，表1规定了端部附件与强度等级的尺寸配合。

2 规范性引用文件

下列文件中的条款通过GB/T 21421的本部分的引用而成为本部分的条款。凡是注日期的引用文件，其随后所有的修改单(不包括勘误的内容)或修订版均不适用于本部分，然而，鼓励根据本部分达成协议的各方研究是否可使用这些文件的最新版本。凡是不注日期的引用文件，其最新版本适用于本部分。

GB/T 19519—2004 标称电压高于1 000V的交流架空线路用复合绝缘子——定义、试验方法和验收准则(IEC 61109:1992,MOD)

GB/T 4056 高压线路悬式绝缘子连接结构和尺寸(GB/T 4056—1994,eqv IEC 60120:1984)

IEC 60471:1977 绝缘子串元件的槽形连接尺寸

3 机械和尺寸特性

复合绝缘子串元件规定了以下特性：

——规定机械负荷(SML)；

——标准连接。

所有尺寸均以毫米表示。

尺寸适用于经任何表面处理后的成品。

4 标准方案

本部分包括9种SML等级规格、共计使用了10种连接系列，表示如下：

——两种不同的球头连接标准系列，一种按GB/T 4056；一种N型，在本部分附录A中表示。

——两种不同的帽窝连接标准系列，一种按GB/T 4056；一种N型，在本部分附录A中表示。

——两种不同的扁脚连接标准系列，一种L型，按IEC 60471；一种N型，在本部分附录B中表示。

——三种不同的U形槽连接标准系列，一种L型，按IEC 60471；一种N型，在本部分附录B中表示；一种Y形，在本部分附录C中表示。

——一种耳环连接标准系列，在本部分附录D中表示。

5 绝缘子连接符号表示

在表1中字母CS表示复合绝缘子，随后的数字表示规定机械负荷(SML)，单位千牛。其后规定了球头、帽窝、扁脚、U形槽、Y形或耳环形连接，用字母B、S、T、C、Y或E或其组合表示，连接字母后规定了连接标记。当绝缘子采用组合连接时，第1个连接字母表示上端连接附件。规定了绝缘子的上端与伞倾角有关，当伞裙为对称分布时，连接字母不分上下，见图1。

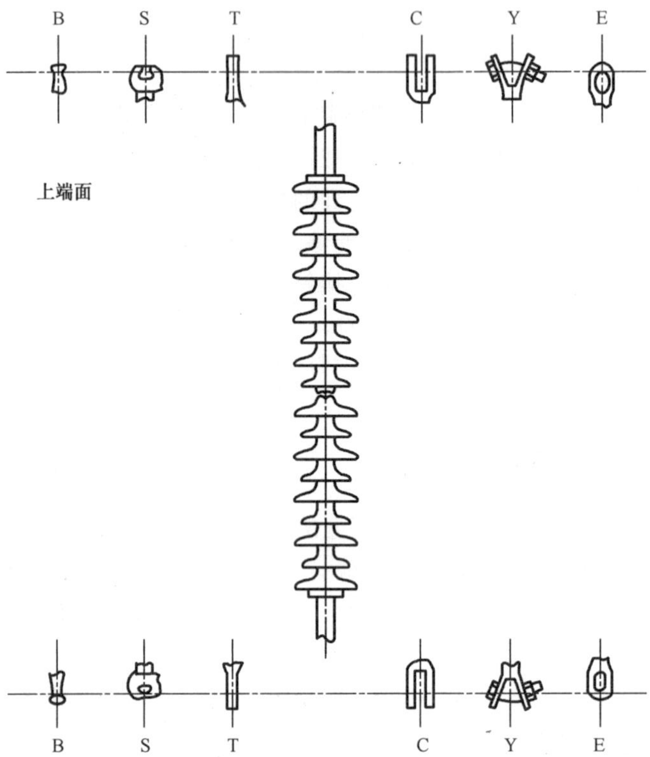

图1 示出连接字母

例如，绝缘子连接符号表示含义是：

CS 120 S16 B16 表示复合绝缘子 SML 等于 120 kN；上端帽窝连接，连接标记 16，尺寸符合 GB/T 4056；下端球头连接，连接标记 16，尺寸符合 GB/T 4056。

CS 120 C19N T19N 表示复合绝缘子 SML 等于 120 kN；上端U形连接，连接标记 19 N，尺寸符合附录B；下端扁脚连接，连接标记 19 N，尺寸符合附录B。

注：上述绝缘子端部附件的连接型式是依据不同标准(即，GB/T 4056 和本部分附录)。

6 标志

每个绝缘子都应清晰和持久地标明制造厂的名称或商标、制造年份、规定机械负荷(SML)，并且每个零部件允许一种方式标志。

7 复合绝缘子串元件

表1给出了复合绝缘子串元件的规定机械负荷值(SML)和与其对应的连接标记。

图1给出的连接字母，可任意组合表示不同的设计。

表 1 绝缘子连接标记

型号	规定机械负荷(SML)	球头和帽窝		U形槽和扁脚		Y形	耳环形
		GB/T 4056.1 连接标记	附录 A 连接标记	GB/T 4056.2 连接标记	附录 B 连接标记	附录 C 连接标记	附录 D 连接标记
CS 40	40	11	—	—	—	—	—
CS 70	70	16	16 N	13 L	16 N	16(19)	17(24)
CS 100	100	16	16 N	16 L	16 N(19 N)	19	24
CS 120	120	16(20)	18 N	16 L	16 N(19 N)	19	24
CS 160	160	20	22 N	19 L	19 N(22 N)	22	25
CS 210	210	20(24)	22 N	(19 L)22 L	22 N	22	25
CS 300	300	24	—	25 L	—	—	—
CS 400	400	28	—	28 L	—	—	—
CS 530	530	32	—	32 L	—	—	—
注：括号内为非优先连接标记。							

附　录　A
（规范性附录）
球窝连接，系列 N

A.1　总则

本附录适用于复合绝缘子串元件的连接。

本附录规定了球窝连接系列尺寸，其能与现有绝缘子装配互换，与北美实用的一致，并且复合绝缘子串元件能与各制造厂提供的金具装配。

A.2　尺寸

示出了球窝连接尺寸，有关通规和止规见图 A.1～A.7。

表 A.1～A.6 分别给出了图 A.1～图 A.6 所有尺寸，均以毫米表示，所示尺寸是经表面处理后的成品。例如：热镀锌。

帽窝的外表面尺寸不规定，因所有其他尺寸取决于所用材料的机械特性。本部分仅涉及连接装配必要的尺寸。

通常，球头用锻钢制造，帽窝用可锻铸铁或球墨铸铁或锻钢制造。如果其他材料的机械特性符合本部分中表 1 的规定值，且也可使用。

注：以英寸转换尺寸。

A.3　量规的结构特征

材料的选择、硬度、表面粗糙度、表面处理和制造方法，各制造者可能各不相同。因此，下列推荐仅作为一般导则：

——材料应是经油淬火的不收缩钢；

——洛氏 C 级硬度的数值应是 62～63，以减少变形和磨损；

——表面粗糙度应小于 4 μm；

——在一定情况下，表面镀硬质铬可提高耐磨性。

A.4　附录方案

本附录球窝连接包括三种标准尺寸，随后的字母 N 为北美惯用尺寸。

A.5　符号表示

以球头连接的杆径标记球窝连接，用毫米表示，随后加上字母 N。

A.6　球头连接量规（见图 A.1～图 A.5）

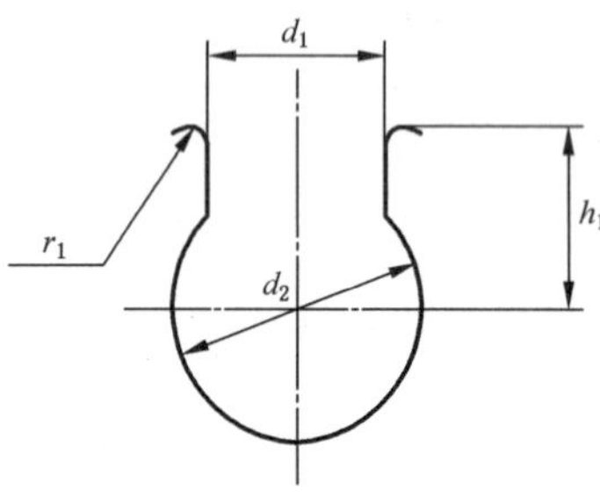

图 A.1　球头连接止规尺寸

表 A.1 球头连接止规尺寸

球头连接标记	量规轮廓	尺寸按图 A.1			
		d_1	d_2	h_1	r_1
16 N	最小	15.748	—	—	—
	公称	15.748	20.638	14.288	1.588
	最大	15.753	—	—	—
18 N	最小	17.399	—	—	—
	公称	17.399	20.638	14.288	1.588
	最大	17.404	—	—	—
22 N	最小	21.565	28.448	—	1.473
	公称	21.590	28.575	19.050	1.600
	最大	21.615	28.702	—	1.727

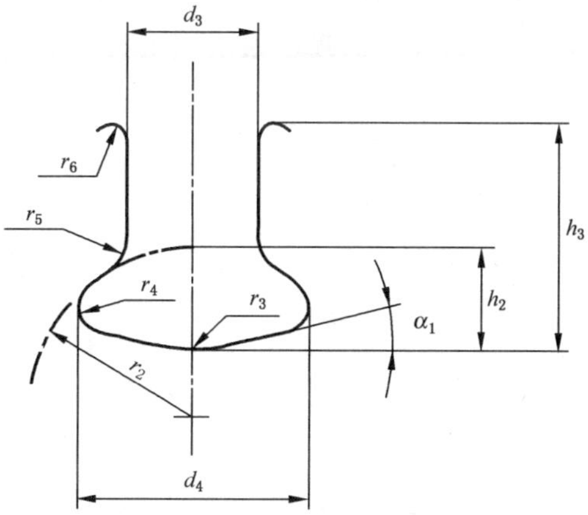

图 A.2 球头连接通规尺寸

表 A.2 球头连接通规尺寸

球头连接标记	量规轮廓	尺寸按图 A.2									
		d_3	d_4	h_2	h_3	r_2	r_3	r_4	r_5	r_6	α_1
16 N	最小	18.867	33.325	14.122	30.607	23.241	6.223	2.997	3.048	1.905	—
	公称	18.872	33.376	14.224	30.607	23.368	6.350	3.124	3.175	2.032	11.5
	最大	18.872	33.376	14.224	30.734	23.368	6.477	3.124	3.175	2.159	—
18 N	最小	18.867	33.325	14.122	30.607	23.241	6.223	2.997	3.048	1.905	—
	公称	18.872	33.376	14.224	30.607	23.368	6.350	3.124	3.175	2.032	11.5
	最大	18.872	33.376	14.224	30.734	23.368	6.477	3.124	3.175	2.159	—
22 N	最小	23.647	43.078	18.440	36.525	32.055	3.963	5.004	—	1.905	—
	公称	23.673	43.104	18.491	36.576	32.106	4.089	5.055	3.962	2.032	9.5
	最大	23.698	43.129	18.542	36.627	32.156	4.216	5.105	—	2.159	—

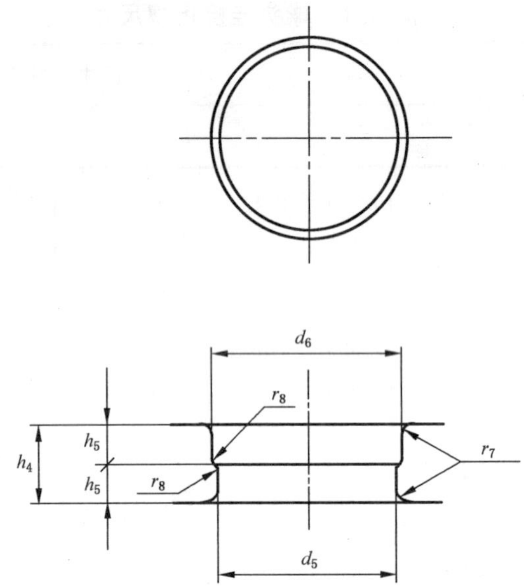

图 A.3 球头连接通规和止规尺寸

表 A.3 球头连接通规和止规尺寸

球头连接标记	量规轮廓	尺寸按图 A.3					
		d_5	d_6	r_7	r_8	h_4	h_5
16 N	最小	31.598	33.350	—	—	—	—
	公称	31.598	33.376	1.588	0.397	12.700	6.350
	最大	31.623	33.376	—	—	—	—
18 N	最小	31.598	33.350	—	—	—	—
	公称	31.598	33.376	1.588	0.397	12.700	6.350
	最大	31.623	33.376	—	—	—	—
22 N	最小	40.843	43.104	—	—	—	—
	公称	40.869	43.129	0.397	0.397	12.700	6.350
	最大	40.894	43.155	—	—	—	—

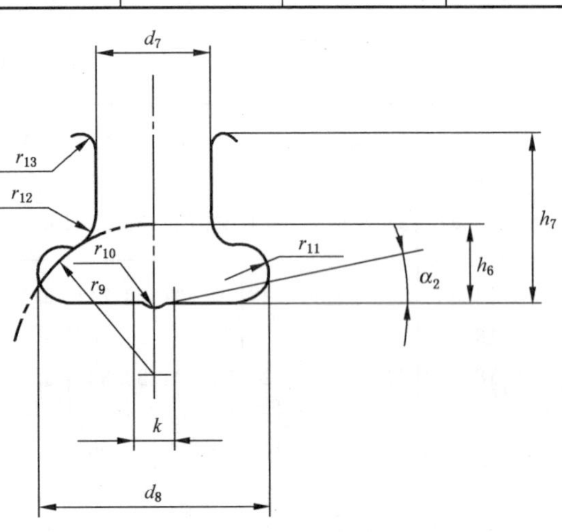

图 A.4 球头连接止规尺寸

表 A.4　球头连接止规尺寸

球头连接标记	量规轮廓	尺寸按图 A.4										
		d_7	d_8	h_6	h_7	r_9	r_{10}	r_{11}	r_{12}	r_{13}	k	α_2
16 N	最小	18.923	—	12.573	25.781	23.368	3.175	—	—	1.905	—	—
	公称	18.923	38.100	12.573	25.908	23.368	3.302	4.366	3.175	2.032	6.350	11
	最大	18.928	—	12.675	26.035	23.495	3.429	—	—	2.159	—	—
18 N	最小	18.923	—	12.573	25.781	23.368	3.175	—	—	1.905	—	—
	公称	18.923	38.100	12.573	25.908	23.368	3.302	4.366	3.175	2.032	6.350	11
	最大	18.928	—	12.675	26.035	23.495	3.429			2.195	—	—
22 N	最小	23.698	47.498	16.713	36.195	32.055	3.175	4.648	—	1.905	—	—
	公称	23.724	47.625	16.764	36.322	32.106	3.302	4.775	4.064	2.032	6.350	9.5
	最大	23.749	47.752	16.815	36.449	32.156	3.429	4.902	—	2.159	—	—

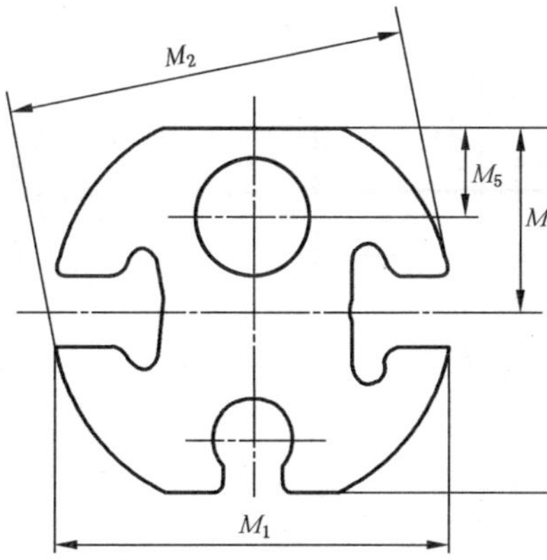

图 A.5　16 N 和 18 N 大小球头连接量规尺寸

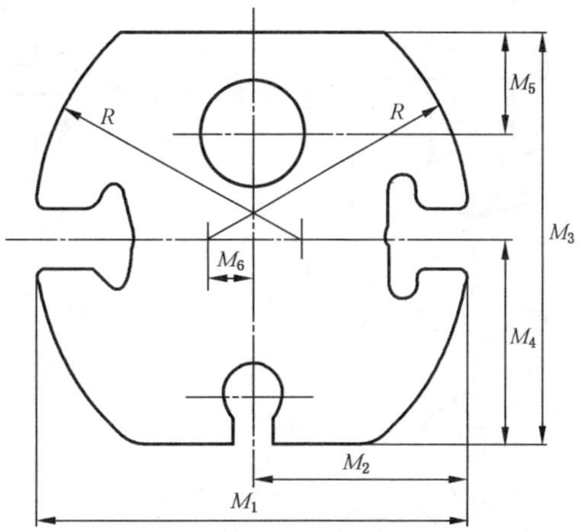

图 A.6　22 N 大小球头连接量规尺寸

表 A.5　球头连接量规尺寸

球头连接标记	量规轮廓	尺寸按图 A.5,图 A.6						
		M_1	M_2	M_3	M_4	M_5	M_6	R
16 N	公称	110	111	98	49	24	—	—
18 N	公称	110	113	98	49	24	—	—
22 N	公称	140	70	127	64	32	15	90
注：每一量规的厚度是 12.7 mm。								

A.7 球窝连接量规(见图 A.7)

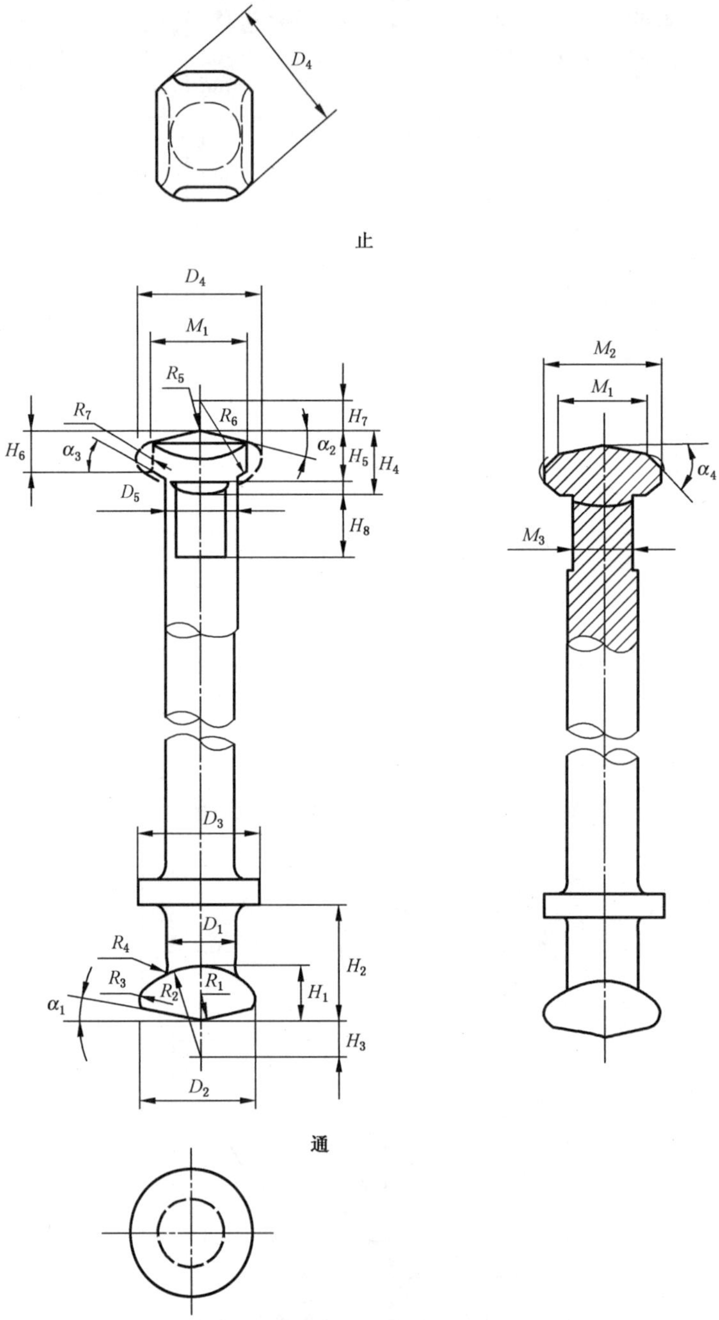

图 A.7 帽窝连接量规尺寸

表 A.6 帽窝连接通规尺寸

帽窝连接标记	量规轮廓	尺寸按图 A.7										
		D_1	D_2	D_3	H_1	H_2	H_3	R_1	R_2	R_3	R_4	α_1
16 N	最小	19.177	33.401	—	14.249	30.556	—	9.525	23.393	3.277	—	—
	公称	19.177	33.401	34.138	14.249	30.607	9.144	9.525	23.393	3.277	3.175	11
	最大	19.202	33.452	—	14.300	30.607	—	9.652	23.520	3.378	—	—
18 N	最小	19.177	33.401	—	14.249	30.556	—	9.525	23.393	3.277	—	—
	公称	19.177	33.401	34.138	14.249	30.607	9.144	9.525	23.393	3.277	3.175	11
	最大	19.202	33.452	—	14.300	30.607	—	9.652	23.520	3.378	—	—
22 N	最小	24.613	43.155	50.673	18.593	36.449	—	6.299	32.256	5.105	—	—
	公称	24.638	43.180	50.800	18.618	36.474	13.589	6.350	32.207	5.131	4.064	9.5
	最大	24.663	43.205	50.927	18.644	36.500	—	6.401	32.258	5.156	—	—

球窝连接标记	量规轮廓	尺寸按图 A.7															
		D_4	D_5	H_4	H_5	H_6	H_7	H_8	M_1	M_2	M_3	R_5	R_6	R_7	α_2	α_3	α_4
16 N	最小	35.662	20.803	15.824	—	—	—	—	26.797	33.350	16.993	9.500	24.511	3.835	—	—	—
	公称	35.712	20.828	15.875	12.700	9.906	8.763	19.447	26.848	33.401	17.018	9.627	24.638	3.937	11	30	45
	最大	35.712	20.828	15.875	—	—	—	—	26.848	33.401	17.018	9.627	24.638	3.937	—	—	—
18 N	最小	35.662	20.803	15.824	—	—	—	—	26.797	33.350	16.993	9.500	24.511	3.835	—	—	—
	公称	35.712	20.828	15.875	12.700	9.906	8.763	19.447	26.848	33.401	17.018	9.627	24.638	3.937	11	30	45
	最大	35.712	20.828	15.875	—	—	—	—	26.848	33.401	17.018	9.627	24.638	3.937	—	—	—
22 N	最小	46.660	26.899	—	17.729	—	—	—	34.671	43.155	22.225	6.350	34.036	5.867	—	—	—
	公称	46.685	26.924	20.726	17.780	—	13.360	28.575	34.696	43.180	22.352	6.401	34.087	5.918	9.5	—	45
	最大	46.711	26.949	—	17.831	—	—	—	34.722	43.205	22.479	6.452	34.138	5.969	—	—	—

附 录 B
（规范性附录）
槽形连接，系列 N

B.1 总则

本附录适用于复合绝缘子串元件的连接。

本附录规定了槽形连接系列尺寸，准许其与连接销的轴线垂直连接，避免绝缘子受到弯曲力，并且复合绝缘子元件能与各制造厂提供的金具装配。

B.2 尺寸

表 B.1 给出了图 B.1 的所有尺寸，均以毫米表示，所示尺寸是经表面处理后的成品。例如：热镀锌。

不规定 U 形槽外部的尺寸，因其取决于所用材料的机械特性。因此，也不规定连接销的长度，除非另有协议，连接销和 U 形槽帽应同时交货。锁紧装置，例如螺母或开口销应在锁紧位置插入销孔。本部分仅涉及连接装配必要的尺寸。

通常，U 形槽帽用可锻铸铁或球墨铸铁或锻钢制造，扁脚用锻钢制造。如果其他材料的机械特性符合本部分中表 1 的规定值，且也可使用。

注：本系列的连接尺寸是基于 IEC 60471-C 系列，除非允许与连接销垂直连接。

B.3 附录方案

本附录槽形连接包括三种标准尺寸，其为北美惯用尺寸。

B.4 符号表示

以 U 形槽和扁脚与之相配合的连接销的直径标记槽形连接，以毫米表示，随后加上字母 N。

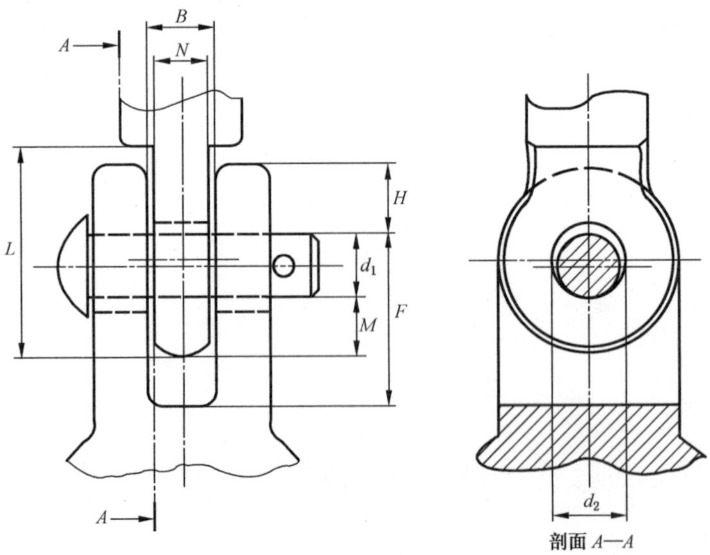

图 B.1 槽形连接尺寸

表 B.1 槽形连接尺寸

标记		16 N			19 N			22 N		
尺寸/mm		最小	公称	最大	最小	公称	最大	最小	公称	最大
连接销直径	d_1	15.5	16	16.3	18.6	19	19.4	21.8	22	22.6
U形槽和扁脚的孔	d_2	16.7	17.5	18.3	19.8	20.6	21.4	23	23.8	24.5
扁脚厚度	N	—	—	14.3	—	—	20.6	—	—	23.8
U形槽开口	B	17.5	—	—	22.2	—	—	25.4	—	—
扁脚	M	—	—	14.3	—	—	14.3	—	—	15.9
U形槽	F	32.9	—	—	36.2	—	—	40.9	—	—
U形槽	H	—	—	16.5	—	—	21	—	—	23
扁脚	L	48	—	—	56	—	—	63	—	—

附 录 C
（规范性附录）
Y 形 连 接

C.1 总则

本附录适用于复合绝缘子串元件的连接。

本附录规定了 Y 形连接系列尺寸，准许其与连接销轴线垂直且纵向连接，避免绝缘子受到弯曲力，并且复合绝缘子元件能与各制造厂提供的金具装配。

C.2 尺寸

表 C.1 给出了图 C.1 和图 C.2 的所有尺寸，均以毫米表示，所示尺寸是经表面处理后的成品。例如：热镀锌。

不规定 Y 形帽的外部尺寸，因其取决于所用材料的机械特性。因此，也不规定连接销的长度，除非另有协议，连接销和 Y 形帽应同时交货。锁紧装置，例如螺母或开口销应在锁紧位置插入销孔。本部分仅涉及连接装配必要的尺寸。

通常，Y 形帽用可锻铸铁或球墨铸铁或锻钢制造。如果其他材料的机械特性符合本部分中表 1 的规定值，且也可使用。

C.3 附录方案

本附录包括 Y 形连接的三种标准尺寸，其为北美惯用尺寸。

C.4 符号表示

以 Y 形与之相配合的连接销的直径标记 Y 形连接，以毫米表示。

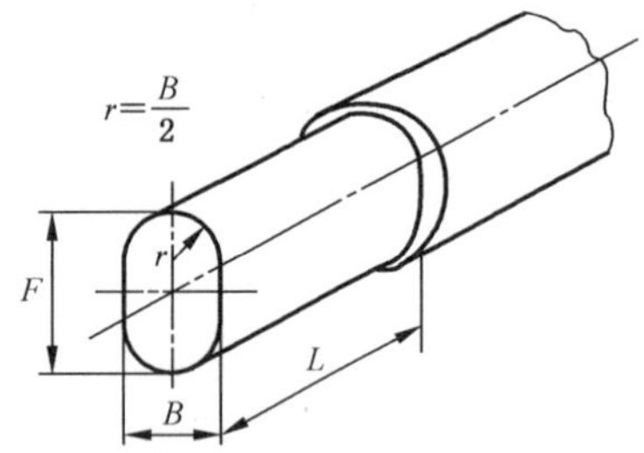

图 C.1 Y 形量规尺寸

量规应通过下图所示的位置

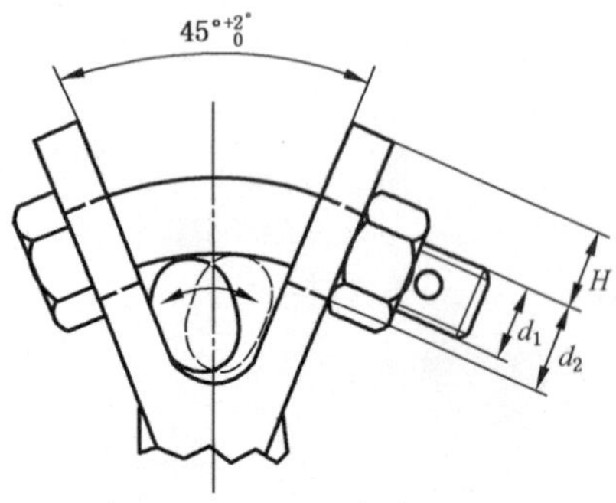

图 C.2 Y 形连接的尺寸

表 C.1 Y 形连接的尺寸

标记		16			19			22		
尺寸/mm		最小	公称	最大	最小	公称	最大	最小	公称	最大
连接销直径	d_1	15.5	16	16.3	18.6	19	19.4	21.8	22	22.6
Y 形孔	d_2	18.5	19	19.3	22.5	23	23.5	26.5	27	27.5
Y 形槽	H	—	—	16.5	—	—	21	—	—	23
量规宽	B	15.9	16	16.1	20.9	21	21.1	23.9	24	24.1
量规高	F	29.8	30	30.2	31.8	32	32.2	39.8	40	40.2
量规长	L	45	—	—	45	—	—	35	—	—

附　录　D
（规范性附录）
耳环形连接

D.1　总则

本附录适用于复合绝缘子串元件的连接。

本附录规定了耳环形连接系列尺寸，准许其与连接件垂直且纵向连接，避免绝缘子受到弯曲力，并且复合绝缘子元件能与各制造厂提供的金具装配。

D.2　尺寸

表D.1给出了图D.1的所有尺寸，均以毫米表示，所示尺寸是经表面处理后的成品。例如：热镀锌。

因连接部位的尺寸是重要的，故仅规定了耳环的尺寸，所有其他尺寸取决于所使用材料的机械特性。

通常，耳环用锻钢制造，如果其他材料的机械特性符合本部分中表1的规定值，且也可使用。

D.3　附录方案

本附录耳环形连接包括了三种标准尺寸，其为北美惯用尺寸。

D.4　符号表示

以耳环孔的内宽标记耳环连接，以毫米表示。

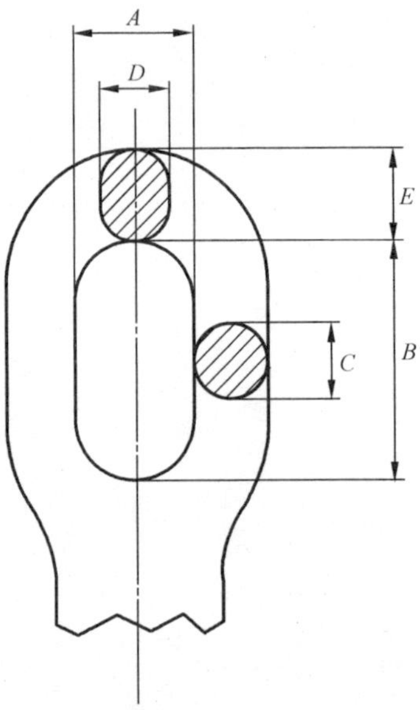

图D.1　耳环形连接尺寸

表 D.1 耳环形连接尺寸

标记		17		24		25	
尺寸/mm		最小	最大	最小	最大	最小	最大
耳环孔宽度	*A*	17	—	24	—	25	—
耳环孔长度	*B*	30	—	48	—	50	—
小柄宽	*C*	—	15	—	19	—	24
上柄宽	*D*	—	15	—	19	—	24
上柄长	*E*	—	18	—	19	—	26

ICS 29.080.10
K 48

中华人民共和国国家标准

GB/T 21429—2008

户外和户内电气设备用空心复合绝缘子定义、试验方法、接收准则和设计推荐

Composite insulators-Hollow insulators for use in outdoor and indoor electrical equipment—Definitions, test methods, acceptance criteria and design recommendations

(IEC 61462:1998,MOD)

2008-01-22 发布　　2008-09-01 实施

中华人民共和国国家质量监督检验检疫总局
中国国家标准化管理委员会　发布

前　言

本标准修改采用 IEC 61462:1998《户外和户内电气设备用空心复合绝缘子　定义、试验方法、接收准则和设计推荐》。

本标准与 IEC 61462:1998《户外和户内电气设备用空心复合绝缘子　定义、试验方法、接收准则和设计推荐》的技术性差异用垂直单线(|)在它们所涉及的条款的页边空白处标识。在资料性附录 D 中给出了技术性差异及其原因的一览表以供参考。为了方便比较，在资料性附录 E 中列出了本标准条款与 IEC 61462:1998 条款的对照一览表。

与其相比较，增加了一项试验：

——设计试验中增加了伞套材料耐电痕化和蚀损的试验，主要是考虑了我国的生产现状和运行要求。

为便于使用，本标准还做了下列编辑性修改：

a) "本国际标准"一词改为"本标准"；

b) 用小数点"."代替作为小数点的逗号"，"；

c) 删除国际标准的前言。

本标准的附录 A 是规范性附录，附录 B、附录 C、附录 D、附录 E 是资料性附录。

本标准由中国电器工业协会提出，由全国绝缘子标准化技术委员会归口。

本标准起草单位：西安电瓷研究所、中国电力科学研究院、武汉高压研究所、福建省电力公司、南通市神马电力科技有限公司、平高集团有限公司、上海 MWB 互感器有限公司、江苏九鼎新材料股份有限公司、北京泛美雷科技有限公司。

本标准主要起草人：党镇平、刘燕生、吴光亚、张俊锋、危鹏、李西育、李婷、马斌、徐卫星、施雪莲、姜鹄、孙闻峰。

本标准为首次制定。

引　言

空心复合绝缘子由起保护作用的弹性伞套和承受机械负荷的绝缘管构成，此负荷由金属附件传递到绝缘管。尽管有这些共同的特点，不同制造厂所使用的材料以及所采用的结构也可能不同。

虽然空心复合绝缘子已使用于各种用途，但有关这类绝缘子的尺寸确定和试验方面仍缺乏经验。

把一些试验归类为“设计试验”，对于相同设计和相同材料的绝缘子仅需进行一次。进行设计试验是为了剔除不适应用于高电压的设计和材料。在规定设计试验时，已考虑了时间对整体的空心复合绝缘子以及它的各组成部分（管材料、伞套材料、介面等）的电气和机械性能的影响，以保证在正常运行条件下有满意的使用寿命。这些条件也可能取决于空心复合绝缘子应用的户内和户外设备，但是此问题还未经讨论。因此，现阶段还不能给出关于伞套和管的壁厚、管的内部与气体或液体绝缘材料间的相互作用以及它们的分解物等方面最低要求的使用导则。有些试验方法由于考虑到一些材料的特殊组合以及特殊的用途还未规定，这些问题需要供需双方协商。

实际使用的空心复合绝缘子包括交流用和直流用两类。作为一种适用于直流设计试验特定的耐电痕化和蚀损的试验程序还没有被确定和认可。为了确立伞套材料耐电痕化的最低要求，采用GB/T 19519中的1 000 h交流耐电痕化和蚀损试验。另一些可适用于模拟或加速严酷环境条件影响的试验正在考虑中。参照我国线路绝缘子的运行和标准要求，本标准增加了伞套材料的耐电痕化和蚀损的要求。

标准给出了设计试验中试品尺寸的最低要求，目前还不能确定会在多大程度上将试验结果转换到主要尺寸不同的相同设计的绝缘子上。

本标准将设计试验和型式试验作了区别，因为对于不同的绝缘子形式，特定设计和特定材料组合的一些一般特性不会改变。在这种情况下设计试验的结果可适用于不同的绝缘子形式。

按GB/T 4585规定的污秽试验通常不适用于空心复合绝缘子，所以本标准不包括该项试验。在非瓷材料制作的绝缘子上进行的污秽试验与运行经验难以对应。非瓷绝缘子的特种污秽试验正在考虑中。

空心复合绝缘子的机械特性与空心瓷绝缘子不同。在机械应力影响下，为了确定绝缘子机械劣化的原因，本标准中引入了应变仪测量。确定劣化原因的其他方法还在研究中（例如声发射测量），但在现阶段还没有其他更好的方法可采用。

本标准涉及了空心复合绝缘子设计和试验中所使用的各种特征压力。术语“最大运行压力”MSP等同于空心瓷绝缘子的其他标准中所使用的术语“设计压力”，但后一个术语本标准不使用，以避免与“设计试验”中所使用的“设计”相混淆。压力设备EC通用状态目前正在制定，它将对压力和温度的一般术语作出定义。当该工作完成时，将考虑本标准中的压力和温度的术语和定义与其协调。

附录B提供了空心复合绝缘子设计和结构的一般推荐。

户外和户内电气设备用空心复合绝缘子 定义、试验方法、接收准则和设计推荐

1 范围

本标准适用于由树脂浸渍纤维制作的承受负荷的绝缘管、弹性材料(例如硅橡胶或乙丙橡胶)制作的伞套(绝缘管外部的)以及绝缘管两端部的金属附件构成的空心复合绝缘子(以下简称“绝缘子”)。本标准中所定义的绝缘子用于内部受压或不受压两种情况。它们用于额定电压高于 1 000 V、频率不高于 100 Hz 的交流电压下运行的户外或户内电气设备或额定电压高于 1 500 V 的直流设备。

本标准的目的为:

——定义所使用的术语;

——规定试验方法;

——规定接收准则。

本标准不规定型式试验或污秽试验的冲击电压或工频电压,因为耐受电压不是绝缘子本身的特性,而是绝缘子最后成为其一个部件的电气设备的特性。

注 1:内部压力指持久气体压力大于 0.05 MPa(0.5 bar)表压。气体可以是干空气或惰性气体,例如六氟化硫、氮气或是这些气体的混合物。

注 2:没有内部压力指气体或液体压力小于或等于 0.05 MPa(0.5 bar)表压。液体静压超过 0.05 MPa 时可协商不同的试验程序。

注 3:绝缘子一般使用在以下电气设备中(但不局限于):

a) 断路器;

b) 负荷开关;

c) 隔离开关;

d) 接地开关;

e) 互感器和电力变压器;

f) 套管。

相关的设备委员会可能会规定附加的试验。

2 规范性引用文件

下列文件中的条款通过本标准中引用而成为本标准的条款。凡是注日期的引用文件,其随后所有的修改单(不包括勘误的内容)或修订版均不适用于本标准,然而,鼓励根据本标准达成协议的各方研究是否可使用这些文件的最新版本,凡是不注日期的引用文件,其最新版本适用于本标准。

GB/T 1182—1996 形状和位置公差 通则、定义、符号和图样表示法(eqv ISO 1101:1996)

GB 1984—2003 高压交流断路器(IEC 62271-100:2001, MOD)

GB/T 4585—2004 交流系统用高压绝缘子的人工污秽试验(IEC 60507:1991,IDT)

GB/T 8287.1—1998 高压支柱瓷绝缘子 第1部分:技术条件(neq IEC 60168:1994)

GB/T 11020—1989 测定固体电气绝缘材料暴露在引燃源后燃烧性能的试验方法(eqv IEC 60707:1981)

GB/T 11022—1999 高压开关设备和控制设备标准的共同技术要求(eqv IEC 60694:1996)

GB/T 16927.1—1997 高电压试验技术 第一部分:一般试验要求(eqv IEC 60060-1:1989)

GB/T 19519—2004 标称电压高于 1 000 V 的交流架空线路用复合绝缘子 定义、试验方法及

验收准则(IEC 61109:1992,MOD)

IEC 60660:1999　标称电压高于 1 000 V 至低于 300 kV 系统用户内有机材料支柱绝缘子的试验

IEC 60068-2-17:1994　基本环境试验程序　第 2 部分:试验　试验 Q:密封

IEC 60865:1995　短路电流　效应计算

IEC 60932:1988　严酷气候条件下用的 1 kV～72.5 kV 封闭开关设备和控制设备的附加要求

IEC 61166:1993　交流高压断路器　交流高压断路器地震评定导则

IEC 62155:2003　额定电压高于 1 000 V 的电器设备用受压和不受压空心瓷和玻璃绝缘子

ISO 3452:1984　非破坏试验　渗透检查　一般原理

3　术语和定义

下列术语和定义适用于本标准。

3.1

空心复合绝缘子　composite hollow insulator

空心复合绝缘子至少由两个绝缘部件即绝缘管和伞套构成。伞套既可由安装在管上的单伞构成(带或不带护套),也可由一段或分若干段直接压接到管上构成。空心复合绝缘子永久地装有紧固装置或端部附件,且从一端到另一端是贯通的。

3.2

管　tube

管是绝缘子的内部绝缘部件,设计用来保证机械特性。管通常是圆柱形或圆锥形的,但也可以具有其他形状(例如鼓形)。管由树脂浸渍纤维制成。这些纤维以某些方式配置,以取得足够的机械强度。可以使用不同纤维的层数以满足特定要求。

3.3

紧固装置或端部附件　fixing device or end fitting

端部附件是绝缘子的部件。它附着于管上以传递机械负荷。

3.4

联接区　coupling zone

将负荷传递到相邻设备(例如,接地支持结构或另一个绝缘子)上的端头附件的那一部分。它不包括管和端部附件间的介面。

3.5

连接区　connection zone

管和紧固装置之间相互传递负荷的那个部分。

3.6

外套和伞裙　housing and sheds

外套和伞裙是绝缘子的外绝缘部分,它提供了必需的爬电距离并保护管免受环境影响。绝缘子的某些结构在管和伞间可能采用绝缘材料制作的护套。这个护套可作为外套的一个部分对待。

伞是从外套上伸出的绝缘部件,以增大爬电距离。

3.7

介面　interface

介面是不同材料间或相同材料的不同部件间的表面。在大多数绝缘子中出现了各种介面,例如:

——玻璃纤维和浸渍树脂间;

——管和外套间;

——外套的不同部件间:伞间或伞和护套间;

——外套、管和端部附件间。

3.8

管在机械应力下的损伤极限　damage limit of the tube under mechanical stress

损伤极限是在室温下能够施加的机械负荷界限(压力、弯曲负荷),在该负荷下复合管上没有微小的损伤。施加这样的负荷意味着管处在可逆的弹性阶段。如果超过了管的损伤极限,管就处在不可逆的塑性阶段,即管出现了永久损伤,但这种损伤可能是肉眼看不见的(定量定义见附录C)。

3.9

规定机械负荷　specified mechanical load

SML

规定机械负荷是由制造者规定的用于机械试验的负荷,通常是在室温下施加弯曲负荷。它是考虑外部负荷时绝缘子选用的基础。

3.10

最大机械负荷　maximum mechanical load

MML

最大机械负荷是绝缘子在运行条件下和在使用它的设备上预期施加的最大机械负荷。此负荷由设备制造者规定。

3.11

弯曲负荷下的偏移　deflection under bending loads

绝缘子在弯曲负荷下的偏移是绝缘子在弯曲试验期间在自由端测得的绝缘子的最大偏移,偏移—负荷关系由制造者确定。

3.12

残余偏移　residual deflection

残余偏移是绝缘子负荷施加前最初的偏移和负荷释放后最终的偏移间的差。残余偏移的测量是用来与应变仪的测量相比较。

3.13

规定内压力　specified internal pressure

SIP

规定内压力是由制造者规定的内部压力,在室温下型式试验期间检验。此规定内压力构成了绝缘子与内部压力有关的选用基础。

3.14

最大运行压力　maximum service pressure

MSP

最大运行压力是当设备(绝缘子是该设备的一个部件)在最高环境温度下通过额定标称电流(见GB/T 11022—1999)时的最大绝对压力与正常外部压力间的差。绝缘子的最大运行压力由设备制造者规定。

注：最大运行压力(*MSP*)等同于空心瓷绝缘子(IEC 62155:2003)中所使用的“设计压力”。

3.15

额定温度　specified temperature

额定温度是绝缘子管内部允许的最高和(或)最低温度,由制造者规定。

3.16

制造者　manufacturer

生产绝缘子的个人或组织。

3.17

设备制造者　equipment manufacturer

生产使用绝缘子的电气设备的个人或组织。

4 各机械负荷间的关系

4.1 绝缘子外部的负荷

施加于绝缘子上的机械负荷见表1。

表1 施加于绝缘子上的机械负荷

负　　荷	关　系	管处在：
最大机械负荷(*MML*)，由设备制造者设计	≤0.4×*SML*	可逆的弹性阶段
损伤极限	>1.5×*MML*	可逆的弹性阶段
型式试验弯曲负荷	=2.5×*MML*	不可逆的塑性阶段
规定机械负荷(*SML*)	≥2.5×*MML*	不可逆的塑性阶段

负荷概况见图B.1。

4.2 压力

施加于绝缘子的压力见表2。

表2 施加于绝缘子的压力

压　　力	关　系	管处在：
最大运行压力(*MSP*)，由设备制造者设计	≤0.25×*SIP*	可逆的弹性阶段
逐个试验压力	=2.0×*MSP*	可逆的弹性阶段
损伤极限	>2.0×*MSP*	可逆的弹性阶段
型式试验压力	=4.0×*MSP*	不可逆的塑性阶段
规定内压力(*SIP*)	≥4.0×*MSP*	不可逆的塑性阶段

压力概况见图B.2。

5 标志

每个绝缘子应标出制造者的名称或商标以及制造年份。另外为了便于识别，每个绝缘子上还应标出型号和编号。标志应永久清晰。

6 试验的分类

试验分为如下四组：

6.1 设计试验

设计试验是用来验证设计、材料和制造方法(工艺)的适用性。当一种绝缘子通过了此设计试验时，其试验结果对这一类绝缘子都有效，该类绝缘子具有如下特性：

- 管和伞套的材料、设计相同；
- 制造方法相同；
- 附件的材料、设计相同且附着方法相同；
- 管上面的伞套材料(包括所使用的护套)的厚度相同或较厚。

应验明被试绝缘子与给出的标有制造公差的所有尺寸的图样一致。

当设计改变时应按表3重新进行试验。

表3 设计变化时的重复试验

设计有下列改变时		应重新进行下列试验		
		介面(7.2)	伞套(7.3)	管(7.4)
1	伞套材料	×	×	
2	伞套的设计[a]		×	
3	伞套到管的介面(附着方法)	×	×	
4	管材料	×		×
5	管的设计			×
6	伞套制造过程	×	×	
7	管制造过程	×		×
8	金属附件材料	×		
9	金属附件设计[a]	×		
10	伞套到端部附件的介面(附着方法和几何形状)	×	×	
11	连接区(附着方法和几何形状)	×		
[a] 厚度更大时不需要重新进行试验。				

6.2 型式试验

型式试验是用来验证绝缘子的机械特性,该机械特性主要取决于绝缘子的管和端部附件。型式试验应施加于通过了设计试验的那类绝缘子。仅当绝缘子的型式或材料或其制造过程改变时,型式试验才需重新进行。

6.3 抽样试验

抽样试验是验证绝缘子的特性,这些特性取决于其制造质量和所使用材料。它应在提交验收的各批中随机抽取的绝缘子上进行。

6.4 逐个试验

逐个试验是为了剔除有制造缺陷的绝缘子,应在每个绝缘子上进行。

7 设计试验

7.1 总则

设计试验由7.2、7.3和7.4所规定的三部分组成。设计试验仅进行一次,并将结果记录在试验报告中。每一部分试验可以在适当地点独立地用新试品进行。一特定设计的绝缘子仅当所有的绝缘子或试品通过了7.2、7.3和7.4中给定顺序的设计试验时才认为可以接收。

7.2 介面和端部附件连接区的试验

试验应按给定顺序在同一试品上进行。

7.2.1 试品

试验应对在生产线上装配的一个绝缘子进行。管的内径至少应为100 mm,壁厚至少3 mm。其绝缘长度(金属—金属间距)应至少为其管内径的3倍,但不小于800 mm。两端的端部附件连接和密封方式应与一般生产的绝缘子相同。绝缘子应经过第10章规定的逐个试验。

制造者应对试品规定预期的*SML*和*SIP*。

如果制造者仅有制作一个或多个小于上述尺寸值的绝缘子的设备,而且经协商同意并经计算表明不同尺寸管上的最大应力等于或小于被试绝缘子上的最大应力,设计试验可以在等效的绝缘子上进行。介面和端部附件连接试验对此设计有效。

7.2.2 工频干闪络参考电压试验

应按 GB/T 16927.1—1997 确定外部工频干闪络参考电压(U_{ref}),该参考电压应是按 GB/T 16927.1—1997测得的五次闪络电压的平均值。该平均闪络电压应校正到 GB/T 16927.1—1997 所述的标准大气条件。该闪络电压用在一分钟内电压从零线性升高到闪络的方法得到。

应采取措施避免内部闪络,例如充绝缘气体。另一个措施是使用一附加的外部电极,将此电弧距离分割为尽可能相等的两个部分,以确定其闪络电压。

7.2.3 热机械预应力试验

试品按顺序经受四个方向的机械负荷和热的变化。

热的变化由两个热冷循环所组成,一个循环的持续时间应不短于 24 h 且不长于 48 h。冷却期的温度应比加热期所施加的实际值至少低 85 K;但是在冷却期间的最低温度应不低于-50 ℃(见图 1)。每次循环在热阶段温度和冷阶段温度下分别至少应保温选定的一个循环期的 33%。

施加于试品的负荷为 0.5×*SML*±5%。

负荷应垂直于绝缘子的轴线施加,可以直接施加到绝缘子的自由端(见图 2),如果有特殊原因也可施加到离绝缘子自由端一定距离处。当负荷不直接施加到端部附件上时,应对所施加负荷进行校正使得在绝缘子的底部得到相同的弯矩。

施加到试品上的弯曲试验负荷的方向应在与图 1 和图 2 对应的温度范围和时间间隔内改变四次。

为了维护试验设备,试验可以中断,其中断的总持续时间为不超过 4h。任一次中断之后的开始点为该中断循环的起始点。

注:在该试验中的温度和负荷不是用来代表运行条件,它是用来在绝缘子介面处产生特定的可再现的应力。

7.2.4 水浸渍预应力试验

试品应浸入含有 0.1% NaCl(质量分数)的煮沸的蒸馏水中持续 42h(见 GB/T 19519—2004 中 5.1.3.3)。试品的两端可以密封并通以大气压力。

煮沸周期结束时,试品应保留在容器中直至水冷却到约 50 ℃。试品应在此容器中保持这个温度直到按下列顺序进行的验证试验开始。

7.2.5 验证试验

7.2.5.1、7.2.5.2、7.2.5.3 各项试验的时间间隔应能保证这些试验在 48 h 内完成。

7.2.5.1 外观检查

试品应进行外观检查。不允许有裂纹。

7.2.5.2 陡波前冲击电压试验

试品两个端部附件间应装上有尖锐边缘的电极(由夹片构成,例如由大约 20 mm 宽、小于 0.3 mm 厚的铜片制成),使两个端部附件间分成大约 500 mm 或更小的几个部分。这些电极应牢固地置于伞裙间的伞套上。采取措施防止内部闪络。

将陡度不小于 1 000 kV/μs,但不大于 1 500 kV/μs 的冲击电压分别施加于两个相邻电极、绝缘子端部附件和相邻的两电极间。每个部分应承受 25 次正极性冲击和 25 次负极性冲击。

每次冲击将引起电极间试验距离的外部闪络。不应出现击穿。拆除构成几个部分所用的电极。

7.2.5.3 工频干耐受电压试验

使用与 7.2.2 中相同的方法确定试品的工频干闪络电压。闪络电压的平均值应不小于 7.2.2 中对试品测得的 U_{ref}的 90%。试品应耐受 7.2.2 中测得的 U_{ref}的 80%的电压,持续 30 min。

不应出现击穿,并且试验后即刻测得的伞裙间伞套上的温升不应大于 20 K。

7.2.5.4 内压力试验

此试验不适用于无压力运行条件下设计的绝缘子。

试品应进行两个阶段的内压力试验。试品应保持密封。

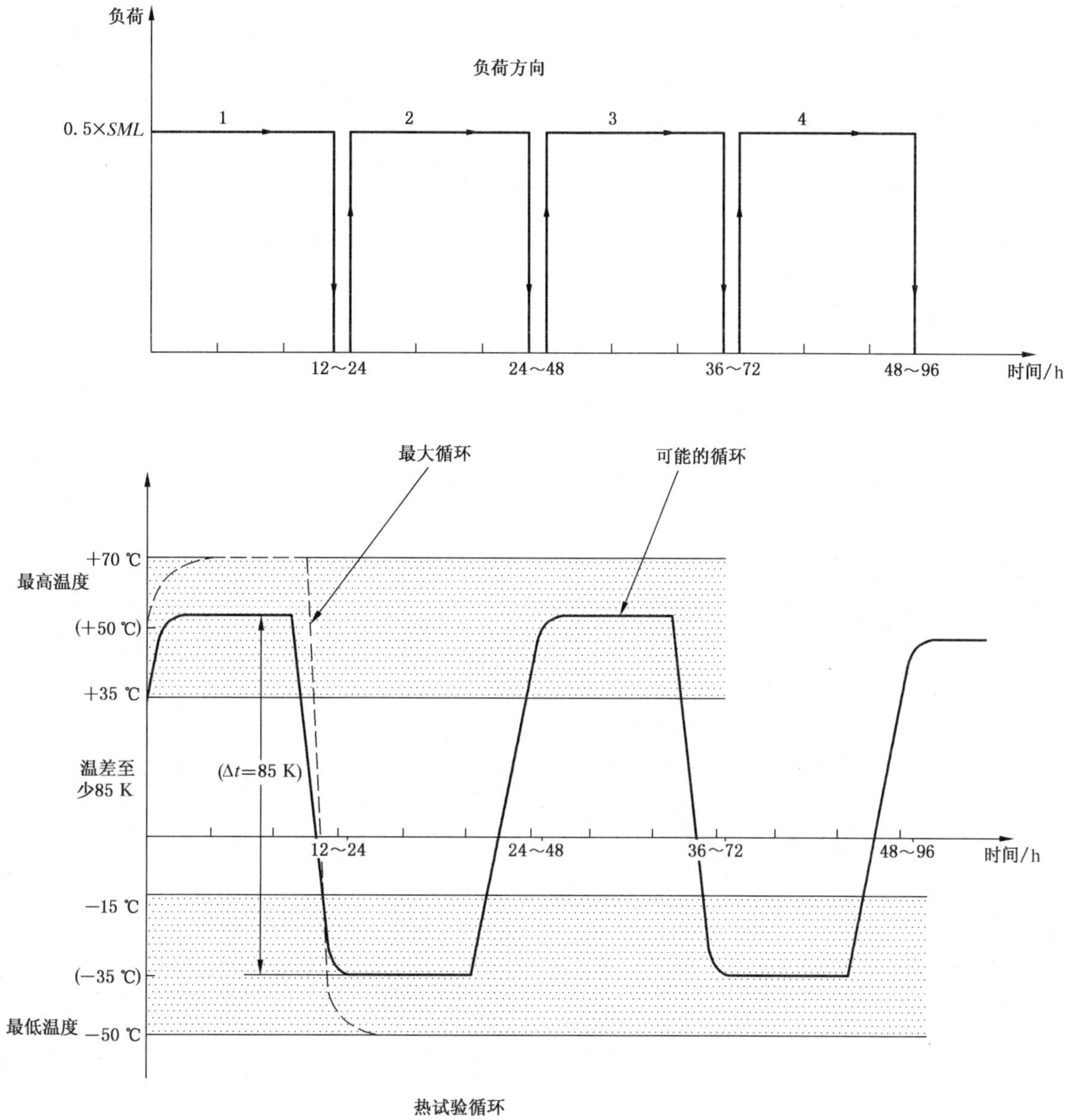

图 1　热机械预应力试验——典型循环

为安全起见，试验开始前，应在室温下用10.3中的程序(逐个压力试验)使试品承受0.5×*SIP*的压力，持续5 min。

a)　第一阶段——气体泄漏试验

应将试品放在容积尽可能小的箱内进行，见图3。用SF_6作压力介质，对试品施加0.25×*SIP*的压力。

使用泄漏仪(精度约$10^{-1}\times10^{-6}$)测量从试品泄漏到周围箱体的气体，此测量应在至少4 h的泄漏率稳定期后至少持续1 h。泄漏率应以体积百分率/年给出。

如果年泄漏率不大于0.5%，则试验通过。

注：泄漏率测量导则可以在IEC 60068-2-17:1994中试验Q_m，试验方法1查到。

b)　第二阶段——水泄漏测量

应施加一内部压力，且内部压力在环境温度下从零升高至规定内压力，维持5 min。内压力介质应是水。如果在5 min后没有破坏，且在图4所示的接合面A和B或管的本身没有水泄漏，则试验通过。该检查应采取适当的安全措施。

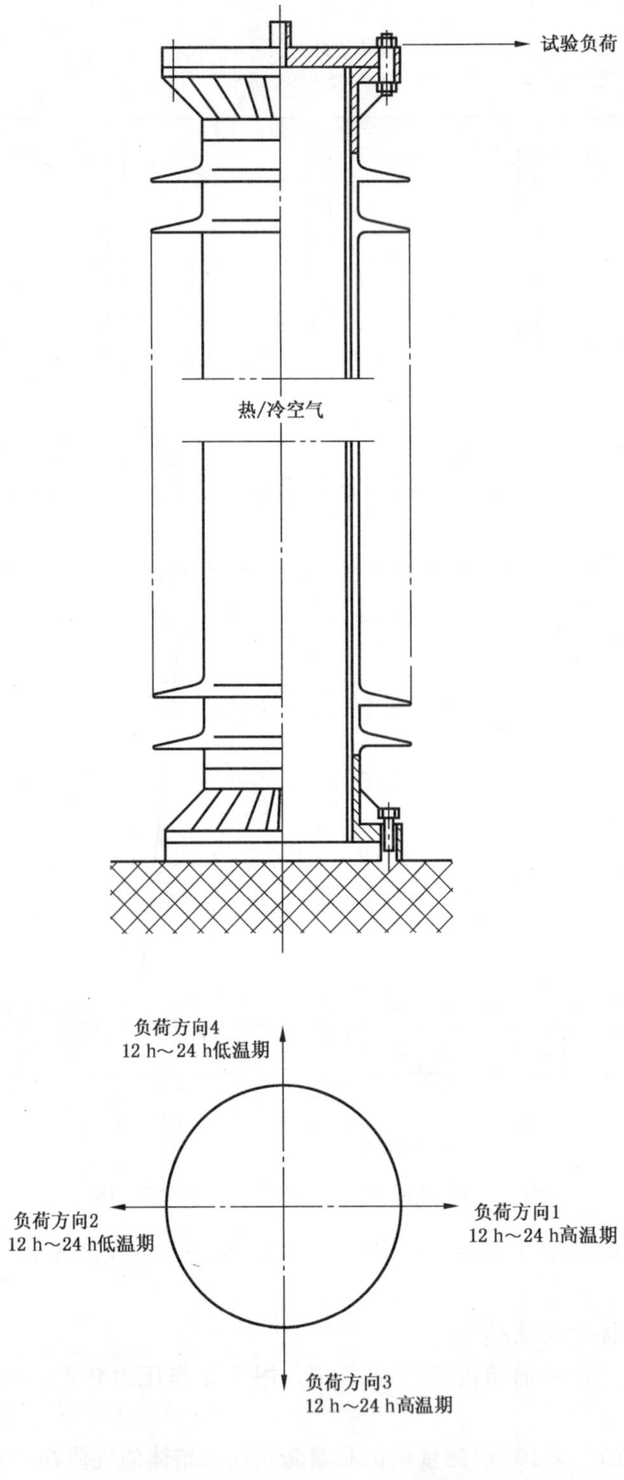

图 2 热机械预应力试验——典型试验安装

7.3 伞套材料试验

7.3.1 电痕化和蚀损试验

本试验仅对户外用绝缘子进行。对户内用情况，由供需双方协议，要求进行适当的表面老化试验(例如见 IEC 60660:1999 和 IEC 60932:1988)。

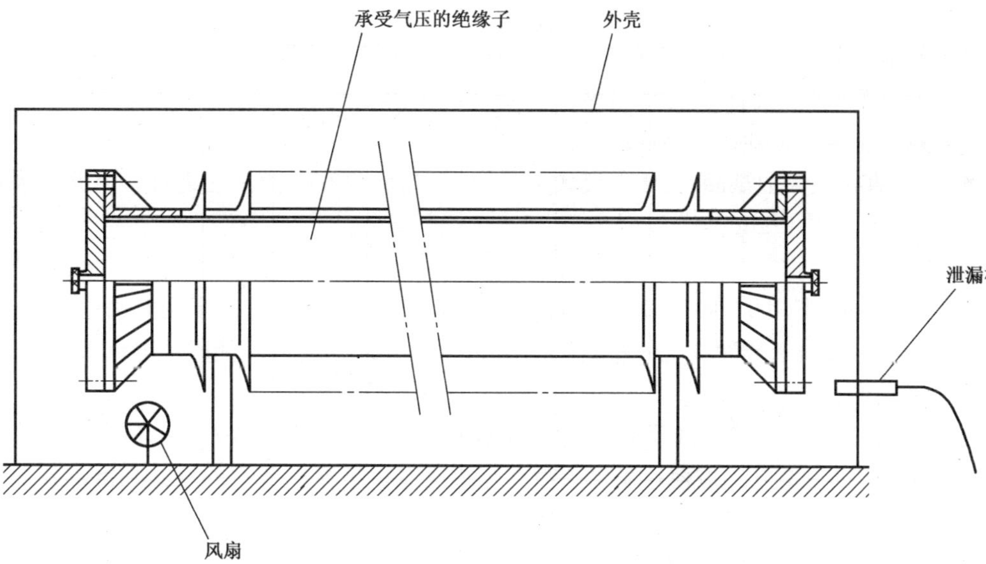

图 3　泄漏率试验的试验装置

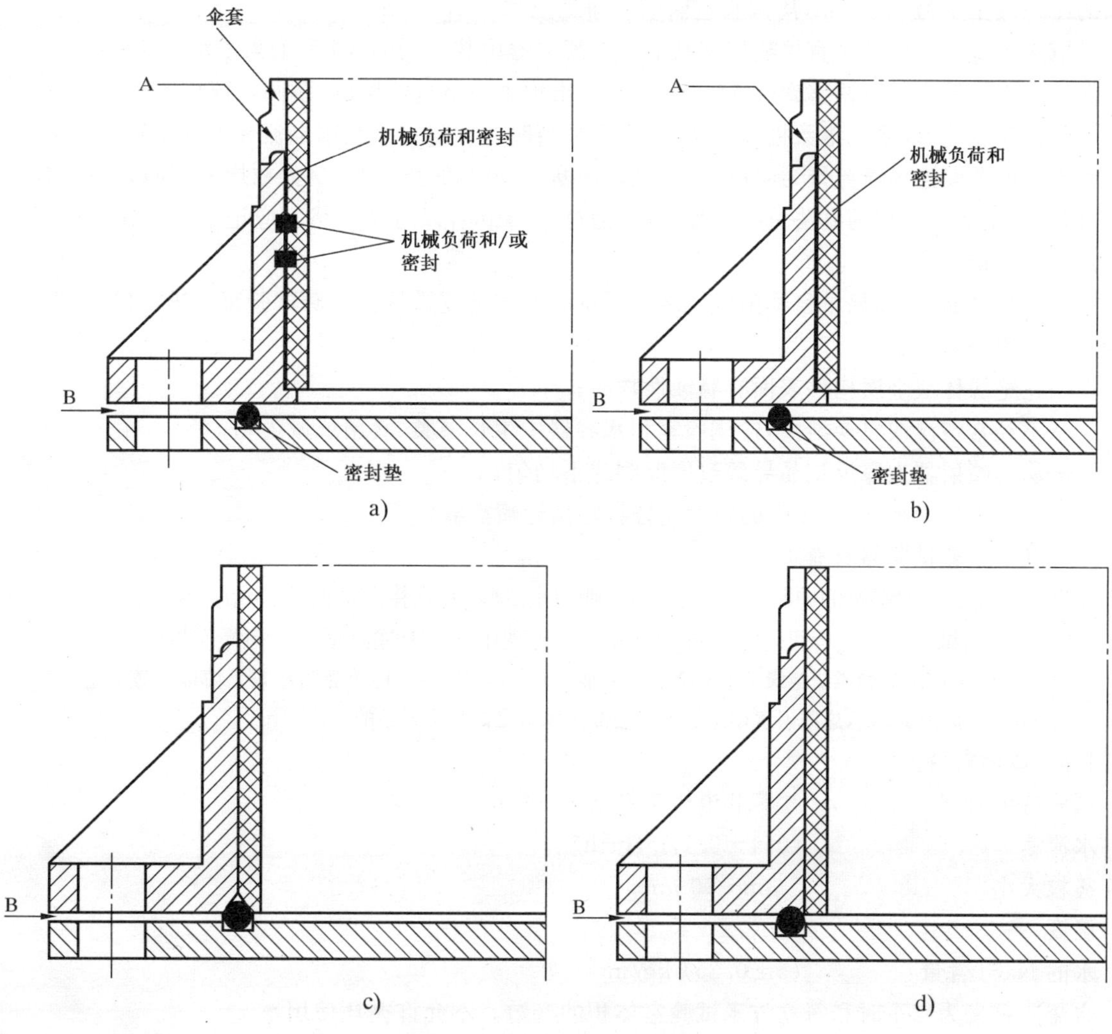

A——接合面密封；

B——密封垫密封。

图 4　绝缘子密封方式举例

7.3.1.1 **试品**

应使用爬电距离在 500 mm～700 mm 间的两个试品，一个水平安装，一个垂直安装。管的外径应至少为 100 mm。端部附件的设计以及端部附件和伞套间的过渡应与一般生产的绝缘子所采用的相同。试品应密封以阻止雾渗透到试品的内腔。

应该注意，对于直径较大的试品，由于电流较大或闪络，此试验有可能不能进行。因此如果可能的话，推荐试品外径应小于 200 mm。

7.3.1.2 **试验程序**

本试验是在盐雾条件下用 14 kV～20 kV 范围内一恒定工频电压进行的限定时间的连续试验，试验电压千伏数由爬电距离毫米数除以统一爬电比距(mm/kV)确定。当高压侧阻性电流负荷为 250 mA (r.m.s)时，试验回路的压降不应超过 5%。

此试验应在潮湿、密封和防锈的试验室中进行，试验室的体积应不超过 10 m^3。应备有一个不大于 80 cm^2 的孔，以便自然排出空气。应使用涡轮式喷雾器或具有恒定喷射能力的室式加湿器作为水的雾化器。

试验开始前应用去离子水清洗试品。

一个试品应水平安装(大约在试验室高度一半处)进行试验，第二个试品应垂直安装。试品离试验室顶的净距应至少为 200 mm，离试验室墙壁的净距至少为 100 mm。

雾应充满试验室但不应直接喷到试品上。在喷雾器中装入用 NaCl 和去离子水配好的盐水。

保护电流初始水平应调整到 1 A(r.m.s)。如出现不闪络过流跳闸，跳闸电流可以增大。应记录跳闸电流的任何变化，以便收集数据和有用经验，在适当时候确定过流跳闸电流和绝缘子直径的关系。

将不带电期间连续喷雾作为限制条件，允许中断达 60 h 的长中断(例如在周末期间)。在这个情况下，电压可以用逐步升高的办法重新施加(例如超过 15 min)，以避免闪络。应记下任一这样的中断，并且不计入试验期。

在大直径试品上，如果重复跳闸或闪络使得试验不能继续进行。应对试验装置进行研究，以确保不出现下面的情况：

——在绝缘体或金属构件表面有腐蚀性物质；

——不经常清洗或更换溶液，使试验室和水容器中生长藻类、真菌或微生物；

——涡轮喷射器太靠近试品导致过度湿润或不均匀；

——用 GB/T 4585—2004 中的喷嘴代替特定涡轮喷雾器；

——绝缘子或试验器材有水滴。

如果出现以上五种情况的中断(跳闸或闪络)，则中止试验，并且将溶液的盐含量减半。用自来水清洗，并在 8h 内重新开始试验。该过程可以重复进行直到不再出现中断。上述测量的任何操作均应作记录。

注：本试验时的闪络不能说明绝缘子的整个污秽性能不良。长度减小、持续受潮和缺乏内部装置是造成应力集中的诸多因素中的一些，这些因素排除了其与全部污秽耐受试验所联系的可能性。

7.3.1.3 **试验条件**

试验持续时间	盐雾和电压条件下 1 000 h
水流速	(0.4±0.1)l/(m^3h)
雾粒大小	5 μm～10 μm
温度	20 ℃±5 K
水的 NaCl 含量	(5±0.25) kg/m^3

水流速定义为每小时和每立方米试验室体积的升数。不允许循环使用水。

试验允许有几次中断以便检查，每次中断不超过 1 h。中断期不应计入试验持续时间。

7.3.1.4 **试验的评定**

如果没有出现电痕化，蚀损没有达到玻璃纤维管，没有出现击穿，则试验通过。管不应显露。

现阶段不可能给出规定允许蚀损裂纹数量的可靠准则。本试验的进一步经验将与运行性能相关。

7.3.2 阻燃性试验

本试验用来检验伞套材料的起燃和自熄灭性能。

7.3.2.1 试验方法

试验按照 GB/T 11020—1989 中 9 方法 FV 进行。

7.3.2.2 试验的评定

如要试品属于 GB/T 11020—1989 中 9.4 定义的 FV0 级，则试验通过。

7.3.3 材料耐电痕化和蚀损的试验

对于不同的电气设备，绝缘子在运行中可能会存在电晕和局部放电所引起的电痕和蚀损。因此用本试验来检验伞套材料耐电痕化和蚀损的能力。对于用于电位梯度比较均匀的电气设备(例如用于：电容式套管、有电位梯度不均匀系数要求的避雷器、电容器等设备)的绝缘子可不进行本项试验。

7.3.3.1 试验方法

对于交流系统用绝缘子，试验方法按照 GB/T 19519—2004 中 5.6 执行。

对于直流系统用绝缘子，将工频电源改为全波整流电源，输出电压波形见图 8。其他仍参照 GB/T 19519—2004规定进行。

7.3.3.2 试验的评定

试品符合 GB/T 19519—2004 中 5.6 的要求，则试验通过。

7.4 管材料的试验(水扩散试验)

水扩散试验应按如下进行以检验管材料抗水渗透的性能。

7.4.1 试品

用金钢石圆形锯片最好在流动的冷水下从生产线绝缘子管上切割 6 个试品。试品在平行于管的轴线方向的长度应为(30±0.5) mm，试品的宽度应为(15±0.5) mm。应除去覆盖在试品上的伞套材料。切割面应用细砂布(颗粒大小 180)磨光。切割端面应清洁和平行。

7.4.2 预应力

试品的表面应在水煮前立即用异丙醇和滤纸擦净。试品应放在玻璃容器内，在含有 0.1% NaCl (质量分数)的去离子水中煮沸(100±0.5) h。在同一容器中一起水煮的应仅是一种管材的试品。水煮容器示例见图 5。

水煮后将样品从该容器中取出，在室温下放入盛有自来水的玻璃容器内至少 15 min。下面叙述的试验应在试品从水煮容器内取出后的 3 h 内进行。

7.4.3 电压试验

电压试验应在图 6 和图 7 所示的布置情况下进行。

电压试验前即刻把试品从自来水中取出并用滤纸擦干其表面。然后将样品置于两电极间。试验电压应以每秒约 1 kV 的速度升高到 12 kV。在 12 kV 的电压下应保持 1 min，然后降压。

7.4.4 试验的评定

电压试验期间不应出现击穿或表面闪络。整个试验期间的电流不应超过 1 mA(r.m.s)。

8 型式试验(仅机械试验)

本试验包括压力试验(仅对受压力的绝缘子)和弯曲试验。

8.1 总则

一种绝缘子型式，在机械上可由管的内径、管的壁厚、管的叠层参数、端部金属附件的材料和连接方法以及制造过程所决定。仅对于两端部附件间的长度与直径比小于 2 的绝缘子，其长度可确定其型式。

为验证绝缘子的机械强度，试验应在室温下，用验证管的可逆和不可逆状态之间界限的方法进行(见附表 C)。

单位为毫米

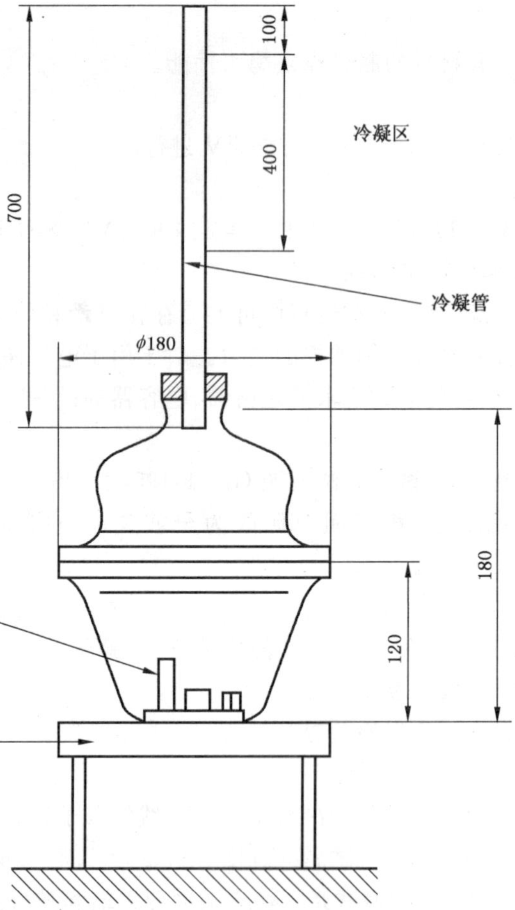

图 5 水扩散试验用水煮容器举例

单位为毫米

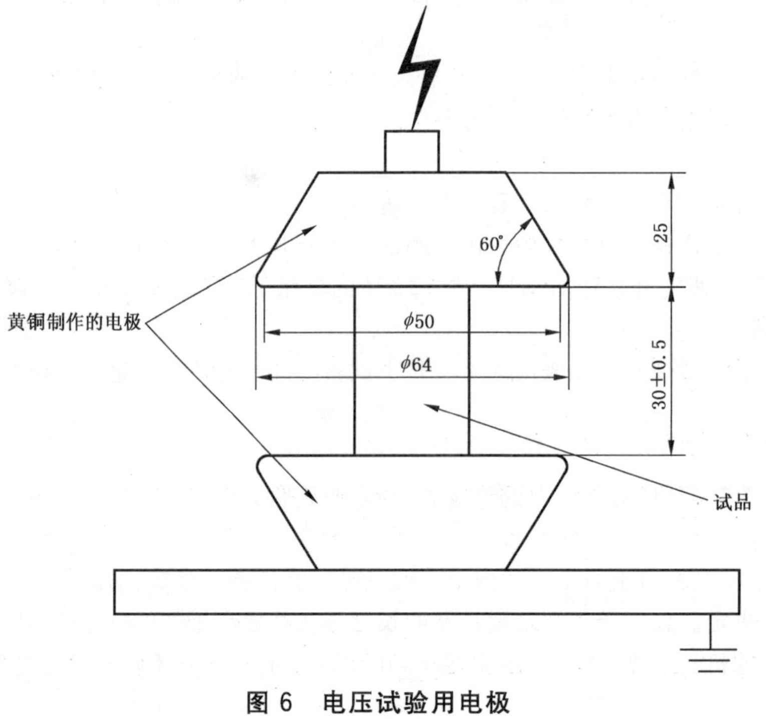

图 6 电压试验用电极

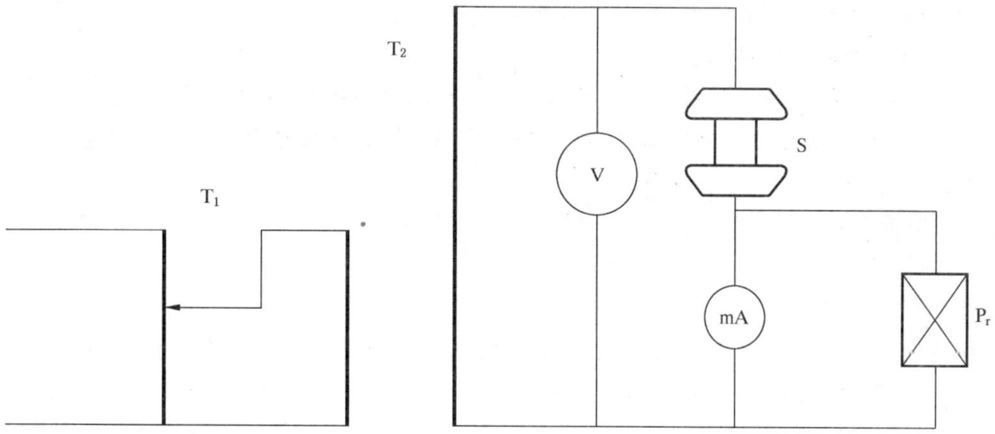

T_1——调压器；

T_2——高压试验变压器；

V——高电压测量；

mA——毫安表；

P_r——毫安表的保护装置；

S——试品电极。

图 7　电压试验电路

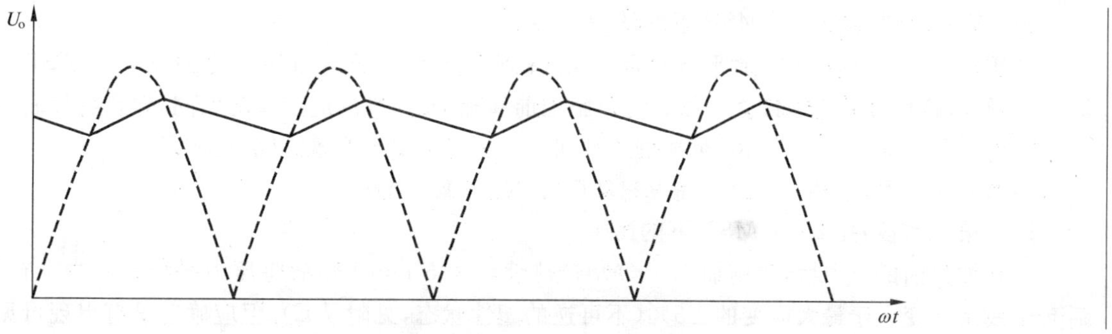

图 8　全波整流电源输出电压波形图

经过了型式试验的绝缘子不应在运行中使用。

弯曲力应垂直于绝缘子轴线施加，可以直接加到绝缘子的端面(见图 2)，如果有特殊原因，也可施加到离绝缘子顶端附件端面一段距离处。

8.2　试品

试品应是两个完整长度的绝缘子或两个较短的绝缘子，但后者在其他方面应等同于生产线上制作的绝缘子，且长度(金属—金属间距)应不小于 800 mm。两个端部附件应与生产线上绝缘子所使用的相同。本试验所用绝缘子试品应装有伞套。

8.3　试品的准备

分别按 8.4.1 和 8.4.2，在一个试品上进行内压力试验，另一个试品上进行弯曲试验(见图 C.1)。每个试品都应装上 2 个电阻应变片(例如最终伸长率大于或等于 2%，阻抗大于或等于 120 Ω，长度小于或等于 12 mm)。应除去局部伞套以便将应变片固定到管的外侧。

a)　对于内压力试验

应变片的位置应为：

- 管的外侧或内侧；

- 一个应变片平行于管的轴线，另一个应变片垂直于管的轴线；
- 两个端部附件间管的中部。

内压力试验时，试品应垂直安装。试品的两端应装有端盖并密封，端盖上应装有能使内压力介质进入和排出的装置。内压力介质应是气体或液体，该介质除对管施加机械力外不产生其他影响。

b） 对于弯曲试验

应变片的位置应为：

- 管的内侧或外侧；
- 平行于管的轴线；
- 置于靠近绝缘子固定端部位，通常其中心离端部附件口 30 mm，以便排除端部附件的影响；
- 弯曲力的平面上并且在径向对应位置处。

注：应力模拟或试验研究可用来确定最大应变区域，从而选择应变片放置的最佳位置。但是应该注意，简单的分析计算方法可能会引导得出错误的结果。

弯曲试验中试品的一个端部附件应牢固地固定。弯曲力应施加于另一个附件上，与试品轴线大约成 90°。弯曲力应施加到该端部附件上或接近于该端部附件，注意使力的作用点保持固定。

8.4 试验程序

一个试品按 8.4.1 所述经受内压力试验，另一个试品按 8.4.2 所述经受弯曲试验。

8.4.1 内压力试验

本试验分两个阶段进行，也可能分三个阶段进行。设计用于无压力运行条件下的绝缘子无需进行本试验。

a） 第一阶段：在 2.0×*MSP* 下的试验

内压力在室温下应迅速而平稳地从零增加到 2.0×*MSP*。当压力达到 2.0×*MSP* 时应保持 5 min。然后将压力平稳地卸去。如在压力施加前和施加后，管的应变情况相同，即应变片表明，管的残余应变在最大应变的±5%以内（可逆的弹性状态），就表明没有出现损伤（见附录 C）。

注：数值±5%是作为指导给出的。将来积累了经验后它可能会被修改。

b） 第二阶段：在 4.0×*MSP* 下的试验

在施加先前的压力后，再施加 4.0×*MSP* 持续至少 5 min。然后将压力平稳地卸去。在压力施加后允许残余应变大于最大应变的±5%（不可逆的塑性状态，见附录 C），但应确定没有出现可见损伤。

注：数值±5%是作为指导给出的。将来积累了经验后它可能会被修改。

c） 第三阶段：在 *SIP* 水平下

如果有附加要求，应使用第二阶段的程序，施加规定内压力 5 min。应记录所有数据。允许有明显的损伤（不可逆的塑性状态）。

8.4.2 弯曲试验

对同一试品进行弯曲试验，试验可分三个阶段也可能是四个阶段进行。

a） 第一阶段：在最大机械负荷下的试验

弯曲负荷应在 30 s 内从零平稳地增加到最大机械负荷。当达到最大机械负荷时，应至少持续30 s。在此期间内测量偏移。将弯曲负荷完全地卸去并记录残余偏移。

b） 第二阶段：在 1.5×*MML* 下的试验

弯曲负荷应在 30 s 内从零平稳地增加到 1.5×*MML*，并在此负荷下持续至少 60 s。在此期间内测量偏移。然后将负荷平稳地卸去并记录残余偏移。如在负荷施加前和施加后，管的应变相同，即应变计表明，管的残余应变在最大应变的±5%以内（可逆的弹性阶段），就表明没有出现损伤（见附录 C）。

当负荷卸除到零以后应检查端部附件是否开裂或破坏。

注：数值±5%是作为指导给出的。将来积累了经验后它可能会被修改。

c） 第三阶段：在 2.5×*MML* 下的试验

在第二阶段完成后，应再施加弯曲负荷。该负荷应在 90 s 内从零平稳地增加到 2.5×*MML*，并在该值下持续至少 60 s。然后负荷应平稳地卸除。

在负荷施加以后允许残余应变大于最大应变的±5%（不可逆的塑性阶段），但应确定没有出现可见的损伤（见附录 C）。

注：数值±5%，是作为指导给出的。将来积累了经验后它可能会被修改。

d) 第四阶段：在 *SML* 下的试验

如果有附加要求，应采用第三阶段的程序施加规定机械负荷，至少持续 60 s。应记录所有数据。允许出现可见损伤（不可逆的塑性阶段）。

8.5 接收准则

如果满足下列条件，则试验通过：

- 没有出现管的破坏或抽出，没有出现端部附件的破坏；
- 在内压力试验期间施加 2.0×*MSP* 后和在弯曲试验期间施加 1.5×*MML* 后，据应变片指示，没有发现管的不可逆形变；
- 在 *MML* 和 1.5×*MML* 弯曲试验期间测得的偏移符合由制造者规定的预定值。

9 抽样试验

9.1 绝缘子的选取和数量

在通过了 10.1 规定的逐个试验的批次中，随机地抽取一定数量的绝缘子进行试验。除非另有规定，试品的数量应符合表 4 规定。

表 4 抽样数量

构成该批的绝缘子的数量 n	抽样试验抽取的绝缘子数量
12 或更少	若试验已在相同型式的绝缘子上进行过，且试验报告已经需方同意，不抽；否则抽 1 个
13～24	1
25～100	2
101～300	3
301～500	4
501 或更多	等于整数或是大到下一个整数：$4+\frac{1.5n}{1\ 000}$

如果镀锌试验中采用了磁力法，染料渗透试验时不持久污染伞套，压力试验时使用气体介质，则这些试验均是非破坏性的。在此情况下提交试验的绝缘子可以返回该批，并可在运行中使用。

9.2 试验

抽取的绝缘子应进行下列试验：

- 尺寸检查（9.3）；
- 按 GB/T 8287.1—1998 规定可锻铸铁和钢附件的镀锌试验；
- 机械试验（9.4）；
- 介面检验（9.5）。

9.3 尺寸检查

对于所有抽取的绝缘子，尺寸应符合图样上所示值，在规定形位公差内。除非另有规定，应采用附录 A 中给出的公差。图样中可以示出规定了爬电距离的位置点。

爬电距离的测量值与从绝缘子图样上确定的设计尺寸有关，这些尺寸可能大于原来需方的规定值。当爬电距离规定为最小值时，其负偏差是零。

9.4 机械试验

所有选取的绝缘子都应在环境温度下经受下面三个阶段的试验：

a) 第一阶段：在 2.0×*MSP* 下的试验

绝缘子应承受一内压力。该压力应迅速平稳地从环境大气压力增加到 2.0×*MSP*。并应保持此内压力至少 5 min。

对于所设计的无压力运行条件的绝缘子不需要进行此项试验。

b) 第二阶段：在 *MML* 下的试验

随后对同一绝缘子，在室温下按图 2 给出方向依次经受弯曲负荷。弯曲负荷应迅速而平稳地从零增加到最大机械负荷。如果最大机械负荷是在小于 90 s 时间内达到的，那么应在此负荷下至少维持到 90 s。在此期间内测量偏移，然后将负荷完全卸除并记录残余偏移。

c) 第三阶段：在 1.5×*MML* 下的试验

第二阶段试验完成后，接着对该绝缘子按与第二阶段相同的程序施加 1.5×*MML* 进行试验。

9.5 端部附件和绝缘子伞套间介面的检验

被选取的一个绝缘子的两端应在试验结束时经受裂纹显示试验，按 ISO 3452:1984 将染料渗透到金属附件附近区域的伞套上。试验应按下述方法进行：

- 表面应该用清洁剂适当地预清洗；
- 渗透剂应涂覆在清洁过的表面上，并作用 20 min；
- 用超量渗透剂清洗液对表面进行清洁，并使其干燥；
- 有必要的话，可涂敷显影剂；
- 检查其表面。

某些伞套材料可能会吸收渗透剂导致持久着色。在这种情况下，应提供证据以确认对检验结果的解释。

渗透试验后应检验被选取的绝缘子是否有裂纹以及其伞套到附件界面的染料是否渗透。

9.6 接收准则

如果满足下列条件，则样品通过试验：

- 绝缘子尺寸符合图样规定；
- 通过镀锌试验(适用时)；
- 没有出现管的破坏、拉出或端部附件的破坏；
- 偏移符合由制造者规定的预定水平；
- 染料渗透显示，在伞套或界面上没有出现裂纹。

9.7 重复试验程序

根据绝缘子不能满足要求的试验类型，可能有两种重复试验程序。表 5 给出了适用的重复试验程序。

表 5 重复试验程序的选择

没有满足要求的试验	适用的重复试验程序
尺寸检查(9.3)	A，对不符合要求的尺寸
按 GB/T 8287.1—1998 的镀锌试验	B
机械试验(9.4)	B
染料渗透(9.5)	B，通过界面的外观检查

a) 重复试验程序 A

如果有一个或多个绝缘子不符合要求，供需双方应达成协议，对该批中的每个绝缘子就不符合要求的项进行重复检验。对不符合要求的绝缘子拒收。

b) 重复试验程序 B

如果仅有一个绝缘子不符合这些试验中的一项，应对有问题的试验项目重新抽样试验，样品数为第一次试验抽样的两倍。如果在新的试验期间，有一个或多个结果不符合要求，则整批拒收。

10 逐个试验

10.1 总则

逐个试验包括：

- 外观检查(10.2)；
- 逐个压力试验(10.3)；
- 逐个机械试验(10.4)；
- 逐个密封试验(10.5)；
- 管材料的逐个试验(10.6)。

10.2 外观检查

应对每个绝缘子进行检查。在绝缘子装配中金属部件的安装应符合图样规定。绝缘子的颜色也应接近图样中规定的颜色。

不允许出现以下缺陷：

- 面积大于 25 mm^2(总缺陷面积不超过绝缘子总面积的 0.2%)或者是深度、高度大于 1 mm 的表面缺陷；
- 靠近金属附件在伞根部的裂纹；
- 伞套和金属附件接合处粘接出现分离或粘接剂不足(适用时)；
- 伞和伞套交界面处分离或粘接有缺陷(适用时)；
- 伞套表面超过 1 mm 的模压飞边。

10.3 逐个压力试验

本试验适用于运行时承受压力的绝缘子。

在正常环境条件下，每个绝缘子耐受 2.0×*MSP* 的液压或气压(空气)试验，压力持续 1 min。

没有通过试验的绝缘子拒收。

注：经制造者和设备制造者间协议，可进行其他逐个试验。

10.4 逐个机械试验

本试验适用于运行中主要受到弯曲或其他机械负荷作用的绝缘子，也适用于无压力的绝缘子。

进行这一机械试验以验证端部附件及其连接的牢固性。试验方法应再现运行中预期的最大应力。

注：试验负荷、试验方法以及接收准则由绝缘子制造者和设备制造者间协商。

10.5 逐个密封试验

本试验不适用于所设计的运行中不受压的绝缘子。如果在正常运行条件下其介面不采用密封的此试验可省略，对整个设计和制造过程不考虑任何密封作用和介面的不紧密性的绝缘子，此试验也可省略。

管和端部附件间的介面密封性应使用气体(空气)压力在最大运行压力下检验。此内压力应维持 5 min。

注：密封的定义、试验方法以及接收准则由绝缘子制造者和设备制造者间协商。

10.6 管材料的试验

检验管材料对水渗透的抵抗力应按下述进行水扩散试验。

对每一种绝缘子要求采用一个试品。试品应从制造绝缘子的管子的剩余部分中取得。试品应按 7.4.1 准备。

预应力、电压试验以及评定应按 7.4.2、7.4.3 以及 7.4.4 进行。

11 文件

制造者应对所有成批生产的符合本标准的绝缘子的记录保存至少10年。这些记录应包含下列信息：

- 型号；
- 编号；
- 制造日期；
- 逐个试验及其日期和结果。

当有要求时应向设备制造者提供记录。

附　录　A
（规范性附录）
形状和位置公差

图 A.1～图 A.3 给出了绝缘子的形状和位置公差。图 A.1 示出了平行度、同轴度、同心度、偏心度以及相关公差测量的典型装置。图 A.2 和图 A.3 示出了两例测量安装孔角偏差的方法；图 A.4 概括了按标准制图法采用的公差(GB/T 1182—1996)。

测量方法见 GB/T 8287.1—1998 附录 A。

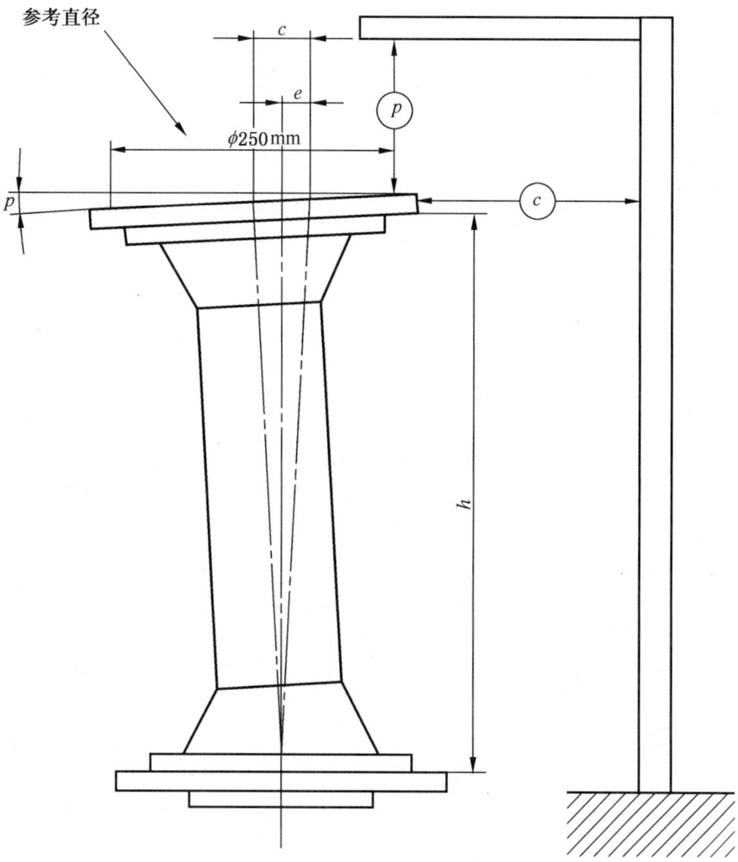

图例说明：

两端面的平行度：

对于 $h \leqslant 1$ m，　　$p \leqslant 0.5$ mm

对于 $h > 1$ m，　　$p \leqslant 0.5h$ mm，其中"h"单位为米。

平行度公差是相对于 250 mm 直径的公差。

同轴度和同心度：$c = 2 \times e$

偏心度：$e \leqslant 2(1+h)$ mm，其中"h"单位为米。

图 A.1　平行度、同轴度和同心度

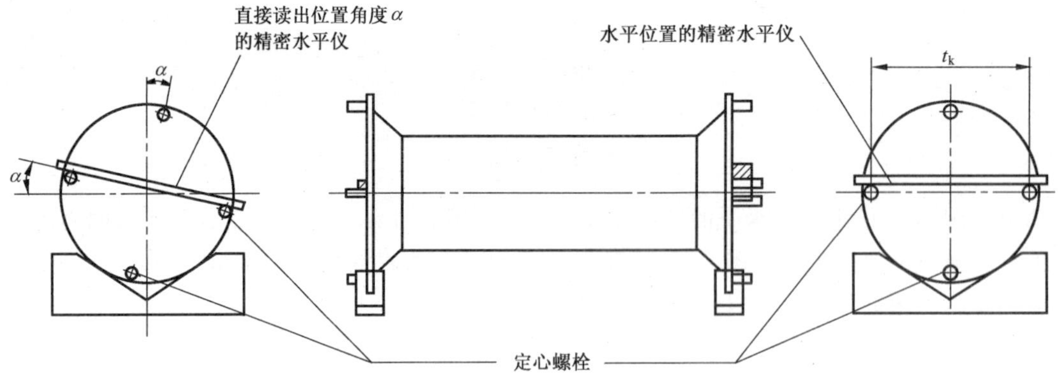

偏移公差：$\alpha \leqslant \pm 1°$

图 A.2 安装孔的角偏差：例 1

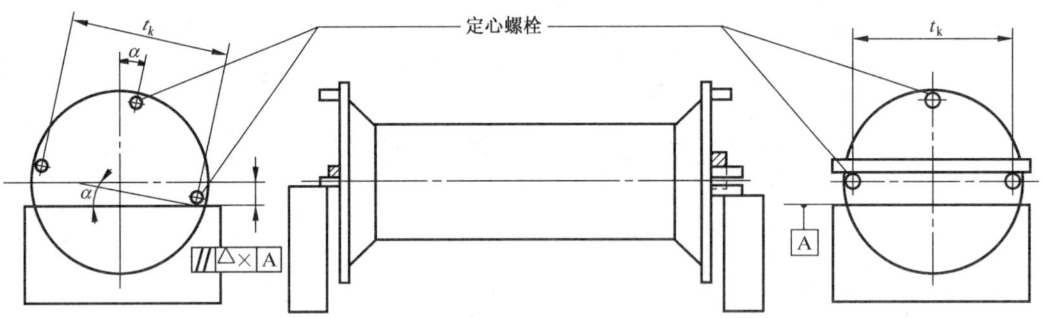

$\alpha=\tan^{-1}(\frac{\Delta x}{t_k})$，式中 t_k 是两个相对螺栓的中心距

偏移公差：$\alpha \leqslant \pm 1°$

图 A.3 安装孔的角偏差：例 2

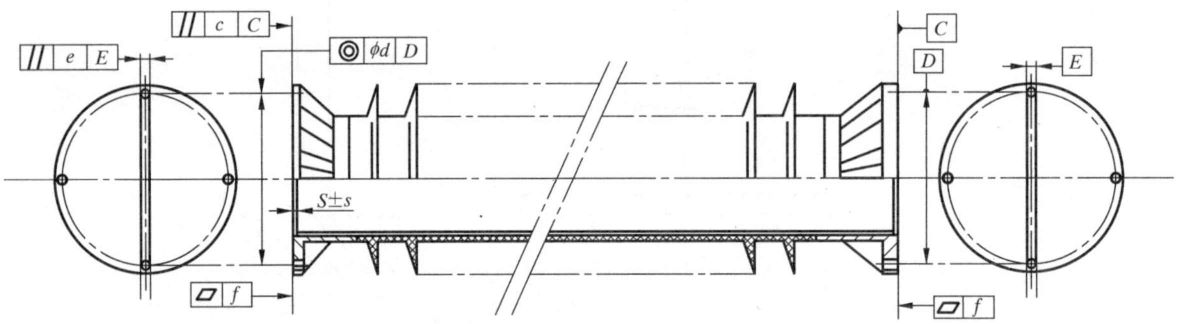

// c C	平行度：上表面在指定公差内平行于下参考面 C。
◎ ϕd D	同轴度同心度：上端部附件安装孔的轴线应在所指出直径的圆柱体内。
▱ f	平面度：数值指出该面允许的最大不平度。
// e E	安装孔的对齐：上端部附件两个相对孔的轴线间的线应与下端部附件的相应线对齐，位于规定距离“e”的两平行线内。
$S \pm s$	为了正确的密封，研磨断面应离开附件端面一距离，并在规定公差范围内。

图 A.4 按照标准制图标注的公差

附 录 B
（资料性附录）
设计和结构的一般推荐

B.1 设计导则

本附录给出了用于高压设备的受压绝缘子的设计导则，考虑了这些绝缘子要经受不同于压缩空气容器和类似的贮存容器的特定运行条件。

设计绝缘子时，应考虑下列几点：

- 电气强度、机械强度和包括附件和连接件的材料的工艺问题都可能会影响实际结构，但由于这一问题的复杂性，不可能给出确定的导则；
- 慎密选择绝缘体材料也是必要的。只有在输电线路复合绝缘子中可靠地证明过的那些材料和工艺可以采用；
- 只有在受压绝缘套为一部件的电气设备圆满地通过了设备应该符合的特定标准所要求的型式试验后，这种类型的受压绝缘套才会被认为符合预期的用途。

B.2 最大运行压力导则

通常 *MSP* 是“设计压力”。当太阳辐射明显地影响气体压力时，应予考虑。

注：在某些特定情况下（例如断路器），应考虑在开断操作期间所出现的瞬时压力升高。

B.3 设备制造者要求的温度导则

设备制造者应规定适用的运行温度值。这些值应在规定温度极限内。

B.4 设备制造者要求的机械负荷导则

设备制造者根据由不同运行负荷引起的加权应力，规定绝缘子的机械负荷。应该指出，这些负荷中的每一个负荷对绝缘子的相对重要性可能与相同负荷对本标准建议等同的空心瓷绝缘子不同。

除了运行负荷外，为了确定计算各种负荷所需值，推荐下列文件：

- 端子负荷： GB 1984—2003
- 风负荷： GB 1984—2003 和 GB/T 11022—1999
- 冰负荷： GB 1984—2003 和 GB/T 11022—1999
- 短路负荷： IEC 60865:1995
- 地震负荷： IEC 61166:1993

B.5 试验一览表

表 B.1 给出了绝缘子不同试验的不同负荷、压力和预应力。

表 B.2 给出了压力和机械负荷值的应用实例。

表 B.1 试验的负荷/应力和分类

条款	试验	应力/负荷	内压力		分类
			有[a]	无[b]	
7.2.2	参考工频干闪络	电应力,U_{ref}	+	+	设计试验
7.2.3	热机械预应力	四个方向 0.5×*SML* 弯曲,$\Delta\theta$=85 K,两个 24 h～48 h 循环	+	+	
7.2.4	水浸渍	煮沸,42 h	+	+	
7.2.5.2	陡波前冲击电压	电应力,(1 000～1 500) kV/μs 冲击电压,±25 次冲击	+	+	
7.2.5.3	干工频电压	电应力,80%U_{ref},30 min	+	+	
7.2.5.4	内压力——阶段 1——气体泄漏	压力 0.25×*SIP*,60 min,气体(SF_6)	+	N/A	
7.2.5.4	内压力——阶段 2——水泄漏	压力 *SIP*,5 min,水	+	N/A	
7.3.1	电痕化和蚀损(伞套材料)	电应力,盐雾,1 000 h	+	+	
7.3.2	阻燃性(伞套材料)	明火	+	+	
7.3.3	伞套材料耐电痕化和蚀损	电应力,污液	+	+	
7.4.2	预应力(管材料)	煮沸,100 h	+	+	
7.4.3	电压(管材料)	电气应力,12 kV	+	+	
8.4.1	内压力试验——阶段 1	压力 2.0×*MSP*	+	N/A	型式试验
8.4.1	内压力试验——阶段 2	压力 4.0×*MSP*	+	N/A	
8.4.1	内压力试验——阶段 3	压力 *SIP*,如果大于 4.0×*MSP*	+	N/A	
8.4.2	弯曲试验——阶段 1	弯曲 *MML*	+	+	
8.4.2	弯曲试验——阶段 2	弯曲 1.5×*MML*	+	+	
8.4.2	弯曲试验——阶段 3	弯曲 2.5×*MML*	+	+	
8.4.2	弯曲试验——阶段 4	弯曲 *SML*,如果大于 2.5×*MML*	+	+	
9.4	机械试验——阶段 1	压力 2.0×*MSP*	+	N/A	抽样试验
9.4	机械试验——阶段 2	弯曲 *MML*	+	+	
9.4	机械试验——阶段 3	弯曲 1.5×*MML*	+	+	
9.5	附件/伞套间介面	染料渗透	+	+	
10.3	逐个压力试验	压力 2.0×*MSP*	+	N/A	逐个试验
10.4	逐个机械试验	附件/管的牢固性	N/A+[c]	+	
10.5	逐个密封试验	压力 *MSP*	+	N/A	
10.6	管材料的试验	预应力/12 kV	+	+	

[a] 内部压力指持久气体压力大于 0.05 MPa(0.5 bar)表压。这些气体可以是干燥空气或惰性气体,如六氟化硫、氮气或这些气体的混合物。

[b] 无内部压力指气体压力或液体压力小于或等于 0.05 MPa(0.5 bar) 表压。

[c] 逐个机械试验适用于其主要运行应力由机械负荷引起的受压绝缘子。

表 B.2 压力/弯曲值举例——各值间的应用关系

	管所处阶段
举例值	
最大运行压力 MSP=0.75 MPa(设计压力)	弹性
规定内部压力 SIP=4.0 MPa	塑性
最大机械负荷 MML=2 000 N(设计负荷)	弹性
规定机械负荷 SML=6 000 N	塑性
设计试验	
压力	
0.25×SIP 泄漏气体(SF_6) =0.25×4.0=1.0 MPa	弹性
1.0×SIP 水密性 =1.0×4.0=4.0 MPa	塑性
弯曲	
0.5×SML 四个方向,$\Delta\theta$=85 K =0.5×6 000=3 000 N	弹性
型式试验	
压力	
2.0×MSP =2.0×0.75=1.5 MPa	弹性
4.0×MSP =4.0×0.75=3.0 MPa	塑性
1.0×SIP =1.0×4.0=4.0 MPa	塑性
弯曲	
1.0×MML =1.0×2 000=2 000 N	弹性
1.5×MML =1.5×2 000=3 000 N	弹性
2.5×MML =2.5×2 000=5 000 N	塑性
1.0×SML =1.0×6 000=6 000 N	塑性
抽样试验	
压力	
2.0×MSP =2.0×0.75=1.5 MPa	弹性
弯曲	
1.0×MML =1.0×2 000=2 000N	弹性
1.5×MML =1.5×2 000=3 000N	弹性
逐个试验	
压力	
2.0×MSP =2.0×0.75=1.5 MPa	弹性
1.0×MSP 气密性(空气) =1.0×0.75=0.75 MPa	弹性

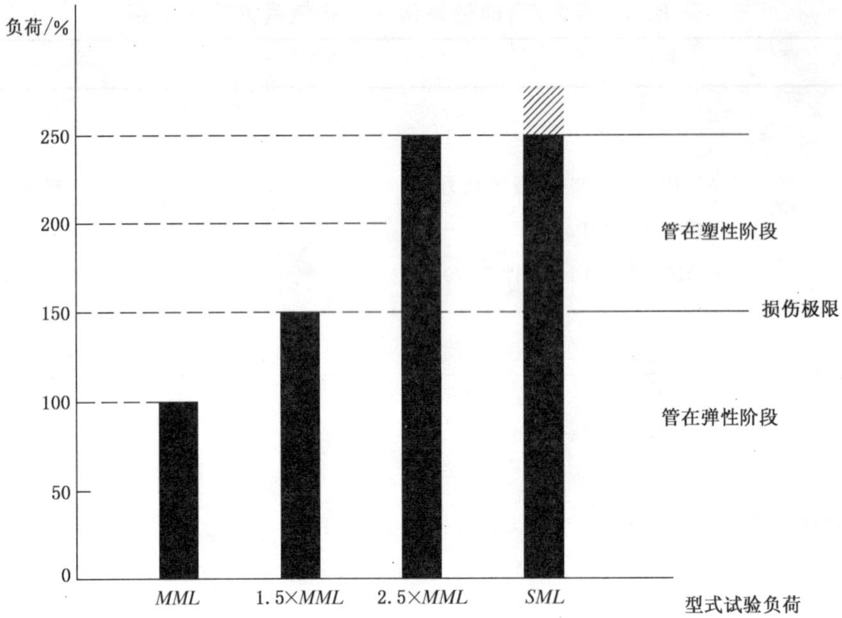

图 B.1　弯曲负荷的关系

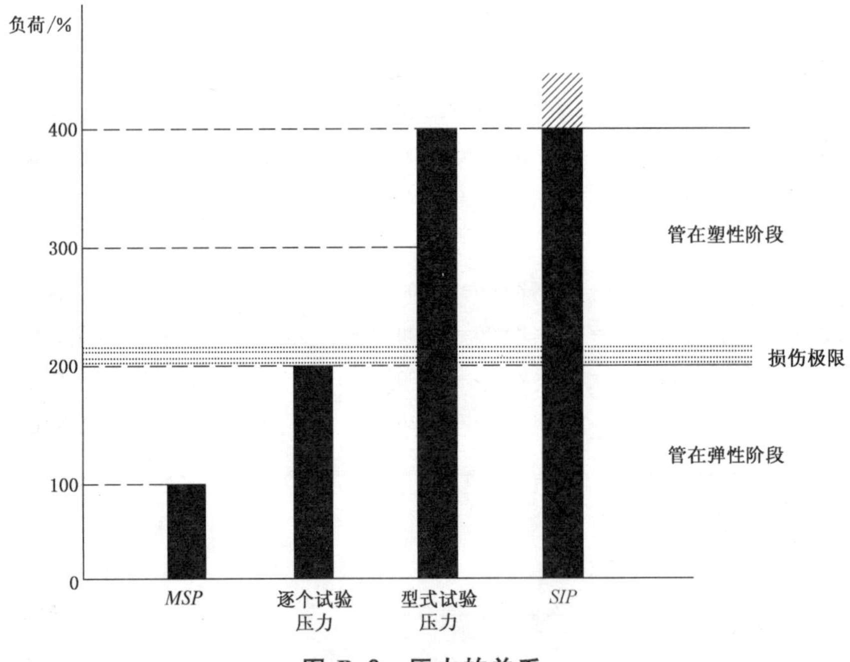

图 B.2　压力的关系

B.6　参考文献

GB 1984—2003　高压交流断路器(IEC 62271-100:2001,MOD)

GB/T 4585—2004　交流系统用高压绝缘子人工污秽试验(IEC 60507:1999,IDT)

GB/T 11022—1999　高压开关设备和控制设备标准的共同技术要求 (eqv IEC 60694:1996)

IEC 60865:1995　短路电流　效应计算

IEC 61166:1993　交流高压断路器　交流高压断路器地震等级评定导则

IEC 62155:2003　额定电压高于 1 000 V 的电器设备用受压和不受压空心瓷和玻璃绝缘子

附 录 C
（资料性附录）
绝缘子的管件上由内部压力和(或)弯曲负荷引起的可逆和不可逆应变极限的确定

C.1 定义

由应变片测量应力负荷见图 C.1(见 8.4.1 和 8.4.2)：

- 管中没有出现损伤的可逆过程，如果在试验结束时，负荷是零且应变在最大应变的 0±5%的范围内(见图 C.2)。在此情况下，认为是处在可逆的弹性阶段。
- 管中出现损伤的不可逆过程，如果在这个试验结束时，负荷是零且应变大于最大应变的 0±5%(见图 C.3)。在此情况下，认为是处在不可逆的塑性阶段。可见损伤可能不明显。

采用最大应变的±5%这个公差是考虑了下列测量误差的存在：

- 试验设备误差；
- 应变片误差；
- 应变片定位精度和固定方法；
- 电气接触不良；
- 管的初始状况；
- 任何与时间有关的偏差。

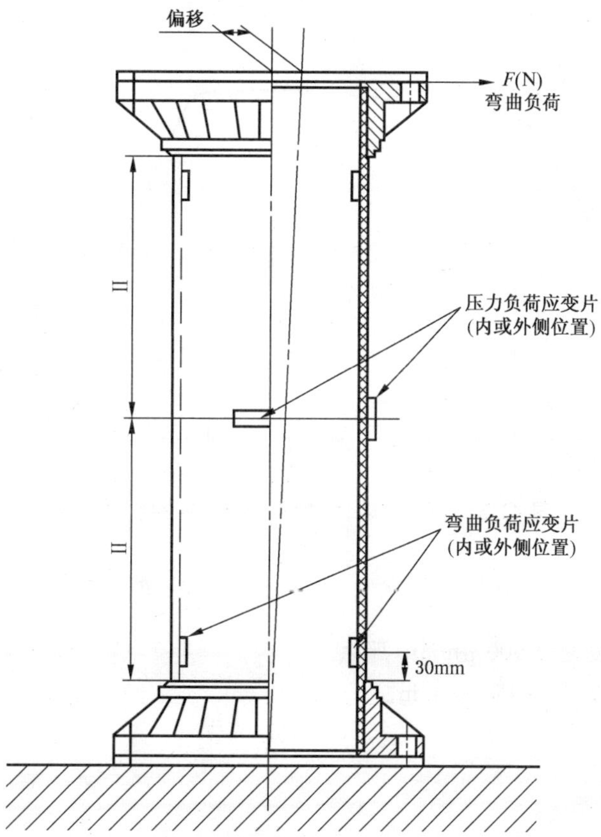

图 C.1 压力负荷和弯曲负荷应变片的位置

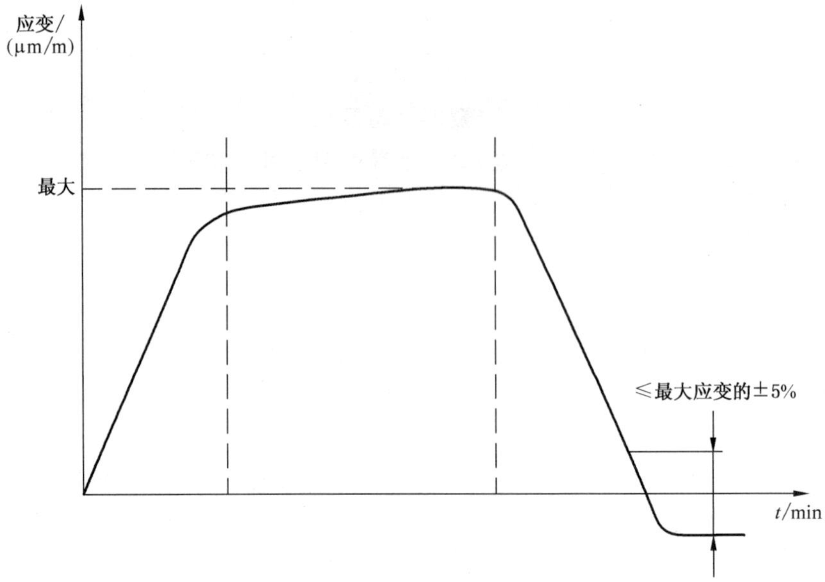

图 C.2 应变/时间曲线,可逆的弹性状态

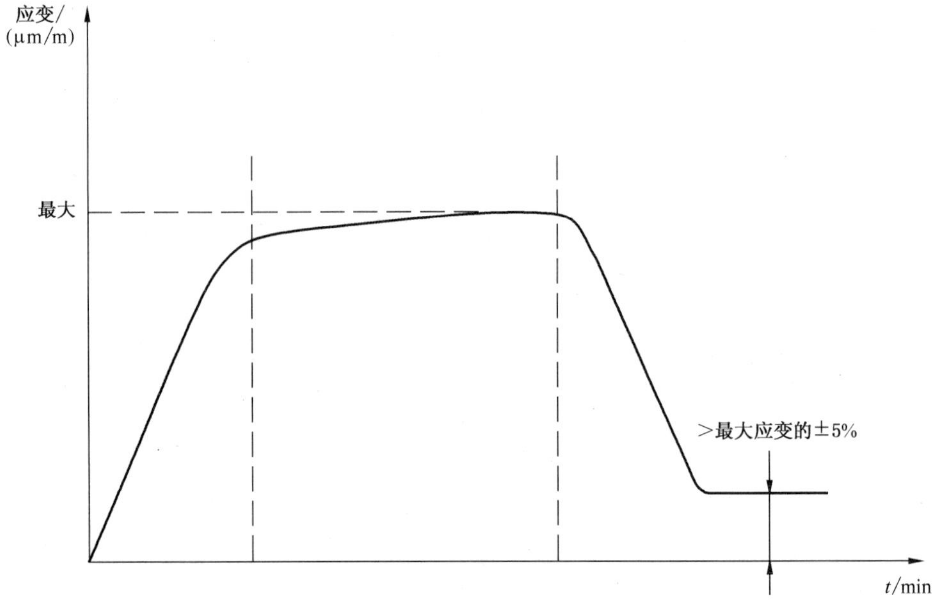

图 C.3 应变/时间曲线,不可逆的塑性状态

C.2 应变公差测定举例

如果最大(100%)应变是 2 000 μm/m,那么

公差=2 000 μm/m×5%=100 μm/m。

附　录　D
（资料性附录）
本标准与 IEC 61462:1998 技术性差异及其原因

表 D.1 为本标准与 IEC 61462:1998 的技术性差异及其原因一览表。

表 D.1　本标准与 IEC 61462:1998 技术性差异及其原因

本标准的条编号	技　术　性　差　异	原　　因
7.2.5.2	"陡度不小于 1 000 kV/μs"修改为"陡度不小于 1 000 kV/μs，但不大于 1 500 kV/μs"	陡度应该有范围，以便调整波形；同时较好保证批检的稳定性
7.2.5.4	气体泄漏试验中将"如果年泄漏率不大于 0.75 %，则试验通过。"修改为"如果年泄漏率不大于 0.5 %，则试验通过"	开关行业对气体泄漏指标已提高到 0.5%
7.3.1.2	"试验电压千伏数由爬电距离毫米数除以 34.6（等于特定爬电比距 20 mm/kV）来确定。当高压侧具有阻性电流 250 mA(r.m.s)的负荷时，试验回路的最大电压降应为 5%。"修改为"试验电压千伏数由爬电距离毫米数除以统一爬电比距（mm/kV）确定。当高压侧阻性电流负荷为 250 mA(r.m.s)时，试验回路的压降不应超过 5%"	此类产品正常运行时，单位爬电距离所承受的电压低于 20 mm/kV 的产品，若不修改，则试验施加电压正好相反，与运行不符
7.3.3	增加： 7.3.3　材料耐电痕化和蚀损试验 对于不同的电气设备，绝缘子在运行中可能会存在电晕和局部放电所引起的电痕和蚀损，因此用本试验来检验伞套材料耐电痕化和蚀损的能力。对于用于电位梯度比较均匀的电气设备（例如用于：电容式套管、有电位梯度不均匀系数要求的避雷器、电容器等设备）的绝缘子可不进行本项试验。 7.3.3.1　试验方法 对于交流系统用绝缘子，试验方法按照 GB/T 19519—2004 中 5.6 执行。 对于直流系统用绝缘子，将工频电源改为全波整流电源，输出电压波形见图 8。其他仍参照 GB/T 19519—2004 规定进行。 7.3.3.2　试验的评定 试品符合 GB/T 19519—2004 中 5.6 的要求，则试验通过	真实反映胶料在正常产品生产工艺条件下的性能；已有运行经验表明，需要增加此指标

附　录　E
（资料性附录）
本标准条款与 IEC 61462:1998 条款的对照

表 E.1 为本标准条款与 IEC 61462:1998 条款的对照一览表。

表 E.1　本标准条款与 IEC 61462:1998 条款的对照

本标准条款编号	对应的国际标准条款编号
1	1
2	2
3	3
3.1	3.1
3.2	3.2
3.3	3.3
3.4	3.4
3.5	3.5
3.6	3.6
3.7	3.7
3.8	3.8
3.9	3.9
3.10	3.10
3.11	3.11
3.12	3.12
3.13	3.13
3.14	3.14
3.15	3.15
3.16	3.16
3.17	3.17
4	4
4.1	4.1
4.2	4.2
5	5
6	6
6.1	6.1
6.2	6.2
6.3	6.3
6.4	6.4

表 E.1(续)

<table>
<tr><th>本标准条款编号</th><th>对应的国际标准条款编号</th></tr>
<tr><td>7</td><td>7</td></tr>
<tr><td>7.1</td><td>7.1</td></tr>
<tr><td>7.2</td><td>7.2</td></tr>
<tr><td>7.2.1</td><td>7.2.1</td></tr>
<tr><td>7.2.2</td><td>7.2.2</td></tr>
<tr><td>7.2.3</td><td>7.2.3</td></tr>
<tr><td>7.2.4</td><td>7.2.4</td></tr>
<tr><td>7.2.5</td><td>7.2.5</td></tr>
<tr><td>7.2.5.1</td><td>7.2.5.1</td></tr>
<tr><td>7.2.5.2</td><td>7.2.5.2</td></tr>
<tr><td>7.2.5.3</td><td>7.2.5.3</td></tr>
<tr><td>7.2.5.4</td><td>7.2.5.4</td></tr>
<tr><td>7.3</td><td>7.3</td></tr>
<tr><td>7.3.1</td><td>7.3.1</td></tr>
<tr><td>7.3.1.1</td><td>7.3.1.1</td></tr>
<tr><td>7.3.1.2</td><td>7.3.1.2</td></tr>
<tr><td>7.3.1.3</td><td>7.3.1.3</td></tr>
<tr><td>7.3.1.4</td><td>7.3.1.4</td></tr>
<tr><td>7.3.2</td><td>7.3.2</td></tr>
<tr><td>7.3.2.1</td><td>7.3.2.1</td></tr>
<tr><td>7.3.3</td><td rowspan="3">—</td></tr>
<tr><td>7.3.3.1</td></tr>
<tr><td>7.3.3.2</td></tr>
<tr><td>7.4</td><td>7.4</td></tr>
<tr><td>7.4.1</td><td>7.4.1</td></tr>
<tr><td>7.4.2</td><td>7.4.2</td></tr>
<tr><td>7.4.3</td><td>7.4.3</td></tr>
<tr><td>7.4.4</td><td>7.4.4</td></tr>
<tr><td>8</td><td>8</td></tr>
<tr><td>8.1</td><td>8.1</td></tr>
<tr><td>8.2</td><td>8.2</td></tr>
<tr><td>8.3</td><td>8.3</td></tr>
<tr><td>8.4</td><td>8.4</td></tr>
<tr><td>8.4.1</td><td>8.4.1</td></tr>
<tr><td>8.4.2</td><td>8.4.2</td></tr>
</table>

表 E.1(续)

本标准条款编号	对应的国际标准条款编号
8.5	8.5
9	9
9.1	9.1
9.2	9.2
9.3	9.3
9.4	9.4
9.5	9.5
9.6	9.6
9.7	9.7
10	10
10.1	10.1
10.2	10.2
10.3	10.3
10.4	10.4
10.5	10.5
10.6	10.6
11	11
附录 A	附录 A
附录 B	附录 B
附录 C	附录 C
附录 D	—
附录 E	

ICS 29.080.10
K 48

中华人民共和国国家标准

GB/T 22079—2008

标称电压高于1 000 V使用的户内和户外聚合物绝缘子一般定义、试验方法和接收准则

Polymeric insulators for indoor and outdoor use with a nominal voltage >1 000 V—General definitions, test methods and acceptance criteria

(IEC 62217:2005,MOD)

2008-06-30 发布　　2009-04-01 实施

中华人民共和国国家质量监督检验检疫总局
中国国家标准化管理委员会　发布

前　言

本标准修改采用 IEC 62217:2005《标称电压高于 1 000 V 使用的户内和户外聚合物绝缘子　一般定义、试验方法和接收准则》(英文版)。

本标准与 IEC 62217:2005 条款编号相同。本标准与 IEC 62217:2005 的差异为:

——表 1 中增加了“脚注 c 不超过“重污秽”不包括硅橡胶外套复合绝缘子。实践表明,硅橡胶外套复合绝缘子在“很重污秽”地区也有良好的运行特性,但使用时有必要加强监测。”

——9.3 增加了“脚注 1) 为了选择伞套材料,可以考虑对材料进行耐电痕化和蚀损试验。具体方法可由产品标准规定。”

——9.4.2.5 增加了“注:电流不应超过 1 mA 是对所有种类聚合物产品的一个规定。对某些种类的产品,例如架空线路用复合绝缘子,不应超过 1 mA 的规定可能太宽了。现在正在对此进行研究,一旦有统一认识,可将具体要求列入有关产品标准中。”

增加的脚注和注是根据我国的制造和使用经验对采用 IEC 62217:2005 时做出的补充建议和规定。

为便于使用,本标准还做了下列编辑性修改:

a) “本国际标准”一词改为“本标准”;

b) 用小数点“.”代替作为小数点的逗号“,”;

c) 删除国际标准的前言。

本标准的附录 A、附录 B 均为规范性附录。

本标准的附录 C、附录 D、附录 E 均为资料性附录。

本标准由中国电器工业协会提出。

本标准由全国绝缘子标准化技术委员会(SAC/TC 80)归口。

本标准主要起草单位:西安电瓷研究所、武汉高压研究院、温州益坤电气有限公司、上海 MWB 互感器有限公司、广州市迈克林电力有限公司、国家绝缘子避雷器质量监督检验中心。

本标准主要起草人:陈林山、李大楠、吴光亚、余明宣、杨承宇、欧阳旭丹、晏坚军、施雪莲、王长水、王云鹏、胡文岐、王立成。

引　言

聚合物绝缘子由一种绝缘材料(树脂绝缘子)、或两种或几种绝缘材料(复合绝缘子)组成。绝缘材料通常由碳或硅化合物合成的有机物交联而成,并形成绝缘体。绝缘材料可由包含不同有机和无机成分的有机材料组成,如填料和添加剂。端部装配件用于绝缘体的末端以传递机械负荷。尽管有这些通用特征,不同制造商家所选用的材料和采用的结构细节可能会有很大的区别。

一些试验组合在一起成为设计试验,对于相同设计的绝缘子,它们只进行一次。设计试验在于消除绝缘子在设计、材料或者制造工艺中不适合高压应用的部分。时间对于完整的聚合物绝缘子和它的组成部分(芯体材料、外套、界面等)的电气性能的影响,在规定的设计试验中应考虑,目的在于确保绝缘子在正常的运行和环境条件下有满意的使用寿命。

标准不包括 GB/T 4585 或 IEC 61245 规定的污秽试验,因为他们对复合绝缘子的适用性仍未被证明。对于聚合物材料绝缘子所进行的上述污秽试验所得到的结果与实际运行不相符。针对聚合物绝缘子的污秽试验正在考虑中。

起痕和蚀损试验在本标准中作为筛选试验,目的在于剔除不适用的材料或者设计。这些试验并不打算预测绝缘子在累积运行应力下的长期的设计寿命。附录 C 中可以得到更多的信息。

复合绝缘子可在交流与直流条件下使用。尽管如此,对于直流条件下使用的绝缘子,特殊的起痕和蚀损试验程序在其设计试验中仍未被定义并被接受。本标准中所描述的 1 000 h 起痕和蚀损试验常被作为外套材料耐起痕性能的最低要求。

在本标准起草过程中,尽可能采纳了 IEC 导则Ⅲ。

标称电压高于1 000 V使用的户内和户外聚合物绝缘子一般定义、试验方法和接收准则

1 范围

本标准适用于绝缘体由一种或几种有机材料组成的聚合物绝缘子。本标准包含了实心的与空心的聚合物绝缘子。它们使用在额定电压高于1 000 V的架空线路、户内和户外设备上。

本标准的目的是：

——定义使用于聚合物绝缘子的通用术语；

——规定聚合物绝缘子设计试验的一般试验方法；

——规定接收或不合格准则，当适用时；

——当聚合物绝缘子的试验标准和产品标准需用特定要求补充时，给出建议。

这些试验、准则和建议是为了在正常的运行和环境条件(见第5章)下，保证绝缘子有一个满意的使用寿命。

2 规范性引用文件

下列文件中的条款通过本标准的引用而成为本标准的条款。凡是注日期的引用文件，其随后所有的修改单(不包括勘误的内容)或修订版均不适用于本标准，然而，鼓励根据本标准达成协议的各方研究是否可使用这些文件的最新版本。凡是不注日期的引用文件，其最新版本适用于本标准。

GB/T 2423.17 电工电子产品基本环境试验规程试验Ka:盐雾试验方法(GB/T 2423.17—1993,eqv IEC 68-2-11:1981)

GB/T 3505 产品几何技术规范 表面结构 轮廓法 表面结构的术语、定义及参数(GB/T 3505—2000,eqv ISO 4287:1997)

GB/T 4585 交流系统用高压绝缘子的人工污秽试验(GB/T 4585—2004,IEC 60507:1991,IDT)

GB/T 4796 电工电子产品环境参数分类及其严酷程度分级(GB/T 4796—2001,IEC 60721-1:1990,IDT)

GB/T 5169.16 电工电子产品着火危险试验 第16部分:50 W水平与垂直火焰试验方法(GB/T 5169.16—2002,IEC 60695-11-10:1999,IDT)

GB/T 16422.1 塑料实验室光源暴露试验方法 第1部分:通则(GB/T 16422.1—1996,eqv ISO 4892-1:1994)

GB/T 16422.2 塑料实验室光源暴露试验方法 第2部分:氙弧灯(GB/T 16422.2—1999,idt ISO 4892-2:1994)

GB/T 16422.3 塑料实验室光源暴露试验方法 第3部分:荧光紫外灯(GB/T 16422.3—1999,idt ISO 4892-3:1994)

GB/T 16927.1 高电压试验技术 第1部分:一般定义和试验要求(GB/T 16927.1—1997,eqv IEC 60060-1:1989)

IEC 60815 污秽条件下绝缘子的使用导则

IEC 导则Ⅲ 高压变电站的高压电气设备 产品标准的通用建议

ISO 868 塑料和硬质橡胶硬度计硬度测试方法(邵尔硬度)

3 术语和定义

下面给出的术语和定义适用于本标准：

3.1

聚合物绝缘子　polymeric insulator

绝缘件至少用一种有机材料制成的绝缘子。

注1：连接件可安装在绝缘件两端。

注2：聚合物绝缘子也可称非瓷绝缘子。

[IEC 60050-471 中 471-01-13]

3.2

树脂绝缘子　resin insulator

仅用一种基于伞套的有机材料所制成的由实心杆和从杆体上突出的伞构成绝缘体的聚合物绝缘子（例如环氧树脂）。

3.3

复合绝缘子　composite insulator

至少由两种绝缘部件，即芯体和伞套制成，并装有端部装配件的绝缘子。

注：复合绝缘子可以制成诸如把多个单伞套在芯体上(带或不带中间护套)，或者把伞套一次或数次直接模压或浇注在芯体上。

[IEC 60050-471 中 471-01-02]

3.4

（绝缘子的）芯体　core (of an insulator)

绝缘子提供机械性能的中心绝缘部件。

注：伞套和伞不是芯体的一部分。

[IEC 60050-471 中 471-01-03]

3.5

绝缘子主体　insulator trunk

绝缘子的伞由此伸出的中间绝缘部分。

注：对较小的绝缘子称作杆体。

[IEC 60050-471 中 471-01-11]

3.6

伞套　housing

复合绝缘子外绝缘件，提供必要的爬电距离并保护芯体免受环境影响。

注：由绝缘材料制成的中间护套可以是伞套的一部分。

[IEC 60050-471 中 471-01-09]

3.7

（绝缘子的）伞　shed (of an insulator)

绝缘子主体上突出的用以增加爬电距离的绝缘部分。

注：伞可以带棱，也可不带棱。

[IEC 60050-471 中 471-01-15]

3.8

爬电距离　creepage distance

在绝缘子正常施加运行电压的导电部件之间沿其表面的最短距离或最短距离之和。

注1：水泥或其他非绝缘的胶合材料表面不能计入爬电距离。

注2：若在绝缘子的绝缘件上施有高阻层，该绝缘件视为有效绝缘表面，其表面距离计入爬电距离。

[IEC 60050-471 中 471-01-04]

3.9

电弧距离　arcing distance

绝缘子正常带有运行电压的两个金属部件之间外部空间的最短距离。

[IEC 60050-471 中 471-01-01]

3.10

界面　interface

不同材料之间的表面。

注：在大多数复合绝缘子中存在许多界面，如：

——外套与端部装配件之间，

——外套的各部分之间：例如，伞间，或护套与伞之间，

——芯体与伞套之间。

3.11

端部装配件　end fitting

绝缘子的组成元件或构成部件。用于将绝缘子连接至支持结构、导体、设备或另一绝缘子。

注：如果端部装配件为金属材质，一般使用“金属附件”这一术语。

[IEC 60050-471 中 471-01-06]

3.12

连接区　connection zone

绝缘体和端部装配件间传递机械负荷的区域。

3.13

(绝缘子的)联接区　coupling (of an insulator)

端部装配件将机械负荷从外部构件传递到绝缘子上的部分。

3.14

起痕　tracking

由在绝缘材料的表面上起始并发展成导电通道而形成的一种不可逆降解过程。

注：这种通道甚至在干燥状态下也导电。

3.15

蚀损　erosion

绝缘子表面出现材料损失而形成的非导电性不可逆的降解。蚀损可能是均匀的，也可能是局部的或树枝状的。

注：如同瓷绝缘子那样，局部闪络后聚合物绝缘子上通常也会出现轻微的树枝状痕迹。这种痕迹只要不导电就无关紧要，若导电即属于起痕。

3.16

开裂　crack

深度超过 0.1 mm 的任何开裂或表面裂纹。

3.17

(绝缘子的)击穿　puncture (of an insulator)

穿过绝缘子固体绝缘材料，使其绝缘强度永久丧失的一种破坏性放电。

[IEC 60050-471 中 471-01-14]

4　标志

绝缘子制造商应在图样上标明相关尺寸以及按照本标准和相关的产品标准试验和鉴别的必要的信息。图样还应标明相关适宜的制造公差。

每一个绝缘子上均应标出绝缘子的制造商名或商标、制造年份。除此之外，每一个绝缘子应标有相关产品标准规定的额定特征值。这些标志应清晰、不易脱落，并且耐气候影响和耐腐蚀。

5 环境条件

表 1 规定了绝缘子正常运行时的环境条件。

当绝缘子使用地点超出规定环境条件时，使用者应根据 GB/T 4796 作出说明。

表 1 正常的环境条件

条件	户内绝缘	户外绝缘
最高环境温度	不超过 40 ℃，而且在 24 h 的测量平均值不超过 35 ℃	
最低环境温度	−25 ℃	−40 ℃
振动	可以忽略由于绝缘子外部原因或地震所引起的振动[a]	
太阳辐射[b]	可以忽略	最高水平 1 000 W/m²
环境污秽	没有因灰尘、烟雾、腐蚀或燃烧性气体，水蒸气或盐造成的明显污秽	因灰尘、烟雾、腐蚀或燃烧性气体，水蒸气或盐造成的污秽都可能发生。污秽水平不超过 IEC 60815 所定义的“重污秽”[c]
湿度	24 h 相对湿度测量平均值不超过 95%；一个月内相对湿度测量平均值不超过 95%；在这些条件下，冷凝可能会偶尔发生	

a 外部原因造成的振动可依据 GB/T 4796 处理。

b GB/T 4796 中给出了日光辐射的细节。

c 不超过“重污秽”不包括硅橡胶外套复合绝缘子。实践表明，硅橡胶外套复合绝缘子在“很重污秽”地区也有良好的运行特性，但使用时有必要加强监测。

6 运输、储存、安装的信息

绝缘子制造商应提供产品运输、储存和安装过程中满足一般条件的适当的说明和信息。这些说明也可包括维护和清洗建议。

7 试验分类

试验划分为如下四组。

7.1 设计试验

设计试验是为了检验绝缘子设计、材料和制造方法（工艺）的适宜性。

聚合物绝缘子的设计一般由以下因素确定：

——芯体和伞套材料，以及其制造方法；

——端头装配件材料，以及其结构和连接方法；

——芯体上外套层厚度（如有，则包括护套）。

相关的产品标准中给出了确定设计的附加参数。

当聚合物绝缘子的设计发生变化时，根据相关产品标准规定，应该进行重新验证。一般仅需重复部分代表性的试验。附录 D 中给出了试验的评介。

当一聚合物绝缘子进行了设计试验时，它成为一类设计的绝缘子母体绝缘子，其结果应该为对整类绝缘子都有效。此经过试验的母体绝缘子确定了具有如下特征的一个设计种类的绝缘子：

a) 芯体和伞套材料相同，并且制造方法相同；

b) 装配件材料、结构相同，并且连接方式相同；

c) 芯体上伞套最小厚度(如有护套，则包括其厚度)相同或者较大。

在相关的产品标准中可能给出了定义一类设计的附加参数。

7.2 型式试验

型式试验的目的是验证聚合物绝缘子的主要特性，而这些特性又主要取决于绝缘子的形状和尺寸。型式试验应对已通过设计试验的聚合物绝缘子进行。仅当聚合物绝缘子的型式有变化时，才重新进行型式试验。相关的产品标准中给出了定义一个型式聚合物绝缘子的参数。

相关的产品标准中给出了适用的型式试验项目。

7.3 抽样试验

抽样试验的目的是验证聚合物绝缘子由制造质量和所用材料决定的特性。样品应从提交验收的批次中随机抽取。

相关的产品标准中给出了适用的抽样试验项目。

7.4 逐个试验

试验的目的是剔除存在制造缺陷的聚合物绝缘子，应对提供的每个绝缘子进行。

相关的产品标准中给出了适用的例行试验项目。

8 绝缘子试品的一般要求

用于聚合物绝缘子试验的绝缘子试品在试验前应进行检查：

a) 正确的装配，依据相关的产品标准进行规定机械逐个试验；

b) 根据相关的产品标准进行外观检查；

c) 尺寸与实际图样的符合性。

尺寸(d)没有标注公差时，按以下公差接收：

a) $\pm(0.04\times d+1.5)$ mm　　当 $d\leqslant 300$ mm；

b) $\pm(0.025\times d+6)$ mm　　当 $d>300$ mm，最大公差 50 mm。

爬电距离的测量应相对于设计尺寸，所取的公差来自于绝缘子图样，即使这个尺寸大于最初的规定值。当规定最小爬电距离以后，负公差也就由这个值限定。

在爬电距离大于 3 m 的情况时，允许在绝缘子上大约 1 m 长的一段较短的部分进行测量并进行外推。

试品的伞套颜色应接近图样的规定。

试品的数量、取样及尺寸在本标准的相关条款或由相关的试验标准规定。

9 设计试验

9.1 总则

除非在相关的产品标准中另有规定，下述试验一般被划分为设计试验。

设计试验仅根据相关的产品标准进行一次，并将结果记录在试验报告中。

当适用时，每一种试验(9.2、9.3 和 9.4)都能依照相关试验标准的试验序列独立在新试品上进行。仅当所有绝缘子或试品通过相关产品标准规定的全部设计试验项目时，该特定设计的聚合物绝缘子才被认为通过了设计试验。

9.2 界面和端部装配件连接试验

试验序列试如下：

a) 参考干工频试验(9.2.3)；

b) 预应力(9.2.4)；

c) 验证试验(9.2.6)。

9.2.1 试品

应从生产线上选取已装配好的绝缘子，用于此系列试验。试品的数量和尺寸依据相关的产品标准。应按第8章进行检查和试验。

如果制造商的设备能力仅能生产比相关的产品标准规定的一个尺寸或多个尺寸小的绝缘子，设计试验可以对现有绝缘子进行，但试验结果仅对同类设计中不大于被试尺寸的绝缘子有效。

9.2.2 验证试验的参考电压和温度

由于时间或经济的原因，如果使用了一个具有9.2.1规定性能的参考试品，则可以在试验序列开始时，省略9.2.3描述的参考干工频试验。施加预应力后根据9.2.6.3得到的干工频电压以及杆体温度，应与参考试品的值或加预应力前测定的电压对照。很明显，对参考试品不应施加预应力。

9.2.3 参考干工频电压试验

根据GB/T 16927.1，每只试品或参考试品的5次闪络电压值平均值，作为该只试品的参考干工频闪络电压值。该值应按GB/T 16927.1校正到标准条件。试验时采用升压法，电压在1 min内线性地从零升压到闪络。

9.2.4 产品规定的预应力

根据相关的产品标准，应对试品施加预应力（例如，热机）。

9.2.5 水浸渍预应力

试品应在沸腾的含有0.1%（重量）NaCl的去离子水中保持42 h。也可以用电导率在20 ℃时为1 750 μS/cm±80 μS/cm的加盐自来水代替。水温有差异时，电导率应按GB/T 4585第7章予以校正。

沸腾结束后让试品冷却，并应将其保持在水中，直到按以下列序列进行的验证试验开始。如果在这期间需要运输，则应将湿润的绝缘子放置在密封塑料袋或其他适宜的容器中，但最长不超过12 h。

9.2.6 验证试验

以下的单个试验的时间间隔应能保证这些试验在48 h内完成。

9.2.6.1 外观检查

对每只试品的伞套进行外观检查，不允许有开裂。

9.2.6.2 陡波前冲击电压试验

9.2.6.2.1 程序

在试品上布置具有尖锐边缘的电极（电极可以是宽约20 mm、厚度小于1 mm的铜带制成的夹子）。将这些电极紧紧地固定在伞与伞之间的外套上，以便其定位形成沿轴向长约500 mm或较小的区段。如绝缘子两端头装配件间的距离小于或等于500 mm，试验电压应施加在两端头装配件间。

冲击电压应分别施加于两个相邻的电极之间，或端头装配件和其相邻的电极之间，电压陡度至少为1 000 kV/μs。每个区段应经受正负极性冲击各25次。对于空心绝缘子，应采取措施防止内闪络发生。

9.2.6.2.2 接收准则

每次冲击都应在两电极间发生外部闪络。绝缘子的任何部分都不应出现击穿。

9.2.6.3 干工频电压试验

9.2.6.3.1 程序

开始闪络试验前，应测定所有试品的杆体温度（参考温度）。

每只试品闪络电压值5次的平均值作为该只试品的干工频电压电压值。该值应按GB/T 16927.1校正到标准大气条件。试验时采用升压法，电压在1 min内线性地从零升压到闪络。

如果要使用，用同样方法测定附加的一只参考试品的闪络电压。

然后，三只试品和参考试品（当采用时）均在80%参考闪络电压下连续耐受30 min。

卸除电压后立即测量每一个试品和参考绝缘子（当采用时）的伞间的杆体温度，每个绝缘子沿长度或圆周各测三个点。

9.2.6.3.2 接收准则

每一个试品的闪络电压均应分别大于或等于参考闪络电压值的 90%，或参考试品的闪络电压值的 90%。

被试绝缘子任何部分均不应发生击穿，并且其伞间护套的最大温升与参考绝缘子相比不超过 10 K。如果没有参考试品，与工频试验前的确定的参考温度相比，最大温升不超过 20 K。

9.3 伞和伞套材料试验[1)]

9.3.1 硬度试验

9.3.1.1 程序

两片伞套材料试样分别从两只绝缘子伞套上截取，其尺寸、形状和厚度符合 ISO 868 硬度测量方法的规定。如果伞形或厚度不适宜，试样可以专门制作，其制造工艺和参数应与绝缘子外套相同。

按 ISO 868 规定用邵尔 A 或 D 硬度计测量并记录两片试样的硬度以及周围环境温度。

然后，试样应浸没于本标准 9.2.5 定义的沸水中煮 42 h，所使用适宜的容器如图 1 所示。

水煮后应让试样冷却，并在 3 h 内再次测量其硬度，测量时的温度与煮沸前的差值不得超过±5 K。

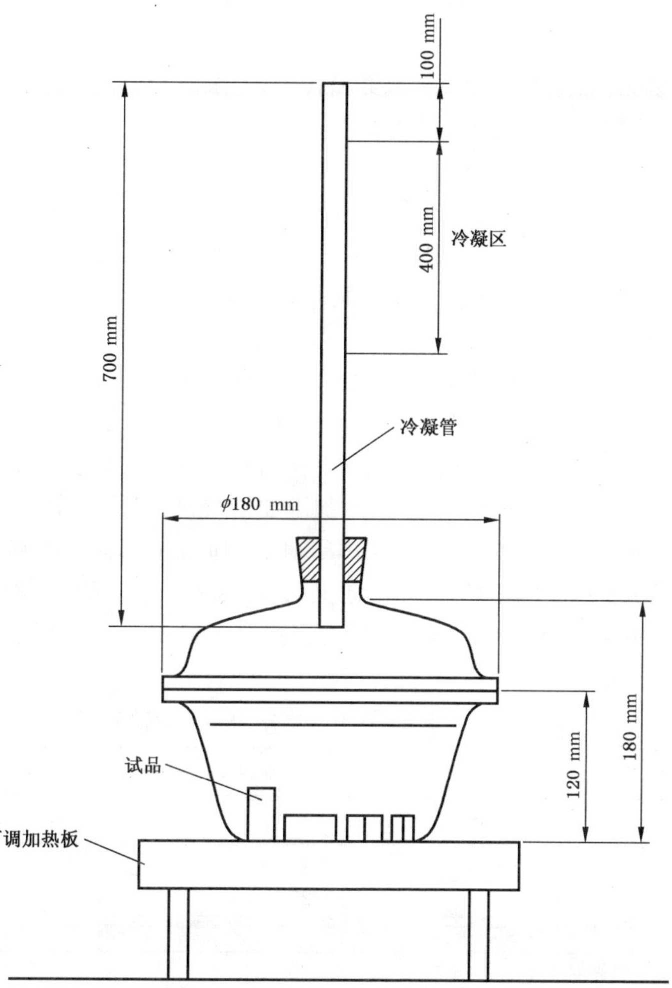

图 1 水扩散试验用沸煮容器示例

9.3.1.2 接收准则

每片试样的硬度值与煮沸前相比变化均不应超过±20%。

1) 为了选择伞套材料，可以考虑对材料进行耐电痕化和蚀损试验。具体方法由产品标准规定。

9.3.2 加速气候试验

9.3.2.1 程序

选取三片伞和伞套材料试品进行试验。如果适宜，试品上应具有绝缘子上的标记。

绝缘子伞套应按下列试验方法之一经受1 000 h紫外光试验。如果伞套上有标记，应将其直接暴露在紫外光下：

a) 氙弧法：GB/T 16422.1 和 GB/T 16422.2，具有标准喷射周期的无光源期方法 A，标准黑色板/黑色板的温度为65 ℃，周围辐射度为550 W/m²。

b) 荧光紫外线法：GB/T 16422.1 和 GB/T 16422.3，Ⅰ型荧光紫外灯照射模式1或模式2。

注：CIGRE SC D1 正在考虑一种增加时间的荧光紫外线法。

9.3.2.2 接收准则

试验后伞或伞套材料上的标记应清晰可辨，不允许有表面降解，例如由此呈现的开裂和表面凸起。

如对这样的降解判定有疑问时，应在三片试品的每片上测量两次表面粗糙度。粗糙度 R_Z 按 GB/T 3505 的定义，测量至少应沿抽样长度进行2.5 mm。R_Z 不应超过0.1 mm。

注：GB/T 6062 给出了表面粗糙度测量的细节。

9.3.3 起痕和蚀损试验

本标准中描述了两种标准试验[1 000 h盐雾和转轮(附录A)试验]。第三种试验方法包含更多的复合应力(附录B)。应选用三种试验方法其中之一，来验证一种绝缘子设计对放电应力的耐受水平。

9.3.3.1 1 000 h 盐雾试验

9.3.3.1.1 程序

9.3.3.1.1.1 概述

本试验为在盐雾和恒定工频电压下限定时间的持续试验。

9.3.3.1.1.2 试验室

试验应在潮湿封闭的耐腐蚀的试验间中进行。试验间容积不应超过15 m³，应设有面积不超过80 cm² 的自然排气孔。

9.3.3.1.1.3 雾发生器

应使用具有持续喷射能力的涡轮喷射器(室内加湿器)作为喷雾装置，以产生5 μm～10 μm液滴的水雾。也可使用能产生同样大小液滴的喷嘴。GB/T 4585 所规定的盐雾喷嘴在本试验中不适合。喷射器或喷嘴安装于靠近试验间底部的位置，喷嘴向上，朝向试验间顶。盐雾应充满整个试验间，且不能直接喷向试品。喷雾器中供有 NaCl 和去离子水配置的溶液(见表2)。应保持盐雾在试品放置位置的密度和均匀性。

表2 对应于试品尺寸的水中 NaCl 的初始含量

杆径/mm	水中 NaCl 的初始含量/(kg/m³)	
	l/p≤3	l/p>3
<50	8±0.4	4±0.2
50～150	4±0.2	2±0.1
>150	2±0.1	1±0.1
l/p 为爬电距离除以电弧距离		
注：对于单位长度上爬电距离较大时，要减少初始的 NaCl 含量以避免1 000 h期间闪络。这种盐度的降低并非考虑减小起痕和蚀损试验的严酷度，而这种选择是为了避免程序中不必要的中断。		

9.3.3.1.1.4 盐雾校定

试验开始时应进行盐雾校定。

至少将两个面积为8 000 mm²±2 000 mm²，最大高度为100 mm的干净的收集容器分别安装于尽可能接近试验目标的端部实际位置。容器放置的位置不应被试品遮挡，并且避免收集试验间内结构部件或其他来源的液滴。

根据 GB/T 2423.17，收集容器在最短周期为 16 h 内，平均收集沉降量应为 1.5 mL～2.0 mL 之间（校正到 8 000 mm^2 收集区域）。

注：宜记录获得这样的沉降量所需的流速[典型的为 0.3 L/(m^3 · h)，流速用 L/(m^3 · h)表示，m^3 为试验间容积的单位]。在随后的试验中，流速宜至少每 100 h 检查一次并且保持在初值的±25%范围内。

不允许循环用水。

9.3.3.1.1.5 试样

在生产线上取两只爬电距离在 500 mm～800 mm 的同一设计的试验绝缘子。如果从生产线无法取得这样的试品，应从其他绝缘子上切割制取专门试品，该试品的爬电距离值在规定要求值的范围之间，专门试品应安装标准的产品端部装配件。

试验开始前应用去离子水把试品清洗干净。一只水平安装（大约位于试验间高度一半的位置），另一只垂直安装。平行的试品之间，试品与试验间顶部以及试品与试验间墙壁和地面之间的距离至少 400 mm。

注：两对以上的试品可以同时进行试验。

9.3.3.1.1.6 试验电压

施加电压值的千伏数用试品的实际爬电距离（以 mm 计）除以 34.6（相当于爬电比距 20 mm/kV）确定。当试验回路高压侧持续的阻性电流负载在 1 s 期间为 250 mA(r.m.s.)时，试验回路的最大电压降不应超过 5%，保护水平设置为 1 A (r.m.s.)。

9.3.3.1.1.7 试验条件

试验时间：1 000 h。

为了检查试验情况，试验每周可中断一次，但每次中断不得超过 1 h，并且中断的时间不应计入试验时间。

允许有一次长达 60 h 的中断时间，但应增加附加的三倍于中断时间的测试时间。最终的测试报告中应包含所有的中断细节。

环境温度：20 ℃±5 K。

初始的水中盐含量：按照表 2。

如果在初始的 NaCl 含量时有超过 1 次的闪络发生，则试验应在将 NaCl 含量减半后重新开始。此时，用自来水清洗绝缘子，并且试验重新开始的时间不得超过 8 h（中断时间不计入试验的时间）。这可能要重复进行，直到中断不再发生。上述的测试每一次执行都应记录。

试验报告中应注明和记录闪络和跳闸的次数。

9.3.3.1.1.8 接收准则

同一设计的试品应在一起评估。当两个试品如下时，试验被认为通过：

a) 无起痕发生；

b) 对于复合绝缘子，蚀损深度小于 3 mm，且不能到达芯体（当适用时）；

c) 对于树脂绝缘子，蚀损深度小于 3 mm；

d) 伞、伞套或者界面未发生击穿。

9.3.4 可燃性试验

9.3.4.1 程序

本试验的目的是检查外套材料试样的着火和自熄灭性能。

试验样品和程序应按照 GB/T 5169.16 的规定，试样厚 3 mm。

9.3.4.2 接收准则

如果试样属 HB40 或 V0 级，则试验通过。应记录接收的级别。

注：对可燃性的抵抗力是由材料的固有性能以及绝缘的设计来确定的。此最低要求是基于这样的事实，即该绝缘

材料在因例如电弧或电气放电而点燃以后将不会继续燃烧。IEC 61109:1992 第 1 版的修改件 1(1995)(GB/T 19519 修改采用了 IEC 61109:1992 及其修改件 1(1995))要求将外套材料的可燃性分类作为设计试验的一部分。该分类是按 IEC 60707:1981 第 1 版《固体绝缘材料置于点火源时测量可燃性确定的试验方法》的方法 FV,但其后来已被按 IEC 60695-11-10(GB/T 5169.16 等同采用此标准)的方法 B 所代替。IEC 60707:1981 中的水平燃烧试验 HB 可能不对像聚合物绝缘子外套材料那样的细薄的可挠曲的试品进行。IEC 60695-11-10 的方法 A 现在还是有效的并且允许试验那样的可挠曲的试品。正如所知道的,对于本标准目的的该最低要求可以根据满足了 V0 类就认为符合了此要求。现在不知道这是否也适用于仅满足了 HB40 类的材料。但是,在某些应用中,例如中压配电线路绝缘子,其材料仅满足了可燃性等级 HB40 类,但已表明其性能也是可接受的,甚至它没有通过 V0 等级规定。按 IEC 60695-11-10,水平燃烧(HB)和垂直燃烧(HV)法得到的结果是不等同的。但经验表明,通常如果材料通过了 V0 类那它也将通过 HB40 类;但反过来却不能保证。各种可燃性试验、试验室电弧试验以及运行中的性能间的关系目前还在由国际大电网会议(CIGRE)SC D1 研究中。

9.4 芯体材料试验

为了检查芯体材料的耐水渗透性能,应进行下列试验。可以根据相关产品标准的要求,确定试验的样品带或者不带伞套材料。

9.4.1 染料渗透试验

9.4.1.1 程序

应在取自生产线的绝缘子上,使用金刚石圆锯片在流动的凉水下切割 10 只试样,切割方向与芯体轴线呈 90°。试样长度应为 10 mm±0.5 mm。图 2 给出了样品示例。试样切割面应用 180 目细砂布打磨光滑。两端面应清洁并相互平行。

在一个容器或托盘中放置一层直径相同的钢球或玻璃球,球径 1 mm 至 2 mm。将试样按纤维垂直向上方向放置在球上,并将染色液倒入容器,液面应比球顶高 2 mm～3 mm。染色液为含 1%红色或紫罗兰色次甲基染料(如 Astrazon 和 Basonil[2])的甲醇或乙醇溶液。染色液会在毛细作用下穿过芯体上升。测量染色液穿过试样的时间。

注:对于树脂绝缘子,此项试验可不做。

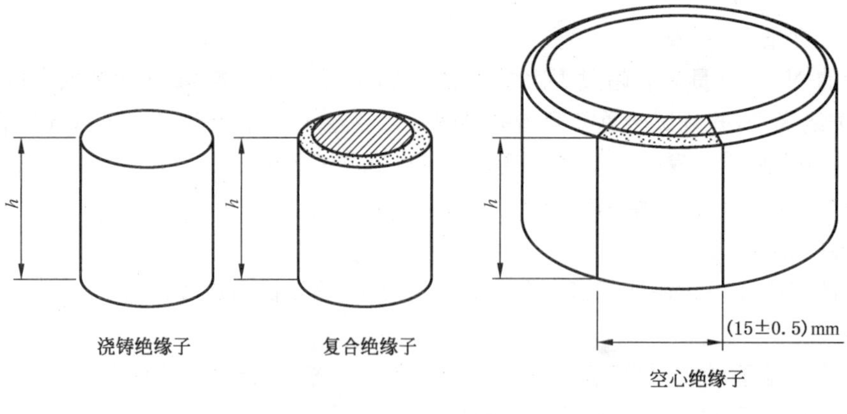

图例

h=10 mm±0.5 mm,对于染料渗透试验用试品

h=30 mm±0.5 mm,对于水扩散试验用试品

图 2 芯体材料试品示例

9.4.1.2 接收准则

染色液贯穿试样的时间应超过 15 min。

2) Astrazon 和 Basonil 是合适的商品示例。本标准中给出这个信息是为了使用者的方便,但对这些产品不做指定。

9.4.2 水扩散试验

9.4.2.1 总则

下列试验是为了检查芯体材料的耐水侵害能力。

9.4.2.2 试样

应在取自生产线的绝缘子上，使用金刚石圆锯片在流动的凉水下切割6只试样，切割方向与芯体轴线呈90°。试样长度应为30 mm±0.5 mm。试样切割面应用180目细砂布打磨光滑。两切割端面应清洁并相互平行。图2给出了取自不同类型绝缘子的样品的示例。如果从树脂绝缘子上不能切割到圆形试样，可以从绝缘子最厚的部分取得样品，其两端面的表面积不小于100 mm^2。

9.4.2.3 预应力

将试样用异丙醇和滤纸在沸煮前擦洗干净后，立即置于一合适的容器(如玻璃或不锈钢容器)中，在含0.1% NaCl(重量)的去离子水中沸煮100 h±0.5 h。

一种芯体材料的试样应放在同一容器沸煮。容器示例见图1。

沸煮后应将试样从容器中取出，在另一个充满自来水容器(如玻璃或不锈钢容器)中于室温下至少放置15 min。应在从沸煮容器中取出后的3 h内完成电压试验。

9.4.2.4 电压试验

电压试验应用图3所示装置进行，试验用典型回路如图4所示。

耐压试验前把试样从玻璃容器中取出，并立即用滤纸将表面擦干。

然后应把每一个试样置于两电极间，试验电压应以约1 kV/s的速率上升到12 kV。在此电压下持续1 min，然后降低电压到零。

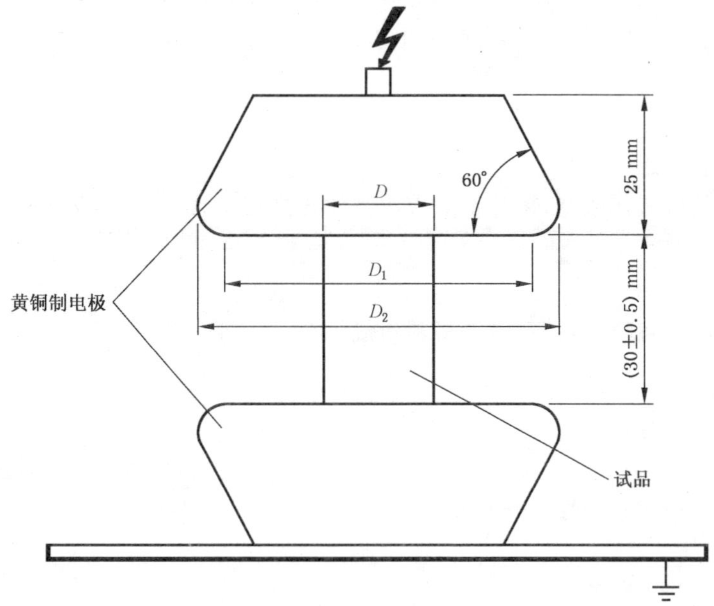

$D_1 \geqslant (D+25\ \text{mm})$

$D_2 \geqslant (D_1+14\ \text{mm})$

图3 电压试验用电极

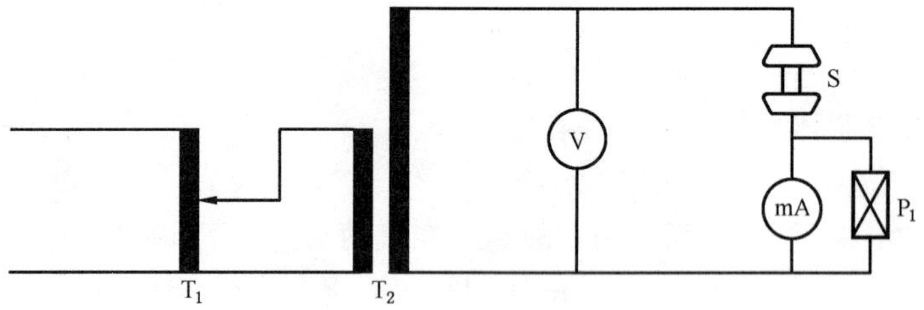

T_1——调压器；

T_2——高压试验变压器；

V——高压测量装置；

mA——毫安表；

P_1——毫安表保护；

S——装有试样的电极。

图 4　电压试验回路

9.4.2.5　接收准则

试验中不应发生击穿或表面闪络。整个试验期间电流不应超过 1 mA(r. m. s.)。

注：电流不应超过 1 mA 是对所有种类聚合物产品的一个规定。对某些种类的产品，例如架空线路用复合绝缘子，不应超过 1 mA 的规定可能太宽了。现在正在对此进行研究，一旦有统一认识，可将具体要求列入有关产品标准中。

附 录 A
（规范性附录）
转轮试验

A.1 试样

在生产线上取两只爬电距离在500 mm～800 mm的同一设计的试验绝缘子。如果从生产线无法取得这样的绝缘子，应从其他绝缘子上切割制取专门试品，该试品的爬电距离值在规定要求值的范围之间，试品应安装标准的产品端部装配件。

一只转轮上可以有两对测试样品同时进行试验，不推荐在同一的转轮上安装材料差异太大的绝缘子。

A.2 程序

试验开始前应用去离子水把试品清洗干净。试品如图A.1所示安装在转轮上。在一次循环中，它们通过四个位置。每一个测试样品在四个之中的每一个位置静止停留40 s。从一个位置旋转90°到下一个位置需8 s。循环的第一部分是将绝缘子浸入盐溶液中；循环试验的第二部分让过量的盐液从样品上滴落，以确保微湿的表面上在循环试验进入第三部分时产生通过干带的电火花。在第三部分，将对样品施加工频电压。在循环试验的最后一部分，被干带电火花所加热的样品表面将被冷却。

试验电压由试验变压器提供，当试验回路的高压侧的阻性电流负载为250 mA时，输出电压的最大电压降不应超过5%。

盐溶液应每周更换一次。为了检查试验情况，允许试验每周有一次中断，但每次中断不得超过1 h，并且中断的时间不应计入试验时间。允许有一次长达60 h的中断时间，但应增加附加的三倍于中断时间的测试时间。最终的测试报告中应包含所有的中断细节。

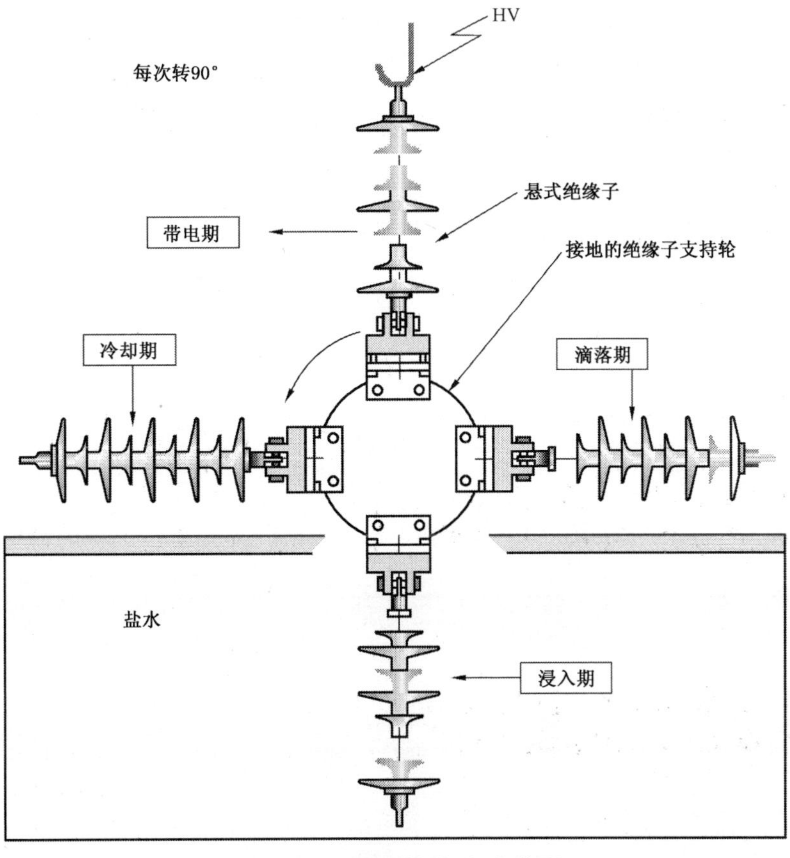

图 A.1 起痕转轮试验装置

A.3 试验条件

电气应力：工频试验电压是由实际爬电距离(mm)除以 28.6 得到的 kV 数

去离子水中 NaCl 含量：1.40 kg/m^3±0.06 kg/ m^3

环境温度：20 ℃±5 K

试验期限：30 000 次循环

A.4 接收准则

相同设计的试品应在一起评价。不同设计的试品对应分别评价。试验报告中应注明和记录闪络和跳闸的次数。

当两个试样如下时，则认为试验通过：

a) 无起痕发生。(使用 1 kV 或更高直流电压的兆欧表沿可疑痕迹检查。电极间隔 5 mm～10 mm。如电阻小于 2 MΩ，则判定不合格。)；

b) 对于复合绝缘子，蚀损深度小于 3 mm，且不能到达芯体(当适用时)；

c) 对于树脂绝缘子，蚀损深度小于 3 mm；

d) 伞、伞套或者界面未发生击穿。

附 录 B
（规范性附录）
多应力试验

B.1 试品

在生产线上取两只爬电距离在500 mm～800 mm的同一设计的试验绝缘子。如果从生产线无法取得这样的绝缘子，应从其他绝缘子上制取专门试品，该试品的爬电距离值在规定要求值的范围之间，试品应安装标准的产品端部装配件。

B.2 程序

试验在一个密闭、潮湿并耐腐蚀的试验间中进行，其容积不应超过20 m^3。

图B.1是此试验间的示意图。

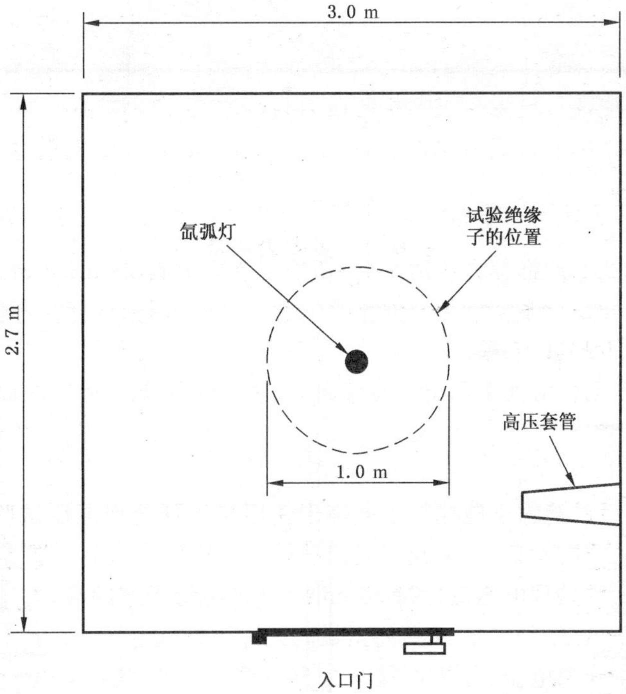

图 B.1 试验间中试样的典型布置和试验间主要尺寸

允许用一个配备有擦拭器和可移动的紫外线滤光器的隔离观察孔来观察试验中的设备。

注：试验间的外部有：盐水和去离子水罐，以及泵，加热器，水，空气的管道，通风机，中压升压变压器和保护装置，紫外线发生器电源，所有用于控制、自动控制、测量和调节的电气回路和设备。

B.3 试验条件

图B.2示出了对绝缘子施加的各种应力循环，其在约5 000 h中重复进行。设计循环试验时要使试品受到温度的变化和冷凝的作用。

如图B.3所示，试品是垂直安装在试验间中的。试品相邻的伞缘之间、试品与顶部以及试品与墙和地面之间的距离最少为400 mm。

试验开始前，应用去离子水清洗试品。

至多可以有三对爬电距离相差不大的试品同时试验。

为了检查试验情况，每周允许试验有一次中断，但每次中断不得超过 1 h，并且中断的时间不应计入试验周期。允许有五次每次长达 60 h 的中断时间，但应增加三倍于中断时间的附加试验时间。最终的试验报告中应包含所有的中断细节。

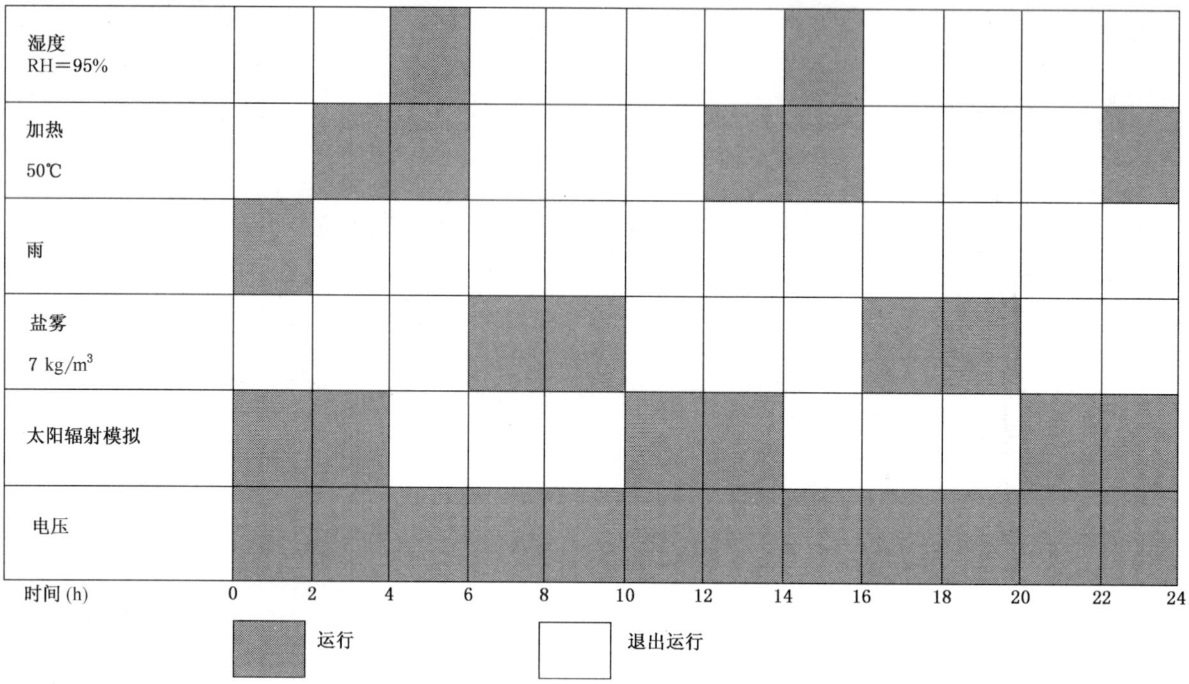

图 B.2 多应力循环

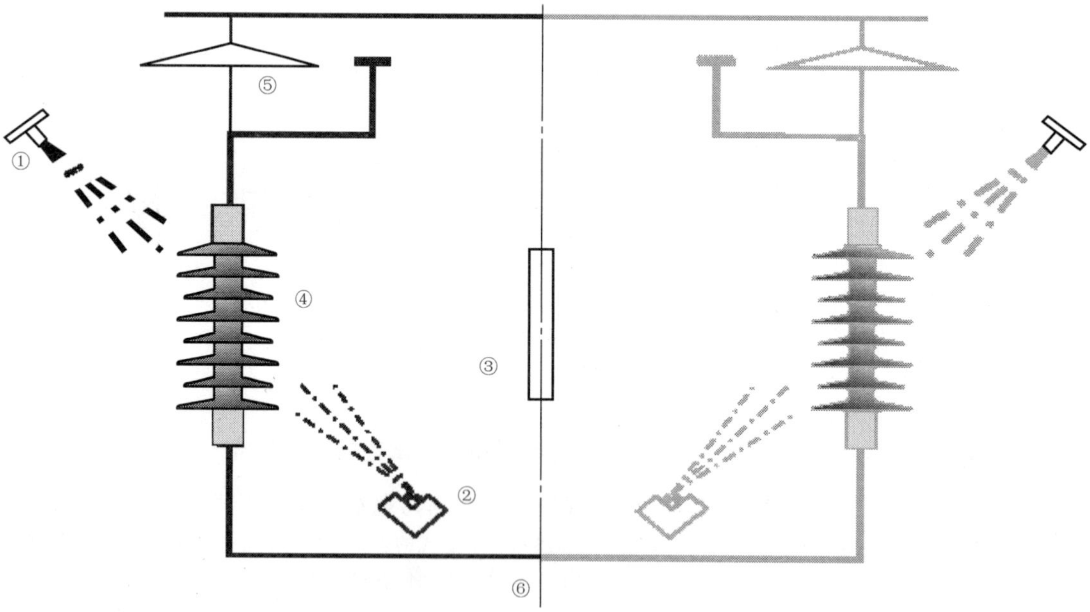

①——雨喷嘴；

②——盐雾喷射喷嘴(GB/T 4585 型)；

③——紫外线氙弧灯；

④——试品；

⑤——隔离绝缘子；

⑥——高压电源。

图 B.3 典型的雨和盐雾喷射系统以及氙弧灯的设置

B.3.1 电压

工频试验电压的 kV 数要根据试品的实际爬电距离调节，即用试品的爬电距离(以 mm 计)除以 34.6 的值(相当于爬电比距 20 mm/kV，以相间电压计算)。

对电源回路，当持续阻性电流负载为 250 mA(r.m.s.)时，在 1 s 期间高压侧的最大电压降不应超过 5%。保护水平应调为 1A(r.m.s.)。

B.3.2 日光模拟

模拟的日光辐射由一个标称输出为 6 500 W，并装配有 2 个硼硅酸盐玻璃滤波器的氙弧灯提供(见图 B.4 的示例)。氙弧灯和试品之间的距离约 480 mm。

每次试验开始时，应使用新的灯和滤波器。在试验过程中，滤波器(并且如果灯也有必要)更换时，应根据灯制造者的推荐进行更换。

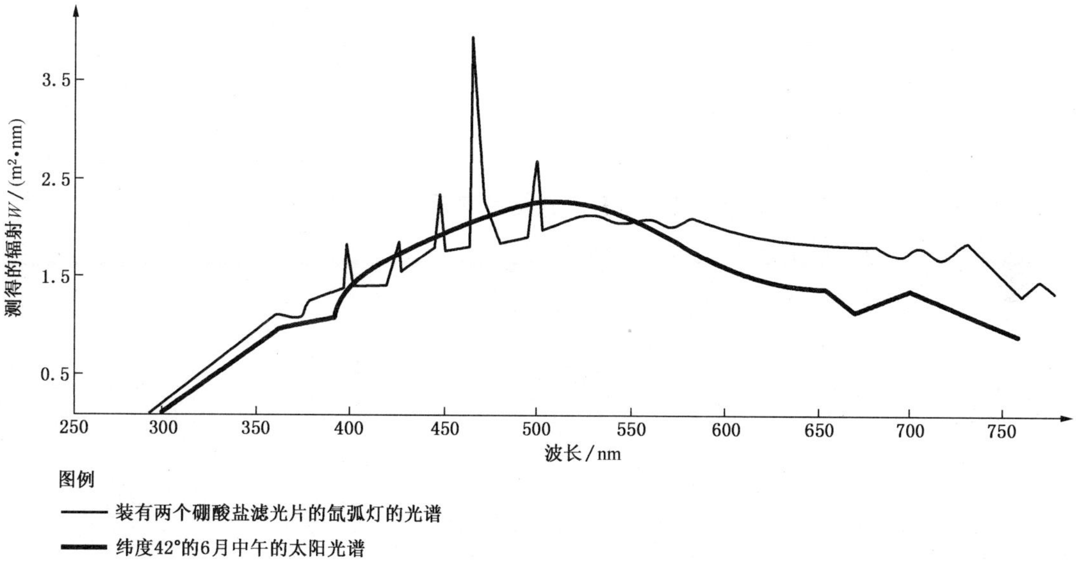

图 B.4 氙弧灯和日光光谱

B.3.3 人工雨

人工雨由安装于试品上部并由在其外围的喷嘴提供(见图 B.3)。平均的降雨速率根据 GB/T 16927.1 确定。应使用最大电导为 85 Ωm 的水液。每只试品应分别喷淋。

B.3.4 干热

试验间加热到 50 ℃±2 ℃，升到这个温度的时间不超过 15 min。

注：推荐墙壁能加热并绝缘的试验间。

B.3.5 湿热

额定相对湿度：RH=95%±3%，在 50 ℃。

B.3.6 污秽

由 GB/T 4585 规定形式的喷嘴喷淋盐雾(盐密：7 kg/m³±5%)来模拟污秽。

每只试品应单独喷淋。

喷嘴安装在对应绝缘子的下方，向上指向试品绝缘子的中心，与水平面夹角为 40°±10°。

在未使用的试验位置，应放置具有类似的尺寸的绝缘子，而且相对应的喷嘴应处于使用状态。

B.4 盐雾校定

为了确保试验的可重复性和盐雾严酷度水平，盐雾应使用如下校定方法进行调整。

为此目的，要使用参考绝缘子。它具有以下特征：

a) 长的棒形瓷绝缘子(亲水性材料)；

b) 正常的伞轮廓(根据 IEC 60815)；

c) 爬电因数=2.2×(1±10%)(根据 IEC 60815)；

d) 伞径＝140 mm×(1±5%)。

图 B.5 是一个参考绝缘子的示例。

参考绝缘子应仔细清洗，以去除灰尘和油腻。

使用含有磷酸三钠或其他洗涤剂(最好加热到 50 ℃)的水清洗绝缘子表面。随后，用自来水彻底冲洗绝缘子。如果绝缘子表面完全是亲水的，则可以认为其是十分干净和没有一点油腻的。

清洗完成后，不应再用手触摸绝缘子的绝缘部件。

在每一次校定之前，为了去除所有的污秽，最好使用自来水将绝缘子再一次彻底冲洗。

参考绝缘子应安装在每个不同的试验位置。类似尺寸的绝缘子应放置在其他试验位置。

工频试验电压的 kV 数根据参考绝缘子的实际爬电距离调节，即用它的爬电距离(以 mm 计)除以 34.6 的值(相当于爬电比距 20 mm/kV，以相间电压计算)，允许偏差±5%。

所有的盐雾喷嘴应在使用中。

通过调节雾(喷嘴的位置和流速)，使在 4 h 内测量的最大峰值电流(每分钟记录的最大值)的平均值在 100 mA～120 mA 范围内。可以允许有最长 30 min 的泄漏电流确立时间，且不包含在校定中。

这适用于所有的试验位置。

每一个试验位置可以分别校定。或另一种方法，可以在每一个试验位置放置一个参考绝缘子，使得所有试验位置同时并独立地被校定。如果试验位置是单独校定，校定结果应被重复，以确保初始位置雾的修正不会影响邻近的试验位置。

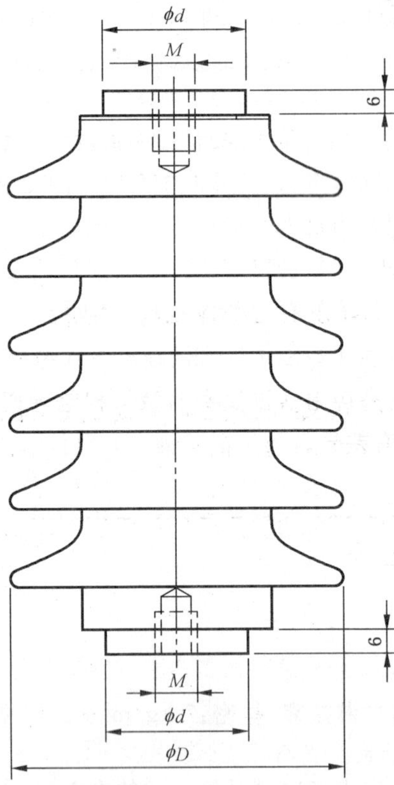

特性：

IEC 参考号：H4-125

公称爬电距离：500 mm

干弧距离：225 mm

高度 H：210 mm

伞径 D：140 mm

图 B.5 参考瓷绝缘子

B.5 接收准则

相同设计的试品应在一起评估。试验报告中应注明和记录闪络和跳闸的次数。

当两个试样如下时，则认为试验通过：

a) 无起痕发生（使用 1 kV 或更高直流电压的兆欧表沿可疑痕迹检查。电极间隔 5 mm～10 mm。如电阻小于 2 MΩ，则判定不合格）；

b) 对于复合绝缘子，蚀损深度小于 3 mm，且不能到达芯体（当适用时）；

c) 对于树脂绝缘子，蚀损深度小于 3 mm；

d) 伞、伞套或者界面未发生击穿。

附 录 C
（资料性附录）
聚合物绝缘子的起痕与蚀损试验和加速老化试验的不同

尽管本标准中描述的几种起痕与蚀损试验方法在文献中可能经常被称为“老化试验”，但指出它们在一定意义上不是加速老化试验很重要。因为这些试验既不能模拟确切的降低实际使用寿命的条件，也不能通过短时间的加速给出一个寿命的等价试验。而所使用的持续的、循环的或组合的应力，是要试图努力发现可能危及绝缘子运行性能的潜在薄弱点。

这些相关的试验(9.3.3，附录A，附录B)最好被描述为筛选试验，可以用来剔除不适用的材料或者设计。

聚合物绝缘子的老化过程一般不会同时造成容易测量的引起老化的逐渐变化的特征。绝缘子从“性能良好”到“使用寿命结束”的变化，经常是迅速而没有事先预兆的，并有可能被类似前面提及的盐雾试验中所得到蚀损深度，或强紫外线所造成的表面开裂观察到。这种变化的时间和速度依赖于很多参数，包括绝缘子的材料、设计以及绝缘子的运行环境。因此，对于用这样的老化试验预测绝缘子的真实寿命，仅当得到在相同或相似的环境下相同或相似的绝缘子的关于损伤或降解的数据有效时，才是有可能的。

因此，这些试验的应用是为了给出设计和材料的特性与比较苛刻而非极端严酷的环境中呈现的应力之间关系的一般信息。

重要的是，要注意到通过标准的“试验结束”时的破坏水平在大部分运行环境下是不能接受的。例如，在相关试验(9.3.3，附录A，附录B)中，直到3 mm的蚀损深度在试验中是可以接受的，但在绝缘子运行中这不能被接受，在绝缘子的设计寿命中也不希望发生。

进一步的信息，见CIGRE技术手册142册：“聚合物绝缘子的自然和人工老化以及污秽试验”07，1999。

附　录　D
（资料性附录）
试验推荐表

表 D.1 给出了聚合物绝缘子试验的推荐。

表 D.1　聚合物绝缘子试验的推荐表

条款	试验项目	聚合物绝缘子的设计试验			
		户外绝缘子		户内绝缘子	
		复合绝缘子	树脂绝缘子	复合绝缘子	树脂绝缘子
9.2.4	预应力	×	×	×	×
9.2.5	水浸渍预应力	×	×	×	
9.2.6	验证试验	×	×	×	×
9.2.6.1	外观检查	×	×	×	×
9.2.6.2	陡波前冲击电压试验	×	×	×	×
9.2.6.3	干工频电压试验	×	×	×	×
9.3.1	硬度试验	×	×		
9.3.2	加速气候试验	×	×		
9.3.3	起痕和蚀损试验	×	×		
9.3.4	可燃性试验	×	×	×	×
9.4.1	染料渗透试验	×		×	
9.4.2	水扩散试验	×	×		

附 录 E
（资料性附录）
设计试验组类概念的解释

第 9 章中所规定的设计试验，目的是检验制造者所用的制造方法、材料及设计的适宜性。由于它们涉及设计最初和长期性能的所有主要方面的研究，因此花费时间和费用是必须要的。为了避免不必要的试验，可使用两种方法：

a） 为了产品的改进，允许绝缘子的设计有一定自由度的变化，每次绝缘子设计有较小变化时，并不用重复所有设计试验；

b） 绝缘子可分类，设计试验在每一类中有代表性的绝缘子上进行，结果证书对这类绝缘子的所有产品有效。

在相关产品的标准给出列入了重复试验的表，重复试验是根据相对于充当一类代表的绝缘子被变化了的设计参数列入的。需要指出，这些表中给出了涉及外套轮廓参数的容差。然而，一旦代表性绝缘子的外套轮廓的变化超出了这些容差，适当的设计试验需要重复。

由制造者挑选同一设计类的、承担设计试验的代表性绝缘子，这个绝缘子命名了此种类。

在 7.1 中给出了决定属同一类设计绝缘子的一般参数。这些参数不能与产品标准列表中相关规定混淆。这里容差是相对于代表性绝缘子特征的，如试验证书中所指。任何一个在所列范围内的绝缘子都属于这类设计中的一员。对于这样一种绝缘子，无需设计试验。

需要指出的是，容差适用于所有外套轮廓参数，一般规定为 15%，伞间距为 25%。因此，在给定的一类设计中，轮廓范围可能是很大的。

参 考 文 献

[1] GB/T 6062 产品几何量技术规范(GPS)表面结构 轮廓法 接触(触针)式仪器的标称特性(GB/T 6062—2002,ISO 3274:1996,MOD)

[2] GB/T 19519—2004 标称电压大于1 000 V交流架空线路用的复合绝缘子 定义、试验方法和接收准则(IEC 61109:1995,MOD)

[3] IEC 60050-471:2007 国际电工词汇 第471部分:绝缘子

[4] IEC 61245 直流系统用高压绝缘子的人工污秽试验

ICS 29.080.10
K 48

中华人民共和国国家标准

GB/T 22707—2008

直流系统用高压绝缘子的人工污秽试验

Artificial pollution tests on high-voltage insulators to be used on d. c. systems

(IEC/TR 61245:1993,MOD)

2008-12-30 发布　　2009-10-01 实施

中华人民共和国国家质量监督检验检疫总局
中国国家标准化管理委员会　发布

前 言

本标准修改采用 IEC/TR 61245:1993《直流系统用高压绝缘子的人工污秽试验》(英文版)。

本标准根据 IEC/TR 61245:1993 重新起草,起草时删除了 IEC/TR 61245:1993 中的节编号。在附录 F 中列出了本标准章条编号与 IEC/TR 61245:1993 章条编号对照的一览表。

考虑到我国国情,在采用 IEC/TR 61245:1993 时,本标准做了一些修改,有关技术性差异已编入正文中,并在它们所涉及的技术性条款的页边空白处用垂直单线标识。在附录 E 中给出了这些技术性差异及其原因的一览表以供参考。

为了便于使用,本标准还做了下列编辑性修改:

a) "本技术报告"一词改为"本标准";

b) 用小数点"."代替作为小数点的逗号",";

c) 删除 IEC/TR 61245:1993 的前言;

d) 为了便于使用时理解,将 IEC/TR 61245:1993 的引言作为资料性的附录列入附录 D。

本标准的附录 A、附录 B、附录 C、附录 D、附录 E 和附录 F 均为资料性附录。

本标准由中国电器工业协会提出。

本标准由全国绝缘子标准化技术委员会(SAC/TC 80)归口。

本标准起草单位:中国电力科学研究院、西安电瓷研究所、国家电网公司武汉高压研究院。

本标准主要起草人:李庆峰、刘燕生、胡文岐、姚君瑞、吴光亚。

本标准从实施之日起,JB/T 6747—1993《直流系统用高压绝缘子人工污秽试验方法　固体层法》废止。

本标准为首次制定。

直流系统用高压绝缘子的人工污秽试验

1 范围

本标准规定的人工污秽试验程序适用于直流架空线路用绝缘子、变电站绝缘子和牵引线路用绝缘子，也可用于带有避免内部损伤的合适防护装置的套管和供其他设备用的空心绝缘子。这些程序应用于装有空心绝缘子的设备时，有关的技术委员会应考虑它对内部装置的影响和可能需要采用的特殊防护装置。

本标准适用于在电压为±1 000 V 到±800 kV 直流系统中使用于户外、并暴露在污秽环境中的瓷和玻璃绝缘子的耐受特性的测定。

这些试验不能直接应用于用有机材料制造的绝缘子、复合绝缘子、涂有油脂的绝缘子或特殊类型的绝缘子(半导体釉绝缘子或覆盖有任何有机材料的绝缘子)。

注：对于特大试品，如大型穿墙套管和互感器，经验表明试验结果有较大的分散性。

2 规范性引用文件

下列文件中的条款通过本标准的引用而成为本标准的条款。凡是注日期的引用文件，其随后所有的修改单(不包括勘误的内容)或修订版均不适用于本标准，然而，鼓励根据本标准达成协议的各方研究是否可使用这些文件的最新版本。凡是不注日期的引用文件，其最新版本适用于本标准。

GB/T 16927.1—1997 高电压试验技术 第一部分：一般试验要求(eqv IEC 60060-1:1989)

3 术语和定义

下列术语和定义适用于本标准。

3.1

单次试验 individual test

指在规定污秽度下对试品施加规定试验电压持续至规定时间或至发生闪络所构成的单一过程。

3.2

实际平均电压 actual mean voltage

U_a

所考虑瞬间并且是以该瞬间为终点的一个时间间隔内电压的平均值，这个时间间隔等于供电给整流器的交流电压的一个周波。

注：当不能确定电源电压的周期时，此时间间隔为 20 ms。

3.3

试验电压 test voltage

U_t

在一个单次试验开始时的实际平均电压。

3.4

纹波因数 ripple factor

纹波幅值与实际平均电压之比(U_r/U_a 见图 1)。

3.5

电压降 voltage drop

ΔU_t

试验电压和实际平均电压的差(图 2)。

3.6

相对电压降　relative voltage drop

电压降(ΔU_t)与试验电压(U_t)之比,通常用百分数表示。

3.7

电压过冲　voltage overshoot

实际平均电压与试验电压的差(图 2)。

3.8

相对电压过冲　relative voltage overshoot

电压过冲与试验电压(U_t)之比,通常用百分数表示。

3.9

泄漏电流　leakage current

污秽试验中在绝缘子接地端串联测得的绝缘子表面电流。

3.10

单次试验期间的最大泄漏电流　highest leakage current during an individual test

在不发生闪络的单次试验期间出现的最大泄漏电流值。

3.11

短路电流　short-circuit current

对试品施加试验电压并发生短路时,由该完整试验回路所提供的电流。

3.12

限流电阻　current limiting resistor

$\boldsymbol{R_s}$

加在直流电源的负载电容器与试品之间的电阻。

3.13

盐度　salinity

$\boldsymbol{S_a}$

用自来水制成的盐溶液的浓度,用盐量除以溶液体积来表示,通常表示为 kg/m^3。

3.14

污秽层　pollution layer

绝缘子表面的导电电解层,由盐和惰性材料组成。

3.15

层电导　layer conductance

$\boldsymbol{G_L}$

按附录 B 规定测得的电流与电压之比。

3.16

附盐密度　salt deposit density

$\boldsymbol{S_D}$

沉积在一绝缘子给定表面(这个表面不包括金属部件和胶装材料)上的盐量除以该表面的面积(见 6.4),通常用 mg/cm^2 表示。

3.17

不溶物沉积密度　non-soluble deposit density

$\boldsymbol{S_N}$

沉积在绝缘子给定表面(这个表面不包括金属部件和胶装材料)上的不溶解物质的量除以该表面的面积,通常用 mg/cm^2 表示。

3.18

污秽度　degree of pollution

表征覆盖在被试绝缘子上人工污秽量的值(盐度、附盐密度)。

3.19

参照盐度　reference salinity

用于表征一单次试验的盐度值。

3.20

参照附盐密度　reference salt deposit density

用于表征一单次试验的附盐密度值。它是在若干个绝缘子(或在它们的几部分)上测得的附盐密度的平均值,这些绝缘子是在提交给试验前从已经染污的绝缘子中选取出的。

3.21

规定耐受污秽度　specified withstand degree of pollution

在有关条款5.6或6.6中所述条件下,绝缘子在四次单次试验中应至少有三次能耐受规定试验电压的参照污秽度。

3.22

最大耐受污秽度　maximum withstand degree of pollution

在有关条款7.2所述条件下,绝缘子在四次单次试验中至少有三次能耐受规定试验电压的最高污秽度。

3.23

规定耐受电压　specified withstand voltage

在有关条款5.6或6.6所述的条件下,绝缘子在四次单次试验中至少有三次能耐受规定污秽度的试验电压。

3.24

最大耐受电压　maximum withstand voltage

在7.3所述条件下,绝缘子在规定的污秽度下在四次单次试验中,至少有三次能耐受的最高试验电压。

3.25

50%耐受电压　50% withstand voltage

一次单次试验中,绝缘子的耐受概率为50%时的试验电压(见7.4)。

4　一般试验要求

4.1　试验布置

已有的污秽试验方法可分为两类:

——盐雾法(第5章),对清洁而湿润的绝缘子施加电压,然后施加一规定的环境污秽。

——固体层法(第6章),对具有干燥而均匀的规定固体污秽层的绝缘子施加电压,然后加以湿润。

本章中以下条款,适用于这两种方法。

4.2　被试绝缘子的安装布置

4.2.1　试验布置

一般推荐用垂直位置来比较不同类型的绝缘子。再现实际运行条件的其他位置(倾斜、水平)下的试验,可按供需双方协议进行。当有特殊原因不在垂直位置上试验绝缘子时(例如穿墙套管和断路器纵绝缘),应仅考虑运行位置。

绝缘子的任何部分与除了绝缘子的支架和喷嘴柱(当使用时)之外的任何接地物之间的最小间距应不小于0.5 m每100 kV试验电压,并且在任何情况下不得小于1.5 m。

绝缘子应直立地安装在试验室中，完整地装上属于其组成部分的所有金属附件。

支架以及带电金属部件的布置，至少在离绝缘子的最小间距内，应再现运行中预期的情况。

关于它们对试验结果的影响，有效的经验已表明：

——外部的电容，例如由于附件引起的，并不会明显地影响其试验结果。

——内部部件的特性可能影响其耐受值。

4.2.2 绝缘子的清洗

应仔细清洗绝缘子，使污物和油脂的所有痕迹都被除去。清洗后，不应用手触摸绝缘子的绝缘件。

在冲洗后如果观察到有大片连续的湿表面，则认为绝缘子表面已经充分清洁并且无任何油脂。

对于固体层法情况，在首次染污前，应该用水和像高岭土或一种替代材料(砥石粉或硅藻土)那样的惰性材料的浆液擦洗，然后用自来水彻底冲洗。浆液中可加入某种洗涤剂。

在以后的每次染污前，绝缘子应仅仅用自来水再次彻底清洗。如果 SD 水平或试验结果中的任何一种前后有矛盾时，可能需要用人工擦拭。

对于盐雾法情况，水最好加热到大约 50 ℃，并加入磷酸三钠或其他洗涤剂，然后用自来水彻底冲洗绝缘子。如果需要的话，在最后处理以前可以像固体层法那样进行擦洗。

注：如果需要，金属部件和胶装材料可以涂上防盐水的漆，以保证试验期间没有锈蚀物流淌到绝缘表面上。

4.3 试验回路的要求

4.3.1 试验电压

在整个试验期间，应给绝缘子连续施加规定极性的规定试验电压。

无需应用湿度校正因数。

注：空气密度校正因数的应用正在考虑中。

应用适当方法表明试验电压的纹波因数在 100 mA 的阻性电流负载时不大于 3%。

产生耐受结果的单次试验中，出现的相对电压降(图 2)不应超过 10%。

注：检验可以接受的相对电压降>10%的判据正在考虑中。倘若在整个相应的电流脉冲期间计算得的相对电压降均值不超过 5%，暂时允许相对电压降可超过 10%，但不应大于 15%。

通常，由于绝缘子表面放电熄灭引起负荷释放造成的相对电压过冲(见图 2)不应超过 10%。

当相对电压过冲在 5%至 10%之间时发生了闪络，则该试验无效。

4.3.2 测量系统的特性

测量电压和泄漏电流的系统应有至少为 1 kHz 的上限频率。

4.3.3 闪络的鉴别

用下列判据之一鉴别在明显的闪络情况下，被试绝缘子是否被短路电弧完全短接：

——电压记录清楚地表明了击穿；

——电流测量表明整个回路已被电弧短路；

——用一个具有适宜的响应特性的分路电阻在微秒范围内测得的试验回路的电流峰值高于 $0.5\ U_t/R_s$；

——具有足够清晰度的照片或视频记录清楚地示出了完整的短路电弧。

5 盐雾法

5.1 盐溶液

盐溶液应用工业纯氯化钠(NaCl)和自来水制成。

注：高硬度的自来水，即等值 $CaCO_3$ 含量大于 350 g/m³ 的，可能会在绝缘子表面产生石灰石沉积物。在这种情况下，推荐使用去离子水制备盐溶液。

使用盐度应是下列值之一：

2.5，3.5，5，7，10，14，20，28，40，56，80，112，160，224 kg/m³。

盐度的最大允许偏差为规定值的±5%。推荐用测量电导率或测量密度并加以温度校正来测量盐度。表1给出了溶液的盐度、体积电导率和密度值间在温度为20 ℃时的对应关系。

当溶液温度不是20 ℃时,电导率和密度值应按公式(1)或(2)校正。

注意盐溶液的温度应在5 ℃到30 ℃之间,因为还没有经验证实溶液温度超出这个范围时所进行的试验是有效的。

电导率应使用如下公式(1)校正:

$$\sigma_{20} = \sigma_{\theta}[1 - b(\theta - 20)] \qquad \cdots\cdots(1)$$

式中:

θ——溶液温度,单位为℃;

σ_{θ}——温度为 θ ℃时的体积电导率,单位为S/m;

σ_{20}——温度为20 ℃时的体积电导率,单位为S/m;

b——由温度 θ 决定的因数,如表2所示。

密度校正应使用如下公式(2):

$$\Delta_{20} = \Delta_{\theta}[1 + (200 + 1.3S_a)(\theta - 20) \times 10^{-6}] \qquad \cdots\cdots(2)$$

式中:

θ——溶液温度,单位为℃;

Δ_{θ}——温度为 θ ℃时的密度,单位为 kg/m^3;

Δ_{20}——温度为20 ℃时的密度,单位为 kg/m^3;

S_a——盐度,单位为 kg/m^3。

该校正公式仅对超过20 kg/m^3 的盐度有效。

表1 盐雾法:温度20 ℃时溶液的盐度、体积电导率和密度值之间的对应关系

盐度 S_a/(kg/m^3)	体积电导率 σ_{20}/(S/m)	密度 Δ_{20}/(kg/m^3)
2.5	0.43	—
3.5	0.60	—
5	0.83	—
7	1.15	—
10	1.6	—
14	2.2	—
20	3.0	—
28	4.1	1 018.0
40	5.6	1 025.9
56	7.6	1 037.3
80	10	1 052.7
112	13	1 074.6
160	17	1 104.5
224	20	1 140.0

表2 溶液温度 θ 和因数 b 之间的对应关系

θ	b
5	0.031 56
10	0.028 17
20	0.022 77
30	0.019 05
注:对于在5 ℃至30 ℃范围内的其他温度值,因数 b 用内插法获得。	

5.2 喷雾系统

试验室里的雾是由规定数量的雾喷嘴产生的,它靠来自喷射方向与溶液喷嘴成直角的空气喷嘴中的压缩空气流使溶液雾化。喷嘴由耐腐蚀管制造,空气喷嘴的内径为1.2 mm±0.02 mm,溶液喷嘴的内径为 2.0 mm±0.02 mm。两种喷嘴应有同一外径，为 3.0 mm±0.05 mm，喷嘴末端应切成直角并磨光。

溶液喷嘴的末端应处在空气喷嘴的轴线上±0.05 mm 的范围内。空气喷嘴的末端与溶液喷嘴中心线间的距离为 3 mm±0.05 mm。两种喷嘴的轴线应处在同一平面内，偏差在±0.05 mm 内。

图 3 示出了雾喷嘴的一典型结构。

雾喷嘴应排为两列，该两列喷嘴与绝缘子平行并相对地排在绝缘子的两侧，绝缘子的轴线应与两列喷嘴在同一平面内，即垂直绝缘子试验时喷嘴为两纵列，水平绝缘子试验时喷嘴为两横列。在倾斜绝缘子情况下，包含了绝缘子和两列喷嘴的平面应与水平面相交于与绝缘子轴线成直角的一条直线上(见图 4)；在这种情况下，溶液喷嘴的轴线应是垂直的。溶液喷嘴与绝缘子轴线之间的距离应为 3 m±0.05 m。

相邻雾喷嘴之间应相隔 0.6 m，每一个空气喷嘴应垂直指向该列喷嘴轴线，并朝向另一列上对应的空气喷嘴，与雾喷嘴平面的夹角在 1°之内。可以用下述方法检查雾喷嘴在垂直纵列上的位置：降低溶液喷嘴，校正使水通过空气喷嘴喷向另一纵列上对应的喷嘴。然后将溶液喷嘴升高到工作位置。绝缘子的中点最好与两列雾喷嘴的中点成一直线。两列喷嘴应伸出超过绝缘子两端至少 0.6 m。

对于长度为 H(单位为 m)的绝缘子，每一列雾喷嘴的最小数量 N 应为式(3)所示：

$$N=\frac{H}{0.6}+3 \qquad \cdots\cdots(3)$$

供给空气喷嘴的空气应经过过滤，无油，相对压力为$(7.0\pm0.35)\times10^5$ Pa。

试验期间每一个溶液喷嘴的溶液流量应为(0.5 ± 0.05) dm^3/min，喷射总流量的偏差应为标称值的±5%。

5.3 试验开始前的条件

试验应在绝缘子按 4.2.2 所推荐方法清洗后，还处于完全湿润状态时开始。

试验开始时绝缘子应与试验室空气处于热平衡状态。此外，周围温度应不低于 5 ℃，不高于 40 ℃，并且与盐溶液的温度差应不超过 15 K。

给绝缘子施加电压，开动盐溶液泵和空气压缩机，喷嘴处压缩空气达到正常工作压力时就可以认为试验开始了。

5.4 预处理程序

对按 4.2.2 推荐清洗后的绝缘子施加等于或高于使用交流预处理电压试验时用的盐度，对于像穿墙套管、互感器和避雷器那样的设备，最大允许交流预处理电压应由试品制造者给出。

除非绝缘子提早闪络，预处理电压应保持 20 min。如果绝缘子未闪络，电压应每隔 5 min 按试验电压的 10%的台阶逐级升高，至发生闪络，或升高至最高允许预处理电压并保持 5 min。

如果发生闪络，应重新施加电压，并尽可能快地升高到刚才获得闪络电压的 90%，然后以每间隔 5 min 按闪络电压的 5%的台阶逐级升高至发生闪络或升高至最高允许预处理电压。如果发生闪络，重新施加电压程序应再重复六次。在八次闪络后，应清除雾，用自来水清洗绝缘子，然后试验应尽快开始。

经各方同意可以用直流电压预处理，并根据已有的经验选择闪络次数。

在最高允许预处理电压和最高盐度下，如果没有发生闪络，则预处理程序应停止并认为其未完成。

注 1：使用这个程序者一致同意，在一次闪络试验中的大电流冲击和闪络本身可以除去在一个有效清洗过程后(见 4.2.2)绝缘子表面上剩下的油迹。在进行盐雾试验前，所介绍的这个预处理过程可以保证绝缘子表面处于适宜的状况。

注 2：使用直流电压进行预处理的有效性正在考虑中。

注 3：特别是对于像穿墙套管、互感器和避雷器那样的设备，最高预处理电压应慎重选择。

注 4：当需要进行长时间系列试验时，绝缘子无论表面状况如何，均应按照 4.2.2 的推荐方法清洗，随后按本条推荐方法预处理。

注 5：如果完整绝缘子试品预处理时要求很高的闪络电压时，本预处理过程在结构允许的情况下可以对绝缘子分段实施。

5.5 耐受试验

本试验的目的是证实试品在规定试验电压下是否能满足规定的耐受盐度要求。

当被试绝缘子和试验室条件达到5.3给出的要求，绝缘子按照5.4进行预处理后，应开始试验。

应使用按5.1所规定盐度的一种盐溶液在规定的试验电压下对绝缘子进行一系列单次试验。除非提早发生闪络，每一单次试验的时间应为1 h，随后的每一单次试验前都应用自来水仔细清洗绝缘子。

5.6 耐受试验的接收准则

如果在按5.5的方法进行的三次连续的单次试验中没有闪络发生，则认为绝缘子达到了规定特性的要求。如果仅发生一次闪络，则应进行第四次试验。若第四次试验未发生闪络，则认为绝缘子通过了本试验。

6 固体层法

6.1 污液的组成

应使用下列配方制备污液：

——40 g高岭土；

——1 000 g水；

——适量的工业纯的盐(NaCl)。

注1：砥石粉或任何其他惰性材料可以替换高岭土作为惰性材料。在这种情况下要注意使用这些材料与使用高岭土得出的试验结果可能有相当大的差异。因此在比较试验结果或规定试验电压和试验严酷度时必须给予考虑。

注2：绝缘子表面不溶解材料的量会影响试验结果。这个问题正在考虑中。

注3：为适合我国运行环境污染严重的情况，采用固体层法试验时，灰密一般按试验用盐密的5～6倍选取，也可由供需双方协商决定。采用此条件的试验结果与表C.1给出的结果会有所不同。

配制污液通常可使用自来水，但是当自来水的体积电导率高于0.05 S/m时，需要使用去离子水。

为了在被试绝缘子上达到所要求的附盐密度(±15%)，应该用提交的试验的全部或部分绝缘子进行初步试验性的染污，来确定所制备污液的合适的体积电导率值。可以用调节污液中的盐量来达到所要求的体积电导率。为了便于参考，表3给出了标准的盘形悬式绝缘子在温度为20 ℃和正常的环境条件下在垂直位置染污时，绝缘子上的参照附盐密度和污液体积电导率的对应关系。对其他绝缘子要求的体积电导率可能与表3给出的值有差异。

表3 高岭土配方的S_D和σ_{20}之间的近似关系

附盐密度 S_D/(kg/m²)	污液的体积电导率 σ_{20}/(S/m)
0.012	0.5
0.018	0.7
0.025	1
0.035	1.4
0.05	2
0.07	2.8
0.1	4
0.14	5.6
0.2	8
0.28	11.2
0.4	16

6.2 惰性材料的主要特性

表4给出了可用于污液的惰性材料的主要特性范围，用其可以确定高岭土的类型。

表 4 用于固体层污液的高岭土的主要特性

重量组成/%				粒度标准(累积分布)/μm		
SiO_2	Al_2O_3	Fe_2O_3	H_2O	16%	50%	84%
40～50	30～40	0.3～2	7～14	0.1～0.2	0.4～1	2～10
注：颗粒分析分布给出的是筛孔直径(μm)值，表示所示质量百分数值的颗粒能够通过这样的筛孔。						

在添加盐之前，1 000 g 去离子水中含有 40 g 惰性材料污液的电导率不应高于 0.05 S/m。

6.3 污层的涂覆

为了使污层相对均匀，将按 6.1 所述配方制备的污液用喷污法或浇污法涂覆在干燥绝缘子上，这些绝缘子应按 4.2.2 推荐的方法预先清洗。如果绝缘子的尺寸允许，也可用采用浸污法。

在将绝缘子提交试验之前，应使污层干燥，更多的细节在 B.1 中给出。

如果在染污操作后观察到绝缘子污层有起苞、缺斑等明显不均匀现象，应按照 4.2.2 重新洗涤和清洁绝缘子。染污操作要进行一次或多次，每次操作后都要清洗，直到绝缘子上的污层连续且大致均匀。此时才可以在该绝缘子上开始试验。经验说明，一般情况下经若干次反复操作足以使绝缘子表面满足要求。

注 1：可以用一个或两个喷嘴的商用型喷枪以喷射的方法将配制好的污液喷射在绝缘子表面上，形成人工污秽层。应调节喷嘴的方向以保证在整个绝缘子表面上的污层相对均匀。喷嘴出口和绝缘子伞缘之间的距离大约为 200 mm 到 400 mm 较为适宜。污液应保持不断搅动。反复操作可以在绝缘子表面得到要求的污秽度。

注 2：当采用浸污法时，污液应充分搅动，并且让绝缘子旋转，以使污层均匀。

注 3：染污时间可以通过预热绝缘子来减少。在这种情况下，整个绝缘子在试验开始时应该和试验室的空气处于热平衡状态。染污时间也可以通过在连续染污之间干燥污层来减少。

注 4：将制备好的污液从绝缘子表面上方浇灌，并使其流淌到绝缘子表面的方法(浇污法)，特别适合于大或长的绝缘子。

注 5：如同盐雾试验中规定的预处理程序的必要性正在考虑中。

注 6：污层应尽可能均匀(见 B.5)。对于盘形悬式绝缘子，使用如下所述的方法仔细浸染可以使污层均匀。绝缘子应在试验室里安装之前进行染污。如果试品是由若干个元件组成的绝缘子串，其中的每一个应分别浸染，并在其后的污液可以滴落期间，保持其轴线垂直，直到污层完全干燥。

注 7：对于长绝缘子，在整个干燥过程中使绝缘子转动可以使污层相对均匀。

注 8：湿污层的均匀性可以用探针来检查(见附录 A)。

注 9：当灰密较重时，也可以采用定量涂刷法将配制好的污液涂覆在绝缘子的表面上。具体做法是先按试品表面积、试验用盐密和灰密称量出污秽物，再与一定量的蒸馏水配制成污液。应该注意的是，要多配制一份污液准备沾刷子用。涂刷时，污液要全部涂在绝缘件表面上。

6.4 被试绝缘子污秽度的测定

用附盐密度表示的被试绝缘子的污秽度，可在被试绝缘子上或在用下述相同方法染污的和被试绝缘子同样的绝缘子上测定。

在将选用于测定 S_D 的绝缘子(或它的一部分)染污后，应在污层干涸前仔细清除其伞缘上的污液滴。

然后从绝缘子(或它的一部分)上清除污层，并将其仔细收集起来。清除范围为绝缘子的整个表面或对其上下表面分别清除，但金属部件和胶装材料部分除外。更多的细节在 B.5 中给出。

若仅有一个绝缘子试品，S_D 的测定应在几个伞上进行。为测量而清洁的表面应重新染污。

然后将收集到的污层清除物溶入已知量的水中，最好是去离子水。在测量所制得污液的体积电导率 σ_θ(S/m)和温度 θ(℃)之前，要搅动至少 2 min。其后可根据 5.1 给出的关系从 σ_θ 得到 σ_{20} 的值。

当 σ_{20} 在(0.004～0.4) S/m 范围之内时，可用下面的式(4)确定污液的盐度 S_a(kg/m³)：

$$S_a = (5.7 \times \sigma_{20})^{1.03} \qquad (4)$$

其后可由式(5)得到附盐密度 S_D(mg/cm²)：

$$S_D = \frac{S_a \times V}{A} \qquad \cdots\cdots(5)$$

式中：

V——污液的体积，单位为 cm^3；

A——被清洁的表面面积，单位为 cm^2。

6.5 试验程序

注：本条款仍在讨论中并且将根据 CIGRE/IEEE 计划的试验结果予以考察。

按 6.3 为试验准备绝缘子并将其放置在试验位置，绝缘子上的污层应保持干燥。

使用蒸汽雾湿润污层。

用于湿润试品的雾发生器应能够使在试品周围和试品整个长度方向上产生的雾分布均匀。在湿润开始时，试品的温度与雾室内周围温度差应小于 2 K。

试验室的雾发生器应保持一恒量稳定的流速直至该单次试验结束。

雾发生器应处于试品下方，并尽可能靠近地坪，在任何情况下它们均应离开试品至少 1 m，并且其气流不应直接朝向试品(同见 B.3)。

施加试验电压前，雾室内蒸汽输入速率应为零，而在此后应保持恒定。

可以用塑料帐篷罩住试品以限制雾室容积，但不能影响绝缘子周围雾的扩展方式。

试品位置处的湿润速率应如 B.2 所述。蒸汽输入速率为(0.05±0.01)kg/h 每立方米雾室容积时，通常可提供所要求的湿润速率。可能需要调节蒸汽输入速率以满足所要求的湿润速率(见 B.2)。

注 1：为测定蒸汽速率，可以使用下列方法之一：

——测量用于产生蒸汽雾的功率；

——测量单次试验中用于产生蒸汽的水量。

注 2：绝对湿度和墙壁处的冷凝现象会影响雾的湿润效果。

保持试验电压直到闪络或直到闪络的可能性可以忽略，后者可用泄漏电流测量或其他技术来判定。更多的详细信息在 B.4 中给出。

污层仅能使用一次。

6.6 耐受试验和接收准则

本试验的目的是证实试品在规定的试验电压下的规定耐受污秽度。如果在按照 6.5 所进行的三次连续的单次试验中没有发生闪络，则认为绝缘子满足了规定的耐污秽特性。如果仅出现一次闪络，则应进行第四次试验，如果这次不再发生闪络，则认为绝缘子通过了本试验。

7 绝缘子的耐受特性

7.1 绝缘子耐受特性的测定

第 4、5 和 6 章论述了在规定试验电压下规定耐受污秽度的检验。但此外，绝缘子的耐污秽特性也可以用电压范围确定，或换而言之，用绝缘子本身的爬电比距范围上确定。要这样做，就要在不同电压水平上测量最大耐受污秽度或在不同污秽度值下测量最大耐受电压。这种评定程序的例子叙述于下(见 7.2 和 7.3)。

当需要时，校验人工污秽试验室设备的方法给出在附录 C 中。

7.2 给定试验电压下最大污秽耐受度的测定

绝缘子应在一给定试验电压和在 5.1 和 6.1 列出的一些不同污秽度下经受若干次试验。试验应按照 5.5 或 6.5 的试验程序进行。试验可以按任何顺序进行。只要：

a) 在任一污秽度下，最终发生闪络的单次试验的总数达到两次时，在相同或更高污秽度下不应再进行试验；

b) 结果是成功耐受的单次试验的总数达到三次时，在相同或更低的污秽度下不应再进行试验。

如果某一污秽度下有三次单次试验成功耐受，并且按 5.1 或 6.1 规定的下一个较高污秽度下有两次单次试验出现闪络，则认为该污秽度是在该试验电压下的最大耐受污秽度。

对于盐雾试验情况，预处理程序(见 5.4)应在最大耐受盐度测定之前进行。

如果在盐度为 224 kg/m³ 的四个单次试验中全部成功耐受，则应认为最大耐受盐度等于或大于 224 kg/m³。如果在盐度为 224 kg/m³ 的四次单次试验中，三次成功耐受一次闪络，则认为该盐度是最大耐受盐度。

7.3 给定污秽度下最大耐受电压的测定

应在一个给定污秽度下对绝缘子进行一系列单次试验。每个单次试验均应选择一个系列电压水平中的一个值进行，系列电压中的每一个值应大约为其相邻较低值的 1.05 倍。试验应按照 5.5 或 6.5 的试验程序进行。试验可以按任何次序进行，只要：

a) 当在任一电压水平下最终发生闪络的单次试验总数达到两次时，在相同或更高电压水平下不应再进行试验；

b) 当在任一电压水平下结果为成功耐受的单次试验总数达到三次时，在相同或更低电压水平下不应再进行试验。

如果在某一电压水平下有三次单次试验成功耐受，并且在下一个更高的电压水平下有两次单次试验出现闪络，则认为该电压是在该污秽度下的最大耐受电压。

对于盐雾试验情况，预处理程序(见 5.4)应在最大耐受电压测定之前进行。

7.4 给定污秽度下 50%耐受电压的测定

在给定的污秽度下绝缘子应经受至少十次“有效的”试验。试验应按照 5.5 或 6.5 进行。每一次试验施加的电压应按升降法变化。电压级差应不大于预期的 50%耐受电压的 10%。

试验结果与前面试验不同的第一次试验，选作为第一个“有效”的试验：只有这次试验和至少九次随后的试验才认为是可以用来确定 50%耐受电压有效的试验。

50%耐受电压应使用公式(6)计算：

$$U_{50\%}=\frac{\sum(n_i\times U_i)}{N} \tag{6}$$

式中：

U_i——施加的电压水平；

n_i——在相同的施加电压水平 U_i 下进行试验的次数；

N——有效试验的次数。

关于升降法更多的细节和对于相关结果的处理可在 GB/T 16927.1—1997 中找到。

此外，用最大似然法也能够得到 $U_{50\%}$。关于这个方法更多的信息能够在有关文献中找到。

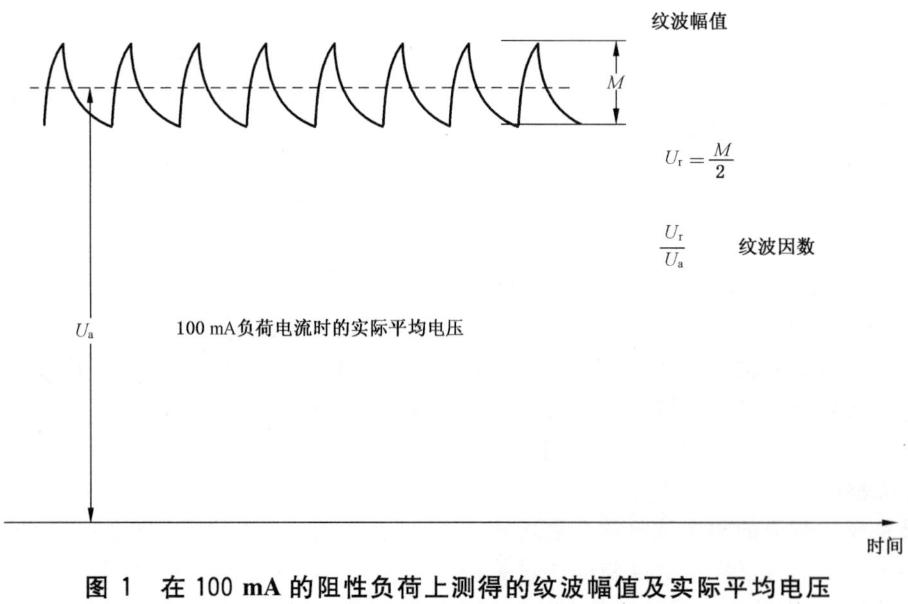

图 1　在 100 mA 的阻性负荷上测得的纹波幅值及实际平均电压

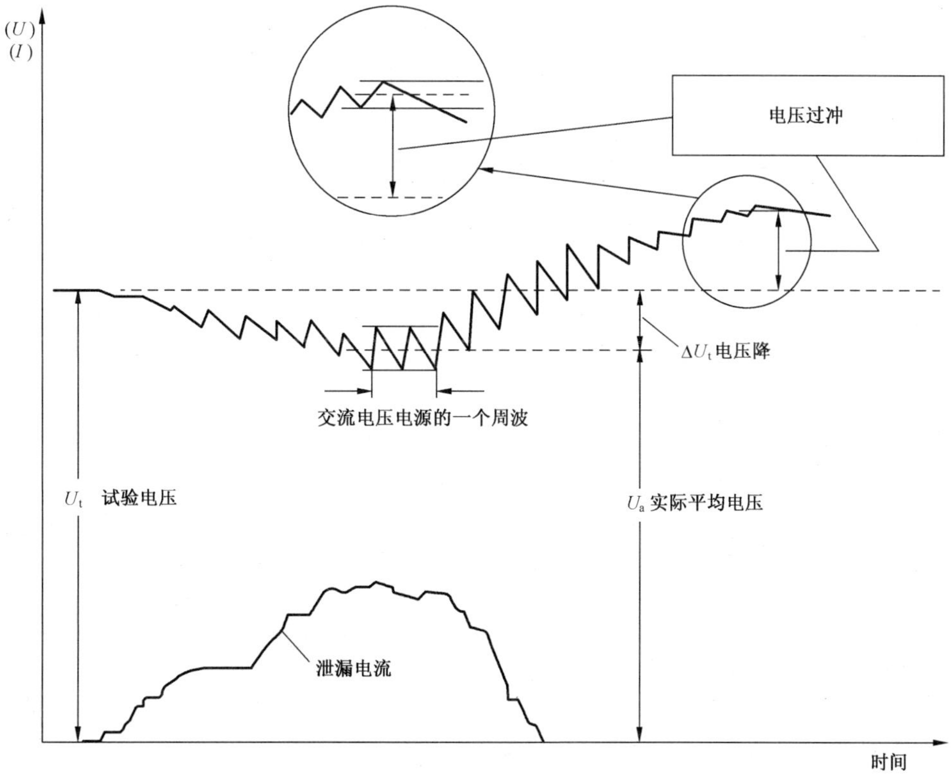

图 2　电压降、电压过冲和泄漏电流

单位为毫米

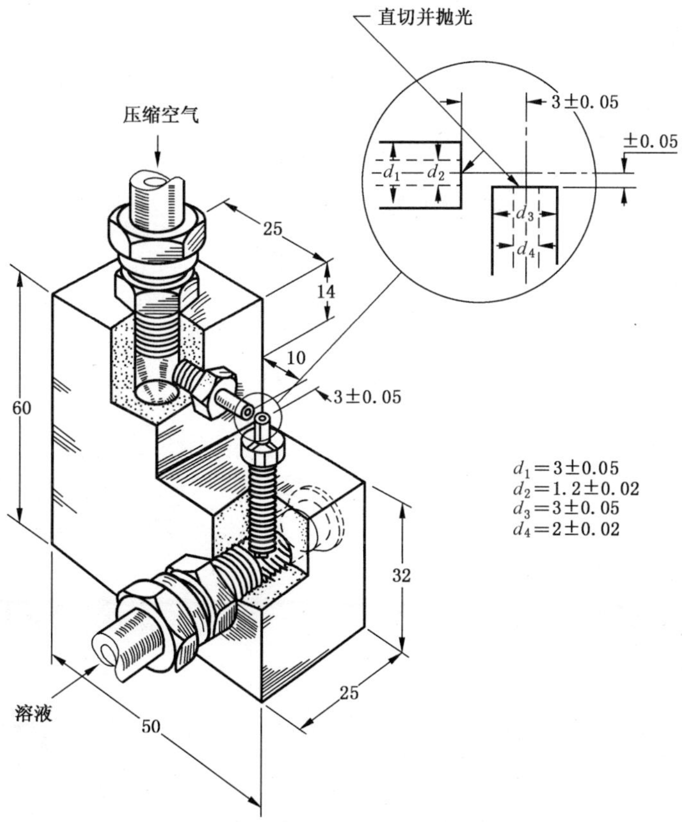

图 3　典型的雾喷嘴的结构

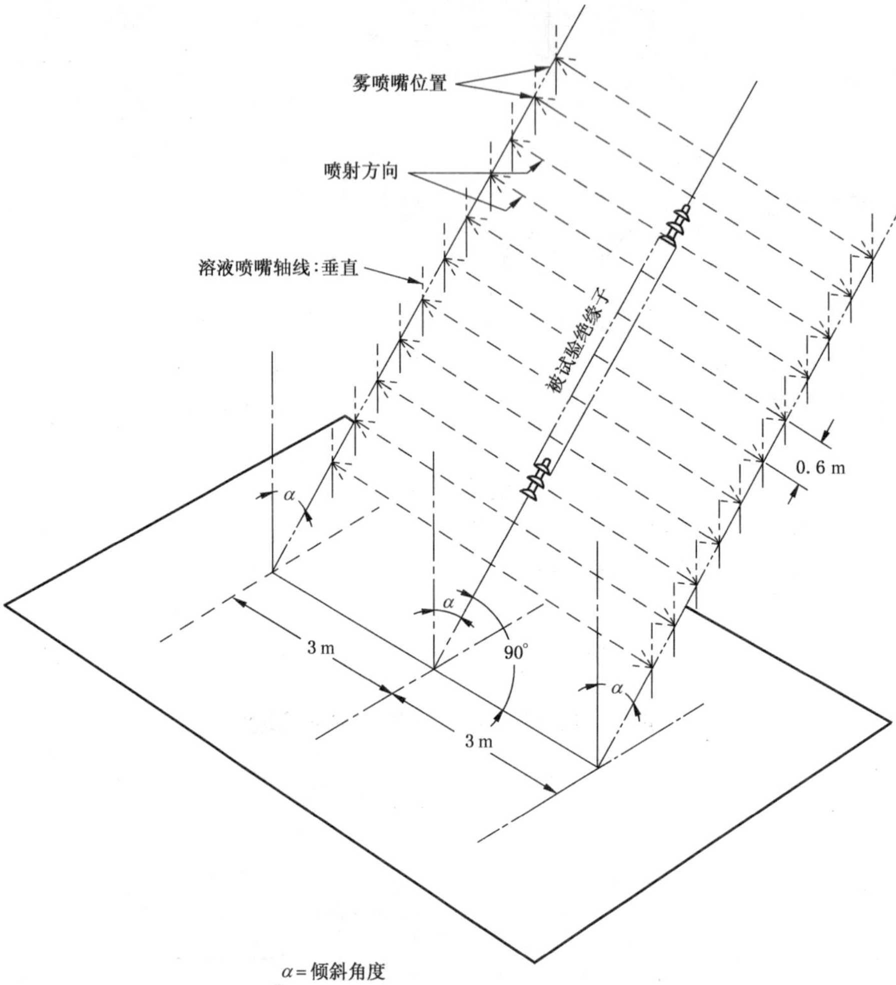

图 4 倾斜绝缘子的试验布置图

附 录 A
（资料性附录）
检查污层均匀性的方法

检查绝缘子表面湿污层均匀性的装置主要是由一个探头和一个仪表构成。这样一个装置的可能的布置描述如下：

——探头（图 A.1）

两个球形不锈钢电极，直径 5 mm 并且两中心相距 14 mm，从探头上伸出并应被压在绝缘子表面上。由一个能产生约 9 N 力的弹簧机构得到此恒定的表面压力。

——仪表（图 A.2）

由齐纳二极管稳压在 6.8 V 的电源供给通过这两个电极和它们之间表面的电流。用并联的一个二极管保护 50 mA 满刻度偏转的测量仪器。

应在绝缘子表面的不同点上进行测量，考虑到极化影响，应快速操作仪表按钮。

当测得每个单个值与它们的平均值之差以该平均值的百分数表示不超过±30%时，则认为污层的均匀性是可以接受的。

单位为毫米

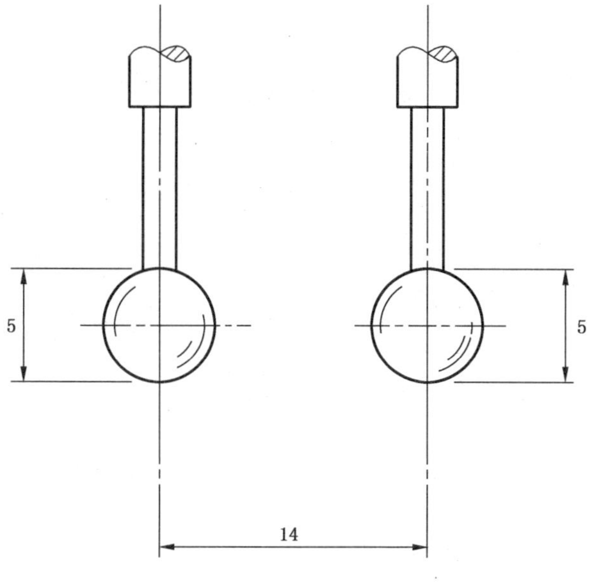

图 A.1 探头电极布置

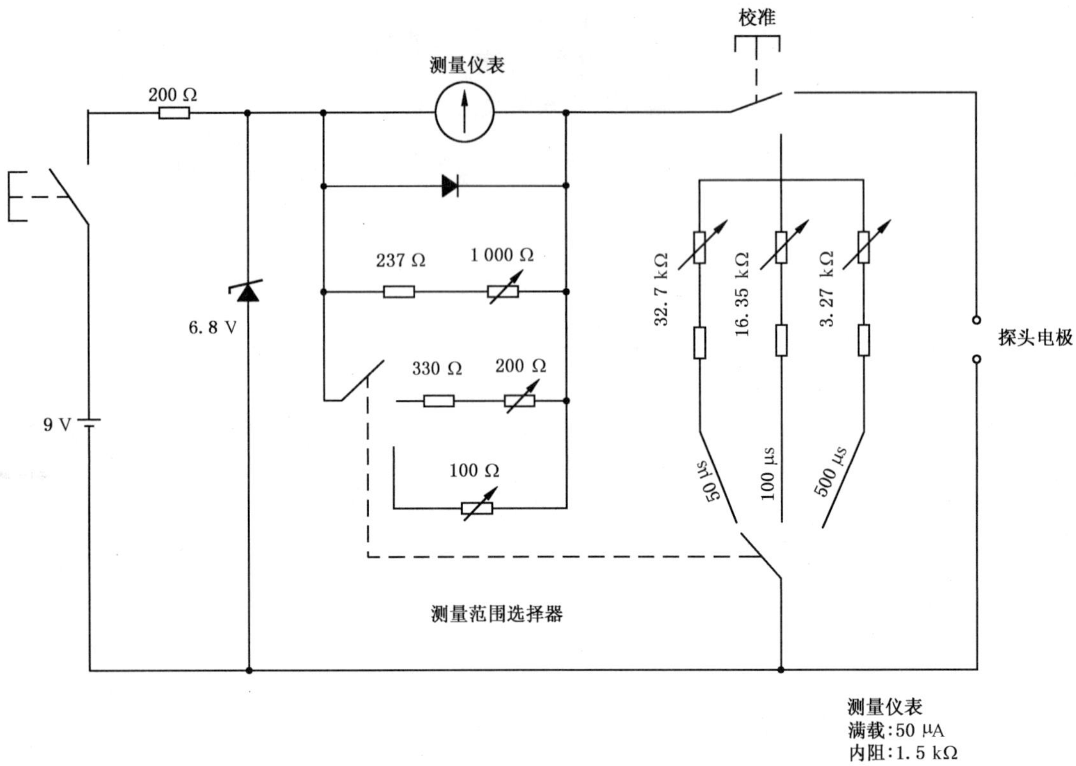
校准
测量仪表
200 Ω
237 Ω
1 000 Ω
6.8 V
330 Ω
200 Ω
9 V
100 Ω
32.7 kΩ
16.35 kΩ
3.27 kΩ
探头电极
50 μs
100 μs
500 μs
测量范围选择器
测量仪表
满载:50 μA
内阻:1.5 kΩ

图 A.2 仪器回路图

附 录 B
（资料性附录）
关于固体层法程序的附加推荐

下面给出的附加推荐，更深入地叙述了固体层法的实际操作。它提供了试验期间辅助控制的准则并且为在这方面还不熟练的使用者提供帮助以避免得到不精确的结果。

B.1 污层的干燥

若相对湿度保持在70%以下，绝缘子污层采用自然干燥就足够了，但持续时间要足够长(6 h至8 h)。湿度值低于这个水平时，可以缩短干燥时间。如果使用热空气加速污层干燥、产生热空气的方法不应导致因某些材料的沉积而影响绝缘子表面的湿润或污秽度。最后，应控制热空气的速度，以免干扰绝缘子上污层的成分。

B.2 雾的湿润作用的检查

将用与实际试验使用相同的污液染污的试验绝缘子放置在将进行试验的位置。

注：可以使用染污和型式相同的模型绝缘子代替试验绝缘子。模型绝缘子安装应尽可能靠近被试绝缘子，并且离地面的平均高度相同。

当雾发生器按实际试验工况工作时，按下述方法定期测量试验绝缘子湿污层的层电导。

每一次层电导的测量包括对绝缘子施加电压(0至100 Hz)和测量电流，施加的电压值不低于1 000 V每米总爬电距离。施加电压时间必须足以读出电压和电流值，但也要足够短，以避免因污层发热或干燥引起重大误差。不应发生放电现象。

应该监视随着时间层电导的增加。上升的时间 T_c 应为：15 min<T_c<70 min(见图B.1)。如果不是这样，应用不同的蒸汽输入速率重复进行加湿，直至 T_c 在规定的时间范围之内。实际试验中应使用上述方法确定的蒸汽输入速率。

注1：这个上升时间的范围是基于交流试验的经验确定的，并且被一些直流试验所证实。

注2：建议在实际的试验室内也安装一个监视用绝缘子，以便取得将来试验程序修正所需的有用信息。

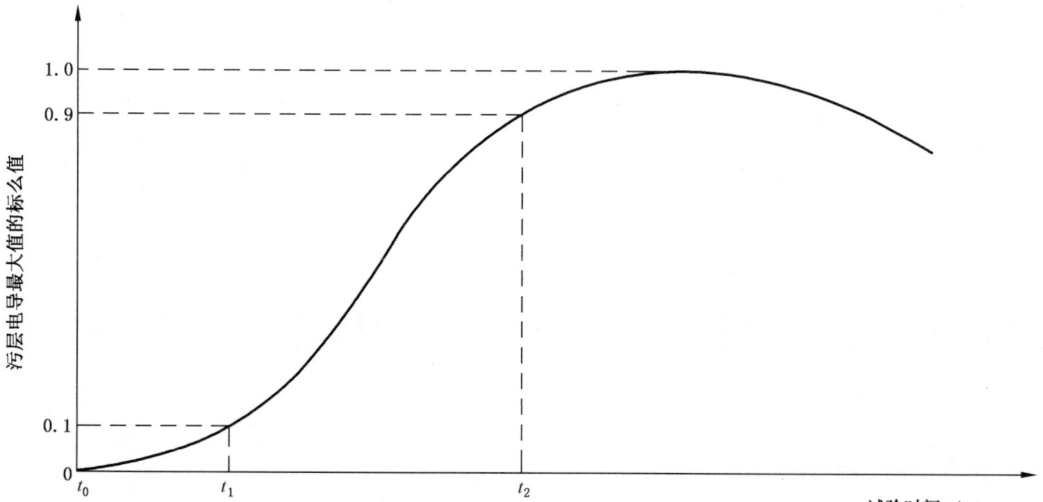

图 B.1 污层电导的测量和它的上升时间 $T_c=t_2-t_1$ 的评定

B.3 试验室雾的输入

雾应该由敞开的水箱中沸腾的水所发生蒸汽产生或由低速通过大口径喷嘴而导入的蒸汽产生，仅当蒸汽产生速率已达到稳定后才允许对试验室输入雾。因此当在水箱中产生蒸汽时，在水达到沸点以前水箱应该保持加盖。

绝缘子的放置应使其周围的可见雾尽可能均匀。

沿试品高度测得的试验室内的温度升高，在试验结束时不应超过 15 K。

B.4 耐受试验的持续时间

现有知识表明，若试品从加雾开始耐受试验电压 100 min 后，闪络危险可忽略。但是，闪络危险可以在试验期间通过在带电试品上的泄漏电流测量来直接评定。此泄漏电流通常会达到一个最高值，然后会因污层的清洗而减小。如果泄漏电流测量表明从放电活动开始已经过了 30 min，则可认为闪络的危险可以忽略。

当由泄漏电流的测量或其他技术判定闪络不大可能发生时，试验可以停止并且可认为是成功耐受。

B.5 参照附盐密度（S_D）的评定

应至少进行三次连续的清揩，以便从绝缘子的取样表面上完全清除污层。作为指导，每平方米取样表面收集到的沉积物，用 2 L 到 4 L 去离子水即可溶解。清除操作的效果可以通过对残留沉积物进行测量来检查。

建议核对 S_D 的局部测量值（在伞的上表面或下表面）和绝缘子全部取样面积上 S_D 测量值的比是否位于 0.7 至 1.3 之间。

附　录　C
（资料性附录）
检验人工污秽试验设备的资料

为便于调整人工污秽试验用的试验室设备，在表 C.1 中给出了几种参照悬式绝缘子的耐受特性值。这些值是按照本标准给出的推荐方法获得的，试验室海拔高度 1 000 m 以下。

注 1：在对来自不同试验室已有结果讨论后，将结果值填入才能形成完整的表 C.1。

注 2：不能认为表 C.1 中给出的参照绝缘子是其各自等级的代表性产品。选取它们并不意味评价其本身有任何优点，也不认为它们会在试验或运行条件下比其他相似型式绝缘子有更好的特性。

这些绝缘子的选取是基于 CIGRE/IEEE 工作组为试验室间比较试验推荐的。

刚开始人工污秽试验的试验室，或地处海拔高于 1 000 m 的试验室，或通常不使用前面所提到的任何一种试验方法的试验室，可以预期相关结果会与表 C.1 给出的数值范围有某些差异。

表 C.1　人工污秽试验参照绝缘子耐受污秽度和 50%耐受电压值($U_{50\%}$)

绝缘子型式	最大耐受污秽度					$U_{50\%}$					
	爬电比距/mm/kV	施加电压/kV	kV元件	盐雾法 kg/m³	固体层法 mg/cm²	盐雾法			固体层法		
						盐度/kg/m³	爬电距离/mm	$U_{50\%}$/kV	S_D/mg/cm²	爬电距离/mm	$U_{50\%}$/kV
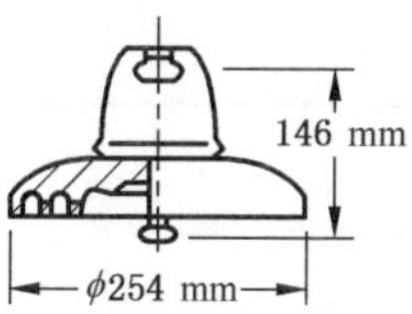 爬距：305 mm 最少数量：5 片									0.02	3 050	142
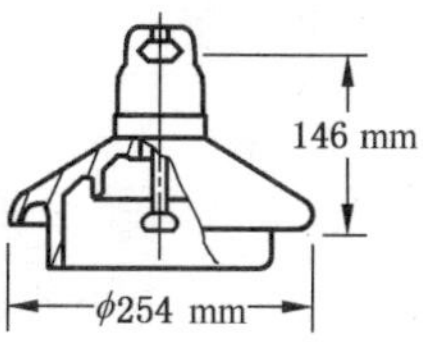 耐雾型爬距：390 mm 最少数量：5 片									0.02	2 730	144.2
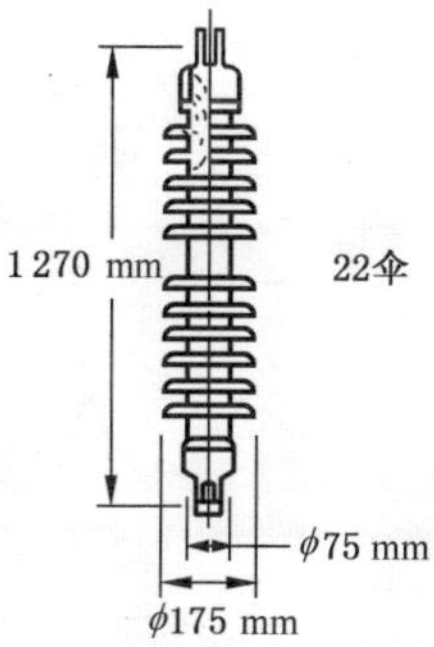 长棒形 爬距：2 960 mm											

表 C.1（续）

绝缘子型式	最大耐受污秽度					$U_{50\%}$					
						盐雾法			固体层法		
	爬电比距/mm/kV	施加电压/kV	kV元件	盐雾法 kg/m^3	固体层法 mg/cm^2	盐度/kg/m^3	爬电距离/mm	$U_{50\%}$/kV	S_D/mg/cm^2	爬电距离/mm	$U_{50\%}$/kV
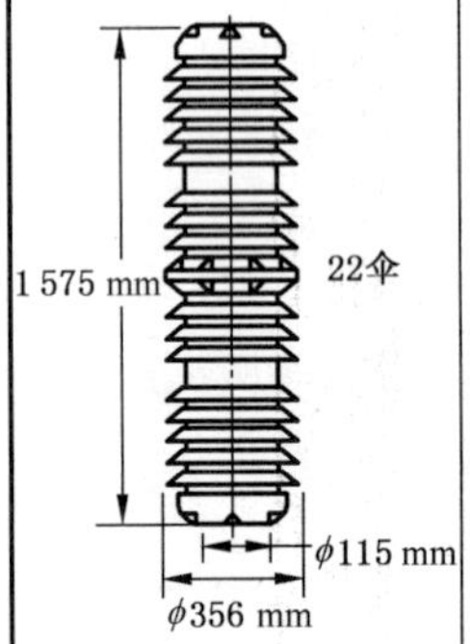 电站支柱 爬距:3 353 mm									0.02	3 353	102

注 1：这些值仅在一个试验室中测得，不能确定这些结果的再现性。蒸汽速率和取决于试验室尺寸的蒸汽绝对数量的影响还有待阐明。

注 2：在垂直位置单一布置，试验结果用本标准给出的试验程序得到。

附　录　D
（资料性附录）
IEC/TR 61245:1993 的引言

在许多情况下，直流绝缘在污秽条件下的电绝缘强度确定了绝缘的尺寸和结构。

目前，±600 kV 是在用的直流系统的最高电压，并且由于也仅能得到这一系统电压水平及以下的试验室经验，所以它被选取为本标准的极限值。当有了充分的有效结果时，将会考虑更高的系统电压。

目前，根据本标准所提供的人工污秽试验得到结果来确定直流绝缘子的运行性能还是有困难的。特别是对于该最高系统电压，从人工污秽试验和运行两方面得到的经验还很有限，可靠的运行预测需从这两方面取得更多的经验。因而，人工试验仅能给出绝缘子在运行条件下性能的一个估计值。这些人工污秽试验与绝缘子在运行的预期寿命相比，一般是短时间试验，因此不适于作为老化试验。

本标准文本可以认为是改善直流污秽试验程序再现性的一个尝试，还需要有进一步的经验和附加的试验室结果来确定本标准所述的盐雾试验程序和固体层试验程序的再现性。所以，还不可能确定直流污秽试验结果的置信区间。

本标准规定的直流试验程序与 IEC 60507:1991（国标 GB/T 4585—2004《交流系统用高压绝缘子的人工污秽试验》等同采用了 IEC 60507:1991）规定的交流试验程序相似。这并不排除以后规定其他直流试验程序的可能性。例如某一安装位置情况下在穿墙套管上出现的不均匀湿润，可导致在比表面均匀湿润的污秽试验时所得到电压明显地低的电压下发生闪络。在这种情况下，则适宜的办法可能是模拟实际湿润状况确定耐受电压。

本标准与 IEC 60507:1991 的主要不同是：

——试验回路要求，包括纹波因数，电压降和电压过冲。对最小短路电流或短路电流和泄漏电流之间的比值无要求。

——给出了鉴别闪络的不同判据。

——对于盐雾试验，根据协议可使用直流电压的预处理过程。

——规定了湿润速率，而不是规定蒸汽喷入速率。可用测量污层电导来检查雾的湿润效果。

——对于固体层法，由于按类型“A”程序试验得到的结果分散性较大，因而仅采用了类型“B”程序。

文中所述的试验方法推荐把在正常运行条件下所能出现的运行电压最高值取作为耐受试验的电压。可以商定其他的试验电压值。试验通常在负极性下进行，但也可用正极性或按两种极性进行试验。

只有在整个试验过程中电压保持恒定的试验方法才适合于标准化。不建议把在电压持续上升至闪络过程中的变量标准化，但可用于特殊的目的。

泄漏电流可用于对试验结果进行解释，因此建议在人工污秽试验期间连续测量泄漏电流。

为得到可重复的结果，直流污秽试验的人工污层应尽可能均匀。一般来讲不均匀的污秽分布对直流耐受和闪络电压的影响似乎大于交流情况。

在绝缘子表面的不溶物质的数量可能影响试验结果，虽然这个问题还在考虑中，并且对其没有给出要求，作为参考，本标准中还是给出不溶物沉积密度的定义。

不溶材料的种类以及它的来源也可能影响试验结果。

以下问题需要进一步研究：

——在盐雾程序情况中用直流电压的预处理的有效性；

——在固体层程序情况中不溶材料对试验结果的影响；

——蒸汽速率和实际的直流电场对湿润特性的影响。

CIGRE/IEEE 的计划在联合继续进行直流污秽试验的研究。某些信息可以在 EIECTRA No.140 的一篇由 CIGRE TF 33-04-04 发表的论文中得到，该论文名为“高压直流绝缘子的人工污秽试验：影响性能的因素的分析”。当计划完成时这篇论文将得到补充，并且这些信息在本标准未来的修正版中会被采用。

附 录 E
（资料性附录）
本标准章条与 IEC/TR 61245:1993 章条技术性差异及其原因

表 E.1 给出了本标准章条与 IEC/TR 61245:1993 章条技术性差异及其原因。

表 E.1 本标准章条与 IEC/TR 61245:1993 章条技术性差异及其原因

本标准章条编号	技术性差异	技术性差异原因
1	将本标准的适用范围从 IEC/TR 61245:1993 规定的±1 000 V～±600 kV 延伸至±1 000 V～±800 kV。	就目前国内外直流高压电网运行现状而言，系统最高运行电压为±600 kV，因此 IEC 61245 的引言指出经验仅对±600 kV 及以下有效，当有了充分的有效结果时，将会考虑更高的系统电压。但考虑到我国正在建设±800 kV 特高压系统，因此在本标准的适用范围中，将±600 kV 改写为±800 kV，以使标准覆盖和适用的范围符合国内需要。实际上，根据我们的经验，系统电压由±600 kV 提升为±800 kV 后，就直流人工污秽试验方法本身来说，没有质的变化，其经验和方法可以延用到±800 kV 系统。
5.1	删除了“注”中介绍测量自来水中 $CaCO_3$ 方法的美国文献名称。	测量自来水中 $CaCO_3$ 的方法属于通用试验方法，可在我国的相关教课书、标准中找到。
6.1	增加了注 3：为适合我国运行环境污染严重的情况，采用固体层法试验时，灰密一般应按试验用盐密的 5～6 倍选取，也可由供需双方协商决定。采用此条件的试验结果与表 C.1 给出的结果会有所不同。	我国污秽地区试品上呈现的灰密比 IEC 61245 列出的高数倍，达到(0.4～0.8) mg/cm²，随着盐密的增加呈现上升趋势，并且灰密对污闪电压的影响也比较大，可达 15%～30%。从我国实际污秽环境和电网运行经验的需要出发，增加了注 3。
6.3	增加了注 9：当灰密较重时，也可以采用定量涂刷法将配制好的污液涂覆在绝缘子的表面上。具体做法是先按试品表面积、试验用盐密和灰密称量出污秽物，再与一定量的蒸馏水配制成污液。应该注意的是，要多配制一份污液准备沾刷子用。涂刷时，污液要全部涂在绝缘件表面上。	长期以来，我国有很多科研院所在进行交流或直流人工污秽试验时，都采用了定量涂刷法染污试品。尽管该染污方法比较费时费力，但大量试验证明，它对试验结果分散性的影响比较小，当其他试验条件确定不变后，污秽试验结果的重复性很好。 将定量涂刷法列入国家标准后，国内采用该方法得到的大部分试验数据都将被认为符合标准要求，并与国际上通用，以利不同试验室试验结果的比较。

附 录 F
（资料性附录）
本标准章条与 IEC/TR 61245:1993 章条对照一览表

表 F.1 给出了本标准章条与 IEC/TR 61245:1993 章条对照一览表。

表 F.1 本标准章条与 IEC/TR 61245:1993 章条对照一览表

本标准章条编号	IEC/TR 61245:1993 章条编号	本标准章条编号	IEC/TR 61245:1993 章条编号
—	第 1 节	4.2.1	2.2.1
1	1.1	4.2.2	2.2.2
2	1.2	4.3	2.3
3	1.3	4.3.1	2.3.1
3.1	1.3.1	4.3.2	2.3.2
3.2	1.3.2	4.3.3	2.3.3
3.3	1.3.3	5	第 3 节
3.4	1.3.4	5.1	3.1
3.5	1.3.5	5.2	3.2
3.6	1.3.6	5.3	3.3
3.7	1.3.7	5.4	3.4
3.8	1.3.8	5.5	3.5
3.9	1.3.9	5.6	3.6
3.10	1.3.10	6	第 4 节
3.11	1.3.11	6.1	4.1
3.12	1.3.12	6.2	4.2
3.13	1.3.13	6.3	4.3
3.14	1.3.14	6.4	4.4
3.15	1.3.15	6.5	4.5
3.16	1.3.16	6.6	4.6
3.17	1.3.17	7	第 5 节
3.18	1.3.18	7.1	5.1
3.19	1.3.19	7.2	5.1.1
3.20	1.3.20	7.3	5.1.2
3.21	1.3.21	7.4	5.1.3
3.22	1.3.22	附录 A	附录 A
3.23	1.3.23	附录 B	附录 B
3.24	1.3.24	附录 C	附录 C
3.25	1.3.25	附录 D	IEC 引言
4	第 2 节	附录 E	—
4.1	2.1	附录 F	—
4.2	2.2		

ICS 29.080.10
K 48

中华人民共和国国家标准

GB/T 22708—2008

绝缘子串元件的热机和机械性能试验

Thermal-mechanical performance test and mechanical performance test on string insulator units

(IEC/TR 60575:1977,MOD)

2008-12-30 发布

2009-10-01 实施

中华人民共和国国家质量监督检验检疫总局
中国国家标准化管理委员会
发布

前　言

本标准修改采用IEC/TR 60575:1977《绝缘子串元件的热机和机械性能试验》(第一版)。

本标准根据IEC/TR 60575:1977重新起草。为了方便比较,在资料性附录B中列出了本标准条款与IEC/TR 60575:1977条款的对照一览表。

考虑到我国国情,在采用IEC/TR 60575:1977时,本标准做了一些修改。这些技术性差异用垂直单线标识在它们所涉及的条款页边空白处。在附录C中给出了这些技术差异及其原因的一览表以供参考。

为了便于使用,本标准还做了下列编辑性修改:

a) “本报告”一词改为“本标准”;

b) 删除IEC/TR 60575:1977的前言及目的,将目的中的注并入范围;

c) 增加了“规范性引用文件”和“术语和定义”两章。

本标准的附录A、附录B、附录C均为资料性附录。

本标准由中国电器工业协会提出。

本标准由全国绝缘子标准化技术委员会(SAC/TC 80)归口。

本标准起草单位:国家绝缘子避雷器质量监督检验中心、西安电瓷研究所、陕西省电力公司、辽宁省电力公司。

本标准主要起草人:危鹏、姚君瑞、云涛、胡文岐、陈刚。

本标准为首次发布。

绝缘子串元件的热机和机械性能试验

1 范围

本标准规定了标称电压高于1 000 V的交流和直流架空线路用的具有瓷或玻璃绝缘件的绝缘子串元件的热机和机械性能试验方法。

本标准也适用于变电站中具有类似结构的绝缘子。

注1：本标准适用于盘形悬式绝缘子串元件以及长棒形绝缘子串元件。

注2：热机性能试验建议作为主要试验。而机械性能试验作为次要的附加试验，并仅用于抽查试验，是否需要进行及试品数量由供需双方协商。

2 规范性引用文件

下列文件中的条款通过本标准的引用而成为本标准的条款。凡是注日期的引用文件，其随后所有的修改单(不包括勘误的内容)或修订版均不适用于本标准，然而，鼓励根据本标准达成协议的各方研究是否可使用这些文件的最新版本。凡是不注日期的引用文件，其最新版本适用于本标准。

GB/T 1001.1—2003 标称电压高于1 000 V的架空线路绝缘子 第1部分：交流系统用瓷或玻璃绝缘子元件 定义、试验方法和判定准则(IEC 60383-1:1993,MOD)

GB/T 2900.8 电工术语 绝缘子(GB/T 2900.8—1995,eqv IEC 60050-471:1984)

3 术语和定义

GB/T 2900.8确立的术语和定义适用于本标准。

4 热机性能试验

4.1 试品安装

试品应在经逐个试验合格后的产品中抽取。

试品在试验过程中应受拉伸负荷，试品可以串联或并联在试验机上，当并联时，每只试品应承受相等的拉伸负荷。

4.2 试验程序

4.2.1 循环试验

绝缘子元件应承受四个24 h冷却和加热循环，并同时施加拉伸负荷，该负荷的大小保持在所规定的机电或机械破坏负荷的(60～65)%之间。每个24 h循环中，首先应将其冷却到－30 ℃±5 ℃(或－40 ℃±5 ℃)，然后将其加热到＋40 ℃±5 ℃。应控制冷却和加热循环的温度偏差，以保证记录的冷却和加热温度之间的最小温差为70 K(或80 K)。在温度循环中最高温度和最低温度至少均应连续保持4 h。

开始第一次冷热循环之前，应在室温下在绝缘子上施加拉伸负荷。在每次加热期终结时，完全卸除该拉伸负荷，并再重新施加，但最后一次热循环除外。在第四次24 h循环之后，将其冷却到室温，除去拉伸负荷。该试验程序用图示法表示见图1。

注：低温是否采用－40 ℃± 5 ℃由供需双方协议，当低温采用－40 ℃± 5 ℃时，最小温差为80 K。

4.2.2 破坏试验

循环试验结束后，应在从绝缘子元件上卸除拉伸负荷的同一天，对绝缘子元件进行机电或机械破坏负荷试验，以确定绝缘子元件的性能。机电或机械破坏负荷试验应按GB/T 1001.1—2003所规定的方法进行。

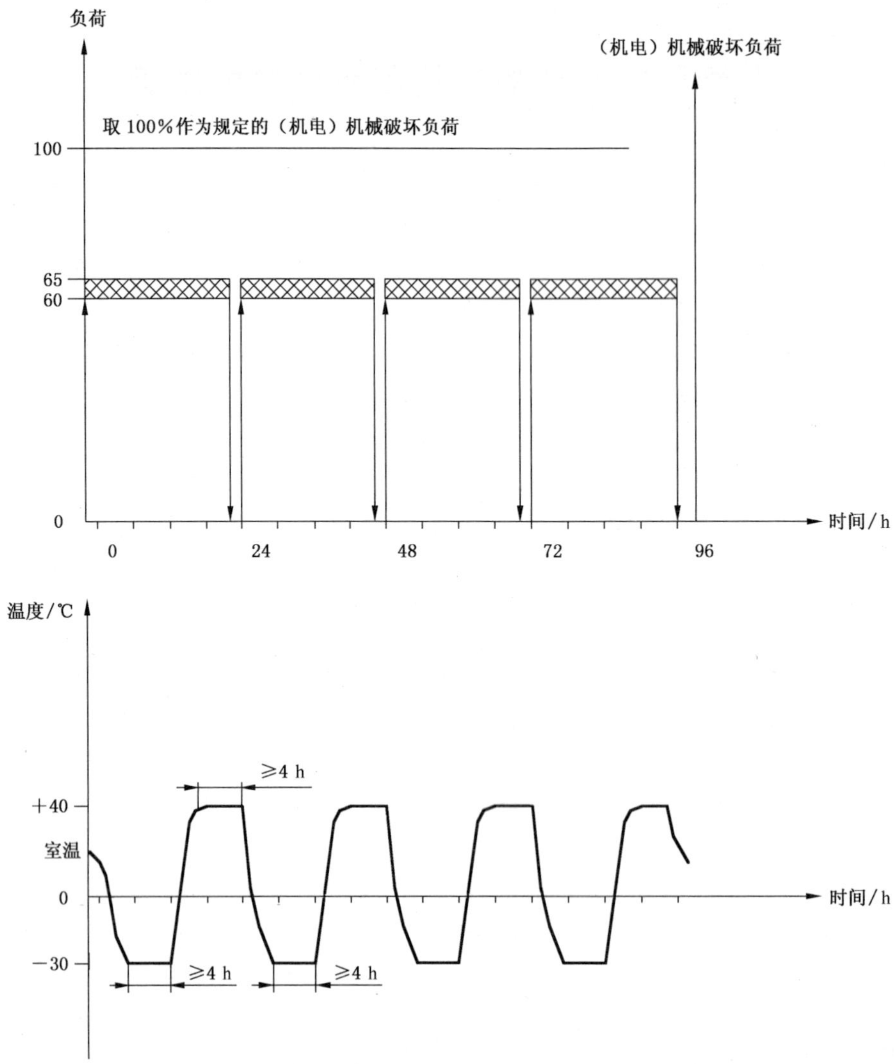

图1 热机性能试验图示

4.3 结果判定

在循环期间中,有任何一个绝缘子损坏,则不符合本标准。

在本标准4.2.2中得到的破坏负荷值和破坏情况,应符合GB/T 1001.1—2003的20.4中型式试验判定程序的规定。

把按GB/T 1001.1—2003进行机电或机械破坏负荷试验得到的破坏负荷值和破坏情况,与按这里所规定的热机性能试验的最后阶段所进行的相同试验所得到的破坏负荷值和破坏情况相比较,以提供绝缘子元件性能的更多信息。

注1:热机性能试验关系到与内部应力有关的绝缘子的基本结构。仅外形不同,即绝缘件的伞盘或金属附件的连接端不同者,可不再重复此试验。当内部结构或制造过程改变时,必须重新试验。

注2:当破坏发生在金属附件,如铁帽的窝或U形槽,或绝缘子脚部位的时候,本试验不能提供关于内部应力区域方面的情况。只有采用适当加强的金属附件,使得破坏发生在绝缘子内部应力区域时,才可能研究绝缘子的基本结构。必须防止由于金属附件的加强而影响基本应力的分布。

注3:可拆卸的连接件,例如长棒形绝缘子所用的,不属于此机械试验的范围,因为它们不是绝缘子内部结构的一部分(参见上述注2)。

注4:如果希望不改变试验循环而且能随时发现绝缘件的机械破坏(击穿),可以在试验过程中对绝缘子元件(仅对B型元件)施加电压。

5 机械性能试验

5.1 试品安装

试品应在经逐个试验合格后的产品中抽取。

试品在试验过程中应受拉伸负荷，试品可以串联或并联在试验机上。当并联时，每只试品应承受相等的拉伸负荷。

5.2 试验程序

5.2.1 循环试验

对绝缘子元件施加拉伸负荷，该负荷的大小应在所规定的机电或机械破坏负荷的(60～65)%之间。该拉伸负荷达到规定值后应立即卸除，并连续4次此过程，也可以对施加负荷次数另做规定。

注：拉伸负荷连续卸除多于4次，试验将更为有效。

5.2.2 破坏试验

在施加和卸除负荷循环试验结束的同一天，对绝缘子元件进行机电或机械破坏负荷试验，以确定绝缘子元件的性能。机电或机械破坏负荷试验应按GB/T 1001.1—2003所规定的方法进行。

5.3 结果判定

在循环期间中，有任何一个绝缘子损坏，则不符合本标准。

在本标准5.2.2中得到的破坏负荷值和破坏情况，应符合GB/T 1001.1—2003的20.4中型式试验判定程序的规定。

把按GB/T 1001.1—2003进行机电或机械破坏负荷试验得到的破坏负荷值和破坏情况，与按这里所规定的机械性能试验的最后阶段所进行的相同试验所得到的破坏负荷值和破坏情况相比较，以提供绝缘子元件性能的更多信息。

注1：当破坏发生在金属附件，如铁帽的窝或U形槽，或绝缘子脚部位的时候，本试验不能提供关于内部应力区域方面的情况。只有采用适当加强的金属附件，使得破坏发生在绝缘子内部应力区域时，才可能研究绝缘子的基本结构。必须防止由于金属附件的加强而影响基本应力的分布。

注2：如果希望不改变试验循环而且能随时发现绝缘件的机械破坏(击穿)，可以在试验过程中对绝缘子元件(仅对B型元件)施加电压。

注3：这种机械性能试验只有在出现严重制造缺陷的情况下才比通常的机电或机械破坏负荷试验更有效。

附　录　A
（资料性附录）
IEC/TR 60575：1977 附录 A 原文

A.1　背景

应该注意，从机械的观点来看，IEC 出版物 383 没有包含检验绝缘子在负荷变化和温度变化情况下的性能的任何试验。由于缺乏这种类型的试验，尽管绝缘子串元件可以满足 IEC 在该出版物中推荐的所有型式试验、抽查试验和逐个试验，但还是不能耐受住在运行中发生的负荷和温度变化。

上述情况，以及在运行中具有显著劣化率的不良绝缘子的性能就是各个国家进行种种试验的背景，并希望以一种标准形式来表示长时间试验或性能试验。现在由本报告提出的试验条文可作为不同国家试验实践的一个折衷方案。但是正如由 A.2 条所看到的，这个方案本身还不够完善。

A.2　绝缘子力学

在考虑性能试验方法时，懂得绝缘子串的力学是重要的。因此，对这个题目要作一简短的论述。

A.2.1　盘形悬式绝缘子

图 A.1 示出盘形悬式绝缘子的主要结构。在这种绝缘子中有三种不同的材料，按金属—胶合剂—绝缘材料—胶合剂—金属的顺序组合在一起。

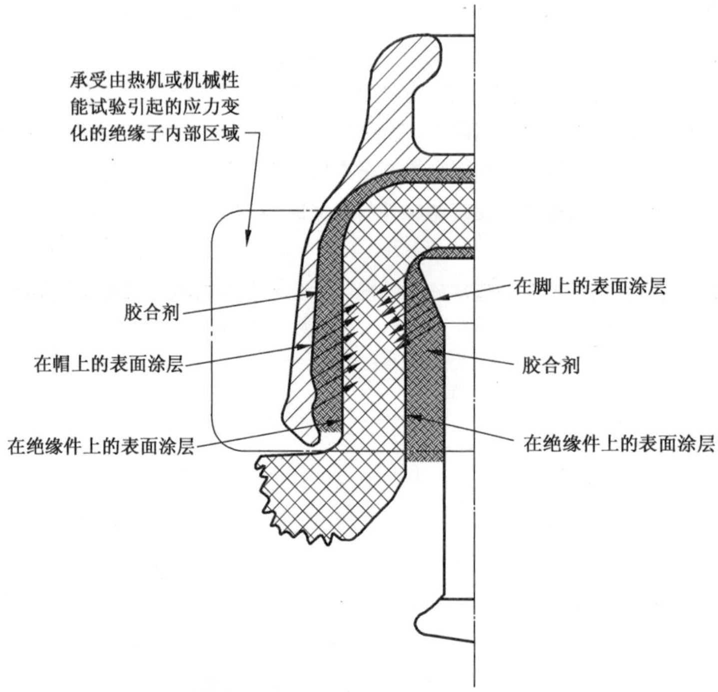

图 A.1　盘形悬式绝缘子的横剖面

金属材料比胶合剂及绝缘材料（如玻璃和瓷）具有较大的或大得多的热膨胀系数，为了避免大的热应力，金属附件和绝缘件彼此之间必须是可移动的。因此，在外部拉伸负荷下的帽应起些弹性缓冲作用，且应可以沿邻接胶合剂的倾斜表面上下移动。脚也应起到同样的作用。

在正常情况下，绝缘件的头部承受近于纯粹的压力。这种力是通过帽和脚的几何形状产生，并由胶合剂传递的。瓷和玻璃在压应力下是很坚固的材料。但是在拉应力或剪应力下它们就不那么坚固了。

一个极小的帽的角度 α（见图 A.2）可能造成帽的楔住变形，因此当负荷降低时，留下不希望有的残余应力。这个残余应力可随时间逐渐增加。另一方面,一个大的帽的角度 α 虽有利于复原的移动,但是可产生一个过大的剪切应力。类似的论点原则上也适用于脚。因此,帽的平面角和脚的反作用表面对绝缘子元件的持久能力来说是很重要的。

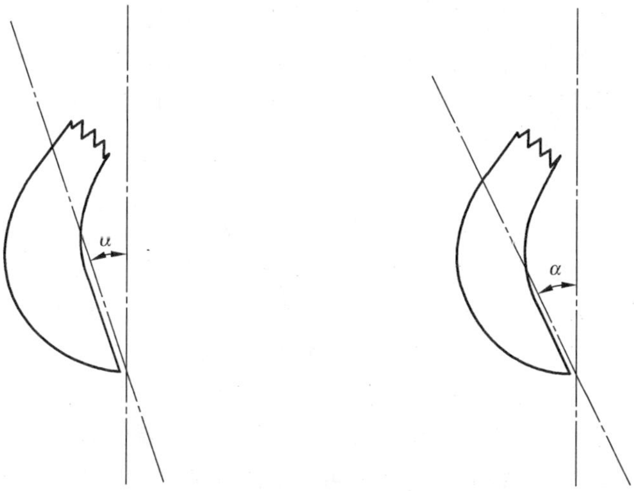

图 A.2 帽的角度

在帽发生楔住变形的情况下,温度下降可以在绝缘件的头部引起更大的压力,以产生附加的应力使得由于楔住而早已存在的那些不希望有的应力加大。当脚楔住的情况下,出现相反的关系,即当温度升高时脚膨胀而产生附加应力。

A.2.2 长棒形绝缘子

图 A.3 表示了长棒形绝缘子的主要内部结构。这种绝缘子只有一个材料顺序:绝缘材料—胶合剂—金属。

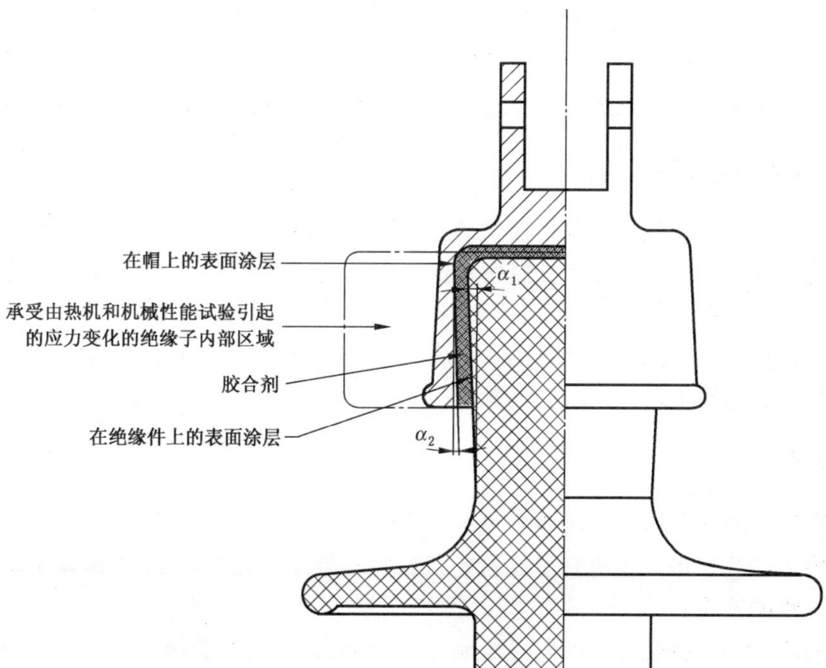

图 A.3 长棒形绝缘子横剖面

金属材料比所用的大部分胶合剂或绝缘材料(如瓷)具有较大的热膨胀系数。为了避免绝缘子在负荷作用下温度化时产生不希望有的应力,绝缘子结构上要考虑到这点。

帽的角度和绝缘件锥度(图 A.3 中的 α_1 和 α_2)的正确选择是很重要的,这些角度宜在 4°～12°范围内,通常为 8°。在这样的角度下,当逐个机械试验(通常为最小破坏负荷的 80%)后,帽不能回到它原来的状态,而在绝缘件的锥形端仍处于紧张状态。温度弯化引起的热膨胀和运行中负荷的变化都不会引起绝缘件在帽中的进一步移动。在运行中,帽中的应力维持在弹性范围之内。

过分小的角度能引起绝缘材料内过高的应力。温度下降将增加绝缘件锥形端的压力,因而使在逐个试验时由于最初的位移所产生的应力增加。在这些条件下,帽的应力不超过弹性极限。

另一方面,很大的角度可能引起绝缘件上的过大的剪力。

A.2.3 试验程序

在 A.2.1 和 A.2.2.2 两种情况下,为了检验一个绝缘子在运行中发生负荷变化和温度变化的情况下是否具有满意的性能,亦即为了发现绝缘和金属附件是否胶装和配合得良好,这一性能的型式试验应包括在温度变化的同时施加负荷和除去负荷。最后把绝缘子元件试验到破坏,破坏试验的方法与 IEC 出版物 383 第 26 或 27 章规定的通常的机电或机械破坏负荷试验一样。

此时,这种试验的最后阶段将证实绝缘子元件在破坏负荷方面将不受影响,或是上述的在温度变化的同时施加负荷和除去负荷的作用已使破坏负荷与通常的破坏负荷试验结果相比有明显的降低。这将是判断性能试验结果的主要点。附加的判断准则可以是试验结果的分散性和破坏情况。总之,这样的性能试验结果判断应与通常的机电或机械破坏负荷试验全面地进行比较(参见 A.6)。

注:参见 4.3 条注 2,给出金属件破坏的有关信息还不可能发现绝缘子内部性能的变化。

A.3 关于热机性能试验的注解

为了不超过一些帽和脚材料在正常情况下,即当绝缘子元件正常运行时的屈服点应力,其在 4 个冷却和加热的 24 h 循环期间施加的试验负荷被限定为规定机电或机械坏破坏负荷的 60%。

对于温度循环,必须指出,其在每个 24 h 期间的冷却和加热循环是按实际情况选择的。如果实际情况需要的话,冷却可以在白天人工地进行。

还应该注意,其 4 个 24 h 循环,加上最后试验的第五天的限制同样是按实际情况规定的。因此整个试验将在一个正常的工作周内完成。从下述的试验结果可以看出没有必要延长试验时间。

A.4 关于机械性能试验的注解

除了规定作为一种型式试验的热机性能试验外,要求一种较简单的试验作为抽查试验,以代替几年前已删除的 24 h 机械试验。为此,加上机械性能试验以作为一种简化的性能试验,它包括了与热机性能试验中同样的机械负荷程序,但负荷不保持 24 h 的时间且没有温度变化。

这样一种抽查试验可以认为比已删除的 24 h 机械试验更有价值。但是很明显,其机械性能试验比热机性能试验的判断能力差得多(参见 A.5)。

A.5 试验结果概述

严格地按性能试验的条文,对 21 种单独型式或派生型式的盘形悬式绝缘子串元件及 9 种单独型式或派生型式的长棒形绝缘子串元件进行了试验。所试验的绝缘子元件与 11 个国家中的 16 个或更多的制造厂有关系。这些国家是:

中国、捷克、丹麦、法国、德国、匈牙利、意大利、日本、瑞典、英国和美国。

试验是在捷克、法国、意大利、日本、瑞典和英国进行的。

表 A.1 和表 A.2 概括了有关被试绝缘子元件的制造年份、额定负荷等级(规定的破坏负荷)和其他细节。

关于所用的标志代号,应该注意,盘形悬式绝缘子元件以“CP”和从 1～21 的各种型式的编号来表示。同样,长棒形绝缘子元件以“LR”和从 1～9 的各种型式的编号来表示。

表 A.1 被试盘形悬式绝缘子串元件的特点

绝缘子串元件型式（标志代号）	制造年限	额定机电或机械破坏负荷（相当于）	备　　注
CP1	1938 1949 和 1950	7 500 kgf	由于串中元件有电气缺陷，1977 年从 220 kV 输电线路上取下的元件
CP2	1940 和 1948	7 500 kgf	在仓库中保存直到 1971 年试验的元件
CP3	1946 1947 和 1950	6 800 kgf (1 500 lb)	在 70 kV 输电线路上运行 17 年后为供第二工作组(WG2)试验而取下的元件
CP4	1950	12 000 kgf	1968 或 1969 年从输电线路上取下的元件，没有收到进一步的资料
CP5	1950 和 1951	9 000 kgf	在 220 kV 输电线路上运行 17 年后为第二工作组试验而取下的元件(CP5A)，其余元件在仓库中从 1951 年保存到 1971 年试验(CP5B)
CP6	1960	10 000 kgf (100 kN)	在 400 kV 输电线路上运行 9 年后，为第二工作组试验而取下的元件
CP7	1962	7 500 kgf	在仓库中保存到 1971 年第二工作组试验的元件
CP8	1964 和 1965	19 000 kgf (42 000 lb)	在运行 5 年后为第二工作组试验而取下的元件
CP9	1965	19 000 kgf (42 000 lb)	在运行 5 年后为第二工作组试验而取下的元件
CP10	1966	6 800 kgf (15 000 lb)	由工厂或仓库提供第二工作组试验的元件
CP11	1970	8 200 kgf (18 000 lb)	由工厂或仓库提供第二工作组试验的元件
CP12	1970	11 300 kgf (25 000 lb)	由工厂或仓库提供第二工作组试验的元件
CP13	1970	11 300 kgf (25 000 lb)	从制造厂买来供第二工作组试验的元件
CP14	1970	21 000 kgf	从 1970 年交货的一批中随机抽取的元件
CP15	1971	7 000 kgf	由制造厂提供作型式试验的元件
CP16	1971	11 300 kgf (25 000 lb)	由制造厂提供第二工作组试验的元件
CP17	1971	6 400 kgf	由制造厂提供作型式试验的元件
CP18	1971	12 000 kgf	由制造厂提供第二工作组试验的元件
CP19	1971	12 000 kgf	由制造厂提供第二工作组试验的元件
CP20	1970	8 000 kgf	由制造厂提供第二工作组试验的元件
CP21	1952	8 000 kgf	运行 15 年后为第二工作组试验而取下的元件

表 A.2 被试的长棒形绝缘子串元件的特点

绝缘子串元件型式（标志代号）	制造年限	额定机械破坏负荷（kgf）	备注
LR1	1970	10 000	由制造厂提供第二工作组试验的元件，逐个试验负荷 8 000 kgf
LR2	1970 和 1971	10 000	由制造厂提供第二工作组试验的元件，逐个试验负荷 8 000 kgf
LR3	1970	15 000	由制造厂提供第二工作组试验的元件，逐个试验负荷 12 000 kgf
LR4	1970	15 000	由制造厂提供第二工作组试验的元件，逐个试验负荷 12 000 kgf
LR5	1970	15 000	由制造厂提供第二工作组试验的元件，逐个试验负荷 12 000 kgf
LR6	1970 和 1971	15 000	由制造厂提供第二工作组试验的元件，逐个试验负荷 12 000 kgf
LR7	1971	13 000	从制造厂买来供第二工作组试验的元件，逐个试验负荷 13 000 kgf
LR8	1971	10 000	制造厂提供第二工作组试验的元件，逐个试验负荷 4 000 kgf
LR9	1971	16 500	制造厂提供第二工作组试验的元件，逐个试验负荷 6 600 kgf

每一试验，即热机性能试验、机械性能试验和通常的机电或机械破坏负荷试验，各自使用的样品数为 9～14 个元件。表 A.3 和表 A.4 摘要示出了所得到的破坏负荷值，并注明了破坏情况。在这些摘要中，破坏负荷是用对额定机电或机械破坏负荷的比例来表示的。使用的统计术语是算术平均值和表示试验结果的分散性的标准差：

$$\overline{R} = \frac{R_1 + R_2 + \cdots + R_n}{n}$$

$$S = \sqrt{\frac{\sum_{i=1}^{n} R_i^2 - \left(\sum_{i=1}^{n} R_i\right)^2 / n}{n-1}}$$

参考抽样规则和接收判据（IEC 报告，出版物 591），为了清晰地表示试验结果，表 A.3 至表 A.6 包含有标准差的图标资料和低于规定等级的值。

关于摘要中有关破坏情况的说明，应该注意到，“绝缘件的破坏”已经被用作盘形悬式绝缘子串元件的一般术语，它表示瓷绝缘件的击穿或根本破坏和钢化玻璃绝缘件的粉碎性破坏。

在本概述中所包括的盘形悬式绝缘子串元件中，型式 CP1～CP5 可归入比较旧的和近乎陈旧的这一类。它们是在二十世纪三十年代末期、四十年代和五十年代初期制造的。它们的运行性能不能令人满意。关于 CP1、CP2、CP3 和 CP4 型，从二十世纪四十年代末直至现在，有关输电线路上绝缘子的每年检查的统计资料是可利用的。这些统计资料示出各年劣化率的变化，每年 10 000 个元件中最高损坏率 CP1 元件为 132 只，CP2 元件为 21 只，CP3 元件为 41 只，CP4 元件为 139 只。CP5 型绝缘子劣化率在每年 10 000 个元件中为 2.2 只。从表 A.3 可见，这些劣化率的数字与这 5 种型式绝缘子元件的试验结果非常一致，这 5 种型式绝缘子经试验证明都不是安全可靠的。

对 CP6 型绝缘子元件，已表明其运行劣化率约低于每年每 10 000 个元件中 1 只。这是否是偶然现象，因为它与试验时的破坏情况有所差别，12 只元件进行通常的机电破坏负荷试验时有 2 只击穿，而 12 只进行机械性能试验时有 5 只击穿，12 只进行热机性能试验时有 7 只击穿。

CP7 型绝缘子元件在输电线路上使用仅 10 年左右，这种型式的元件至今为止根据绝缘子统计在运行中是完善的。

至于 CP8、CP11、CP12 和 CP14 型绝缘子元件其试验结果与最好的运行经验相关。例如在瑞典，在定期检测输电线路的情况下，自二十世纪五十年代使用这些型式的绝缘子元件以来，据记载完全没有劣化率。只有极偶然地发现有少数元件是电气损坏的。还要指出，这样型式的绝缘子一般是以金属附件的破坏而不是以绝缘件的破坏作为其特征的。

对于 CP9 绝缘子元件已表明没有劣化率的数字。

CP10 和 CP13 是同一来源的绝缘子元件而分别在法国和瑞典试验的。在两个国家都得到了不好的试验结果，CP13 元件是 1970 年在市场上正式出售的，CP10 元件也可以说成是近期产品，是 1966 年制造的。

CP15、CP16、CP17、CP18、CP19 和 CP20 型绝缘子元件是在 1970～1972 年提供试验的。由表 A.5 可以看出，特别是 CP15 元件和 CP17 元件显示了不好的试验结果。

对于是 1952 年制造的 CP21 型缘子元件，运行中有少数绝缘子串由于帽拉脱而损坏的记载。观察到该绝缘子元件在性能试验时也出现了那样的破坏。

关于在本概述中所包含的长棒形绝缘子串元件，必须指出，试验结果仅涉及绝缘子元件，也就是说试验中没有包括和元件一起使用的可拆卸的连接件。略去可拆的连接件的理由在于这样在连接件不构成绝缘子整个内部结构的一部分。特别要提出注意的是，要从试验方法的观点来看有关 LR4 型元件的试验结果。在热机性能试验中，尽管预先施加过 12 000 kgf 的逐个试验负荷，在试验的开始阶段在 60%的负荷，即 9 000 kgf 作用下，还有不少于 8 只帽破坏。在机械性能试验中，低于 15 000 kgf 额定负荷时，出现 5 只帽破坏。这些帽在低负荷下的破坏是由于被试批的帽材料的微观结构不良。

在表 A.7 和表 A.8 中很简单的概括了所有的试验结果，示出了在低于额定负荷值下出现破坏的数量。

表 A.3 盘形悬式绝缘子串元件 CP1～CP5 试验结果摘要

$\overline{R}$ 在热机性能试验中平均值 $\overline{R}$ 和标准差 S

$\overline{R}$ 在机械性能试验中平均值 $\overline{R}$ 和标准差 S

$\overline{R}$ 在通常的机械破坏负荷试验中平均值 $\overline{R}$ 和标准差 S

○ 单个的数值

绝缘子串元件型式（标志代号）	机电或机械破坏负荷	破坏情况
CP1（从线路上取下的元件）	在热机性能试验中的所有值，有一个除外	27 只绝缘件破坏，其中有 12 只低于额定负荷值
CP2	在热机性能试验中的所有值	26 只绝缘件破坏，其中有 11 只低于额定负荷值和 1 只金属附件破坏
CP3（从线路上取下的元件）		39 只绝缘件破坏，其中有 23 只低于额定负荷值
CP4（从线路上取下的元件）	在热机性能试验中的所有值	28 只绝缘件破坏，其中有 26 只低于额定负荷值，1 只金属附件破坏，1 只帽拉脱
CP5A（从线路上取下的元件）		31 只绝缘件破坏，其中有 2 只低于额定负荷值，5 只金属附件破坏
CP5B（仓库中保存的元件）		28 只绝缘件破坏，其中有 3 只低于额定负荷值，2 只金属附件破坏

0 0.2 0.4 0.6 0.8 1.0 1.2 1.4 1.6 1.8 2.0×额定机电或机械破坏负荷

在热机性能试验开始阶段期间和机械性能试验开始阶段期间的负荷（在这个 60% 负荷水平的圆“○”表示当负荷增加到那个数值时发生了破坏）

表 A.4　盘形悬式绝缘子串元件 CP6～CP13 试验结果摘要

在热机性能试验中平均值 $\bar{R}$ 和标准差 S

在机械性能试验中平均值 $\bar{R}$ 和标准差 S

在通常的机械破坏负荷试验中平均值 $\bar{R}$ 和标准差 S

○　单个的数值

绝缘子串元件型式（标志代号）	机电或机械破坏负荷	破坏情况
CP6（从线路上取下的元件）		14 只绝缘件破坏，其中有 1 只低于额定负荷值，21 只金属附件破坏，1 只脚拉出
CP7		15 只绝缘件破坏，9 只金属附件破坏
CP8（从线路上取下的元件）		2 只绝缘件破坏，27 只金属附件破坏，7 只帽拉脱
CP9（从线路上取下的元件）	（被替换的元件）	13 只绝缘件破坏，其中有 1 只低于额定负荷值，15 只金属附件破坏，8 只帽拉脱(被替换的元件未包括)
CP10		22 只绝缘件破坏，其中有 2 只低于额定负荷值
CP11		仅金属件破坏
CP12		仅金属件破坏
CP13		36 只绝缘件破坏，其中有 17 只低于额定负荷值

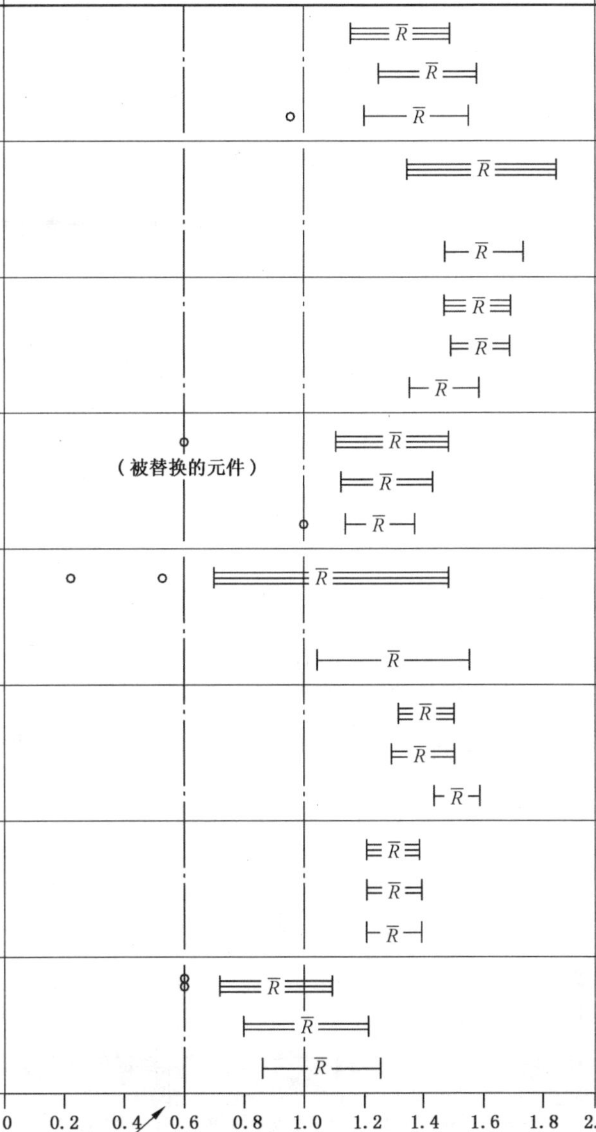

0　0.2　0.4　0.6　0.8　1.0　1.2　1.4　1.6　1.8　2.0×额定机电或机械破坏负荷

在热机性能试验开始阶段期间和机械性能试验开始阶段期间的负荷(在这个60%负荷水平的圆“○”表示当负荷增加到那个数值时发生了破坏)

表 A.5　盘形悬式绝缘子串元件 CP14～CP21 试验结果摘要

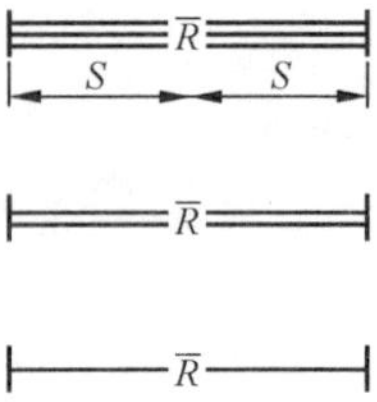

在热机性能试验中平均值 $\overline{R}$ 和标准差 S

在机械性能试验中平均值 $\overline{R}$ 和标准差 S

在通常的机械破坏负荷试验中平均值 $\overline{R}$ 和标准差 S

○　单个的数值

绝缘子串元件型式（标志代号）	机电或机械破坏负荷	破坏情况
CP14	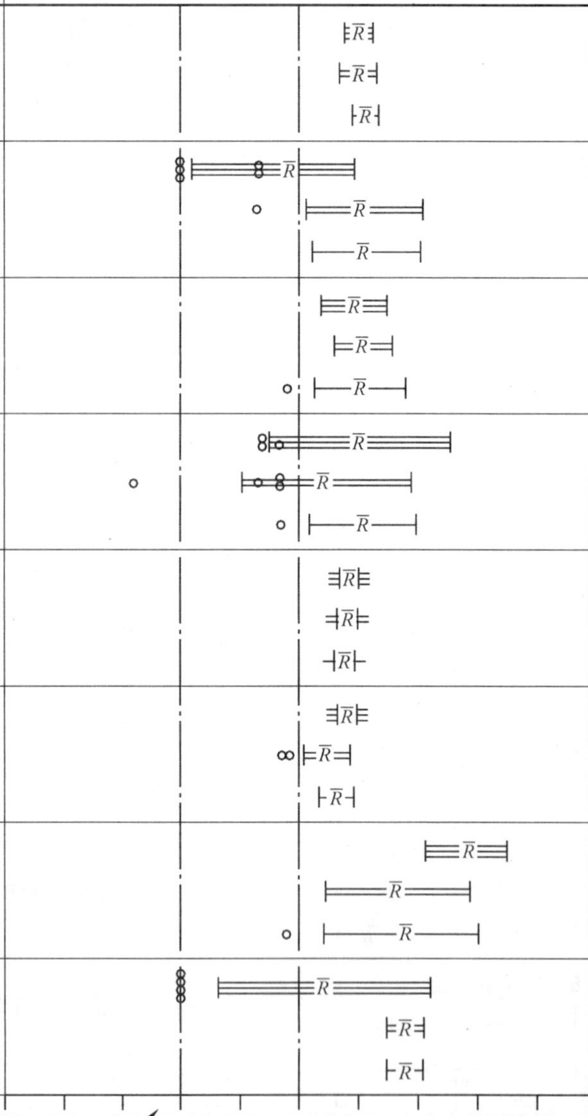	仅金属附件破坏
CP15		24 只绝缘件破坏，其中有 6 只低于额定负荷值，6 只金属附件破坏
CP16		18 只绝缘件破坏，其中有 1 只低于额定负荷值，12 只金属附件破坏
CP17		29 只绝缘件破坏，其中有 7 只低于额定负荷值，1 只在低于额定负荷值时帽拉脱
CP18		1 只绝缘件破坏，35 只金属附件破坏
CP19		5 只绝缘件破坏，其中有 2 只低于额定负荷值，31 只金属附件破坏
CP20		29 只绝缘件破坏，其中有 1 只低于额定负荷值，6 只金属附件破坏，1 只脚拉出
CP21（从线路上取下的元件）		26 只绝缘件破坏，其中 1 只低于额定负荷值，9 只帽拉脱，其中 3 只低于额定负荷值

0　0.2　0.4　0.6　0.8　1.0　1.2　1.4　1.6　1.8　2.0×额定机电或机械破坏负荷

在热机性能试验开始阶段期间和机械性能试验开始阶段期间的负荷（在这个 60% 负荷水平的圆“○”表示当负荷增加到那个数值时发生了破坏）

表 A.6　长棒形绝缘子串元件试验结果摘要

═══ $\overline{R}$ ═══（两侧各 S）　在热机性能试验中平均值 $\overline{R}$ 和标准差 S

═══ $\overline{R}$ ═══　在机械性能试验中平均值 $\overline{R}$ 和标准差 S

├── $\overline{R}$ ──┤　在通常的机械破坏负荷试验中平均值 $\overline{R}$ 和标准差 S

○　单个的数值

绝缘子串元件型式（标志代号）	机电或机械破坏负荷	破坏情况
LR1	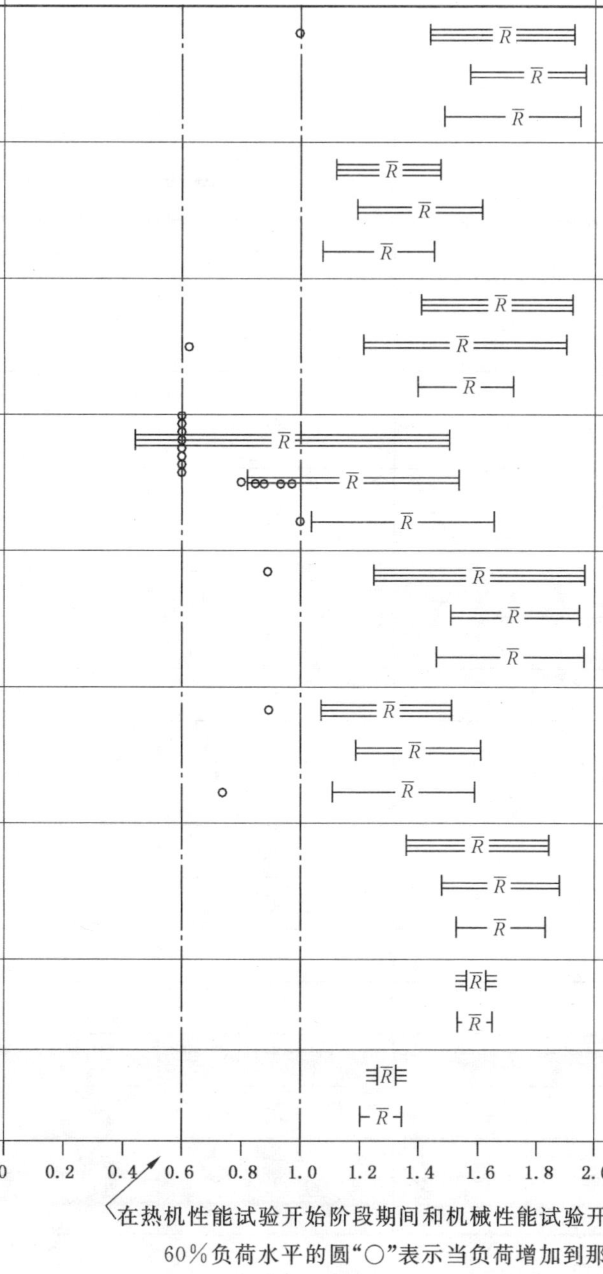	36 只绝缘件破坏，其中有 1 只低于额定负荷值
LR2		33 只绝缘件破坏及 3 只帽拉脱
LR3		35 只绝缘件破坏，其中有 1 只低于额定负荷值及 1 只帽破坏
LR4		15 只绝缘件及 21 只帽破坏，其中有 14 只低于额定负荷值
LR5		34 只绝缘件破坏，其中有 1 只低于额定负荷值及 2 只帽破坏
LR6		36 只绝缘件破坏，其中有 2 只低于额定负荷值
LR7		36 只绝缘件破坏
LR8		21 帽破坏及 3 只帽拉脱
LR9		24 只帽拉脱

表 A.7 盘形悬式绝缘子串元件在低于额定负荷值下出现破坏的数量

绝缘子串元件型式(标志代号)	热机性能试验	机械性能试验	通常的机电或机械破坏负荷试验
CP1 (从线路上取下的元件)	8	2	2
CP2	9	无	2
CP3 (从线路上取下的元件)	8	7	8
CP4 (从线路上取下的元件)	10	8	8
CP5 (从线路上取下的元件)	2	无	无
CP5 (1951～1971 年库存元件)	2	1	无
CP6 (从线路上取下的元件)	无	无	(1)[a]
CP7 (从线路下取下的元件)	无	—	无
CP8 (从线路下取下的元件)	无	无	无
CP9 (从线路下取下的元件)	(1)[b]	无	(1)[a]
CP10	2	—	无
CP11	无	无	无
CP12	无	无	无
CP13	7	5	5
CP14	无	无	无
CP15	5	1	无
CP16	无	无	1
CP17	3	4	1
CP18	无	无	无
CP19	无	2	无
CP20	无	无	1
CP21 (从线路上取下的元件)	4	无	无

[a] 恰好低于额定负荷值破坏的元件。

[b] 被另一元件替换下的元件。

表 A.8　长棒形绝缘子串元件在低于额定负荷值下出现破坏的数量

绝缘子串元件型式(标志代号)	热机性能试验	机械性能试验	通常的机电或机械破坏负荷试验
LR1	(1)[a]	无	无
LR2	无	无	无
LR3	无	1	无
LR4	8	5	(1)[a]
LR5	1	无	无
LR6	1	无	1
LR7	无	无	无
LR8	无	—	无
LR9	无	—	无

[a] 恰好低于额定负荷值破坏的原件。

A.6　试验结果判断标准

正如从结果概述中看到的，某些型式的绝缘子其性能试验结果与通常的机电或机械破坏负荷试验结果完全一致，而另一些则不一致。显然可以说，在热机性能试验中所包含的温度变化及施加负荷与除去负荷在某种情况下对绝缘子串元件的机械强度有影响，同样在机械性能试验中，仅仅施加负荷和除去负荷在某些情况下也会降低绝缘子的强度，但不太显著。就已讲到的运行经验来说，这些情况或多或少与现场中事故频率相关。相对的情况也是存在的，即在试验中良好的绝缘子性能与极好的运行记载相关。

当判断性能试验结果时，基本对点是性能试验的结果与通常的机电或机械破坏负荷试验结果相一致。因此对通常的机电或机械破坏负荷试验所规定的机电或机械破坏负荷在性能试验中也应达到。

考虑破坏情况可能是有帮助的。

试验结果连同运行经验是接收或拒收这样一个不可争辩的依据。此外，可加上达到最大负荷和最终破坏之前不允许发生击穿这样一种严格的判断。

在前面已提及的 IEC 报告(出版物 591)中与平均值和标准差的公式一起，推荐了一个计及平均值大小和标准差大小的指数 Q_s。采用这个指数作为接收或拒收的一个基本依据是有效的。该指数由下式表示：

$$Q_s = \frac{\overline{R} - R_s}{S}$$

式中：

$\overline{R}$——试验的平均值；

R_s——规定的机电或机械破坏负荷(额定负荷值)；

S——标准差。

因为设计准则和材料的不同，Q_s 的变化范围对不同的盘形悬式绝缘子的结构是不相同的，并且盘形悬式绝缘子的变化范围和长棒形绝缘子的变化范围也可能是不同的。

下面给出相应于不同试品数量的不同接收常数 K：

试品数量	接收常数 K
5 个元件	1.40
10 个元件	1.58
15 个元件	1.65
20 个元件	1.69
25 个元件	1.72
30 个元件	1.73

如果 Q_s 等于或大于接收常数 K，则认为满足了要求。这个要求的意思简单地说就是其 $\overline{R}$ 对于5 只被试元件的情况应至少等于 $Q_s+1.40S$，而对于 10 只被试元件的情况应至少等于 $R_s+1.58S$，等等。

已将表 A.3 至表 A.6 所给出的在性能试验中和通常的机电或机械破坏负荷试验中所得到的平均值和标准差值转化为 Q_s 值(见表 A.9 和表 A.10)。用括号标注的数字是低于接收常数的。

表 A.9 被试盘形悬式绝缘子串元件指数值 Q_s(参见表 A.3、表 A.4 和表 A.5)

绝缘子串元件型式(标志代号)	相应于热机性能试验结果的 Q_s 值[a]	相应于机械性能试验结果的 Q_s 值[a]	相应于通常的机电或机械破坏负荷试验结果的 Q_s 值[a]
CP1(从线路上取下的元件)	(−2.08)	(0.88)	(0.84)
CP2	(—)[b]	1.69	(0.51)
CP3(从线路上取下的元件)	(−0.78)	(0.47)	(−0.46)
CP4(从线路上取下的元件)	(—)[b]	(0.97)	(−1.02)
CP5(从线路上取下的元件)	(0.75)	(1.16)	1.93
CP5(1951～1971 年库存元件)	(0.54)	(0.41)	(1.18)
CP6(从线路上取下的元件)	1.98	2.90	2.22
CP7(从线路上取下的元件)	2.49	—	4.35
CP8(从线路上取下的元件)	6.66	7.93	4.21
CP9(从线路上取下的元件)	1.80[c] (0.97)	2.37	2.74
CP10	(0.21)	—	(1.47)
CP11	7.06	4.92	15.04
CP12	5.50	3.88	4.00
CP13	(−0.37)	(0.07)	(0.23)
CP14	8.00	4.05	6.79
CP15	(−0.32)	(1.31)	(1.46)
CP16	2.10	2.53	(1.50)
CP17	(−0.65)	(0.28)	(1.38)
CP18	5.86	6.83	9.00
CP19	10.75	(1.50)	3.00
CP20	4.38	(1.53)	(1.41)
CP21(从线路上取下的元件)	(0.27)	4.67	6.44

[a] 括号内的数字是低于接收常数 K 的。

[b] 在试验的开始阶段期间施加 60％的负荷后发现所有的绝缘子元件都已破坏。

[c] 考虑了被替换元件时的 Q_s 值。

从表 A.9 可以看到，盘形悬式绝缘子串元件 CP6、CP7、CP8、CP9(被替换的元件不考虑)、CP11、CP12、CP14 和 CP18 在所有三项试验中均满足了接收常数 K。同时还看到 Q_s 值从 1.8 到 15.04 差别很大。一般地说，大大超过接收常数 K 的 Q_s 值是由于试验结果中分散性极小所致，而分散性小是因为试验时试品数量很小引起的。也就是说这是个偶然性问题，而不能作为性能优越的标志。例如，CP11 元件在试验中得到的强度用平均值和标准偏差表示时几乎等于(113.2±4.7)kN、(112.0±6.5)kN 和(120.6±2.7)kN，而且仅是金属附件破坏。但是其相应的 Q_s 值很不一样，分别为 7.06、4.92 和 15.04。

表 A.10 被试长棒形绝缘子串元件的指数值 Q_s(参见表 A.6)

绝缘子串元件型式(标志代号)	相应于热机性能试验结果的 Q_s 值[a]	相应于机械性能试验结果的 Q_s 值[a]	相应于通常的机电或机械破坏负荷试验结果的 Q_s 值[a]
LR1	3.04	4.79	3.45
LR2	1.91	1.98	1.72
LR3	(−0.04)	(1.58)	3.95
LR4	1.83	(0.63)	(1.17)
LR5	(1.42)	3.75	3.17
LR6	2.71	1.74	(1.50)
LR7	12.11	3.73	5.17
LR8	6.87	—	9.25
LR9	—	—	5.11

[a] 括号内的数字是低于接收常数 K 的。

盘形悬式绝缘子串元件 CP1、CP2、CP3、CP4、CP5、CP10、CP13、CP15 和 CP17(见表 A.9)不论在性能试验中或是在通常的破坏负荷试验中，除 CP2 元件的 Q_s 值 1.69 和 CP5 元件的 Q_s 值 1.93 外，其余的 Q_s 值都没有达到或等于接收常数 K。但是，可以讲明，就 CP5、CP10、CP15 和 CP17 元件而言，相应于通常的破坏负荷试验结果的 Q_s 值或多或少地是取决于偶然性的。在这些情况中，Q_s 值也可能等于或大于接收常数 K，但是，在热机性能试验中所获得的结果非常清楚地说明这些元件按机械强度来分应属于坏的一类。

盘形悬式绝缘子串元件 CP21 仅在热机性能试验方面显示出不良的性状。

盘形悬式绝缘子串元件 CP16、CP19 和 CP20 在通常的破坏负荷试验和(或)机械性能试验中显示出低于接收常数 K 的 Q_s 值。因此，可以把它们当作近乎有疑问的型式(或批次)。

关于长棒形绝缘子串元件，显而易见，LR4 元件在帽在强度方面是不好的(见表 A.6)。

A.7 结论

正如运行经验表明，热机性能试验中所获得的结果能与运行记录很好地吻合。显然，实用的热机试验方法可以考虑作为一种有效的型式试验。

建议将机械性能试验作为一种抽查试验以代替旧的 24 h 机械试验。这种试验似乎仅对有严重制造缺陷的情况有效果。但这种试验无论如何可以认为比 24 h 试验更严格些。但是有必要指出，希望有一种更为有效的抽查试验。

附　录　B
（资料性附录）
本标准章条编号与 IEC/TR 60575:1977 章条编号对照

表 B.1 给出了本标准章条编号与 IEC/TR 60575:1977 章条编号对照一览表。

表 B.1　本标准章条编号与 IEC/TR 60575:1977 章条编号对照

本标准章条编号	IEC 60575:1977 章条编号
1	1
2	—
3	—
4	3
5	4
附录 A	附录 A
附录 B	—
附录 C	—

附　录　C
（资料性附录）
本标准与 IEC/TR 60575:1977 技术性差异及原因

表 C.1 给出了本标准与 IEC/TR 60575:1977 技术性差异及原因的一览表。

表 C.1　本标准与 IEC/TR 60575:1977 技术性差异及原因

本标准章条编号	技术差异	原　因
4.2.1	对绝缘子串元件所施加的拉伸负荷大小由“规定的机电或机械破坏负荷的 60%”修改为“规定的机电或机械破坏负荷的 60%～65%”。 低温由原来的“－30 ℃±5℃ ”修改为“－30 ℃±5 ℃（或－40 ℃±5 ℃）” 冷热循环试验中增加了最小温差 70 K（或 80 K）的要求。	GB/T 1001.1—2003 中采用此规定，在此本标准做相应修改，使本标准能满足 GB/T 1001.1—2003 的要求。 低温为“－40 ℃”是我们使用方提出的要求，并已得到广泛的采用。
5.2.1	对绝缘子串元件所施加的拉伸负荷大小由“规定的机电或机械破坏负荷的 60%”修改为“规定的机电或机械破坏负荷的 60%～65%”。	与本标准 4.2.1 统一。
4.3 5.3	增加判据“在循环期间中，有任何一个绝缘子损坏，则这些绝缘子不符合本标准。” 在破坏负荷试验中增加判据“得到的破坏负荷值和破坏情况，应符合 GB/T 1001.1 的 20.4 中型式试验判定程序的规定”。	IEC/TR 60575:1977 中没有明确提出判据，使其执行存在一定困难。在此本标准增加判据，以保证本标准的完整性和可执行性。

ICS 29.080.10
K 48

中华人民共和国国家标准

GB/T 22709—2008

架空线路玻璃或瓷绝缘子串元件绝缘体机械破损后的残余强度

Residual strength of string insulator units of glass or ceramic material for overhead lines after mechanical damage of the dielectric

(IEC/TR 60797:1984,MOD)

2008-12-30 发布　　　　2009-10-01 实施

中华人民共和国国家质量监督检验检疫总局
中国国家标准化管理委员会　发布

前　言

本标准修改采用 IEC/TR 60797:1984《架空线路玻璃或瓷绝缘子串元件绝缘体机械破损后的残余强度》(英文版)。

本标准根据 IEC/TR 60797:1984 重新起草。为了方便比较,在附录 B 中列出了本标准章条编号与 IEC/TR 60797:1984 章条编号的对照一览表。

考虑到我国国情,本标准在采用 IEC/TR 60797:1984 时进行了一些修改。有关技术性差异已编入正文中,并在它们涉及的技术性条款的页边空白处用垂直单线标识。在附录 C 中给出了这些技术差异及其原因的一览表以供参考。

为了便于使用,本标准还做了下列编辑性修改:

——“本报告”一词改为“本标准”;

——删除 IEC 60797:1984 的前言;

——将 IEC 60797:1984 的 4.1 条修改后并入本标准的“范围”内;

——增加了“2　规范性引用文件”和第 3 章的标题和导语。

本标准的附录 A、附录 B 和附录 C 为资料性附录。

本标准由中国电器工业协会提出。

本标准由全国绝缘子标准化技术委员会(SAC/TC 80)归口。

本标准起草单位:国家绝缘子避雷器质量监督检验中心、西安电瓷研究所、华东电网有限公司、陕西省电力公司。

本标准主要起草人:危鹏、姚君瑞、钱之银、云涛、刘志强、陆洲。

本标准为首次发布。

引　言

运行中的各类绝缘子都可能因诸如交流电弧、恶意破坏和其他各种原因造成损伤。B型绝缘子(见GB/T 1001.1—2003《标称电压高于1 000 V的架空线路绝缘子　第1部分:交流系统用瓷或玻璃绝缘子元件　定义、试验方法和判定准则》的第4章),如盘形悬式绝缘子的绝缘部分,也可能因电气击穿而引起损伤。IEC出版物383不包括检验残余强度的试验。只要绝缘子不是完全损坏,它的残余机械强度肯定重要。

本标准仅考虑了盘形悬式钢化玻璃和瓷绝缘子以及长棒形瓷绝缘子。

这三类绝缘子在实际损伤及残存的性能各有不同。因此在讨论残余强度和残余强度试验时,有必要对每一类绝缘子分别考虑,即使这三种类型的绝缘子同样用作架空线路绝缘子串元件。

对盘形悬式瓷绝缘子,其损坏程度是变化的,这取决于机械碰撞的种类和力的大小,瓷绝缘子的破损会导致绝缘子机械强度的降低。

对于盘形悬式钢化玻璃绝缘子,任何破损都将导致包括帽内部分的所有玻璃体立即全部破碎成小块,绝缘子机械强度的下降是可想而知的。

长棒形瓷绝缘子的损伤的程度差别很大,可能是伞裙的微裂,也可能是整体的损坏。棒体的损伤会降低其机械强度。对长棒形瓷绝缘子至今仍无法规定残余强度试验,原因是既不能规定有代表性的样品制备方法,又不能找到损伤程度与机械强度下降之间的关系(关于长棒形瓷绝缘子残余强度更详细的情况见附录A.1)。

已经发现盘形悬式钢化玻璃和瓷绝缘子的残余强度取决于绝缘子的设计,而与制造、材料的选用以及损伤程度关系不大(后者因素仅适用于瓷绝缘子)。

架空线路玻璃或瓷绝缘子串元件
绝缘体机械破损后的残余强度

1 范围

本标准规定了GB/T 1001.1—2003第18章的型式试验项目中的残余强度试验。

本标准适用于采用钢化玻璃或瓷材料绝缘体的盘形悬式绝缘子串元件。

注1：尽管制造条件和材料选用可能对残余强度有一些影响，但主要是由绝缘子设计决定的，GB/T 1001.1—2003规定的抽样试验和逐个试验足以检验制造质量和所用的材料质量。

注2：由于附录A给出的原因，本标准给出的试验程序不适用于长棒形瓷绝缘子，本标准也不考虑盘形悬式退火玻璃绝缘子串元件。

2 规范性引用文件

下列文件中的条款通过本标准的引用而成为本标准的条款。凡是注日期的引用文件，其随后所有的修改单(不包括勘误的内容)或修订版均不适用于本标准，然而，鼓励根据本标准达成协议的各方研究是否可使用这些文件的最新版本。凡是不注日期的引用文件，其最新版本适用于本标准。

GB/T 1001.1—2003　标称电压高于1 000 V的架空线路绝缘子　第1部分：交流系统用瓷或玻璃绝缘子元件　定义、试验方法和判定准则(IEC 60383-1:1993，MOD)

GB/T 4056—2008　绝缘子串元件的球窝连接尺寸(IEC 60120:1984，IDT)

GB/T 2900.8　电工术语　绝缘子(GB/T 2900.8—1995，eqv IEC 60050-471:1984)

3 术语和定义

GB/T 2900.8确立的以及下列术语和定义适用于本标准。

3.1

盘形悬式绝缘子残余强度　residual strength of a cap and pin insulator

残余强度是在规定的条件下试验其绝缘体已按规定的方式遭受了机械损伤时的绝缘子元件能达到的最大机械负荷。

4 试品准备

4.1 试品数量

残余强度试验的样品数量为25只。

4.2 预试验

试品应在经逐个试验合格后的产品中抽取。

在残余强度试验前应按GB/T 1001.1—2003第24章规定的方法进行温度循环试验。当采用了高铝水泥胶装绝缘子元件时，热浴水温应保持在75 ℃以下(见A.2)。

注：在进行残余强度试验前，已考虑了试品是经受了交变负荷或是热机械性能试验。因为实验室研究已经证明这些试验没有明显影响，所以不必考虑它们与残余强度试验的关联。

4.3 试品的制备

绝缘子在温度循环之后，应采用机械的方法(例如锤子敲击)打掉其伞裙，伞裙残存部分不应超出铁帽最大直径，在敲击过程中应注意不要损伤试品帽内的绝缘体。

注 1：根据以往的经验可知，打碎伞裙的方法不会引起残余强度试验结果的差异，伞裙破坏期间出现的机械负荷也不会影响残余强度试验的结果。

注 2：为了实现残余强度试验结果的再现性，去除铁帽最大直径外的全部瓷体，作为确定瓷体破损量的唯一可能的准则。

注 3：应该注意的是，在运行中这样的损伤量非常罕见，如电弧、枪击等造成的损伤一般不太严重，因而机械强度的降低程度通常较小。

注 4：钢化玻璃伞裙被打坏时，铁帽最大直径外的所有玻璃总是被完全去掉。

5 残余强度试验

试品应独个经受施加在两个金属附件上的拉伸负荷。对于具有球窝连接和槽形连接的绝缘子，试验机连接件的基本尺寸应符合 GB/T 4056—2008 的规定。

拉伸负荷应从零迅速而平稳地升到约为完整绝缘子规定的机电或机械破坏负荷值的 50%；然后拉伸负荷应以规定机电或机械负荷的 0.5%/s～1%/s 的速率增加，直至试品发生破坏。

记录试验时达到的最大负荷作为试品的残余强度。

6 结果判定

在残余强度试验中，达到最大负荷时，试品可能呈现两种破坏状况：

——帽和脚分离，如脚被拉脱；

——或者是金属附件被破坏(帽或脚)。

因此，为评定残余强度而规定的一种方法是与 SFL 相比较，这里的 SFL 是完整绝缘子规定的机电或机械破坏负荷。

a) 若 25 只试品全部是金属附件分离，则应计算破坏负荷的平均值($\overline{X}_r$)和标准差 S，接收常数 K_r 以下列公式(1)计算得出：

$$K_r = \frac{\overline{X}_r - 1.645S}{SFL} \quad \cdots\cdots(1)$$

式中：

K_r——接收常数；

$\overline{X}_r$——破坏负荷平均值，单位为 kN；

S——标准差，单位为 kN；

SFL——规定的机电或机械破坏负荷，单位为 kN。

通常认为接收常数 $K_r \geqslant 0.65$。

b) 若 25 只试品有一只或更多(但不超过 15 只)为金属附件破坏，金属附件破坏的负荷值应不低于 SFL。而其余试品的接收常数 K_r 仍按 a)所述方法计算。

注：只有假定试验结果的分布为正态(高斯)分布时，才需要考虑改变使用作为数理统计上的接收准则。25 只试品出现不同破坏情况时不属此类。另外，a)中给出的公式在出现金属附件分离破坏状况的试品数量较小时是无效的。

c) 若金属附件分离的试品数目少于 10 个时，则每个金属附件分离的负荷值应不低于 0.65SFL，金属附件破坏的负荷值应不低于 SFL。

附　录　A
（资料性附录）
长棒形瓷绝缘子的残余强度与高铝水泥胶装的绝缘子的预试验

A.1　长棒形瓷绝缘子的残余强度

当长棒形瓷绝缘子遭受例如交流电弧这种类型的损伤，即棒体和伞裙根部仍保持完整，绝缘子的强度将不会明显降低。甚至棒体上的釉层部分脱落和（或）变色，也不会显著降低其机械强度。

另一方面，当一个或更多伞根局部或完全破损，但圆柱形棒体仍然没有受到损伤时，预期绝缘子强度会有所下降。基于陶瓷材料均质且各向同性的假设条件下的理论研究表明，如果伞裙和伞根在超过120°的扇形区域受到损伤，绝缘子机械强度降低约35%。在其他状况下，强度的下降会有或多或少的变化。

不管绝缘子的棒体是被机械还是被电弧原因损伤，都不可能使破损量与机械强度的下降互相关联。两个损伤状态明显相同的瓷棒体的机械强度的降低可以不同。

A.2　高铝水泥胶装的绝缘子的预试验（温度循环试验）

GB/T 1001.1—2003中规定机电或机械破坏负荷试验前应进行温度循环试验。对于用高铝水泥胶装的绝缘子，残余强度试验存在一些特殊问题。当此类绝缘子在高湿度下被加热到75 ℃以上时，水泥结构在短时间内会发生不可逆转的改变，类似于长期运行中发生的情况。这种结构变化能够造成水泥剪切强度的降低。由于剪切强度与水泥结构的改变的速率有关，所以绝缘子经受超过75 ℃的热浴后立即试验残余强度可能会出现残余强度严重下降的情况，而运行中残余强度的降低是轻微的（正如经过多年运行后的线路绝缘子的大量试验所证明的）。

因此，对于用高铝水泥胶装的绝缘子，最好的解决办法是限制热浴温度不超过75 ℃。

附　录　B
（资料性附录）
本标准章条编号与IEC/TR 60797:1984章条编号对照

表B.1给出了本标准章条编号与IEC/TR 60797:1984章条编号对照一览表。

表B.1　本标准章条编号与IEC/TR 60797:1984章条编号对照

本标准章条编号	IEC/TR 60797:1984章条编号
1	1和4.1
2	序言
3	3
4.1	4.2
4.2	4.3
4.3	4.4
5	4.5
6	4.6
A.1	A.1
A.2	A.2
B	—
C	—

附 录 C
（资料性附录）
本标准与 IEC/TR 60797:1984 技术性差异及原因

表 C.1 给出了本标准与 IEC/TR 60797:1984 技术性差异及原因的一览表。

表 C.1 本标准与 IEC/TR 60797:1984 技术性差异及原因

本标准章条编号	技术差异	原 因
—	删除了 IEC 60797:1984 中的“2 目的”	在本标准中已经不适用。
6	增加“c) 若金属附件分离的试品数目少于 10 个时，则每个金属附件分离的负荷值应不低于 0.65*SFL*，金属附件破坏的负荷值应不低于 *SFL*。” b) 条内容改为“若 25 只试品有一只或更多(但不超过 15 只)为金属附件破坏，……”	IEC/TR 60797 的结果判定中已经注明“对于金属附件分离的试品数目较少时是无效的”，但是没有给出准确数值。而 GB/T 19443—2004 中给出了详细的判断规定，在此引用其内容，增加了标准的可执行性。

ICS 29.080.10
K 48

中华人民共和国国家标准

GB/T 23752—2009

额定电压高于1 000 V的电器设备用承压和非承压空心瓷和玻璃绝缘子

Hollow pressurized and unpressurized ceramic and glass insulators for use in electrical equipment with rated voltages greater than 1 000 V

(IEC 62155:2003,MOD)

2009-05-06 发布　　2009-11-01 实施

中华人民共和国国家质量监督检验检疫总局
中国国家标准化管理委员会　发布

前　　言

本标准修改采用IEC 62155:2003《额定电压高于1 000 V的电器设备用承压和非承压空心瓷和玻璃绝缘子》(英文版)。

本标准和IEC 62155:2003相比,做了一些技术性修改,修改之处用垂直单线(|)在它们所涉及的章条的页边空白处标识,并增加了附录E以说明这些修改及其原因。

为便于使用,本标准做了下列编辑性修改:

——用小数点“.”代替作为小数点的逗号“,”;

——删除IEC 62155:2003的前言;

——“本国际标准”一词改为“本标准”;

——取消了IEC 62155:2003的文献目录。

本标准编写规则按GB/T 1.1—2000,文本结构与IEC 62155:2003完全相同。

附录F给出了本标准和IEC 62155:2003章条对照表。

本标准的附录A、附录B、附录C、附录D、附录E和附录F是资料性附录。

本标准由中国电器工业协会提出。

本标准由全国绝缘子标准化技术委员会(SAC/TC 80)归口。

本标准主要起草单位:西安电瓷研究所有限公司、西安双佳高压电瓷电器有限公司、湖南醴陵华鑫电瓷电器有限公司、国家绝缘子避雷器质量监督检验中心、西安高压电器研究所有限责任公司、重庆大学、新东北电气(沈阳)高压开关有限公司、南京电气(集团)有限公司。

本标准主要起草人:赵卉、姚君瑞、陈月娥、石军生、危鹏、胡文岐、游一民、舒立春、张姝、陈玉亭、顾瑞云。

本标准为首次制定。

额定电压高于1 000 V的电器设备用承压和非承压空心瓷和玻璃绝缘子

1 范围和目的

1.1 总则

本标准适用于：

——电器设备中普通用途的空心瓷和玻璃绝缘子；

——开关及控制设备中长期承受气体压力的空心瓷绝缘子。

这些绝缘子用于交流额定电压不低于1 000 V、频率不大于100 Hz或直流额定电压不低于1 500 V的户内外电器设备。

空心绝缘子适用的电器设备举例如下：

——断路器；

——隔离开关；

——负荷开关；

——接地开关；

——互感器；

——避雷器；

——套管；

——电缆终端；

——电容器。

本标准未规定电气型式试验，这是因为绝缘子只是组成电器设备的一个部件，耐受电压不是空心绝缘子本身的特性，而是设备的特性。

1.2 普通用途空心绝缘子或空心绝缘件

空心瓷或玻璃绝缘子或绝缘件适用于：

——不承受压力；

——长期承受的内压力≤50 kPa(表压)；

——长期承受的气体内压力>50 kPa(表压)，但内腔体积<1 L(1 000 cm^3)；

——长期承受液体内压力。

本标准的目的是：

——定义所用的术语；

——定义空心绝缘子和空心绝缘件的机械和尺寸特性；

——定义空心绝缘子壁的电气强度；

——定义检验规定特性值的条件；

——规定试验方法；

——规定接收准则。

1.3 长期承受气体内压力的空心瓷绝缘子

空心瓷绝缘子或绝缘件长期承受气体内压力，并带有端部装配件，长期气体内压力>50 kPa(表压)，同时内腔体积≥1 L(1 000 cm^3)。

注：气体可以是干燥空气、惰性气体，如六氟化硫气体或氮气，或该类气体的混合物。

本标准的目的是：

——定义所用的术语；

——定义空心绝缘子和空心绝缘件的机械和尺寸特性；

——定义空心绝缘子壁的电气强度；

——定义检验规定特性值的条件；

——规定试验方法；

——规定接收准则；

——规定设计原则；

——规定试验程序和试验参数。

注：空心绝缘子或空心绝缘件通常组合在电器设备中使用，其电气型式试验要求由相应的设备标准规定。

2 规范性引用文件

下列文件中的条款通过本标准的引用而成为本标准的条款。凡是注日期的引用文件，其随后所有的修改单（不包括勘误的内容）或修订版均不适用于本标准，然而，鼓励根据本标准达成协议的各方研究是否可使用这些文件的最新版本。凡是不注日期的引用文件，其最新版本适用于本标准。

GB 1984—2003 高压交流断路器（IEC 62271-100：2001，MOD）

GB/T 3505—2000 产品几何技术规范 表面结构 轮廓法 表面结构的术语、定义及参数（eqv ISO 4287：1997）

GB/T 8411.3—2009 陶瓷和玻璃绝缘材料 第3部分：材料性能（IEC 60672-3：1997，MOD）

GB/T 11022—1999 高压开关设备和控制设备标准的共同技术要求（eqv IEC 60694：1996）

JB/T 8177—1999 绝缘子金属附件热镀锌层 通用技术条件

JB/T 9674—1999 超声波探测瓷件内部缺陷

IEC 60865-1：1993 短路电流 影响计算 第1部分：定义和计算方法

IEC 61166：1993 交流高压断路器 交流高压断路器的地震评定导则

IEC 61463：1996 套管 地震评定

3 术语和定义

下列术语和定义适用于本标准。

注：下列定义中的一部分引自 GB/T 2900.8，经过修改或未经修改。

3.1

空心绝缘件 hollow insulator body

指两端穿通、带有或不带有伞裙，并且不包括端部装配件或端部附件的空心绝缘部件。

3.2

空心绝缘子 hollow insulator

两端穿通的绝缘子，带伞或不带伞，包括端部附件。

（修改 GB/T 2900.8—2009，定义 01—08）

注：属一般定义，同时覆盖定义 3.4、3.5 和 3.6。

3.3

端部装配件 fixing device

端部附件 end fitting

空心绝缘子的组成元件或构成部件，用于将绝缘子连接至支持结构、导体、设备或另一绝缘子。

注：如果端部装配件为金属材质，一般使用“金属附件”这一术语。

3.4

空心支柱绝缘子　hollow post insulator

指由一个空心支柱绝缘子元件或多个元件组装构成的空心支柱绝缘子，用来支撑带电部件，并使其与地绝缘或与其他带电部件绝缘。

3.5

空心支柱绝缘子元件　hollow post insulator unit

指由永久安装有端部附件的空心绝缘件构成的空心绝缘子元件，用来起支撑作用。

3.6

容器绝缘子　chamber insulator

用作外壳容器的空心绝缘子，如断路器灭弧室外壳。

3.7

套管　bushing

供一个或几个导体穿过诸如墙壁或箱体等隔断，起绝缘和支持作用的器件。

(修改 GB/T 2900.8—2009，定义 02—01)

注：固定到隔断上的装置(法兰或紧固器件)也是套管的一部分。

3.8

击穿　puncture

穿过绝缘子固体绝缘材料，使其绝缘强度永久丧失的一种破坏性放电。

(GB/T 2900.8—2009，定义 01—14)

3.9

爬电距离　creepage distance

在两个导电部件之间沿绝缘子外表面的最短距离。

(修改 GB/T 2900.8—2009，定义 01—04)

注 1：水泥或其他非绝缘粘接材料的表面不属爬电距离的一部分。

注 2：若绝缘子部分表面采用高阻抗涂层，则该表面被认为是有效绝缘表面，跨越该表面的距离包含在爬电距离内。

注 3：高阻抗涂层的电阻率通常约 10^6 Ω，也可能低于 10^6 Ω。

注 4：若高阻抗涂层涂覆于整个绝缘子表面(即所谓的稳定化绝缘子)，其表面电阻率和爬电距离应经供需双方协议确定。

3.10

规定特性　specified characteristic

——电压值、机械负荷值，或规定的其他特性值；

——经供需双方协议的类似特性值。

3.11

耐受弯矩　withstand bending moment

型式试验施加的耐受弯矩，该值取决于规定的空心绝缘子负荷条件。

注：对于承压空心绝缘子，按 5.2 规定的负荷条件确定。

3.12

机械破坏负荷　mechanical failing load

空心绝缘子或空心绝缘件在规定试验条件下试验时能达到的最大负荷。

3.13

设计压力　design pressure

在设计温度下运行时，空心绝缘子内外部间能达到压差的上限。

3.14

设计温度　design temperature

在运行条件下空心绝缘子内部可能达到的最高温度。

注：通常指周围空气温度加上由额定电流、介质损耗等因素引起的温升后的上限。

3.15

制造商　manufacturer

制造空心绝缘子或空心绝缘件的单位或组织。

3.16

设备制造商　equipment manufacturer

制造使用空心绝缘子或空心绝缘件电器设备的单位或组织。

3.17

端面平行度　parallelism of the end faces

在空心绝缘子高度方向测得的两端部附件表面间或空心绝缘件两端面间距离的最大差值。

3.18

偏心度　eccentricity

空心绝缘子上、下端部附件安装孔中心圆的中心之间垂直于绝缘子轴线的偏移。

注：在国内某些标准和实际使用中，也称为上下附件安装孔中心圆轴线间最大偏差。

3.19

轴向圆跳动　axial run-out

转动一周在绝缘子端面测得的轴向偏移(见图 A.6)。

3.20

上下安装孔角度偏差　angular deviation of the fixing holes

指空心绝缘子上、下端部附件相应安装孔间的角度偏差，用度数表示。

3.21

绝缘子直线度　camber of an insulator

绝缘子的理论轴线与绝缘子未受负荷时由其横截面中心轨迹形成的曲线间的最大距离。

(修改 GB/T 2900.8—2009，定义 01—26)

3.22

批　lot

指提交验收的一组空心绝缘子或空心绝缘件，这些绝缘子来自同一制造商，设计相同，并且在相同的生产条件下制造。

注：同时提交验收的可以是一批或几批，批可以是订货量的全部，也可以是订货量的一部分。

4　绝缘材料

本标准中普通用途空心绝缘件(见 1.2)的绝缘材料有：

——瓷材料、电瓷；

——退火玻璃，这种玻璃中的机械应力已经热处理消除；

——钢化玻璃，这种玻璃中经热处理后存在可控制的机械应力。

本标准中长期承受气体压力空心绝缘件(见 1.3)的绝缘材料有：

——性能满足 GB/T 8411.3—2009　C 100 和 C 200 组要求的瓷材料。

注 1：有关瓷和玻璃绝缘材料定义和分类的更多信息可参见 GB/T 8411.1—2008。

注 2：本标准所用术语“瓷材料”指电瓷材料，不包括玻璃。这一点与北美习惯不同。

注 3：绝缘子用胶装材料和端部附件材料不属于绝缘材料，对它们的要求分别参见各相关标准。

5 一般设计推荐

5.1 普通用途空心绝缘子和空心绝缘件一般设计推荐

本标准没有给出明确的设计规则，因为对其的要求随设备用途而不同(见1.2)。

5.2 长期承受气体压力空心绝缘子和空心绝缘件的设计规则

5.2.1 目的

本条中描述的高压设备用承压空心绝缘子设计规则考虑到其要经受的特殊运行条件(见1.3)，这些条件不同于压缩空气容器和其他类似的储存用容器。

5.2.2 设计规则

设计空心绝缘子时应考虑以下几点：

——圆度、轴向圆跳动、直线度、平行度、同轴度、平面度、壁厚差、安装孔的角度和径向位置等形位公差确定均应考虑在空心绝缘子内部安装的部件。

——应该考虑到电气强度、机械强度，以及其他技术问题可能影响实际结构，而且由于这一问题的复杂性，不可能提出明确的导则。

——有必要严格选择胶合剂和附件材料。瓷材料应满足GB/T 8411.3—2009中C 100和C 200组瓷的特性要求。

——仅在安装空心绝缘子的电器设备按照其必须符合的特定标准进行型式试验合格后，才认为该承压绝缘子(套)适用于该电器设备。

5.2.3 设计压力确定

设计压力应为当空心绝缘子作为其部件的设备在最高环境温度下承载正常额定电流时，空心绝缘子内外绝对压力之差。

空心绝缘子内部气体最高绝对压力应由设备制造商确定。

注：在某些特殊情况下(如断路器)，应考虑到开断操作后的压力升高。

5.2.4 设计温度确定

设备制造商应参照3.14确定该值。

阳光辐射效应应考虑在内。

5.2.5 型式试验耐受弯矩的确定

下列因素都可能在电器设备中引起弯曲应力：质量、内压力、端部负荷、短路负荷、覆冰负荷、操作负荷、风负荷、地震负荷(见表1)。

表1 负荷组合典型示例和权重系数

负荷	常规预期负荷应力	不常见极端负荷应力		
		方案1 短路电流负荷	方案2 覆冰负荷	方案3 地震负荷
设计压力[a]	100%	100%	100%	100%
质量	100%	100%	100%	100%
额定端部负荷	100%	50%	0%	70%
风压	30%	100%	0%	10%
短路负荷	0%	100%	0%	0%
覆冰负荷	0%	0%	100%	0%
地震负荷	0%	0%	0%	100%
安全系数	2.1	1.2	1.2	1.0
注：详见GB 1984—2003、GB/T 11022—1999、IEC 60865-1:1993、IEC 61166:1993、IEC 61463:1996。				
[a] 见附录D。				

应根据下列资料通过必要的计算确定该负荷值：

——端部负荷：　　GB 1984—2003 的 6.101.6.1

——风负荷：　　GB 1984—2003 的 6.101.6.1 和 GB/T 11022—1999 的 2.1.2

——覆冰负荷：　　GB 1984—2003 的 6.101.6.1 和 GB/T 11022—1999 的 2.1.2

——短路负荷：　　根据设备额定短路电流水平确定(IEC 60865-1:1993 第 2 节)

——地震负荷：　　IEC 61166:1993 的 8.1 和 IEC 61463:1996 的 10.1

——操作负荷：　　按照设备设计确定

表 1 所列举的几组负荷值是设计中必须考虑的负荷组合的典型示例。表 1 中第一列包含了常规预期负荷，型式试验中弯曲应力的安全系数确定为 2.1。

对于包含很少出现的极端负荷的其他三种情况，地震方案型式试验中弯曲应力的安全系数确定为 1.0，另外两种方案的安全系数确定为 1.2。

选择最苛刻的适用方案来确定试验耐受弯曲应力。

用试验耐受弯曲应力计算确定试验耐受弯矩。

图 1 给出了空心绝缘子弯矩试验值和使用值之间的关系。

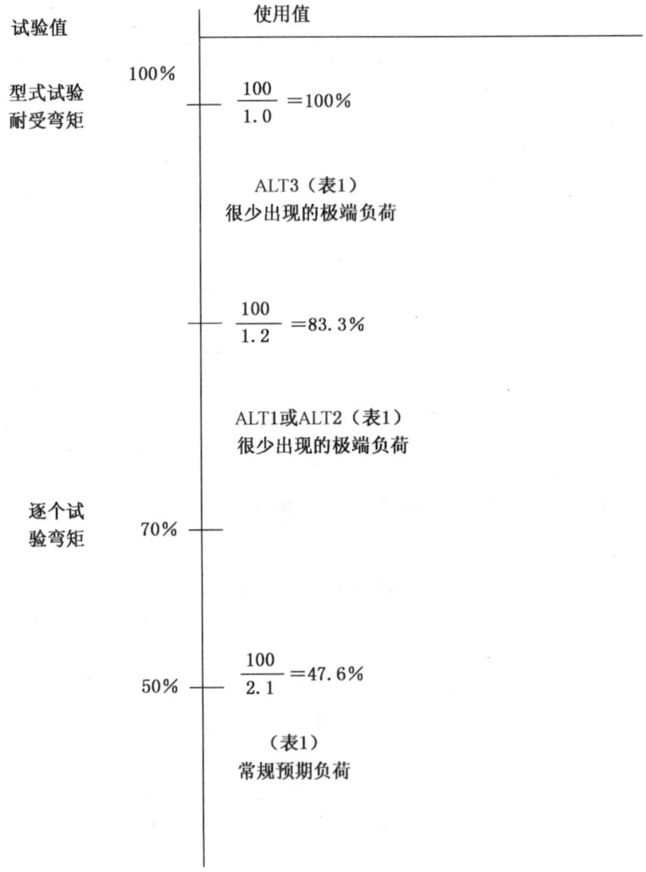

图 1　弯矩

6　试验分类、抽样规则和程序

6.1　试验分类

试验分为如下三类：

——型式试验；

——抽样试验；

——逐个试验。

6.1.1 型式试验

型式试验的目的是检验空心绝缘子和(或)空心绝缘件主要由设计决定的主要特性。对某一种新设计或采用新制造工艺的空心绝缘子和(或)空心绝缘件,取一只绝缘子进行型式试验,并且仅进行一次。而后,只有当其设计、材料或制造工艺有变化时,型式试验才重新进行,而且只重新做与这种变化影响到的特性有关的试验项目。另外,对于新设计的空心绝缘子和(或)空心绝缘件,如果具有机械等同的有效试验报告,则不必做所有型式试验项目。机械等同是指空心绝缘子和(或)空心绝缘件的制造和设计参数相同,并有如下特点:

——主体内外径相同;

——绝缘件和端部附件连接设计相同;

——连接到绝缘件上的端部附件的零件形状和尺寸相同;

——标称高度差别不超过±20%。

注1:空心绝缘子和(或)空心绝缘件机械等同设计中由于影响机械强度的所有因素(材料、制造工艺和尺寸)都相同,其弯曲强度、拉伸强度和扭转强度也和被代表的设计相同。

注2:在确定机械等同时,可能需要考虑由于伞伸出和伞间距不同造成的标称外径相差太大的影响。

型式试验应在已满足逐个试验所有要求的空心绝缘子和(或)空心绝缘件上进行。当型式试验用绝缘子从提交验收的批中抽取时,它们也应作为该批的抽样试验用。

6.1.2 抽样试验

抽样试验的目的是验证空心绝缘子和(或)空心绝缘件随制造过程和组成材料质量变化的特性。抽样试验作为空心绝缘子和(或)空心绝缘件的验收试验,样品从已满足逐个试验要求的批中随机抽取。

6.1.3 逐个试验

逐个试验的目的是剔除有缺陷的元件,在制造过程中对每个空心绝缘子和(或)空心绝缘件进行。

6.2 型式试验、抽样试验和逐个试验的相关试验项目

普通用途的空心绝缘子和(或)空心绝缘件都应按表2给出的项目进行试验。

长期承受气体压力的空心绝缘子和(或)空心绝缘件都应按表3给出的项目进行试验。

空心绝缘子和(或)空心绝缘件的特性应在图样上作出规定,所做的试验应能检验这些特性。此外,经供需双方协议可以进行其他试验项目,不限于这些规定。

经供需双方协议,可以进行诸如相关尺寸检查(7.1)和机械试验(10.5)的附加逐个试验。

表2 普通用途空心绝缘子或空心绝缘件型式试验、抽样试验和逐个试验

试验项目	试验条目	型式试验 第8章	抽样试验 第9章	逐个试验 第10章
尺寸和研磨面粗糙度检查	7.1	—	×	—
机械破坏负荷试验	7.2	×[a]	×[a]	—
温度循环试验	7.3	×[f]	×	—
孔隙性试验	7.4	—	×[b]	—
镀锌层试验	7.5	—	×[c]	—
外观检查	10.3	—	—	×
逐个电气试验	10.4	—	—	×
逐个机械试验	10.5	—	—	×[e]

表 2（续）

试　验　项　目	试验条目	型式试验 第 8 章	抽样试验 第 9 章	逐个试验 第 10 章
逐个热震试验	10.7	—	—	×[d]
超声波探伤检查	10.8	—	—	×[g]
× 本标准要求。				
a 相关图样规定时，本试验用来验证空心绝缘子或空心绝缘件的机械性能，应在温度循环试验后进行。 b 仅适用于瓷绝缘子。 c 仅适用于安装有热镀锌金属附件的空心绝缘子。 d 仅适用于钢化玻璃绝缘子。 e 仅适用于图样有规定时。 f 仅适用于对机械破坏负荷试验有规定时。 g 仅适用于瓷壁厚度大于 30 mm 的空心瓷绝缘件或空心瓷绝缘子瓷件。				

表 3　长期承受气体压力的空心瓷绝缘子和空心绝缘件型式试验、抽样试验和逐个试验

试　验　项　目	试验条目	型式试验 第 8 章	抽样试验 第 9 章	逐个试验 第 10 章
尺寸和研磨面粗糙度检查	7.1	—	×	—
机械破坏负荷试验	7.2	×[a]	×[a]	—
温度循环试验	7.3	×	×	—
孔隙性试验	7.4	—	×	—
镀锌层试验	7.5	—	×[b]	—
外观检查	10.3	—	—	×
逐个电气试验	10.4	—	—	×
逐个机械试验	10.6.1、10.6.2	—	—	×
其他机械试验	10.6.3	—	—	×[c]
超声波探伤检查	10.8	—	—	×[d]
× 本标准要求。				
a 本试验用来验证空心绝缘子或空心绝缘件 7.2 和相关图样规定的机械性能，应在温度循环试验后进行。内压力试验和弯曲试验必做。 b 仅适用于安装有热镀锌金属附件的空心绝缘子。 c 当图样规定时适用。 d 仅适用于瓷壁厚度大于 30 mm 的空心瓷绝缘件或空心瓷绝缘子瓷件。				

注：在某些情况下，对一种新结构的绝缘子或绝缘件，其型式试验、抽样试验和逐个试验的集合称为“定型试验”。

6.3　试验用空心绝缘子或空心绝缘件选取

6.3.1　型式试验用空心绝缘子或空心绝缘件选取

每项机械破坏负荷型式试验应在一只空心绝缘子或空心绝缘件上进行。试验应对已满足所有逐个试验和抽样试验要求的绝缘子进行，机械抽样试验除外。已经做过可能影响其机械性能型式试验的绝缘子不应在运行中使用。

通常由制造商选取型式试验用空心绝缘子或空心绝缘件。如果型式试验和抽样试验(见 6.1.1 和 6.1.2)一并进行,买方可以选取。

6.3.2 抽样试验用空心绝缘子或空心绝缘件的抽取

应按表 4 确定抽取的试验用空心绝缘子或空心绝缘件数量。买方可以在满足逐个试验要求的批中选取。

经受可能影响其机械性能的抽样试验后的绝缘子不应在运行中使用。

表 4 抽样试验用样品数量

每批的绝缘子数 n	样品数
$n \leqslant 100$	1 或协商确定
$100 < n \leqslant 500$	1%[a]
$500 < n$	$4+1.5\times\frac{n}{1\ 000}$[a]
[a] 若计算结果不是整数,应选择比计算结果大的第一个整数。	

6.4 抽样试验的重复试验程序

如果仅有一只空心绝缘子或空心绝缘件,或其金属附件在抽样试验中任一试验项目不合格,应重新抽样进行重复试验,抽样数量为首次提交该项试验样品数量的 2 倍。重复试验项目应包括出现不合格的试验项目和在此项试验以前进行的,并认为对该项试验结果有影响的试验项目。

如果有两只或两只以上空心绝缘子或空心绝缘件,或其金属附件在抽样试验中任一试验项目不合格,或在重复试验中出现任何不合格,则认为该整批绝缘子不符合本标准,应由制造商收回。

如果能清楚地识别出现不合格的原因,制造商可以拣选该批,以剔除所有有这种缺陷的空心绝缘子或空心绝缘件。拣选后的该批绝缘子或其部分的绝缘子可以重新提交试验。抽样数量为首次取样数量的三倍。重复试验项目应包括出现不合格的试验项目和在此项试验以前进行,并认为对该项试验结果有影响的试验项目。若在本次重复试验中任一空心绝缘子或空心绝缘件不合格,则认为该整批产品不符合本标准。

注 1:若镀锌层试验不合格是由于前面试验的机械负荷超过逐个试验负荷所致,重复试验试品可以是未装配的金属附件,也可以是该批中其他空心绝缘子的金属附件。

注 2:抽样试验中,如果有一只或多只空心绝缘子或空心绝缘件不符合本标准 7.1 或相应图样规定的允许偏差要求,经供需双方协议,偏差检查可以转为逐个检验。

6.5 质量管理

经供需双方协议,可以依据本标准的要求,制定并采用某一质量管理程序。

注:使用质量保证程序的详细信息见相关国家标准。推荐采用 GB/T 19002—2000 作为绝缘子制造质量体系的导则。

7 一般试验程序和要求

空心绝缘子或空心绝缘件应按表 2 或表 3 规定进行试验。

7.1 尺寸和研磨面粗糙度的检查

空心绝缘子或空心绝缘件的所有尺寸都应满足图样规定,包括图样规定的允许偏差。若图样未作规定,除非供需双方另有协定,应采用以下允许偏差:

7.1.1 一般尺寸允许偏差

除非另有规定,所有尺寸的允许偏差应为:

若 $L_d \leqslant 300$ mm,$\pm(0.04\times L_d+1.5)$mm

若 L_d>300 mm，±(0.025×L_d+6)mm

L_d 是检查的尺寸，单位：mm。

注：在许多设备的设计中，内径 d_1 更为重要，此时建议允许偏差按±(0.025×d_1+1.5)mm 确定。

7.1.2 爬电距离允许偏差

爬电距离测量应以绝缘子图样规定的尺寸为准，即使该尺寸大于买方的初始规定值。

爬电距离允许偏差应按下列确定：

——若爬电距离规定为公称值，则允许有负偏差：

−(0.04×L_c+1.5)mm，式中 L_c 是公称爬电距离。

——若爬电距离规定为最小值，则应是在绝缘子上测得的爬电距离最小值。

注：爬电距离会影响电气型式试验中绝缘子的性能。因此，型式试验用绝缘子的爬电距离测量值最大不应超过 1.04×L_c。

7.1.3 壁厚允许偏差

壁厚允许偏差见图 2。

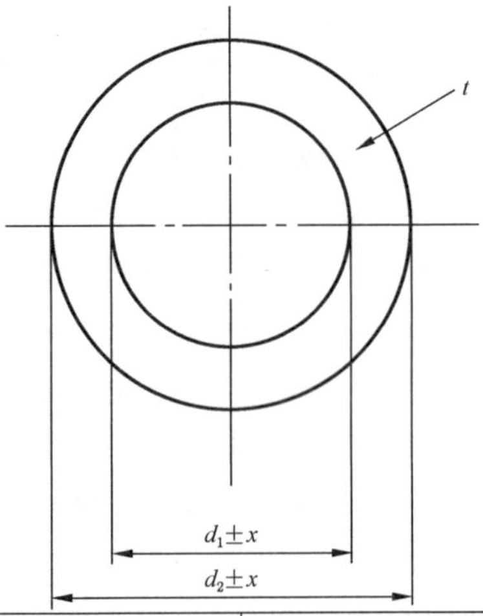

公称壁厚 t/mm	壁厚允许偏差/mm
t<10	+a −1.5
10≤t<15	+a −2.0
15≤t<20	+a −3.0
20≤t<25	+a −3.5
25≤t<30	+a −4.0
30≤t<40	+a −4.5
40≤t<55	+a −5.0
55≤t<70	+a −6.0

注 1：上述允许偏差不适用于经研磨后的瓷壁。

注 2：允许偏差值 a 由公式 $a=(x+y)/2$ 确定，x 和 y 分别是直径 d_1 和 d_2 的允许偏差。

注 3：公称壁厚 $t=(d_1+d_2)/2$。

图 2 壁厚允许偏差

7.1.4 主体内外径的圆度偏差

主体内外径圆度偏差见图 3。

7.1.5 直线度

空心绝缘件的直线度 δ 不应大于：

——若 $h/d_1 \leqslant 8$，$(0.006\times h+1)$ mm

——若 $h/d_1 > 8$，$0.008\times h$ mm

式中：

h——空心绝缘子的高度，mm；

d_1——空心绝缘子的最大内径，mm。

注：A.4（图 A.3）间接给出了测量直线度的适用方法。

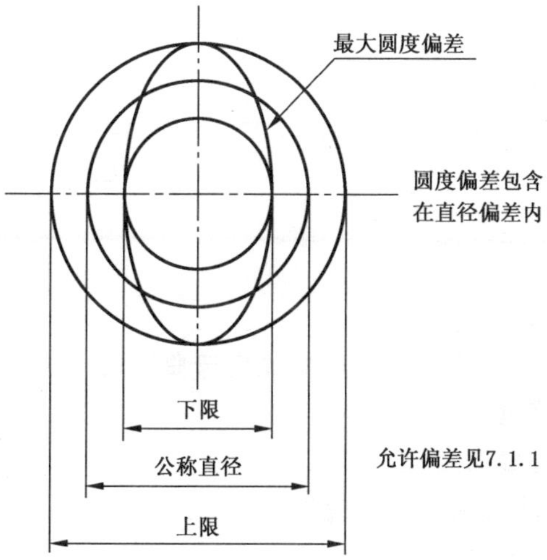

图 3 主体内外径的圆度偏差

7.1.6 端部伞裙的位置

空心绝缘件由于存在弯曲，瓷件端部的伞可能出现倾斜。分别以最大直线度 0.6% 或 0.8% 按照图 4 计算，$h/d_1 \leqslant 8$ 时 θ 值可能达到 0.024 rad，$h/d_1 > 8$ 时 θ 值可能达到 0.032 rad，即绝缘子端部伞裙可能倾斜这一角度。绝缘子端部伞裙至研磨面的距离 H 绕伞裙外缘而不同。H 的最小允许值可以标注在图样上。

尺寸 H 应通过测量 H_{max} 和 H_{min} 检查。

$$H = 0.5\times(H_{max} + H_{min})$$

若 H 在 7.1.1 给定的允许偏差范围内，或在图样专门规定的允许偏差范围内，则端部伞裙的位置符合图样要求。

端部伞裙的最大倾斜度应满足：

若 $h/d_1 \leqslant 8$，$H_{max} - H_{min} < (0.024\times D+3)$ mm

若 $h/d_1 > 8$，$H_{max} - H_{min} < (0.032\times D+3)$ mm

式中：

D——端部伞裙的公称直径，mm；

H、H_{max} 和 H_{min}——分别是图 4 定义的端部伞裙至研磨面的标称距离、最大距离和最小距离，mm。

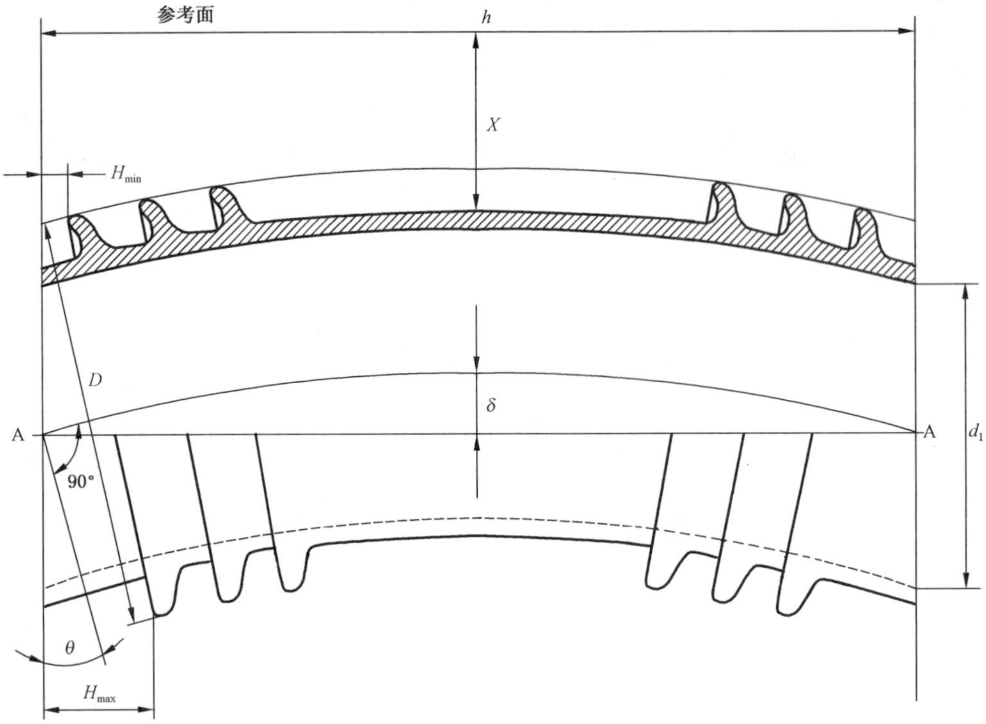

图 4 空心绝缘件弯曲效应

7.1.7 上砂和瓷卡台高度允许偏差

上砂和瓷卡台高度 T 会沿外壁而变化。

上砂和瓷卡台高度(见图 5)的最大变化量应为：

若 $h/d_1 \leqslant 8$，$T_{max} - T_{min} < (0.024 \times d_3 + 3)$ mm

若 $h/d_1 > 8$，$T_{max} - T_{min} < (0.032 \times d_3 + 3)$ mm

式中：

d_3——瓷卡台的公称直径或上砂部位上砂后的公称直径，mm；

T、T_{max} 和 T_{min}——分别是绕外壁测量的瓷卡台或上砂高度的公称值、最大值和最小值，mm。

在某些设计中，要求瓷卡台的允许偏差更小，此时应在图样中规定。

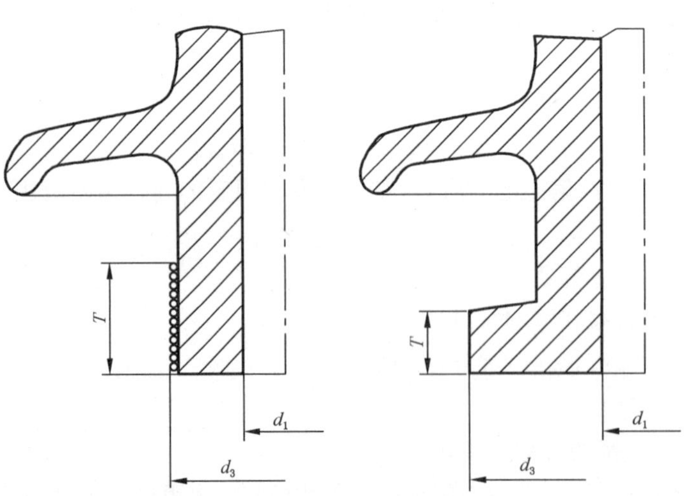

图 5 上砂和瓷卡台高度允许偏差

7.1.8 伞倾角

当设计图样标明伞根和伞缘部位圆弧是用一条直线连接时，应测量空心绝缘子或空心绝缘件伞上表面的平均倾角。平均倾角的允许偏差为±3°。

应在相互垂直的四个方向上分别对三个伞进行测量，三个伞大致分别位于空心绝缘子或空心绝缘件的上部、中部和下部。

计算12次测量的平均值，并与图样规定值比较。

注1：A.5提出了一个测量伞倾角的适用方法。

注2：若设计图样标明伞的上表面为曲线时，则不能进行伞倾角测量。

7.1.9 端面平行度、同轴度、偏心度和上下安装孔角度偏差

如果图样有规定，则所有空心绝缘子和空心绝缘件都应满足图样对端面平行度、同轴度、偏心度和上下安装孔角度偏差的要求。

——端面平行度：A.1给出了允许偏差的示例。

——同轴度和偏心度：A.2给出了允许偏差的示例。

——上下安装孔角度偏差：A.3给出了允许偏差的示例。

测量方法示例见附录A。

7.1.10 研磨面粗糙度检验

相关图样上应用R_a和R_t值(见注释)规定粗糙度(参照GB/T 3505—2000)。

空心绝缘件图样上标有端部研磨面的部位，应使用经过校准的粗糙度检验仪器检验。

如果R_a和R_t测量值都不超过粗糙度或外形的规定值，则绝缘子通过本试验。

注：由于瓷材料特有的性质，用于金属材料的R_a和R_t的关系并不适用。瓷材料R_a和R_t的比值范围约为1～10。

7.1.11 接收准则

如果测得的粗糙度或尺寸符合规定要求及其允许偏差，则空心绝缘子或空心绝缘件通过本试验。

7.2 机械破坏负荷试验

机械破坏负荷试验的目的是确定空心绝缘子或空心绝缘件承受内压力、弯曲、扭转、拉伸或压缩等机械负荷时的强度。机械破坏负荷试验应在温度循环试验后进行。

空心绝缘子或空心绝缘件的机械强度试验应由下列五项试验的一项或多项组成，具体由设备制造商规定。

——内压力试验；

——弯曲试验；

——拉伸试验；

——扭转试验；

——压缩试验。

试验时已达到规定机械破坏负荷的空心绝缘子或空心绝缘件不应再在运行中使用。

7.2.1 内压力试验的一般要求

7.2.1.1 空心绝缘子

将带有相应连接阀和测量仪表的压板压紧或固定到空心绝缘子端部附件上，固定时在绝缘件和压板间加装适当的密封垫。

密封结构应尽可能与实际使用结构接近。

7.2.1.2 空心绝缘件

对于空心绝缘件，压板可以用中心连接杆固定，或用外部结构固定。

仅当采用空心绝缘件的装配件在使用中保持轴向压缩时，该试验才有效。

7.2.1.3 内压力试验程序

将空心绝缘子或空心绝缘件注满水，并和液压泵相连。液体压力应平稳增加到试验压力，升压中不应产生冲击。

注：每分钟的升压速率应为试验压力的 30%～60%。

7.2.1.4 内压力试验接收准则

压力释放到零后，应检查绝缘子的瓷件和端部附件是否开裂，胶装或密封是否破坏。如无上述迹象，即使端部附件承受的应力超过其屈服点，只要没有破坏，则认为该试验通过。

如有疑问，应进行设计压力下的附加内压力试验。

7.2.2 弯曲试验的一般要求

将空心绝缘子和空心绝缘件安装待试。

弯曲试验可以在无内压力条件下进行。用正常使用时的安装方法将空心绝缘子固定到试验设备的安装面上，负荷施加在空心绝缘子的自由端，负荷施加方向应通过空心绝缘子的轴线并与其垂直。

另外，经供需双方协议，机械弯曲试验可在空心绝缘件上进行。对未经装配的空心绝缘件进行试验的适宜方法示于附录 B。

7.2.2.1 弯曲试验程序

——由多节元件组成的空心绝缘子的试验：

若空心绝缘子由一节以上元件构成，并且对整只绝缘子的顶部和底部都规定有弯矩要求，试验可在整只绝缘子上进行。应将延伸杆固定在空心绝缘子上，在延伸杆的适当高度施加负荷，以达到试验要求的弯矩。

若对单个元件的两端都有弯矩要求，则试验按下述进行：

——单个空心绝缘子元件的试验：

若对空心绝缘子的顶部和底部都规定有弯矩要求，应将延伸杆固定在空心绝缘子上，在延伸杆的适当高度施加负荷，以产生试验要求的弯矩。

——对称型单个空心绝缘子元件的试验：

如果空心绝缘子属对称型，可以在绝缘子的自由端直接施加能产生规定弯矩的等值负荷，并应对绝缘子的每端都进行一次试验。

7.2.2.2 弯曲试验接收准则

将弯矩卸除到零后，检查绝缘子瓷件是否开裂、胶装是否破坏、端部附件是否开裂。如无上述情况，即使端部附件承受的应力超过其屈服点，只要没有破坏，则认为该试验通过。

7.2.3 扭转试验

空心绝缘子应进行扭转负荷试验，试验时应避免出现弯矩。空心绝缘子的扭转强度可以通过对单个空心绝缘子元件试验来验证，如果空心绝缘子由多种型式元件构成，应选取强度最低的元件进行试验。

7.2.4 拉伸试验

空心绝缘子应进行沿其轴线方向的拉伸负荷试验。空心绝缘子的拉伸强度可以通过对单个空心绝缘子元件试验来验证，如果空心绝缘子由多种型式元件构成，应选取强度最低的元件进行试验。

7.2.5 压缩试验

空心绝缘子或空心绝缘件应进行沿其轴线方向的压缩负荷试验。空心绝缘子的压缩强度可以通过对单个空心绝缘子元件试验来验证，如果空心绝缘子由多种型式元件构成，应选取强度最低的元件进行试验。

较长的空心绝缘子可能会因挠曲而破坏，因而需要对整只空心绝缘子试验。

7.2.6 扭转、拉伸和压缩试验的接收准则

卸除负荷到零后，检查绝缘子瓷件是否开裂、胶装是否破坏、端部附件是否开裂。如无上述情况，即使端部附件承受的应力超过其屈服点，只要没有破坏，则认为该试验通过。

7.3 温度循环试验

7.3.1 一般要求

a) 该试验应在机械破坏负荷试验前对单独的空心绝缘子或空心绝缘件进行。

b) 试验水槽中应有足够的水量，以保证浸没被试绝缘子，并且浸没时不会引起超过±5 K 的水温变化。

c) 在冷热水浴中浸没绝缘子的过程中，可以使用中间容器，比如使用低热容量的网篮等，能使水顺利通过的容器。

7.3.2 瓷和钢化玻璃绝缘子试验程序

应将绝缘子快速浸没在热水浴中，保持热水浴温度比其后的冷水浴温度高 Δt，浸泡时间最短为 $(15+0.7\times m)$ min（m 是空心绝缘子或空心绝缘件的质量，单位 kg），最长为 30 min。然后，将绝缘子迅速取出并完全浸没于冷水浴中，浸泡时间和热水浴中浸泡时间相同。

热冷循环应依次进行三次，热冷浴之间的转换时间应尽可能短。

温差 Δt 示于表 5，其大小取决于空心绝缘子或空心绝缘件的尺寸，Δt 值可以标注在设计图样上。

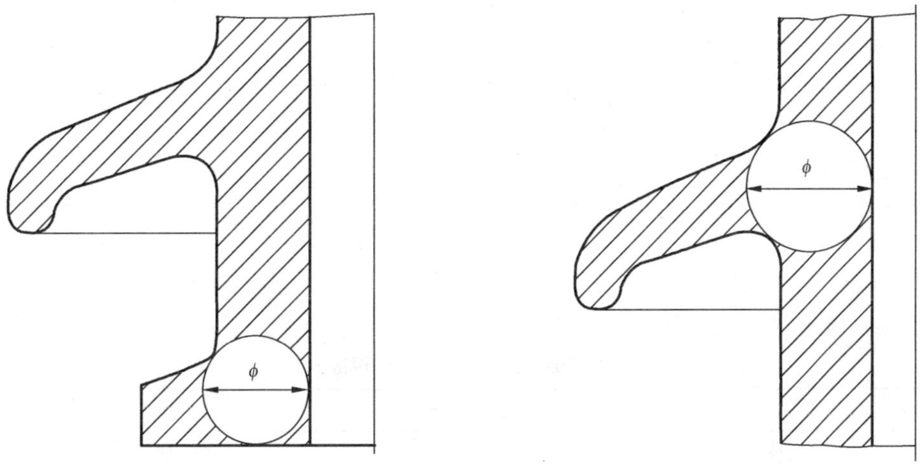

图 6 温度循环试验中厚度 ϕ(mm) 的定义

表 5 所列温差适用于内腔为直筒或锥形的绝缘子，这种内腔形状在浸没时可使水自由通过。如果绝缘子最小内径小于 0.25 倍的最大内径，则认为浸没时水不能自由通过绝缘子内腔。在这种情况下，Δt 值应经供需双方协商确定。

7.3.3 大尺寸瓷绝缘子替代试验的程序

若因被试绝缘子尺寸原因无法采用本标准 7.3.2 所述的浸没法，可以用图 C.1 所示的喷淋法替代。试验时将带有金属附件的完整空心绝缘子封闭于一个厚布套内，布套顶部用诸如绑带等物系牢。热水或冷水用软管注入或灌入布套。供水设备应保证有足够水量喷向绝缘子，且这些水应能用泵抽出。

喷淋的热水应能使被试空心绝缘子的温度上升到比其后用人工雨喷淋的冷水温度高 Δt，并使这一温度保持 15 min。

然后，应立即用人工雨喷洒空心绝缘子，人工雨强度 3 mm/min，喷洒时间 15 min。

热冷循环应依次进行三次，温差 Δt 示于表 6。

表 5　温度循环试验的温差

$D^2 \times h \times 10^{-6}$ mm³	厚度 ϕ(mm)所对应的温差 Δt/K					
	$\phi \leqslant 23$	$23 < \phi \leqslant 26$	$26 < \phi \leqslant 32$	$32 < \phi \leqslant 36$	$36 < \phi \leqslant 43$	$43 < \phi$
$D^2 \times h \leqslant 164$	60	55	50	45	40	35
$164 < D^2 \times h \leqslant 410$	55	55	50	45	40	35
$410 < D^2 \times h \leqslant 655$	50	50	50	45	40	35
$655 < D^2 \times h \leqslant 900$	45	45	45	45	40	35
$900 < D^2 \times h \leqslant 1\ 150$	40	40	40	40	40	35
$1\ 150 < D^2 \times h \leqslant 2\ 000$	35	35	35	35	35	35
$D^2 \times h > 2\ 000$	由供需双方协商确定					

注：

D　是空心绝缘子或空心绝缘件的最大伞径，单位：mm。

h　是空心绝缘件的高度，单位：mm。

ϕ　是材料最大厚度，单位：mm，用穿过空心绝缘子或空心绝缘件轴线截面轮廓线内最大内切圆直径来定义。

表 6　替代温度循环试验温差

图 6 定义的厚度 ϕ(mm)对应的温差 Δt/K	
$\phi \leqslant 30$	$\phi > 30$
70	50

7.3.4　退火玻璃绝缘子试验程序

不使用任何中间容器将退火玻璃绝缘子迅速地完全浸入热水浴中，该水浴温度比其后试验用的人工雨温度高 Δt，并在此温度下保持 15 min。然后将绝缘子迅速取出，置于强度为 3 mm/min 的人工雨中 15 min，人工雨无其他特性要求。

热冷循环应依次进行三次。每次将试品从热水浴移至人工雨中或从人工雨移至热水浴过程中的时间不应超过 1 min。

退火玻璃耐受温度变化的能力受若干因素影响，其中最重要的影响因素之一是其配方组成。因此，除非供需双方另有协议，温差 Δt 按照表 7 规定。

表 7　退火玻璃绝缘子的温差

温差 Δt/K	
碱玻璃	硼硅酸盐玻璃
30	70

7.3.5　接收准则

若绝缘子没有出现开裂、机械破坏或引起绝缘子机械或电气特性劣化的其他缺陷，则本试验通过。是否出现上述性能劣化，则用空心绝缘子是否通过按照本标准 10.4 规定程序进行的逐个电气试验来验证。

经温度循环试验合格的绝缘子可以和本批剩余的绝缘子一起交付正常运行。

7.4　孔隙性试验

本试验仅适用于瓷绝缘子。

7.4.1　试验程序

试品应为从绝缘子上敲击取得的碎瓷块，或经供需双方协议在绝缘子焙烧位置附近专门制得的具有代表性的瓷碎块。试验溶液应采用红色或紫色 3%的次甲基染料(如 Astrazon 或 Basonil[1])甲醇或乙醇溶液。试验时，在不小于 15 MPa 的试验压力下将试品浸没在试验溶液中一段时间，并且其试验压力(单位：MPa)和时间(单位：h)的乘积不小于 180。

试验后把试品从溶液中取出，冲洗后干燥，并再次敲碎。

1) Astrazon 或 Basonil 是市售产品举例，给出这些信息是为了使本标准的用户更为方便，并不表示指定这些产品。

7.4.2 接收准则

目力观察新敲击开的表面，不应有任何染料渗透现象。试验前敲击形成小裂纹中的渗透应予忽略。

7.5 镀锌层试验

对铁基金属附件，JB/T 8177—1999 适用。

注：虽然难以给出一般性的推荐，但有可能用简单的方法修补损伤面积较小的镀锌层，例如，用专用的低熔点锌合金修补棒进行修补。修补层的厚度至少应和镀锌层的厚度相等。可接受的最大修补面积在某种程度上由铁基金属件的种类及其尺寸决定，但一般建议为 40 mm^2，对于大型绝缘子金属附件，最大为 100 mm^2。然而，仅当损伤层属于次要缺陷时，并经供需双方协商同意后才可进行修补。应该注意，用修补棒修补仅可能用于未胶装或未装配的铁基金属附件，这是因为在修补过程中金属附件的温度太高，不允许把这种修补方法用于已经胶装好的绝缘子。

8 型式试验

8.1 试验项目

若相关图样有规定时，型式试验项目如下：

a) 温度循环试验(7.3)(仅当规定有机械破坏试验时)；

b) 内压力试验(8.2)；

c) 弯曲试验(8.3)；

d) 扭转、拉伸或压缩试验(见 7.2.3、7.2.4、7.2.5)(当相关图样有规定时)。

8.2 内压力试验

内压力试验的试验条件和接收准则见 7.2 规定。

8.2.1 普通空心绝缘子或绝缘件的内压力试验

绝缘子应能耐受高于设计压力的试验压力 5 min，不发生破坏，该试验压力取决于电器设备的设计，并应在图样上作出规定。

8.2.2 承压空心瓷绝缘子或绝缘件的内压力试验

型式试验耐受压力取决于电器设备的设计，并应在图样上作出规定。绝缘子应能耐受 4.25 倍设计压力 5 min，不发生破坏。设计压力应由设备制造商确定，细节见 5.2。

为了取得更多信息，在满足 7.2.1.4 规定的接收准则后，应增大试验压力到机械破坏负荷，机械破坏负荷压力值应在型式试验和抽样试验报告中记录。

8.3 弯曲试验

弯曲试验的试验条件和接收准则见 7.2 规定。

8.3.1 普通空心绝缘子或绝缘件的弯曲试验

试验弯矩应分相互垂直的四个方向依次施加于绝缘子上。在前三个方向试验中，分别施加型式试验耐受弯矩 70% 的负荷，各保持 10 s。在第四个方向试验中，当负荷值达到型式试验耐受弯矩的 70% 后，在 30 s～90 s 内将负荷增加到 100% 型式试验耐受弯矩，并保持 1 min。

8.3.2 承压空心瓷绝缘子或绝缘件的弯曲试验

型式试验耐受弯矩取决于电器设备的设计，并应在图样上作出规定。型式试验耐受弯矩应由设备制造商确定，细节见 5.2。

试验弯矩应分相互垂直的四个方向依次施加于绝缘子上。在前三个方向试验中，分别施加型式试验耐受弯矩 70% 的负荷，各保持 10 s。在第四个方向试验中，当负荷值达到型式试验耐受弯矩的 70% 后，在 30 s～90 s 内将负荷增加到 100% 型式试验耐受弯矩，并保持 1 min。

为了取得更多信息，在满足 7.2.2.2 规定的接收准则后，应增大试验弯矩到机械破坏负荷，机械破坏负荷弯矩值应在型式试验和抽样试验报告中记录。

9 抽样试验

9.1 普通空心绝缘子或空心绝缘件试验

绝缘子应经受下列试验：

a) 尺寸检查(7.1)；

b) 研磨面粗糙度检验(7.1)；

c) 瓷绝缘子的孔隙性试验(7.4)；

d) 温度循环试验(7.3)；

e) 铸铁和可锻铸铁的镀锌层试验(7.5)；

f) 相关图样规定的内压力试验(8.2.1)；

g) 相关图样规定的弯曲试验(8.3.1)；

h) 相关图样规定的扭转、拉伸或压缩试验(7.2.3、7.2.4、7.2.5)。

9.2 承压空心瓷绝缘子和绝缘件试验

绝缘子应经受下列试验：

a) 尺寸检查(7.1)；

b) 研磨面粗糙度检验(7.1)；

c) 孔隙性试验(7.4)；

d) 温度循环试验(7.3)；

e) 铸铁和可锻铸铁的镀锌层试验(7.5)；

f) 内压力试验(8.2.2)；

g) 弯曲试验(8.3.2)；

h) 相关图样规定的扭转、拉伸或压缩试验(7.2.3、7.2.4、7.2.5)。

10 逐个试验

10.1 普通空心绝缘子或空心绝缘件试验

逐个试验包括：

a) 外观检查(10.3)；

b) 电气试验(10.4)；

c) 相关图样规定的内压力试验(10.5.1)；

d) 相关图样规定的弯曲试验(10.5.2)；

e) 相关图样规定的其他机械试验(10.5.3)；

f) 钢化玻璃绝缘子的热震试验(10.7)；

g) 超声波探伤检查(10.8)。

经供需双方协议，可以进行如相关尺寸检查(7.1)和机械试验(10.5)等其他附加试验。

10.2 承压空心瓷绝缘子或绝缘件试验

逐个试验包括：

a) 外观检查(10.3)；

b) 电气试验(10.4)；

c) 内压力试验(10.6.1)；

d) 弯曲试验(10.6.2)；

e) 相关图样规定的其他机械试验(10.6.3)；

f) 超声波探伤检查(10.8)。

经供需双方协议，可以进行如相关尺寸检查(7.1)和温度循环试验(7.3)等其他附加试验。

10.3 逐个外观检查

应检查每只空心绝缘子或空心绝缘件，金属附件安装应符合图样要求。

10.3.1　**空心瓷绝缘子或绝缘件**

10.3.1.1　**釉色**

绝缘子的颜色应与图样规定的颜色大体一致。允许釉色存在一些明暗变化，这些明暗变化不构成拒收绝缘子的理由。这同样适用于着釉较薄，因而釉色较浅的部位，例如在小半径的边角处。

10.3.1.2　**表面状况**

上釉及不上釉表面应满足下列要求：

——釉面应平滑、光亮、坚硬，无裂纹、划痕、褶皱、起泡和杂质等其他有损运行性能的缺陷。这些缺陷应作为单纯釉面缺陷对待，以测得的缺陷大小作为评价依据。

——在研磨面或倒角面边缘不应存在釉面碰损。

——绝缘子内外表面上不应有水泥残留。

外表面：任一单个杂质均不应高出表面 2 mm。

内表面：

——不应有明显的突起或凹陷。

——允许有深度 2 mm 及以下的平滑凹坑或工具划痕。

10.3.1.3　**釉面缺陷**

釉面缺陷指缺釉、碰损、杂质及釉面针孔。

每只绝缘子上的釉面缺陷总面积不应超过：

$$100+\frac{D\times L_c}{2\ 000}\quad \text{mm}^2$$

对于外表面：

$D=D_o$，D_o 为绝缘子最大外径，mm；

$L_c=L_{co}$，L_{co}为绝缘子的爬电距离，mm。

对于内表面：

$D=D_i$，D_i 为绝缘子的最大内径，mm；

$L_c=L_{ci}$，L_{ci}为绝缘子的内爬电距离，mm。

任一单个釉面缺陷面积不应超过：

当 $D_o\times L_{co}\leqslant 30\times 10^5$ 时，100 mm²；

当 $D_o\times L_{co}>30\times 10^5$ 时，200 mm²。

D_o 和 L_{co}的定义同上述。

绝缘子主体内外表面上单个釉面缺陷面积不应超过 25 mm²。

直径小于 1.0 mm 的小针孔（例如，施釉中灰尘颗粒所引起的针孔）不应计入总釉面缺陷面积，但这种针孔在任一 50 mm×10 mm 面积内总数不应超过 15 个。此外，绝缘子上的针孔总数不应超过：

$$50+\frac{D_o\times L_{co}}{1\ 500}$$

D_o 和 L_{co}的定义同上述。

10.3.1.4　**水泥胶装**

如果空心绝缘件和端部金属附件的连接用水泥胶装，胶装部位应满足下列要求：

——水泥胶合剂应填充均匀；

——逐个试验中水泥胶合剂不易剥落或松动。

允许水泥胶合剂表面存在径向丝状裂纹，但不允许存在环状裂纹。

10.3.2　**空心玻璃绝缘子或绝缘件**

绝缘子表面不应存在褶皱、起泡等影响其运行性能的缺陷。玻璃质中不应有直径大于 5 mm 的气泡。单个气泡或气泡串不应使其所处位置的壁厚减少 25%以上。

10.4　**逐个电气试验**

逐个电气试验的目的是验证空心绝缘件的瓷或玻璃壁的完好性。

用环氧树脂将几部分绝缘件粘接在一起制成的空心绝缘件，如果之前各粘接部分都单独进行过试验，可以只对粘接部位进行试验。

注：若空心绝缘件在焙烧前后均不粘接，比如整体挤制成型的绝缘件，除供需双方另有协议，逐个电气试验可以免做。

10.4.1 试验程序

检查内外电极之间空心绝缘件壁是否完好。

在内外电极间施加频率为 15 Hz～100 Hz 的交流电压。以空心绝缘件公称壁厚计算，施加电压应不小于 1.5 kV/mm，但在其最薄处施加电压不小于 35 kV，该电压应保持 5 min。

注：对于公称壁厚小于 37.5 mm 的空心绝缘件，可以按照 GB/T 772—2005 给出的电压值试验。

对于较小尺寸的空心绝缘件，施加 35 kV 电压可能会出现闪络，因此应施加实际能达到的最高电压。

注 1：内电极的典型示例：

——将空心绝缘件一端封闭，内部充满水作为电极；

——用与内表面形状相适应的导体作为电极。

注 2：外电极的典型示例：

——链条；

——导线。

将电极绕绝缘件主体外壁放置在认为必要的地方，尤其是制造过程中形成的接缝处。

10.4.2 接收准则

试验中所有空心绝缘件不应出现击穿。

10.5 普通空心绝缘子或绝缘件的逐个机械试验

根据空心绝缘子或空心绝缘件使用场合及其设计，可能需要对其进行逐个机械试验。此时，逐个机械试验应在图样上作出规定。

10.5.1 逐个内压力试验

如果适用，空心绝缘子或空心绝缘件应按 7.2 规定的一般要求试验。此时，绝缘子应经受高于设计压力的内压力试验 1 min。试验压力应根据设备设计确定，并在图样上规定。如有要求，应将试验压力标注在绝缘件的研磨面上（密封面外侧），也可以在金属附件上作出标识。

10.5.2 逐个弯曲试验

10.5.2.1 空心绝缘子

如果适用，空心绝缘子应按 7.2 规定的一般要求试验。此时，每只空心绝缘子都应在四个相互垂直方向上经受逐个弯矩试验各 10 s。试验弯矩值应为耐受弯矩的 50％。

作为一个可供选择的替代方案，在订货时经供需双方协议，施加的试验负荷可以达到规定机械破坏负荷的 70％，负荷在多于一个方向上施加，每个方向持续 10 s。

10.5.2.2 空心绝缘件

经供需双方协议，可以用空心绝缘件的逐个弯曲试验替代空心绝缘子的逐个弯曲试验。

在这种情况下，应在四个相互垂直的方向上施加弯曲负荷。负荷值应能保证在沿空心绝缘件自由端的每个位置上产生的弯曲应力等于相应的耐受弯矩在该位置产生应力的 70％～100％。

注 1：附录 B 给出了一个适用的空心绝缘件逐个弯曲试验方法。

注 2：应该注意，本试验并不对金属附件或空心绝缘子进行验证。

10.5.3 实际使用要求的逐个机械试验

当实际使用有要求时，供需双方可以经协议进行不同的逐个试验，如扭转试验、拉伸试验或压缩试验。相关的试验细节应在签订合同时确定。

10.5.4 接收准则

逐个机械试验后，检查空心绝缘子或空心绝缘件的外观，不应出现损坏。

10.6 长期承受气体压力的空心瓷绝缘子或瓷绝缘件的逐个机械试验

长期承受气体压力的空心瓷绝缘子或瓷绝缘件的逐个内压力试验和弯曲试验属于必做试验。逐个机械试验应在图样上做出规定。

10.6.1 逐个内压力试验

空心绝缘子应按 7.2 规定进行逐个内压力试验，试验压力至少为设计压力的 3 倍，持续 1 min。

对于空心绝缘件，试验压力至少为设计压力的 4.25 倍，持续 1 min。

应将试验压力标注在绝缘件的研磨面上(密封面外侧)，也可以在金属附件上标识。

对于空心绝缘子元件或空心支柱绝缘子元件，如果能够证明由设计压力引起的应力小于运行中由最大长期弯矩引起的应力(见附录 D)，则逐个内压力试验可以免做。

10.6.2 逐个弯曲试验

应按 7.2 弯曲试验的一般要求对空心绝缘子进行四向逐个弯曲试验，施加的弯矩值应为型式试验耐受弯矩的 70%，并在每个方向保持 10 s。

如果能够证明由运行中最大长期弯矩引起的应力小于由设计压力引起的应力(见附录 D)，空心绝缘子的逐个弯曲试验可以免做。

试验方法应经供需双方协商同意。经逐个弯矩试验合格的绝缘子，应在其研磨面或金属附件上适当标记。

注：可能会有施加更高负荷的空心绝缘件试验。

10.6.3 实际使用要求的逐个机械试验

当实际使用有要求时，供需双方可以经协议进行不同的逐个试验，如扭转试验、拉伸试验或压缩试验。试验细节应在签订合同时确定。

10.6.4 接收准则

逐个机械试验后，检查空心绝缘子或空心绝缘件的外观，不应出现损坏。

10.7 逐个热震试验

钢化玻璃绝缘件在安装或装配金属附件前应进行逐个热震试验。试验时先将钢化玻璃绝缘件用热空气或其他适宜方式均匀加热到高于其后使用的水温 100 K，然后，迅速将其完全浸入温度不超过 50 ℃的水中。

本试验中破损的钢化玻璃件应予拒收。

10.8 逐个超声波探伤检查

壁厚超过 30 mm 的直筒形空心瓷绝缘子或瓷绝缘件应进行逐个超声波试验。超声波的频率为 0.8 MHz～5 MHz，探测方向沿绝缘子轴线。试验方法和程序符合 JB/T 9674—1999。

瓷件内部不应有超声波能发现的缺陷，如生烧、氧化、开裂、气孔、夹层和剥落等。

注：超声波试验结果解释对试验经验的依赖性较大。

11 文件编制

11.1 标识

每只空心绝缘件都应在其外部釉面或玻璃表面标出制造商名称或其商标，以及制造年份。对于长期承受气体内压力的空心瓷绝缘件，必须标出部件号和序列号。这些标识应清晰牢固。

11.2 记录

制造商应将按照本标准生产的所有空心绝缘子或空心绝缘件的记录保存至少十年。记录应包括下列信息：

——部件号，有要求时(11.1)；

——序列号，有要求时(11.1)；

——制造日期；

——型式试验时间和结果；

——抽样试验时间和结果；

——逐个试验时间和结果。

购买方有要求时，制造商应提供以上记录。

附 录 A
（资料性附录）
空心绝缘子或空心绝缘件的平行度、同轴度、偏心度、上下安装孔角度偏差、直线度和伞倾角试验方法

本形位公差试验方法仅作为示例给出，也可以采用其他适宜的试验方法，并给出了允许偏差的典型数值。

A.1 端面平行度

见图A.1。

——$h \leqslant 1$ m时，$p \leqslant 0.5$ mm。

——$h > 1$ m时，$p \leqslant 0.5 \times h$ mm（h的单位为m）。

平行度的允许偏差以直径为250 mm圆为参考基准。

平行度测量：

将空心绝缘子或空心绝缘件垂直并定心安装在一个刚性转盘上，必要时，可以使用诸如带螺纹的锥形定位销和厚度均匀的过渡平板定心。在绝缘子上端面，通过固定孔固定一块厚度均匀的板，对于空心绝缘子，可以采用带螺纹的锥形定位销定心。转动转盘旋转绝缘子，读取并记录测量装置A上显示的最大值和最小值，其相对于直径为250 mm圆的差值即为绝缘子的端面平行度。

A.2 同轴度和偏心度

见图A.1。

同轴度测量仅适用于空心绝缘子。

同轴度：$c = 2 \times e$；

偏心度：$e \leqslant 2(1+h)$mm（h的单位为m）。

同轴度和偏心度的测量：

安装方法同A.1，在绝缘子上端面与安装孔同心固定一块圆板，也可以采用带螺纹的锥形定位销定心。旋转转盘并读取测量装置B上出现的最大值和最小值，其差值的一半即为偏心度。

A.3 安装孔角度偏差

允许角度偏差：$-1° \leqslant \alpha \leqslant +1°$。

安装孔角度偏差测量（见图A.2）：

在两端使用诸如V形块将空心绝缘子水平放置。将光杆部分经精加工的螺钉旋入金属附件的螺孔内，或将销钉固定到金属附件的光孔内。

在绝缘子一端放置一只足够精确的水平仪，在绝缘子另一端放置一只足够精确并可直接读数的水平仪，即可如图所示确定安装孔的相对角度偏差。

A.4 直线度

空心绝缘子或空心绝缘件安装应能使其或尽可能使其绕通过端面内的中心形成的轴线旋转。转动绝缘子一周，测量绝缘子主体外表到平行于旋转轴参考面的距离。确定旋转180°中测得的差值$X_{max} - X_{min}$（见图A.3）。

直线度为$0.5 \times (X_{max} - X_{min})$中的最大值。

测量装置置于沿参考轴线的不同水平位置，绝缘子在转盘上旋转时读取测量装置读数，记录各个高度读取的最大值和最小值之差。

另外,直线度也可以用内规检查。

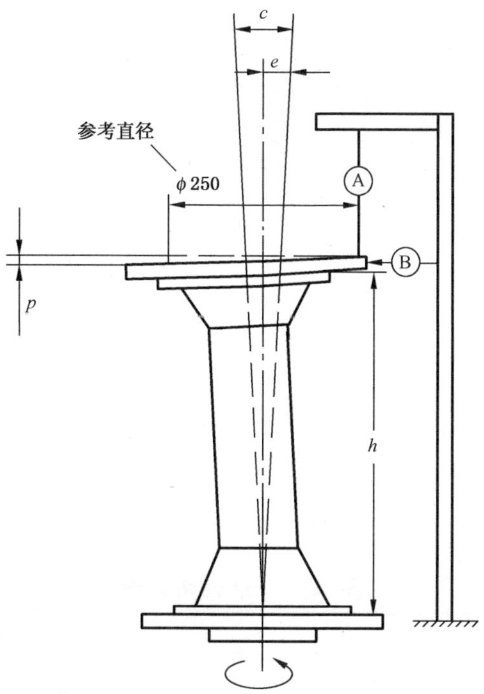

图 A.1 形状和位置偏差测量

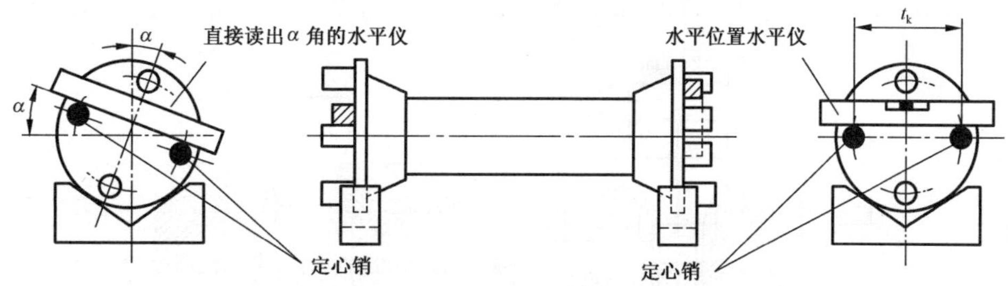

图 A.2 安装孔角度偏差测量

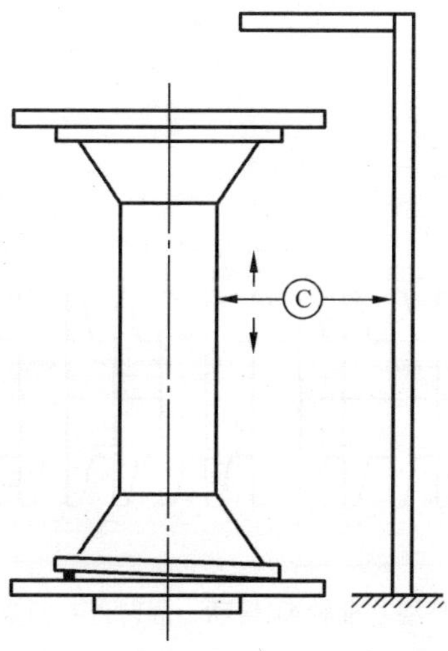

图 A.3 直线度测量

A.5 伞倾角

将空心绝缘子或空心绝缘件垂直安装，使其能够旋转。安装方法与图 A.1 所述相同。

在绝缘子旁边直立的部件带有测量装置 D(见图 A.4)，测量装置配有水平参考标志和具有角刻度的活动板。活动板角度与绝缘子伞的上表面贴近在一起时，即可确定其倾斜度或伞倾角。

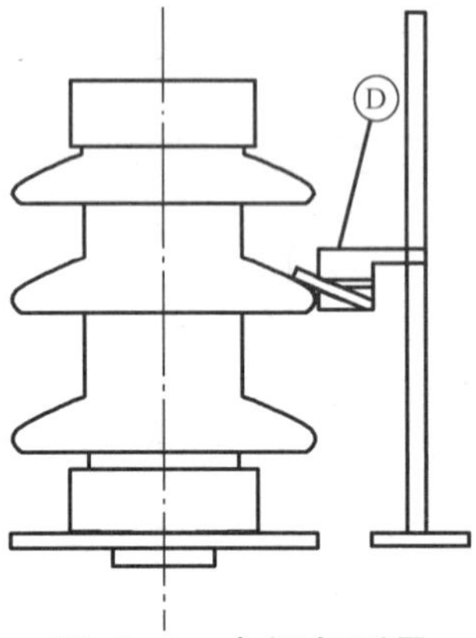

图 A.4 伞倾角测量

A.6 试验注意事项

对于 A.1、A.2、A.4 和 A.5 试验，有必要校正使转盘表面垂直于旋转轴。

对于 A.1 和 A.2 试验，还需注意校准，使空心绝缘子金属附件安装孔中心圆圆心与转盘旋转轴重合。为此，可以用在 4 个安装孔中安装带螺纹的锥形销或螺栓的方法定位(示例于图 A.5)。

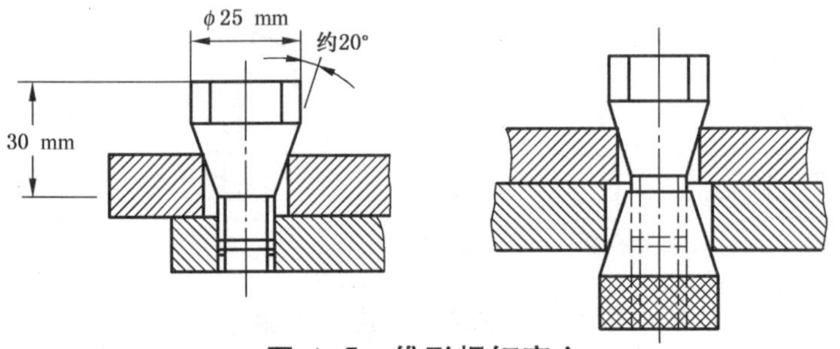

图 A.5 锥形螺钉定心

A.7 形位公差

见图 A.6、图 A.7 和图 A.8。

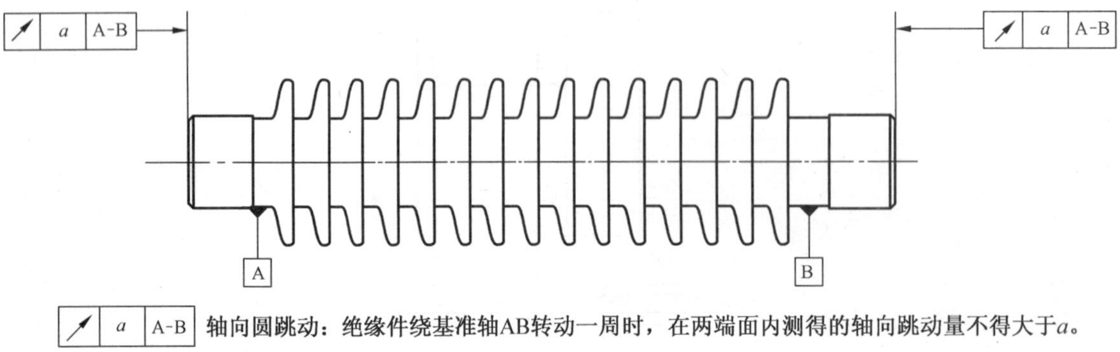

图 A.6 轴向圆跳动

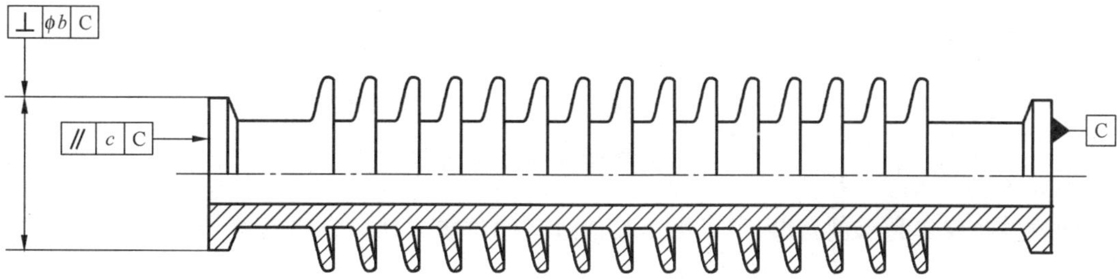

⊥ | φb | C	垂直度：绝缘子的轴线必须位于直径为 b 且垂直于端面 C 的圆柱体内。
// | c | C	平行度：上表面必须位于距离为 c 且平行于端面 C 的两平行平面之间。

图 A.7　平行度和垂直度

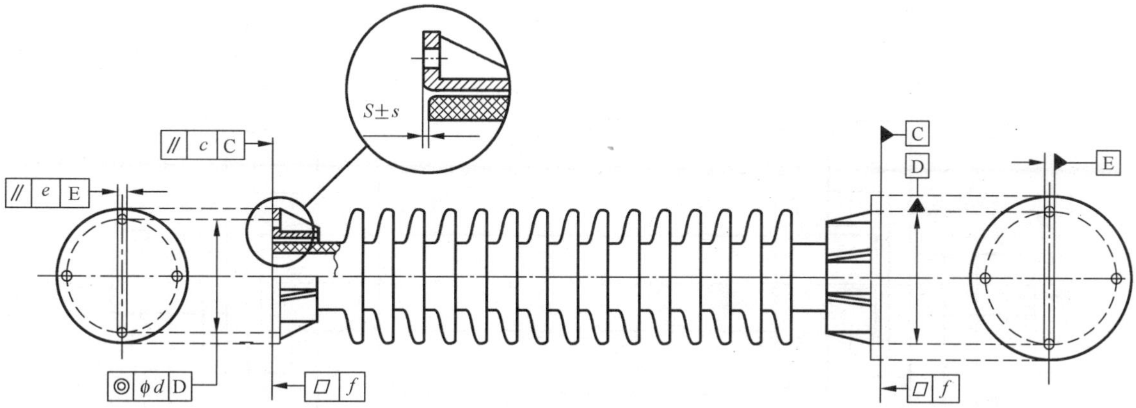

// | c | C	平行度：上表面必须位于距离为 c 且平行于下端面 C 的两平行平面之间。
◎ | φd | D	同轴度和同心度：绝缘子上端部附件安装孔中心圆的中心必须位于以下端部附件中心圆 D 的中心线为轴线，且直径为 d 的圆柱体内。
▱ | f	平面度：所示表面必须位于距离为 f 的两平行平面之间。
// | e | E	安装孔连线平行度：绝缘子上附件相对安装孔之间连线在下附件表面的投影必须位于与下附件对应安装孔之间连线平行，且距离为 e 的两条平行线之间。
$S \pm s$	为可靠密封，空心绝缘件端面和附件端面之间的距离必须在 $S \pm s$ 之内。

注：小写字母须用相应的允许偏差值替代。

图 A.8　同轴度和同心度、平面度、安装孔连线平行度和密封距离

附 录 B
（资料性附录）
空心绝缘件弯曲试验方法

这些试验方法仅作为示例列出，可以使用其他适宜的试验方法。制造商应选择最接近施加规定负荷条件的方法。

B.1 均匀弯矩试验方法

将被试绝缘子元件水平安装在适宜的试验设备（比如图 B.1 所示）上，两液压杆施加相等的负荷在空心绝缘件整个长度方向上产生均匀弯矩。适当调整加载点和轴支点位置以及施加的负荷，能使该弯矩等于空心绝缘子元件经受机械破坏负荷时的弯矩。应在四个相互垂直的方向上施加弯矩，负荷应在空心绝缘件转动 90°前释放。

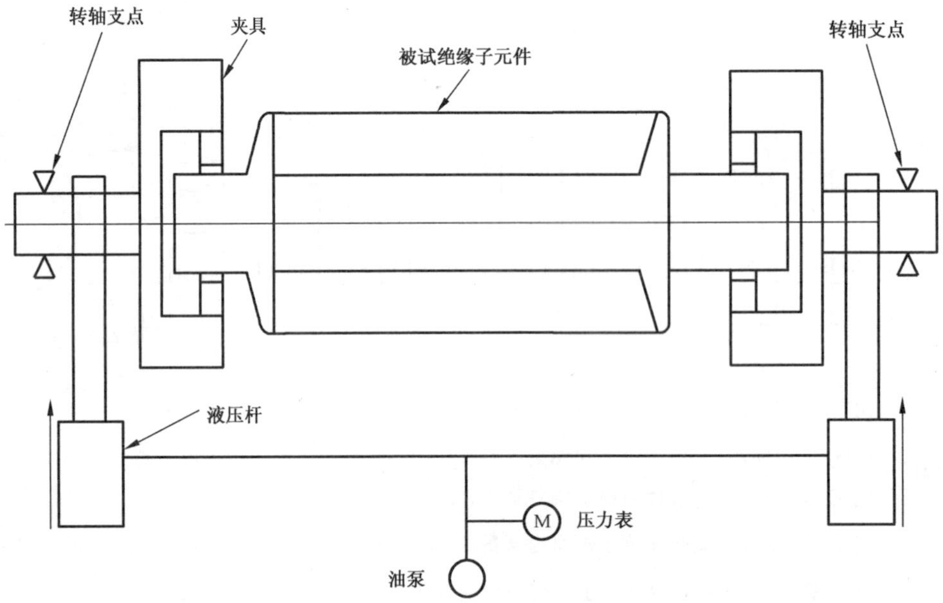

图 B.1 均匀弯矩试验支架

B.2 不均匀弯矩试验方法

将空心绝缘件水平安装在适宜的试验设备（比如图 B.2 所示）上，液压杆施加的负荷通过杠杆在空心绝缘件整个长度方向上产生不均匀弯矩。调节负荷杠杆的有效长度，能够得到与空心绝缘子经受机械破坏负荷时被试元件上相同的弯矩。应在四个相互垂直的方向上施加弯矩，负荷应在空心绝缘子元件转动 90°前释放。

B.3 弯曲负荷试验方法

将空心绝缘件垂直安装在适宜的试验设备（比如图 B.3 所示）上。空心绝缘件下端适当固定，在自由端施加水平负荷。施加的负荷应使在空心绝缘件下部产生的弯矩和对空心绝缘子施加规定机械破坏负荷时在被试元件上产生的弯矩相同。应在四个相互垂直的方向上施加负荷，负荷应在绝缘子元件转动 90°前释放。

可以把空心绝缘件倒转，再次在四个相互垂直方向上施加负荷进行试验。

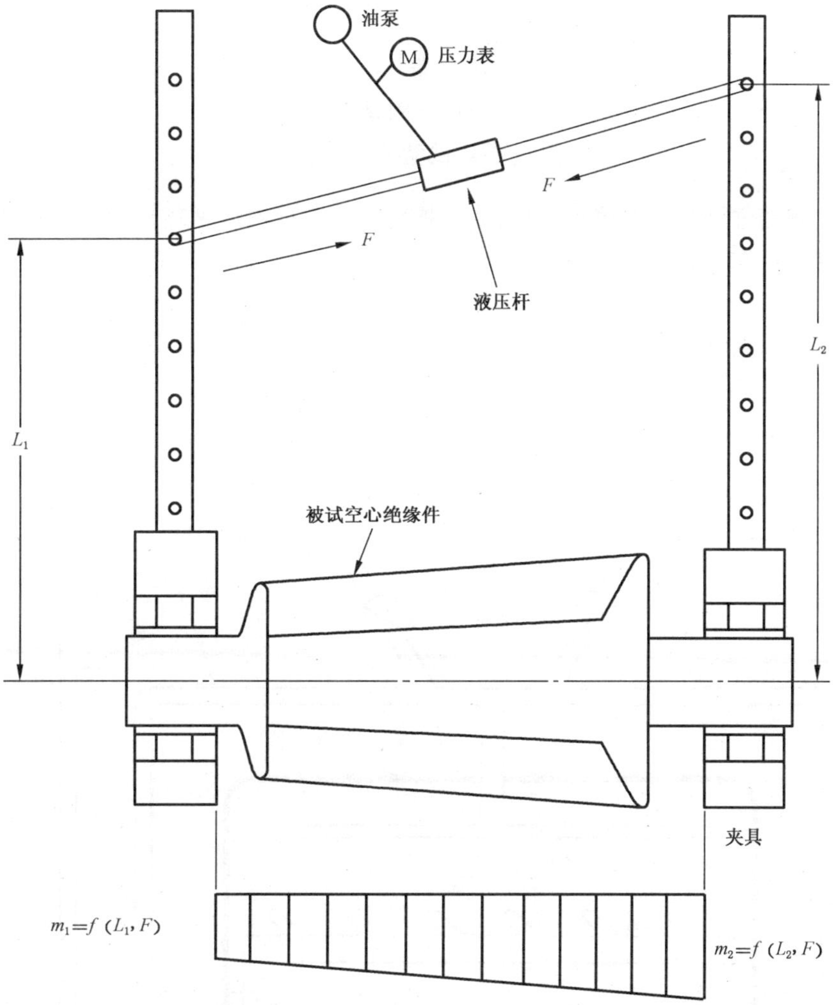

m_1、m_2——已装配好的空心绝缘件承受规定机械破坏负荷时空心绝缘子元件上下部金属附件处相应的弯矩。

L_1、L_2——上下部金属附件处相应的杠杆臂有效长度。

F——液压杆产生的负荷。

$f(\ )$——数学函数。

图 B.2 不均匀弯矩试验支架

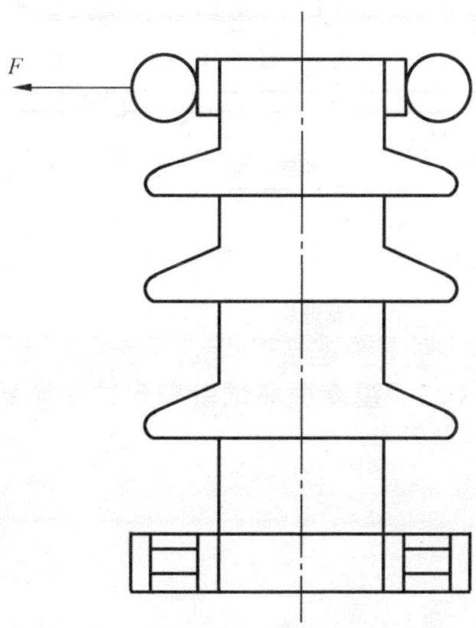

图 B.3 弯曲负荷试验方法

附 录 C
（资料性附录）
温度循环试验替代方法

对于大型空心绝缘子或空心绝缘件，可以使用替代方法进行温度循环试验。试验装置应能保证温度循环可控和水喷射均匀。建议采用图 C.1 所示的布置。水温应通过测量回水的温度检测。

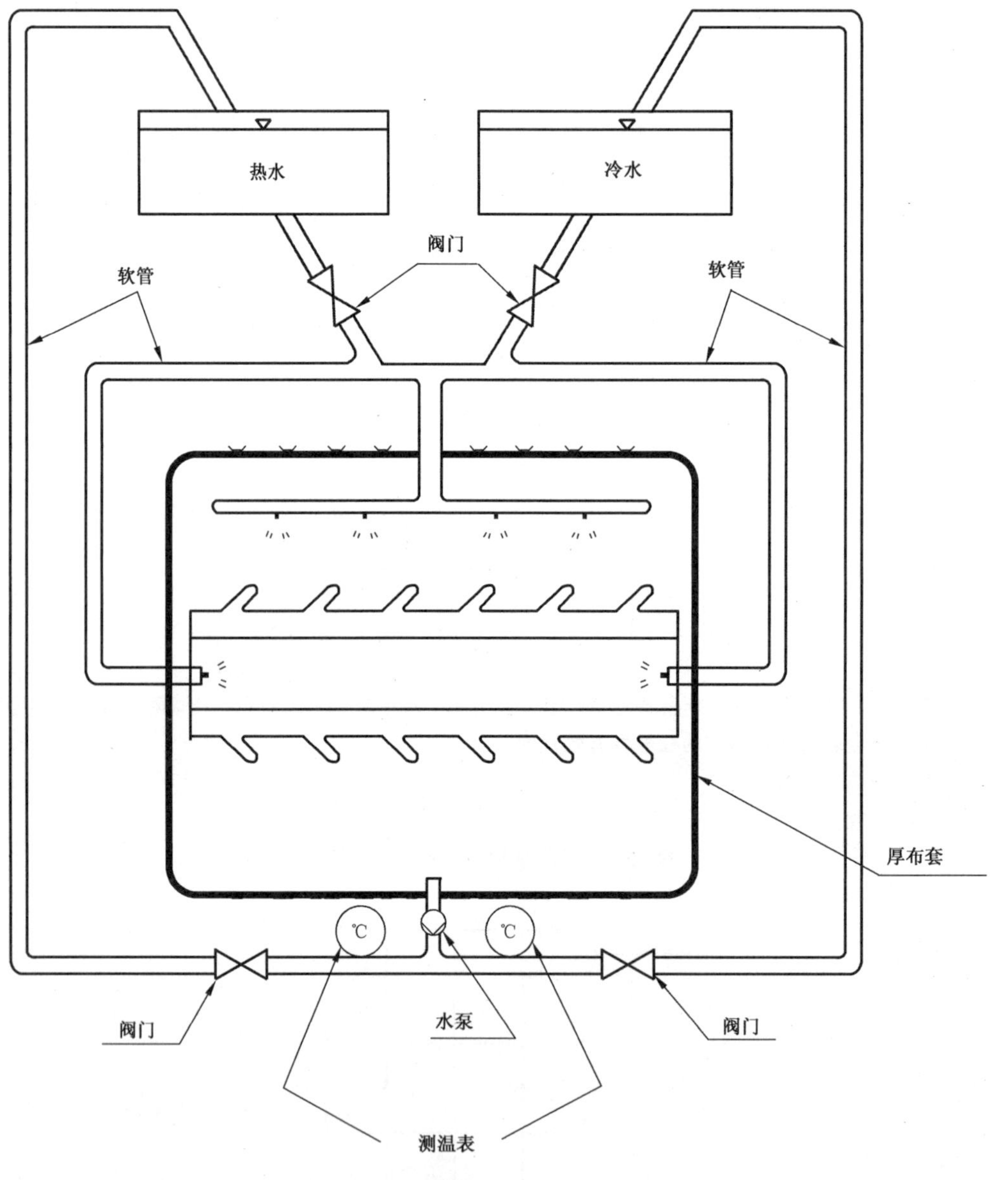

图 C.1 温度循环试验替代试验装置

附 录 D
（资料性附录）
设计压力的等值弯矩

通常设计压力的等值弯矩 M_b 可由下式给出：

$$M_b = p \times \frac{\pi}{32} \times (D_s)^2 \times \frac{(D_o)^2 + (D_i)^2}{D_o}$$

式中：

p——设计压力；

D_s——密封直径；

D_o——绝缘件主体外径；

D_i——绝缘子内径。

如果假定压力 p 导致的轴向应力 σ_b 是均匀的，可以使用以下简化计算：

$$\sigma_a = p \times \frac{(D_s)^2}{(D_o)^2 - (D_i)^2}$$

该值小于运行中由于最大长期弯矩引起的最大轴向应力，例如不超过 σ_b 的 25%。

$$\sigma_b = M_{max} \times \frac{32}{\pi} \times \frac{D_o}{(D_o)^4 - (D_i)^4}$$

图 D.1 给出了确定设计压力等值弯矩时各直径示意。

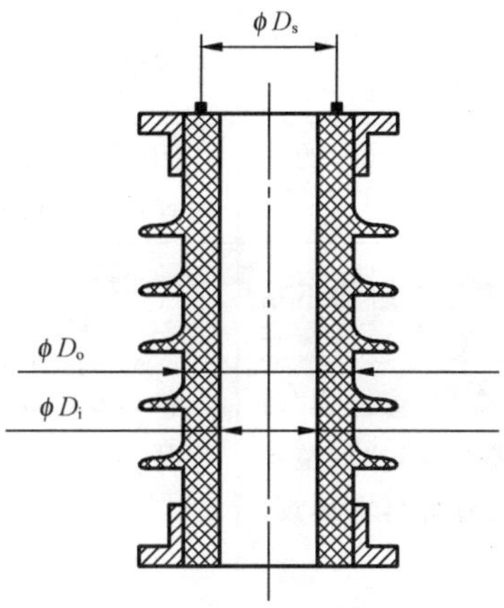

图 D.1 确定设计压力等值弯矩时各直径示意

附 录 E
（资料性附录）
本标准与 IEC 62155:2003 的技术差异及其原因

本标准与 IEC 62155:2003 的技术差异及其原因见表 E.1。

表 E.1 本标准与 IEC 62155:2003 的技术差异及其原因

本标准章条编号	技术性差异	原因简述
3.18	增加了注：在国内某些标准和实际使用中，也称为上下附件安装孔中心圆轴线间最大偏差	国内大部分制造企业习惯称为“上下安装孔中心圆轴线间最大偏差”，某些标准中也使用这一术语。为简便起见，本标准使用术语“偏心度”。加入注是为了避免混淆
4	增加注 3：绝缘子用胶装材料和端部附件材料不属于绝缘材料，对它们的要求分别参见各相关标准	IEC 62155 仅对绝缘材料提出了要求，胶装和附件材料也是绝缘子的重要组成部分。加入注是为了提醒本标准的使用者注意胶装和附件材料均应符合相关标准
6.2	增加注：在某些情况下，对一种新结构的绝缘子或绝缘件，其型式试验、抽样试验和逐个试验的集合称为“定型试验”	GB/T 1001.1—2003(IEC 60383-1:1993，MOD)提出了“定型试验”的概念，得到国内标准用户的认可。为了统一各试验标准，列入了本注
6.5	将“质量保证”改为“质量管理”，并在注中将推荐采用的 GB/T 19001—1994 改为 GB/T 19002—2000	适应 GB/T 19000—2000(IDT ISO 9000—2000)族标准实施的要求
2,7.5	将所有与铁基金属附件镀锌层试验的内容改为引用 JB/T 8177—1999	JB/T 8177—1999 在我国执行多年，情况良好，其技术内容和 IEC 62155:2003 基本无差异
10.4	将注“若空心绝缘件在焙烧前后均不粘接，比如整体挤制成型的绝缘件，经供需双方协议，逐个电气试验可以免做”修改为“若空心绝缘件在焙烧前后均不粘接，比如整体挤制成型的绝缘件，除供需双方另有协议，逐个电气试验可以免做”	和 GB/T 772—2005 协调一致，符合我国目前的实际状况
10.4.1	增加了注：对于公称壁厚小于 37.5 mm 的空心绝缘件，可以按照 GB/T 772—2005 给出的电压值试验	我国一直按照 GB/T 772 的规定进行瓷壁耐压试验，在公称壁厚小于 37.5 mm 时严于本标准。加入注是为了保持该项检测标准的延续性，同时不降低检测要求
2、表 2、表 3、10.1、10.2、10.8	增加了超声波探伤检查的内容	超声波可有效探测实心瓷件内部缺陷，国内各制造企业都积累了大量实测经验，GB/T 8287.1—2008 已经将其作为瓷件的逐个试验项目之一。国内对瓷壁较厚的空心瓷绝缘子，也将超声波检查作为逐个试验项目，且积累了一定经验。但和超声波检查实心支柱绝缘子比，判定经验尚显不足，因而在列入该检查项目的同时，又提醒超声波试验结果解释对试验经验的依赖性较大的事实
附录 E	增加	便于对照本标准和 IEC 62155:2003 的技术性差异
附录 F	增加	便于对照本标准和 IEC 62155:2003 的章条

附　录　F
（资料性附录）
本标准与 IEC 62155:2003 章条编号对照

本标准与 IEC 62155:2003 章条编号对照见表 F.1。

表 F.1　本标准与 IEC 62155:2003 章条编号对照

本标准章条编号	IEC 62155:2003 章条编号
1	1
2	2
3	3
4	4
5	5
6	6
7	7
7.1	7.1
7.2	7.2
7.3	7.3
7.4	7.4
7.5	7.5
—	7.5.1
—	7.5.2
8	8
9	9
10	10
10.1	10.1
10.2	10.2
10.3	10.3
10.4	10.4
10.5	10.5
10.6	10.6
10.7	10.7
10.8	—
11	11
附录 A	附录 A
附录 B	附录 B
附录 C	附录 C
附录 D	附录 D
附录 E	—
附录 F	—
注：其余章条编号完全相同。	

ICS 29.080.10
K 48

中华人民共和国国家标准

GB/T 24622—2009/IEC/TS 62073:2003

绝缘子表面湿润性测量导则

Guidance on the measurement of wettability of insulator surfaces

(IEC/TS 62073:2003,IDT)

2009-11-30 发布 　　 2010-04-01 实施

中华人民共和国国家质量监督检验检疫总局
中国国家标准化管理委员会　发布

前　言

本标准等同采用 IEC/TS 62073:2003《绝缘子表面湿润性的测量导则》(英文版)。

为了便于使用,本标准做了下列编辑性修改:

a) “本技术规范”一词改为“本标准”;

b) 用小数点“.”代替作为小数点的逗号“,”;

c) 删除 IEC 技术规范的前言。

本标准的附录 A、附录 B、附录 C、附录 D 是规范性附录。

本标准由中国电器工业协会提出。

本标准由全国绝缘子标准化技术委员会(SAC/TC 80)归口。

本标准起草单位:西安高压电器研究院有限责任公司西安电瓷研究所、清华大学、国家绝缘子避雷器质量监督检验中心、新东北电气(沈阳)高压开关有限公司、南京泰龙特种陶瓷有限责任公司。

本标准主要起草人:赵卉、姚君瑞、梁曦东、胡文岐、张姝、周宝山。

引　言

表面的水湿润特性通常由术语憎水(或憎水性)和亲水(或亲水性)来描述。憎水的表面是斥水的,而容易被水湿润的表面是亲水的。

表面湿润现象复杂且受许多不同参数的影响。一些重要参数包括:绝缘子材料类型、表面粗糙度、表面的不均匀性、化学成分(例如:由于老化)以及污秽的存在。一些绝缘子常用材料由于受周围条件的影响,其湿润性能会随时间而变化。这种变化可以是可逆的或是不可逆的。因此,湿润性的测量结果可能会受到周围条件和高压电晕,以及绝缘子上先前已有的电弧引起的干带影响。不同绝缘子材料的动态湿润性状或多或少有所不同。

绝缘子的材料因其化学组成不同呈现不同的动态湿润特性。不同的过程,例如:氧化、水解、低分子量化合物的迁移、诸如硅氧烷和水之间络合物的形成、挠性聚合物链的旋转,分子之间和内部重新排列、微生物的生长、污染物的沉积、污染物颗粒的附着和包覆等,会以不同速率出现,并取决于材料和周围条件。由于日光照射、落雨、电晕放电、污染物沉积等暴露条件不同,绝缘子上各个位置的湿润性会存在差异。因此,绝缘子湿润性测量应在绝缘子各不同区域进行。

试验室用专门制备的试样测量表面湿润性,这些试样表面应均匀、光滑、平整,便于测量。而对实际绝缘子,通常要求此测量不能破坏绝缘子(一般不希望切割材料样品)。这种测量条件不完备,因而高精确度测量是一个难题。特别是对安装在架空线路、变电站,甚至在试验室高压试验设备上的绝缘子进行测量,则更为困难。

绝缘子表面湿润性测量导则

1 范围

本标准描述的方法适用于架空线路、变电站和电气设备用的复合绝缘子的伞和伞套材料湿润性的测量，也适用于覆盖或不覆盖涂层的瓷绝缘子湿润性的测量。测得的值代表其测量时刻的湿润性。

本标准的目的是描述可用于测定绝缘子湿润性的3种方法。水湿润绝缘子表面的能力的测定可用来评价在用绝缘子表面的状态，或作为实验室中绝缘子试验的一部分。

2 术语和定义

下列术语和定义适用于本标准。

2.1

湿润性 wettability

表面被液体（例如水）湿润的能力。

2.2

憎水性和亲水性 hydrophobicity and hydrophilicity

2.2.1

憎水性 hydrophobicity

表面被水湿润程度低。憎水表面的表面张力小，因而对水有排斥性。

2.2.2

亲水性 hydrophilicity

表面被水湿润程度高。亲水表面的表面张力大，因而被水湿润（形成水膜）。

2.3

表面张力 surface tension

界面张力 interface tension

在一定厚度（一般小于0.1 μm）的层内，从本相到另一物相其结构和能量呈连续变化。界面区的压力（力场）梯度垂直于界面分界线。物质从本相转移到界面区形成界面需要一个净能量。形成单位界面（表面）所需的可逆功即为表面张力，其热力学定义如下：

$$\gamma = \left[\frac{\partial G}{\partial A}\right]_{T\cdot P\cdot N}$$

式中：

γ——表面（界面）张力或表面能；

G——系统总吉布斯（Gibbs）自由能；

A——表面（界面）积；

T——温度；

P——压力；

N——系统中物质的摩尔数。

表面张力（γ）通常用 mN/m 表示，1 mN/m=1 dyn/cm。

2.4

静态接触角 static contact angle

当一液滴静止在一固体表面上，且气体与两者接触时，作用于界面上的力必然保持平衡。这些力由于表面张力而作用在相应表面的特定方向上。从图1中可以看出：

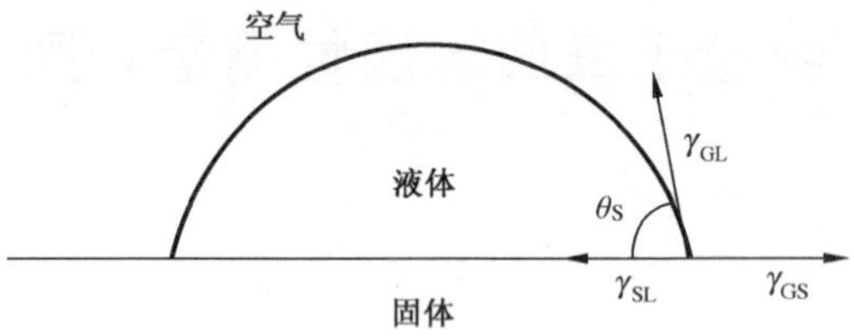

图1 静态接触角定义

$$\gamma_{GL}\cos\theta_S = \gamma_{GS} - \gamma_{SL}$$

式中：

θ_S——液滴边缘与固体表面的静态接触角；

γ_{GL}——气体—液体界面的表面张力；

γ_{GS}——气体—固体界面的表面张力；

γ_{SL}——固体—液体界面的表面张力。

注：上式(杨氏公式)仅对理想和光滑的表面有效。

上面等式的右端(气体—固体界面的表面张力与固体—液体界面的表面张力间之差)定义为固体表面的表面张力。该表面张力不是该表面的基本特性，但与固体和特定环境之间的相互作用有关。

当液体外的气体达到其饱和蒸汽压时，γ_{GL}即是该液体的表面张力。如果接触角是0°，可认为液体刚好湿润了固体表面，且在此特定的情况下(由于$\cos\theta_S=1$)，固体表面张力等于液体的表面张力。

2.5

前接触角和后接触角 advancing and receding contact angle

在倾斜的固体表面上液滴呈现两个不同的角。前接触角(θ_a)是在倾斜表面上液滴较低部位固体表面和液体表面之间液滴的内侧夹角(见图2)。

后接触角(θ_r)是倾斜表面上液滴的尾部(在倾斜表面的最高部位)固体表面与液滴表面间液滴的内侧夹角。如果后接触角为零，由于液滴沿着倾斜的固体表面运动(见图2)，会呈完全湿润状态。

通常前接触角和后接触角以及在2.4中定义的静态接触角之间的关系是：$\theta_r \leqslant \theta_S \leqslant \theta_a$。

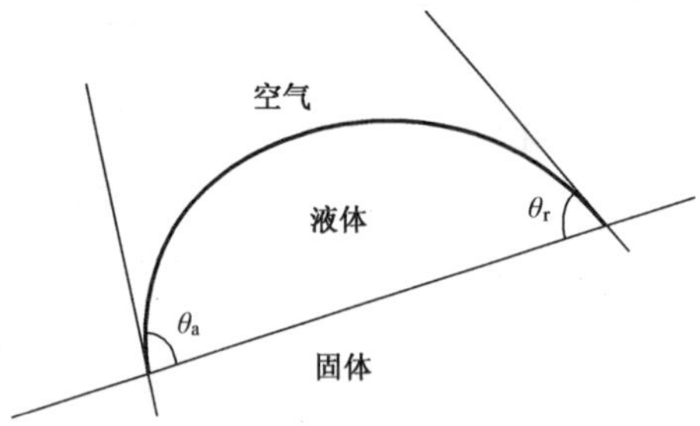

图2 倾斜固体表面上静止液滴内侧前接触角和后接触角的定义

2.6

湿润性等级(WC) wettability class(WC)

憎水性等级 hydrophobicity class

喷雾法(方法C)中使用的特定量度等级。

注：规定了WC1～WC7七个等级，WC1对应于最憎水的表面，WC7对应于最亲水的表面。

3 湿润特性测量方法

本标准提出的3种测量精度、简便程度、被测面积大小及适用性不同的湿润性测量方法如下：

a) 接触角法；

b） 表面张力法；

c） 喷雾法。

有关这 3 种方法的应用导则见附录 A。

4 方法 A——接触角法

4.1 总则

接触角法测量包含单一水滴边缘与固体材料表面之间形成的接触角评估。如果在水平表面上测量，可以用在水滴中添加或抽取水的方法来测量前接触角和后接触角。

接触角受表面的粗糙度影响极大，并且在污秽表面测得的接触角与在光滑、洁净、平坦表面测得的接触角显著不同。

4.2 设备

市场销售有不同的接触角测量设备。简单测量可以使用固定在框架上的带有刻度线（测角器）的放大器件，该框架上有用来给试样滴注液滴的注射器。另一种方法是使用光投影器（在液滴后面）放大液滴，将液滴图像投影到带有刻度的背景上。一些设备还装有摄像机、显示器和计算机，以便测量分析。

4.3 测量程序

4.3.1 一般推荐

一般推荐包括：

a） 后接触角（θ_r）比前接触角（θ_a）和静态接触角（θ_S）更能反映绝缘子的湿润特性。

b） 经常需要从绝缘子试品上切取试样。选取的试样应尽可能平坦，其尺寸应允许至少 3 个液滴彼此邻近但又互相分离地存在于表面上。测量应尽快进行，测量完成前，应仔细保存试样，不应触摸被测表面。

c） 使用的水不应含有影响水的表面张力的杂质（如表面活性剂、溶剂或残留油等）。应使用去离子水。

d） 对水滴中水的体积的要求不很严格，可以掌握在 5 μL～50 μL 范围内，推荐值为 50 μL。对于粗糙表面，可能需要较大水滴。当比较不同的试样时，为了能够限制水滴体积大小的影响，水滴体积应尽可能保持不变。

e） 水滴滴注到表面后，应尽快测量接触角（在 1 min 之内）。当环境温度较高且相对湿度较低时，这一点特别重要，因为此时水滴蒸发速度加快。如果在保持饱和蒸汽的室内测量，可以避免蒸发的影响。

注：小水滴有其接触角受重力影响较小的优点。另一方面，对于粗糙表面以及大前接触角和小后接触角的其他表面，水滴太小会使动态接触角测量非常困难。小水滴对蒸发也更敏感，这可能会影响测量。因此水滴的最佳大小可能要根据表面类型及环境温度和湿度确定。

4.3.2 静态接触角测量

静态接触角（θ_S）的测量可以用带有刻度的吸管或注射器滴注水滴到试样的水平表面上进行。

4.3.3 动态接触角测量

后接触角（θ_r）可以在水平面上测量，此时使用一个带有刻度的注射器从水滴中抽水（见图 3）。

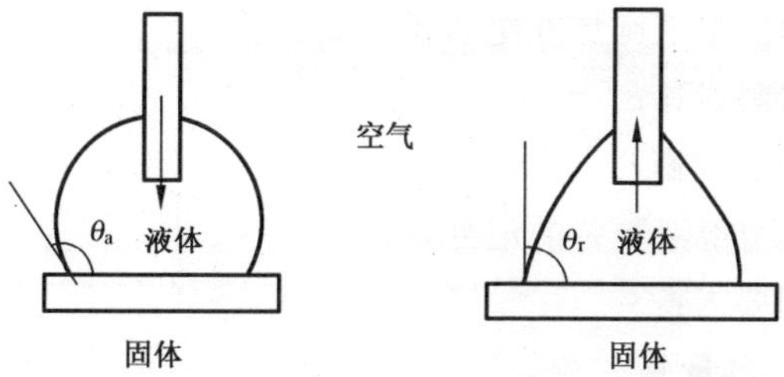

图 3 对水滴添加或抽出水测量前接触角（θ_a）和后接触角（θ_r）

θ_r 是液体的前部减退瞬间的角度。应测量液滴投影面两侧的 θ_r，至少测量相邻区域上的 3 个液滴，此时共给出 6 个测量值。

推荐在整个测量期间保持注射器的毛细吸液管浸入水滴，以避免水滴振动和变形，否则会影响测量结果。

也有测量动态接触角的其他方法，这些方法的示例在附录 B 中给出。

注：在测量 θ_r 之前，把水添加到水滴中可测量前接触角(θ_a)。θ_a 是水滴的前部在表面开始前进瞬间的角度。

4.4 评定

为了更好地反映整个绝缘子的湿润性，应在沿绝缘子纵向及绕绝缘子周向的不同区域测量接触角。所有测量中后接触角很小或为零表示该绝缘子易被湿润，尤其是如果前接触角也很小或为零时更是这样。反之，后(和前)接触角大表示该绝缘子是憎水的。若仅在绝缘子表面的某一点测量，则测量结果仅对该点有效，不足以对整个绝缘子的湿润性得出结论。

为了更好地反映整个绝缘子的湿润性，应沿着和围绕绝缘子在其不同区域测量接触角。所有被测区域上的后接触角很小或为零，表明绝缘子易被湿润。

5 方法 B——表面张力法

5.1 总则

绝缘子表面的表面张力测定基于这样的现象，即一系列有机液体混合物液滴，随着其表面张力逐渐增加，对绝缘子表面呈现不同的湿润能力。液体试剂中或被测表面上任何微量表面活性杂质都可能影响测量结果。因此，保持被测表面不被触摸或磨擦、所有设备洁净，并且仔细地控制试剂纯度等非常重要。

该方法是 IEC 60674-2:1988[1] 应用的扩展，原本用来测定聚乙烯和聚丙烯薄膜的表面张力。特别是因亲水绝缘子和憎水绝缘子都要测量，涵盖的表面张力范围宽泛，采用此方法意味着要使用很多种液体。对污秽绝缘子表面，使用此方法可能会受到限制(见附录 A)。

5.2 安全措施

作为试剂用的有机液体，如果使用不当会影响身体健康。甲酰胺($HCONH_2$)会刺激皮肤，与眼睛直接接触特别危险。乙醇-乙醚($CH_3OCH_2CH_2OH$)或乙基溶纤剂是高度易燃溶剂。甲酰胺和乙基溶纤剂均有毒。应采用适当的安全防护措施，例如，使用这些液体测量时应戴安全护目镜，并保持良好通风。

5.3 设备和试剂

5.3.1 试剂制备

按照附录 C 中的表 C.1、表 C.2 和表 C.3 制备所需要的混合物。若要求表面张力 30 mN/m～56 mN/m 范围以外时，参照附录 C 中的表 C.2 和表 C.3 制备。市售的用不同表面张力溶液制备的记号笔可以替代自制混合物。

5.3.2 设备

可以用三种不同器具把试剂溶液施加在绝缘子表面。

a) 端头用棉花包裹的木制器具；

b) 固定在试剂瓶盖上的小软刷；

c) 市售的用不同表面张力溶液制备的记号笔。

对器具 a)和 b)，另有下列要求：

——两个带刻度的 50 mL 容量瓶；

1 IEC 60674-2:1988 电气用塑料薄膜规范 第 2 部分：试验方法

——有瓶盖及标签的 100 mL 瓶子一个。该瓶子应用硫酸铬清洁，并用蒸馏水漂洗。

注 1：如有需要，可在每种不同的试剂混合物中添加染料(例如，维多利亚纯蓝 BO，最大浓度为 0.03%)。所使用的染料颜色应使液滴在所考查的有机材料表面上清晰可见。此外，染料的化学成份不致对液体混合物的湿润张力有可见影响。

注 2：推荐每周校核一次液体混合物的表面张力。实验室可使用任一表面张力法。即使表明液体混合物是相对稳定的，也应避免暴露在温度在 30 ℃ 以上，相对湿度超过 70%的环境下。

5.4 测量程序

用试剂混合物中的一种浸湿器具端头的棉花(如果使用器具 a)，或取下试剂瓶盖上的软刷。施加的液体量应最少，因为试剂过量时可能影响测量结果。

3 种器具使用的测量程序相同。

在选取位置的绝缘子表面大约 5 cm^2(直径 25 mm)范围处轻轻施加液体。记录表面上形成的液体连续覆盖层破裂为液滴所需要的时间。如果该液体连续覆盖层保持超过 2 s，则继续换用较高表面张力的混合物，但若该液体连续覆盖层破裂为液滴的时间小于 2 s，则继续换用较低表面张力的混合物。每次施加新试剂混合物时应选择邻近的新表面，以避免先前施加试剂的污染。如果要求在相同表面测量并且要求尽可能排除干扰，则可以用干布(不使用任何清洁剂)轻轻擦除表面上先前施加的残留试剂。如果不进行清洁，推荐开始用较低表面张力混合物，逐渐递增到使用较高表面张力混合物，以使由于先前施加试剂混合物的污染导致的结果误差减至最小。当使用器具 a 时，每次应使用清洁的新器具，以避免溶液的污染。如果使用器具 b，将软刷重新插入试剂瓶前可用少量的试剂清洁。

在按以上指出的方向继续重复所述步骤，直到选出 5.5 评定中的混合物为止。

5.5 评定

若液体保持连续覆盖表面至少 2 s，则认为该混合物湿润了绝缘子表面。液体连续覆盖层周边的收缩不表明湿润不足。若在 2 s 内破裂为小液滴，表明湿润不足。表面上施加液体太多可能引起严重的周边收缩。若施加液体混合物的覆盖层在最接近 2 s 时间内保持完整，则该混合物的表面张力(为 mN/m)即被认为是被测量绝缘子表面的表面张力。

6 方法 C——喷雾法

6.1 总则

喷雾法是基于绝缘子表面暴露于细水雾中持续一短时间后的湿润响应，用以评定绝缘子表面暴露在这种雾后的湿润性。

6.2 设备

所需设备是能产生细雾的装置，如普通喷雾瓶。喷雾瓶内装满水，水中不应含有任何能够影响水的表面张力的杂质，如洗涤剂、溶剂等。

注 1：为便于测量，可以使用包括放大镜(便于水滴形状判定)和灯在内的附加设备。

注 2：高质量的自来水通常不含有能明显影响水的表面张力的杂质，因而可以用于测量。如果水质有任何疑问，应使用去离子水或蒸馏水。

6.3 测量程序

测量范围最好约为 50 cm^2～100 cm^2，长和宽之间的比值应不大于 1∶3。如果此要求不能满足，应在测试报告中注明。喷雾距离 25 cm±10 cm，持续时间 20 s～30 s，在此时间内典型喷水量 10 mL～30 mL。在喷射结束后的 10 s 内应完成湿润性测量。

测量方式应能保证沿绝缘子轴向和周向都能得到清晰的湿润性变化图像。

注 1：对于长绝缘子，仅从绝缘子上部、中部和下部选取一些伞进行检查。

注 2：强风下可能很难进行此测量。如果出现这种情况，有必要缩短喷雾距离(比 25 cm±10 cm 更短)。这一点应在测试报告中注明，同时还应注明与推荐不一致的任何其他偏差，如试验面积较小等。

6.4 评定

喷雾后绝缘子表面的状态对应于7个湿润性(憎水性)等级(WC)中的一个,即为1和7之间的一个值。表1给出了不同的湿润性等级的准则,附录D中给出了具有不同湿润性等级表面的典型照片。

WC值为1的表面是最憎水的表面,而WC值为7的表面是最亲水的表面。

WC值判断基于两点观察:

a) 水滴的形状;

b) 被湿润表面的百分率。

注:目测评定的不确定度一般不大于±1湿润性等级。

表1 确定湿润性等级(WC)的准则

WC	描　述
1	水滴呈离散状态。若垂直于其表面观察,水滴形状几乎呈圆形。水滴的 $\theta_r=80°$ 或更大些。
2	水滴呈离散状态,表面大部分被水滴覆盖。若垂直于其表面观察,水滴仍旧保持规则,但偏离圆形。 多数水滴:$50°<\theta_r<80°$。
3	水滴呈离散状态,表面大部分被呈不规则状的水滴覆盖。 多数水滴:$20°<\theta_r<50°$。
4	水滴呈离散状态,并有被水流或水膜湿润的痕迹(即某些水滴的 $\theta_r=0°$)。 被水流或水膜覆盖的面积小于10%。
5	水滴呈离散状态,并有被水流或水膜湿润的痕迹(即某些水滴的 $\theta_r=0°$)。 被水流或水膜覆盖的面积大于10%,但小于90%。
6	被水流或水膜覆盖的面积大于90%,但小于100%(即仍能看到小块、小点、小痕迹未湿润)。
7	在整个观察面上形成了连续水膜。

7 测量报告编制

测量报告应包括下列信息:

a) 一般信息

1) 测量场所、电站、线路或试验室条件;

2) 使用的方法(A、B或C);

3) 测量日期和时间,取样日期,方法A的液滴量;

4) 气象条件(温度、风、降雨);

5) 试验人员。

b) 试品

6) 绝缘子或设备的型式;

7) 绝缘子材料和伞形;

8) 标识(编号、变电所位置或杆塔号);

9) 电压等级、电弧距离、爬电距离;

10) 安装或涂层(涂层类型)的日期;

11) 安装位置(垂直、水平、角度);

12) 绝缘子污秽状态的信息。

c) 试验结果

应记录不同位置的测量结果,例如,沿绝缘子(按伞编号),一组伞中各部位的表面(上部、下部、大伞、小伞、主体等),并记录围绕绝缘子四周的差异(如果有的话)。

附 录 A
（规范性附录）
本标准所列各种方法的适用性指南和局限性评价

A.1 总则

每种方法的适宜性及其适用性不仅取决于与之相关的程序，而且也取决于要评定的特定情况。这3种方法均适宜于湿润性试验室测量。在现场，采用方法A可能会有困难，采用方法B困难可能不会太大，而采用方法C容易操作。每种方法的一些考虑概括如下：

a) 方法A：接触角测量
——能给出被测范围湿润性的准确值；
——试验室测量比现场测量更为准确；
——在平坦表面上易于测量；
——如果老化影响了表面形态，比如存在裂纹、填料裂口，可能会对测量有负面影响；
——如果要求全面评价绝缘子表面，需要许多处测量。

b) 方法B：表面张力测量
——如果湿润性变量与测量要求的范围一致，能给出该范围湿润性的准确值；
——操作相当方便；
——需要采取一定的安全措施；
——如果表面覆盖有松散附着的污秽层，可能难于采用；
——可能会受某些类型表面污秽和测量试剂间相互作用的影响；
——如果要求全面评价绝缘子表面，需要许多处测量。

c) 方法C：喷雾法
——给出绝缘子表面湿润性以及它沿着和围绕绝缘子变化的总体评价；
——所需设备简单，易于操作；
——取决于表面主观目测；
——可用来评价裸露、污秽表面；
——可能会受表面某些类型污秽与雾水间相互作用的影响，如试验室污秽试验时表面污染物等值附盐密度（ESDD）水平的变化。

A.2 用3种方法获得的典型结果

用3种方法获得的典型结果如下：

a) 憎水表面（不亲水）
——后接触角的值大（>80°）；
——表面张力的值低（<30 mN/m）；
——WC值低（WC=1或WC=2）。

b) 中等表面（半亲水）
——后接触角值居中（10°～80°）；
——表面张力值居中（30 mN/m～60 mN/m）；
——WC值居中（WC=3～5）。

c) 亲水表面（不憎水）

——后接触角的值小(<10°);
——表面张力的值高(>60 mN/m);
——WC值高(WC=6或WC=7)。

附　录　B
（规范性附录）
方法 A——接触角法

有几种不同的测量动态接触角方法。图 B.1 示意说明了控制起泡的技术。在该技术中，试样被浸入到水中。在浸入试样的下侧注入空气（或与水不溶合的液体）形成一个气泡（或液体泡）。2.4 中给出的杨氏等式也适用于这种情况。

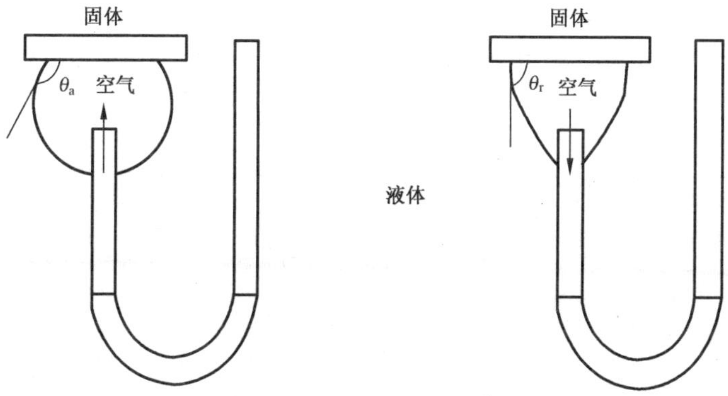

图 B.1　采用控制起泡技术测量前接触角(θ_a)和后接触角(θ_r)

在倾斜表面上也可以测量前接触角和后接触角（θ_a 和 θ_r）。这种方法也称斜面技术法，将水滴置于待测表面上，逐渐抬高角度使该表面倾斜至水滴即将开始运动，此时测量前接触角和后接触角。此斜面技术法也示意于图 2 中。

附 录 C
(规范性附录)
方法 B——表面张力法

用于绝缘子表面张力测量的混合物配比见表 C.1、表 C.2 和表 C.3。

表 C.1 用于绝缘子表面张力(30 mN/m～56 mN/m)测量的乙醇-乙醚(乙基溶纤剂)和甲酰胺混合物的浓度(T=20 ℃)

表面张力 mN/m	甲酰胺体积 %	乙基溶纤剂体积 %
30	0	100.0
31	2.5	97.5
32	10.5	89.5
33	19.0	81.0
34	26.5	73.5
35	35.0	65.0
36	42.5	57.5
37	48.5	51.5
38	54.0	46.0
39	59.0	41.0
40	63.5	36.5
41	67.5	32.5
42	71.5	28.5
43	74.7	25.3
44	78.0	22.0
45	80.3	19.7
46	83.0	17.0
48	87.0	13.0
50	90.7	9.3
52	93.7	6.3
54	96.3	3.7
56	99.0	1.0
注：液体的表面张力随温度呈线性变化。常温下小分子液体的表面张力降低 0.1 mN/m 每摄氏度。		

表 C.2 用于绝缘子表面张力(58 mN/m～73 mN/m)测量的蒸馏水和甲酰胺混合物的浓度(T=20 ℃)

表面张力 mN/m	蒸馏水体积 %	甲酰胺体积 %
58	0.0	100.0
59	9.5	90.5
60	21.3	78.7
61	34.0	66.0
62	41.5	58.5
63	50.0	50.0
64	57.4	42.6
65	64.4	35.6
66	71.3	28.7
67	77.3	22.7
68	82.0	18.0
69	86.2	13.8
70	89.5	10.5
71	93.7	6.3
72	97.5	2.5
73	100	0.0

表 C.3 用于绝缘子表面张力(73 mN/m～82 mN/m)测量的蒸馏水和氯化钠混合物的浓度(T=20℃)

表面张力 mN/m	NaCl %	蒸馏水 %
73	0.0	100.0
74	4.0	96.0
75	7.2	92.8
76	10.1	89.9
77	12.9	87.1
78	15.6	84.4
79	18.2	81.8
80	20.6	79.4
81	22.8	77.2
82	24.9	75.1

附 录 D
（规范性附录）
方法 C——喷雾法

湿润性等级（WC1～WC6）的表面典型示例如图 D.1。WC7 是完全被水湿润的表面，没有可见干点。

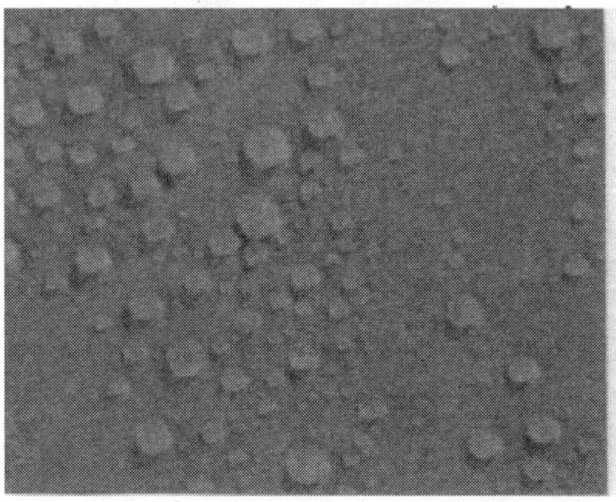

WC1

WC2

WC3

WC4

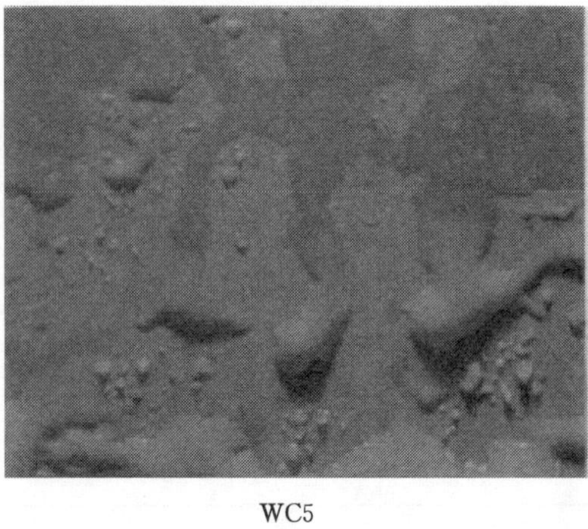

WC5

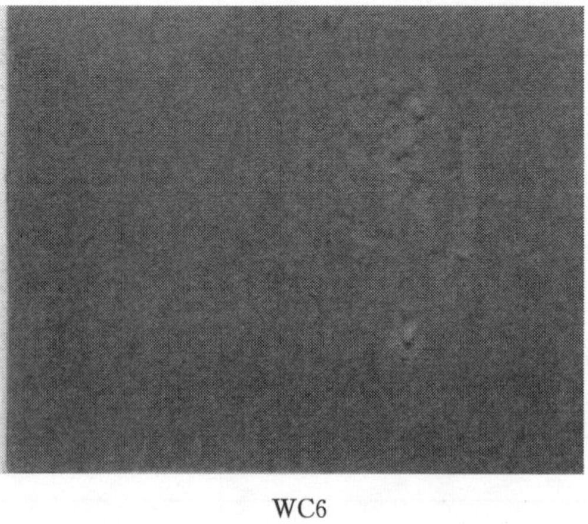

WC6

图 D.1

ICS 29.080.10
K 48

中华人民共和国国家标准

GB/T 24623—2009

高压绝缘子无线电干扰试验

Radio interference test on high-voltage insulators

(IEC 60437:1997,MOD)

2009-11-30 发布 2010-04-01 实施

中华人民共和国国家质量监督检验检疫总局
中国国家标准化管理委员会 发布

前　言

本标准修改采用 IEC 60437:1997《高压绝缘子无线电干扰试验》(英文版)。

本标准和 IEC 60437:1997 相比，做了以下修改，修改之处用垂直单线(|)在它们所涉及的章条的页边空白处标识：

——因为本标准本身即为国家标准，删除了第 4 章中有关世界各国绝缘子无线电干扰试验测量频率说明的注；

——为了方便使用，把 CISPR 18-2:1986 的试验回路，以及试验回路检查和校准程序纳入本标准，技术内容保持不变。因而在第 7 章中增加了图 1～图 4，在 13.1 下分列了 13.1.1 和13.1.2 二条；

——引用了采用国际标准的我国标准。

为方便使用，本标准还做了下列编辑性修改：

a) 用小数点“.”代替作为小数点的逗号“,”；

b) “本国际标准”一词改为“本标准”；

c) 删除 IEC 60437:1997 的前言。

除在 13.1 下增列了 13.1.1 和 13.1.2 二条外，本标准和 IEC 60437:1997 的章条编号完全相同。

本标准由中国电器工业协会提出。

本标准由全国绝缘子标准化技术委员会(SAC/TC 80)归口。

本标准起草单位：国家绝缘子避雷器质量监督检验中心、西安高压电器研究院有限责任公司、国网武汉高压研究院、中国电力科学研究院、新东北电气(沈阳)高压开关有限公司、陕西省电力公司。

本标准主要起草人：危鹏、姚君瑞、张锐、李庆峰、刘志强、张姝、云涛。

高压绝缘子无线电干扰试验

1 范围

本标准规定了在清洁干燥绝缘子上进行的试验室无线电干扰(RI)试验程序，测量频率为0.5 MHz或1 MHz，或是0.5 MHz～2 MHz范围内的某一频率。

运行中，绝缘子的无线电干扰特性可能由于环境条件，特别是降雨和其他潮气以及污秽状况不同而变化。考虑到为模拟环境条件的变化范围而规定可再现的试验条件并不可行，因此，本标准仅规定了在清洁干燥的绝缘子上的试验。

注：包括污秽状态在内的绝缘子表面状态的影响在CISPR 18-2修改件1中给出。

2 规范性引用文件

下列文件中的条款通过本标准的引用而成为本标准的条款。凡是注日期的引用文件，其随后所有的修改单(不包括勘误的内容)或修订版均不适用于本标准，然而，鼓励根据本标准达成协议的各方研究是否可使用这些文件的最新版本。凡是不注日期的引用文件，其最新版本适用于本标准。

GB/T 1001.1—2003 标称电压高于1 000 V的架空线路绝缘子 第1部分：交流系统用瓷或玻璃绝缘子元件定义、试验方法和判定准则(IEC 60383-1:1993,MOD)

GB/T 2900.8 电工术语 绝缘子(GB/T 2900.8—2009,IEC 60050-471:2007,IDT)

GB/T 4109—2008 交流电压高于1 000 V的绝缘套管(IEC 60137:2008,MOD)

GB/T 6113.101—2008 无线电骚扰和抗扰度测量设备和测量方法规范 第1-1部分：无线电骚扰和抗扰度测量设备 测量设备(CISPR 16-1-1:2006,IDT)

GB/T 8287.1—2008 标称电压高于1 000 V系统用户内和户外支柱绝缘子 第1部分：瓷或玻璃绝缘子的试验(IEC 60168:2001,MOD)

GB/T 16927.1—1997 高电压试验技术 第一部分：一般试验要求(eqv IEC 60060-1:1989)

IEC 60383-2:1993 标称电压高于1 000 V的架空线路绝缘子 第2部分：交流系统用绝缘子串和绝缘子串组定义、试验方法和判定准则

CISPR 18-2:1986 架空电力线路和高压设备的无线电干扰特性 第2部分：限值确定的测量方法和程序(修改件1,1993)

3 术语和定义

GB/T 2900.8和GB/T 1001.1—2003确立的术语和定义适用于本标准。

4 测量频率

无线电干扰(RI)特性应在(0.5±0.05)MHz或(1±0.1)MHz频率下测量，或经供需双方协商在0.5 MHz～2 MHz范围内的某一频率下测量。

优先选用的频率为0.5 MHz或1 MHz，因为通常这段频谱的无线电噪声水平较高，能够反映实际情况，同时，还因为0.5 MHz处于低频和中频无线电广播波段之间。

绝缘子的RI特性通常不影响电视播放。

5 无线电噪声限值和试验电压

本标准不规定绝缘子的无线电干扰特性限值或试验电压。当要求进行无线电干扰试验时，相关数

值应在产品规范或国家法规基础上，经供需双方协议。

注：限值确定导则见 CISPR 18-2:1986 修改件 1(1993)。

6 测量仪器

6.1 标准 CISPR 测量仪

除非另有协议，绝缘子无线电干扰特性测量均应使用 GB/T 6113.101—2008 规定的标准 CISPR 测量仪。

6.2 其他测量仪器

经供需双方协议，只要能够把测量值转换为准峰值，可以使用不同于 CISPR 标准测量仪的测量仪器。

7 测量回路

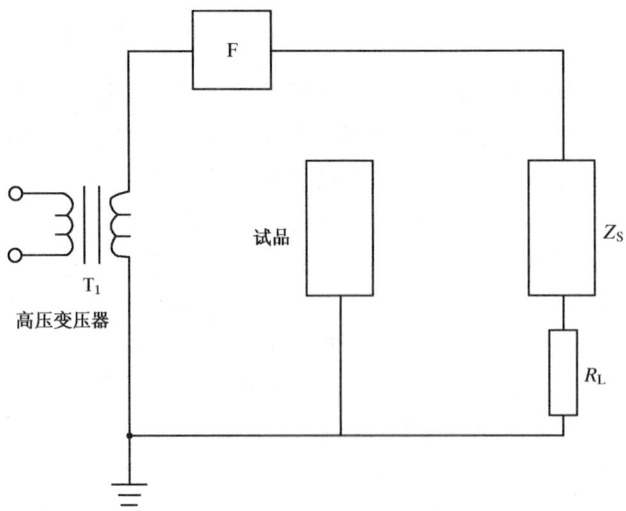

图 1 基本试验回路

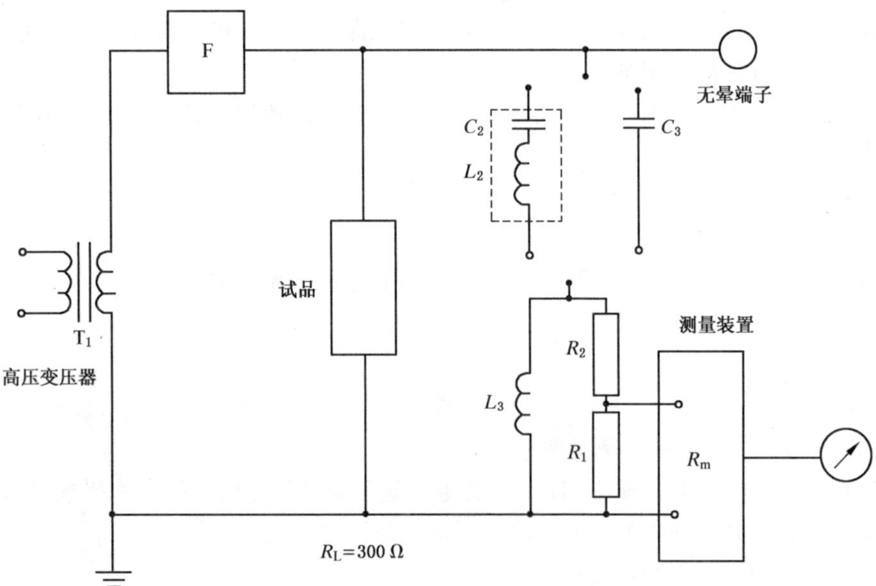

注：滤波器 F 可以是非调谐的，由 L_1 与 C_1 并联组成。

图 2 标准试验回路

试验室测量无线电噪音应通过测量传导量，即电流或电压进行。

基本试验回路示意于图 1，实际标准试验回路示意于图 2。根据测量装置和试验回路之间的距离，图 3 或图 4 所示的布置可以并入图 2 的试验回路中。

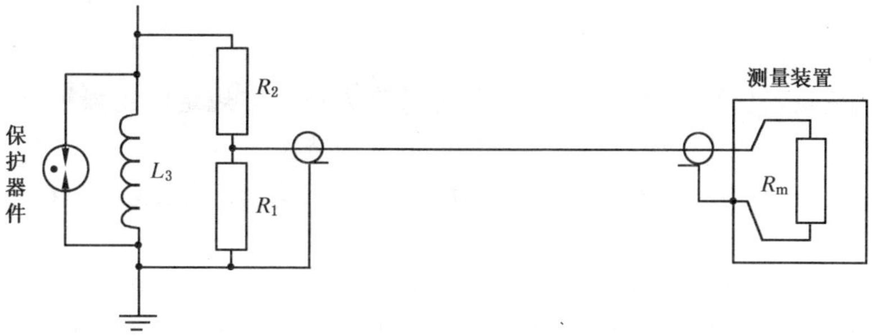

图 3 同轴电缆连接的测量装置

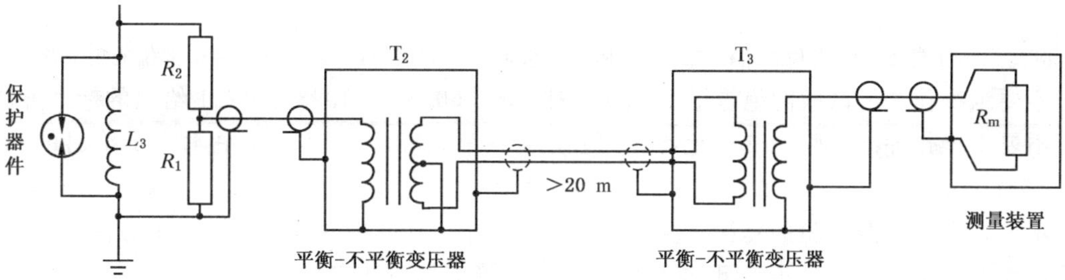

图 4 平衡电缆连接的测量装置

8 试验电压要求

无线电干扰测量时应对试品施加一工频电压。试验电压及测量方法应符合 GB/T 16927.1—1997。变压器和绝缘子间连接部件的无线电噪音水平与在试验电压下从试品上测得的噪音水平相比应小到可以忽略。

9 大气条件

GB/T 16927.1—1997 规定的标准参考大气条件不适用于无线电干扰试验。

按照本标准所做的试验应在符合下列要求的大气条件下进行：

——温度 10 ℃～35 ℃；

——气压 87 kPa～107 kPa(870 mbar～1 070 mbar)；

——相对湿度 45%～75%。

注 1：绝对湿度和大气压力会影响试验结果。

注 2：经供需双方协议，例如模拟运行条件，试验可以在其他大气条件下进行，诸如：温度 5 ℃～40 ℃，相对湿度 20%～80%。

标准大气条件校正对试验电压和无线电干扰测量均不适用。

应记录大气条件。

10 试验场所

小绝缘子或绝缘子串组试验优先在屏蔽室内进行，屏蔽室应大到足以避免墙壁和地面对试品表面电场分布产生明显影响。屏蔽试验场所的引入电路(例如电源和照明)应充分过滤，以免引入一般环境中存在的无线电噪音。

对大绝缘子或绝缘子串组，若没有适宜的屏蔽试验室，试验可以在任何场所进行，只是要求其背景噪音水平与被测噪音水平相比足够低。

11 试验绝缘子的布置

11.1 绝缘子的安装

对于无线电干扰试验，包括套管在内的绝缘子，应带供方或需方规定的场强控制装置和附件，按照电气试验的标准安装方法安装或按照模拟运行条件的方式安装。

试验结果不仅受绝缘子的影响，而且受安装方法和引弧角、均压环、导线束的存在以及它们相对于绝缘子的位置的影响。

注1：尽管绝缘子的无线电干扰特性测量与其运行电压有关，但运行电压通常不是绝缘子的规定特性。标准安装方法涉及是否要求操作冲击试验，因为无线电干扰测量通常是在为其他电气试验而安装的绝缘子和绝缘子串组上进行的。

针式绝缘子和线路柱式绝缘子应按照 GB/T 1001.1—2003 第 30 章和第 32 章给出的标准方法安装。

注2：应注意确保高压与针式和线路柱式绝缘子的瓷或玻璃件可靠接触，保证不存在某个部位的集中放电。

对于不要求操作冲击试验的绝缘子串组，应按照 IEC 60383-2:1993 中 12.1 给出的标准方法安装。

对于不要求操作冲击试验的支柱绝缘子，应按照 GB/T 8287.1—2008 中 4.4.1 给出的标准方法安装。

对于不要求操作冲击试验的套管，应按照 GB/T 4109—2008 中 8.3 给出的标准方法安装。

要求操作冲击试验的绝缘子串组、支柱绝缘子和套管应按下述安装：

——按照 IEC 60383-2:1993、GB/T 8287.1—2008 或 GB/T 4109—2008 相关条款；

——或以模拟运行条件方式。此时，如果适用，可采用 IEC 60383-2:1993 中 12.3 或 GB/T 8287.1—2008 中 4.4.3。

两种安装方法下都应注意避免来自高压导体组件的放电。

导体组件端部应用适宜的无晕终端防护。

11.2 试验前绝缘子的状况

无线电干扰试验前，应使绝缘子和周围试验场所达到热平衡，以避免表面冷凝。被试绝缘子应保持清洁、干燥，可以用干布擦拭，去除可能影响其表面状况的灰尘和纤维质。

12 型式试验用绝缘子

12.1 绝缘子数量

除非供需双方另有协议，无线电干扰试验用绝缘子数量（绝缘子串元件除外）应与相关国家标准规定的电气型式试验用绝缘子数量相同，汇总如下：

——套管	1
——复合绝缘子	1
——线路柱式绝缘子（$H \leqslant 600$ mm）	3
——线路柱式绝缘子（$H > 600$ mm）	1
——针式绝缘子	3
——绝缘子串组	1
——支柱绝缘子（$H \leqslant 600$ mm）	3
——支柱绝缘子（$H > 600$ mm）	1

H 为绝缘子高度。

注：当被试品为相同设计的三只绝缘子时，其无线电干扰特性以规定试验电压下三个试验结果的平均值给出。

12.2 绝缘子串元件

本标准没有规定把绝缘子串元件(单片元件或标准短串)试验做为型式试验。本标准的目的是规定一种方法,能够评估带有完整附件的绝缘子串组的无线电干扰性能,以便获得最有代表性的测量结果。

然而,经供需双方协议,可以对单只绝缘子串元件样品(特别是盘形悬式)进行无线电干扰试验,以获得单元件特性信息。

13 型式试验程序

13.1 试验回路检查和校准

如果必要,无线电干扰试验前应检查和校准试验回路。

13.1.1 试验回路检查

应调整试验回路使其能够精确测量被试绝缘子产生的无线电噪音水平。任何来自试验回路外部,包括电源或电路的其他部分的干扰均应处于低水平,最好至少低于被试绝缘子规定值 10 dB。

规定试验电压施加于回路时,背景噪音水平至少应比被试绝缘子的最低噪音水平低 6 dB。这可以用类似的无噪音试品替代被试绝缘子的方法检查。

若试验场所未经屏蔽,特别是附近有工厂时,背景噪音水平可能相对偏高。假如高背景噪音水平持续时间短,无噪音时间足以可靠测量,并且测量中背景干扰的峰值特性能够用诸如示波器或扬声器与被试绝缘子产生的噪音清晰识别,则这种试验条件也可以接受。

广播电台也可能干扰测量,这种干扰可以通过选择无干扰且具有规定偏差的测量频率克服。使用如带除滤波器 F 那样的谐振电路 L_1C_1 并适当调谐,经常能够最有效地降低背景噪音。

13.1.2 试验回路校准

测量装置的读数应用修正因数修正,为了获取该修正因数,应将图 2 所示试验回路与图 3 或图 4 所示回路一起校准。该因数是回路衰减和阻抗网络因数之和,后二者均用分贝(dB)值表示。若试验装置首次使用或重新装配,或被试绝缘子的变化之一是电容量显著不同,则要求进行回路校准。校准时应断开连接高压变压器的电源。

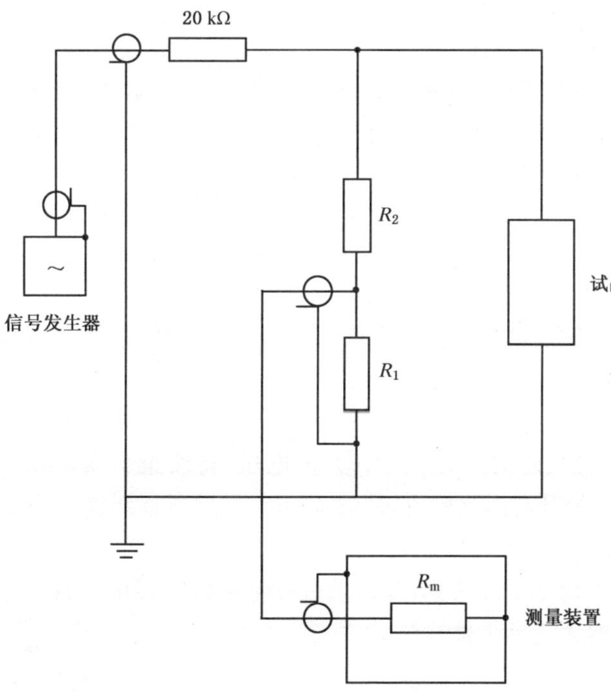

图 5 标准试验回路校准布置

a) 电路衰减 A

开始校准前，如果适用，应将带除滤波器 F 调谐到特定的测量频率。应将输出阻抗至少为 20 kΩ 的信号发生器（将 20 kΩ 的电阻和标准信号发生器的输出串联容易组成这样的发生器）与被试绝缘子并联连接，组成完整回路，如连同图 3 或图 4 的图 2 回路所示。应将发生器调定到在测量频率下输出 1V 正弦波电压，并能向试验回路输入大约 50 μA 电流。该电流能够保证在使用 CISPR 测量装置时其读数超过背景噪音水平。应记录该测量装置的分贝值读数。

在发生器无变化的情况下，将被试绝缘子与试验回路的高压部分断开，如图 5 所示连接。再次记录测量装置的分贝值读数。两个读数之差即为电路衰减 A(dB)。

注 1：为避免校准过程中从试验回路上拆除 R_1 和 R_2，可能要使用其他相同阻值的高稳定性无感电阻。

注 2：如果已知电容量，图 5 中被试绝缘子可以用等值电容替代。

b) 阻抗网络因数 R

本条中考察设备产生的无线电噪音水平通常以相对于 300 Ω 电阻上 1 μV 的分贝值表示。

因而，如果 $R_1=R_m$，则网络因数 R(dB)为：

$$R = 20\ \lg \frac{600}{R_1}$$

被试绝缘子的无线电噪音水平由下式给出：

$$V(\mathrm{dB}/1\ \mu\mathrm{V}/300\ \Omega) = V_m + A + R$$

V_m 为测量装置显示并对应于其输出的电压，以相对于 1 μV 的分贝值表示。

注 1：如果使用已经校准过的正弦波电流发生器，则能够用不太复杂的替代方法通过简单操作综合校准试验回路。这一方法包括精确测量信号发生器的输出电压 V_0 和与发生器输出串联的 20 kΩ 电阻 R_r 的阻值。然后，当串联有 20 kΩ 电阻的信号发生器与被试绝缘子并联连接时，试验装置上显示读数 V_1(μV)，该数值对应于电路的输入电流 i_1(μA)：

$$i_1 = \frac{V_0}{R_r}$$

此时，被试设备的无线电噪音水平由下式直接给出：

$$V(\mathrm{dB}/\mu\mathrm{V}/300\ \Omega) = V_m + 20\ \lg 300 \frac{i_1}{V_1}$$

式中：V_m 是测量装置在试验时显示的电压，以相对于 1 μV 的分贝值表示。

注：正弦波信号发生器可以用频谱恒定的冲击发生器替代，其频率至少达到测量频率。冲击信号和正弦信号幅值的一致性应满足 GB/T 6113.101—2008 2.1 中的数值。

13.2 施加电压和无线电干扰特性

试验绝缘子产生的无线电噪音水平并不完全由某一特定试验电压值确定，试验中经常出现滞后效应。因而，在给定的试验电压下绝缘子产生的噪音可能显现也可能不显现，因为它取决于电压升降过程中是否达到该电压值。

试验绝缘子在规定的时间间隔内经受一个等于或高于规定的试验电压的电压预处理，也会影响无线电噪音的测量水平。

应采用下列标准程序：

试验时，对绝缘子施加比规定试验电压高 10%的电压，持续至少 5 min。然后，该电压逐级降低到规定试验电压的 30%，再逐级升高到起始值，持续 1 min，最后再逐级降低到 30%值。每级电压约为规定试验电压的 10%。

每级电压下都应进行无线电干扰测量，并用最后一轮降压过程中测得的结果和对应的施加电压作图。所得曲线即为绝缘子的无线电干扰特性。

13.3 接收准则

若从无线电干扰特性上读得的规定试验电压下的无线电干扰水平不超过规定值或供需双方事先的协议值，则绝缘子通过本试验。

14 抽样试验程序

14.1 抽样试验用绝缘子

经供需双方协议，对某些结构绝缘子，特别象盘形悬式绝缘子串元件，无线电干扰试验可以在从提交验收的每批中随机抽取的样品上进行。

此时，试验电压和无线电干扰接受水平应经协议，并采用下列程序。

14.2 样品数量

试验用样品数量为 GB/T 1001.1—2003 中 8.2 定义的 E_1 和 E_2 之和。

14.3 安装布置

安装布置应经供需双方协议。

注：对于盘形悬式绝缘子串元件，一种适宜的安装布置方式是将其悬挂在刚性高压导体之下，铁帽接地，并保证电气连接良好。

14.4 试验程序

试验程序按照 13.1 和 13.2。

14.5 接收准则

如果在规定试验电压下所有试品上的无线电干扰水平均不超过供需双方事先协议值，则绝缘子通过本试验。如果有一只或多只试品的无线电干扰水平高于规定值，则应执行 GB/T 1001.1—2003 中 8.3 规定的重复试验程序。

15 试验报告

试验报告应包括下列内容：

a) 制造商名称；

b) 被试绝缘子的型号名称或说明；

c) 包括尺寸在内的试验安装布置细节；

d) 试验中的主要大气条件(温度、气压和相对湿度)；

e) 被试绝缘子的无线电干扰特性。